工业和信息化部"十四五"规划教材

装甲车辆总体设计（第2版）

张相炎　编著

ARMORED VEHICLE
OVERALL DESIGN
(2ND EDITION)

北京理工大学出版社
BEIJING INSTITUTE OF TECHNOLOGY PRESS

内 容 简 介

《装甲车辆总体设计(第2版)》在继承传统坦克装甲车辆总体设计理论和方法的基础上,针对未来战争的特点及其对现代装甲车辆的要求、现代装甲车辆的特点和发展趋势,融合现代设计理论和方法,站在装甲车辆总体设计角度,系统介绍现代装甲车辆总体与主要分系统总体设计思想、原理、方法等方面的知识,以及一些新技术在装甲车辆上的应用,主要包括装甲车辆及其作用、基本构成、研制流程等基本概念,以及装甲车辆总体设计及其地位和作用、总体设计类型、总体设计的指导思想、主要内容与任务、设计的原则、设计流程、设计方法等;装甲车辆总体性能要求与战术技术指标概念、主要总体性能要求及其设计;装甲车辆总体方案设计、参数匹配与优化、系统仿真与性能评估方法、关键技术及其分解;装甲车辆武器系统、动力系统、传动系统、行走系统、防护系统、电子信息系统的配置与选型;装甲车辆人机环工程设计、可靠性与维修性设计理论和方法等。

本教材具有一定的通用性和适应范围,主要用作装甲车辆工程专业本科专业教材和兵器科学与技术研究生专业教材,也可以作为兵器相关科技人员的参考资料。

版权专有　侵权必究

图书在版编目（CIP）数据

装甲车辆总体设计 / 张相炎编著. --2版. --北京：北京理工大学出版社，2022.8
ISBN 978 - 7 - 5763 - 1636 - 0

Ⅰ.①装… Ⅱ.①张… Ⅲ.①装甲车—总体设计
Ⅳ.①TJ811

中国版本图书馆 CIP 数据核字（2022）第 154163 号

出版发行 /	北京理工大学出版社有限责任公司
社　　址 /	北京市海淀区中关村南大街5号
邮　　编 /	100081
电　　话 /	（010）68914775（总编室）
	（010）82562903（教材售后服务热线）
	（010）68944723（其他图书服务热线）
网　　址 /	http：//www.bitpress.com.cn
经　　销 /	全国各地新华书店
印　　刷 /	三河市华骏印务包装有限公司
开　　本 /	787毫米×1092毫米　1/16
印　　张 /	23.5
字　　数 /	549千字
版　　次 /	2022年8月第2版　2022年8月第1次印刷
定　　价 /	78.00元

责任编辑 / 王玲玲
文案编辑 / 王玲玲
责任校对 / 刘亚男
责任印制 / 李志强

图书出现印装质量问题，请拨打售后服务热线，本社负责调换

前言 PREFACE

　　武器装备自动化是军队现代化建设的主要内容。随着装甲车辆功能需求不断增加，装甲车辆专业人才培养需求也不断增大。"装甲车辆总体设计"是装甲车辆工程专业方向的核心专业课，为提高教学质量，适应装甲车辆技术发展，在本教材第1版基础上，结合作者近年教学经验及成果，融合相关技术研究成果进行修订，使之始终处于行业前列。

　　《装甲车辆总体设计（第2版）》在第1版基础上，除改错、补新外，主要从如下几方面修订：为了压缩篇幅，精简传统总体设计基本理论和方法；为便于学生学习，在每章开始处增加内容提要，每章结束处增加本章小结及思考题；在内容方面，有机融合"课程思政"内容，帮助学生树立正确的世界观、价值观、发展观，掌握辩证法和认识论；在第3章中增加主要参数匹配与优化方面的内容；将原教材第3章中"人机环工程设计"扩展为单独一章；增加一章可靠性与维修性设计方面的内容。

　　《装甲车辆总体设计（第2版）》分为11章，第1章绪论，主要介绍装甲车辆及其作用、基本构成、研制流程等基本概念，以及装甲车辆总体设计及其地位和作用、总体设计类型、总体设计的指导思想、主要内容与任务、设计的原则、设计流程、设计方法等；第2章装甲车辆战术技术要求，主要介绍装甲车辆总体性能要求与战术技术指标概念、主要总体性能要求，以及火力系统性能、机动性能、防护性能、通信性能等要求及其设计；第3章装甲车辆总体方案设计，主要介绍装甲车辆总体方案设计基本概念、装甲车辆总体结构方案设计、参数匹配与优化、系统仿真与性能评估方法、关键技术及其分解；第4章武器系统的配置与选型，主要介绍装甲车辆武器系统及其构成，车载火炮、车载机枪、车载弹药、车载火控系统的配置与选型；第5章动力系统的配置与选型，主要介绍装甲车辆动力系统及其组成、要求等基本概念，车用发动机和冷却系统、润滑系统、供油系统的配置与选型；第6章传动系统的配置与选型，主要介绍装甲车辆传动系统及其要求、构成及其特点、布置及其特点等基本概念，变速机构、转向机构与制动器、操纵机构的配置与选型；第7章行走系统的配置与选型，主要介绍装甲车辆行走系统及其要求、轮式行走系统和履带行走系统，以及悬挂系统的配置与选型；第8章防护系统的配置与选型，主要介绍装甲车辆防护、防护系统及其构成、要求等基本概念，装甲防护系统、伪装与隐身防护系统、"三防"系统、主动防护系统的配置与选型；第 9 章电气与电子系统的配置与选型，主要介绍装甲车辆电气电子系统有关概念、车载通信系统和车载通信系统的配置与选型；第 10 章装甲车辆人机环工程设计，主要介绍人机工程学基本概念、原理及其在装甲车辆上的应用方法；第 11 章装甲车辆可靠性与维修性设计，主要介绍可靠性与维修性基本概念、原理及其在装甲车辆上的应用方法。

《装甲车辆总体设计（第 2 版）》是在《装甲车辆总体设计》经 5 年教学实践的基础上修改而成的，已经列入工信部"十四五"教材出版规划。在继承传统坦克装甲车辆总体设计理论与方法的基础上，力图根据未来战争的特点及其对现代装甲车辆的要求、现代装甲车辆的特点和发展趋势，结合近年来国内外取得的科研成果，站在装甲车辆总体设计角度，系统介绍现代装甲车辆总体设计的基本概念、设计理论与方法、设计特点、关键技术等，使本教材具有现代特色和先进性。本教材将传统坦克装甲车辆设计理论与现代车辆设计理论和方法相融合，介绍现代设计理论和方法在装甲车辆总体设计中的应用原理和方法，使本教材具有一定的通用性和适应范围；以系统工程原理和方法为主线，构建装甲车辆总体设计认知模式，具有较强的系统性和实用性。本教材不仅可供高等院校本科以及研究生教学用，还可以作为从事装甲车辆科技人员的参考书。

许多专家教授对本书提出了有益的修改意见，本书在编写中参考了许多专著和论文，工信部教材建设项目给予了出版资助，在此对以上为本书的出版付出心血的所有同仁及本书的主审专家一并表示衷心感谢。

由于编著者水平所限，教材中难免有不妥之处，恳请读者批评指正。

张相炎
2022 年 3 月于南京

目 录
CONTENTS

第1章 绪论 ··· 001

1.1 装甲车辆及其研制过程 ·· 001
  1.1.1 装甲车辆及其作用 ·· 001
  1.1.2 装甲车辆的构成 ·· 002
  1.1.3 装甲车辆的研制流程 ··· 003

1.2 装甲车辆的总体设计概述 ··· 004
  1.2.1 装甲车辆设计依据与要求 ··· 004
  1.2.2 装甲车辆总体设计及其地位和作用 ··· 004
  1.2.3 装甲车辆总体设计类型 ·· 006
  1.2.4 装甲车辆总体设计的指导思想 ·· 007
  1.2.5 装甲车辆总体设计的主要内容与任务 ··· 008
  1.2.6 装甲车辆总体设计的原则 ··· 012
  1.2.7 装甲车辆总体设计流程 ·· 012
  1.2.8 装甲车辆总体设计方法与技术 ·· 014

1.3 本课程的学习 ·· 016
  1.3.1 本课程的地位与作用 ··· 016
  1.3.2 本课程的主要内容 ·· 017
  1.3.3 本课程的学习方法与要求 ··· 017

第2章 装甲车辆战术技术要求 ·· 019

2.1 装甲车辆总体要求 ·· 019
  2.1.1 装甲车辆性能要求与战术技术指标概念 ·· 019
  2.1.2 总体性能要求 ··· 020

2.2 火力性能要求 ·· 023
  2.2.1 主要武器性能 ··· 024

2.2.2　炮弹及弹药基数 ……………………………………………… 029
　　2.2.3　辅助武器性能 ………………………………………………… 030
　　2.2.4　火控系统性能及其要求 ……………………………………… 032
　　2.2.5　车载反坦克导弹性能 ………………………………………… 034
2.3　运行机动性能要求 ………………………………………………………… 034
　　2.3.1　动力装置性能 ………………………………………………… 034
　　2.3.2　传动系统性能 ………………………………………………… 035
　　2.3.3　行动系统及整车机动性能 …………………………………… 035
2.4　防护性能要求 ……………………………………………………………… 041
　　2.4.1　装甲防护 ……………………………………………………… 041
　　2.4.2　伪装与隐身 …………………………………………………… 043
　　2.4.3　后效防护 ……………………………………………………… 043
　　2.4.4　核生化三防 …………………………………………………… 044
　　2.4.5　主动防护系统性能 …………………………………………… 044
2.5　信息系统性能要求 ………………………………………………………… 045
　　2.5.1　电气系统性能 ………………………………………………… 045
　　2.5.2　通信系统性能 ………………………………………………… 045
　　2.5.3　电子控制性能 ………………………………………………… 046
　　2.5.4　电子（指挥）信息性能 ……………………………………… 046
　　2.5.5　电磁兼容性 …………………………………………………… 047
2.6　特殊性能要求 ……………………………………………………………… 047
　　2.6.1　战斗车辆的特殊性能 ………………………………………… 047
　　2.6.2　工程车辆的特殊性能 ………………………………………… 048

第3章　装甲车辆总体方案设计 ………………………………………………… 050

3.1　总体方案设计概述 ………………………………………………………… 050
　　3.1.1　方案设计及其内容 …………………………………………… 050
　　3.1.2　总体方案设计原则 …………………………………………… 051
3.2　装甲车辆总体结构方案设计 ……………………………………………… 052
　　3.2.1　装甲车辆总体性能设计 ……………………………………… 052
　　3.2.2　装甲车辆总体主要结构组成 ………………………………… 054
　　3.2.3　装甲车辆总体结构布置 ……………………………………… 055
3.3　总体结构参数匹配与优化 ………………………………………………… 077
　　3.3.1　总体结构参数匹配 …………………………………………… 078
　　3.3.2　总体结构参数优化 …………………………………………… 088
3.4　装甲车辆系统仿真与性能评估 …………………………………………… 090
　　3.4.1　装甲车辆系统分析概述 ……………………………………… 090
　　3.4.2　系统建模与仿真 ……………………………………………… 091
　　3.4.3　性能评估 ……………………………………………………… 096

3.5 关键技术及其分解 …………………………………………………………… 098
　　3.5.1 接口技术 ……………………………………………………………… 098
　　3.5.2 控制技术 ……………………………………………………………… 099
　　3.5.3 轻量化技术 …………………………………………………………… 099

第4章 武器系统的配置与选型 …………………………………………………… 101

4.1 装甲车辆武器系统概述 ………………………………………………………… 101
4.2 车载火炮的配置与选型 ………………………………………………………… 101
　　4.2.1 车载火炮 ……………………………………………………………… 101
　　4.2.2 对车载火炮的要求 …………………………………………………… 106
　　4.2.3 车载火炮结构特点及其典型结构 …………………………………… 108
　　4.2.4 车载火炮的选型 ……………………………………………………… 116
4.3 车载机枪的配置与选型 ………………………………………………………… 120
　　4.3.1 车载机枪 ……………………………………………………………… 120
　　4.3.2 车载机枪的特点与要求 ……………………………………………… 120
　　4.3.3 车载机枪的选型 ……………………………………………………… 121
4.4 车载弹药的配置与选型 ………………………………………………………… 122
　　4.4.1 车载弹药及其特点 …………………………………………………… 122
　　4.4.2 对车载弹药的要求 …………………………………………………… 123
　　4.4.3 车载弹药的选型 ……………………………………………………… 124
4.5 车载火控系统的配置与选型 …………………………………………………… 126
　　4.5.1 车载火控系统及其组成 ……………………………………………… 126
　　4.5.2 对车载火控系统的要求 ……………………………………………… 127
　　4.5.3 车载火控系统的选型 ………………………………………………… 128

第5章 动力系统的配置与选型 …………………………………………………… 131

5.1 动力系统概述 …………………………………………………………………… 131
　　5.1.1 动力系统及其组成 …………………………………………………… 131
　　5.1.2 对动力系统的要求 …………………………………………………… 131
　　5.1.3 动力系统的评价指标 ………………………………………………… 132
5.2 车用发动机的配置与选型 ……………………………………………………… 132
　　5.2.1 对发动机的要求 ……………………………………………………… 133
　　5.2.2 发动机的类型及其特点 ……………………………………………… 133
　　5.2.3 发动机的选择 ………………………………………………………… 136
5.3 其他装置的配置与选型 ………………………………………………………… 137
　　5.3.1 冷却系统的配置与选型 ……………………………………………… 137
　　5.3.2 润滑系统的配置与选型 ……………………………………………… 141
　　5.3.3 燃料供给系统的配置与选型 ………………………………………… 144

第6章 传动系统的配置与选型 ·················· 153

6.1 传动系统概述 ·················· 153
- 6.1.1 传动系统及其组成 ·················· 153
- 6.1.2 对传动系统的要求 ·················· 158
- 6.1.3 传动系统的传动比分配 ·················· 158

6.2 变速器与离合器的配置与选型 ·················· 159
- 6.2.1 变速器及其特点 ·················· 159
- 6.2.2 离合器及其特点 ·················· 170

6.3 转向机构和制动器的配置与选型 ·················· 173
- 6.3.1 转向机构及其特点 ·················· 173
- 6.3.2 制动器及其特点 ·················· 188

6.4 操纵机构的配置与选型 ·················· 196
- 6.4.1 操纵机构及其要求 ·················· 196
- 6.4.2 离合器操纵机构的配置与选型 ·················· 199
- 6.4.3 变速器操纵机构的配置与选型 ·················· 201
- 6.4.4 转向操纵机构的配置与选型 ·················· 203
- 6.4.5 制动器操纵机构的配置与选型 ·················· 204

第7章 行走系统的配置与选型 ·················· 207

7.1 行走系统概述 ·················· 207
- 7.1.1 行走系统 ·················· 207
- 7.1.2 对行走系统的要求 ·················· 208

7.2 悬挂装置的配置与选型 ·················· 208
- 7.2.1 悬挂装置及其要求 ·················· 208
- 7.2.2 悬挂装置类型及其特点 ·················· 209

7.3 轮式行走装置的配置与选型 ·················· 222
- 7.3.1 轮式行走装置及其构成 ·················· 222
- 7.3.2 轮式行走装置配置与选型 ·················· 222

7.4 履带行走装置的配置与选型 ·················· 226
- 7.4.1 履带行走装置及其构成 ·················· 226
- 7.4.2 履带行走装置的配置与选型 ·················· 227

第8章 防护系统的配置与选型 ·················· 231

8.1 防护系统概述 ·················· 231
- 8.1.1 防护概念 ·················· 231
- 8.1.2 防护系统及其构成 ·················· 231
- 8.1.3 对防护系统的要求 ·················· 233

8.2 装甲防护系统的配置与选型 ·················· 234

  8.2.1　装甲防护及其发展 · 234
  8.2.2　装甲防护类型及其特点 · 235
  8.2.3　装甲防护配置与选型 · 241
 8.3　隐身防护系统的配置与选型 · 243
  8.3.1　隐身技术 · 243
  8.3.2　隐身防护的类型与特点 · 246
 8.4　"三防"装置的配置与选型 · 251
  8.4.1　"三防"概念 · 251
  8.4.2　"三防"装置的构成与配置 · 252
 8.5　主动防护系统配置与选型 · 255
  8.5.1　主动防护系统 · 255
  8.5.2　主动防护系统的构成与配置 · 257

第9章　电气与电子系统的配置与选型 · 260

 9.1　车载电气与电子系统概述 · 260
  9.1.1　车载电气系统及其组成与功能 · 260
  9.1.2　车载电子系统及其组成与功能 · 260
 9.2　车载电气系统的配置与选型 · 262
  9.2.1　对电气系统的要求 · 262
  9.2.2　车载电气系统配置与选型 · 263
 9.3　车载电子控制系统的配置与选型 · 273
  9.3.1　炮控系统 · 273
  9.3.2　发动机综合控制系统 · 276
  9.3.3　自动变速器的电子控制系统 · 279
  9.3.4　电动助力转向系统 · 280
  9.3.5　电子控制悬挂系统 · 281
  9.3.6　舱内温度控制系统 · 282
 9.4　车载通信系统的配置与选型 · 283
  9.4.1　车载通信系统及其特点 · 283
  9.4.2　车载通信系统要求 · 284
  9.4.3　车载通信系统配置与选型 · 284
 9.5　车载综合电子信息系统 · 287
  9.5.1　综合电子信息系统 · 287
  9.5.2　综合电子信息系统的配置 · 288

第10章　装甲车辆人机环工程设计 · 292

 10.1　装甲车辆人机环工程概述 · 292
  10.1.1　人机工程学 · 292
  10.1.2　装甲车辆人机工程设计概述 · 293

10.2 装甲车辆人机工程分析 ………………………………………………………… 295
　　10.2.1 人机工程分析概述 …………………………………………………… 295
　　10.2.2 装甲车辆的人机工程分析 …………………………………………… 296
10.3 装甲车辆人机工程设计 ………………………………………………………… 297
　　10.3.1 人机功能分配 ………………………………………………………… 297
　　10.3.2 人体测量数据与应用 ………………………………………………… 299
　　10.3.3 作业空间设计 ………………………………………………………… 300
　　10.3.4 人机界面设计 ………………………………………………………… 306
　　10.3.5 内部环境控制 ………………………………………………………… 313
　　10.3.6 安全性设计 …………………………………………………………… 315

第11章 装甲车辆可靠性与维修性设计 ……………………………………………… 317

11.1 装甲车辆可靠性与维修性概述 ………………………………………………… 317
　　11.1.1 装甲车辆可靠性与维修性基本概念 ………………………………… 317
　　11.1.2 装甲车辆可靠性的地位与意义 ……………………………………… 319
　　11.1.3 装甲车辆可靠性的参数 ……………………………………………… 320
11.2 装甲车辆可靠性设计 …………………………………………………………… 325
　　11.2.1 装甲车辆可靠性设计概述 …………………………………………… 325
　　11.2.2 可靠性建模 …………………………………………………………… 326
　　11.2.3 可靠性预计 …………………………………………………………… 330
　　11.2.4 可靠性分配 …………………………………………………………… 334
　　11.2.5 故障分析 ……………………………………………………………… 339
　　11.2.6 可靠性设计准则 ……………………………………………………… 342
11.3 装甲车辆维修性设计 …………………………………………………………… 348
　　11.3.1 维修性设计概述 ……………………………………………………… 348
　　11.3.2 维修性分析 …………………………………………………………… 349
　　11.3.3 维修性预计 …………………………………………………………… 351
　　11.3.4 维修性分配 …………………………………………………………… 353
　　11.3.5 维修性设计准则 ……………………………………………………… 356

参考文献 ……………………………………………………………………………… 360

第 1 章
绪　　论

> **内容提要**
>
> 装甲车辆总体设计既是装甲车辆研制过程的起点，又是终点。本章主要介绍装甲车辆及其作用、基本构成、研制流程等基本概念，以及装甲车辆总体设计及其地位和作用、总体设计类型、总体设计的指导思想、主要内容与任务、设计的原则、设计流程、设计方法等。

1.1　装甲车辆及其研制过程

1.1.1　装甲车辆及其作用

1. 装甲车辆及其特点

装甲车辆，是指拥有防护装甲的一种军用车辆，是具有装甲防护的战斗车辆及保障车辆的统称，是用于地面突击与反突击作战的集强大火力、快速机动力、综合防护力和信息力于一体的武器系统。它以坦克为主要代表，常称为坦克装甲车辆，是现代陆军的重要装备。装甲车辆在科学技术的推动下，在实战的考验中不断发展，形成了包括坦克、步兵战车、装甲输送车等在内装甲车辆战斗系列，成为现代陆军的主要突击装备。

火力、机动力和防护力是现代装甲车辆战斗力的三大要素。现代装甲车辆具有火力强大、防护坚实和良好越野机动的特点，因而是地面战争中的优良武器系统，是陆军的主要突击力量，有些是很好的机动勤务力量。极强的机动能力是装甲车辆的最主要特点。作为战场主要进行近距离战斗的坦克，其直接面对的是敌方坦克，因此，其防护能力无疑是装甲车辆中最强的，其他装甲车辆主要是对付有生力量或自卫，其防护能力相对较弱。在战场中主要进行近距离战斗的坦克，其主要任务是对付敌方坦克，因此，其火力无疑是装甲车辆中很强的。自行火炮更是以火力强著称。其他装甲车辆主要是对付有生力量或自卫，其火力相对较弱。坦克炮的命中精度和导弹相差不大，并且穿甲、破甲和碎甲威力大大优于导弹，所以各国主战坦克仍以火炮为主要攻击武器。

2. 装甲车辆在现代战争中的作用

在第一次世界大战中，装甲车辆"初出茅庐"就一鸣惊人。在第二次世界大战中，装甲机械化兵团的大纵深机动作战所向披靡，战果辉煌，从而奠定了装甲车辆在战争中的地位和作用。

突击进攻是一种主要战斗手段。在飞机等支援力量的帮助下，装甲车辆能在相当远的距离范围内击毁包括敌人最坚强的坦克在内的所有重要目标，以小的伤亡代价"进"和"攻"，与步兵一起彻底击溃和歼灭敌人并占领阵地，或高速推进，大纵深地扩大战果，达到作战的最后目的。

随着现代科学技术的进步，战争的形态也在不断演变，反坦克武器的精确制导化使战场火力效能剧增，而远程投射手段的发展又大幅地提高了战场火力的覆盖范围，使装甲机动战受到了火力战的严峻挑战。虽然在未来战场上装有轻装甲的武器直升机的作用越来越大，但它不能扼守阵地，不便于保护地面力量，也不能全天候持续长期突击，因此不能代替装甲车辆与地面的各种力量的密切配合。而它们之间的优势互补，地空配合，坦克、步兵战车、自行火炮等地面突击武器与直升机协同作战将会成为未来战场进攻的先锋和核心力量。在合成兵种战斗中，装甲车辆主要是支援或配属步兵作战，也可在其他军（兵）种协同下独立执行战斗任务。

在未来数字化战场上，对装甲兵的要求不再局限于传统的"战术机动作战能力"的强化，而需要它在整个战区范围内都具有高度的"战役机动作战能力"，甚至还需具有较高的跨战区"战略机动作战能力"。要实现以上目标，还需借助空中机动手段，将单一的地面机动变为"空－地"结合的主体机动。装甲兵必须有一支用于实施战略、战役机动作战的轻型装甲兵（空中机动），以及一支用于实施战术机动作战的重型装甲兵（地面机动）。轻型装甲兵可为后续装甲兵部队的"兵力投入"和"进入交战"赢得时间和创造条件，但它也离不开重型装甲兵近战机动突击的有力配合。传统的"地面重骑兵"经过战场数字化的洗礼，必将拥有更强大的火力，机动、防护和信息作战能力，在未来的战场上发挥更大的作用。

在未来战场上，装甲车辆通常具有以下作用：
① 突击进攻——快速勇猛冲击，歼灭防御之敌。
② 防御防护——歼灭突入之敌，保护自己免受伤害。
③ 运动运输——快速机动，进攻突然灵活，撤退销声匿迹，战场人员和物资的快速输送。
④ 协同作战——兵种协同、空间协同、时间协同，发挥系统优势。
⑤ 压制歼毁——强大火力支援，远程打击与歼毁。

1.1.2 装甲车辆的构成

装甲车辆是集火力、机动、防护和信息于一体的武器系统。虽然装甲车辆的种类繁多，但其中最主要的是战斗车辆。战斗车辆一般由三大系统两大设备（武器系统、推进系统、防护系统、通信设备、电气设备）组成。某些车辆还有一些特种设备和装置。以坦克为例，其组成如图1.1所示。

图1.1 坦克的组成

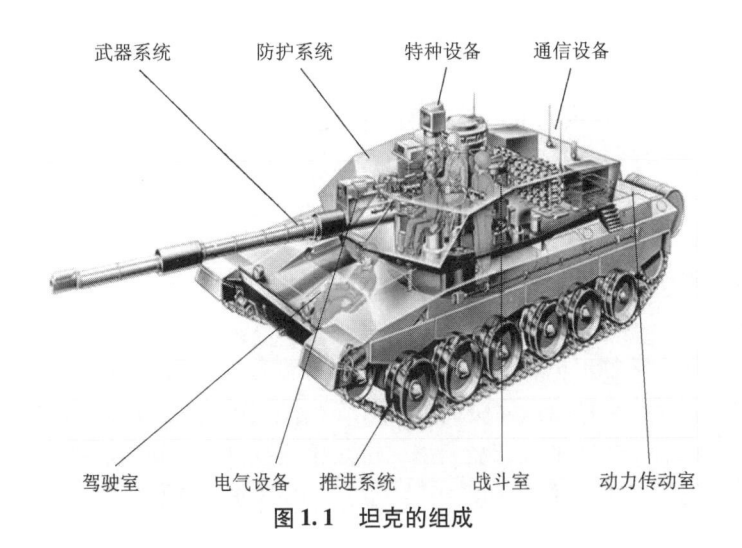

1.1.3 装甲车辆的研制流程

装甲车辆是一种复杂武器系统。装甲车辆的复杂性决定了其研制周期比较长,一般一种新型装甲车辆完成产品设计定型(技术过关)和生产定型(质量过关),需要 10 年以上时间。

研制一种新型装甲车辆的程序也是较为复杂的,牵涉到许多工作和相关部门,其工作程序随国家和军队编制体制不同也略有变化,但其研制生产的五个阶段是基本不变的。

1. 论证阶段

主要是战技指标可行性论证。根据国防政治形势、战略和技术观点、地理气候条件、科技水平和制造能力、国防费用开支、部队素质和后勤供应特点等,列入装甲车辆型谱规化和装备发展计划。最后提出对该车的战术技术要求,明确具体性能指标数据及相关条件,并经过标准程序审定和批准,作为设计研制的依据。

2. 方案阶段

主要是方案论证、原理分析与研究。此时根据论证的战术技术要求,在参考已有装甲车辆和预研成果及可能的技术应用的基础上,可开始总体设计,最后提交出可行的总体方案(往往进行多方案选择)。同时,有针对性地进行研究和试验,证实其技术可行性,并对一些技术和结构取得必要的数据和经验,为正式设计工作打好基础。

3. 工程研制阶段

此阶段的工作是零部件设计,试制,鉴定,提供初样车。根据最终审定批准的总体方案进行设计、计算、完成工程图纸设计任务。根据设计图纸和技术文件,试制几台重要部件和少数初样车。分工承担任务的厂家提交样品给总装厂,一般也以这个时间进度为准。有时也同时试制一种以上方案的不同部件和样车。重要部件常先进行台架试验,排除问题后才装车试验。通过试制和试验,可以检验设计、工艺、协作品等各方面的合理性、可能性和经济性,特别是能否达到战术技术要求指标,暴露可能存在的各种问题,以便进行修改,有时甚至大改。

4. 设计定型阶段

主要工作是设计定型、试验和鉴定。此时一般在初样车的基础上试制正样车，由军方与工厂及协作方会同进行比较全面的试验，包括进行几千千米以上的可靠性试验等。当进一步排除一些结构问题或生产问题，基本满足性能要求，并且图纸、技术文件都齐全以后，才能设计定型。

5. 生产定型阶段

主要工作是生产定型、相关试验和鉴定。工厂在样车运行工艺技术准备的基础上，正式根据设计图纸和技术文件进行生产准备，主要是生产定线、协作定点，包括设计或改进生产线，设计、制造或采购新的工艺装备，研究和掌握新的工艺技术，同时安排协作和材料供应，组织生产。首先试行小批生产。产品质量基本达到要求，经过全面试验，包括热区、寒区及一些地区的试车合格以后，才能批准产品定型，进入正式成批生产阶段，并陆续装备部队。

部队要经过一系列的组织训练和准备后，新车才可能投入战斗使用。

1.2 装甲车辆的总体设计概述

1.2.1 装甲车辆设计依据与要求

装甲车辆设计应按照《常规武器装备研制程序》的规定，并依据经批准的《武器系统研制总要求》《研制任务书》及武器装备研制合同等进行，按性能，以及可靠性、维修性、保障性、安全性等要求进行设计，以保证装甲车辆具有良好的综合效能。

在设计中应反复对性能、研制周期和研制经费进行综合权衡，达到适宜的效费比。在满足产品性能的条件下，尽可能进行通用化、系列化、组合化（模块化）设计。设计应考虑继承性，控制新研制项目采用的数量和比例，在车辆设计中，新研制项目的比例一般不应超过20%～30%。对采用的新研制项目应进行风险分析和评估。进入工程研制阶段时，不应有任何高风险项目。应重视追踪世界先进技术，不断采用新技术、新结构，适应未来数字化战场需要。环境适应性应按 GJB 282.1～282.4 和 GJB 1372 有关要求进行设计。应遵循部件服从总体，总体保证战术技术指标实现的原则。

1.2.2 装甲车辆总体设计及其地位和作用

1. 装甲车辆总体设计的基本概念

装甲车辆总体设计，是运用系统工程理论和技术，以装甲车辆内部封闭式系统以及装甲车辆内外开放式系统为对象，根据装甲车辆战术技术要求，研究武器与作战使用环境条件之间，有关火力、机动与防护三大性能之间，各分系统之间的结合优化匹配中带有全局性、综合性、边缘性的定性和定量关系，确定装甲车辆的概念、构成原理、结构方案，以及主要性能参数、结构参数等重要参数。

装甲车辆总体设计是系统工程技术在装甲车辆研究、设计、布置、试验各个阶段的具体应用。

2. 装甲车辆总体设计的地位

装甲车辆总体设计是装甲车辆设计的基础与前提，它在很大程度上决定了装甲车辆的性能和成本，影响到研制开发的成败以及运用。

①装甲车辆总体设计是设计的第一道工序和最后一道工序；设计从总体出发，最终回到总体。

②装甲车辆总体设计在设计过程中始终处于不可动摇的统帅地位。

③装甲车辆总体设计在设计过程中始终处于核心位置，是不断变化的。所有设计围绕总体进行，由简到繁，由粗到细，逐步完善。

3. 装甲车辆总体设计的主要作用

1) 总体设计具有承上启下的作用

装甲车辆设计是瞄准打赢未来局部战争，在跟踪国内外装甲车辆发展思路，以汽车技术、装甲技术、武器技术等高新技术及其研究成果为基础，研制高性能装甲车辆。装甲车辆总体设计是装甲车辆的顶层设计，以此指导和指挥过程设计，具有承上启下的作用。装甲车辆总体设计始终把握着设计全过程，控制着设计过程进展，具有承上启下的作用。装甲车辆总体设计从技术上按科学体系及需求，在一定的继承性上创新。

2) 总体设计具有驾驭全局的作用

总体设计，从"量"的方面研究"系统大于各部分之和"，从"质"的方面研究"系统获得新质的升华所需结构关系有机性"。装甲车辆总体设计是保证整体设计质量的关键，包括保证产品性能，以及质量、可靠性、可信性、经济性、进度等。装甲车辆总体设计是装甲车辆设计的保障技术，包括把握研制的重点、难点、研制风险和进程，以及把握冻结技术状态时机。

3) 分解综合技术的作用

装甲车辆总体设计是实现战术技术指标的主要保证。装甲车辆战术技术指标往往是若干分系统、部件共同协作才能实现的。装甲车辆总体设计的主要作用之一就是将战术技术指标以及研制过程中可能出现的问题分解到各系统，并以研制计划和技术措施形式对研制工作以及参研单位进行明确分工，落实责任制，组织对技术难点和重点的联合攻关。装甲车辆设计是一个整体，总体设计肩负着分系统、部件之间"量"的结合优化和"质"的转化升华的任务，最终完成装甲车辆战术技术指标。

4) 优化决策的作用

装甲车辆总体设计负责监管装甲车辆各分系统及零部件的设计与研制，要求装甲车辆各分系统及零部件的设计与研制尽可能做到局部优化。装甲车辆设计最终实现战术技术指标，总体设计必须站在总体高度，保证装甲车辆各分系统及零部件的设计与研制符合整体利益，所有设计都必须有利于提高总体性能。装甲车辆的战术技术指标以及设计方案许多都是矛盾的，装甲车辆总体设计主要是进行优化决策，调和矛盾，扬长避短，有利者取其重，有弊者择其轻。

5) 匹配协调的作用

装甲车辆设计是一项极其复杂工作，涉及的技术较多，涉及的单位和人员较多，工作头绪也较多，总体设计实际上有很大一部分工作是系统管理工作，管理和协调设计工作中涉及的方方面面。装甲车辆总体设计适时采用各个分系统所涉及的各学科的研究成果，将它们优化地汇总到一个装甲车辆设计中，充分发挥总体独有的开拓作用。装甲车辆总体设计具有涉及全系统综合和协调的职责，指挥协调研制工作，组织系统评审，其主要作用之一是技术匹配与协调，尤其是接口技术的匹配与协调。

1.2.3 装甲车辆总体设计类型

装甲车辆的设计类型主要有三种：基准车型的变型设计、基准车型的改进设计及新车型设计。其中基准车型，一般是指现役中性能较好，具有拓展前景的标准型装甲车辆，以此作为基准，通过对其改进，形成序列装甲车族。

1. 基准车型的变型设计

基准车型的变型设计是指利用基准车型的部件，通过重新改变基准车型的总体布置，添加或改变少数部件，成为一种新型号来满足新的需求。

根据任务要求，常以原来车型为基准型，利用其底盘改变局部设计，特别是通过改变总体布置、主要武器、火控系统及战斗室的布置，增加或改变少数部件，来得到新用途的变型车。若干种变型车和原来的基准型共同成为一个产品系列，或称为一个车族。实际上就是满足不同用途的同一底盘，各有不同的作业装备，也就各有不同的型号或名称，这样给生产或使用都带来方便，也比较经济。

2. 基准车型的改进设计

基准车型的改进设计是渐进式发展的，是产品改进而不是产品更新。

在设计定型以后的成批生产和使用过程中，设计人员可以根据生产和使用过程中出现的一些结构问题、工艺问题和质量问题等进行一些进一步的研究工作，不断完善产品的性能，提高产品的质量，除非到停止生产之日，才能彻底结束修改工作。同时，又可能有了一些可供采用的新部件、新元件和新材料，技术发展也提供一些新的条件，特别是针对主要武器及火控系统、动力传动及其控制系统、装甲防护系统等进行改进设计，成为原车的改进型，例如：原来叫Ⅰ型，改进后就区别为Ⅱ型或ⅠA型，以至将来再改进为Ⅲ型或ⅠB型等。

基准车型的改进设计所能达到的性能水平是有限的，所解决的使用和生产之间的矛盾是暂时的。随着技术水平（包括潜在敌军装备的水平）不断提高，原车型越来越不能满足发展的需要，而技术水平又提供了比较彻底地改变旧结构来提高战术技术性能的可能，这就需要设计新一代的车型。

3. 新车型设计

对基准车型，有变型设计和改进设计这两种设计方法，因为整个底盘或主要部件已得到考验，设计和生产已有基础，所以设计、试制、试验和投产都较迅速而简便，成功的把握大，出现问题少，得到新车既快又经济。特别是使用原型车和变型车部队的行军速度、适用范围和条件相同，因此，对于使用变型车辆，无论是训练、作战还是后勤和技术保障，都得到了简化。这种设计方法的缺点主要是基准型车难以满足各种变型车的需要，特别是车重不符合需要，使变型车的一些性能受到限制。

只有当车重相差悬殊，或变型设计会使车辆性能很不合理，而新车的需求总数量又相当大的时候，才适宜另外设计新的车型。新车型的设计工作量较大，得到新车的时间较长，但性能上的迁就和限制较少，能达到更高的水平。当然，这时仍应尽量使部件、零件和一些装置通用化或系列化。

新一代车型若以旧一代车型为基础来进行研制，尽量保持继承性，在提高性能水平时较容易达到定型。这样新车型的设计试制周期就可以比较短，也比较经济。同时，在新一代车型设计和试制周期中,已开始酝酿更新一代车型。这种渐进式发展方法,在一定的阶段为各国所采用。

渐进式发展是一种较可靠但发展较缓慢的方法。由于长期渐进中的改进潜力渐尽,旧结构会限制性能的改进,必然越来越落后于发展的需要。到一定时间后,为摆脱落后的困境,不得不重新进行总体设计,采用新的先进部件,改变大量的结构,较全面地设计新的型号,以谋求较彻底的更新和提高。但这并不排斥固有的运用观点、技术特长、工业条件和设计风格,使新车型仍具有一定的继承性,包括采用原有的一些零件、元件或部件。这样发展的成果显著,但难度比渐进式的要大。若希望提高的性能幅度过大,或发展新技术的难度太大,往往导致成本过高或可靠性较差。产品更新往往还需考虑增加新的生产技术和改建生产线的问题,不致造成因组织合作或经济等原因而导致设计失败或研制后不生产等问题。

为了降低难度,有些新设计可分成两步来完成的。第一步是暂用已有的战斗部分,利用新发动机等部件来设计新底盘。第二步是在成功的底盘上设计新的战斗部分。

1.2.4 装甲车辆总体设计的指导思想

1. 独立自主

走独立自主的发展道路是我国装甲车辆设计的客观要求和必然结果。盲目跟随外国先进技术的发展,往往会带来"水土不服",不能充分发挥总体作用。何况军工技术具有国家性质,保密性强,真正的核心和关键技术是不可能从别人那里得到的,必须针对国情、军情、战略、理论、工业、经济发展实况,立足于独立自主、自力更生,发展具有自己特色的装甲车辆。

2. 适合国情

适应我国的地形条件和气候条件。我国辽阔的领土南部在热带,北部接近寒带,温差一般从 +50 ℃ 到 −40 ℃,干湿状况也很悬殊。在长江以北,平原、丘陵、山地、沙漠较多,适用于较重型装甲车辆作战,但要考虑其越野机动性和严寒季节作战的性能;在长江以南,水网稻田、丘陵、山地多,适合较轻型装甲车辆和水陆两栖装甲车辆作战,应多考虑降温、防潮、防霉、防锈等问题。

适应我国和我军的运输条件。装甲车辆的战斗全质量和外形尺寸要考虑我国的道路、桥梁和铁路运输的有关规定。特种装甲车辆的海上和空中运输还要考虑登陆舰和运输机的货舱尺寸和载重量及其他特殊要求。

适应我军技术情况。便于部队掌握、维修,尽量延长保养周期,能够快速更换易损零部件。

符合我军标准。无论是具体的结构设计还是人机环方面的设计,都要满足国军标的要求。

3. 性能协调

装甲车辆是多方面复杂矛盾结合为一体的武器系统,其火力、机动和防护三大性能则体现出装甲车辆的综合性能水平。三大性能是矛盾的统一体,三大性能之间往往既相互矛盾,又相互制约,必须正确处理三者之间的关系。

一种表示三大性能矛盾的三角形如图 1.2 所示。三角形的三边分别代表三大性能的零轴,而火力 f、机动 m 和防护 p 的性能量分别沿相应零轴的对角方向表示,以三角形的高为 100% 的最高性能。等边三角形的一个特点是三角内任何一点到三边的垂直距离之和不变。这个和代表当代能达到的总的技术水平,可以随技术的发展而增大,即三角形增大。三角形的正中一点，距各边为 33%，代表三大性能平衡的设计，适用于多用途。$m=0$ 轴上的一点，可能代表一个固定堡垒的性能，而 $p=0$ 轴上的一点，则代表无装甲的自行炮架，等等。由图可以明显看出，要突出某一方面性能，就要削弱其他方面的性能，或要突出某两方面性能，就要更大限度地牺牲第三方面的性能。这种有所得必有所失的关系，还表现在许多方面，但已难以用图形来说明。要求的方向越多和越高，所需代价也越多和越高。这是复杂矛盾的统一体的性质所决定的，也是提出要求时容易忽略的。

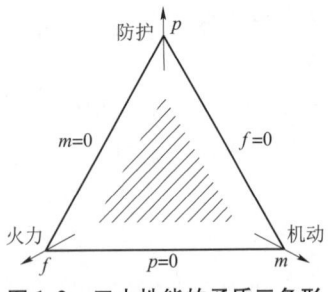

图 1.2　三大性能的矛盾三角形

不同类别的装甲车辆可以有各自的矛盾三角形。未能用图形来表达的矛盾更多。

还应重视性能、可靠性、经济性之间的协调，提高装甲车辆效费比。装甲车辆作为武器，我们对其可靠性应有充分的认识，这些认识主要是来自战场实战结果的总结。装甲车辆作为大量生产和使用的产品，要求充分重视降低成本和经济性，解决有效性和价格之间矛盾的办法是提高效费比。

4. 合理的继承和有效的创新相结合

创新是持续发展的根本。不断提高装甲车辆性能是研制新型装甲车辆的出发点。但是创新往往带来风险。因此，装甲车辆研制过程中，应该合理地将继承与有效创新相结合，既有效提高效能，又有效降低风险。装甲车辆研制过程中，通常大部分仍沿用国内已定型生产的成熟技术的零部件，只是在某些关键部位采用突破性高新技术或新技术成果，但后者必须严格控制数量，一般不超过 1/3，大部分成熟可靠和少量创新突破相结合是装甲车辆既先进又可靠的主要保证。

1.2.5　装甲车辆总体设计的主要内容与任务

装甲车辆总体设计，始于新装甲车辆的方案阶段并贯穿于装甲车辆研制的全程，侧重处理装甲车辆全局性的问题。在方案阶段，根据上级下达的战术技术指标，分析可行的技术途径和技术难点，进行总体论证，对形成的若干个总体初步方案进行对比、评价决策和遴选；在工程研制阶段，运用参数分析、系统数值仿真、融合技术等方法，指导部件设计，侧重解决部件之间的接口、人机工程、可靠性、维修性、预留发展、系统优化和可生产性等问题；在设计定型阶段，要考核装甲车辆各项性能，还要继续处理新发现的问题。部件设计侧重解决具体技术问题，保证布局、结构、性能满足总体的要求。

装甲车辆研制的技术依据是军方（或需方）的战术技术指标。战术技术指标是对装甲车辆功能与战术性能的要求。

1. 总体设计的任务

装甲车辆的研制过程分成五个密切联系的阶段。在方案阶段，对新型装甲车辆进行包括功能组成、结构与布局等总体和重要组成部分的多方案论证和评价，并经上级决策选择一个方案转入工程研制。因此，可以说装甲车辆的总体与全局性设计主要是在方案阶段完成的，也是总体工作最为复杂和繁重的阶段，将决定工程研制阶段的技术进展与风险大小，决定产品的技术品质。方案论证和评价工作的深入与翔实、结论的可信度以及决策的准确性是十分关键的，是整个产品研制中的关键阶段。这个阶段形成的方案与设计是产品研制最早期的设计，当新技术采用较多以及经验相对不足时，设计者经常看不清设计系统中一些功能与所采取措施间的关系或必然联系，特别复杂的产品更是如此。方案论证中以及后续研制阶段中必然要反复协调修改与逐次迭代。

在分析研究战术技术指标的基础上，总体设计的主要任务是：

①提出装甲车辆的（功能）组成方案、工作原理。

②分解战术技术指标，拟定和下达各组成部分的设计参数，确定各组成部分的软、硬界面，软、硬接口形式与要求。

③确定系统内物质、能量、信息的传递或流动路线与转换关系和要求。

④建立系统运行和工作的逻辑及时序关系，对有关模型和软件提出设计要求。

⑤进行总体布局设计，协调有关组成部分的结构设计，确定系统形体尺寸、质量、活动范围等界限以及安装、连接方式。

⑥组织和指导编制标准化、可靠性、维修及后勤保障、人机工程等专用大纲、专用规范等设计文件。

⑦组织关键技术、技术创新点的专题研究或试验验证，对关键配套产品、器件、材料进行调研落实，对关键工艺与技术措施进行可行性调研与分析并提出落实的建议。

⑧提出工厂鉴定试验方案与大纲，组织编写试验实施计划，组织装甲车辆的试验技术工作。

⑨编制装甲车辆总体设计、试验、论证等技术资料。

⑩负责研制全过程的技术管理。

2. 装甲车辆总体设计的主要内容

1）方案论证

方案论证对后续工作有重要影响，方案论证充分则事半功倍，否则后患无穷。方案论证主要包括以下主要内容：

①技术指标分析，分为可以达到的技术指标、经努力可能达到的技术指标、可能达不到的技术指标、不可能达到的技术指标。

②关键技术梳理，包括需采取的技术措施、需专项攻关的问题。

③必要的实物论证，包括弹道、供输弹系统、反后坐装置、总体布置、随动系统、火控系统、探测系统、动力系统、传动系统、行走系统等考核性试验。

2）样车方案设计

样车主要有原理样车、初样车、正样车、定型样车等。样车方案设计主要包括：

①系统组成原理（框图），采用黑匣子设计原理，串行设计与并行设计相结合，合理管理。

②性能指标的分解与分配。

③结构总图（由粗到精）。

④各子系统的界面、接口的划定及技术协调、仲裁；装甲车辆参数是多维的（三维空间、时间、质量、环境条件、电、磁等），接口技术原则是适配、协调、安全、可用、标准；接口界面有物理参数（相关作用、匹配管理）、结构适配（干涉）、时序分配、电磁屏蔽、软件（可靠性、兼容性、稳定性等）。

⑤轻量化设计，包括轻质材料应用、节能设计、集成化与一体化优化设计、减载设

计等。

⑥人-机环境设计，包括提高机器的技术水平，减少对人和环境的影响，优化总体布置提高操作性和舒适性等。

⑦电磁兼容性设计，包括抑制干扰源、保护敏感单元和切断耦合途径。

⑧隐身防护设计，降低整车的红外和热像特征提高防护能力。

⑨整车智能化设计，提高战场感知能力、操作自动化水平等。

3）组织实施系统试验

策划全系统以及关系重大的各种试验，并组织实施，获取多种有用的试验数据，进行处理分析，对试验结果进行评估。

4）系统设计规范化、保证技术状态一致性

适时地下达设计技术规格书，确保技术状态一致性，可追溯性。

5）组织设计评审

组织和主持全系统和下一层次的设计评审。

6）技术文件及管理

拟定各类技术管理文件，并具体落实到位，实施管理。

3. 装甲车辆总体设计要解决的主要问题

1）选定系统组成

战术技术指标大体上确定了装甲车辆组成的基本框架。但由于某些功能可以合并或分解，因而可以设计或选择为一个或两个功能部件，又由于许多功能部件或产品有多种不同形式或结构，加上设计者可以根据需要进行创新，如功能合并或分解、结构形式或工作原理不同等，所以可以有不同的组成方案。只有针对具体的组成方案才能进行战术技术指标的分解，并对具体组成件提出为保证对应指标实现的具体设计参数。

选定系统组成是总体工作的初始工作，它与指标分解、设计参数拟定、总体结构和布局与接口关系等一系列总体工作有关，是一个反复协调的过程。

2）分解战术技术指标与确定设计参数

把战术技术指标转化为装甲车辆组成部分的设计参数，是满足战术技术指标，提出系统组成及有关技术方案的重要工作。由于自然界的不封闭性，战术技术指标分解为有关设计参数，形成技术措施是多方案的。一项战术技术指标转化成各层次相应的设计参数时，有些参数还受其他战术技术指标的制约，这种相互制约表示了装甲车辆各组成部分的依从和制约关系。所以分解转化战术技术指标必须全面分析，抓住主要矛盾和矛盾的主要方面，注意保证装甲车辆的综合性能，而不能只从某单项指标考虑。

在实际工作中，战术技术指标有可分配和不可分配两类。可分配战术技术指标还分为直接分配类和间接分配类。战术技术指标的分解、转化都将从分析、分配过程中找出实现战术技术指标的关键和薄弱环节。

战术技术指标分解、设计参数的确定与系统组成的选定是密切相关的，实际上是对组成方案的分析和论证，并在各组成的软、硬特征上进一步细化和确定，是装甲车辆方案设计的主要内容，是总体设计的重要环节。

战术技术指标分解与转化后应形成一个装甲车辆按组成层次形成的技术设计参数体系，它将反映指标分配与方案论证的过程，是装甲车辆设计的基础，也是制定各层次设计规格书的基础。

3) 装甲车辆的原理设计

与装甲车辆组成和战术技术指标转化工作同时进行的工作是原理设计，主要解决：

①系统各功能组成间能量、物质、信息传递的方向和转换，各功能组成间界限与接口关系。

②系统的逻辑与时序关系。

③模型或软件的总体设计。

装甲车辆的各功能结构在工作时要按一定的顺序，有一定的持续时间，与其前行或后继的功能结构间有能量、物质、信息等的传递和转换。在功能组成设计、战术技术指标分解的同时，必须将各功能组成的上述关系一一弄清，才能形成完整的装甲车辆功能，包括各种工作方式的设计。

以现代自行加榴炮为例，它由火力、火控、底盘三个主要分系统和有关装置组成，包含有信息接收与发送装置、观察与瞄准镜、导航定位装置、装甲车辆姿态测量装置、火控计算机、随动系统、全自动供输弹装置、弹丸初速测量与发射药温测量等传感器、引信装定装置、能源站、三防装置、灭火抑爆装置、战斗舱空调装置等。在原理设计时要解决：

①在全自动、半自动、手动三种工作方式时各有哪些功能机构参加工作，以什么方式转换。

②在各种工作方式下，包括信息传递、能源供应等在内的各功能机构工作顺序、时间分配。

③有关信息的转换关系，如依据大地坐标求解目标射击诸元，构建何种模型，由何种途径变为火炮对射击平台的装定量。

④装甲车辆各功能机构与仪器用电体制的协调、器件选择、能源分配设计。

⑤火控计算机工作内容、模型与软件设计原则。

⑥功能结构件的软硬接口。

装甲车辆原理设计主要以方块图表示，在各方块之间有表明传递性质或要求的连线，此外，有流程或逻辑框图来表明工作逻辑关系。时序图是协调处理时间分配的主要手段。

4) 总体布置与结构类型配置

确定装甲车辆的总体布置是各种装甲车辆设计的重要环节，与装甲车辆中主要装置或部件的结构、布局直接有关，应从火力部分以及一些最主要的关键装置或部件的结构类型选择与配置开始。对装甲车辆而言，首先是装甲车辆及炮塔结构与布局，其次是发动机布局与底盘结构设计。如多管自行高炮炮塔是按中炮还是边炮布局，容纳几名炮手，为整个装甲车辆形式与有关仪器设备的布局与连接均带来很大的不同。

装甲车辆的总体布置要做到全系统的部件、装置在空间、尺寸与质量分布上满足装甲车辆射击时的稳定，各部件受力合理等有关要求，还应使勤务操作方便，动力与控制信号传输路程短，安装、调试、维修方便并减少分解结合工作，减少不安全因素等。

要做到上述要求是不容易的，因为总体布局与有关结构设计是在有空间、质量等各种限制条件下进行的，许多要求之间是矛盾的。

在总体布置中各个装置或部件要考虑：各装置或部件的功能及相关部件的适配性、相容性；温度、湿度、污物、振动、摇摆等引起的影响；可靠性，安装方式与空间，动力供应，控制方式与施控件联系，向外施放的力、热、电磁波等，操作、维修、检测要求等。

5）装甲车辆总体性能检验、试验方法及规程、规范的制定

装甲车辆设计中对于人机工程、操作勤务、维修保养、安全与防护各方面要求，应有详细的设计规范或参考资料。

在结构设计时，除使用计算机辅助手段设计平面布置图、各种剖视图、三维实体与运动图外，对特别难布置或特别重要的结构布置，用按比例或同尺寸实体模型进行辅助设计是必要的。

1.2.6 装甲车辆总体设计的原则

总体设计的原则是以低成本获得装甲车辆的较佳综合性能，获得较高的效费比。为达到此目的，在系统构成选择、总体构形与布局、设计参数确定等方面有以下一些原则：

①着眼于系统综合性能的先进性。在总体方案设计、选择功能组成时，不仅要单个组成性能的先进性，更应注意组成系统综合性能的先进性。抓住主要矛盾和主要矛盾方面，有所为有所不为。

②在继承的基础上创新。他山之石可攻玉，充分利用和借鉴装甲车辆技术发展中成熟技术和结构，但一定要做到知其然知其所以然。在满足战术技术指标前提下，优先使用成熟技术和已有的产品、部件。结合实际情况，充分利用和借鉴现有相关技术的最新研究成果。在继承的基础上，积极开拓思路，进行技术创新，改进现有产品或进行创新设计。但是，一般采用新技术和新研制部件应控制在一定的百分比之内，比例过大将会增加风险和加长研制周期。

③避免从未经生产的产品或未经验证的技术中获取关键数据。

④从设计、制造、使用全过程来研究技术措施和方案的选取。综合考虑实现战术技术指标，并满足可生产性、可靠性、维修性、训练与贮存等各有关要求，从初始设计起将上述问题纳入设计大纲和设计规格书之中，比如新装甲车辆设计不仅要考虑可靠性，还有考虑维修性，而且要尽量利用已有的维修保养设施。

⑤注意标准化、通用化、系列化与组合化设计。在总体设计时，应当与使用方和生产企业充分研究标准化、通用化、系列化的实施，对必须贯彻执行的有关国家和军用标准，应列出明细统一下发，对只需部分贯彻执行的，则进行剪裁或拟定具体的大纲。

⑥尽量缩短有关能量、物质和信息的传递路线，减少传递线路中的转接装置数量。

⑦重视软件设计。软件是装甲车辆的重要组成部分，对它的功能要求、设计参数拟定、输入与输出，与有关组成的接口关系，检测与试验设计，应按系统组成要求进行。

⑧关注相关学科的理论及其技术发展，以寻求创造性思维。长期从事同一专业往往容易形成固定的思维模式，从而抑制了创造力的发挥。装甲车辆总体设计的许多技术突破也是来自相关学科理论和技术的交叉应用。

⑨充分利用有效的现代设计手段。现代设计手段可以大大提高设计效率，如虚拟样机技术在装甲车辆研制中的应用，使研制样机能够实现一次成功，提高设计效率，缩短研制周期。

1.2.7 装甲车辆总体设计流程

新型装甲车辆的总体设计流程，因战术技术要求、设计环境、设计方案、设计思路以及

不同阶段的总体设计（原理样车、初样车、定型车等设计）的基础和要解决的矛盾不同而有所变化，但其主要环节基本不变，总体设计主要流程大致如图 1.3 所示。

1. 明确战术技术指标和设计任务

装甲车辆使用部门根据其未来作战作用、科学技术发展、国家经济能力等诸因素的调研，对新型装甲车辆提出了各项性能量和质的目标要求，其中包括了总体、火力、机动、防护、可靠性、使用性能、环境、特性等目标，这些目标反映未来新型装甲车辆的基本特征。战术技术要求是装甲车辆总体、设计的基本依据，是总体设计出发点，又是其归宿点，因此，在总体设计之前，设计人员首先要明确和细致分析各项战术技术指标，从而对新型装甲车辆总体系统的组成，新部件、新材料、新工艺要求水平，技术实现的可能性等，做出具有远见卓识的判断和估计。

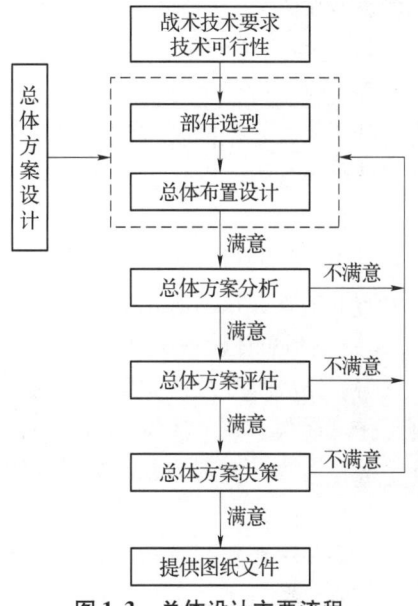

图 1.3 总体设计主要流程

2. 总体方案设计

1）技术方案设计

①总体概念设计。在分析装甲车辆战术技术指标的基础上，根据战术技术指标，划分装甲车辆功能组成，初步设计工作原理与主要部件的大体结构，确定能达到目标的装甲车辆组成层次，并且分解战术技术指标，拟定下属层次组成的设计参数和要求。在对国外部件发展方向、国内新技术成果贮备、工艺水平等充分调研分析基础，对新型部件（包括现行的产品、科研成果、预研的方案等部件）的选择，做出不同层次的安排。装甲车辆部件选型主要包括火力方面如火炮类型、口径、火控类型、组成、精度分配等；动力方面如动力装置类型、性能、动力系统组成；传动、行动、操纵、防护等方面部件分析、选择。通过主要部件的选型分配，设计人员从中产生了新型装甲车辆总体方案轮廓的构想。设计人员在选型分析中，不但要有装甲车辆总体组成的总体知识，还要部件选型分析知识。

②理论设计。在方案设计过程中，常需进行一些基本设计计算来判断与三大性能有关的部件是否匹配，例如，进行牵引计算——确定发动机；进行穿甲威力计算——确定火炮；进行装甲防护计算——决定装甲配置。

2）总体布置设计

总体布置设计是指总体方案的布置（驾驶室、战斗室、动力室等在整车的安排与划分）和各舱、室内部的布置。最后确定主要采用部件的大体结构及其布置，决定全车外型尺寸、配置质量和质心等。在设计过程中，需要采用必要的设计根据和考虑及措施等说明文件，有时还准备实体模型和必要的辅助图纸和资料来说明或证明一些问题。

3）总体方案分析

通常提出多个总体方案来分析和比较。总体设计需要及时配合进行总布置，把握总体性能、协调各部件设计，进行修改弥补和解决矛盾。同时，以总方案图为基础，逐步绘出部件外形，明确一些结构运动的范围，决定位置尺寸基准，并考虑制造总装配问题，以及控制全车质量及质心等。

4）总体方案评估

在上述总体方案分析基础上，通过计算、估计、模拟、仿真各总体方案所能达到的全部或局部战术技术性能及与敌对抗的效果，对各总体方案满足战技指标程度和优缺点做出估计，评估出各方案的优劣顺序。

5）总体方案决策

组织专门的讨论和按国军标要求进行设计评审，给出最佳备选方案。领导机关经过对备选方案的审查，选出满足战术技术指标的最佳方案。

6）编制总体设计文件

编制完成最终总体方案相关的计算、图纸、表格等设计文件，以指导下一阶段的工程研制工作。通常，在上述设计过程中，包括试制或试验，都会暴露出一些问题，需反复修改设计，甚至大改，直到问题解决，性能达到预期要求，并且图纸和技术文件都齐全，才能设计定型。

由于装甲车辆的特殊性和设计要求，研制中总体设计任务贯穿在研制的各阶段中，并且根据需要设置若干评审决策点，以确保研制工作正常进行。

1.2.8 装甲车辆总体设计方法与技术

装甲车辆总体设计的方法与技术是以基础理论、通用技术为基础，结合装甲车辆的特点应用而形成的。

1. 系统工程理论与方法

系统工程用于装甲车辆设计，其基本思想是将设计对象看成系统、确定系统目的和功能组成，并对组成结构进行优化，制订计划予以实施（制造）并进行现代管理。系统工程有几个重点，一是对设计系统的分析，明确设计要求；二是通过功能分析提出多个方案；三是对方案进行优化与综合评价决策。

系统分析是系统工程的重要组成部分，其目的是"对设计对象从系统观点进行分析与综合，找出各种方案供决策"，其步骤是：

①总体分析：确定系统范围与限制条件。

②任务与要求分析：要实现的系统范围及要完成的任务。

③功能分析：提出功能组成部分。

④指标分配：确定各功能组成要求及设计参数。

⑤提出各可能方案。

⑥分析模拟：分析有关因素变化对系统的影响。

⑦推荐方案。

⑧评价决策。

系统分析是运用系统概念对装甲车辆设计问题进行分析，为总体设计确定科学的逻辑程序，也为技术管理提供协调控制的节点。

2. 优化技术

优化技术的应用，主要是根据装甲车辆战术技术指标，建立优化目标，根据实际可能情况，建立约束条件，应用最优化理论和计算技术，进行最优设计。

装甲车辆的总体设计优化有两类不同性质的问题：一是根据战术技术指标设计原理方案时的优化；二是主要技术参数的优化。

原理方案的优化一般不易运用数学方法。而装甲车辆的参数优化，由于战术技术指标的多目标性，设计参数众多而且参数与目标之间难以有确定的数学模型描述。当前一般采用综合优化方法。

综合优化方法包括：

①制定明确的设计指导原则。从装甲车辆综合性能的先进性出发，提出方案设计的指导原则，譬如重点部分全新设计，非主要部分用已有的方案设计，关键部分相对独立以便改进或更新等指导性原则。

②对研制过程实行系统管理。从系统工程对研制全过程实施动态控制，制定严格的研制程序，对关键研制点进行方案评审、筛选，对反馈信息迅速判定并设计更改；严格技术状态管理。

③重视信息和专家的作用。方案论证和设计过程中以各种方式收集、识别、利用有关信息；采取各种方法充分利用专家经验。

④进行定量分析与试验。对总体方案论证、参数设计中涉及的问题，根据实际状况采用各种定量择优分析方法，包括数学规划法、总体动力学分析与设计、仿真、模型试验等。

⑤应用先进设计手段与理论。

优化设计可以说是对设计的过程控制。这与单纯的类比设计、经验设计有本质的不同。它已经把装甲车辆设计从思想方法到过程控制纳入现代设计方法学中。

目前装甲车辆某些重要部件或涉及总体有关的部分参数设计已在可能条件下应用了数学优化方法，主要使用非线性有约束离散优化方法，此方法在装甲车辆设计中的运用在逐步扩展。

试验优化方法主要用在新产品或新组成研制中，因机理不完全清楚，或设计经验不足，各参数对设计指标影响灵敏度难以确定，其一般做法是制造样机或模拟装置，经过多次试验、修改而确定方案；或者按试验数据构造一个函数，求该函数的极值。所以，装甲车辆的优化设计在全过程中仍然是多种途径并行的综合过程。目前仍在进一步的研究和探索。

多学科设计优化方法是一种通过充分探索和利用工程系统中相互作用的协同机制来设计复杂系统和子系统的方法论，其主要思想是在复杂系统的设计过程中，充分考虑复杂系统中互相耦合的子系统之间相互作用所产生的协同效应，利用分布式计算机网络技术来集成各个学科的知识，应用有效的设计优化策略，组织和管理设计过程，定量评估参数的变化对系统总体、子系统的影响，将设计与分析紧密结合，寻求复杂系统的整体最优性能。多学科优化设计不是传统优化设计的单向延伸，也不是任何一种具体算法，它是将优化方法、寻优策略和数据分析及管理等集成在一起，来考虑如何对复杂的、由相互作用或耦合的子系统组成的系统进行优化设计的技术。多学科设计优化突出特点是适合分析由多个耦合学科或子系统组成的复杂系统，既能够得到整体的优化，又保持各系统一定的自主性。

3. 计算机辅助设计

计算机辅助设计（CAD）是现代装甲车辆研制开发的重要手段。随着计算机的日益普及，有关软件、硬件支撑系统的不断升级与扩充，目前装甲车辆研制中广泛地采用了CAD技术，基本实现了无纸化设计。装甲车辆CAD技术应用主要包括：建立装甲车辆图形库、数据库，利用计算机进行装甲车辆总体结构设计（造型）和装甲车辆结构设计，以及系统评估等。

CAD 技术在装甲车辆中应用的关键技术主要有：装甲车辆设计、装甲车辆动力学分析、装甲车辆系统评估等应用程序与图形软件的接口技术，装甲车辆三维实体建模与造型技术，装甲车辆参数设计技术（装甲车辆结构设计标准化，保留设计过程，用若干组参数代表结构，即结构参数化），以及图形库与模型库的保护和管理技术等。

当前在装甲车辆的总体方案论证和结构方案设计上，开发研制了一大批适用的软件包，如自行火炮发射动力学分析及仿真，装甲车辆结构动态设计，装甲车辆重要部件的计算分析与优化设计，三维实体建模，专家系统和应用程序，装甲车辆效能分析、评价等，并相继建立了配套的数据库和图形库。这不但提高了装甲车辆的研究和设计工作的效率与质量，也给装甲车辆设计、研究工作的进一步现代化提供了良好的条件。

4. 虚拟样机技术

虚拟样机技术是一门综合多学科的技术，它是在制造第一台物理样机之前，以机械系统运动学、多体动力学、有限元分析和控制理论为核心，运用成熟的计算机图形技术，将产品各零部件的设计和分析集成在一起，从而为产品的设计、研究、优化提供基于计算机虚拟现实的研究平台。因此，虚拟样机也被称为数字化功能样机。

装甲车辆虚拟样机技术是虚拟样机在装甲车辆设计中的应用技术。装甲车辆虚拟样机更强调在装甲车辆实物样机制造之前，从系统层面上对装甲车辆的发射过程、性能/功能、几何等进行与真实样机尽量一致的建模与仿真分析，利用虚拟现实"沉浸、交互、想象"等优点让设计人员、管理人员和用户直观形象地对装甲车辆设计方案进行评估分析，这样实现了在装甲车辆研制的早期就可对装甲车辆进行设计优化、性能测试、制造和使用仿真，这对于启迪设计创新、减少设计错误、缩短研发周期、降低产品研制成本有着重要的意义。

装甲车辆虚拟样机技术的核心是如何在装甲车辆实物样机制造之前，依据装甲车辆设计方案建立装甲车辆运行与发射时的各种功能/性能虚拟样机模型，对装甲车辆的功能/性能进行仿真分析与评估，找出装甲车辆主要性能和设计参数之间内在的联系和规律，为装甲车辆的设计、制造、试验等提供理论和技术依据。装甲车辆的运行与发射是一个十分复杂的瞬态力学过程，为了正确描述装甲车辆运行与发射时的各种物理场，需要建立装甲车辆多体系统动力学、装甲车辆非线性动态有限元、装甲车辆总体结构参数灵敏度分析与优化等多种虚拟样机模型，为装甲车辆的稳定性、刚强度、射击密集度等关键性能指标的预测与评估分析提供定性定量依据。

1.3 本课程的学习

1.3.1 本课程的地位与作用

装甲车辆设计理论是装甲车辆设计中基本概念、理论、方法及过程的高度概括，它贯穿于装甲车辆工程实践的全过程，在装甲车辆工程实践中有意或无意、自觉与不自觉地随时都要用到。装甲车辆设计理论与其他理论一样，来源于实践，经总结、提炼、抽象，再用于服务于和指导实践，并不断修改，完善理论。装甲车辆设计理论是装甲车辆工程实践的理论依据。它来源于装甲车辆工程实践，是经验的总结，服务于工程实践，指导工程实践。理论是实践经验的高层次，是工程实践理论的提炼和抽象，具有通用性和先进性。装甲车辆设计理论是通用理论和技术与专业工程实践相结合的产物，装甲车辆设计理论的自身发展，通过不断采用、借鉴、融合先进的通用技术和理论，而不断修改、提高、完善自身。装甲车辆设计理论及技术向民用方向拓宽与转移，具有比较广阔的前景。装甲车辆设计理论是装甲车辆工程技术人员必须掌握的基础。它包含装甲车辆设计中的基本概念、基本知识、基本思路、基本方法。只有在充分认识、理解、掌握基本概念、基本知识、基本思路、基本方法的基础上，才能充分发挥个人主观能动性和创造性。

装甲车辆总体设计是装甲车辆设计理论的重要组成部分，统领装甲车辆设计。装甲车辆总体设计是装甲车辆专业的必修专业课。对装甲车辆专业的学生而言，装甲车辆总体设计教给你的是装甲车辆总体设计中的基本概念、基本知识、基本思路、基本方法，至少将你由"外行"培养成长为不说外行话的"内行"，并指导今后工作。装甲车辆本质上是一种特殊的复杂的机电系统，装甲车辆总体设计以装甲车辆为对象，站在系统高度，处理特殊状态和特殊条件下的机、电、液、气等相关问题，学习装甲车辆总体设计，就是学习解决复杂工程问题的思路和方法。学会了处理特殊状态下特殊环境里的特殊问题的方法，对常规状态下常规环境里的常规问题的处理就简单和容易得多。

1.3.2 本课程的主要内容

装甲车辆总体设计，主要介绍装甲车辆及其作用、基本构成、研制流程等基本概念，以及装甲车辆总体设计及其地位和作用、总体设计类型、总体设计的指导思想、主要内容与任务、设计的原则、设计流程、设计方法等；介绍装甲车辆总体性能要求与战术技术指标概念、主要总体性能要求，以及火力系统性能、机动性能、防护性能、通信性能等要求及其设计；介绍装甲车辆总体方案设计基本概念、装甲车辆总体结构方案设计、关键技术及其分解，以及装甲车辆系统仿真与性能评估方法；介绍装甲车辆的武器系统、动力系统、传动系统、行走系统、防护系统、综合电子信息系统的配置与选型方法；装甲车辆人机环工程设计、可靠性与维修性设计理论和方法等。

1.3.3 本课程的学习方法与要求

通过装甲车辆总体设计课程学习，使学生除学习和掌握运用唯物辩证法、科学发展观、社会主义核心价值观等基本原理和方法解决复杂工程问题的思维方法外，增强社会责任感、奉献精神和团结协作精神，提高学生综合运用基础理论和专业基础知识分析与解决装甲车辆总体相关的复杂工程技术问题的能力，形成基本科学研究能力、现代工具使用能力、人际交流能力和自主学习能力。要求学生掌握装甲车辆的基本分析方法，以及装甲车辆总体方案的基本设计方法（设计原则、设计方法、设计技巧），熟悉装甲车辆分析与设计的一般过程及程序和应用计算机解决装甲车辆问题的思路，了解装甲车辆发展趋势、装甲车辆总体设计规范、装甲车辆设计与装甲车辆系统其他子系统的接口、装甲车辆战技指标体系、装甲车辆研制程序，以及新理论、新技术在装甲车辆中应用的思路。

装甲车辆总体设计是一门专业课程，具有工程性强、实用性强、专业性强的特点。学习装甲车辆总体设计时，要紧紧抓住这些特点，注意学习方法。学习方法得当，可以事半功倍，否则，事倍功半。学习中应注意如下几点：

①树立工程思想，采用务实精神。主要包括两个方面的含义：一方面，"古为今用""洋为中用"，充分移植、借鉴、融合他人的、已有的成果，以及新理论、新思想、新技术，为我所用，这里的移植、借鉴不是简单的生搬硬套，更不是抄袭剽窃，而是一种在理解的基础上的"吸其精华""去其糟粕"，是在继承的基础上的创新；另一方面，力求简明扼要，该精则精，能粗则粗，在承认"差异"的基础上，能将"误差"控制在可接受范围，尽可能做到资源利用与精度控制的有机统一。

②突出分析思路。树立系统工程思想，利用系统工程方法，从整体上，全面、系统分析问题，要抓主要矛盾和主要矛盾方面。在学习中，要重点注意从总体上把握发现问题、分析问题和解决问题的思路。

③重视解决问题方法。方法是经验的总结，在理解的基础上，可以举一反三，才能创新。

④注意特殊技巧。技巧是捷径，熟能生巧。

本章小结

本章在回顾装甲车辆及其特点、作用、构成的基础上，介绍了装甲车辆研制过程；明确了装甲车辆总体设计的指导思想和设计原则；重点介绍了装甲车辆总体设计的基本概念、地位和作用，以及装甲车辆总体设计的类型、主要内容与任务、设计流程、设计方法等。阐述了本课程的内容、特点和教学目标，提出了学习要求，以及学习中应注意的事项。

思 考 题

1. 装甲车辆的传统研制过程与现代研制过程有何同异？
2. 如何理解装甲车辆总体设计的指导思想和设计原则？
3. 装甲车辆总体设计的核心内容是什么？
4. 现代设计方法如何更好地运用于装甲车辆总体设计？
5. 如何理解"继承"与"抄袭"的本质差别？

第 2 章
装甲车辆战术技术要求

> **内容提要**
>
> 装甲车辆设计以战术技术要求为依据,装甲车辆总体设计必须满足其总体性能要求与战术技术指标。本章主要介绍装甲车辆总体性能要求与战术技术指标概念、主要总体性能要求,以及火力系统性能、机动性能、防护性能、通信性能等要求。

2.1 装甲车辆总体要求

2.1.1 装甲车辆性能要求与战术技术指标概念

装甲车辆性能是指装甲车辆本身所具有的作战使用特性和技术性能的总和,除包括装甲车辆的主要性能(如火力性能、运行机动性能、防护性能等)外,还有操作性能、经济性能和环境适应性能等。在这些性能中,火力及火力机动性能、运行机动性能和防护性能是装甲车辆总体性能的基本内容,三者的结合和统一构成了装甲车辆的基本特征。对于专用装甲车辆,还包含一些特殊性能,如装甲侦察车有侦察距离、情报传输距离和定位精度等;架桥车有架设宽度、桥体承载质量和架桥时间等。随着科学技术发展和作战需求变化,高新技术在装甲车辆上的应用也越来越多,其总体性能在不断提升,性能内涵也在不断发生变化。比如,综合电子信息性能就成为现代装甲车辆的主要性能之一。现代战争中精确制导武器和武装直升机的使用,使装甲车辆的战损率空前加大;技术密集度高和结构复杂,使装甲车辆维修难度明显增加;全方位立体化作战模式,使装甲兵后勤补给和技术保障困难,迫切要求提高装甲车辆的可靠性、维修性和保障性。"以人为本"的设计理念已经深入各类产品设计,装甲车辆人机工程设计也已成为装甲车辆的重要性能。

装甲车辆的战术技术要求,是从作战使用和技术两个方面,对准备研制的装甲车辆提出的各项性能的"质"和"量"的目标要求。战术技术要求可分为定性要求和定量要求。定量战术技术要求往往用特征参数来表述,要求战术技术特征参数的具体数值称为战术技术指标,简称战技指标。它是进行研究设计、试制试验的基本依据。对于已研制完成的装甲车辆来说,战术技术特征参数所能达到的具体数值代表装甲车辆的性能水平,称为战术技术性能。

装甲车辆战术技术要求的形式和内容以及提出与确定程序,在不同国家和不同情况不尽相同。通常根据军事参谋部门按照军事理论、作战经验及敌我条件等方面制定的未来作战的设想和对武器装备的总要求，由专门技术部门根据战术运用，结合科学技术和生产水平、具体使用条件和经济能力等因素，进行调查研究、系统分析、评比选择、模拟对抗、理论计算和试验验证等工作，最后制定出战技指标，这就是战技指标的论证工作。其过程可能需要多次反复，视战技指标水平、复杂程度，特别是条件成熟程度等而定。战技指标经批准后，以文件形式下达给研制部门。

一般由使用部门提出装甲车辆的战术技术要求后，委托工业部门完成设计、试制、定型、生产。有时，工业公司根据需要和可能，自行决定战术技术要求，研制出样车，再在市场上特别是外贸市场上销售。有些国家没有设计、生产装甲车辆的能力，只能根据本国实际情况，在选择采购订货时提出一些修改性意见；有些国家提出要求由工业化国家的公司设计和制造，甚至协助建立生产体系。

较全面的战术技术要求，一般包括三个方面的内容。首先是对作战指导思想和目的用途的说明，包括功能、典型使用方法、作战对象、作战地区等。其次是具体的战术技术指标，一般可分为总体、火力、防护、机动等几个方面。这些一般都属于定量要求，所给出的往往都是极限值或数值范围。最后是一些补充性说明，例如对一些部件或技术限定性意见，对进度、步骤或一些问题的说明等。战术技术要求有时也可能只用简单的原则性方式表达，不对研制创新作过多的限制。

制定装甲车辆的战术技术要求，是对作战经验的总结，是时代军事战略战术思想的部分体现，也是对技术发展和工业生产的正确估计，它不规定将来的产品具体是什么样子，也不规定应该怎样制造，但在一定条件下基本决定了产品的方向和特征。提出合理的战术技术要求，需要具有军事、战术、科学、技术、生产、经济和使用等多方面的知识和能力。战技指标过低，会直接影响一代装备的水平或部队的战斗能力；战技指标过高，缺乏根据或与客观实际不符，可能无法实现。合理的战技指标应有利于发挥研究设计和制造的积极性与创造性。对于不同种类的装甲车辆，其战技指标的构成也有所不同。装甲车辆的战技指标制定遵循的原则：

①必要性原则：根据战略方针、作战原则、作战对象论证武器在战术上的必要性。
②先进性原则：从战术角度出发，提出体现先进性的战术技术指标要求。
③可行性原则：从技术角度考虑，论证战术技术指标实现的可能性和现实性。
④系统性原则：从系统角度考虑，系统配套、继承性配套、通用技术应用。
⑤经济性原则：少花钱多办事，以最小代价获得最佳效果。
⑥择优对比原则：多方案论证，引进竞争机制，反对垄断，综合评价，择优选用。

2.1.2 总体性能要求

总体性能反映装甲车辆的概况或总面貌，不属于某一部件、某一系统或个别方面，通常列于战术技术要求之首，主要战技指标包括战斗全质量、乘（载）员人数、外廓尺寸、车底距地高、履带中心距及履带接地长等。

1. 战斗全质量

战斗全质量，原称战斗全重，指装有额定数量的乘员和载员（包括随身制式装备），加满规定数量的各种油、脂、冷却液等，配齐一个基数的弹药，并且携带全部随车附件、配件、工具和装载额定载物，随时可以投入战斗使用时的全车总质量。

2. 乘（载）员人数

乘员指每辆车上的额定操作人员。一般包括驾驶员和战斗人员或作业人员。载员是指不编制在车上操作，需要离车去执行任务的额定携载人员。在车上没有设置固定位置的临时额外搭乘人员不算乘（载）员。乘员人数影响作战任务的分工、保养操作和部队的编制，另外，也影响车内空间的大小、装甲防护设置及战斗全质量的大小。

3. 外廓尺寸

外廓尺寸是指车辆在长、宽、高方向的最大轮廓尺寸。各方向的外廓尺寸都有多种算法，其原因是受影响的因素很多，例如随炮塔回转的外伸炮管、可俯仰或卸下的高射机枪，以及一些可卸装置如侧面的屏蔽装甲板等。图 2.1 所示的坦克外廓尺寸适用于不同场合，如行驶、运输及库存等。

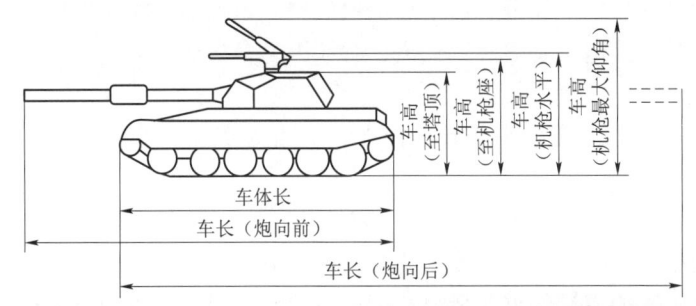

图 2.1　坦克外廓尺寸

1）车长

车长是指在战斗质量状态下，装甲车辆停在水平地面时车辆的最大纵向尺寸。当火炮可以回转时，车辆的车长可分为车长（炮向前）、车长（炮向后）、车体长（不计外伸火炮）。两栖车辆按照车前防浪板打开或收回的两种情况计算车体长。一些特殊作业车辆按照作业机械的不同状态来计算车长。车长影响车辆在居民区、森林和山区等地域的机动性及运输装载空间和车库大小。

2）车宽

车宽是车辆的最大横向尺寸，一般有包括和不包括侧面可卸屏蔽装甲的两种计算方法，各适用于战斗和运输等状况。车宽影响车辆的通过性和转向性。

3）车高

车高是指车辆在战斗全质量状态下，停在水平坚硬的地面上，车底距地高为额定值时，由地面到顶点的高度。对不同车辆或同一车辆的不同顶点，车高有不同的计算方法。例如具有炮塔的车辆，计算到炮塔体顶、指挥塔顶、瞄准镜顶、高射机枪支座顶、高射机枪在水平位置或最大仰角时的最高点等，分别适用于计算命中率、比较车高、进入库房门及通过立交桥下、隧道等不同情况，其中常用的是地面到炮塔顶的高度。无线电台的天线一般都不计入车高。车高是最重要的外廓尺寸。车高也受到铁道运输、汽车拖车运输及空中运输、舰船运输的限制。

4. 其他主要尺寸

1）车底距地高

车底距地高是指车辆在战斗全质量状态，停在水平坚硬地面上时，车体底部最低的基本平面或最低点到地面的距离。但不考虑接近两侧履带或轮子的向下突出物，如平衡肘支座等。车底距地高表示车辆克服各种突出于地面上的障碍物（如纵向埂坎和岩层、石块、树桩、反坦克障碍物等）的能力。车底距地高较小时，车辆在深耕水田、沼泽、松雪、松沙地行驶时会下陷，造成托底及履带打滑。

2）履带中心距

履带中心距是指履带式车辆两侧履带中心线之间的距离。它代表车辆在地面运动两轨迹即车辙的平均间隔，与车辆的通过性及转向性能等有关。履带中心距越大，车辆在侧倾和急转弯时防止倾覆的稳定性越好，转向也更容易。

3）履带接地长

履带接地长是指履带式车辆在战斗全质量状态，停在水平坚硬地面上的履带支持段长度。一般按车辆在静平衡状态下同侧的第一个和最后一个负重轮的中心距再加一块履带板的长度来简便计算履带接地长。实际履带接地长是一个变化值，其原因是多方面的。

4）火线高

火线高是指车辆在战斗全质量状态，停在水平坚硬地面上，射角为 0° 时，炮膛轴线到地面的垂直距离。

5. 可靠性与维修性

装甲车辆可靠性是指装甲车辆在规定的条件下及预定的时间内完成规定的战斗任务的能力，是装甲车辆的固有属性，是装甲车辆质量的重要特征和标志，贯穿着装甲车辆全寿命周期。装甲车辆可靠性指标常用按信息系统、火力系统和底盘系统特点分别给出。

装甲车辆维修性是指在给定的条件下和时间内，按规定的方式和方法维修，能保持或恢复其规定状态的能力。维修性指标常用平均修复时间、预防维修周期、维修时间、保养时间等表示。

装甲车辆安全性包括操作安全性和设备安全性等。

1）平均寿命

平均寿命是指在战斗全质量状态下，装甲车辆的某些装置或设备在使用中两次相邻损坏间的平均行驶里程或使用时间。它标志使用的经济性和可靠性。在正常情况下，平均寿命取决于装置和设备中的磨损零件或易损件，与工作条件、使用情况、结构和生产技术等有关。不同装置和设备具有不同的正常平均寿命，理想的情况是它们为等寿命。

2）大修期

大修期是指在一般正常使用情况下，从新车（或大修车）开始，到需要进行各大系统的大修（全面检查修复）的预定间隔摩托小时或里程。

3）平均故障时间

平均故障时间是指影响装甲车辆正常执行任务的两次相邻技术故障间的平均行驶时间。这是车辆使用可靠程度的一种标志。平均故障间隔太短，表明技术不够成熟，或试验改进工作不够，难以发挥使用性能。

6. 勤务性能

武器装备部署到部队后，应该要求故障少、易维护、可保障，才能充分发挥其固有性能及作用。在紧急军事任务关键时刻的故障，其严重后果甚至可能超出本身存亡的范围。同时，装甲车辆的结构复杂、质量和功率大、工作条件和环境恶劣、维修保养工作量大、耐久性或寿命问题也突出。装甲车辆的使用维修性能可以概约地用车辆在一定条件操作使用中不出现故障完成预定任务的时间水平来衡量。一般用平均寿命、大修期、平均故障时间、战斗准备时间、主要部件更换时间、自救能力、储存性能和经济性能等指标来衡量装甲车辆的勤务性能。

1）储存性能

装甲车辆在一定环境条件下存储的可能性，对储存技术和保管条件的要求，以及保持一定的无故障车辆概率的储存时间、费用等，统称为储存性能。

2）自救能力

自救能力是指车辆利用自救器材和工具可以自行脱离行驶中陷入的困境或危险地形，恢复正常行驶的能力。常用所装设的动力绞盘、钢丝绳、圆木等自救装置和器材来表示。

3）战斗准备时间

战斗准备时间指在一定环境条件下，装甲车辆由战斗间隙停放的状态，到可以起步和投入战斗状态所需要的时间，包括解除停放和固定状态、进入战斗岗位、预热起动和正常运转有关装置等必要的时间。但是不包括较长期停放不用后再使用，所需要预先进行的工作时间或者不是临时准备的工作。战斗准备时间反映装甲车辆迅速应战或投入使用的能力。

4）相对可用时间

装甲车辆在两次大修间隔期间的使用时间与使用维修总时间的比值称为相对可用时间。使用时间等于使用维修总时间减去规定的保养和修理总时间。非可用时间是指修理作业和保养作业占用的两部分时间，这两部分时间对使用维修总时间之比分别称为修理系数和保养系数。相对可用时间与装甲车辆各部件和装置的不易损坏、不需保养、易于拆装、易于调整等技术成熟性及所需要的备件能否及时供应等有关。

5）主要部件更换时间

主要部件更换时间是指在一定环境条件下，利用一定工具设备拆卸和安装（包括调整）该部件所需要的时间。部件更换时间与部件的整体装配性、工具和设备的有效性、更换部件的供应、环境条件、工作人数和技术熟练程度等有关。

7. 经济性能

经济性能是指发展（或购买）、装备和使用一定数量的一种装甲车辆所花费的寿命周期总费用，包括研制费用、生产费用和使用维修费用。由于装甲车辆越来越先进和复杂，并且一般不是流水线生产，只能达到中、小批量生产，这样带来各种费用的迅速增长。生产的经济性取决于大量生产及各种工艺、材料等，如材料要能本国自给，零件及机构设计、制造的标准化和系列化，广泛采用自动化生产过程，结构简单，工艺性好等。现代装甲车辆是一种昂贵的装备，一种车辆能否发展，往往不只取决于技术水平及其能否成功，也常取决于经济性。

2.2　火力性能要求

火力是指装甲车辆全部武器的威力，是战斗车辆武器在战斗中压制和摧毁各种目标的能力。火力性能是车辆战斗能力的主要体现，反映战斗车辆及早发现、迅速捕捉、精确命中、有效消灭、摧毁或压制各种主要目标的能力。火力性能包含威力和火力机动性，由主要武器、辅助武器及其弹药和观瞄、控制系统等的装备情况和性能决定。

火力性能随着战斗车辆的种类不同而不同。影响它们的因素是多方面和复杂的。除战术技术性能中列出的以外，武器、弹药和装备的产品质量、车辆悬挂系统性能、战斗室的布置、乘员操作和环境条件，都与火力性能的发挥有关。

2.2.1 主要武器性能

主要武器性能是装甲车辆装备的主要武器的类型、口径、主要弹种及其初速和穿甲能力等性能的总称。它们大体代表装甲车辆上主要火力特点和威力。

不同战斗车辆的作战重点对象不同，目标一般可有敌坦克和各种装甲车辆、步兵和炮兵及其武器、火箭与导弹武器发射点、空中目标、各种野战工事、各种建筑物、交通设施等。多数情况需要在不同距离上对直接观察到的目标进行直接瞄准射击，有些则需要间接射击。有的着重要求能够穿透日益加强的装甲防护，有的只要求能摧毁轻装甲和一般目标，有的以在短暂时间内捕捉住高速的空中目标为主，有的偏重面积摧毁或远程射击。各种战斗车辆可能要求具有各种不同的武器。以输送或作业为主的非战斗车辆往往只要求具有自卫武器。

现代装甲车辆的主要武器一般是指装甲车辆装备的火炮及弹药。火炮的总体性能主要包括火炮威力、火力机动性、使用方便性、可靠性与维修性等几个方面。

1. 火炮威力

火炮威力是指在规定距离上火炮发射的弹丸命中目标或落入目标附近一定范围内，对目标的毁伤能力，也称火炮在战斗中能迅速而准确地歼灭、毁伤和压制目标的能力。火炮威力由弹丸威力、远射性、速射性、射击精度、命中概率等主要性能构成。威力是车载火炮，尤其是坦克炮的重要战术技术性能指标，威力大，则对目标的毁伤概率高。

1）弹丸威力

弹丸威力是指弹丸对目标杀伤或破坏的能力，也称弹丸对目标的毁伤效能。弹丸在目标区或对目标作用时，通过直接高速碰撞、装填物的特性或其自身反应，产生或释放具有机械、热、化学、生物、电磁、核、光学、声学等效应的毁伤元，如实心弹丸、破片、爆炸冲击波、聚能射流、热辐射、高能粒子束、激光、次声、生物及化学战剂气溶胶等，使目标处于极端状态的环境中，暂时或永久地、局部或全部丧失其正常功能。对不同用途的弹丸，有不同的威力要求。例如，对杀伤榴弹要求杀伤半径大、杀伤破片多；对穿（破）甲弹要求在规定距离上对装甲目标的穿透（破坏）能力大等。弹丸威力常用指标包括口径、初速、弹重、杀伤半径等。

口径是火炮最重要特征参数。弹丸体积与火炮口径的 3 次方成正比。口径大，弹丸体积大，装填的炸药量大，弹丸作用威力大。因此，口径决定了火炮威力。现代主战坦克的火炮一般口径为 105 ~ 125 mm。现代自行加农炮（榴弹炮、加榴炮）的口径一般为 100 ~ 155 mm。步兵战车炮的口径一般为 20 ~ 50 mm。自行高射炮的口径一般为 20 ~ 40 mm，有的可达 76 mm。

初速一般是指弹丸出炮口时的速度。它对各种穿甲弹的穿甲能力有重要影响。火炮的弹丸初速一般为 1 000 m/s 左右。高膛压坦克炮的初速比较大，如尾翼稳定的长杆式超速脱壳穿甲弹已达到 1 800 m/s 以上。研制中的新概念火炮，如电热化学炮、电磁炮等，初速可达 2 000 m/s 以上。

杀伤半径，是指杀伤战斗部爆炸后，以炸点为中心，所形成的杀伤作用能对目标起作用的距离。大小与战斗部的结构及装药、目标易损性、弹药与目标相对速度以及有效破片（条）通过的介质等因素有关。一般是在一定距离的圆周上，平均一个人形靶上（立姿，高1.5 m、宽0.5 m）有一块击穿25 mm松木靶板的破片时，则此距离即为密集杀伤半径。或者是一定距离处一个人形靶上命中一块破片，其杀伤概率为0.632时，该距离为杀伤半径。

2）远射性

远射性是指火炮能够毁坏、杀伤远距离目标的能力。远射性反映了武器在不变换阵地情况下，在较大的地域内迅速集中火力，给敌方以突然打击或压制射击的能力。远射性通常用最大射程表示。

一般将弹丸发射起点（射出点）至落点（炸点）的水平距离称为射程或射击距离。

对于自行压制火炮（主要承担压制任务的加农炮、榴弹炮和加榴炮等），用最大射程来衡量其远射性具有直接重要意义，有时也用有效射程来衡量其远射性。最大射程就是弹丸发射起点（通常以炮口中心为基准）至落点的最大水平距离。目前大口径地面压制火炮的最大射程一般为30 km，采用增程技术可以达到50~70 km，超远程火炮的最大射程可以达到120 km。有效距离是指在给定目标条件和射击条件下射弹能够达到给定毁伤概率的最大射击距离。

对于自行高射炮，通常以有效射高和最大射高来描述其高射性。高射性是指火炮能够毁伤高空目标的能力。最大射高是指火炮以最大射角射击时，弹丸能够达到的最大高度。有效射高是指在规定的目标条件和射击条件下，弹丸达到预定毁伤概率时的最大射高。

对于坦克炮和自行反坦克炮（自行突击炮），通常以直射距离和有效（穿/破甲）距离来描述。直射距离是指射弹的最大弹道高等于给定目标高（一般为2 m）时的射击距离。在直射距离范围内，射手可以不改变表尺分划，而只要用一个固定的直射距离表尺就能连续瞄准射击，所以直射距离大的武器可以争取更多的战机，先敌开火。

3）速射性

速射性是指火炮快速发射弹丸的能力。单位时间内火炮单元发射弹丸的数量称为火炮的火力密度。一般用发射速度来描述单门火炮的火力密度。发射速度，简称射速，是指火炮在单位时间内可能发射的弹数。射速可分为理论射速和实际射速。理论射速是指单位时间（一般1 min）内可能的射击循环次数。实际射速，也称战斗射速，是指在战斗条件下按规定的环境和射击方式在单位时间内能发射的平均弹数。实际射速又分为最大射速、爆发射速（也称突击射速）和持续射速（也称极限射速和额定射速）。最大射速是指在正常操作和射击条件下在单位时间（一般1 min）内平均能发射的最大弹数。爆发射速是指在最有利条件下在给定的短时间（一般10~30 s）内可能发射的最大弹数。持续射速是指在给定的较长时间（一般1 h）内火炮不超过温升极限时可以发射的最大弹数。

4）射击精度

射击精度，是指射弹落点对预期目标点的准确程度，是射弹弹着点对目标偏差的概率表征值，是火炮对目标命中能力的度量。射击误差是指射弹落点对预期目标点的偏离程度。射击误差来源于射击过程中各种误差。一般对于多发射击，即在相同的条件下（气象、弹重、装药、射击诸元），用同一火炮发射的多发弹丸，射击精度则是射击（弹）密集度和射击准确度的总称。

射击准确度是指平均弹着点对预期命中点的偏离程度，是表征射击诸元误差，在射击学中称为射击诸元误差，是由一系列系统误差引起的。

射击密集度，是指弹着点（落点）相对于平均弹着点的密集程度，是表征射弹散布误差，是由一系列随机误差引起的。通常用射弹散布面积的大小来表示，即用两个方向的标准偏差或公算偏差（或然误差）表示。对大口径压制火炮，射击密集度一般用地面密集度来度量。地面密集度分为纵向密集度和横向密集度。纵向密集度一般用距离概率偏差 B_x（也称公算偏差或中间偏差）与最大射程 X 的比值的百分数（通常将分子化为1，而称作多少分之一）表示。横向密集度一般用方向概率偏差 B_z（也称公算偏差或中间偏差）与最大射程 X 的比值的密位数表示。有时也用标准偏差 σ（也称均方差）代替概率偏差 B（$B = 0.6745\sigma$）。有时直接称概率偏差 B 为密集度。

设射击 n 发炮弹，各发弹着点相对目标点的坐标分别为 x_i、y_i、z_i（$i = 1, 2, \cdots, n$），平均弹着点相对目标点坐标（纵向、横向或水平、高低偏差的数学期望值的统计值 m_x、m_z、m_y）为：

$$m_x = \frac{1}{n}\sum_{i=1}^{n} x_i, \quad m_z = \frac{1}{n}\sum_{i=1}^{n} z_i, \quad m_y = \frac{1}{n}\sum_{i=1}^{n} y_i \tag{2.1}$$

弹着点相对平均弹着点的纵向、横向或水平、高低偏差的均方差统计值 σ_x、σ_z、σ_y 为：

$$\sigma_x = \sqrt{\frac{1}{n-1}\sum_{i=1}^{n}(x_i - m_x)^2}, \quad \sigma_z = \sqrt{\frac{1}{n-1}\sum_{i=1}^{n}(z_i - m_z)^2}, \quad \sigma_y = \sqrt{\frac{1}{n-1}\sum_{i=1}^{n}(y_i - m_y)^2} \tag{2.2}$$

设射击距离为 X，则地面纵向密集度为

$$\frac{B_x}{X} = \frac{0.6745}{X}\sqrt{\frac{1}{n-1}\sum_{i=1}^{n}(x_i - m_x)^2} \tag{2.3}$$

地面横向密集度为

$$\frac{B_z}{X} = \frac{0.6745}{X}\sqrt{\frac{1}{n-1}\sum_{i=1}^{n}(z_i - m_z)^2} \tag{2.4}$$

对以直瞄射击为主的火炮，射击密集度一般用立靶密集度来度量。立靶按距离设置有 100 m 立靶、200 m 立靶、1 000 m 立靶等。立靶密集度分为高低密集度和方向密集度。高低密集度一般用高低或然概率偏差（或标准偏差）与立靶距离的比值的密位数表示。方向密集度一般用方向概率偏差（或标准误差）与立靶距离的比值的密位数表示。目前小口径自动炮的 200 m 立靶密集度为 1 mil 左右。立靶高低密集度为

$$\frac{B_y}{X} = \frac{0.6745}{X}\sqrt{\frac{1}{n-1}\sum_{i=1}^{n}(y_i - m_y)^2} \tag{2.5}$$

立靶侧向密集度为

$$\frac{B_z}{X} = \frac{0.6745}{X}\sqrt{\frac{1}{n-1}\sum_{i=1}^{n}(z_i - m_z)^2} \tag{2.6}$$

5）命中概率

命中概率是武器系统效能的主要指标之一，是指在一定条件下（例如目标距离、车辆行驶速度等）射击，命中给定目标的可能性，定量表示为射弹命中预期目标的概率，一般

用百分比表示。坦克炮通常在 2 000 m 作战距离内具有较高的命中概率，静止坦克对固定目标的首发命中概率为 85%～90%，行进间对运动目标的首发命中概率为 65%～85%。

一般目标命中概率取决于总的射击误差和目标尺寸。

一般标准目标为矩形，记地面目标长度及宽度的一半为 x、z，或者立面目标高度及宽度的一半为 y、z。对于外形复杂的目标，可以用目标的形状系数 K_ϕ 来修正：

$$K_\phi = S_n / S_{np} \tag{2.7}$$

式中，S_n 为目标的实际面积；S_{np} 为边长等于目标外形尺寸的矩形的面积。表 2.1 给出了典型目标及靶的外形尺寸。

表 2.1 典型目标及靶的外形尺寸

目标（靶）	H_u/m	B_u/m	S/m²
胸靶（6 号靶）	0.5	0.5	0.20
半身靶（7 号靶）	1.0	0.5	0.45
反坦克火箭筒（8 号靶）	1.0	1.0	0.70
反坦克手榴弹（9 号靶）	0.55	1.0	0.44
机枪（10a 号靶）	0.75	1.0	0.56
反坦克炮、步兵反坦克导弹（11 号靶）	1.1	1.5	1.58
坦克正面投影（12 号靶）	2.8	3.6	9.20
坦克侧面投影（12a 号靶）	2.8	6.9	13.90
掩体中的坦克（12b 号靶）	1.1	2.5	2.48
装甲输送车的正面投影（13 号靶）	2.0	3.2	5.46
装甲输送车的侧面投影（13a 号靶）	2.0	4.0	6.74
装在汽车上的反坦克导弹（18 号靶）	2.2	2.0	3.35
T-55 坦克	2.35	3.27	5.95
北约标准靶（2.3 m×2.3 m）	2.3	2.3	5.29
M-60A1 坦克	2.75	3.63	8.10

注：H、B 及 S 分别为目标和靶的高度、宽度及面积；K_ϕ 为目标的形状系数。

假设射击误差服从正态分布，立靶高低和方向的误差相互独立，则发射 1 发炮弹的命中概率 P 可以用式（2.8）近似求出：

$$P = \Phi[(y\sqrt{K_\phi} - m_y)/\sigma_y]\Phi[(z\sqrt{K_\phi} - m_z)/\sigma_z] \tag{2.8}$$

地面纵向和横向的误差相互独立，则发射 1 发炮弹的命中概率 P 可以用式（2.9）近似求出：

$$P = \Phi[(x\sqrt{K_\phi} - m_x)/\sigma_x]\Phi[(z\sqrt{K_\phi} - m_z)/\sigma_z] \tag{2.9}$$

式中，$\Phi(\cdot)$ 为正态分布函数；m_x、m_z 为平均弹着点相对于目标点的纵向和横向偏差；

m_y、m_z 为平均弹着点相对于目标点的高低和方向偏差；σ_x、σ_z 为纵向和横向偏差的均方差；σ_y、σ_z 为高低和方向偏差的均方差；x、z 为地面目标长度及宽度的一半；y、z 为立面目标高度及宽度的一半。对目标进行 n 发射击，假设单发命中概率为 P，各次射击误差相互独立，则至少命中 1 发的概率为：

$$P_n = 1 - (1 - P)^n \qquad (2.10)$$

首发命中概率是装甲车辆重要威力指标之一。首发命中概率（%）是指装甲车辆在规定条件下射击某一距离上的目标，第一发炮弹命中目标的概率。首发命中概率测定试验的射击方式有 4 种：停止间射击静止目标、停止间射击运动目标、行进间射击静止目标、行进间射击运动目标。

火炮的首发命中率主要取决于下列因素：①战斗距离和对距离的测量误差（距离越远，命中率越低）；②射弹散布（火炮射弹密集度良好，公算偏差值要小）；③提前量误差；④风的效应（特别对低速弹丸影响大）；⑤武器稳定系统的精度（通常为 0~0.1 mil）；⑥武器装定的准确性；⑦身管由于温度不均匀引起的弯曲变形（可采用隔热套身管）；⑧炮耳轴倾斜（5°以上对低初速火炮影响更明显）。

2. 火力机动性

火力机动性，是指火炮在同一个阵地或射击位置上，迅速而准确地捕捉目标和跟踪目标并转移火力的能力，包括火力灵活性和快速反应能力。火力灵活性是指火炮迅速而准确转移火力的能力，可以看作是火力在空间的机动性，即指火力在方向上和射程上的变化范围（在同一阵地上），从一个目标到另一个目标转移火力的快速性和同一目标可用不同射角射击的性能（同时可变换装药）。一般分为方向的（水平的）和距离的（垂直的）火力机动性。方向上的火力机动性，取决于火炮的方向射界和方向瞄准速度。距离上的火力机动性，取决于火炮的高低射界、装药号数和高低瞄准速度。快速反应能力是指火炮系统在发现目标后迅速对目标实施火力打击的能力，可以看作是火力在时间方面的机动性，即指迅速而准确地捕捉目标和跟踪目标，改变发射速度等方面的性能。

1）火炮系统反应时间

火炮系统反应时间是指火炮系统工作时由首先发现目标到火炮系统能开始发射第一发炮弹之间的时间。火炮从受领任务开始到开火为止所需的时间，是衡量火炮快速反应能力的标志。火炮的反应能力主要取决于对目标的发现、探测和跟踪能力，射击诸元求解与传输速度，射击准备（含弹药准备、供输弹、瞄准操作）的速度等。

2）火炮射界

车载武器高低和水平回转（方向）的最大允许范围就是射界。车载武器的方向射界范围是其在战场上对敌目标实施火力反应时间的重要指标。高低射界范围表示了车载武器在任意地形上，对战场上所有位置的敌目标的射击能力。

3）装药号数

对于自行压制火炮而言，为了提高距离上的火力机动性，多数炮弹都采取弹丸和发射药筒分装式，装药量可以通过药包（或装药模块）形式分级变化，从而得到不同弹丸初速，实现不同射击距离。装药号数是指根据一定的标准装填不同数量的药包（模块）数。装药号有顺序和反序两种。同一门火炮发射药号数越大，装填的药包越多，在同等射角时，初速变化越多，射击范围就越大。

4) 火炮旋转速度（瞄准速度）

火炮旋转的目的是赋予火炮身管以确定的空间指向，以保证射击时炮弹的平均弹道通过预期目标点。火炮依靠高低机、动力驱动装置或高低向稳定器进行高低向旋转，赋予炮身一定的仰（俯）角；依靠方向机、动力驱动装置或水平向稳定器进行水平向旋转，赋予炮身一定的方位角。最大旋转速度应满足火力机动性的要求。最小旋转速度要满足对活动目标的跟踪和瞄准射击精度要求。

5) 弹药自动装填

装甲车辆火炮的弹药装填方式分为人工装填和自动装填。使用自动装弹机的主要优点有：可以有效地降低车高，节约内部空间，减轻车重，减少乘员数，同时可以提高乘员的作战效率，缩小炮塔或车辆外廓尺寸，易于实现炮塔隔舱化设计，保持火炮发射速度等。它产生的不利影响：一是自动装弹机使用可靠性不稳定；二是明显增加了维修保养时间。

6) 多发同时弹着

单炮多发同时弹着，是指利用同一距离上的不同弹道的射弹飞行时间之差，用同一门火炮装定不同的诸元各发射一发射弹，使其同时落达同一目标的射击方法。单炮多发同时弹着，在不增加兵力的条件下，大大提高了炮火的突然性、猛烈性和毁伤效果，又缩短了射击持续时间，还可减少弹药消耗。单炮多发同时弹着应具备条件：①射速要求：对同一射距，相邻两弹道的射弹飞行时间差不小于最小发射间隔。②初速要求：具有变初速能力。③诸元精度要求：诸元精度应保证能对目标直接效力射，一般采用精密法决定射击开始诸元，最好用自动化指挥系统保障。

3. 使用方便性

操纵轻便和使用方便由下列因素决定：

①战斗室内武器系统及其他装置布置紧凑合理和乘员工作的方便程度。

②火炮俯仰、转动以及其他装置动作平稳灵活、稳定精度高、反应速度快。

③驾驶操纵装置及武器瞄准机应布置合理和作用力适宜。

④火炮装填和击发轻便。

⑤具有保证工作安全的保险机构。

⑥战斗室内空气清洁。

⑦自车内向外观察的视界大。

⑧维护保养方便，调整修理部位要易于接近，能快速在野外进行更换总成。

2.2.2 炮弹及弹药基数

1. 主要弹种

装甲车辆主要武器所配用的弹药种类，称为主要弹种。对付装甲目标，火炮配备的主要弹种是穿甲弹和破甲弹，尤其是现代坦克滑膛炮配备的主要弹种是尾翼稳定的长杆式超速脱壳穿甲弹。对付大量的非装甲目标的主要弹种是爆破（榴）弹。现在常用的是破甲弹和爆破（榴）弹合二为一的所谓多用途弹，这样可以减少弹种，对实现自动装填也有意义。为了延伸装甲突击车辆在战斗中攻击对方装甲车辆的作战距离，也就是扩大其反甲作战火力范围和提高远距离打击的精确度，现代装甲车辆普遍采用反坦克导弹，主要有普通反坦克导弹和炮射导弹。目前，坦克炮主要配备穿甲弹、破甲弹、碎甲弹和杀伤爆破弹。步兵战车主要配用穿甲弹和杀伤爆破弹。装备小口径速射炮的各种轻型装甲车辆，通常是伴随坦克作战，它的任务是攻击敌轻型装甲目标，空中目标和第二类目标（防御工事、武器发射阵地、人员以及其他非装甲目标），因此一般配备穿甲弹和杀伤爆破弹。自行火炮通常配备杀伤爆破弹、子母弹和布雷弹等。

2. 弹数基数与配比

单车一次携带的炮弹等弹药额定数量称为弹药基数。它对作战持久能力影响很大。现代主战坦克和自行突击炮的炮弹基数为 30 ~ 60 发。机枪弹药基数现在一般为几千发，有的可达到 10 000 发。高射机枪弹常为几百发到一千多发。步兵战车自动炮的弹药基数为 300 ~ 1 250 发。携带反坦克导弹为辅助武器时，一般只要求几发。多管自行高炮由于射速很高，一般要求弹药基数较大，对 20 ~ 40 mm 口径武器常达 500 ~ 2 200 发，口径越大，基数越小。一般的压制和支援性自行火炮的弹药基数要求比坦克的大，有些则由随行的输送车供应。

车辆的弹药基数内，各种炮弹额定数量的比例称为弹药配比。这是按弹药效能随作战对象而定，并随弹药技术的发展而改变的。当代坦克弹药配比中，超速脱壳穿甲弹和爆破（榴）弹的比例一般较大，破甲弹的比例较小。有的用多效能弹兼代爆破弹和破甲弹，或配备少数碎甲弹、烟幕弹等。随着直升机攻击的增加，也可能将来会配备防空的弹种。各种机枪弹通常不表示配比，但实际在弹盒或弹链上也是按配比依次排列装好的，例如，间隔几发有一发曳光弹或燃烧弹等。由于不同炮弹的尺寸形状有差异，不同的配比对弹药的储存和自动装弹机的设计可能带来影响。

3. 穿甲和破甲厚度

穿甲和破甲能力可以直接表示火力的破坏效果，一般用穿甲和破甲厚度表示。穿甲厚度，是指利用动能破坏装甲的穿甲弹在一定距离等条件下，能够穿透一定材料装甲靶板的最大厚度。破甲厚度是利用空心锥形装药来聚能破坏装甲的破甲弹所能击穿一定材料装甲靶板的最大厚度。二者是用于表示对付装甲的主要武器的威力性能的指标，代表装甲车辆摧毁敌人装甲目标的能力水平。现代尾翼稳定超速脱壳穿甲弹在 1 000 m 距离上的垂直穿甲厚度达 500 mm 以上，破甲厚度达 800 mm。炮射导弹的最大射程为 4 000 m，破甲厚度约为 700 mm，命中概率约为 90%。

2.2.3 辅助武器性能

1. 辅助武器

装甲车辆上除主要武器火炮外，其他武器统称为辅助武器。辅助武器通常以机枪为主，它是装甲车辆火力的组成部分，是对主要武器火力的补充和完善。

装辅助武器主要是为了对付较分散的有生力量，消灭和压制敌人的近战反坦克兵器和轻装甲的各种目标，以及对低速的空中目标射击等。

车载机枪一般包括并列机枪、航向机枪和高射机枪。并列机枪（又称同轴机枪）由炮长使用，射界和俯仰运动与主要火炮完全同步，密切配合主要武器的使用，主要用于消灭、压制 400 m 以内的敌有生力量和简易火力点，其口径一般为 7.62 mm。高平两用高射机枪由装填手或车长使用，可以开窗手控射击或在指挥塔内电控射击，是对空自卫武器，也可用于压制、消灭和摧毁 1 000 m 距离范围内的地面目标，包括有生力量、火力点和轻型车辆等，口径一般为 12.7 mm，也有用 7.62 mm 或 14 mm 口径的。航向机枪由驾驶员使用，主要用于对车辆前方 400 m 以内的有生力量实施射击。

随着武器装备的不断发展、完善,车载机枪将产生某些变化,7.62 mm 并列机枪可能被更小口径的机枪所替代;航向机枪将逐渐被淘汰;高射机枪的口径也已呈现出进一步改进的趋势,甚至突破枪械口径的范围而代之以小口径机关炮。现代坦克常在炮塔前侧装备若干烟幕发射筒,要求能在几十米距离内构成弧形的烟幕墙。

自行火炮、步兵战车和歼击车等的辅助武器一般要求不如坦克多,通常只有一挺机枪或小口径火炮。轻型装甲车辆的火炮口径较小,不足以与敌坦克相抗衡,可用反坦克导弹为辅助武器以加强对付厚装甲目标的能力。输送车、牵引车等辅助车辆和部分工程车辆一般不要求装设火炮,有的装一挺可以环射的高平两用机枪以便自卫,载员下车后也可以提供火力支援。

各种车辆的乘员一般都配备步兵轻武器,包括自动步枪、手枪、手榴弹、信号枪等。

步兵战车为载员携带的武器备有射击孔。

2. 车载机枪的主要战术技术性能指标

车载机枪的总体性能指标与火炮的基本相同,只是个别指标的含义略有差异。例如,评价机枪的远射性,常以有效射程表示。评价机枪的运动性时,主要考虑携带和运行是否方便。评价机枪的火力机动性时,虽然也是考虑机枪的迅速开火及转移火力的能力,但没有明确的"反应时间"的定义。评定机枪的可靠性,通常以"使用寿命"为指标,它是指机枪所能承受的而不失去主要战斗性能的最大发射弹数。评定机枪的维修性,主要看其分解、结合、保管、保养是否方便等。

与同类步兵机枪相比,车载机枪的战术技术性能指标在下述一些指标的要求上可能有所差异。一般射击精度要求:7.62 mm 口径机枪 100 m 散布密集界,方向为 10 ~ 12 cm,高低为 11 ~ 12 cm;12.7 mm 口径机枪 100 m 的圆概率偏差 $R_{50} \leq 20$ cm。击发方式一般要求手动和电动两种。供弹一般要求采用弹链和弹箱供弹。故障率一般小于 0.2%。除航向机枪外,其他机枪方向射界一般为 360°,对于高低射界,并列机枪为 -5° ~ 18°,高射机枪为 -5° ~ 80°。开闩方式一般要求手动和自动两种。

1) 高射机枪的性能

高射机枪口径一般为 12.7 mm,发射 12.7 mm × 108 mm 枪弹。枪身长 1 591 mm,全枪平射状态长 2 328 mm,枪身重 34 kg,双轮三脚架重 102 kg(不含防盾),全枪带防盾重 180 kg,不带防盾重 157 kg。初速 830 ~ 850 m/s,理论射速 540 ~ 600 发/min,战斗射速 80 发/min。有效射程 1 500 m(对地)、1 600 m(对空)、800 m(对装甲目标),70 发开式弹链供弹。

2) 并列机枪的性能

并列机枪多选用通用机枪,有轻机枪和中型机枪。轻机枪多为班用机枪,口径一般为 5.45 ~ 8 mm,质量较小(5 ~ 10 kg),发射步枪弹,有效射程 500 ~ 800 m,战斗射速 80 ~ 150 发/min。以两脚架支撑,抵肩射击,主要用于杀伤有生目标。中型机枪,口径多在 6.5 ~ 8 mm 之间。枪身重 7 ~ 15 kg,枪架重 5 ~ 20 kg,平射有效射程 800 ~ 1 000 m,高射有效射程 500 m,战斗射速 200 ~ 300 发/min。

3) 乘员携带武器性能

步枪有半自动步枪和全自动步枪两种。半自动步枪,只能自动装填(第一发子弹需要手工装填),但不能自动发射,只能进行单发射击(每扣一次扳机射出一发子弹)。全自动步枪（简称自动步枪），除能自动装填外，还能自动发射，可以连发射击（只要射手扣住扳机不放，就可以连续射完供弹具里的所有子弹），并可通过调整快慢机进行单发、连发或点射射击。自动步枪以火药燃气为能源完成装弹、闭锁、击发、开锁、退壳等基本发射动作。自动步枪解决了连续射击过程中的装填问题，减少了装填时间，能使射手集中精力瞄准，有利于提高射击精度和战斗射速。口径通常小于 8 mm，枪长 1 m 左右，枪重约 4 kg，弹匣容量 10~30 发，初速 700~1 000 m/s，有效射程多为 400 m 左右。

现代冲锋枪的口径多为 9 mm，但也有 7.62 mm 和 11.43 mm 的，全枪重 3 kg 左右。多采用折叠枪托，枪托打开时全长 550~750 mm，枪托折叠时全长 450~650 mm。弹匣容量较大，一般为 30~40 发，有的可达 70 发，以连发射击为主，有的可单、连发射击，战斗射速 40~100 发/min，长点射时约 100~120 发/min。

手枪是主要以单手发射的小型枪械。它短小轻便，隐蔽性好，便于迅速装弹和开火，在 50 m 内有良好的杀伤效力。人体被命中后，会迅速丧失战斗力。口径多为 5.45~11.43 mm，以 9 mm 和 7.62 mm 最为常见，多数空枪重约 1 kg，枪长约 200 mm，容弹量 5~20 发。

4）枪弹

高射机枪枪弹常为 12.7 mm×108 mm 枪弹，常为几百发到 1 000 发配量。并列机枪弹为常用枪弹配置几千发不等。自动步枪、冲锋枪与手枪枪弹的配置在几百发左右。

2.2.4 火控系统性能及其要求

1. 火控系统及其主要性能

装甲车辆火控系统是武器系统的一个重要组成部分，主要用于搜索、发现目标，是操纵武器进行跟踪、瞄准和发射的自动化或半自动化装置。

按工作方式，火控系统可分为扰动式、非扰动式和指挥仪式三种。装甲车辆的武器威力不仅取决于武器，而且在更大程度上取决于完善的火控系统。现代火控系统可极大地提高命中概率，但其成本也很高，达到了整车成本的 1/3。

火控系统的主要性能包括瞄准、测距、稳定、反应时间、精度、修正功能和速度特性等。这些性能直接关系到迅速和准确地发挥火力，达到作战的目的。

观瞄装置性能是指为装甲车辆各乘员配备的各种潜望镜、指挥镜、瞄准镜等光学仪器的型号、数量、昼夜视界、夜视距离、倍率、瞄准精度等性能。它们对观察外界、搜索敌情、发现和识别目标、跟踪和瞄准目标等具有重要意义。现代装甲车辆应用了红外或微光夜视、激光测距等新技术，实现了昼夜观瞄一体化。

1）火控系统的精度

火控系统的精度是指在规定条件下火控系统赋予武器的射角对预定射角产生的偏离范围。火控精度对装甲车辆总体性能存在重要影响。火控系统精度是直接影响火力系统命中率的主要因素之一。一般来说，系统精度高，其命中概率也高。影响火控系统精度的主要因素有：

①瞄准控制方式。瞄准控制方式对火控系统动态精度有明显影响，对静态影响小，影响命中率和反应时间。

②火控系统的各种误差。在火控系统的误差因素中有两部分：一部分是系统本身的各种误差对输出诸元的直接影响；另一部分是系统的各种传感器的误差通过系统反映到射击诸

元上。

③射击方式和射击条件。不同的射击方式和条件都会引入不同的误差，对精度产生不同的影响，通常有4种射击方式（停止对静止、停止对活动、行进对静止、行进对活动目标射击）和两种不同的射击条件（检验性、准备战斗）可供选择。

国产火控系统的瞄准线的控制精度要求控制在0.20 mrad，个别为0.15 mrad。火控系统精度的一般经验取值范围：简易火控一般为0.1~0.3 mrad或σ值在0.15 mrad以内，指挥仪式的一般为0.1~0.3 mrad之间（中值误差）。

2）火控系统反应时间

火控系统反应时间，即装甲车辆的乘员从其观察装置视场中发现目标到火炮击发的时间间隔。火控系统反应时间一般包括对目标识别、跟踪、瞄准、确定弹种、测距、装定射击诸元、赋予火炮射角（方向和高低）及击发等时间。若火控系统不具备车长超越炮长调炮和瞄准射击的功能，反应时间还应包括车长向炮长指示目标的时间和炮长观察到车长所指示的目标后判断目标性质的时间。

火控系统的射击反应时间是总体性能中的重要指标之一。火控系统反应时间较短的一方，可以先敌开火和提高战斗射速，能赢得较高的命中概率和击毁对方的概率，同时也提高了自身的生存概率。但是具有反应时间较短的先进火控系统，造价高昂，从而提高了单车价格和全寿命周期费用。

影响火控系统反应时间的因素有：

①观察识别目标。包括观察者的影响、目标的影响、装备性能的影响、自然环境的影响。

②弹药的布置及装填方式。

③火控系统结构和性能。火控系统结构形式及其性能的优劣是系统反应时间的决定性因素。

火控系统的反应时间取值范围：对简易火控系统，停止间（包括短停）对静止目标射击时系统反应时间不超过5 s，停止间（包括短停）对活动目标射击时应不超过10 s；对指挥仪式火控，与简易火控系统取值时条件相同的情况下，时间不超过4 s，行驶间对活动目标射击时间，不超过7 s。

火控系统反应时间，是包含人体工程因素的综合指标，在考核之前，应对操作人员进行严格培训。对不具备行驶间射击功能的火控系统，以停止间（包括短停）对活动目标的射击反应时间为主；对具备行驶间射击功能的火控系统，以行驶间对活动目标的射击反应时间为主。

2. 火控系统主要性能要求

现代战争对火控系统的主要要求如下：满足武器系统的基本要求；抢先发现敌方目标要求；对目标进行停止和行进间射击要求；首发命中要求；夜战能力要求；各种气候环境适应性要求等。

①在一定行驶速度（有的要求20~25 km/h或更高）时，对敌装甲车辆进行直接射击要有较高的命中率。要求稳定精度在1~1.5 mil内，方向稳定的精度可稍低些，在3 mil内。稳定器的飘移量应小，从瞄准位置偏离目标的速度不大于25 mil/min。

②要能用操纵台进行瞄准，车长可以调炮。瞄准速度要求：高低为0.02°/s~5°/s，方

向为 0.02°/s~15°/s 以上，在此范围内速度可以连续变换。

③战斗准备速度要快，一般要求在不超过 2 min 的时间内转入战斗状态。

④在各种环境条件下工作都要可靠。要求在 -40~50 ℃气温间连续工作几小时。

⑤为使装填手能方便、安全地装弹，以及在火炮接近极限射界时防止撞击损坏，稳定器必须要有自动闭锁装置，使火炮与炮塔刚性连接。

⑥尺寸小、质量小、结构不太复杂、耗电少、成本低、保修方便等。

2.2.5 车载反坦克导弹性能

车载反坦克导弹是一种有效的反坦克武器。主要作用是对坦克、机械化部队进行火力支援，消灭敌坦克和其他装甲目标；安装在步战车上，使其具有反坦克能力；与坦克火力配合起来，形成较强的反坦克火力体系。车载反坦克导弹的发展趋势是提高破甲威力、夜战能力、抗干扰能力，并注意发展远距离攻击集群坦克的反坦克导弹。

车载反坦克导弹的性能包括导弹型号、最大射程、发射速度、命中率、破甲威力、车内带弹数、发射装置形式（单联或多联）、射界（高低、方向射界，基本与车上主要武器射界一致）、可靠性（导弹可靠性和制导系统可靠性）、抗干扰能力（按制导方式决定）、装弹方式（人工或自动、半自动装填）、从发现目标到发射导弹所需时间、系统各部件外形尺寸及质量、系统用电要求（电压、电流等）、操作维修性、夜战性能（以夜战距离表示）、观瞄器材防霜要求、使用环境温度、相对湿度、特殊条件下的使用要求（包括能在高原、沙漠、雷雨天、大风等气候条件下正常发射导弹）等。

2.3 运行机动性能要求

广义上装甲车辆的机动性是运行机动性和火力机动性的总称。狭义上装甲车辆的机动性就是运行机动性，是指快速运动，进入阵地和转换阵地的能力，以及各种运输方式的适配能力。

从使用观点看，装甲车辆的运行机动性可以分为战略机动性、战役机动性和战术机动性。战略机动性是指装甲车辆大范围战略转移能力，一般需要利用运输工具进行机动，因此装甲车辆与运输工具箱适配，又称运输适配性。战役机动性指装甲车辆沿道路行军和移动时的快速性、最大行程，在较短时间内达到较远战场的移动能力，对装甲部队和机械化步兵部队战役计划方案的实施和成败起重要的作用，以平均速度及最大行程等性能为主。战术机动性指装甲车辆在各种气候、地形和光照条件下，在无道路战场上灵活运动和克服障碍的能力，以加速性、转向性、制动性和通过性等性能为主。

装甲车辆的机动性能，主要取决于装在车辆底盘上的动力、传动、操纵及行走等装置的性能及其性能匹配，也受外廓尺寸、战斗全质量等因素的影响。

2.3.1 动力装置性能

提供车辆行驶所需原动力的动力装置，包括发动机及其辅助系统。在战术技术性能中，表示其特点和性能的重要项目有发动机类型、主要特征（如气缸直径、冲程数、气缸数、气缸排列方式、冷却方式、燃料种类等）、主要工作特性（如额定功率、额定转速、燃油消耗率、最大转矩和相应转速等）、发动机外形尺寸和质量、燃料和润滑油箱容量、辅助系统的类型等。

发动机功率是发动机在单位时间内所做的功，反映发动机做功能力。称在理想状态下发动机功率为额定功率，也称发动机最大功率。主战坦克动力装置的额定功率近年提高较快，现已达到1 100 kW以上，燃油消耗率为230～260 g/(kW·h)。

单位功率是发动机额定功率与车辆战斗全质量的比值，又称吨功率，或比功率。它代表不同车辆间可比的主要动力性能。单位功率影响车辆的最大速度、加速度、爬坡速度及转向角速度等，一般单位功率越大，机动性越高。单位功率在近年提高较快，一般为11～18 kW/t，较高的已接近22 kW/t。

2.3.2 传动系统性能

传动系统是实现装甲车辆各种行驶及使用状态的各装置的组合。对传动系统性能要求主要包括：

①车辆速度应能从起步到需要的最大速度之间连续变化。

②车辆发出的牵引力应能在满足良好道路到履带不打滑所能攀登的最大坡道的需要之间变化。

③能充分利用发动机功率。就是在任意路况下，发动机都要在额定功率点附近工作，这是对牵引力和速度的配合要求，也就是说，在良好道路上要达到最大速度，在攀登最大坡道时要低速行驶。

④外界阻力突然过大时，应不致引起发动机熄火或零部件的超负荷损坏，即传动系应该有在超负荷下能打滑的环节，包括在车辆起步和换挡中克服过大的惯性负荷的打滑。

⑤随不同弯曲道路和地形的需要，可以做适当的稳定半径的转向，包括高速行驶中准确的微调方向、低速行驶时的小半径转向及原地中心转向。

⑥传动效率高。效率低有用功率就少，损耗的功率使系统发热量增大，从而使系统温度过高，需要较大的散热装置，而散热装置又需要消耗动力和增加质量、占据有用空间和增加成本等。

⑦要能够倒驶，包括战斗中要求的高速倒驶，如射击后转换阵地等。

⑧要能切断动力，以满足空载起动发动机和非行驶工况的发动机工作等需要。

⑨能用发动机制动，及拖车起动发动机。

2.3.3 行动系统及整车机动性能

1. 运动性能

1) 最大速度

最大速度是在一定路面和环境条件下，发动机达到最高的稳定转速时，车辆在最高挡时的最大行驶速度。理论上为在接近水平的良好沥青或水泥路面（摩擦系数约$f = 0.05$）上，发动机在额定转速时车辆最高挡的稳定车速。它是车辆快速性的重要标志。

随着单位功率的提高，传动装置和悬挂装置的发展，最大速度也在不断提高。目前，主战坦克的最大速度已达75 km/h，轻型履带车辆和轮式装甲车辆的最大速度可达到80 km/h以上。

2）平均速度

平均速度是在一定比例的各种路面和环境条件下，车辆的行驶里程与行驶时间的比值。在各类公路上行驶的各平均速度的算术平均值，是公路平均速度。在各类野地行驶的各平均速度的算术平均值，是越野平均速度。它们代表在该类条件下车辆能够发挥的实际速度效果，是车辆机动性的重要综合指标。公路平均速度一般按最大速度的60%～70%估算。越野平均速度比公路平均速度小，一般按最大速度的30%～40%估算。履带式装甲车辆的公路平均速度比轮式车辆的低，但其越野平均速度比轮式车辆的高。

3）加速性

加速性是指车辆在一定时间内加速至给定速度的能力。坦克加速性的评价指标有：加速过程的加速度大小，由原地起步或某一速度加速到预定速度所需要的时间或所经过的距离，由起步达到一定距离所需要的时间等。车辆的加速性越好，在战场上运动越灵活，分散和集结越迅速，可以减少被敌人命中的机会，提高生存力。现在较常用的加速性指标是在规定路面和环境条件下，车辆从起步加速到32 km/h速度时所需要的时间（s）。先进坦克加速时间为6 s左右。

4）转向性

转向性是指车辆改变或修正行驶方向的能力。转向性能对平均速度的影响较大，转向是否灵活也与规避反坦克导弹的命中有关。其评价内容包括转向半径、转向中心、准确稳定地无级变化、转向功率损失等。转向性与车辆结构、动力装置及转向机构等有关，常用具有一定性能特点的转向机构类型及其半径等来表示。

5）制动性

利用制动器或减速机构，从一定行驶速度降低车速或制动到停车的性能称为制动性。不包括实际可能使用的一些其他辅助制动方法，例如，分离离合器利用地面阻力使车辆减速，或利用发动机制动等。制动性常用制动功率或制动距离来表示。

6）最大行程

最大行程是指装甲车辆在战斗全质量状态下，一次加满额定数量的燃料，在一定道路和环境条件下，以一定车速所能行驶的最大里程。它影响车辆的作战或执勤范围、持久能力和可能发展战果的大小，也影响长途行军的能力和依赖后勤供应、运输等的程度。现代坦克沿公路的最大行程为300～600 km，土路的最大行程降低30%～40%，沿越野地约降低60%。

7）百千米耗油量

百千米耗油量是指对一定道路和环境条件，装甲车辆在战斗全质量状态下，用一定速度行驶100 km所消耗的燃料的平均数量。它影响后勤供应和最大行程等，是车辆使用的重要经济性指标。百千米耗油量取决于发动机性能、道路和环境条件、传动系统效率以及驾驶技术等。

2. 通过性

通过性又称越障能力或越野能力，指车辆不用辅助装置就能克服各种天然和人工障碍的能力，包括单位压力、最大爬坡度、最大侧倾行驶坡度、过垂直墙高、越壕宽、涉水深、潜水深等性能。

通过性往往决定车辆适用的范围，影响车辆发挥作用的大小，也影响到工程保障任务的规模和时间等许多方面。克服障碍的时间越短，机动性越有保证。通过性主要取决于车辆的动力传动性能、结构几何参数及正确的驾驶方法。

1) 单位压力

装甲车辆的单位压力是指行走系统名义单位接地面积上的平均负荷。对履带式车辆，就是车辆在战斗全质量状态下的重力与履带名义接地面积的比值，又称平均单位压力或压强。单位压力越大，在松软地面上下陷越深，车辆运动阻力也越大。单位压力影响车辆通过沼泽、泥泞、沙漠、雪地、水田和简易桥梁等，各负重轮下最大单位压力的平均值能较好地表征车辆对松软地面的通过性，称为平均最大单位压力。当不同车辆的单位压力相同时，平均最大单位压力一般也不相同。现代坦克的平均最大单位压力为 2~2.5 kPa。

2) 最大爬坡度

最大爬坡度指对一定地面，车辆不利用惯性冲坡所能通过的坡道的最大纵向坡道角，又称最大上坡角。这是克服许多障碍地形和地物所必需的重要性能。当车辆的动力条件一定时，低挡车速越慢，最大爬坡度越大。车辆实际上的最大爬坡度受坡道地面附着条件的限制。在一般地面附着条件下，履带车辆的最大爬坡度为 30°~35°，相应车速为最低挡，通常在 10 km/h 以下。单位功率较大的车辆，可以设计具有较大的爬坡速度，但受地面附着条件的限制，不能攀登更大的爬坡角。

3) 最大侧倾行驶坡度

最大侧倾行驶坡度是指侧滑量在一定范围内和能安全地侧倾直线行驶的最大横向坡度角，其影响车辆在复杂地形活动的能力。在车宽相差不太大的情况下，最大横向坡度角主要取决于车辆的重心高度和地面横向附着能力及车辆的操纵性等。一般履带式装甲车辆的最大侧倾行驶坡度为 25°~30°，而轮式车辆为 15°~25°。

4) 过垂直墙高度

过垂直墙高度又称攀高或过垂直壁高，即车辆在不做特殊准备情况下，所能攀登的水平地面上坚实垂直壁的最大高度。它影响通过的地形或地物，如田埂、堤岸、岩坎、建筑物地基、残余墙基、台阶、月台和码头等。这个高度通常由前轮中心高度决定，也与地面附着力和车辆重心位置等有关，如图 2.2 所示。过垂直墙高度一般为 0.7~1.1 m。

5) 越壕宽度

越壕宽度是指车辆以低速行驶能跨越水平地面上硬边缘壕沟的最大宽度，约等于车辆重心到主动轮和诱导轮中心的两段距离中的较小一段长度，如图 2.3 所示。由于履带在车辆中段连续接地，越壕时起支撑作用比较方便，一般越壕宽度可达车体长度的 40%~45%，现代主战坦克的越壕宽度为 2.7~3.2 m，远宽于一般步兵战壕，也可以跨越许多农业沟渠。

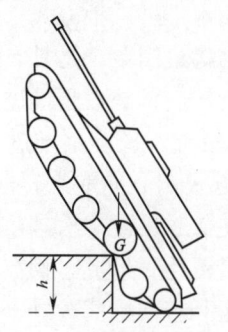

图 2.2 过垂直墙高度的极限

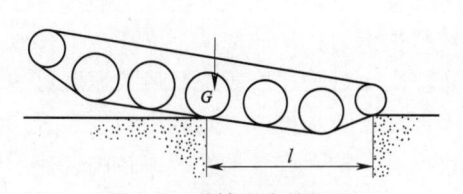

图 2.3 越壕宽度的极限

6) 涉水深

涉水深通常指在不利用辅助设备、器材和不做特殊准备的情况下，车辆所能安全涉渡通过的最大水深。由装甲车体构成密封盒体的车辆，涉水深一般取决于车体门窗、发动机排气管口和驾驶员受水浪影响等因素。现代坦克涉水深一般为 1.1~1.4 m。有准备的涉水深指用一些辅助器材进行一些专门准备，主要是密封车体门窗、保护发动机排气管口等以后能安全涉渡通过的最大水深。具有这种准备的现代坦克，可以经过炮塔门窗和隔板向发动机供气。这个深度主要取决于炮塔门窗受水浪影响的情况，一般为 2.2~2.4 m，随车高而定。

7) 潜水深

潜水深是指利用潜渡辅助器材，经专门准备后，车辆沿水底行驶通过深于车顶的最大水深。潜渡辅助器材一般包括由若干段连成的进气管、不能密闭的门窗的附加密封装置、发动机排气单向活门、排水泵、航向仪及救生器材等。由于发动机排气受水压限制，潜水深一般为 4~5.5 m。一般轻于 30 t 的车辆潜渡有困难，原因是不能具有对水底的足够大的单位压力，从而不能得到足够的牵引力，而增加配重又会造成出水困难。

3. 水上机动性

水上机动性（浮渡能力）是对本身具有浮性或加装少量漂浮器材后具有浮性的两栖装甲车辆，在水面上和出、入水运动性能的总称。水陆两用装甲车辆一般以陆上为主，水上只要求能克服一般水障碍或越河战斗。对于登陆车辆，要求适用于沿海和岛屿，能登陆抢占滩头阵地或封锁水上要道等。装甲车辆构成密封车体比较方便，一般车辆质量在 16 t 以下，本身就能具有足够的浮性。接近 20 t 的装甲车辆，需利用辅助的浮箱、中空的车轮等来增加浮力，才能具有浮性。质量接近 30 t 及其以上的装甲车辆，必须额外加装大量漂浮器材才能具有浮性。

1) 浮力储备

具备浮渡能力的装甲车辆，在战斗全质量状态下停在静水中，假设增加载荷使车辆水平下沉到窗口或甲板进水前所加载的质量，称为浮力储备。它表示在吃水线以上车体部分所提供的储备的浮力，一般用浮力储备与车辆战斗全质量的百分比，即浮力储备系数来表示。

浮力储备系数的大小取决于设计水线以上能密封不进水部分的容积，而水线则决定车辆质量和水下部分的容积。浮力储备较大时，可以保证车辆能较好地在风浪中行驶，水上战斗中车体有破损时下沉较慢，水上射击倾斜危险也比较小。一般要求浮力储备不小于 20%。

2) 水上推进方式

目前，水上推进方式主要有划水推进、螺旋桨推进和喷水推进三种方式。划水推进，由于水上和陆上共用一个推进装置，不占用车内空间，因此结构最简单，是具有浮水性能的车辆应用最多的推进方式，通过改变两侧行走系统的速度进行转向；缺点是推进效率低，约为 10%，速度慢，最高速度不大于 7 km/h，转向和倒车性能较差。螺旋桨推进，是通过螺旋桨的旋转产生推力，从而推动车辆在水上行驶。这种推进方式用方向舵来转向，结构简单，推进效率较高，行驶速度较快，最大速度可达 10 km/h；缺点是螺旋桨暴露在车外，安装困难，易于损坏。喷水推进，是利用喷水装置产生的水的动量变化，形成车辆在水上行驶的动力。喷水推进防护性好，推进效率较高，速度快，水上倒车和转向性能较好，不影响陆上性能。因此，近代两栖装甲车辆广泛采用喷水推进方式。

3）最大航速

最大航速是指具有浮渡能力的装甲车辆，在战斗全质量状态下，按一定航行条件，在静水中直线航行的最大速度。由于在水中行驶的运动阻力随速度的增大而迅速增大，持续航行应该以发动机不超负荷过热为限，最大航速随车辆采用的水上推进方式及车体形状的不同而不同，一般只能达到 5~12 km/h 的速度，先进的两栖车辆可达到 40 km/h 的速度。

4）最大航程

最大航程是指装甲车辆在战斗全质量状态下，一次加满额定数量的燃料，以一定速度在静水中航行的最大里程。

5）水上倾角

水上倾角是指具有浮渡能力的装甲车辆，在静水中悬浮平衡情况下，由于重心偏离浮心，使车体纵横基线与水平面形成的角度。当重心偏前时，形成前倾，将会使车辆航行时前进阻力增大。重心偏后时，形成后倾，可使车辆前进时的阻力减小。适当的后倾角随航速而定。重心在横向偏向一侧时，形成侧倾，它对在风浪中航行和射击等的影响较大，应该尽量避免或减小。

6）抗风浪能力

抗风浪能力是指具有浮渡性能的装甲车辆，在战斗全质量状态下，在水上抗御风浪、安全航行的能力，一般以保障安全航行条件下能抗御的最大风浪级别或浪高来表示。两栖车辆抗风浪能力一般应不小于 3 级风和约 1.3 m 浪高。

7）入水角与出水角

入水角和出水角是指装甲车辆在战斗全质量状态下，能够安全地从坡岸进入水中和从水中攀登上坡岸的最大坡道角，如图 2.4 所示。入水角一般为 20°~25°，出水角一般为 25°~30°。

8）水上稳定性

具有浮渡性能的装甲车辆不仅要有能浮在水面上的能力，而且还要求具有一定的水上稳定性（简称稳性）。水上稳定性是指装甲车辆在水中受到外力作用而离开位置，当外力消除后，能恢复到平衡位置的能力。水上稳定性是具有浮渡性能的装甲车辆的重要的水上性能之一。水上稳定性能保证装甲车辆在纵倾或横倾的情况下进入水中、在波浪中航行和保证乘员能在车内活动等。

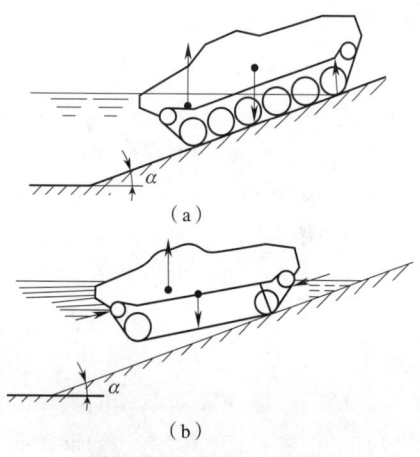

图 2.4 入水角、出水角
(a) 入水示意图；(b) 出水示意图

水上稳定性包括纵向稳定性和横向稳定性，由于纵倾一般都在小角度范围之内，因此一般只考虑横向稳定性。根据引起侧倾的性质，水上稳定性又分为静稳定性和动稳定性。静稳定性是指没有角速度或角速度很小的稳定性。动稳定性是指有角速度的稳定性。

4. 环境适应性

环境适应性表示车辆适用的环境条件，它一方面表明车辆能够机动的地域范围，另一方面也说明车辆能给乘员和载员提供的乘坐环境条件。

1）使用环境气温范围

车辆的各种机构和设备等能正常工作的气温范围，包括寒冷地区的冬季最低温度和炎热地区的夏季最高地面温度，一般在 -40~50 ℃ 范围内。温度低，道路被冰雪覆盖，行动部分打滑，爬坡度约减小一半，光学仪器及设备结霜结冰，油管水管经常漏，橡胶变硬，金属变冷脆，油料过稠，电瓶冻坏，弹道变近，发动机难以起动，乘员易冻伤等；温度高，则发动机功率不足，容易过热，光学仪器和电器易生锈和发霉，橡胶老化变质，油料稀薄，容易漏油漏水以及弹道变远等。要求适应的温度范围越大，技术和成本代价也越大。

2）特殊地区适应性

除一般平原、丘陵地区外，车辆还需要适应一些不同地区的气候、地理和地形等条件，要能克服一些可能遇到的问题。例如：在热带丛林地区，多雨、潮湿、易发霉，观察距离或范围小，水障碍和泥泞多，林木妨碍转向和妨碍火炮回转等。在沙漠地区，冬夏和昼夜温差大、水和液体蒸发快、干燥缺水、沙面松散、沙丘背风面坡陡、地面阻力大、易陷车和履带脱落、空气滤清器易堵塞、发动机易过热、行程和速度减小、不能爬陡坡和不能在侧倾坡行驶、风沙尘土大妨碍机件活动或使操作费力，甚至出现炮塔不能回转、枪炮不能射击或不能退壳等问题。在高山和高原地区，空气稀薄气压低、发动机功率降低、后燃严重、水的沸点低、易过热、速度和爬坡度降低等。在海边地区，海滩多污泥和坡道、风浪使车内进水、沾海水后盐层吸潮迅速锈蚀车体、盐雾腐蚀、光学仪器和电器发霉等。在水网稻田地区，泥泞厚而黏、阻力大易打滑、转向困难、水渠河流多、沟岸陡直、桥梁小、道路窄等。在山区，道路窄小、弯急、坡陡、各种地形障碍多、目标水平高度的差距悬殊等。

3）乘员环境条件

除影响乘员运动学和动力学的空间几何尺寸外，主要指温度、湿度、噪声、振动、空气污染等方面的情况。要求：

①温度和湿度。车内乘员和载员的密闭空间温度受车辆环境以及工作机械的影响很大。车内最好保持 18~25 ℃ 的温度和 40%~50% 的相对湿度。

②空气污染。车内密闭空间的空气经常被严重污染，包括油料挥发蒸气、漏出的发动机废气，特别是枪炮射击所产生的火药气体，其中一氧化碳等的危害最大。为此，车内空气不但需要流通，使所产生的污染空气能在不长的时间内得到清理，车外污染空气进入车内也需要滤毒。

③噪声。高速履带车辆的噪声一般很大，其噪声源是动力传动系统，特别是高速行驶时履带对车轮和地面的碰击。为保护听力和能进行联系，需要采取措施治理噪声源。

④振动。振动影响乘员的工作能力和行进间射击的精确度。振动频率较高时，会使乘员很快地感到疲乏，但低频率又可能会引起乘员晕车。比较适当的频率是符合人的正常行走的节奏，即每分钟 50~120 步，相应振动周期为 0.5~1.2 s。振动加速度过大，可能影响人体器官。振动频率越高，人所能忍受的加速度便越小。

5. 运输适配性

当部队进行大范围或远距离、特殊的紧急调动时，需要用各种运输手段实施，如火车、飞机、船只的载运，直升机的吊运。按规定标准装甲车辆适用各种运输工具，例如铁道和公路车辆、航空和水上运输工具等运输的可能性，称为运输适配性。适于运输可以提高装甲车辆的机动能力，扩大装甲车辆的作战使用范围，增加发挥作用的机会，也使行驶里程和寿命有限的装甲车辆能够保留更多的有效战斗或作业能力。影响运输适配性的关键因素是质量、体积、外形尺寸、质心位置、固定或结合的接口。目前适于一般运输工具如载货汽车等的只是较轻较小的车辆。较困难的运输是重型装甲车辆的运输，需要有适当的大型运输机和机场等。

2.4 防护性能要求

防护，是为免受或减轻伤害而采取的防备和保护措施。防护分主动防护和被动防护。主动防护就是采取施放烟幕、诱骗、干扰或强行拦截等措施，来免受被瞄准或被击中。被动防护就是采取装甲等保护措施，来减轻伤害。装甲防护是被动防护的主要形式。

防护性是保护车辆、人员和各种装置避免或减少受杀伤破坏的能力。需要防御的对象有各种枪弹、炮弹及弹片、反坦克导弹和火箭、手雷、地雷、航弹、核武器、化学毒气、生物毒剂等。

目前，对防护性能的要求有所扩充，提出了人员和车辆系统在战斗中能保持战斗状态的"生存能力"。防护性能层次为防侦察、防探测、防命中、防击穿和防损伤，也就是不易被探测或发现，发现后不易被命中，命中后不易被击穿，击穿后不易发生二次效应损伤人员和主要设备。

2.4.1 装甲防护

1. 装甲防护的原则

装甲，是用指于抵消或减轻攻击，保护目标避免和减轻伤害的保护壳。装甲分被动装甲与主动装甲。主动装甲由自动侦测、判别、攻击系统组成，通过对来袭弹头进行拦截起到防护作用。被动装甲，是通过提高装甲抗打击能力来达到防护目的。被动装甲包括均质装甲、复合装甲、反应装甲等。均质装甲是用单一材料制成的，如普通装甲（钢装甲）、陶瓷装甲、贫铀装甲等。复合装甲是由两层以上不同性能的防护材料组成的非均质装甲，依靠各个层次之间物理性能的差异来干扰来袭弹丸的穿透，最终达到阻止弹丸穿透的目的。反应装甲是指装甲车辆受到反坦克武器攻击时，能针对攻击做出反应的装甲，最常见的爆破反应装甲。爆破反应装甲，是在装甲车辆的装甲上，安装惰性炸药，惰性炸药对小一点的冲击不会做出反应，当受到可以击穿坦克主装甲的武器攻击坦克时，惰性炸药就会向外爆炸，可以有效地降低这些反坦克武器的破坏效果，达到保全坦克的目的。

装甲车辆面临的威胁来自三维空间的诸兵种战斗武器，防护的对象有：从正面、侧面和后面来的反坦克穿甲弹、破甲弹、碎甲弹、爆炸成型弹丸、火箭弹和导弹等；来自顶部的各种无制导弹药和遥感灵巧攻顶弹药；针对底部的各种反坦克地雷，或是核武器和爆震武器；激光武器、粒子束和微波等新概念武器。

装甲防护的原则是：突出正面防护，兼顾侧面防护，加强顶部防护，考虑底部防护。

装甲防护能力的分配为：正面防护为45%，侧面防护为25%，顶部防护为15%，尾部防护为10%，底部防护为5%。现代装甲车辆用于防护的质量约占战斗全质量的45%。

2. 装甲防护的性能

1）装甲设置

装甲设置是指车体和炮塔用作防护的装甲的分布情况，包括车辆各方向和部位采用装甲的类别、厚度、连接形式、倾斜角以及对某些武器弹药的防护能力等。由于设置坚强的装甲，构成了装甲车辆不同于其他武器装备的最大特点。车体和炮塔前方的装甲防护能力要求最高，其次是两侧。现代主战坦克前方常设置较厚的装甲钢、复合装甲，具有相当于水平厚度 500 mm 以上钢质装甲的防护性能，倾斜较大，防弹能力和承受冲击能力都较好，足以在一定距离上对抗当代大口径超速穿甲弹，特别是能防不同距离的破甲弹和反坦克导弹的攻击。目前，主战坦克前上装甲对水平面的倾斜角都小于 45°，水平厚度一般 200~300 mm，甚至可到 800 mm 以上。轻型车辆限于质量小，要求装甲较薄，可以防御命中机会最多的枪弹和弹片，达到大量减少伤亡和破坏的目的。

2) 装甲防护系数

装甲的结构形式和所用的材料不同，其抗弹性能是不同的。以均质装甲为基准，用防护系数来表征特种装甲（包括复合装甲、间隙装甲、间隙复合装甲、反应装甲和爆炸反应装甲等）的抗弹性能。在穿甲弹或破甲射流对装甲入射方向上，单位面积的装甲质量，称为防护面密度。当弹头击中靶板后，观测靶板周边的尺寸和状态，如无任何尺寸变化、裂纹和崩落物时，此种尺寸及质量的靶板称为"半无限靶"。防护系数 N 是标准均质装甲钢半无限靶面密度与对比特种装甲材料面密度的比。特种装甲材料的防护系数值，则可按式（2.11）计算。

$$N = \frac{H_b \rho_b}{H_t \rho_t} \tag{2.11}$$

式中，H_b 为以标准弹种射击标准均质装甲钢半无限靶时的穿入深度；ρ_b 为标准均质装甲钢密度；$H_b\rho_b$ 为标准均质装甲钢半无限靶面密度，即以标准弹种射击时，对该靶有 50% 击穿概率时的面密度；H_t 为特种装甲半无限靶被同一标准弹种射击时的穿入深度；ρ_t 为特种装甲密度；$H_t\rho_t$ 为特种装甲面密度，即以同一弹种对靶具有 50% 击穿概率时的面密度。

有时也直接用防护厚度系数（也称为空间防护系数或体积防护系数）表征抗弹性能。防护厚度系数，为标准弹种射击标准均质装甲钢半无限靶时的穿入深度与用同一标准弹种在射击特种装甲时的穿入深度之比。

3) 抗穿甲能力

抗穿甲能力是指一定装甲能承受一定最大命中速度（称为着速）的穿甲弹而不被穿透的能力。当然，板越厚、材料越好时，需要着速越高才能穿透，表示一定装甲板抗不同口径弹丸的能力。只要在靶场试验出少数准确值，对不同的板厚、弹径和速度，可以按规律推算出抗穿能力。

4) 抗破甲能力

抗破甲能力是指装甲能承受一定破甲弹而不被金属射流穿透或穿透后剩余金属射流能量不足以造成毁伤的能力。破甲弹的威力与弹丸着速没有多大关系。装甲抵抗破甲弹的破坏主要是破坏破甲弹金属射流，消耗破甲弹金属射流能量。复合装甲和反应装甲对破甲弹的防护系数可达 3~5。

5) 防护距离

车体、炮塔的某一部分防护某一定武器，使车内不致受到杀伤和破坏时，该武器与车辆的最小距离称为防护距离。火炮武器中的动能穿甲弹的穿透能力是随弹丸飞行距离的增大而减弱的。所以，防护距离通常主要用于表明某装甲能防某穿甲弹的最小距离。这个距离越小，说明装甲的防护力越强。目前主战坦克的防护距离一般要求不大于1 500 m。

2.4.2 伪装与隐身

伪装与隐身性能是指通过伪装与隐身，降低本身特征，而不易被发现的性能。装甲车辆的伪装与隐身性能指标为被发现的概率，即在特定条件下，被发现的装甲车辆的数量占被侦察的装甲车辆的总数量的百分比。

装甲车辆的本身特征包括外形、噪声、光源及热源。装甲车辆上的热源有运动及运动后的动力传动装置和行动装置、运转的电器设备、乘（载）员及射击后的火炮身管等。装甲车辆运动时，发动机排气管出口部位的温度高达800 ℃，其他部位的表面温度一般也高于环境温度4~25 ℃。火炮每发射一发炮弹，温度即升高5 ℃以上；一名乘员产生的热辐射能量约为300 J。

1. 伪装防护

伪装防护是指装甲车辆上采取的隐蔽自己和欺骗、迷惑敌方的技术措施，通常包括普通烟幕、伪装涂层和遮障。伪装涂层是指用涂料来改变装甲车辆表面的波谱特性，使敌方不易探测所实施的伪装措施。通常根据所使用的季节和地区，使用不同颜色的涂料，按要求在装甲车辆表面涂刷成大小不一、互不对称的斑块和条带形图案，从而改变装甲车辆的视觉效果，增加光学和红外等观测器材探测和识别装甲车辆的难度。伪装遮障是一种设置在装甲车辆上或其附近的伪装器材，由线绳或合成纤维编织的网和支撑杆组成。网上有与背景颜色相近的图案和饰物。烟幕装置性能是指用于阻碍敌人视线掩护自己行动的烟幕施放装置的性能，通常用烟幕施放装置的种类或数量、形成时间、烟幕范围等来表示。

2. 隐身防护

隐身防护是在伪装防护基础上逐步形成的，是指为减小或抑制装甲车辆的目视、红外、激光、声响、热、雷达等观测特性而采取的技术措施，包括车辆外形设计技术、材料技术、涂层技术等，是一门新兴的综合技术。它与伪装防护既有密切的联系，又存在着明显的区别。伪装防护主要是采用制式器材进行隐蔽，减小目标的可探测性；隐身防护则是在设计时，就采取减小车辆可探测性的技术措施。

隐身防护主要要求：

①涂层要有三种以上不同的颜色，所构成的图案能在可见光、红外光谱区内分割车辆的外形。反射率应能适应不同作战地区、不同季节的需要。

②能干扰或模糊3~5 μm和8~14 μm的热成像系统的探测和观测。

③能干扰或减小8 mm雷达波信号。

2.4.3 后效防护

装甲车辆的装甲被击穿后，碎片造成的机件毁坏、乘（载）员损伤、车内起火和弹药爆炸，统称为二次效应，也就是"后效"。后效防护就是防止在车内引发"二次效应"的能力，包括隔舱化要求、多功能装甲内衬层和灭火抑爆装置性能。

隔舱化要求就是把动力舱与战斗室隔开，把战斗室的备用弹药用隔舱隔离，并在隔板上预设裂点，以便当压力达到一定限度时从裂点爆开排出压力。

多功能装甲内衬层是装在战斗室内的一种柔性的黏合或缝合的纤维织物，具有较高的抗拉强度，良好的耐疲劳能力，能防火，不易熔，质量小，易于加工成型。其主要作用是减少碎片的数量，降低碎片的速度，隔热防火，降低噪声，衰减中子以及 γ 射线的侵彻。

灭火抑爆装置是用于扑灭车内由于弹丸命中或其他原因引起的火焰，防止弹药爆炸和可燃物燃烧，以保证乘员和车辆安全的装置，包括动力舱灭火抑爆装置和战斗室灭火抑爆装置。通常要求表明其类型、探测装置数量和位置、探测灵敏度、灭火时间、抑爆时间、灭火瓶数量和位置等。各国新一代坦克基本都采用自动灭火抑爆装置，能在 5 ms 内做出反应，在 80~120 ms 内完成灭火。

2.4.4 核生化三防

三防能力是指对核武器、生物武器、化学武器（即核弹、细菌、毒气）的特殊防护。三者中以防核武器最重要，包括防冲击波、光辐射、早期核辐射，以及放射性沾染物质对乘（载）员的伤害。防沾染物质与防细菌和毒气基本是一致的，只是进入车内空气中需要滤清的毒物有区别。

三防装置分个人式和集体式两种。个人三防在车内穿防毒衣并戴面具，设备简便，但工作不便，毒物也沾染车内。集体三防包括车体炮塔密封、建立车内超压环境等。三防能力的指标常有滤清效率、滤毒通风装置风量、反应时间、车内超压值以及防毒持续时间等。对于现代装甲车辆来讲，滤毒通风装置风量一般为 100~200 m^3/h，车内超压值大，都为 300~600 Pa，防毒持续时间不小于 12 min。

2.4.5 主动防护系统性能

主动防护系统是一个以计算机为基础的多功能智能化防御系统，可大幅度提高装甲车辆的战场生存能力，减小战斗全质量。主动防护系统性能是装甲车辆的一种特殊防护性能，主要包括：激光、红外辐射、雷达波辐射告警性能，激光压制观瞄性能，红外、激光干扰性能，对来袭导弹的拦截性能以及特殊烟幕施放性能等。

1. 激光、红外辐射、雷达波辐射告警性能

对激光、红外辐射、雷达波辐射告警性能的具体要求如下：

①灵敏度要高，当接收到微弱电磁辐射时，即能迅速捕获。

②作用距离要远，视场要大。

③作用范围要广，能响应各种波长的激光、红外辐射、雷达波辐射。

④要能识别敌我，仅对敌方的电磁辐射进行告警。

⑤误警率要低，对灯光、爆炸闪光等能进行识别，不予告警。

2. 激光压制观瞄性能

对激光压制观瞄性能具体要求如下：

①反应时间短，一般应在接到指令后 1~2 s 内即能开始工作。

②工作波段宽，以适应战场的需要。

③作用距离远，一般要能对 10 km 外的目标起作用。

④连续工作时间长（激光压制观瞄装置一般需间歇工作，战场上需要较长时间工作的激光器）。

⑤可靠性高，故障少，对环境的适应性强。

3. 红外、激光干扰性能

对红外、激光干扰性能具体要求如下：

①干扰波段宽，应大于或等于制导弹药的工作波段。

②作用距离远，在制导弹药的全射程中都能有效地实施干扰。

③干扰空域大，应能对大范围的来袭弹药进行干扰。

④干扰成功率高，一旦实施干扰，成功率应达到合适的水平。

4. 反坦克导弹拦截装置性能

对反坦克导弹拦截装置性能具体要求如下：

①拦截率高（拦截率是指成功拦截次数与来袭反坦克导弹总数之比）。

②通常情况下，误动率越低越好（误动率是指对不应拦截的来袭飞行物如枪弹、炮弹碎片等拦截的次数与该类飞行物总数之比）。

③附带损伤小（附带损伤是指拦截时，对车辆内外部件及乘员所造成的损伤）。

2.5　信息系统性能要求

在现代化战争中，电子信息性能已成为装甲车辆的一项重要性能，及时获取、正确处理、有效使用和交换战场信息成为装甲车辆指挥和控制以及发挥作战部队和武器系统的最大效能的基础。装甲车辆的观察装置、通信装置和电子信息系统性能，体现了装甲车辆在战场上获取、处理和使用信息的能力以及信息对抗的能力。

2.5.1　电气系统性能

装甲车辆的电气设备通常是指电源装置、用电设备、检测仪表和辅助器件的总称。主要由电源及其控制、用电设备及其管理、动力传动工况显示和故障诊断等分系统组成。现代装甲车辆电气系统特性要求，国内外均以军用标准的形式做出了明确而具体的规定，并作为装甲车辆研制和使用的依据。如美国军用标准 MIL-STD-1275A（AT）、中国国家军用标准 GJB 298—1987《军用车辆28 V直流电气系统特性》。

2.5.2　通信系统性能

装甲车辆通信系统包括车载式无线电台和车内通话器。装甲车辆通信包括车内通信和车际通信。通信性能是车内人员之间，车内和车外人员之间，本车和其他车辆、指挥部门及协同作战的其他军、兵种之间的通信联络手段和能力的总称。通信性能包括通信工作方式与通道、通信距离、抗电磁干扰能力、保密通信、车内联络方式及辅助联络手段。

目前，在装甲车辆上采用的通信技术有调幅通信技术、调频通信技术、单边带通信技术、跳频通信技术、保密通信技术及主动降噪技术等。随着科学技术与兵器技术的发展，未来战争对军事通信的要求越来越高，加上计算机技术的发展和应用，已经或即将应用到车辆通信中的新技术有卫星通信、扩频通信、网络通信、时分/码分多路通信，以及自适应技术、闲置信道扫描、零位天线、模拟/数据信号自动识别与控制等技术。

1. 电台性能

无线电台是最主要的通信装置，电台的功能影响较大。要求电台具有强的保密性、高抗干扰能力、远距离通信能力等。目前在微电子技术迅速发展，集成电路广泛应用的情况下，电台工作要求保密性强，能抗干扰，高度可靠和自动化，尽量减少乘员操作，以便集中精力进行战斗。尤其是指挥和侦察车要求具备高性能的电台。无线电台最基本的性能是通信距离。

2. 车内联络方式

车内联络包括车内乘员之间、乘员和载员之间的通话和信号联系等。车内联络方式最主要的是通话器，要求能避免噪声的干扰，语音清晰不失真。此外，可能要求一些指示灯和音响信号设备等。

3. 辅助联络手段

除无线电台、车内通话器等常用的对外、对内主要通信联络工具外，车辆还应具有其他补充或辅助性联络手段，如信号枪、专用闪光指示灯、步兵电话、遥控电缆、音响信号设备、手旗等，各适用于不同的对象和情况，随不同车辆的用途需要而定。

2.5.3 电子控制性能

随着电子技术的发展，以及现代自动控制理论和智能控制理论的应用，计算机控制逐步替代了机械式控制方式，使装甲车辆综合性能更好。

装甲车辆电子控制系统分为动力控制、传动控制、行走控制、火炮控制等。

动力控制包括燃料喷射控制、点火时间控制、怠速运转控制、排气再循环控制、发动机爆燃控制、减速性能控制等。动力控制能最大限度地提高发动机的动力性，改善发动机运行的经济性，同时，尽可能降低汽车尾气中有害物质的排放量。

传动控制包括变速控制、转向控制、制动控制等。传动控制能够改善车辆的燃油经济性，传动效率，行驶操纵性、稳定性、安全性。

行走控制主要是指悬架控制。根据不同的路面状况和车辆运行工况，主动地改变悬架的刚度和阻尼，同时改善汽车的行驶稳定性和平顺性。

火炮控制系统，是装甲车辆武器系统的一个重要组成部分，火控系统的许多重要技术性能均依赖炮控系统实现。当前，各主战坦克都安装了火炮稳定系统，这种炮控系统除了在一定的精度范围内稳定火炮外，还具有优良的控制性能，能实施对火炮高质量的控制。

2.5.4 电子（指挥）信息性能

现代高技术条件下的战场将是信息化、数字化的战场。在信息化的战场上，战争的结果越来越取决于对战场信息的获取、传输、控制和有效的利用。电子信息系统是一种综合性的人机交互系统，用数字技术来完成信息的收集、传输、控制、处理和利用，以发挥作战部队和武器系统的最大效能。

观察装置主要用于观察和搜索目标，性能指标以视场、倍率及夜视视距表示。由于现代战争的发展需求，还要求观察装置具备防强激光照射、防意外撞击及高密封性的能力。

装甲车辆综合电子系统为开放体系结构，以数据总线为核心，将车内的电子、电气系统和指挥、控制、计算机、情报监视、侦察等设备或电子系统进行系统集成，形成一个分布式计算机网络系统，以单车为基点实现指挥自动化，并通过车际信息系统与上级电子信息系统相连，实现车内、车际信息共享。装甲车辆综合电子系统包含定位导航、火力控制、综合防御、车际信息、电源分配及管理、动力传动集成控制、弹药管理、战场管理及故障诊断等分系统。

2.5.5 电磁兼容性

装甲车辆的电磁兼容性是指装甲车辆上的不同装置、电器、仪器间的电磁兼容性能，主要包括通信系统、计算机系统、综合防御系统、火炮驱动与控制系统、动力传动控制系统及定位导航系统间的电磁兼容。

现代战争电磁环境十分复杂，电磁空间已成为与海、陆、空并列的第四维战场空间，装甲车辆在研制、试验和部队使用过程中，曾因电磁干扰而产生的严重后果。随着电子产品在装甲车辆上的广泛应用，电磁兼容性已成为影响装甲车辆性能及作战使用的重要因素。

装甲车辆的总体电磁兼容性要求如下：

①电线和电缆。布线必须根据电线或电缆的干扰与敏感度特性，把信号导线、电缆与强电路分开设置，并注意走线方式，尽量减少耦合现象产生。

②电源。电源在运行中的稳态、纹波和浪涌电压应符合电气系统特性规定，不得出现电源设备与用电不匹配造成的非稳态运行状态，更不允许产生用电设备敏感的浪涌电压。

③尖峰电压。电气系统运行中出现抛载或突然加载的瞬态过程时，系统产生的尖峰电压不得超过 ±250 V。当 ±250 V 尖峰电压输入电气系统时，系统工作也不得出现异常。

④搭接和接地。搭接是指车辆金属结构部件、设备、附件与车体之间有低阻抗通路的可靠连接；接地是指把设备的负线、壳体或结构部件连接到车体，为设备与车体之间提供低阻抗通路，以防止产生电磁干扰电平，也是防止电击、静电防护、雷电防护以及保证电台天线性能最佳的必要措施。

⑤雷电防护和静电防护。对人员、燃料、武器和军械分系统，应采用雷电防护和静电泄放的措施。

⑥人体防护。为保证人员不受射频、电磁、静电荷电击危害，要求分系统和设备的设计必须满足对人体的安全规定。

⑦对军械分系统的电磁防护。系统设计中应包括对军械分系统的防护措施，避免由于任何形式的电磁或静电能量引起意外击发或击发失效。考虑的有关因素包括布线、敷设电缆、加载、运输、测试和预发射等。

⑧外界环境。系统设计应考虑到系统外部的电磁环境，因为外界电磁环境可能降低系统效能。

⑨抑制元件选型。应选择符合系统要求的、对电磁干扰抑制效果好的抑制元件。

2.6 特殊性能要求

2.6.1 战斗车辆的特殊性能

1. 装甲输送车性能

坦克不能离开步兵来最后结束战斗。为使步兵跟上坦克速度，并避免敌人火力威胁步兵和造成大量伤亡，需要用装甲输送车来护送坦克部队编制内的机械化步兵，以便快速越野到作战地点，并迅速下车投入各种战斗任务，达到密切配合协同歼灭敌人的目的。装甲输送车也大量用于机械化步兵部队。装甲输送车也用于在敌炮火威胁下输送武器、弹药、油料、给养等作战物资，及时保障充足的补给。装甲输送车重点要求的是装载质量，载员人数，装载面积，载物长、宽、高度极限尺寸，以及空载和满载时的不同行驶性能等。装甲输送车一般要求有乘员 1~3 名，通常还要载运一个班的步兵，包括其背包、武器等。装甲输送车的机动性要求不低于坦克，而装甲只防小口径武器。由于装甲不厚，其质量一般为 10~15 t，常要求水陆两用。它的火力一般只要求装备高射、平射两用的高射机枪。为使步兵在较长时间乘车以后仍能保持高度战斗力，要求车内空间环境比较好，这包括改善车内温度、通风、振动、声响、坐姿和对外观察等方面。步兵在发现敌情时应能迅速、隐蔽地下车投入战斗。

2. 步兵战斗车性能

步兵战斗车保持和坦克基本相同的机动性，要求配合坦克作战，车上的步兵也要能用所携带的武器乘车战斗。这就是要求把火力和防护性都提高到比输送车更高的水平。一般要求它的装甲能防轻、重机枪或小口径炮的攻击。对火力要求增设小型炮塔安装 20 mm 以上口径的自动炮或中口径火炮，或携带少数反坦克导弹，以提高对付敌坦克的能力。它的重量可达 20 t 以上，对乘员和载员的其他要求基本同装甲输送车。

3. 自行火炮性能

自行火炮可以使炮兵进一步到第一线实施机动。由于自行火炮具备装甲防护和与坦克基本相同的机动性，所以也常用作伴随步兵和坦克的支援火力，大量地配属于坦克部队作战。但是火炮的种类很多，使用性能又各不相同，因而对各种自行火炮的特殊要求难以一致。作为支援火力使用的自行火炮，主要要求火力比坦克更强大。它安装的长管加农炮或榴炮的口径常大于坦克炮。因为它通常战斗位置在坦克和步兵之后，火力机动性要求可以低一些，方向射界不一定 360°回转，但至少应有 10°~30°的方向射界。自行火炮在战场上的使用位置越靠后，防护力的要求越低。有些远程自行火炮和自行迫击炮的车体甚至可以是半开式的。自行火炮的机动性应该和坦克基本相同。自行高炮的火力机动性要求比坦克更高。高低射界的最大仰角既要求能大到 +80°左右，以便于对空射击，也要求有一定俯角，能保证平射。方向射界要求能做 360°回转。调炮速度应能追踪高速的敌机。自行高炮的自动武器口径一般虽然较小，但数量上常并列安装双管或多管，以使射击时机很短的对空火力更猛烈。高射速的多管自动武器要求弹药基数很大。

4. 侦察指挥车性能

观测车辆上安装的观测器材的性能，包括高倍率望远镜或测距仪、方向仪、经纬仪、炮队镜和指挥镜，以及专用通信设备等的型号、数量及其性能。侦察车辆所具有的特殊侦察设备及性能，包括装置的类型、牌号和性能，以及侦察人员及其分工等。指挥车辆的性能要求主要包括电台和接收机型号、电台接收机数量、电台和接收机性能、潜望镜型号及数量、高倍率潜望或指挥镜型号性能、工作台面积、辅助发电设备性能、附加帐篷数量或面积，以及为指挥而设置的其他各种设备等。

2.6.2 工程车辆的特殊性能

工程车辆一般利用性能优良、产量较大的坦克、步兵战车等战斗车辆底盘，改变布置，在其上安装各种不同的武器、装备或专门作业装置，成为不同作业和辅助车辆。特种车辆底盘的基本性能项目一般不超出原车辆的性能指标项目，但随作业装置的尺寸、质量等不同，也可能带来对底盘基本性能的一些改变。

1. 起吊作业性能

装有起重吊车的工程车辆应具有的性能要求：额定起吊质量、有效起吊幅度、额定起吊力矩、起吊高度、吊车回转角度、起吊速度、绞盘拉力、钢丝绳长度、驻锄驱动方式等。

2. 推土作业性能

安装有推土铲的工程车辆应具有的性能要求：推土铲驱动方式、推土铲宽度、推土铲角度、推土能力（每小时土方量）等。

3. 扫雷作业性能

随不同种类扫雷作业装置而具有的性能要求：扫雷器类型、扫雷器质量、扫雷宽度、未扫雷宽度、扫雷速度、装卸扫雷器时间、安全转向半径等。

4. 绞盘作业性能

装有钢丝绳绞盘的工程车辆应具有的性能要求：绞盘额定拉力、钢丝绳直径、钢丝绳有效长度、钢丝绳平均收绳速度、钢丝绳平均放绳速度等。

5. 维修作业性能

不同种类的维修工程车应具有的性能要求：基本机械加工、修配、换件等能力；备件品种、数量等；与装备车型配套的设备及其性能。

6. 布雷作业性能

布雷车辆应具有的性能要求：布雷操作人数、布雷设备、布雷种类、携雷数量、布雷区域尺寸面积、布雷密度、布雷速度等性能。

7. 架桥作业性能

架桥车辆应具有的性能要求：架桥方式、桥长、桥宽、桥高、桥重、架设跨度、桥体承载质量、架桥时间、收桥时间等。

8. 救援作业性能

救援车辆应具有的性能要求：起重和拖曳为主的性能（具体项目参见绞盘和起吊作业性能）；最大挂钩牵引力、牵引速度、牵引最大上坡度等。

本章小结

本章在介绍装甲车辆总体性能要求与战术技术指标概念的基础上，阐述了战术技术指标论证过程与制定原则，重点介绍了装甲车辆主要总体性能、火力性能、机动性能、防护性能的具体要求，以及电子通信性能和特殊车辆的特殊性能要求等。

思 考 题

1. 装甲车辆总体性能要求与总体设计是什么关系？
2. 如何理解制定装甲车辆战技指标应遵循的原则？
3. 不同类型装甲车辆性能要求如何侧重？
4. 不同类型装甲车辆的防护性能如何要求？
5. 不同类型装甲战斗车辆的火力性能如何要求？

第 3 章
装甲车辆总体方案设计

> **内容提要**
>
> 装甲车辆总体方案设计是装甲车辆总体设计的核心。本章主要介绍装甲车辆总体方案设计基本概念、装甲车辆总体功能设计、装甲车辆总体结构方案与布置、总体参数匹配与优化、系统仿真与性能评估方法、关键技术及其分解等。

3.1 总体方案设计概述

3.1.1 方案设计及其内容

1. 方案设计的概念

方案设计,是根据用户需求,设计出系统的具体解决方案并进行规划。方案设计是对方案可行性的理论验证,首先考虑的是能不能满足用户的需求,方案合理性和可行性是放在方案设计的首位的。方案设计是设计过程中的一个阶段,主要是确认系统结构及其组成,以及结构间主要断面及节点相互关系。方案设计,承先启后,是设计中的重要阶段,是一个极富有创造性的设计阶段,同时也是一个十分复杂的问题,它涉及设计者的知识水平、经验、灵感和想象力等。

装甲车辆是集机械、电子、液压、液力、光学、计算机及网络等技术的综合的复杂武器系统,技术密度大,结构复杂。装甲车辆方案设计,就是根据战技要求,结合国情,运用系统科学的理论与方法,在研究现代战争条件下装甲车辆的作用和发展方向以及现代科技水平的基础上,进行总体方案论证、综合技术集成,提出最佳总体方案,拟定各部件的类型和相互间的组成关系,设计出满足战技要求的装甲车辆总体方案。

装甲车辆总体方案,充分利用设计者深广的知识面,特别是对技术实质的把握判断能力和卓越的创新能力,通过综合技术集成,构建成满足战技要求的装甲车辆构成、各组成部件类型、布置、相互关系可行的方案。

2. 方案设计的内容

方案设计阶段主要是从分析需求出发,确定实现产品功能和性能所需要的总体对象(技术系统),决定技术系统,实现产品的功能与性能到技术系统的映像,并对技术系统进行初步的评价和优化。设计人员根据设计任务书的要求,运用自己掌握的知识和经验,选择合理的技术系统,构思满足设计要求的原理解答方案。

装甲车辆总体方案设计的主要内容包括：

①确定装甲车辆功能及其构成。根据战术技术要求，明确确定装甲车辆功能，构思实现这些功能的功能部件组成。

②选择装甲车辆各功能部件结构类型。相同功能可以由不同类型部件来实现，依据总体优化原则，选择并确定合理匹配的装甲车辆各功能部件结构类型。

③结构空间分配与总体布置。在继承基础上创新，合理分配空间，合理布置装甲车辆各功能部件结构。

④总体尺寸和质量估算。按初步结构方案估算总体尺寸和质量，以满足总体要求。

⑤关键技术确定与分解。分析并确定关键技术，尤其是部件间接口技术、控制技术、减重技术、人机工程技术等，制定相关措施，降低风险。

⑥仿真分析与系统性能评估。建立系统仿真模型，进行性能仿真分析，评估系统性能，以满足总体战术技术要求。

3.1.2 总体方案设计原则

总体方案设计是装甲车辆的顶层设计，对整个设计、制造和性能具有决定意义。装甲车辆总体方案设计指导各部件设计而又取决于各部件设计，基于各局部而又高于各局部。总体方案设计要照顾设计、制造和使用等方方面面，照顾各项性能和各个部件，也涉及其他技术领域和各工业部门的协作、敌我战术使用、制造技术、生产管理、基础技术理论、专门知识、新技术应用、经济成本、市场供应等多方面。总体方案设计应遵循如下原则。

1. 从实战出发，以人为本的设计原则

①首先要在提高性能水平的基础上，做到机构切实可靠、操作简便迅速和便于掌握。

②设计中必须随时设身处地为使用者着想，要尽量有利于发挥人的因素，为乘员创造良好的工作环境和条件，充分发挥其战斗力。

③尽量减少维护保养和修理的工作量。

④零件和部件要争取标准化、通用化、系列化，弹药尽可能通用，简化燃料和润滑油的品种与标号，以简化装甲部队的后勤保障。

2. 权衡协调，利益最大化的设计原则

装甲车辆的各种性能要求，既是统一的，又是互相对立、互相制约的，运用唯物辩证法，抓住主要矛盾及矛盾的主要方面，权衡分析，协调设计，以使整体利益最大化。

①正确协调与处理装甲车辆的火力、机动、防护三大性能之间的关系。

②正确协调与处理装甲车辆的可靠性与维修性之间的关系。

③正确协调与处理装甲车辆的战术技术性能与经济性之间的关系。

3. 继承基础上的创新设计原则

不破不立，但创新伴随着风险。老子曰："不知常，妄动，凶。"正确处理装甲车辆性能先进性与技术可行性、现实性的关系，在继承的基础上创新。

①继承不是生搬硬套，知其然更要知其所以然，才能扬长避短。

②勇于创新，更要善于创新；不墨守成规，但不是标新立异。

③掌握装甲车辆的理论和技术是基础，关注相关学科的理论及其技术发展是创新技术途径。

4. 总体性能优先的设计原则

装甲车辆是涉及机、电、光、材料等高新技术的复杂系统，运用系统工程理论与方法，正确处理总体和部件的关系，总体性能优先，兼顾部件性能。

①做到有所为有所不为，合理突出主要总体战技性能而牺牲次要性能。
②理解并有机融合各部件技术，努力提高总体战技性能。
③组合、优化与改造成熟技术，研究专用技术，形成总体关键技术。

3.2 装甲车辆总体结构方案设计

3.2.1 装甲车辆总体性能设计

装甲车辆的总体方案设计，应保证装甲车辆火力、机动、防护等主要性能以及特殊作业性能的实现。各项性能的优先排序应依据车辆的作战使命任务、作战对象及使用要求决定。车辆总体性能设计应做到关键性能先进，系统协调匹配，结构完善合理，达到良好的综合性能。

1. 火力性能设计

根据火力及火力机动性能战技指标要求，确定火炮口径、类型、弹种和弹药装填方式，以及火控系统的类型和结构组成。对火炮穿甲威力、射击精度、系统反应时间及火炮回转速度进行分析计算。

火炮口径应根据作战使命任务和作战对象确定。现代主战坦克安装的火炮口径应在 105 mm 以上。坦克炮应配备多个弹种，对付不同目标；弹药基数应满足战术技术指标的要求。坦克炮设计，应考虑有利于提高首发命中率；还应考虑有利于提高射速。供弹、装弹方式，火控系统的反应时间及射击方式，携弹量、身管寿命、战斗室布置等方面进行权衡。

根据装甲车辆类型及作战任务决定主要武器的射界。坦克和步兵战车方向射界均为 360°，自行压制火炮一般不需要全方位射界。高低射界应与战斗全重和车高权衡，坦克炮高低射界一般为 -5°~15°，自行压制火炮、自行高炮、海上登陆车辆应有较大的俯角，但由此而带来的炮塔高度和车高增大、战斗全重增加等，又会引起车辆的体积增大。

2. 机动性能设计

根据机动性能各项指标要求，确定发动机的型号、功率、转速及工作特性；确定传动装置、操纵装置、行动装置的形式和构成；进行直驶和转向牵引分析计算等。

确定车辆机动性车辆发动机标定功率，应保证达到最大速度和平均速度。履带式车辆最大速度应不小于 60 km/h，轮式车辆最大速度应不小于 80 km/h。平均速度与行驶路面性质和环境条件有关，履带式车辆越野平均速度应不小于 25 km/h，轮式车辆越野平均速度应不小于 36 km/h。

为了提高最大行程，设计时在不增加车辆外廓尺寸条件下，尽量增大贮油量；降低百千米燃油消耗量；提高油箱设计的完善程度（减少残存量）。

为了降低百千米燃油消耗量，设计时，合理确定发动机使用工况参数，使车辆经常在最低燃油消耗率条件下工作；提高车辆总效率，减少功率损耗；提高车辆平均行驶速度。

3. 防护性性能设计

装甲车辆的防护能力可按不同的要求，由装甲防护、形体防护、隐身技术及三防性能等合理配置实现。装甲防护，应根据防护性能指标要求，首先，通过装甲损伤计算和类比确定防护正面基本装甲板的材质、厚度、形状、倾角、结构。其次，按总体分配给装甲防护重量所占比例，合理分配次要部位的装甲板厚度。主战坦克装甲防护（车体、炮塔体）重量占战斗全重的 45%～50%。其中，车体部分重量约占 2/3。根据防护性能指标要求，采用声、光、电磁、热和雷达特征信号的抑制等措施，确定车辆综合防御系统构成；考虑对核、生物、化学武器防御能力的三防措施；确定防空中武装直升机远距离攻击的措施。

4. 步兵战车主要特殊性能设计

步兵战车应具有较强的火力，主要武器应能对付同类型战斗车辆，并应具有一定的防空和反坦克能力，机动性应高于被伴随的坦克，有一定的防护能力和三防功能。步兵战车的乘员和载员总数应不少于 10～11 人。设计时应为乘、载人员提供良好的观察战场和射击条件，提高车载武器和载员乘车战斗时所携带武器的效能。应充分考虑载员上、下车作战的快速、方便和安全。步兵战车一般应具有水上浮渡性能，采用履带划水推进时，水上速度为 6～8 km/h；浮力储备系数应大于 20%；若要求水上速度大于 8 km/h，应增加水上推进装置，浮力储备系数也应相应提高。在规定战斗全重的条件下，应具有一定的防护性能。

5. 装甲输送车主要特殊性能设计

装甲输送车应有宽大的后门，保证载员和物资的快速出入和装卸，载员室的座椅应设计成折叠式或可快速拆装的型式。装甲输送车设计应留有充分拓展的余力，以此作为基型车形成装甲车族。装甲输送基型车设计时，应严格执行系列化、通用化标准；其动力、传动和行动装置应留有适当的余量，以适应各种变型车的要求。装甲输送车应具有水上浮渡性能，入水准备时间应不超过 10 min。装甲输送基型车总体设计，空载重心尽可能前移，重点保证满载时车辆有良好的水上性能。车体为薄装甲结构，设计时应保证具有足够的刚度，防止结构变形和焊接变形。必要时可采用铝合金装甲。

6. 自行火炮主要特殊性能设计

各类自行火炮应根据各自的作战使命任务和作战对象进行总体设计，并符合基型底盘吨位系列规定。自行火炮的总体设计应重点解决车、炮匹配和车、炮间的有机结合。当采用地面炮时，应通过地面炮的改造和车、炮间的充分协调来满足指标要求。自行火炮通常要求有较大的战斗室空间。大部分自行火炮采取动力、传动前置，此时战斗室长度应占车体总长的 40%～60%。可在车体后部设置较大尺寸的后门，保证乘员方便出入和弹壳排出。自行火炮一般应设专用供弹窗口，供弹车能从车外向自行火炮连续供弹，保证迅速补充弹药和火炮的持续射击。大口径自行火炮应在车外设行军固定支承装置，并能快速连接拆卸和固定，保证行军和战斗状态的快速转换要求。自行火炮底盘应具有较高的承载能力，应能承受武器在大射角射击时的冲击负荷。自行火炮底盘的调平和闭锁功能，可按不同要求采用机械式或液压式结构实现。大口径自行火炮的驻锄装置应固定可靠，解脱方便，收放省力，并可利用本车自身功能收回至行军状态；行军状态应不影响车辆的机动性和通行能力。自行火炮除人工定向校正外，一般安装定位定向装置。在车外安装的装置和备附件箱等应固定牢靠，并有良好的密封，在炮口冲击波作用下不致损坏。

7. 轮式装甲车辆性能设计

轮式装甲车辆的总体设计应根据战术技术指标要求，一般按底盘要求选用国家军用越野汽车的底盘，不适用的部件可加以修改或重新设计，并留出充裕的承载量，以构成完善的总体方案。底盘的车桥数和轴距的选择应使轴荷分布合理，转向桥的轴荷应稍小（一般为非转向桥轴荷的 90%）。基型底盘应进行系列化设计，优先设计 6×6 三轴驱动型，并考虑增减一个驱动轴即可变为 8×8、4×4 驱动的系列车型，供各种不同用途的车辆选用，使之车族化。转向车轮要有足够活动范围，车体的前悬和后悬要小，以提高车辆的接近角和离去角。一般接近角应大于 45°，离去角应大于 40°。车辆设计应保证最大速度不小于 80 km/h，平均行驶速度不小于 55 km/h，越野道路的平均行驶速度应不小于 36 km/h。从零加速到 32 km/h 所需加速时间不大于 13 s，从零加速到 60 km/h 所需加速时间一般应不大于 30 s。最大牵引力应保证爬坡度不小于 30°的要求。还应考虑绞盘辅助动力输出的接口。

8. 装甲车辆水上性能设计

具有水上性能的水陆坦克、水陆装甲输送车及步兵战车等装甲车辆，其总体设计的关键在于要处理好水上性能和陆上性能的关系，解决好陆上和水上性能产生的各种矛盾，以满足战术技术指标要求。浮力和浮力储备要靠尽可能增大车辆的排水量和减小战斗全质量来保证。在总体方案设计时，需首先确定好车体的外形轮廓尺寸，以满足车辆的基本浮力要求，并设法增加浸入水中其他部件的浮力，此外，在满足刚度、强度的前提下，严格控制总质量。车体的线型设计，在满足陆上性能的同时，除考虑浮力要求外，还应尽可能减小水上航行时的阻力，并控制水上航行时纵倾角的变化，保持良好的航行状态，满足最大航速的要求。内部设计时，应注意控制质心、浮心位置，应尽量使全车质心降低，以保证水上的稳定性，水上的平衡状态不应有横倾。纵倾应符合水上航行要求。水上平衡还应考虑弹药和油料等消耗物品处于满载和空载等不同情况，以及火炮处于不同位置和仰、俯角时都能保持良好的稳定性。具有水上性能的车辆，水上推进装置应能提供足够的推力，以满足水上最大速度要求。水上推进装置应能在车辆入水和出水时与陆上推进装置共同工作。水上推进装置在登陆后应有良好保护，避免损坏叶轮。水上速度要求高的车辆，水上推进装置一般选用浅水工作性能、水上转向性能和水上倒车性能好，且登陆后有良好保护的喷水推进器。水上速度要求不高的车辆，可采用结构简单的履带或轮胎划水推进方式。设计时，应将上部回程的水流遮住，限制其反作用水流，并在尾部增加导流罩。车辆密封要可靠，应设置不少于两种排水装置，其中一种应为手动，并在车辆各种姿态时均能排水。此外，还应随车配备堵漏器材。车首可设置具有足够刚度、强度并能收/放的防浪板。驾驶员应配备高潜望观察镜。具有水上性能的车辆各零、部件，应考虑防腐蚀要求。

3.2.2　装甲车辆总体主要结构组成

在满足战术技术指标的前提下，总体方案应尽量简化，变型车辆尽可能采用基型底盘，消除不必要的功能及结构上的多余部件，把复杂程度减至最低限度。基型车的总体方案应考虑多种变型的可能性。车体、动力、传动、操纵及行动装置应能适应吨位增减、车长变化、增设附加动力输出及安装作业装置等需要。装甲战斗车辆一般主要由驾驶室、战斗室和动力传动室三部分组成。

1. 驾驶室

驾驶室一般位于装甲车辆前部，便于驾驶员观察道路和驾驶车辆。驾驶员位于车体正前或左前方。驾驶室内一般布置有各种驾驶操纵装置、检测及指示仪表、报警信号装置、蓄电池组、弹架油箱、炮弹或燃油箱等。驾驶员位置大多在车首左前部，也可在车首右前部或者在车首中央，除了考虑各国公路行驶习惯外，还应考虑除了总体设计实现的难易性。例如，驾驶员位于车首中央，两侧布置形式通常为燃油箱，由于装甲车辆一般装有性能优异的灭火抑爆装置，燃料已具有在装甲之后的第二道防护功能。炮弹最好不要布置在驾驶室内，以避免被命中后产生的第二次爆炸效应。

2. 战斗室

总体方案应首先确定乘、载员数量及其位置。战斗室位于装甲车辆的中后部，内有 2～3 名乘员，以及载员若干名。坦克多采用炮塔结构，车、炮长及装填手布置在炮塔内，战斗室居车体中央。装甲输送车的动力、传动装置多为前置，载员室在车体后部。

通常战斗室中装有火炮、火控、观瞄、通信、自动装弹机、三防、灭火抑爆、烟幕发射、弹药、电子对抗等设备和装置。战斗室有 3 名乘员时，他们的分工是：车长负责指挥、搜索、联络；炮长（又称一炮手）负责跟踪、瞄准、火炮射击；装填手（又称二炮手）负责装填炮弹和车外高射机枪的射击。

3. 动力传动室

动力传动室位于装甲车辆的中后部。通常安装有动力和传动装置、进气和排气道、燃料和机油油箱、空气滤清器、冷却风扇及其传动装置、机油和水散热器、发动机起动装置、灭火抑爆装置操纵机件和支架、进出风百叶窗等。

除此以外，在装甲车辆外部还装有工具、备品、自救和潜渡设备、各种灯具、副油箱或油桶、炮塔上安装高射机枪和烟幕弹抛射装置、观瞄装置、主动防护系统或防护装甲等。

3.2.3 装甲车辆总体结构布置

3.2.3.1 总体结构布置

1. 总体结构布置的概念

装甲车辆总体结构布置是合理安排装甲车辆的武器系统、乘员、动力传动装置、装甲及专用防护元件、行动部分、辅助设备及其他子系统的相对位置，包括总体布置和局部布置。总体布置在原则上决定各部件的数量及其相互位置、车体和炮塔的结构，进而最终确定车辆的外形。局部布置确定车辆各部分和各部件的设备。总体布置是装甲车辆设计过程中最为重要的，在很大程度上决定了设计的成败。

总体布置的主要任务是在既定的重量和外廓尺寸范围内使装甲车辆获得最高的战斗性能指标。要完成这一任务，根本的布置方式在于，在满足总体布置要求的情况下，减小车内空间。这样紧缩出来的重量储备通常被用来提高主要战斗性能。

2. 设计思路

①最佳总体布置方案的主要特征。最佳总体布置方案的主要特征是：没有利用的车内容积最小；能量从发送机传递到行动装置的路径最短；液气管路的体积最小。

②确定合理的尺寸比例和车体形状。整车的长宽高对车体质量的影响比例为 1:3:7，缩减车体的长、宽、高，可大幅度减小车内容积，从而可减小车体质量。对于既定的车内容积

来说，矮而窄的车体质量最小。然而，车体高度的降低受一系列因素的制约，其中，乘、载员在车内工作状态的姿势是影响车内高度的重要因素。

③减少乘员数量。在现代坦克内，乘员所占体积大约分别为：车长 0.35 m³，炮长 0.5 m³，驾驶员 0.8 m³，装填手 1 m³以下（在工作位置高度为 1.6~1.7 m 的情况下）。武器装填的自动化过程，使得乘员中再也无须装填手，并且消除了对降低战斗室高度的限制。

④选用结构紧凑的武器、发动机、机构、部件、设备及仪表。

⑤紧凑型布置。通过最大限度地缩小乘员工作空间（在保证乘员正常工作的情况下），将装甲车辆的所有装置以最小的间隙布置，缩减传动系部件及其组合式齿式离合器的数量等能够使坦克获得紧凑的布置。

⑥将一些部件从装甲防护下的空间内挪出。外置火炮、外置空气滤清器、外置部分燃油箱和机油箱、外置全套备件箱、外置悬挂装置等。

⑦应用轻型金属材料和聚合材料。应用各种塑料、复合材料及陶瓷，以减轻装甲车体的重量。

3. 总体布置要求及主要技术途径

1）装备威力最大的武器并保证其能有效使用

火力要求是装甲战斗车辆设计的出发点。炮塔和车体内的战斗室容积应该能够确保方便布置乘员、安装大威力武器及各种伺服系统和仪表、存放足够多的弹药。具有代表性的现代坦克的战斗室容积在 6~10 m³ 之间，占车内总容积的 50%~60%。

2）对各种威胁的可靠防护

根据车体和炮塔不同部位弹着概率的不同，在装甲重量约束条件下，在不同部位采用不同厚度的装甲可显著降低装甲被击穿的概率。一般车体正面、侧面和后部装甲板厚度的分配比例为 2.5:1:0.5。在中弹概率最高的方向上，通过增大来袭弹丸与装甲的弹着角来提高车体和炮塔的抗弹性能。通过使用内外防护层来保证可靠的防生化能力。通过将燃油、机油和弹药布置在防护能力最强的区域，采用保证避免车载弹药伤及乘员的定向泄爆措施，装备有效的自动灭火设备，用密封防火隔板将其他舱室与动力传动舱分隔开，使用在受热分解时不释放有毒产物的防火结构物质等措施来确保抑燃抑爆能力。运用伪装手段，包括迷彩、烟幕榴弹、烟幕罐、烟幕炮弹、热烟幕施放设施、使热成像观瞄仪难以发现热辐射源，以及使用嵌入式自掘壕设备来降低被发现的概率。

3）高度机动性

通过安装大功率、单位功率大的经济型发动机，并与传动系和行动部分的匹配来保证车辆实现高的行驶速度，并且在使用各种等级燃油的情况下都能够持续工作；使用能够提高功率利用率、动力性和转向性能的传动系；将可保证必要的行程储备指数的足够数量的车载燃油储备在有装甲防护的空间内等措施，来提高运行速度和最大行程。通过降低质心的布置高度、质心的投影与履带支承面的中心重合，来提高通过性能并增大越壕宽度。保证能够涉越水障或者借助于挂装的浮标实施浮渡。安装夜视仪和夜成像装置，以保证在夜间以及在能见度低的情况下能够进行战斗使用。限制外廓宽度和高度，使之适应公路、铁路运输。

4）可靠的操纵机构

各种仪表和操纵机构的布置应该保证乘员能够方便而轻松地操纵车辆、武器及各种设备，有利于保持乘员的工作能力。现代装甲车辆应该分别装备两套行驶操纵系统和火控系统；观瞄仪应该具有足够高的放大倍率和必要的视野；应能进行可靠的车外通信和车内通信。

此外，对装甲车辆的布置，会像对其任一机组、部件和机构一样，提出以下一些总体设计要求：结构的工艺性，以及其是否适合批量生产；零件、部件及机组高度的统一化和标准化，生产费用低；最小的重量和外廓尺寸；在长时间行使战斗职能以及在使用的情况下具有高度的工作稳定性；工作量最小，定期保养的间隔时间长；使用军用维修工具可在战场环境下方便地进行拆装。

4. 总体布置的类型及其特点

在根据装甲车辆三大性能选择主要部件，初步形成轮廓的、原则的方案以后，需要进一步明确车内的布置和整车的外形，使方案逐步具体化。布置的原则是力求完善地实现战术技术要求，突出主要性能水平，而不出现重大的缺点，以人为本，注重人机环工程设计。

1）按乘员人数及其分工布置方案

图 3.1 所示是现代大多数坦克所用的乘员布置方案，即驾驶员位于车体驾驶室内，而其余的战斗员位于炮塔内。

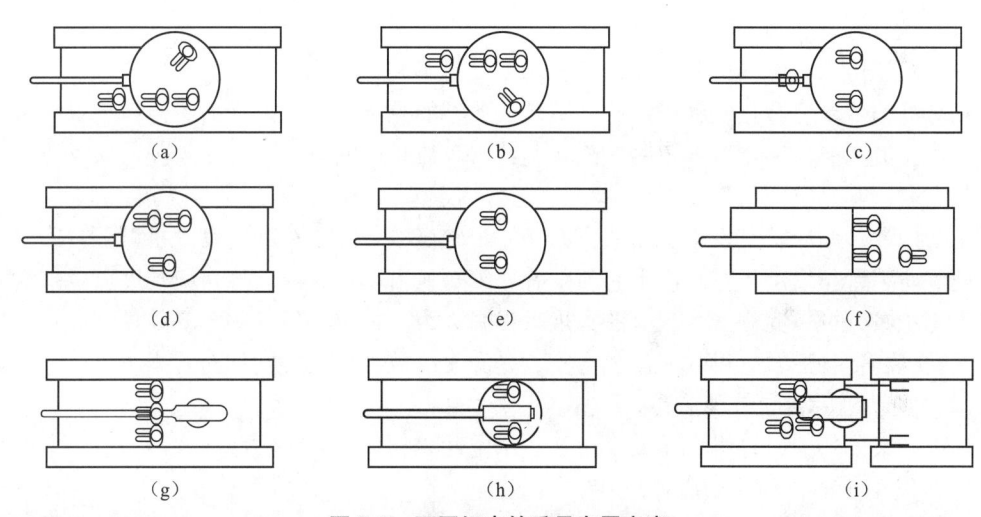

图 3.1 不同坦克的乘员布置方案

驾驶员在前，不随炮塔回转，便于观察前方道路。火炮装填手一般用右手开闩和送弹入膛，因此位于火炮左侧。车长和炮长一般位于火炮右侧。车长一般位于炮长后上方，便于环视战场，而炮长着重观察炮口所指前方。由于大口径自行压制火炮大多采用分装式弹药，往往装填手分为装弹手和装药手，分立火炮两侧。若采用自动装弹机，并继续简化火炮的瞄准、射击等操作，将乘员的工作尽量可靠地自动化，就可能减少全车乘员为 2 人。

2）按内部空间来区分

一般装甲车辆内部大致可划分为驾驶室、战斗（或载员、作业）室、动力传动室共三个空间。有时又将动力传动室细分为动力室和传动室，这样就划分为四个空间。驾驶室内主要有驾驶员、操纵装置和一些储存物等。战斗室内主要有战斗员、武器和火控装置等。动力室以发动机为主。传动室以传动及其操纵装置为主。这四个部分在车中有时并非截然分开，而可能交叉或合并。根据各车辆总布置的特点，大体可归纳成四类基本方案，如图 3.2 所示。

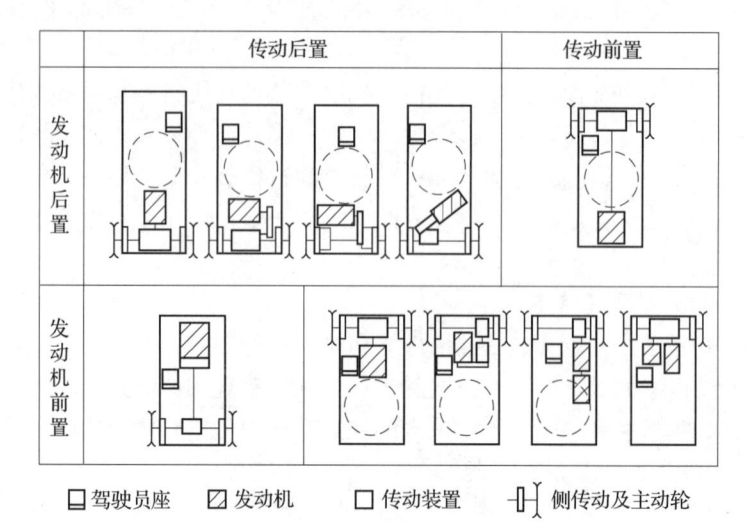

图 3.2　各种总体布置基本方案

(1) 发动机和传动后置

发动机和传动后置又可分为发动机纵、横放等不同方案。

发动机和传动后置且发动机纵放方案是最典型的总布置形式。动力和传动装置在后比较集中，驾驶员在前较便于观察道路。战斗室约占车体长度的 1/4 左右。驾驶员只需要驾驶室的部分宽度，其余空间可作为放置油箱、弹药、仪表、储电池等使用。

发动机和传动后置且发动机横放方案是一个较好的方案。可利用发动机侧下方凹入的空间，使传动装置与发动机在长度上有所重叠，缩短所占车体长度。战斗室长度可以扩大到车长的 1/3 左右，可以允许安装较大的火炮来提高火力，还保持较轻的车辆质量。

发动机和传动后置且发动机斜放方案，是介乎纵放和横放之间的布置方案。

(2) 发动机后置和传动前置

这种方案的特点是操纵和传动部分在一个空间，而传动轴穿过战斗室。

(3) 发动机前置和传动后置

这种方案的最大优点是风冷发动机或冷却水散热器的布置，便于在车辆前进时得到迎风冷却。

(4) 发动机和传动前置

绝大多数装甲输送车和步兵战车、多数现代自行火炮和轻型坦克，以及少数主战坦克都采用这种方案。驾驶、动力和传动部分在长度上重叠，进一步缩短了车长，减小质量，扩大战斗部分空间。

3) 布置方案的选择

①驾驶操纵只能在前，动力部分最好在后，采用能回转的大口径火炮，要求战斗部分空间宽大而且完整。

②所选方案的优点应体现在车辆的总体性能上，选择原则主要有：战斗部分最大而车辆最小、最轻；大部件拆装方便而又不影响车体防护；乘员工作环境好和利于密封等。

③选定方案很大程度上取决于车辆的用途和要求。例如装甲输送车要求具有较大的空间来装载员，并要求载员上下车能迅速隐蔽，因此采用动力、传动前置方案比较合理。又如，

轻型、特别是超轻型坦克要求尺寸、质量小，还要重量能够平衡，也采用传动前置的方案。

④现代中型坦克的典型方案是动力、传动部分后置。至于发动机是纵放或横放，要根据发动机型式、尺寸、散热等要求来决定。

3.2.3.2 主要结构布置

1. 驾驶舱布置

1）基本要求

驾驶室是驾驶员的活动空间。驾驶室布置的出发点在于：保证驾驶员在外形低矮且最具防弹能力的车体前部，能够方便地操纵车辆，并保证其具有良好的视野环境。驾驶室布置首先要考虑驾驶员的活动，包括观察、操纵等的要求，在此基础上考虑整车的布置和防护性要求。在装甲车辆特殊条件下的驾驶室布置的主要要求包括：适于大多数不同身材的驾驶员，能有调整的余地；在开窗和闭窗两种情况下，驾驶员对外视界要开阔，死角或盲区小，对内观察仪表方便；开窗和闭窗两种情况下，都要便于驾驶员操作；空间舒适，能持久；驾驶员进出方便迅速；关窗紧密不太费力；有利于防护的车体外形。总之，要便于充分发挥人的积极作用，布置驾驶部分应该要求：驾驶员操作方便、视界开阔、具有足够的活动空间、不易疲劳、出入迅速方便等。

2）驾驶员的位置

为便于观察道路，驾驶室一般在前。几种常见的驾驶员位置如图 3.3 所示。现代装甲车辆一般都是一名驾驶员，驾驶员位置有的偏于一侧，有的在车体中纵向中心线上。侧位便于观察在前或后面同方向行驶的其他车辆和道路情况，也便于发现后面来的车辆超车，以及在窄路上与对面来的车辆准确地会车，对倒车驾驶也有利。位置偏前方的左侧，便于在顶甲板上开设窗口和开窗驾驶（避开炮管），还便于右手习惯上担任较繁重的操作（变速手柄、机枪、仪表板等多在不靠甲板的一侧）。规定沿道路右侧行驶，则驾驶座常偏左侧。规定行车靠左，则驾驶座在右侧。

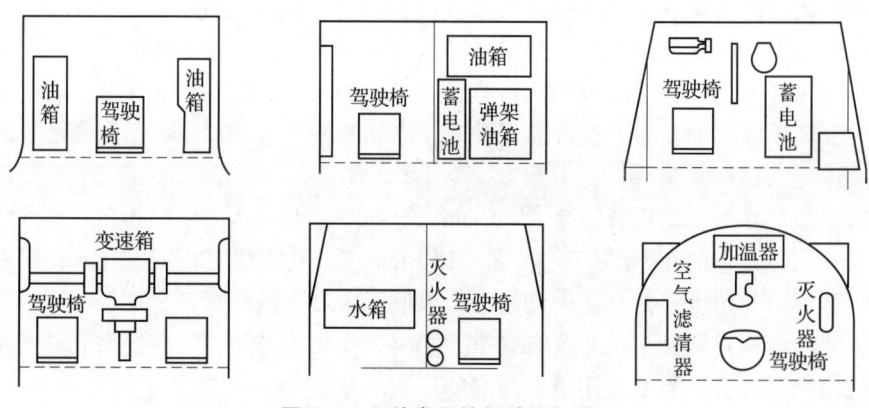

图 3.3 几种常见的驾驶员位置

为了便于观察道路，驾驶员应该位于前倾斜甲板之后、顶甲板的最前部，因为这里的盲区最小。如盲区大于 3~5 m，通过障碍时较难准确估计距离。

驾驶员通过潜望式观察镜观察战场地形时，垂直视域角度不少于 20°，观察不到的距离不超过 8 m，水平视域应该保证有车体宽。将驾驶员布置在便于其确定方向的中央位置被认为是最合理的。在行车过程中，驾驶员可以通过打开舱盖来直接观察地形。通过装备有源和无源夜视仪来保证夜间的地形观察。驾驶员观察镜装有吹洗装置和电热装置，以清除玻璃上的尘土、冰雪和水珠。

3）驾驶室活动空间的布置

驾驶员的活动空间，应该符合人机环工程学原理和我国人体尺寸的需要，其头部的位置应该位于前倾斜甲板之后、顶甲板的最前端。在这里既可充分利用车内高度，获得较低的车体高和避免潜望镜孔削弱前装甲防护，又可以使驾驶员观察的盲区尽量小，视界尽量广。

活动空间尺寸应符合我国人体尺寸的情况，同时应满足人机工程的标准要求。

空间高度：底甲板至驾驶窗内壁高度，应根据闭窗驾驶时座椅的高度、驾驶员的坐姿等来确定。对于一般的直立坐姿，当座椅高度低到 100 mm 时，为保证驾驶需要，车体的顶、底甲板之间的高度至少还需要 920~1 000 mm。操纵杆手把高度应在驾驶员的腰肩之间才便于施力。为减低车体高度，驾驶窗可以凸出于车体顶板，但受火炮俯角的限制，常只能突出 40~80 mm。

宽度：驾驶员工作空间所需宽度为 0.75~0.9 m，一般应该不小于 800 mm。如果用两根操纵杆，杆间距离应保持在 400 mm 以上，以使驾驶员腿部能自由活动，便于踩踏板。踏板之间距离太大会使驾驶员脚的移动量大，操作不及时和不方便，但距离太小又易误踩踏板，以致发生事故。脚制动器和油门踏板之间的适当距离为 150 mm，这是以鞋跟为支点的脚尖摆动范围，可使转换较方便而又有明显的位置区别。主离合器踏板和脚制动踏板之间的适当距离为 200 mm 左右。变速杆按习惯应放在右手位置，行程应较小，以便迅速换挡。变速杆的各种变速位置都不应妨碍拉操纵杆，也不能太远。所有的宽度布置都应该满足乘员穿着冬季服装的需要。

长度：主离合器和制动踏板行程应该在椅中心前 650~900 mm 范围内，防止踏踏板时腿太弯和踏不到底的现象。用脚掌中部踏踏板较为得力，踏板运动方向应大体平行于小腿。油门踏板应用足尖或脚掌内缘来踏，踏时最好能以脚跟为支点，这样才能保持在坦克颠簸时稳定供油。操纵杆等把手的活动范围则应在距椅中心 300~650 mm 范围内，以免出现乘员向前弯腰或反转手施力的现象。在开窗驾驶时，当驾驶椅升起 300 mm 以上高度，驾驶员应该仍能方便地操纵拉杆和踏板，易于用力。

驾驶椅一般尺寸为：坐垫长 360~400 mm，宽 380~400 mm。靠背高 380~450 mm，宽 350~400 mm。座椅应该能够前后调整 100~150 mm、上下调整 100~130 mm，以适应不同的身材。椅背可调节角度，并且能折倒放平，以便于乘员互换位置。

操纵装置的结构对驾驶室的布置有着重大影响。操纵机件行程大并要求驾驶员用力操纵的普通机械式操纵装置，需要占用很多的空间。引入助力操纵装置及小行程自动操纵装置，能够明显减小操纵装置的体积以及操纵机件的数量。

对传动后置，若操纵拉杆从底甲板上通过，容易被落在底甲板上的杂物卡住不能活动，或在冬季被泄漏的油、水所冻结；若在扭杆上方交叉通过，影响车内空间利用。底甲板较薄容易变形，支座如不在加强筋附近，将引起支座和杠杆的位置变化，产生转动不灵现象。另一种布置是使拉杆系统沿侧甲板通向车后，可以避免上述缺点，但这样的铰链点和杠杆数量增加，结构稍复杂些。对传动前置，变速杆等最好直接从变速箱等部件上直接引出，不再经过底装甲板上的支座，可简化结构。

当采用操纵拉杆转向时，手把高度应在驾驶员的腰、肩之间才便于施力。但驾驶员关窗和开窗两种姿态的头部升降距离至少需要约一个头长，即 200~250 mm，最好大于 300 mm，才便于在开窗时观察道路。当装甲越厚时，这个升降距离应该越大。因此，关窗姿态若拉杆手把接近肩高，开窗姿态的手把接近腰高。

操纵杆等把手的活动范围应该在距椅背 400~700 mm 内（垂直坐姿）。不允许出现乘员向前弯腰或到拉杆行程末端需要反转手向后施力的现象。当驾驶椅升起 300 mm 左右高度后，驾驶员应该仍能方便地拉操纵杆和踏踏板，并易于用力。

脚踏操纵时，小腿方向和高度随座高而不同，但比把手的工作范围变化较大。

操纵拉杆和踏板的操纵行程的大小，是应该配合操纵力的大小来决定的。困难出现在车辆质量较大而又是机械式的主离合器和转向机操纵上。例如，主离合器的操纵功与车辆质量大体上成正比，30 t 的车辆约 40 Nm，50 t 车辆约 70 Nm。即使经过助力弹簧等改进，其行程和操纵力往往也都超出满意的范围。采用液压或气助力以后，才能解决困难。

仪表应该布置在驾驶员的前方和侧前方，常用仪表要求驾驶员不转头就能看清读数，同时，要兼顾开窗和闭窗驾驶时不同头部位置和方向都能看清。

通常利用驾驶部分的其余空间来布置油箱、弹药、阀门开关等。有时蓄电池也放在前部，要注意位置便于充电和出入搬运。

驾驶员通过车体装甲板上的舱盖进出车辆。驾驶室底板上的应急舱门用于乘员在敌人炮火下撤离车辆。这个门应该是向车内开启的，否则，车底有障碍物就打不开。

2. 战斗室布置

战斗车辆的动力、传动、驾驶室在一定意义上是为战斗室服务的。在战斗室，战斗员在通信联络、指挥车辆前进、观察战场搜索目标以及测定目标距离等工作之外，关键是围绕武器进行供弹装填、瞄准修正射击等战斗活动。战斗室的主要布置方案也是由此决定的。

在保证最有效地使用武器的基础上，力求塔形小，质量小，防护力强，乘员操作活动方便，空间能合理地充分利用。

1）战斗室的布置原则

①保证最有效地发挥武器威力，便于使用。
②力求外廓尺寸小、质量小、防护性强。
③有足够的空间布置弹药及其他部件。
④留有必须的战斗室空间，方便乘员工作，人工装填时，应有足够的装填手活动空间。
⑤弹药架的布置应做到取弹方便，满足射速要求。
⑥有利于增大高低与方向射界，减少死界。
⑦通风良好，能排除战斗室有害气体。

2）战斗室总体布置主要步骤

①战斗室总体布置，应首先确定主要武器在炮塔上的位置，该位置由火炮耳轴的位置决定。
②武器位置确定后，应优先布置安装于摇架上的部件和与火炮俯仰有相对位置要求的部件。
③确定乘员位置以及乘员座椅及门窗位置，并满足观察和操作的要求。

④确定自动装弹机或半自动装弹机的位置及与火炮的相对关系。

⑤其他部件、装置、仪器的布置。

3）战斗室与主要武器

（1）主要武器的布置

为能在防护状态下向四周进行俯仰瞄准，机动地射击所有方位的目标，将火炮和机枪安装在位于车体顶部座圈上的回转炮塔上。为避免火炮射击后坐时座圈回转或方向机构承受大负荷，火炮常居座圈中心线上或偏一个小距离，这样，战斗人员位置常在炮塔下座圈内火炮两侧的空间处。这是至今一直采用的基本布置方案。在有限方位摆动一定角度的火炮安装方案，只在部分支援火力，如一些自行火炮、歼击坦克等上应用。这就不要求用座圈，而将火炮安装在车体前部可以在有限方位左右摆动的炮框上，这种方案现在已很少使用。

将所选火炮安装到所设计的车辆炮塔上，客观上受到炮塔主要尺寸关系的限制：炮塔内径 D_c、炮塔高度 h_6、火炮轴颈的布置高度 h、轴颈与炮塔转动轴线之间的距离 b、炮尾长度 R_n、后坐长度 L_{OT}、炮座半径 r_n、炮尾高度 h_k、弹药长度 L_B、药筒长度 L_r 等（图3.4）。

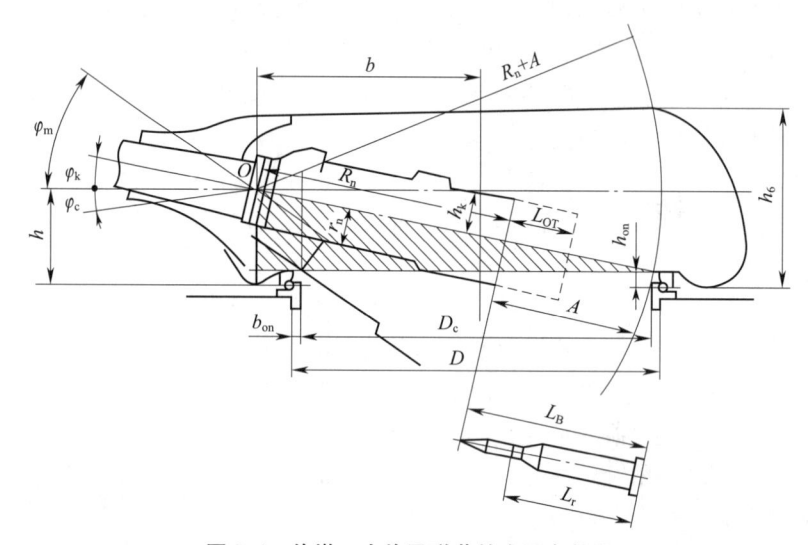

图3.4　炮塔、火炮及弹药的主要参数图

火炮布置一般原则是：①降低耳轴在炮塔上的高度，有利于降低炮塔体高度；②在满足最大回转半径和座圈尺寸限制条件下，耳轴相对回转中心前移可减小火炮占据的战斗室内有效空间；③应减少后坐力引起的扰动，使火炮的中心线与炮塔纵向中心线重合。

根据皮法戈尔定理，通过带有斜画线的大三角形，可以为临界仰角 φ_k 确定炮尾端面与炮塔座圈截面之间的间距 A。为射击安全，间距 A 显然应该最大限度地大于所允许的后坐长度（$A > L_{OT}$）；为安全抛出弹壳，间距 A 还要大于药筒长度（$A > L_r$）；为进行自动装填，对于整装式弹药来说，间距 A 要大于弹药长度（$A > L_B$），而对于分装式弹药来说，间距 A 要大于弹壳或是弹丸的最大长度。为增大间距 A，最好选择回转半径 R_n 小，而又相对于轴颈轴线稳定的火炮，没有什么会阻碍火炮在高低向的稳定；在保证火炮实现必要的俯仰角度的前提下，可以增大轴颈的伸出长度以及座圈内径 D_c。

（2）战斗室主要尺寸的确定

制约战斗室布置的主要因素是车体宽度、炮塔座圈直径、炮塔最小尺寸等。

战斗室的最基本的两个尺寸是车体宽度和座圈直径。火炮要在耳轴支点上前后平衡,炮尾在车内既要随俯仰而上下,又要随炮塔的回转而运动。炮尾有一个发射时的后坐距离,开闩装弹也需要长度空间。因此,车体宽度和座圈尺寸应该尽量允许在炮塔转向任何方向和火炮在任何俯仰角度时都能装弹和射击。座圈直径不但与火炮口径及其炮尾、后坐长度等有关,也与座圈内乘员人数有关。

车辆总体方案的外形尺寸很大程度上取决于炮塔基本尺寸,因此车辆总体方案的外形尺寸要求是设计炮塔的基本依据。需要确定的炮塔基本尺寸主要有:火炮耳轴的高度 h、耳轴到座圈中心的距离 L、炮塔座圈最小直径 D_{min}、座圈中心至塔前和塔后的长度 L_1 和 L_2、炮塔体的高度 H 和炮塔宽度 B、炮塔裙部最小回转半径 R_{min} 等,如图 3.5 所示。

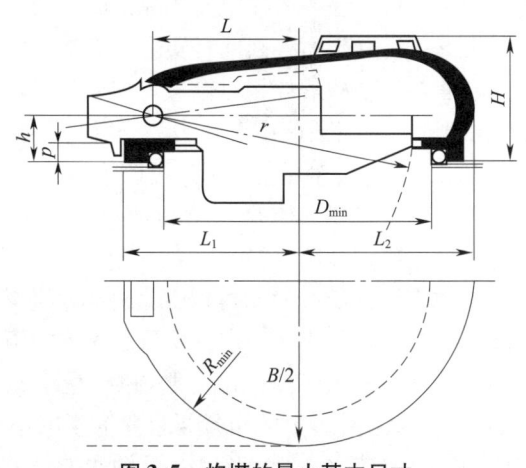

图 3.5 炮塔的最小基本尺寸

①确定的炮塔基本尺寸的基本步骤。

以半球形炮塔为例,炮塔基本尺寸的确定工作可分三步进行。

a. 确定火炮耳轴位置 (h, L) 和 D_{min},并满足要求:为降低炮塔高度,h 尽可能小;D_{min} 应不过分大于车体内宽(当座圈大于车体内宽时,应该削去该部分的侧甲板,在外面焊上弧形托板,以扩大局部车体);L 值应尽量大,但火炮最大仰角时,摇架与座圈前沿不干涉;在任何射角位置都能装弹;火炮最大俯角时,炮管与车体前后端顶部有一定间隙,必要时车体顶部可局部降低;火炮最大俯角时,炮塔体的装炮开口下部连接部分有足够的高度,以保证塔体承受射击后坐力的强度;最大俯角时,防盾下端不向下超出炮塔体下沿;L 和 D_{min} 等尺寸彼此密切联系,相互制约,在设计中要反复修改。有些坦克为了扩大炮长活动空间,火炮中心线稍偏离炮塔纵向中心线(如中偏右 30 mm),由于偏离距离不大,射击时不致产生很大的回转力矩。

b. 确定炮塔体的基本尺寸 L_1、L_2 和 H。塔顶高度应满足:最大俯角时塔顶内壁与火炮间至少有 20 mm 以上的间隙;车底旋转地板至炮塔顶内壁的高度便于装填手操作,一般应大于 1 550 mm(两脚分开半站立姿势)。车长和装填手门分别在火炮两侧,避免与火炮干涉。车长指挥塔应比炮塔体最高处稍高,才能保证环视战场,但太高又会影响流线。炮塔前部尽量接近耳轴位置,以保证俯仰角的装炮开口最小,同时,炮塔前部要构成流线型的倾斜面，由此决定 L_1。L_2 应使塔后部适当扩大，便于平衡火炮在塔前部的重量。检查 L_1 与 L_2 在车体上的位置，前部应不妨碍开设驾驶窗，后部应不遮住动力部分进出气窗口。

c. 决定塔体宽度 B 和最小回转半径 R_{min}。在顶视图上，炮塔裙部应适当地大于炮塔座圈，便于连接和保护座圈。炮塔的最小回转半径，应保证不拆炮塔就能吊出发动机的需要（当 R_{min} 处转到发动机的方向时）。

② 炮塔基本尺寸的确定。

a. 耳轴位置和座圈最小直径的关系。确定炮塔尺寸时，已知条件应该是火炮尺寸及要求的高低射界。为了能得到尽可能低矮的炮塔，根据火炮绕耳轴俯仰起落的需要，座圈前断面理论上最好的相对位置应该在耳轴的下方。偏离这个位置之前，耳轴位置高度会增大到 h'。偏离到下后方，由于仰角大，h'' 会更快地加大，如图 3.6 所示。由于座圈与炮塔底板有螺钉等可拆装的连接结构，炮塔开口下缘的塔体也需要保证一定的高度，即保证一定的横向连接刚度和强度，来承受巨大的射击后坐力，因此，实际上需要在耳轴下方布置的是整个这些结构，由此可确定座圈前断面与耳轴的最佳相对位置。如果从耳轴到炮尾防危板俯仰圆弧最大半径为 r，据此可以得到理论上的座圈最小直径 D_{min}。当座圈中心线位于车体宽的中心线上时，若车内宽 b 不小于 D_{min}，这个耳轴位置及 D_{min} 可以采用。如果车内宽度 b' 小于 D_{min}，不能保证炮尾向下运动，就需要加大座圈直径 D_{min}，保持座圈中心位于车宽的中心线上，同时保持耳轴与座圈前断面的相对位置，耳轴位置就随 D_{min} 的加大而前移，直到炮尾运动圆弧离开侧装甲板为止。这样布置的结果，最小的 h 可以保证最低的炮塔。当然，最大俯角时，炮管与车外车体顶部之间还应保持间隙，或在一定方位限制火炮的俯角。最小的 L 可以得到最小的整个回转体的重心偏心距（一般偏于座圈中心之前）。最小的 D_{min} 也可得到最小最轻的炮塔。当然，D_{min} 也应满足乘员和各种装置的布置要求。为了减小这些尺寸，还可以采取许多措施。例如，使坦克炮的后坐距离比一般火炮小；耳轴在炮身上尽量偏后，即耳轴后的炮尾尽量短。为此，要尽量减小耳轴之前的质量，防盾尽量后移，炮尾增加配重等。有的车辆为扩大位于一侧的车长和炮长的活动空间，把火炮中心线布置得稍偏离炮塔座圈的纵向中心线，例如 T-54 坦克的火炮中心线偏左 20 mm，而座圈中心线又在炮塔体中心线之左 10 mm。凡不对称的布置，应分别检查火炮向左和向右俯仰时的不同情况。

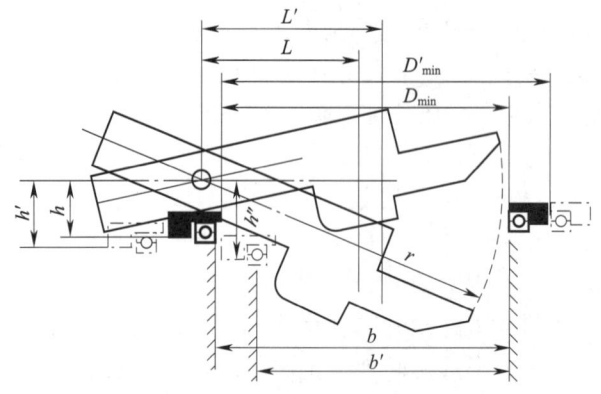

图 3.6 耳轴与座圈相对位置带来的影响

b. 确定炮塔体的基本长度和高度。从火炮出发，塔顶高度应满足最大俯角时塔顶内壁与火炮间至少留出 20 mm 以上的间隙。间隙不能太小，是因为要保证塔体等大件的较大制造公差。考虑到装填手两脚在转盘上分开、身体向后斜靠在座圈上的非完全站直的姿态，塔顶高度一般也应该大于 1 550 mm。若弹药布置位置便于取弹，有的观点较多考虑半坐姿装填。塔前越不向前凸出，保证火炮俯仰所需的炮塔开口越接近耳轴且开口尺寸越小，相应其防盾也小而轻，这也有利于耳轴相对于炮身后移，即减小炮尾运动圆弧半径。根据塔前塔后可以确定座圈中心之前的长度 L_1 和中心之后的长度 L_2。L_1 和 L_2 在车体上的位置，前部应不妨碍开设驾驶窗，后部不遮住动力室的进出空气窗口。特别是在炮塔回转时，所扫过的车体顶部需要妥善处理，处理方法包括让塔前和塔尾向上翘起。为保证炮长能环视战场，指挥塔顶还应比火炮背部的塔顶最高处高出一个适当距离。这个距离可由光学仪器以及指挥塔门等的设计而定。由此得到至指挥塔顶的高度 H。

c. 确定炮塔宽度 B 和炮塔最小回转半径 R_{min}。从顶视图上布置塔裙应适当地大于座圈，以便连接和保护座圈。炮塔顶视图往往不全呈圆形。最小半径不一定在横宽 B 处。有的炮塔的最小半径，小到往往难以安装座圈螺钉。在座圈整周中允许有些小段无连接螺钉。当炮塔的最小半径 R_{min} 处转到发动机位置方向时，车体的布置长度应该保证不先拆炮塔就能吊出发动机等部件。

以上是按照获得最小的炮塔来总结的布置原则，适当扩大任何部分都是可以的。例如，经常扩大的是炮塔后部，成为使炮塔前后趋于平衡的平衡舱。又如采用夹层或复合装甲，可能在以上所定的塔的四周大幅度地扩大外廓，形成多面体。这时应该注意 R_{min} 的变动。缩小外廓尺寸的可能性也是存在的，如 M60A2 和梅卡瓦坦克采用的是称为"狭长炮塔"的外廓尺寸。除了保证火炮背部和指挥塔的高度外，炮塔两侧降得很低。这种塔体的 B 和 R_{min} 都很小，正投影面积也小，有利于防护。

4）战斗室内乘员和装置的布置

（1）一般原则

根据以上确定的战斗室空间，可以分为可回转的炮塔内空间和固定的车体内空间两部分。座圈以下的车体内空间，又可分为以座圈内径为直径的圆柱形回转用空间和这个圆柱形之外的四角空间。战斗室内主要有若干乘员、火炮、火控系统、电台和弹药等，装备多而复杂，它们一部分随火炮俯仰运动，多数还随炮塔在车体内回转。因此，布置是比较困难的。

布置一般遵循如下原则：①操作方便。常用设备应位于肘与肩之间，不常用和不重要的设备、仪表甚至开关可以布置稍远些。凡平常不需要接触的装置，位置越远，越不致妨碍经常的工作。②尽量利用空间。凡是随同炮塔回转的装置，尽量布置在塔的四壁，不要向下突出到座圈以下。③较重的装置应尽量布置在塔的后部，便于炮塔的平衡。④保养和修理时便于接近。⑤塔前尽量少开口、开小口，以提高防护性能。

（2）战斗室内乘员的布置

装甲车辆设计的一个主要任务就是要提高乘员的作战效率。完成这一任务的途径是：合理配置工作位置，优化操作动作，选择最好的自动控制系统，改善乘员舱的工作环境。以乘员发挥战斗作用为核心，结合技术可能性，考虑装甲车辆乘员人数及其分工，运用人机环工程学原理来布置。

在设计乘员工作位置的过程中，重点在于工位的空间结构上。要求做到操作区域的最优化设计，并根据完成操作的特性来保证工作区域的布置。同时，必须考虑到，重心距乘员身体的支撑点越远,感觉到的肌肉压力越大,疲劳感到来得也越快。必须保证有必要的活动范围和视域宽广度,以及休息的环境。

在战斗中,乘员在体力和精神上都高度紧张地工作,体力消耗大,很容易疲劳。为了打好仗,应保证乘员具有较便于工作的位置和空间(包括观察、战斗操作、出入等),是发挥乘员作用的重要条件。在战斗室的平面布置中,确定每个乘员工作位置并保证其活动范围应不少于 $\phi 550$ mm,并安装易调节、拆卸的座椅,如图 3.7 所示。车长、炮长同在一侧的前后距离最小为 450 mm。据统计,现代坦克乘员的工作空间大致为:驾驶员需 0.6 m³,车长、炮长各需 0.4 m³;装填手约 0.8 m³。现代大口径火炮的弹长达到 900 mm 以上,装填手需要的空间较大。若取弹以后要在手上颠倒炮弹的头尾才符合装弹入膛的方向,需要的空间就更大。

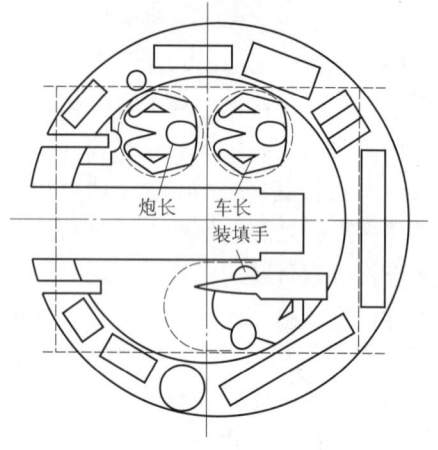

图 3.7 战斗室内布置

乘员的高度布置主要以头、眼适于观察为准。眼以上要计入坦克帽和头垫的高度。座位以上高度为 950~980 mm(包括避免过障碍时头碰塔顶的距离)。常用设备应位于肘与肩之间。费力的高低机摇把到肩部的距离应该是 400~650 mm,肘关节弯曲约成直角时使用摇把最得力。方向机手轮直径可做成 140~200 mm,过大容易碰手。握把尺寸约 $\phi 35$ mm × 90 mm。不常用和不重要的设备、仪表甚至开关可以布置稍远些。

乘员座椅直径或边长为 300~380 mm,靠背宽为 140~300 mm,长为 350~650 mm,座高距脚最好为 450~500 mm,其高低和方向要能够调整。座位的位置应便于观察光学仪器,并使身体保持自然稳定而不能依赖所设置的扶手。除坐姿外,开窗有三种站立高度,包括指挥塔门可以升起,然后再掀开。

装填手的位置需要随分散布置的炮弹和炮塔转动而移动,所以不能完全是坐姿工作。但是全站立又需要 1 750~1 800 mm 的高度,现在一般只保证半站半坐的姿态,最低高度在 1 450~1 550 mm 以上,一般大于 1 600 mm。

为出入车辆迅速方便,门窗直径应不小于 500~600 mm,也有将装填手和车长门连成一个较大的出入门的。行进间和工作时应该有方便的专门扶手,使用观察仪器时身体应能保持自然稳定。

在乘员工作位置的设计过程中,最需要注意的是操纵机构的行程大小和施加其上的力的大小。用脚操纵的操纵机构的行程不应超过 150 mm,用手操纵的操纵机构的行程不应超过 300 mm。此时,施加在踏板上的力不应超过 300 N,而施加在拉杆上的力则不应超过 130 N。

(3) 战斗室内其他装置的布置

根据有利于减小炮塔不平衡力矩的原则,在炮塔内布置除主要武器之外的其他部件。应使炮塔重心位置稍后于回转中心,转动惯量应尽量小。一般应将突出到座圈以下的部件高度取得一致,且不宜过大。与车体上相关的部件,应按其运动轨迹确定尺寸。应尽量降低炮塔高,缩小正面和侧面投影面积,降低装甲车辆被发现和被命中的概率。

火炮高低机布置时,应尽量靠近火炮固定。如果在火控或高低稳定系统中另有液压油缸的话，一般在塔顶上固定且尽量靠近耳轴以减少其长度，并且尽量靠近火线，这随火炮的摇架等结构而定。此外，火炮行军固定器、射角限制器等一般固定在炮耳支板上。

方向机应该布置在炮长侧前方，用手轮工作时，乘员前臂活动范围不能碰撞座圈等物体。方向机手柄和高低机手柄不得相互干涉。凡随炮塔回转的物体，在座圈上的部分应尽量靠近塔壁。在座圈以下的部分物体，在随炮塔回转时所扫过的面积应该越小越好，不得与车体内任何物体相互干涉。换言之，设计和布置物体应该减小径向和高度尺寸，但允许沿座圈圆周方向加大。

并列机枪一般布置在装填手一侧，由装填手装换弹盒。其位置靠近火炮，轴线一般在耳轴之上，以免仰角时与座圈干涉。火炮防盾很窄时，塔上机枪开口在防盾之外，呈长形以便俯仰，需要另外密封。机枪的压弹盖若在上方，不应碰到塔顶。枪管不能伸出塔体过多，以免密封困难和遭到破坏。也不宜使枪管缩回造成空间过多。

现代战斗车辆常设置枪炮的车内吸烟装置，用软管排出车外。

根据塔内来布置塔顶时，首先应决定高平两用机枪是由车长还是由装填手来操作，然后布置指挥塔和出入门、光学仪器及风扇等。车长使用高平两用机枪的优点是能及时发挥较大的作用，可以利用已有座圈的指挥塔结构，不必另设机枪旋转架。但车长射击会对观察战场、联络及指挥战斗等任务有影响。由装填手使用时，只能在行军和宿营地，或在火炮不射击时使用。多数高射机枪在支座上是可卸的，需要开窗直接瞄准射击。

车长指挥塔上的潜望镜的视界常受指挥塔旁的其他光学仪器的阻碍。车长指挥塔上的潜望镜的视界常受指挥塔旁的其他光学仪器的阻碍。设计时，在平面视界上还常绘出一定布置高度的各潜望镜受炮塔顶或其他物体阻碍所形成各方位盲区距离图。布置要求盲区小、重要方位没有死角且指挥塔不过高。由于车长指挥仪在塔内向下有一个相当的长度，而指挥塔又可以回转，因此，应注意不能与俯角状态的炮尾起落部分相干涉。各火控装置的布置按照乘员分工而定。根据用途、频率及使用顺序来组合控制装置和功能组信息影像设备；将告警信号设备布置在操作员视野内的最佳位置，并使其以主动方式发送信号；必要的操纵机构和显示器的数量最少；操纵机构及其相应的显示器的相互位置应布置合理；在保证能可靠读取信息的前提下，将显示器的尺寸做得最小。

三防装置进风的滤毒增压风扇的位置应能造成较长的气流通道，以使排烟和冷却收到较好的效果。但它既不能在多尘土处，也不能妨碍观察，又不能与塔内的枪、炮等干涉。有时布置在炮塔尾舱处，在这里应向前吹风，尽量避免乘员空间有不能换气的死角。排风扇一般布置在发动机隔板上，向动力室排风。

为在炮塔回转过程中也能安全、方便地工作，现代炮塔一般都设置吊篮或转盘。尽管炮塔座圈最小直径可以超出车体侧甲板一些，但是转盘或吊篮以上、座圈以下的回转圆柱空间却不能超出车体内宽。在这个空间内，除火炮最大仰角和乘员活动需要外，还可以布置许多战斗和火控装置。

至于与驾驶、动力、传动室有管道或机电联系而不随炮塔回转的装置，就只能布置在这个圆柱空间之外的四角和前后位置。为了安全，乘员附近的圆柱外壁可以设置护板。转盘随炮塔回转，其转动惯量与炮塔为一体，但其上的重力由转盘下的滚轮支承，不由座圈支承。转盘较高，不便于设置转轮时，由上座圈固定吊架支承盘体，称为吊篮。这时篮上重力由炮塔座圈支承，这些重量也参与回转体的重量平衡问题。因此，较重的东西就应该布置在后部。转盘下的空间可以利用，但需通过活动或可卸的盘板才能接近。

炮塔上武器开口的尺寸应最小。保证能够方便地安装和拆除火炮系统及辅助武器（并列机枪和高射机枪）。炮塔外部工具箱、栅栏等的布置应有利于对破甲弹的防护。

5）弹药的布置

由于车体内部空间很紧凑，现代炮弹又长又重，即使现在要求的弹药基数逐步减少，40~60发炮弹及其存放或固定装置的体积也需 $1.6~2.4\ m^3$，并且布置的要求较多，它们在车内的布置是一个突出的困难问题。

炮弹布置的要求如下：

①不妨碍火炮俯仰、战斗部分回转和人员的操作。

②取弹方便、迅速、省力。合理布置第一列弹药，以缩短搬运装填弹药的距离。距装填手最好在一手臂远处，炮塔转到不同方位时，也能取到不同的弹种，取出后不需要换手颠倒头尾就能装弹入膛。

③允许少部分炮弹布置在需要先搬动其他部件或设备才能取出的位置。这要求在战斗间隙中倒换一次位置。

④位置尽量低和不靠车前，以免被命中后出现"二次效应"破坏。要能可靠、安全地固定放置，不容易和其他物体碰撞。

当动力传动装置前置时，最好的炮弹布置位置是在战斗室之后的车尾，可能需要占用一定车体长度。当动力传动装置后置时，最好的位置是战斗室和动力室之间，特别是其下部。在两种情况下，战斗室的下部也可能储存炮弹，其次是装填手一侧。车内前部驾驶员侧不是很好的地方，但具有灵敏的防火抑爆装置和弹架油箱时，也常储存一些。炮塔后部平衡舱内储存炮弹很普遍，可以对炮塔起平衡作用，取用也最方便。但这里正是最不安全的地方，无论是从正、侧面还是空中，被命中的机会都比较多，只宜于放置最初射击的少数炮弹。实际上，为了布置尽可能多的弹药而利用乘员舱所有的空间，违背了将弹药布置在不易受攻击且方便手动装填位置的要求。增加火炮弹药基数的切实可行的办法在于提高弹药布置密度。

射击后的药筒中的气体含有约40%的一氧化碳，在车内散发会危害乘员，应该有妥当的处理方法。药筒堆在车底既妨害乘员工作，也妨碍战斗部分回转，需要由装填手在战斗间歇时送回空出的原炮弹位置，或抛出车外。有的采用可燃药筒，射击时在膛中烧掉。这样处置较简便，可以节约金属和减小质量，但要求燃烧完全不留灰烬，最多只留下不能燃烧的金属筒底。

一些坦克的炮弹布置情况如图3.8所示。其中，M60坦克在车体前端的炮弹不够安全。M1坦克的炮弹大量集中布置在炮塔平衡舱内，但采用一种被命中爆炸时向外飞开的装甲窗，其目的是排放爆炸气浪，减小压力来保证车内安全；塔内人员通过只能向外开的单方向装甲门从弹舱取弹，防止向塔内爆炸。图中T-62在炮塔内和车前的炮弹已比T-55减少，而更多地集中布置在战斗室的后下方。车体前部所用的是弹架油箱。

6）自动装弹机的布置

火炮的射速是由装填程序的自动化程度和弹药的结构（整装式、分装式）决定的。在使用手动装填方式时，为了提高装填速度，需要给装填手分配大量空间，并保证其工作位置具有足够的高度，并安装易座椅。在采用可保证提高射速的机械式装填装置的情况下，战斗

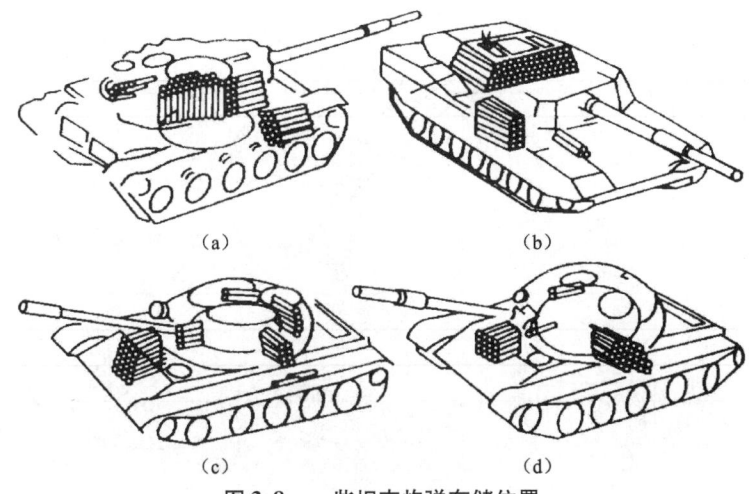

图 3.8　一些坦克炮弹存储位置

(a) M60（57 发）；(b) M1（55 发）；(c) T-55（43 发）；(d) T-62（40 发）

室的布置取决于所选装填机构的类型和机械式弹舱的结构。取消装填手，装备弹箱/架并采用自动装填装置就是这样一个具有代表性的例子。

自动装弹的优点是省去站姿工作的装填手，节省空间。车长和炮长可不在火炮一侧前后排列，要求的座圈较小，可以降低炮塔高度，缩小炮塔正面积和减小质量。它为乘员与密封弹舱分开创造了条件，增加了安全，也为取消炮塔、顶置火炮和将乘员降入车体内等改革创造了条件。理论上，自动装弹速度快，可提高发射的速度和行进间射击的能力。

(1) 对自动装弹机的要求

自动装弹机构方案不只是一个部件设计问题，它与总体布置密切相关，需要在总体设计时进行。对自动装弹机的要求如下：①连续自动装弹的发数多。若不能全部基数自动装填，至少也应在 10 发以上自动装填，自动装填才有意义。②可以选择发射的弹种至少两种。③火炮在任意方位都能装弹。任意方位都能装弹，以免因装弹而丢失目标，最好也要能在任意俯仰角度下装弹。④弹药输送路线短，机构运动迅速，有利提高射速。每发弹从弹舱到入膛的路线短，转换次数少，机构运动迅速。⑤结构简单、紧凑、可靠。弹舱之外的装弹机构简单、紧凑，单独占用空间不大于装填手占用空间。结构可靠，损坏后可以人工装弹。入膛后的弹未发射时应能退换，或退出废弹。⑥动力简单易控。最好是电动，但不能耗电太大超过供应可能，例如不超过 5~10 kW。⑦方便补弹。自动装弹发射后，应能进行机械动力补充弹，以便再次连续自动装弹发射。至少需要人工补充方便。⑧抛筒可靠。射后药筒和入膛后未发射废弹应能抽出并抛出车外，不能影响操作和防护。

(2) 自动装弹机与弹药布置原则

自动装弹机或人工装填的助力装置在战斗室内布置时，应与弹药布置的合理性一并解决，其原则是：①尽量布置于较低位置，降低中弹概率；②尽量布置在单独的弹药密封隔舱内，力求降低"二次效应"；③留有自动机构损坏后人工装填的装填空间。

(3) 自动装弹机的布置方案

自动装弹机的布置有下列一些方案，如图 3.9 所示。

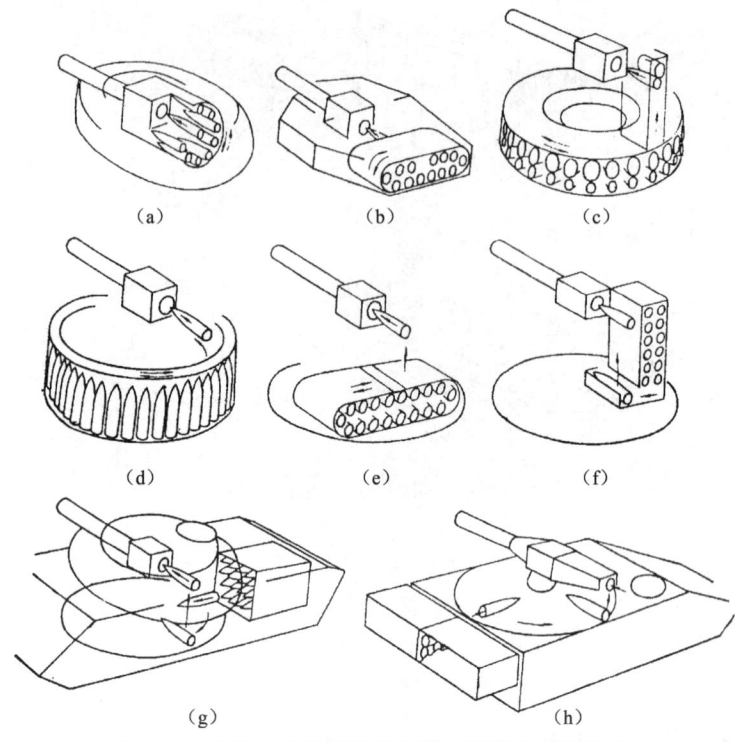

图 3.9 各种自动装填弹舱布置及送弹方案示意图

(a) 炮身弹舱（自动坦克炮）；(b) 炮塔尾弹舱；(c) 分装弹的战斗室转盘弹舱；
(d) 竖身圆周排列的战斗室转盘弹舱；(e) 战斗室转盘上的平列弹舱；
(f) 战斗室转盘上侧面竖列弹舱；(g) 战斗室之后或之前的隔板外的弹舱；(h) 车体外的弹舱

图 3.9（a）所示为炮身弹舱方案，炮弹输送简单可靠并且迅速，在任何方位和俯仰角都可连续装填射击。但实现任选弹种和退换有困难，连续射击发数不太多，需要输弹机构或人力补充。图 3.9（b）所示是尾舱方案，弹舱内转动，中间位置取弹弹，推弹入膛，结构比较简单，可有效利用炮塔尾部空间，有利于提高弹药的装载密度和自动装弹速度，在自行炮中的应用较广。图 3.9（c）～图 3.9（f）所示是在战斗室吊篮或转盘上的弹舱的不同布置方案。在图 3.9（c）中，分装的弹药在转盘上做放射状排列。药筒在上，以免地雷引爆。按电子记忆装置选择弹种，转盘转动到位后，塔上的机构提弹再推弹入膛。T-72 坦克采用的是这种方案。由于弹舱的高度限制火炮仰角射击，T-72 不得不将通常 18°～20°的最大仰角减小到 13.6°。它在任何方位都可以自动装弹，但火炮射击后仍需回到一定仰角装弹。限于车内宽不超过 2 m，这种放射形排列的弹长受限，大口径整装弹难以采用。图 3.9（d）所示为 БМП 步兵战车和 T-64 坦克所用方案。图 3.9（e）所示是弹舱平置于战斗室底部转盘上，位置较安全。图 3.9（f）所示是弹舱在转盘上竖放，这样将占去一侧空间，车长和炮长仍需前后排列于火炮的侧，座圈将难以减小。图 3.9（g）所示是车体内、战斗室之后或之前的隔板外的弹舱，可以安全密闭，与乘员隔离。图 3.9（h）所示的弹舱更进一步布置在车外。输弹进入车体后，需要一个绕座圈中心的回转机构，将弹送到火炮所在方位，再提弹到入膛之前的位置。这种方案和图 3.9（g）的一样复杂，并且还增加车体密封问题。

3. 动力传动舱布置

动力传动部分布置的特点是部件多，而又要求所占空间应尽量小。这些部件都是经常要调整保养的，既需设置方便和足够大的门、窗，又应该尽量降低对车体的防护性和结构强度的影响。

对动力舱布置基本要求是，在保证具有可靠的防护能力的前提下，结构紧凑，力求最大限度地减小动力传动舱的体积，能够方便地进行维修工作。

1）动力传动部分布置原则

①根据装甲车辆的用途和使用特点确定动力传动装置在车内的布置。

②缩小在车内占用的容积，有利于减小车高、车长。缩减动力传动舱体积的设计方法主要有：横置发动机；减少传动系机件的数量；采用更紧凑的引射冷却系统；缩短空气管路的长度；将部分部件从车内空间挪出（例如设置车外燃油箱）；发动机和传动系采用伺服传动和电传动操纵装置；采用空间形状复杂且各种机件内置的燃油箱等。

③结构紧凑，缩短动力传递路线。

④考虑全车载荷分布的合理性。

⑤设计布置时，应充分考虑维修性。为保证动力传动装置的各个大部件保养和拆装的方便性，除了合理布置以外，还采用可拆式的车体顶甲板等。当采用动力、传动装置整体吊装时，其冷却系、润滑系、空气供给系的部分部件应尽可能与之固定在一起，并能快速解脱动力装置的固定件、连接管路以及变速箱与侧传动的连接，以便能方便整体吊出。也可采用与变速箱分开的一体吊装，此时变速箱应便于分开。现代主战坦克动力、传动装置整体吊装时间应为 20~60 min。

2）动力传动装置的布置程序

①确定发动机和传动装置在车内的位置。

②确定发动机和传动装置的放置形式。

③布置动力传动舱中的辅助系统。

3）发动机的布置

发动机对车体轴线横置可减小动力舱的长度。此时在动力传动装置中，通常要增加一个传动箱以使发动机与传动装置连接起来，还能使动力传动舱的长度和容积都减小。当然，还应考虑到，由于动力装置组成大部件设计的改进，可减小动力传动舱的外廓尺寸。发动机横置在两侧变速箱之间的总布置，毫无疑问是令人感兴趣的。若发动机的长度短于其宽度，甚至在发动机纵置的情况下，可以设计出外廓尺寸小的动力传动舱。

当布置动力舱时，还应考虑装甲车辆散热和热隐蔽。在采用活塞发动机的动力装置的所有的各个系统中，冷却系统占的容积最大，所以它的设计，在很大程度上，决定着动力舱的总布置。在具有燃气轮机的动力装置中，空气滤清系统占的容积最大，在总布置时必须考虑到。

由于采用整体吊装的动力传动装置，它具有更紧凑的总布置（动力传动舱的容积可以减少 15%~20%）；缩短在车上更换动力传动装置的时间；可用在车外检查处于装配状态的动力传动装置的可能性；当拆出整体吊装的动力传动装置后，便于修理和发现故障，易于更换部件。

4）冷却装置的布置

装甲车辆需要散热的项目主要有发动机冷却水、发动机机油、发动机燃油、综合传动装置润滑油、液力变矩器油及发动机增压中冷器、风扇传动、液压转向机等的液压油、空调或制冷装置、大功率电动机或其他辅助设备、发动机及传动箱体。装甲车辆的工作环境非常恶劣，工作环境气温变化范围可达 -50~50 ℃，动力舱处于半封闭状态，潜渡时处于全封闭状态。发动机发热量很大，大多数装甲车辆都不同程度地存在过热现象。

冷却系统主要由水系统、换热装置和有关的通风装置组成。水系统用来将发动机的热量通过冷却液带给换热装置，换热装置完成冷却液向空气或空气-空气的散热，通风装置使冷却空气通过换热装置并带走热量。

风扇布置在动力室进风窗处鼓风，动力室内的气压高于环境大气压，称为正压动力室。风扇布置在动力室排风窗处抽风，动力室内的气压低于环境大气压，称为负压动力室。负压动力室的隔板上应该设置可开闭的窗，以保证战斗室平时通风和潜渡时发动机燃烧用气等。

风扇与主要散热器的布置可以相邻近，特别是静压头较高的鼓风风扇，其间的间隙应该较严，以减少旁通漏风（不通过散热器）。相距较远时，应该有密封的风道或隔板，保证空气有效经过散热器。这时气流经过散热器可以较均匀。

风扇最好布置在主要散热器之前，其所扇的是冷风，效率较高。若在散热器之后，所扇的是升温膨胀后的空气，需要较大的风扇才能保证同样的风量。不同压力和温度的动力室布置形式如图 3.10 所示。

图 3.10 不同压力和温度的动力室布置形式

主要散热器如果在冷却空气的进口处，散热效果好，但进入动力室的是热空气，不利于其他低温部件热量的散发。理想的气流顺序为：先经过低温部件，再经过高温的部件，最后流出车外，以充分发挥冷却的效果。另外，还要考虑发动机的空气滤清器不能在热的动力室内吸气，必要时可在装甲上专门设置和吸气道，以保证发动机具有较高的进气系数。

整个风道应该没有狭窄的断面、急拐弯和过长、过多的曲折，这样可以减小阻力，使风扇所需功率小而风量大。总体布置中要尽可能利用车辆前进时的自然气流帮助通风及防止冷却用气的再循环，即进风窗在前而出风窗在后，至少进风窗和出风窗并列，而不能后进前出。窗口最好在顶甲板上，出风窗口也可开设于后甲板或两侧，但应注意防护性和防尘土，进风窗口应选择在车辆前进时尘土少的位置。图 3.11 所示是一些车辆的风道的布置简图。

散热器面积应该在一般的夏季温度满足上述数值要求。要求过高，散热器过大，又带来布置和尺寸等一系列问题，而多数时间用不上，得不偿失。

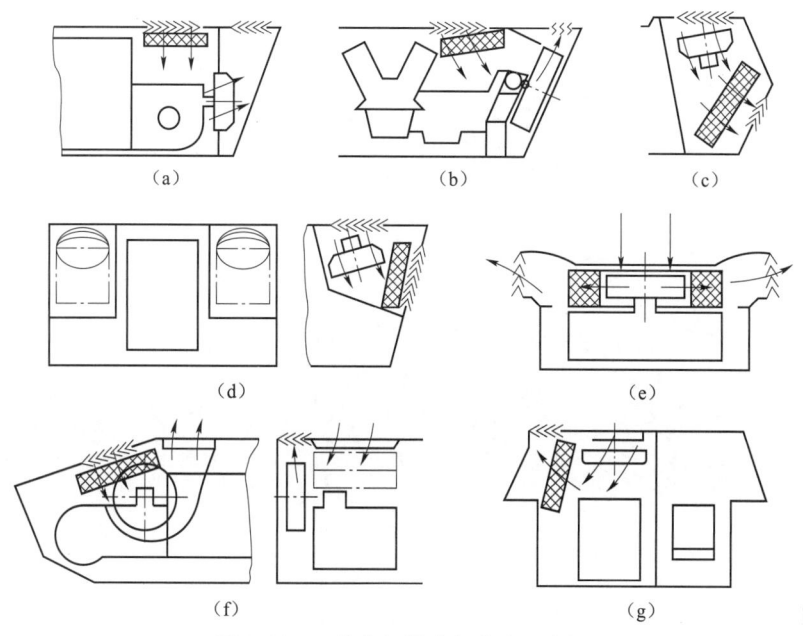

图 3.11　一些车辆的冷却方案示意图

（a）伊朗狮；（b）T-72；（c）TAM；（d）黄鼠狼步兵战车；
（e）"豹"1；（f）自行火炮；（g）AMX10P

5）油箱布置

现代装甲车辆的动力装置功率在不断增大，作战半径也在日益增加，所需携带的燃油也就越来越多，其结果就是燃油箱容积不断加大，给设计布置带来困难。

装甲车辆的单位质量燃油储量一般在 20～30 L/t。公路最大行驶里程约由 400 km 提高到 600 km，为了满足这一指标，一般主战坦克应该布置 800～1 200 L 的燃油、50～100 L 的润滑油，其中，30%～40% 是装在车外的附加油箱，其他装在车内，所需体积 0.7～1.0 m³，约占车内体积的 4%～7%。一般车辆配置多个油箱，如某军用履带车辆整个燃油系统中，总共有 12 个油箱，在前组油箱中，左右、前油箱相互串联在一起，置于车辆的驾驶室车体内，中组油箱在战斗室弹药架中，在战斗室内的左、右后油箱构成后组油箱，第三组油箱是全部车外油箱。油箱工作先从附加油箱开始，而后是车外油箱，先从有侧甲板的后油箱开始，最后是内部油箱。

油箱一般都设计成异形油箱，用于填充其他装置布置剩余空间，其形状是根据空间布置情况而定的，如弹架油箱。图 3.12 所示是一些坦克的油箱布置方案示意图。

油箱布置应注意如下事项：

①油箱在平时不需要保养接近，应该尽量利用不容易接近的空间，包括离发动机较远的部位。

②在具有高灵敏度和高效率的防火抑爆装置的条件下，装有柴油的油箱是一种良好的补充防护体；反之，不能保证灭火，就应该避免布置在容易被命中的位置。

③油箱的高度应该较高，避免偏平，以免在车体振动和倾斜时吸入空气，引起发动机熄火。加油口应该开设在顶装甲上。

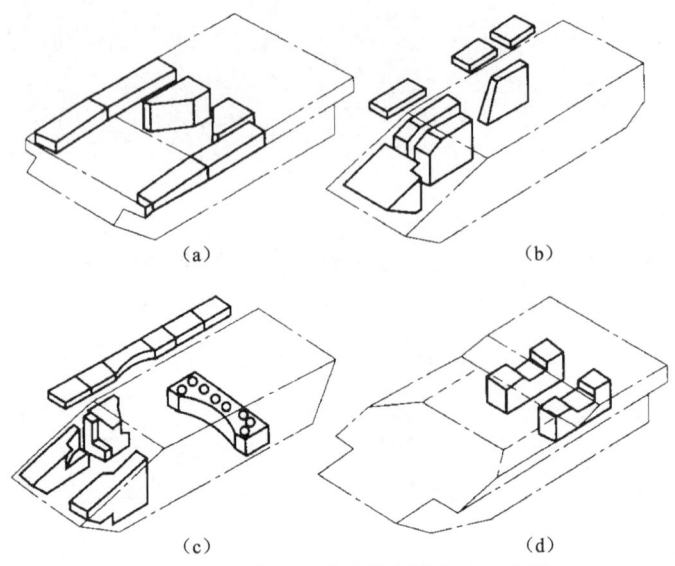

图 3.12　一些坦克的油箱布置方案示意图
(a)"豹"2；(b) T-62；(c) T-72；(d) M1

④油箱下部要求有一定深度的"底油"，以免吸入沉淀物。应该有从油箱最低点通向底装甲的放油口。

⑤油箱应该分组，以免一个油箱在战斗中损坏后全部油都漏损。

⑥最大行程所需油料尽量在车内储存，一般应不少于60%。但设计时估计车内有效储油量比布置的空间小20%~40%，随油箱大小而定。

为增加弹药基数，又增加储油量，弹架油箱节约车内空间是有效的。如T-62坦克就采用了弹架与油箱一体化设计。

6）发动机和传动装置的连接、支承和维修性

与动力传动室布置紧密有关的是发动机和传动部件的连接和支承问题，它影响空间尺寸和部件选择等问题。在传递动力的两个独立装配部件之间，常用万向联轴节或半刚性联轴节来连接。

图3.13（a）所示为T-54/55/62坦克的布置。动力传动部件共分5件安装，其间用了4个齿式半刚性联轴节。因为每三个支点能确定一个平面，每个独立的装配部件应该有三个支点。每个支点实际上是一个不太大的支承面积，如图中狭长的传动箱，有两个相当面积的支点已经足够。如果部件较大较重，也可以装在4个支点上，如图3.13（a）中的发动机。另一种动力传动部件的连接和支承方案如图3.13（b）所示。发动机和综合传动箱的壳体相互固定连接在一起，可以省去联轴节。布置紧凑，节省车内空间。此时支点也得到简化，可以形成大的三点支承。如果在向侧传动输出处采用抱轴式支座，图3.13（b）的万向节也可以省去。这时整个动力传动装置可以绕侧传动轴做角位移而不妨碍传动工作。

传动装置的最后一环是侧传动。在车辆行驶时，传动部件，特别是履带主动轮啮合副和履带的振动将直接通过侧传动传到车体上。这是履带车辆的一个重要噪声和振动源。一种改进的方法是弹性支承的侧传动，如图3.14所示。由于履带的牵引力及其动负荷所造成的侧

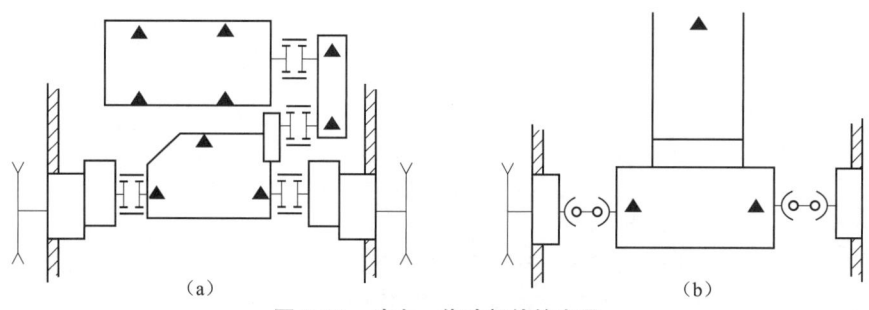

图 3.13　动力、传动部件的支承

(a) 分部件装配结构；(b) 整体结构

传动负荷很大，因此橡胶垫的支承方向如图 3.14 所示。相应地，车内的变速箱或综合传动箱与侧传动之间的连接，至少应采用半刚性联轴节。

布置动力传动部件，应当注意它拆装出入装甲车体的可能性，在顶甲板上的门窗不允许中间有横梁等结构。必要的横梁也应是可卸的，但几个连接螺栓之类的固定结构对于沉重的装甲门窗及其在振动中的惯性负荷不能算是很牢固的。

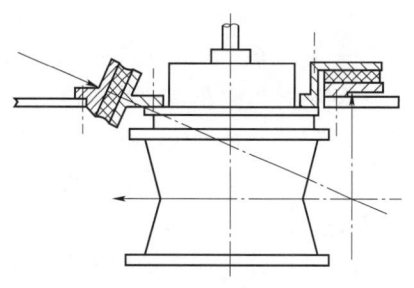

图 3.14　侧传动的弹性支承

动力传动部件是车辆上日常需要较频繁保养调整，以及加放油水等较多的部件。在这里的装甲上需要设置较多门窗孔口。为保养接近而开关大门大窗是不方便的。同时，也考虑尽量不破坏重要厚装甲的防护性。布置的紧密程度越紧，越能节省车内空间，从而减小车辆的外形尺寸和减小质量，但保修接近及互相妨碍的问题也越突出。

4. 行动部分和车外的布置

行动部分布置的出发点是：在保护最主要的行动部分部件不被损毁，以及保证维修性的前提下，使车辆具有高机动性能。机动性能的主要评价参数是行驶速度和通过性能。为了提高行驶性能，必须降低行动部分的损耗，需要选择合理的结构。

1) 履带式装甲车辆行动部分布置

通过性能受平均接地压力（对于主战坦克来说，这一压力值不应超过 80 kPa）的限制。为了提高通过性能，对履带车辆来说，要增大履带宽度和支承面的长度 L；通过整车质心投影和支承面几何中心的重合，力求在两条履带上以及在每条履带的长度上平均分配载荷；最大限度地增大车辆的车底距地高，或者采用可调节车底距地高的油气悬挂。为了确保过垂直墙的能力，可将诱导轮轴升至距地高 0.8~1.0 m，车体头部不能超出斜支履带和诱导轮。为了提高行驶平稳性，将负重轮的总行程增大至 300 mm，甚至更大；采用具有渐进特性的弹簧，这种弹簧在负重轮行程小时刚性不大，而在负重轮行程大时，刚性会增大；装备高效的减振器。履带式车辆的易操纵性可以取决于 L/B（B 为坦克的履带间距，即履带中心距）的值。这一比值越小，坦克在恶劣环境下的操作性能就越好。对于现代坦克来说，L/B 的值应该在 1.6~1.8 之间。

行动部分和车外布置最重要的是决定履带环的形状，根据履带环形状就可以决定叶子板和其上各种物体的布置。图 3.15 所示是履带环和行动部分的布置。布置履带环主要考虑坦克的通过性。

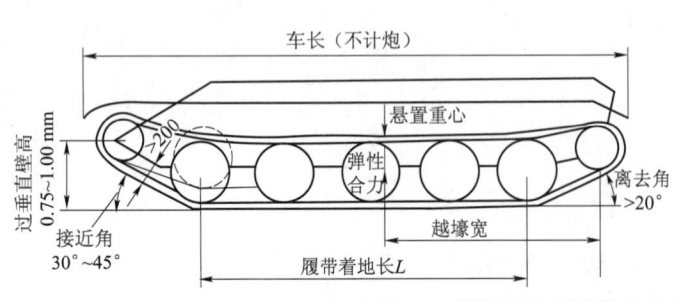

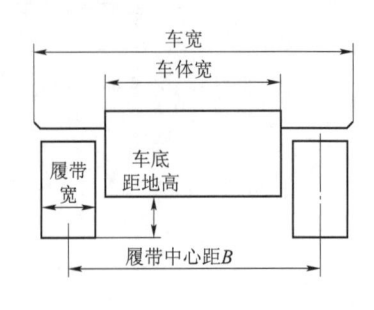

图 3.15 履带环和行动部分的布置

(1) 主动轮和诱导轮的布置

主动轮布置在车首还是车尾，主要依据车辆传动装置的布置位置确定。主动轮后置能减小上支履带以及诱导轮和张紧装置的载荷，常为主战坦克采用。为提高车辆通过垂直墙的能力，前轮（主动轮或诱导轮）中心距地面高度应大些，一般大于 0.75 m。为增加越壕宽度和过障碍时不致触及车体，诱导轮和主动轮间的距离应大些，也就是二者尽可能往车体首尾两端布置，诱导轮和主动轮到车体重心的水平距离中的较小者一般应大于 2 m。

(2) 负重轮的布置

负重轮的大小、数量及布置位置，应满足平均最大压力小、运动阻力小、行程大、质量小，以及弹性悬置的车体基本上保持水平等多方面的要求。负重轮的数目随所选用的负重轮直径和车体长度而定。现代坦克倾向于采用小负重轮，当上面履带悬垂量过大时，应该考虑采用托带轮。根据履带接地长确定第一和最后负重轮的位置，并保证负重轮向上运动时不与主动轮或诱导轮发生干涉。中间负重轮的位置不一定等距，应使弹性悬置的车体基本上保持水平。为避免过障碍或车体振动时造成主动轮或诱导轮与地面发生刚性冲击，前支履带与地面夹角即接近角应为 30°~45°；后支履带与地面夹角即离去角应不小于 20°。

(3) 平衡肘的布置

平衡肘的布置应保证能完成战术技术要求的车底距地高和较大的负重轮行程，同时能可靠地连接减振器等部件，保证受力情况良好。

(4) 履带宽度

履带宽度应该尽可能宽一些，以保持对地面较低的压强。即使压强相同，宽履带的通过性也超过窄履带，但是受坦克总宽度和车体宽度的限制，履带距侧甲板距离至少应在 20 mm 以上。

(5) 悬挂系统布置

现代装甲车辆多数采用扭杆悬挂，安置在车内底板上。布置在车外的悬挂元件（如油气悬挂和减振器）应该布置在负重轮与侧甲板之间，以提高防护性。

(6) 叶子板宽度

叶子板宽度应比履带外缘稍宽一些，长度比履带前、后长一些，以防行驶中泥水飞溅和尘土飞扬。叶子板高度位置应不妨碍车辆高速行驶时履带的跳动。

(7) 附件的布置

工具箱、备品箱、外油箱等一般都固定在叶子板上，为减少油箱被打坏的机会，应靠坦克后部布置，但不应过分接近排气管。这些箱体的高度应不妨碍炮塔回转，也不应该妨碍火炮的最大俯角。其他较大的物品应尽量在车后携带以便保证防护性，在炮塔后面携带可以帮助炮塔重量前后平衡。

2）轮式装甲车辆行动部分布置特点

轮式装甲车辆一般采用全轮驱动，其驱动型式多为 4×4、6×6 或 8×8。4×4 型式构造简单，价格低廉，适用小型车种。战斗重量从 7 t 至 20 t 以下的车种广泛使用 6×6 驱动方式，性价比高。8×8 和 10×10 驱动轮式装甲车各种性能将接近履带装甲车辆。为了改善个别状态的性能，4×4 可转换为 4×2，6×6 可转换为 6×4，8×8 可转换为 8×4。

悬架装置应能满足车辆行驶平顺性的要求，其弹性承载件应有足够的位能储备。悬挂装置要选择结构紧凑，占用空间小的悬挂系统，一般采用独立悬架，车轮的上下跳动量应均不小于 120 mm，正常行驶状态下的车辆悬架装置不应产生刚性撞击。典型的独立悬挂方案为转向轮采用双横臂式悬挂，非转向轮采用单纵臂（平衡肘）形式。主动（或可调）悬挂也开始得到广泛应用。乘员使用随车工具即可对悬架装置进行调整、维护和排除常见故障。

车轮一般与规格相同的普通车轮互换。一般采用调压安全轮胎，其规格应符合国家标准和国家军用标准，并可换装同规格的普通充气轮胎，且有适宜的弹性和承载能力，并应有好的耐磨性。轮胎可选用大直径、宽断面、越野花纹的无内胎轮胎，内有支撑体。力求使调压安全轮胎装有胎压中央调节系统。安全轮胎被扎坏、击穿而处于无胎压状态时，仍应能以 30~40 km/h 的车速安全行驶 100 km 以上。

车桥和行驶装置的布置主要影响着轮式装甲车辆的轮距和轴距，从而影响总体尺寸、受力状态和稳定性。车桥数和轴距的选择应在满足战术技术要求的前提下，使轴荷分配均匀合理，在尽可能小的外形尺寸条件下获得最大的车内空间。可根据总体结构以及上装部分的布置情况采用等轴距和不等轴距的布置。轴距一般应为 1.0~3.8 m，轮距一般应为 1.8~2.6 m。

3.3 总体结构参数匹配与优化

通常是在分配的空间、重量要求下进行各部分布置和设计。然后又在各部分的部件设计基础上进行总的分析计算，以满足总体要求。然而，性能及设计参数之间相互作用、影响，甚至矛盾，例如火力、防护、机动等分系统各设计参数之间，尤其是尺寸和重量更明显。在设计中控制尺寸和重量，是需要全体人员共同努力完成的一个艰巨任务，反复进行调整和修改。目前在新型装甲车辆设计中通常是在总体方案布置的基础上，利用 CAD 软件进行三维实体设计和虚拟装配以及总体参数匹配和优化，由此确定车辆的外廓尺寸、质量和质心位置，并完成总体方案的设计。

总体结构参数匹配，是指各结构参数之间合理、协调地组合，以使总体性能达到比较满意的程度。总体结构参数优化，是指采用优化方法，不断调整设计参数，在给定约束范围内，使设计结果最佳。装甲车辆总体结构参数匹配和优化，是指火力、防护、机动等分系统各设计参数之间进行合理组合，使整个系统达到最佳作战性能。

3.3.1 总体结构参数匹配

1. 总体尺寸的匹配

外廓尺寸为车辆在长、宽、高方向的最大轮廓尺寸，分为高度、宽度、长度三个方向，主要受限于运输等机动性，对于有空运要求的装甲车辆，还受飞机舱门高度的限制。

1）高度

车辆外廓高度，一般为三个环节之和，即车底距地高、车体高和炮塔高。车底距地高按战术技术要求，一般为 400~550 mm。由于现代坦克悬挂装置改进，其行程加大，车速也有提高，车底距地高常用以上范围中的较大值。炮塔高度塔顶高度很大程度上受限于火线高，应满足最大俯角时塔顶内壁与火炮间至少有 20 mm 以上的间隙。车体高度由驾驶舱高度、发动机及冷却装置高度和战斗舱车体高度三个关键高度决定。

（1）驾驶室高度

限于人的身材不可改变，很难降到 900 mm 以下。半仰卧坐姿的潜力也有限。例如 M1 坦克的驾驶员处也不低于 840 mm 左右。除非像 MBT-70 将驾驶员移入炮塔，才可能较大幅度地降低高度。

（2）发动机及冷却装置高度

由于发动机功率日益增大，降低其高度存在一定困难，现代西方国家坦克的动力传动室常局部向上突出，牺牲火炮向后时的俯角。与此相反，T-62 等坦克后顶甲板则向后倾斜约 3°来降低动力室的高度（相应动力室底甲板也下降，该处车底距地高减小）。德国研制的大功率 MT883 发动机的高度降低到不足 2/3 m。这时还应注意发动机上、下的其他装置的高度，如悬挂装置的扭杆、顶置的风扇等。

（3）战斗室车体高度

当火炮在最大仰角，炮尾降到最低时，战斗室车体高度应能保证正常工作，此高度将随火炮的加大、仰角的加大等而加大。

车高较高，目标显著，防护性差。在不同车高的命中率与该高度的车体或塔宽的乘积，代表该高度的命中发数。当车高减小约 1/10 时，整个车体炮塔的总命中发数约可减少 1/3~1/4。

车辆在长、宽、高度方向的装甲厚度不同，根据现有坦克的统计数据，单位长度、宽度、高度的车体的质量比约为 1∶(2~3)∶(5.5~7)，车体高度每降低 100 mm，可减小质量约 1 000 kg；长度每缩短 100 mm，可减小质量约 200 kg。由此可见，车高对战斗全质量的影响较大。

车高还受到铁道运输、汽车拖车运输及空中运输、舰船运输的限制。

为了缩小目标和减小质量，在满足车内各部件布置和乘员工作需要条件下，应该普遍地减小坦克的外廓尺寸，特别是降低车高。

降低车高受到车底距地高、人体身材、发动机和火炮外形及布置等限制。过去的战斗车辆比较高，突出的例如美国 20 世纪 40—50 年代的坦克，至炮塔顶高为 2.7~3.0 m。现代主战坦克至炮塔顶车高一般在 2.2~2.5 m。履带式和轮式步兵战车及装甲输送车的车高为 1.7~2.7 m，其中较低的数值属于无炮塔或小炮塔的情况。

2）宽度

装甲车辆外廓宽度是车内宽度 b_0、侧装甲厚度 h、履带板（车轮）宽度 b、履带（车轮）与车体间的间隙 s 与叶子板外伸 y 之和，如图 3.16 所示。

车内的因素主要是座圈直径要求车内宽 b_0 较大，但决定全车宽 B_0 最主要的还是外部因素，即道路涵洞运输限制和空运时受舱门的限制。履带板宽度 b 一般在 350～710 mm 之间，车辆越轻，履带板越窄，越重，履带板越宽，它与单位压力有关。因此

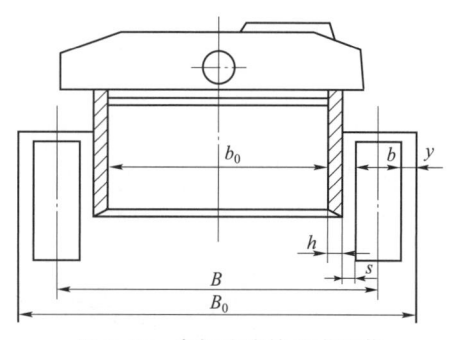

图 3.16　车辆宽度的组成环节

$$B_0 = b_0 + 2b + 2h + 2s + 2y \tag{3.1}$$

当已知履带中心距 B 时，有

$$B_0 = B + b + 2y \tag{3.2}$$

车辆宽度受铁道运输限制，最好在 3.4 m 以内。除去履带宽度、侧装甲厚度和间隙等外，即可决定车内宽度。现代坦克车内宽度在 2 m 以内。车辆越重，需要履带较宽才能保证对地面的压强不过高，其侧装甲又较厚，因此车体宽度往往越窄。车内布置要求车宽尽量大一些。战斗部分要求保证火炮在任何仰角能够 360°环射，侧甲板应与火炮横向时的炮尾防危板有一定距离。现代坦克火炮增大，炮塔座圈突出于侧装甲，形成在座圈处局部加宽侧装甲的车体。传动部分横置的变速箱、转向机、侧传动要求车内宽度较大。

车宽不能超过铁道运输宽度限制标准，否则会受到桥梁、隧道、月台、信号设施等的阻碍，给运输造成困难。我国铁道运输标准宽度为 3.4 m，如图 3.17 所示。不同国家的铁道标准限制不同，在欧洲大陆，多数国家符合伯尔尼国际轨距标准规定的最大宽度为 3.15 m。不少国家有自己的规定，如苏联为 3.414 m，英国为 2.74 m，美国为 3.25 m 等。然而车宽也不能受到铁道运输的绝对限制，有的在装车以后拆掉一半行走装置（美国 T-28 坦克等），但这些措施给部队带来不便。另外，车宽还受汽车拖车运输及空中运输、舰船运输的限制。

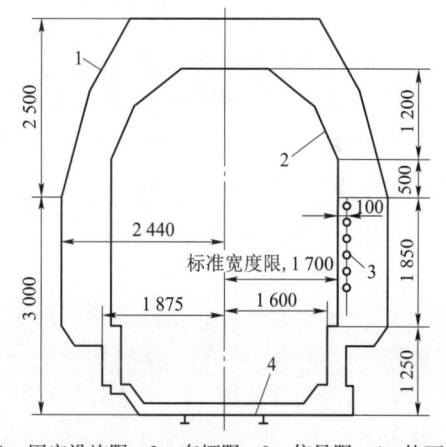

1—固定设施限；2—车辆限；3—信号限；4—轨面。
图 3.17　我国铁道运输标准宽度限

目前主战坦克的车宽在 3.1～3.6 m 范围内，其中不少属于轻度超铁道标准宽度级别。轻型坦克车宽最小为 2 m，履带式装甲输送车和步兵战车的车宽为 2.5～3.2 m。

3）长度

车体长是车辆的基本实体尺寸，主要由驾驶室、战斗室、动力-传动室 3 个长度环节组成，包括在炮塔回转到最小半径方位时不干涉吊装动力-传动装置所需的间距，有时也不计焊在车体前后的附座、支架、牵引钩和叶子板等。根据驾驶室、战斗室、动力和传动室的布置，车体长度为各长度环节之和，如图 3.18 所示。

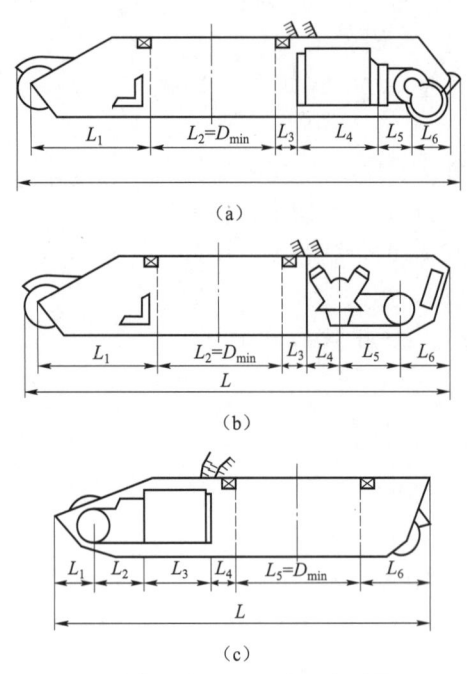

图 3.18 车辆长度的组成环节
（a）动力传动后置（发动机纵置）；（b）动力传动后置（发动机横置）；
（c）动力传动前置（发动机纵置）

（1）驾驶部分长度 L_1

驾驶部分长度 L_1 主要取决于车首倾斜角度、驾驶员身材坐姿。如果按上甲板倾斜 30°、下甲板倾斜 45°、车体高为 950 mm 来估计，L_1 至少应保持 1 500～1 600 mm。另外，驾驶窗如开在顶甲板上，特别是驾驶座位置在车宽的正中，为保证开窗驾驶，也要增大 L_1。

（2）战斗部分长度 L_2 和 L_3

L_2 约等于座圈内径，随火炮口径大小而不同。L_3 为从座圈后部到发动机隔板的距离，这个长度应该保证不吊下炮塔就能吊出发动机（炮塔的最小半径处回转向后方）。通常在 L_3 处布置弹药、油箱、备品、操纵开关把手等。

（3）动力部分长度 L_4

基本上是发动机的长度（包括其增压器、进气管、排气管、水管等附属系统所需占的长度）。

（4）传动部分前段长度 L_5

从发动机到侧传动中心的距离，随传动型式、结构而定。

（5）车尾长度 L_6

侧传动中心到车尾的长度，随制动带外径、侧传动布置和车尾外形而定。

车长是外廓尺寸中受限制较小、变化幅度较大的一个尺寸。对不同总体布置方案，这些构成环节有所不同。例如，发动机横置时，L_4 可改为由发动机隔板到发动机中线的距离，L_5 为由曲轴中心线到侧传动中心的距离。应注意发动机与战斗室之间往往有一段距离，至少应该保证在炮塔回转到最小半径方位时满足拆装发动机的需要。综合这些环节，现代轻型车辆车体长为 5 m 左右，主战坦克则为 6~7 m。在车体长度已定情况下，根据传动形式和支座的极限位置决定车轮的位置，再考虑适当向前和向后突出的叶子板，得到不带炮的全车长度。

根据以上方法决定长、宽、高度时，已经形成总的方案外形。现代主战坦克车内的容积约为 11.3~18.4 m³，平均约为 15.5 m³。其中炮塔容积约为 2~4 m³，平均约为 3 m³。俄罗斯坦克车内容积保持较小，为 12 m³ 左右。美国坦克的容积较大，并已上升到 17~18 m³ 水平。这也是东西方坦克质量级别差异的重要原因。

需指出的是，对两栖作战装甲车辆，其长和宽与浮力储备密切相关，即经计算浮力储备系数，应满足用户指标要求。

2. 质量与质心的匹配

装甲车辆的质量与质心直接影响着载荷分布和行驶阻力，从而影响其陆上行驶姿态和稳定性，以及射击稳定性。对于水陆两栖型的装甲车辆来说，全炮的质心位置对其水上性能的影响更大，因为装甲车辆的水中姿态由质心和浮心（浮力作用点，由水中部分的几何中心确定）确定，并且直接影响其航行阻力和航行速度以及水中航行稳定性和射击稳定性。所以，在一定质量下，各零部件的质量分配也是总体设计时需要重点注意的问题。

1）质量分配

一般要在总体方案设计阶段就要注意各零部件的质量分配问题，并通过总体结构动力学仿真（发射动力学和行驶动力学）和结构优化设计方法，寻找最合理的总体结构、布置和质量分配方案，保证系统具有良好的行驶和射击稳定性。对于水陆两栖型的装甲车辆，还要进行水上性能分析计算，从提高系统水上性能角度考虑系统的总体布置和质量分配的合理方案。但是水上性能和陆上性能对总体结构的要求在某些方面是相互矛盾的，因此，需要综合考虑，兼顾陆上性能和水上性能的要求。

（1）战斗全质量

战斗全质量控制是车辆设计中的一大问题。从提出要求、方案设计、部件设计、试验车、样车及批量生产，以至于改进和变型，战斗全质量经常有增无减已是一个客观的普遍规律。以战场竞争为目标的性能提高，往往都需要以一定的战斗全质量代价来换取，其结果是，质量经常超出预计，并且在性能越改越好的同时，越来越重。

战斗全质量与车辆通过桥梁及利用车、船、飞机等运输性有关，也影响车辆的行驶速度、转向、通过等机动性，是最重要的战术技术要求和性能之一，通常希望小一些。对装甲输送车、步兵战车、载员或载物较多的车辆来说，还应列出其空载时的战斗全重。

战斗全质量除受桥梁限制外，车辆对地面的单位压力也是重要因素，例如，车辆较难通过沼泽、水田、深雪等松软地面。履带装甲车辆全质量极限可以由式（3.3）估算：

$$m = 2b\left[\frac{L}{B}(W-b)\right]\frac{p}{g} \tag{3.3}$$

式中，p 为履带对地面的平均单位压力，Pa；b 为履带板宽度，m；L 为履带接地长度，m；B 为履带中心距，m；W 为车宽，m；g 为重力加速度，m/s²。p 受车辆通过沼泽、水田、松沙、深雪等松软地面的限制，一般小于 90 kPa。车宽 W 受铁道运输限制，一般不大于 3.4 m。履带板宽度 b 受可用车体的宽度限制，一般不超过 0.7 m。根据转向要求，$L/B \leq 1.8$，否则，转向困难。可以得到履带式装甲车辆战斗全质量极限为 60 t 左右。

轻型装甲车辆比较灵活，可用于在中/重型装甲车辆难以展开的水网地区、山地等支援步兵战斗，但更广泛地用来完成装甲部队的侦察任务。较轻的轻型装甲车辆可以水陆两用，也可以空运和空降。

从保证机动性能角度分析，战斗全质量每增加1 t，发动机就必须提高20~25 kW的功率。随着发动机功率的提高，发动机的质量、体积就会相应增加，油耗也随之提高，形成恶性循环。在主要指标相同的前提下，如果所设计的装甲车辆战斗全质量比较小，就表明性能水平较高，因而战斗全质量是装甲车辆最重要的评价指标之一。

战斗全质量影响车辆性能，通过各种矛盾性能的取舍处理，形成用途不同的战斗车辆。例如，轻型装甲车辆受战斗全质量限制，火炮的口径较小、装甲较薄，但机动性较好，比较适于侦察和在复杂地形使用。重型装甲车辆可以装备口径较大的火炮、较厚的装甲，更适于作突击攻坚用。许多性能的提高都是以增加质量为代价的。在第二次世界大战之前，装甲车辆战斗全质量一般不超过30 t。第二次世界大战中，装甲车辆战斗全质量迅速增加。现代主战坦克中，战斗全质量较小的正逐渐增加到45 t左右，较大的已发展到50~62.5 t。现代轻型坦克、装甲输送车及步兵战车的战斗全质量为10~28 t。使得在提高性能的同时又控制战斗全质量不再增加甚至降低的轻量化技术将是装甲车辆研制中的关键技术。

装甲车辆的战斗全质量一般用试验方法决定，但这需要在装配完毕后才能进行。当只有设计方案时，不得不用估计和计算的方法来控制设计的战斗全质量。

总体方案设计中，战斗全质量计算方法如下：①利用虚拟样机技术，精确计算出车体装甲板质量、炮塔体的质量、焊缝质量、新设计部件的质量；②得到精确的成品部件和设备的质量，如发动机、火炮、机枪、弹药、火控装置、蓄电池、电台等；③利用虚拟样机技术，完成整车的虚拟装配，由此可以算出全车的战斗全质量。

当总质量超过战术技术要求指标的时候，就应该采取措施来改进，包括对部件设计提出控制要求、选用更轻更小的成品部件和设备、改进布置和减小外形尺寸等。如果更粗略估算，可按大的系统与相近类型的车辆进行比较。

车辆制造出后的实际重量经常会超过设计的重量，有时计算不准甚至超过10%，其后果引起行动装置强度不足、发动机功率不足等一系列影响性能的问题。若采取补救加强的措施，又会引起重量的进一步增加，以至超过战术技术指标很多。这个问题从开始分配重量就应该紧紧掌握。新车的重量还应该为变型车、长远改进增加设备等留一定的余地。

（2）质量分配

在设计之前，参考已有装甲车辆各部分的质量比例，分配质量指标给各种件作为参考或控制目标。一般根据以往数据和设计经验，各部分质量等于总质量乘相关质量分配系数，应该注意要留一定的余地。

$$m_i = \varepsilon_i m_z \tag{3.4}$$

式中，m_i 为各部分的分配质量；ε_i 为各部分的分配质量系数；m_z 为车辆总质量。

质量分配的一般原则有：①尽量左右对称布置，使质心位于左右对称面上；②尽量使作用在各车轴上的载荷均匀；③尽量降低质心高度；④保证车辆的行驶稳定性，减轻行军时的振动；⑤保证武器的射击稳定性和射击精度。

现代主战坦克的车体炮塔质量约占总质量的50%，武器火控和弹药占13%左右，动力装置占7.5%左右，传动装置占7.5%左右，行走装置占22%左右。这些各部分的质量比例还随坦克的全质量的大小而变,现代坦克的车体炮塔和武器火控装置所占质量分数还有继续上升的趋势。根据不同车辆的特点,可以在这个基础上估计增减。在部件设计的过程中,随部件的逐渐具体化,需要随时核对预计质量的实现情况,并采取改进措施。

2) 质心

质心位置不应该使弹性悬置的车体前低后高,车底应该基本水平,或后倾在5°以内。对具备浮渡性能的车辆,质心和浮心计算都应该尽量精确些。

当质心过偏的时候,就应该采取措施来改进,包括对部件设计提出控制要求、选用更轻更小的成品部件和设备、改进布置和减小外形尺寸等。如果更粗略估算,可按大的系统与相近类型的车辆进行比较。

总体方案设计时,有时在质量计算的基础上进一步计算悬置部分的质心及其在悬挂装置上的平衡情况。新设计的部件质心可参考同类型的部件估定。

质心一般用试验方法决定。设计方案只能用估计和计算的方法来控制质心。质心的计算,先根据布置估计所有主要部分质心位置,估算出车辆总质心位置。如图3.19所示,若以车尖为坐标原点,由$\sum M = 0$可估算质心位置:

$$x_z = \frac{\sum_{i=1}^{n} x_i m_i}{\sum_{i=1}^{n} m_i} = \frac{1}{m_z}(x_a m_a + x_b m_b + x_c m_c + x_d m_d) \tag{3.5}$$

其中

$$m_z = m_a + m_b + m_c + m_d \tag{3.6}$$

式中,m_a、m_b、m_c、m_d为各部件、装置、零件等的质量;x_a、x_b、x_c、x_d为相应各部件、装置、零件的质心或代表位置到车尖的距离。

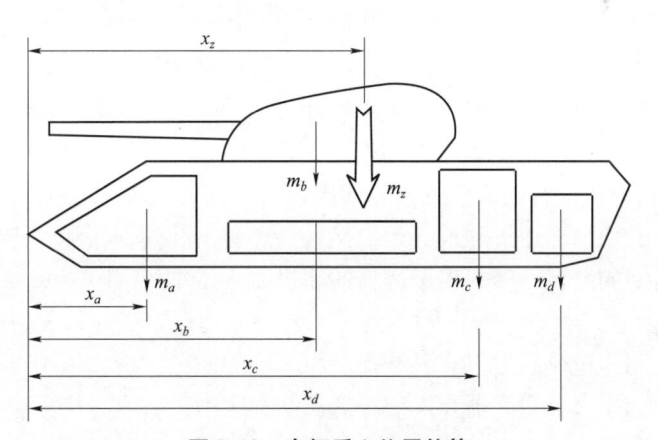

图 3.19 车辆质心位置估算

3. 后坐力与后坐长的匹配

1) 后坐能量

由于装甲车辆在射击时,膛内火药燃气在推动弹丸向膛口方向加速运动的同时,作用于膛底,形成膛底合力,经一定途径和方式作用于架体,并通过行驶部分的车轮或履带与地面接触,将射击载荷传递到大地。

一般武器威力越大，所形成膛底合力越大。为了减小膛底合力对架体的作用，通常采用弹性架体，膛底合力作用于后坐部分使之后坐（与弹丸运动相反）。仅考虑火药燃气作用下的后坐部分的运动称为自由后坐。武器威力越大，后坐能量也就越大。火药燃气的作用可以用自由后坐能量来表示：

$$E_h = \frac{1}{2}m_h W_{TK}^2 = \frac{1}{2}m_h(1-\eta_{tk})W_m^2 \tag{3.7}$$

式中，E_h 为后坐能量；m_h 为后坐部分质量；W_{TK} 为带膛口装置时最大自由后坐速度；η_{tk} 为膛口装置效率；W_m 为不带膛口装置时最大自由后坐速度，可由自由后坐实验测得，也可由下式近似计算：

$$W_m \approx \frac{m_d + \beta m_\omega}{m_h} v_g \tag{3.8}$$

式中，m_d 为弹丸质量；β 为火药燃气作用系数；m_ω 为装药质量；v_g 为弹丸膛口速度。

2）后坐长

由于受炮塔内空间的限制和工作条件的特殊性，一般装甲车辆武器的后坐长都不能太大。

由于后坐长与后坐力是相互关联的，缩短武器的后坐长必然会增加武器的后坐力，这对于总体是不利的，因此后坐长不宜过小。

后坐力与后坐长的合理选择也是装甲车辆武器总体设计一个关键技术。一般进行反后坐装置设计时，后坐长应根据炮塔内空间的限制，尽量取大。坦克炮和大威力履带式装甲车辆武器的后坐长一般为 300~600 mm，大口径轮式自行火炮，一般最大后坐长控制在 900 mm 左右。

3）后坐力

武器发射时，作用在架体上后坐运动方向的合力称为后坐力。后坐力是随时间变化的，而实际上人们比较关心的是最大后坐力，因此，通常将最大后坐力简称为后坐力。后坐力是武器发射时最主要载荷。

装甲武器发射时，由于高温高压火药燃气的瞬时作用，其架体要承受强冲击载荷（后坐力）。装甲车辆主要依靠行驶部分的车轮或履带与地面的摩擦力来抵消发射时巨大的强冲载荷，而不能像牵引炮那样通过驻锄与地面接触传递射击载荷，因此，装甲车辆承受射击载荷的能力就比牵引炮的要低。一般装甲武器的后坐力 F_R 常比牵引炮大 2~3 倍，并为膛底火药气体最大作用合力的 1/15~1/8。随着装甲武器的威力越来越大，发射时火药对架体的作用也越来越大，由此而造成的后果有：增加装甲车辆的质量，增大结构尺寸，从而直接影响装甲车辆的机动性；增大装甲武器在发射时的振动和跳动，从而直接影响射击稳定性和射击精度；对操作人员造成人身安全。因此，必须对装甲武器在发射时的作业载荷进行有效的控制。减小后坐力是提高机动性的主要技术途径之一。装甲车辆一定要通过结构设计，设法降低发射时的后坐力，使其满足承载能力。在结构不变时，减小后坐力，就减小结构破坏的概率，相当于提高了结构强度。对现有结构武器，减小后坐力，可以提高武器射击稳定性，提高射击精度。对新设计武器，减小后坐力，可以设计出结构小巧紧凑、质量小的火炮，提高火炮机动性。

目前，减小后坐力的主要措施有：缓冲发射时火药燃气对火炮的作用冲量、抵消部分发射时火药燃气对火炮的作用冲量、减小发射时火药燃气对火炮的作用冲量。

没有辅助驻锄的装甲车辆，考虑到射击时车体的位移和加速度对间接射击精度带来的影响，苏联沙姆钦科曾给出后坐力 F_R 不超过 $(0.75 \sim 0.8) m_c g$ （$m_c g$ 为车重）。对大口径轮式自行火炮，一般后坐力小于 20 t。对于直接瞄准射击的坦克和大威力履带式装甲车辆，由于作为发射架体的车体质量比牵引炮大得多，因此射击稳定性一般有保障，可以不受此限制。实践证明，在车体强度允许条件下，有的坦克 $F_R/(m_c g)$ 值可超过 1。当装甲车辆不能满足射击静止性和稳定性要求时，可以设计辅助液压驻锄。

在对装甲车辆进行总体设计时，经常用功能关系法初步估算平均后坐力 F_{Rpj}：

$$F_{Rpj} = \frac{1}{2\lambda} m_h W_{TK}^2 = \frac{1}{2\lambda} m_h (1 - \eta_{tk}) W_m^2 \tag{3.9}$$

式中，λ 为后坐长。最大后坐力 F_{Rm} 可以通过充满度系数初步估算：

$$F_{Rm} = \frac{1}{2\lambda \eta_R} m_h W_{TK}^2 = \frac{1}{2\lambda \eta_R} m_h (1 - \eta_{tk}) W_m^2 \tag{3.10}$$

式中，η_R 为充满度系数。

安装膛口制退器是减小后坐力的有效措施之一。膛口制退器效率一般为 20% ~ 45%。通过设计轻质、高效、低噪的膛口制退器，提高膛口制退器效率，可以明显降低后坐力。但是膛口制退器效率的提高又会带来一系列的负面影响，如膛口冲击波增大、噪声提高等。膛口冲击波可对车体前部装甲和其他结构造成冲击破坏、扬起灰尘、增加膛口焰，易暴露自己的位置，带来安全问题。噪声会对乘员的听觉造成伤害，影响整体战斗力。因此，各军标对膛口冲击波和噪声有明确的规定。另外，在膛口部增加膛口制退器又会增加身管弯曲挠度，加剧身管振动对射击精度不利。所以，设计合适结构的膛口制退器、选择适当的膛口制退器效率是在总体设计阶段必须首先解决的一个重要问题。对中、大口径轮式自行火炮，我国国军标规定车内的噪声不得大于 95 dB。

后坐力、后坐长与膛口制退器效率是相互制约、相互影响的。减小后坐力会增加后坐长，缩短后坐长又会提高后坐力，提高膛口制退器效率对减小后坐力有利，但又会增加冲击波强度和噪声，对结构强度与乘员的舒适性和安全不利。需要对制退器的效率、后坐长和后坐力进行合理的匹配。

4. 炮与车的匹配

1）炮 – 车匹配技术概念

炮 – 车匹配技术是指使车载武器系统的火力部分与底盘合理组合，使系统达到最佳性能指标的总体技术，它包括根据装甲底盘合理选择大威力火炮和根据火炮合理选择轻量化底盘等两方面技术。

随着车载武器系统，特别是装甲装备的发展，炮 – 车的匹配性问题越来越突出，由于底盘与火力系统匹配性问题没有得到系统解决，故轮式装甲战车、轻型坦克和大威力轻量化自行火炮的发展受到很大制约。因此，炮 – 车匹配技术是关系到装甲装备发展和改造中急待解决并带有普遍性的总体理论问题和技术关键，并成为制约装甲装备总体水平的瓶颈技术和通用性技术。解决炮 – 车匹配技术可为装甲装备总体方案论证提供科学依据，为优化炮 – 车的总体参数和总体结构布局提供理论依据与技术途径，并为装甲装备实现"一种平台，多种负载"和"一种负载，适应多种平台"的总体设计思想提供重要的技术支撑。

2）炮-车匹配性技术的主要研究内容

炮-车匹配技术的主要研究内容包括：

①武器射击的效应研究。研究系统在武器射击载荷作用下的各种响应问题。

②装甲底盘与武器系统匹配性评价指标体系研究。以车载武器系统设计和论证为目的，建立炮-车匹配性的评价指标体系。

③装甲底盘与武器系统连接结构的优化研究。采用优化原理对底盘部分与火力部分的连接部件进行优化设计。

④匹配性综合分析试验系统。研制用于炮-车匹配性试验检测的综合分析试验系统。

3）炮-车匹配性技术的研究方法

首先以时变思想建立炮-车一体化的发射动力学模型，建立衡量炮-车匹配性的评价指标，然后选一个实际的装甲装备为工程对象，进行底盘与火力系统的匹配性分析、计算和试验。通过理论-实践-理论-实践的道路，不断完善理论，密切结合工程实际，最后落实在解决底盘与火力系统匹配性问题的若干新概念、计算方法、试验方法和软件系统上。

研究的技术途径是把底盘与火力系统处理为由多个刚体和弹性体组成的多体时变系统，以多体动力学理论为基础，建立多体时变底盘与火力系统一体化发射动力学模型，在此基础上研究武器发射的各种后效作用。以装甲装备设计和论证为提出衡量炮车匹配性的评价指标，进而研制炮车匹配性分析软件和连接结构优化软件。

最终，以装甲车辆为工程对象，进行理论建模、计算机仿真分析计算和物理试验研究，提出改进其炮-车匹配性的连接结构新方案。匹配性综合分析试验系统包括炮-车性能匹配物理试验系统、炮-车性能匹配计算机分析系统、炮-车结构匹配分析试验系统等。

4）炮-车匹配性评价

（1）炮-车系统评价

装甲底盘与火炮匹配性是衡量装甲底盘与火炮结合的合理程度，是车载火炮系统的固有特性，实际上是以匹配性最佳为目标，以底盘和火炮结构参数为设计变量，以参数化动力学模型为伴随条件的优化问题。炮-车系统评价，是将车-炮系统作为一个复杂的工程系统进行总体性能评估。

由于炮-车系统工程设计、制造、使用等方面日益复杂化、精确化的需求迅速增长，以及高速、大容量电子计算机技术的飞跃发展，对炮-车系统总体性能评估，可获得全面、精确化、定量化的总体性能预测和评价结果。可在车辆概念设计早期得到有关产品的技术战略性结论；可用于评价和决策设计方案；可在施工设计中发现总体结构或机构存在的问题，以避免重大设计失误；可在样机生产和试验前获得有关车辆性能的信息，用于指导生产和预示试验的结果。这些定量分析可减少或代替大量实车试验或战斗使用，特别是那些带有危险性的、不能或难以实车试验、战斗使用的内容，有效地缩短研制周期，节约研制费用，为提高产品设计质量积累大量技术资料，并提供车辆总体设计最优化的技术途径。

对于车载火炮系统这类复杂武器而言，其总体性能通常由该工程设计标准明确定义的众多战术技术指标组成，这些性能指标具有各自不同的属性、量纲和取值范围，它们对于坦克系统效能的重要程度也不同，彼此之间又存在着复杂的关系。世界各国车载火炮系统工程设计、生产和使用部门对其总体性能的优劣程度，一般采用系统综合评价方法进行评价。将系统工程多目标决策与当前新一代坦克武器技术结合，可给出以下典型的车载火炮系统总体性能评价方法。

（2）炮-车评价体系

炮-车匹配性评价体系是对车载火炮系统的总体性能评价，必须反映车载火炮系统的主要性能和结构特征，是根据装甲底盘选择不同的火炮或根据火炮选择不同的装甲底盘，寻求底盘和火炮之间最佳配合的依据。一般而言，应包括工作性能、使用性、经济性、保障性等几个方面，在评价车载火炮系统工作性能时，主要考虑射击稳定性、射击精度、刚度强度、乘员生理承受等方面，其中射击稳定性是对武器发射后效影响最大的一个方面。

炮-车匹配性评价过程包括以下步骤和内容：收集和发掘能够表征装甲底盘与火炮匹配性的评价因素；把车载火炮系统参数化动力学模型计算出的数据作为动态评价因素；采用综合评分法和层次分析法对装甲底盘与火炮匹配性进行分析评价；从评价结果得出不同车载火炮系统的匹配性，进而分析得出提高匹配性的方法。

要通过数据库平台实现对装甲底盘与火炮的匹配性进行评价，首先需要建立科学的评价体系，然后依据评价体系得出准确的评价结果。

装甲底盘与火炮匹配性评价体系主要分为由低向高的3个层次，即评价因素、评价指标和评价准则。评价体系的最低层是评价因素，即衡量或描述系统特定性能的基本参数，它是评价火炮与底盘匹配性的最基本的元素，例如：火线高、车辆结构参数以及车体长与车宽比等静态评价因素，以及射击时车体纵向的角位移等动态评价因素。评价体系的第二层次是评价指标，是同类若干个相关评价因素的综合进而形成的评价指标，例如：射击时车体的最大角位移（取决于后坐力、火线高度、车辆结构参数以及悬挂系统特性等评价因素）是典型的底盘与火炮匹配性评价指标。评价指标层按照不同的匹配类型，通常划分结构匹配性和性能匹配性两个方面；按照不同的试验检测内容，则可分为机械匹配性、电气系统及电磁兼容匹配性、维修匹配性和人—机—环境匹配性。评价体系的最高层次是评价准则，即系统固有的综合性能及要求，是评价体系中的最高综合指标。装甲底盘和火炮匹配性最优是评价准则，主要是指车载火炮系统火力性和机动性之间相互协调。底盘与火炮匹配性评价的准则有射击稳定性、射击精度、乘员的生理承受能力等，其中的射击稳定性取决于射击时车体的最大角位移等评价指标。

（3）评价因素

评价指标层选择结构匹配性与性能匹配性两方面，每个评价指标包含若干评价因素。

在选择评价因素时，要考虑装甲底盘和火炮两方面的特性。一方面是火炮对装甲底盘的适装性，另一方面是火炮对底盘接口环境的苛求程度。评价因素要具有先进性、合理性和可行性。一般采用比值形式的评价因素，反映结构尺寸、结构配置与性能参数比例的关系，具有合理性与实际意义。

常用评价因素包括炮车最大动载比（简称炮车比）、车体长与车体宽之比、火炮重与底盘重之比、单位体积质量、单位压力、实际接地比压、平均最大压力、极限后坐长与底盘座圈最小直径之比、座圈直径与车体宽之比、座圈直径与正常后坐长之比、后坐部分质量分配系数、起落部分质量分配系数、火线高与车体重心高之比、炮车平均动载比、炮口动量金属利用系数 η、炮口动量底盘金属利用系数、炮口动能金属利用系数、炮口动能底盘金属利用系数、装甲车辆纵向前稳定系数、装甲车辆纵向后稳定系数、装甲车辆横向稳定系数、车体纵向角位移、炮口纵向角速度、炮口纵向角加速度、转向性能评定系数等。对不同装甲底盘与火炮匹配性的评价，可以根据需要，选择上述评价因素中的部分作为评价因素，计算其评价因素值。

描述底盘和火力系统匹配特性的重要参数指标之一是炮车比 η_{pc}，即车载火炮系统最大后坐力 F_{Rm} 与全车战斗全重 $m_c g$ 的比值，即

$$\eta_{pc} = \frac{F_{Rm}}{m_c g} \tag{3.11}$$

我国在进行坦克与自行火炮设计时，把炮车比限制在 1~1.5 以内。苏联在 20 世纪 60 年代从射击稳定性出发，提出炮车比不得大于 0.81；80 年代又从直接瞄准射击的立靶精度出发，提出炮车比允许达到 1.4 甚至 1.5。德国曾把 105 mm 火炮装在重约 147 kN 的轻型底盘上进行射击试验，证明炮车比为 1.7 还是可行的。可见，炮车比一般在 1.6 以下，但对炮车比的极限值各国观点不一。国内装甲兵工程学院曾推导了求取炮车比极限值的理论公式，并首次得出炮车比不应大于 1.71 的结论。但对于总体要求技术相当复杂的坦克及自行火炮等装甲装备而言，仅仅有炮车比这一底盘与火力系统匹配指标是远远不够的，对炮车比的研究还有待进一步深入。目前，国内还缺乏系统的炮车匹配性评价指标体系和专门用于炮车匹配性论证分析的试验设施及相关分析软件系统。另外，在外部造型方面，炮塔系统与底盘系统之间也应从视觉上协调、匹配，给人以美感。

对于装甲底盘与火炮匹配性的评价准则，包括机动性、火炮威力等多方面的内容，把涵盖各方面内容的匹配性评价准则统称为匹配性最优。

(4) 评价方法

对系统的评价方法主要有效能评价法、推理评价法、专家评价法、层次分析法等几种。由于匹配性难以确定其效能的量度，推理评价法需要大量证据积累和决策设计，这一点难以在匹配性评价中应用。因此，底盘与火炮匹配性评价研究主要采用专家评价法、层次分析法等。

(5) 提高炮-车匹配性常用技术手段

为提高炮-车匹配性，通常采用的技术手段主要有：

①顶置火炮总体技术。
②低后坐力技术。
③自动装填技术。
④发射动力学及其仿真技术。
⑤系统 CAD 技术。
⑥优化技术。
⑦系统集成技术。
⑧效能分析等。

3.3.2 总体结构参数优化

由于结构总体设计时，系统是不封闭的，许多结构设计参数的选取依赖于设计经验，需要反复设计与验证。对年轻设计者而言，由于经验不足，往往感觉无从下手。优化方法和计算技术的发展，为年轻设计者提供了有利条件。

装甲车辆总体参数优化技术的应用，主要是根据武器战术技术指标建立优化目标，根据

实际可能情况建立约束条件，应用最优化理论和计算技术进行最优设计。由于战术技术指标的多目标性，设计参数众多，而且参数与目标之间难以有确定的数学模型描述。当前一般采用数学优化方法、实验优化方法和多学科优化设计方法等。

1. 数学优化方法

目前涉及装甲车辆总体有关的部分结构参数设计已在可能条件下应用了数学优化方法，主要使用非线性有约束离散优化方法，此方法在武器设计中的运用在逐步扩展。

参数设计数学优化，首先是建立优化数学模型，有了正确合理的模型，才能参照选择适当的方法来求解。

建立优化数学模型，是求解优化问题的基础。目标函数、设计变量和约束条件是参数优化设计问题数学模型的三个基本要素。对于多目标参数优化问题，通常通过权函数转换成单目标参数优化问题。包含 n 个设计变量的多目标参数设计优化问题可以用数学模型表达如下：

$$\min \quad f = f(X), \quad X = X(x_1, x_2, \cdots, x_n) \tag{3.12}$$
$$\text{s. t.} \quad g_i(X) \leqslant 0, \quad (i = 1, 2, \cdots, m)$$

式中，f 为参数设计优化问题的目标函数（一般与设计变量、系统状态参量、评价指标等有关）；x_1，x_2，$\cdots$，x_n 为 n 个设计变量；G_i 为约束函数（参数约束、状态方程等）。

在建立了优化数学模型之后，需要选取合适的优化算法，来求解参数设计优化问题。对于复杂系统，一般通过计算机编程，利用计算机求解。对求解的优化结果，还需要实验验证。

2. 试验优化方法

试验优化方法主要用在新产品或新组成研制中，因机理不完全清楚，或设计经验不足，各参数对设计指标影响灵敏度难以确定，其一般做法是制造样机或模拟装置，经过多次试验、修改而确定方案；或者按试验数据构造一个函数，求该函数的极值。装甲车辆的结构参数优化设计在全过程中仍然是多种途径并行的综合过程，目前仍在进一步地研究和探索。

3. 多学科设计优化方法

多学科设计优化方法是一种通过充分探索和利用工程系统中相互作用的协同机制来设计复杂系统和子系统的方法论，其主要思想是在复杂系统的设计过程中，充分考虑复杂系统中互相耦合的子系统之间相互作用所产生的协同效应，利用分布式计算机网络技术来集成各个学科的知识，应用有效的设计优化策略，组织和管理设计过程，定量评估参数的变化对系统总体、子系统的影响，将设计与分析紧密结合，寻求复杂系统的整体最优性能。

装甲车辆设计涉及结构、材料、运动学、气体动力学、结构动力学、热力学、生物力学、弹道学、武器设计理论等多个学科的知识。传统的设计是设计人员根据要求在某一学科领域进行设计、优化，再交给总体设计人员去分析，总体设计人员在总的战术技术要求下，凭经验在各个领域之间进行反复权衡、协调，得出设计方案。这样虽然可以得到系统的一个局部满意解，但不能使其达到全系统、全性能和全过程的最优化，设计效率也较低。随着对武器综合性能的不断追求，这种方法已不能满足现代武器设计的要求，武器设计需向着多学科融合的并行协同设计与总体最优设计发展。

多学科优化设计数学模型，也包含目标函数、设计变量和约束条件三个基本要素。包含 n 个学科的多学科设计优化问题可以用数学模型表达如下：

$$\min \quad f = f(f_1(X_1, Y_{j1}), \cdots, f_i(X_i, Y_{ji}), \cdots, f_n(X_n, Y_{jn})) \tag{3.13}$$
$$\text{s. t.} \quad h_i(X_i, Y_{ji}) = 0, g_i(X_i, Y_{ji}) \leq 0 (i, j = 1, 2, \cdots, n; i \neq j)$$

式中，f 为多学科设计优化问题的目标函数；$X_1, \cdots, X_n$ 为 n 个学科的设计变量；Y_{ji} 为 j 学科与 i 学科的耦合变量；$f_i(X_i, Y_{ji})$ 为 i 学科的表达式；h_i、g_i 分别为 i 学科的等式和不等式约束。

多学科设计优化方法也称为多学科设计优化过程，是针对具体问题而采用的优化计算框架及组织过程，主要用来解决多学科设计优化中各子学科之间以及子学科与系统之间信息交换的组织和管理，它是多学科设计优化技术的核心部分。目前，多学设计优化方法主要分为单级优化方法和两级优化方法。单级优化方法只在系统级进行优化，子系统级只进行各子学科的分析和计算，单级优化方法主要包括单学科可行方法和多学科可行方法等；两级优化方法则在子系统级对各学科分别进行优化，而在系统级进行各学科优化之间的协调和全局设计变量的更新，两级优化方法主要包括协同优化方法、并行子空间优化方法和两级集成系统综合方法等。

3.4 装甲车辆系统仿真与性能评估

3.4.1 装甲车辆系统分析概述

装甲车辆系统分析，就是用系统分析方法来分析装甲车辆系统，寻求最优方案。装甲车辆系统分析，是使用周密、可再现技术来确定装甲车辆系统各种方案的可比性能。

1. 装甲车辆系统分析的任务

装甲车辆系统分析的任务：

①向装甲车辆系统设计决策者提供适当的资料和方法，帮助其选择能达到规定的战术技术指标的装甲车辆系统方案。

②对装甲车辆系统设计的不同层次进行分析，提供优化方案。

③对装甲车辆系统的发展、选择、修改、使用提出改进意见。

2. 装甲车辆系统分析的要素

系统分析者应该不带偏见，进行公正的技术评估。因此，在进行装甲车辆系统分析时，必须注意系统分析的要素：

①目标，系统分析的主要任务和目标必须明确。

②方案，系统分析的目的是选择优化方案，必须进行多方案比较。

③模型，系统分析确定的是各种方案的可比性能，必须建立抽象的模型并进行参数量化。

④准则，系统分析的过程是选优过程，必须实现制定优劣评判标准。

⑤结果，系统分析的结果是得到最优方案。

⑥建议，系统分析的最终结果是提出分析建议，作为决策者的参考意见。

3. 综合性能指标

系统分析是对系统可比性能进行分析，系统的性能一般应转化为数量指标。为了对武器进行系统分析，通常将装甲车辆的主要战术技术指标转化为系统综合性能指标。

综合性能指标最常用的是效费比。效费比（也称相对价值）是以基本装备为基准，经过规范化的，装甲车辆武器系统的相对战斗效能与相对寿命周期费用之比。即

$$W = \frac{E}{C} \tag{3.14}$$

式中，W 为相对价值；E 为以基本装备为基准经过规范化的相对效能；C 为以基本装备为基准经过规范化的相对费用。效费比综合评定不同系统的性能，应用比较广泛。

4. 装甲车辆系统分析方法

装甲车辆系统分析方法主要包括系统技术预测和系统评估与决策两个方面。

装甲车辆系统技术预测，是预测现有系统其特性及行为。装甲车辆系统技术预测方法主要有几何模拟法、物理模拟法、动力学数值仿真法、虚拟样机仿真法等。几何模拟法，是从结构尺寸上，用模型模拟实体，可以是实物几何模拟，如木模等，也可以是计算机实体造型，主要分析实体的造型、结构模式、连接关系等。物理模拟法，是根据量纲理论，用实物或缩尺模拟实物的动态特性。动力学数值仿真法，是应用动力学理论、建立数学模型，应用计算机求解、分析装甲车辆武器系统动态特性，并用动画技术进行动态演示。虚拟样机仿真法，是利用多媒体技术，造就和谐的人机环境，创造崭新的思维空间、逼真的现实气氛，模拟系统的使用环境及效能。目前应用较广泛的是武器动力学数值仿真和虚拟样机仿真。

装甲车辆系统的研制过程是一个择优的动态设计过程，又是一个不断在主要研制环节上评价决策的过程。系统的评价决策，是对经过多种方法优化提出的多方案的评价，是系统的高层次综合性能评估。决策的目的和任务是合理决定武器的战术技术指标，选择方案，以最经济的手段和最短的时间完成研制任务。评价方法应能对被评系统做出综合估价（综合性）。同时，评价的结果应能反映客观实际并可度量（代表性和可测性）。最后，方法应简单可行（简易性）。对装甲车辆系统全面评价（不再区分方案与产品），应是性能（或效能）、经济性（全寿命周期费用）两方面的综合评价，即通常所说的"效费比"。根据需要，性能和经济性评价也可分开进行。评价作为一种方案的选优方法或者作为提供决策的参考依据，不可能是绝对的。但评价方法的研究会促使决策的科学化，使考虑的问题更加有层次和系统，减少盲目性和片面性。装甲车辆系统评估与决策方法主要有效费比分析法、模糊评估法、试验评价法等。

3.4.2 系统建模与仿真

1. 装甲车辆动力学数值仿真

1) 数值仿真及其流程

装甲车辆动力学数值仿真是在计算机和数值计算方法发展的条件下形成的一门新学科。在总体与重要部件设计中，动力学数值仿真主要解决的问题：已知载荷的作用规律和车辆的结构，求车辆一定部位的运动规律；已知载荷的作用规律和对车辆运动规律的特定要求，对车辆结构进行修改或动态设计；已知载荷的作用规律和车辆的结构，求载荷的传递和分布规律。如自行火炮行进间射击时，对路面的响应对射弹散布影响分析；火炮动态特性优化设计；以减小火炮膛口动力响应为目标（跳动位移、速度、侧向位移、速度、转角及角速度等），找出主要影响因素，进行结构的动态修改。

装甲车辆动力学数值仿真的一般步骤：

①根据系统的结构特点和仿真要求确定基本仿真方案。
②建立基本假设,进行模型简化。
③对系统进行运动分析和动力学分析,建立动力学仿真数学模型,包括参数获取。
④编制和调试装甲车辆动力学数值仿真程序。
⑤针对典型装甲车辆进行动力学数值运算,求解结果。
⑥分析结果,验证模型、程序和方法的正确性。
⑦进行装甲车辆动力学数值仿真试验,预测其行为及其特性。

2) 数学建模

装甲车辆动力学数值仿真最关键是建立数学模型。一般在对研究对象深入理解和分析的基础上,用多刚体动力学方法建立武器动力学仿真数学模型。多刚体动力学方法的基本思想是把整个系统简化为多个忽略弹性变形的刚体,各个刚体之间利用铰链或带阻尼的弹性体连接,根据各刚体的位置、运动关系和受力情况建立相应的全系统动力学方程。装甲车辆动力学数值仿真常用的多刚体动力学方法有拉格朗日方程法、凯恩法、牛顿-欧拉法、罗伯逊-维登伯格(R-W)法、力学中的变分法和速度矩阵法等。目前,已建立了各种装甲车辆多刚体动力学模型,利用这些模型仿真研究其动力特性,并把参数化技术和计算机自动化建模技术引入多刚体建模与仿真中,研制参数化装甲车辆动力学仿真通用软件。

以 4 刚体 15 自由度自行火炮多刚体动力学模型为例,介绍建模过程。

(1) 物理模型

取自行火炮放置于水平地面,处于停车状态,不闭锁悬挂,主动轮制动,建立全炮发射过程进行多刚体动力学分析。建模作以下假设:炮身、摇架、炮塔、车体等主要部件为刚体;土壤为弹塑性体;负重轮运动为随车体的前后滚动以及悬挂伸张到位后的绕车体质心的转动;负重轮挂胶的非线性可视为车体悬挂的非线性。

根据基本假设,确定自行火炮多刚体系统模型的自由度为:车体由悬挂支撑,在火炮冲击载荷下表现为移动与摆动,具有空间 6 自由度的刚体,其中 3 个平动自由度用 x_a、y_a、z_a 表示,3 个转动自由度用卡尔丹角 α_1、α_2、α_3 表示;炮塔通过座圈与车体相连接,炮塔相对车体有绕座圈回转轴的转动与炮塔相对车体的俯仰和左右摆动,有 3 个转动自由度,用卡尔丹角 β_1、β_2、β_3 表示;摇架通过耳轴、高低机、平衡机与炮塔相连,控制火炮高低射向,两者相对运动主要表现为绕耳轴相对炮塔的转动,其转动自由度由 φ 表示;炮身通过滑板(槽)与摇架相连,两者相对运动主要表现为沿滑板(槽)直线的后坐复进运动。两者连接一般有间隙存在,且炮身绕其射向的转动对炮口扰动影响较大,因而设其有 3 个平动自由度,用 x_1、x_2、x_3 表示,以及炮身的上下及左右摆动 2 个自由度,用卡尔丹角 γ_1、γ_2 表示。这样,自行火炮系统简化为由 4 个刚体组成的 15 个自由度的多刚体动力学模型。为了描述运动,需要建立惯性坐标系和刚体的固连坐标系。物理模型及其坐标系如图 3.20 所示。

(2) 数学模型

确定了多刚体系统中各刚体的自由度,建立了系统的惯性坐标系及各刚体的固连坐标系后,可得到各坐标系之间的变换矩阵。随后对多刚体系统的运动和受力进行分析,获得各刚体惯性力系的主矢和主矩以及各刚体主动力系的主矢和主矩,根据凯恩方程即得系统控制方程,即

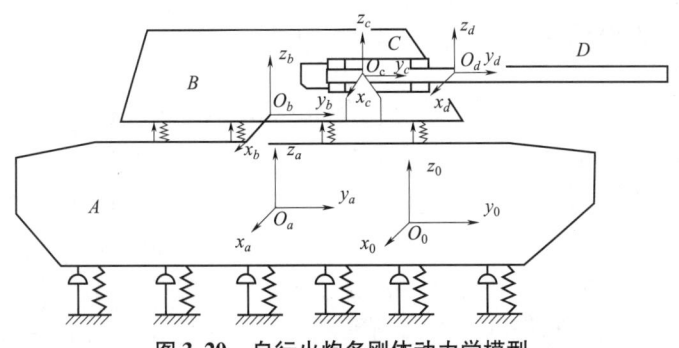

图3.20　自行火炮多刚体动力学模型

$$A\dot{u} = B \tag{3.15}$$

该方程组是关于广义速率一阶导数的矩阵形式的装甲车辆由4个刚体组成的15个自由度的多刚体动力学数学模型。

选取相应计算方法，编制相关仿真程序，结合实际工程情况给出初始条件，就可求解系统的运动和受力。应用此模型对某自行火炮进行数值仿真，仿真结果与试验结果符合较好。

2. 虚拟样机仿真

1）虚拟样机仿真及其流程

装甲车辆虚拟样机仿真，是结合装甲车辆动力学分析方法和运用有限元方法，运用三维计算机虚拟模型，对装甲车辆及其主要关键结构进行基于有限元的刚强度分析和基于刚体动力学的动力响应分析，预测装甲车辆及其主要关键结构的动态行为和特性。通过虚拟样机仿真可以预测装甲车辆的动态特性、系统精度以及系统动态刚强度等直接影响装甲车辆性能和状态的理论结果。装甲车辆动力学虚拟样机仿真研究中，关键是解决两个关键技术问题：模型的准确性和模型所需的原始参数的准确性。为此，在理论研究的同时，需要建立相应的试验条件来检验和校准动力学模型的准确性。

随着现代科学技术的发展，现代装甲车辆系统变得越来越复杂，建立一个能考虑各种因素在内的精确装甲车辆动力学虚拟样机几乎是不太可能的。为此，在建立装甲车辆动力学虚拟样机时，应根据装甲车辆系统的特点，抓住主要矛盾和主要矛盾方面，适度简化。装甲车辆系统模型重点考虑：系统的机电耦合、非线性、动态响应问题，以及结构的性能控制问题等。

装甲车辆动力学虚拟样机仿真的一般步骤：

①根据装甲车辆的结构特点和仿真要求确定基本仿真方案。
②建立基本假设，进行模型简化。
③建立装甲车辆三维实体模型。
④获取各种几何参数和动力参数，如重量、重心位置、转动惯量等。
⑤建立虚拟样机仿真模型，包括仿真方法、约束、边界条件、受力状态等。对于非标准型约束条件、边界条件及受力状态等，应开发嵌入式模块。
⑥选用适合的通用软件平台，进行装甲车辆动力学仿真运算，求解结果。
⑦分析结果，验证模型和方法的正确性。
⑧改进设计，进行装甲车辆动力学虚拟样机仿真试验，预测其行为及其特性。

2) 虚拟样机构建

以某自行火炮虚拟样机为例，介绍虚拟样机构建方法。

(1) 基本假设

虚拟样机可以是多刚性体虚拟样机、刚柔体虚拟样机、多柔体虚拟样机。根据自行火炮的结构特点、射击过程中的已知客观规律和研究目标，在不影响样机合理性的前提下，为了便于理论分析，作出基本假设。在总体设计阶段，多以多刚性体虚拟样机为主。

(2) 几何建模

根据实际结构参数，在软件环境下建立自行火炮全部构件（将仿真过程不考虑其相对运动的几个零件合并成一个构件）三维几何模型。在总体阶段，构件大多是子系统、部件等形式，随着时间进程，构件逐步细化。在软件环境下对构件进行装配，形成系统三维实体模型。装配位置是系统开始位置。装配过程中，通常进行干涉检验，看其布置是否正确、合理，检验时，可定义待检验的几何体，通过计算零部件占有的几何空间关系，显示其是否干涉及干涉情况。若干涉，可返回到几何设计阶段修改零部件以避免干涉，这个过程可多次进行。某自行火炮的几何实体如图 3.21 所示，由以下几部分组成：后坐部分、起落部分、回转部分（炮塔）、底盘车体和行动部分（包括平衡肘、负重轮和履带）。系统中各零部件所处的装配位置就决定了该部件在系统动力学模型中所属的部分，因而，这就为模型中动力参数的计算划定了界限。通过几何实体可以输出系统设计结果，包括物性（质量、质心和惯性特性）、几何尺寸、图形（二维、三维工程图）。

图 3.21 某自行火炮的三维实体模型

(3) 施加运动副和运动约束

系统的连接特性由实际结构的连接特性所确定。对三维实体模型的各个构件之间施加运动副和约束，相对滑移的构件之间施加滑移副，相对转动的构件之间施加旋转副，相对固定的构件之间施加固定约束。某自行火炮的后坐部分通过反后坐装置与摇架相连接，它们间的连接特性由反后坐装置的特性确定；起落部分通过高平机与炮塔顶部相联系，并通过耳轴与托架相联系；回转部分（炮塔）通过座圈与底盘相联系；底盘车体与行动部分通过悬挂系统相联系。

(4) 施加载荷

弹簧使用软件自带的弹簧编辑器定义，弹簧参数按实际参数选取，小弹簧的质量忽略，质量较大的弹簧按弹簧总质量的 1/3 附加在运动构件上。对相互有碰撞和有接触作用力的构件之间施加接触力。特殊力需要特殊处理，如炮膛合力、制退机力等。根据火炮内膛和发射药的实际参数，运用火炮内弹道理论，建立膛压与弹丸运动微分方程，编写内弹道程序，求解各微分方程，得到膛压-时间曲线，乘以炮膛面积后得到炮膛合力-时间曲线，把炮膛合力通过一个单向力施加到后坐部分。根据制退机实际参数，运用制退机经典计算理论，建立制退机在后坐复进过程的液压阻力模型，制退机力通过一个单向力的形式施加在后坐部分上，反力施加在摇架上。

(5) 虚拟样机的简化

根据仿真目的，对虚拟样机进行必要的合理简化。

3）仿真试验

以虚拟样机为基础，针对实际使用情况，进行虚拟样机的仿真试验，分析试验结果。

（1）仿真试验

针对虚拟样机，进行仿真参数设置，构建仿真模型，包括构建特性设置、仿真时间设置、仿真方法设置、仿真方式设置等。利用仿真模型，进行虚拟样机的虚拟试验。

（2）虚拟样机的验证

从仿真结果中提取相关特征参数、曲线等，有条件时，可以与相关真实试验数据对比分析，没有条件时，可以通过相关特征参数、曲线的合理性分析，以此分析虚拟样机的正确性，以及仿真条件的合理性。只有正确的虚拟样机，才可以利用该模型对进行仿真分析。

（3）仿真分析

装甲车辆虚拟样机仿真的主要目的是了解、分析装甲车辆在运行、发射过程中各部件的响应，并由此计算相应的各部件的受力关系，为后续性能分析奠定基础。结合实际可能的工况，利用虚拟样机进行仿真试验，提取仿真试验结果的特征参数或曲线，分析虚拟样机所替代的装甲车辆的相关规律，包括运动规律、受力规律、动态响应规律、结构影响规律等。

4）参数化设计

装甲车辆结构主要由战斗舱、驾驶舱、动力舱及车外部分等既独立又相互联系几个分系统组成。分析这些结构，在设计过程中，一般是由经常使用的若干图形元件、元素特征所组成。它们总可以归结为用若干几何参数描述的若干几何特征单元，这些几何参数便成了这些几何特征单元特征参数。对于一些外形复杂的零件，可将其外形的毛坯建于特征库中，需要时再进行详细设计。

一个几何体按其功能或装配关系来看，总归有几个尺寸是关键尺寸或功能尺寸，其他尺寸是辅助尺寸或牵连尺寸，如果关键尺寸或功能尺寸与辅助尺寸或牵连尺寸的关系比较明确，或者通过几个关键尺寸或功能尺寸便能描述出零件的几何构型，则可以利用特征的概念对物体进行参数化建模，形成参数化模型库和图形库。一般软件平台的几何模型库记录了建模的整个过程及建模结果，并存储了建模过程所需的数据。如果将建模过程结构化，并将所需数据参数化，存储结果规范化，即以特征的形式存储实体，则可实现参数化实体建模目的。特征库是由实体和控制尺寸的几何参数组成。

装甲车辆总体设计几何特征库中，可以分为车体、炮塔、火炮、发动机、传动装置、车轮、履带、座椅、乘员人体等几何特征单元。装甲车辆参数化设计，是根据总体设计的需要，利用已建立了的车体、炮塔、发动机、乘员人体等部件的参数化模型库和图形库，通过改变特征参数，就可以自动设计出相关构件。在装甲车辆的总体结构中，某些装配尺寸是关键尺寸，它们一旦确定，其他尺寸便可确定，这些尺寸的确定和改变在很大程度上会改变装甲车辆的总体性能。根据零部件共轴或共面等定位装配关系，完成各零部件的分系统组装，依次生成各分系统并装入部件分系统后，再依定位装配关系完成各分系统向总系统组装，形成系统组装层次拓扑逻辑关系。

装甲车辆的各部分组装后，可以在图形终端上实施系统总布置分析，研究各部件的配合、干涉情况，确定总体重心的位置等，同时输出一些技术参数（主要是结构参数），从系统的角度为装甲车辆的总体方案设计提供很好的参考。

3.4.3 性能评估

装甲车辆的研制过程是一个择优的动态设计过程，又是一个不断在主要研制环节上评价决策的过程。装甲车辆的研制过程中，评价决策与结构优化设计不同，是对经过多种方法优化提出的多方案的评价，是系统的高层次综合性能评估。决策的目的和任务是合理决定装甲车辆的战术技术指标，选择方案，以最经济的手段和最短的时间完成研制任务。

对装甲车辆全面评价（不再区分方案与产品），应是性能（或效能）和经济性（全寿命周期费用）两方面的综合评价，即通常所说的"效费比"。根据需要，性能和经济性评价也可分开进行。

评价作为一种方案的选优方法或者作为提供决策的参考依据，不可能是绝对的。但评价应能对被评系统做出综合估价（综合性），同时，评价的结果应能反映客观实际并可度量（代表性和可测性），最后方法应简单可行（简易性）。评价方法应有利于决策的科学化，使考虑的问题更加有层次和系统，减少盲目性和片面性。装甲车辆评估与决策方法主要有效费比分析法、模糊评估法、试验评价法等。

1. 效费比分析法

效费比分析法，也称综合指标法，是对能满足既定要求的每一装甲车辆方案的战斗效能和寿命周期费用进行定量分析，给出评价准则，估计方案的相对价值，从中选择最佳方案。

效费比分析法主要用于三个方面：①从众多方案中选择最佳方案；②定量分析所选方案的相对价值；③分析技术改进对系统的影响以及技术改进方向。

效费比分析的主要内容包括任务需求分析、不足之处和可能范围分析、使用环境分析、约束条件分析、使用概念分析、具体功能目标分析、系统方案分析、系统特性、性能和效能分析、费用分析、不定性分析、最优方案分析、预演、简化模型、效能与费用分析报告等。

效费比分析的关键是模型的建立及其定量化描述。效费比分析法的实质是建立一个能客观反映系统性能主要因素间关系、可量化的评价指标体系，用于评估系统综合性能。一般引入系统效能概念，在估算或已知有关费用（成本或全寿命周期费用）的条件下对系统进行效费分析。

装甲车辆的效能将火力、机动性能、防护能力、可靠性等综合在一起，建立起相关的数学模型，通过计算得到量化结果。目前尚未有适用于不同武器的通用方法（主要指评价指标体系的组成与有关能力的定义和所含因素等），因此，分析模型也因产品而异。近来对于自行高炮与自行加榴炮系统，有关单位经研究提出了评价指标体系的建立方法。把装甲车辆系统的效能视为火力、火控、运载、防护各分系统效能的总和，各分系统的效能均包括火力、机动性能、防护能力和可靠性等基本能力，分别求得其基本能力的加权系数，每项能力由若干层次相关的具体性能参数组成。利用有关模型逐步求得各基本能力。

2. 模糊评估法

模糊评估法，是应用模糊理论对系统进行评估并选择较优方案。武器中常有一部分定性要求如结构布局、外形、使用操作方便性等无法定量，只能以好、较好等模糊概念评价。模糊数学评价的实质是将这些模糊信息数值化进行评价的方法。这种方法对系统复杂，评估层次较多时也很适用。

设有方案集 $V \in \mathbb{R}^m$，因数集（性能集）$U \in \mathbb{R}^n$，由 U 到 V 的关系（隶属度）$R \in \mathbb{R}^m$。今要求的性能为 $X \in U$，进行模糊运算 XR，则可以得到对各方案的评估结果 $Y \in V$，即

$$Y = XR \tag{3.16}$$

模糊运算为隶属度运算，可以有各种运算法。可以按常规运算，可以按类的可靠度运算等，最常用的是求最小最大运算（交并运算），即

$$y_j = \bigvee_{i=1}^{n} (x_i \wedge r_{ij}), \quad j = 1, \cdots, m \tag{3.17}$$

式中

$$l_{ij} = (x_i \wedge r_{ij}) = \min\{x_i, r_{ij}\} \tag{3.18}$$

$$y_j = \bigvee_{i=1}^{n} (l_{ij}) = \max\{l_{1j}, \cdots, l_{nj}\} \tag{3.19}$$

利用隶属度将数量化的各方案的评价结果转化成用自然语言表述的各方案满足的设计要求。

模糊评估法的关键，是隶属度的确定，即将用自然语言表述的各方案的性能关系（模糊的）进行数量化（确定的）。确定各方案的性能关系，一般可以采用专家评估法（专家评估法也可以作为独立评估法使用）。

3. 专家评价法

专家评价法是一种以各种专业的专家学者主观判断为基础的评价方法，是以专家作为获取信息的对象，依靠专家的知识和经验进行预测、评价的方法。此方法常在数据缺乏的情况下使用，如在技术问题的预测和评价、方案选择和相对重要性比较等方面经常使用专家评价法，可以较为简便和科学地得到正确的评价结果。专家评价法通常以分数、评价等级、序数等作为评价的量值。

名次计分法是一组专家对 n 个方案进行评价，每人按方案优劣排序，按最好 n 分，最劣 1 分，依次排序给分，最后把各方案得分相加，总分最高者为最佳。对专家意见的一致性可用一致性（或收敛性）系数检验。系数是 1~0 之间的数，越接近 1，越一致。

分数评价法是邀请若干专家对各评价方案的各评价指标（或评价因素）打分，对所有专家评价结果进行计算，得出各评价方案的综合分值，根据各评价方案所得分值相对各评价方案的优劣。

专家分级评价法是对系统的定性评价，而非定量评价。对于评价体系中每一个评价因素，给出评价标准，对每个评价因素分为优秀、良好、一般、较差等 4 个等级，用 A、B、C、D 表示。选择某匹配合理的理想装甲车辆为基准，即以该典型装甲车辆的各项评价因素为基准，其他被评价装甲车辆的各项评价因素都相对基准来评价。当被评价系统的评价因素与基准相比，误差在 10% 之内为 A 等级，在 30% 之内为 B 等级，在 50% 之内为 C 等级，在 50% 之外为 D 等级。

4. 试验评价法

在装甲车辆研制中，当某些技术、设计方案最终产品必须通过试验后才能作出评价时，采用试验评价法。试验评价法大致可以分为鉴定试验、验证试验和攻关试验三种类型。

对最终产品的各项功能，按照经批准的有效的试验方法或试验规程进行试验，根据试验结果评价被鉴定产品与下达的战术技术指标的符合程度，并做出结论，称为鉴定试验。鉴定试验是做出能否定型的主要依据；在方案阶段是带有总结性的重要工作；对重大改进项目是

决定取舍的依据。我国已制定了一系列作为国家和行业标准的试验法，是进行鉴定试验必须遵守的法规。

当一项新原理、新方案形成后，借助理论分析和计算仍不能完成评价和决策，而必须通过试验，取得结果才能评价、决策时，所进行的试验称为验证试验。验证试验根据试验内容，可能是实物、半实物或数字仿真试验，也可以是射击试验。验证试验一般都需要有实验装置或技术载体，在方案构思和探索过程中，是十分重要的工作。

攻关试验，是当研制工作碰到重大的技术难题，靠理论分析和计算难以或不可进行定性，特别是定量分析而不得不借助试验时，这类试验称攻关试验。进行攻关试验的关键是试验设计，合理的试验设计能迅捷、经济地完成试验，达到预期的目的。攻关试验根据内容或运用现有的试验条件和措施，或部分、或全部更新；可以在实验室或厂房内，也可以在野外进行。

在装甲车辆的总体设计中，还应重视贯彻和执行相关的技术标准，重视运用各类指导性的文件、资料、手册、通则。这是十分重要的。因为它们都是大量实践经验的总结，代表了相应时期的科学技术发展水平。对它们的执行和运用，可以避免个人经验的局限和水平的制约，还可以使设计人员把精力集中在关键问题的创造性劳动上，避免不必要的低水平重复劳动。

3.5 关键技术及其分解

3.5.1 接口技术

装甲车辆是一种机械、电子和信息等功能融为一体的复杂的机电一体化系统。装甲车辆系统中各组成部分（子系统）之间通过接口实现信息、能量、物质的传递和转换。因此，装甲车辆的子系统之间的接口极为重要。从某种意义上说，装甲车辆总体设计就是接口的设计。装甲车辆总体设计必须以接口的设计为重点。

接口技术研究装甲车辆系统中各组成部分（子系统）和各组成技术之间的接口问题，以便更有效地进行系统中信息、能量、物质的交互与控制，融合各种技术，实现总体性能最优化设计。

装甲车辆接口包括硬件和软件。硬件主要在子系统之间或人－机之间建立连接，为信息、能量、物质的输入/输出、传递和转换提供物理通道。软件主要是提供系统信息交互、转换、调整的方法和过程，协调和综合系统一体化组成技术，使各子系统集成并融合为一个整体，实现新的功能。

装甲车辆接口可分为人－机接口、动力接口、智能接口和机－电接口4类。

1. 人－机接口

人－机接口是人与装甲车辆系统之间的接口，通过此接口，可以监视车辆的运行状态，控制车辆运行过程，即通过人－机接口能够使车辆按照人的意志进行工作。人－机接口是双向的。硬件包括输入/输出设备，主要有显示屏、键盘、按钮、操纵器等。

2. 动力接口

动力接口是动力源连接到驱动系统的接口，为驱动系统提供相应的动力。根据系统所需的动力类型不同，如直流电、交流电、气动、液压等，动力接口的形式也有很大的不同。但动力接口有一个共同的特点,即能够通过较大的功率。

3. 机－电接口

机－电接口是执行机构与驱动系统和传感器之间的接口。将驱动信号转换成执行机构所需的信号,或将执行机构的机械信号转换成传感器所需的信号。

4. 智能接口

智能接口主要存在于三处:控制系统到驱动系统、驱动系统到传感器、传感器到控制系统。智能接口的应用情况相对比较复杂,但可以得出它的一些共性:智能接口主要传递和转换各种信息,按照不同技术的要求改变信息形式,使不同的子系统、不同的技术能够集成在一起,形成完整的系统。通常,智能接口是软件表现出的功能连接。

3.5.2 控制技术

装甲车辆总体设计与其他复杂的机电一体化系统设计一样,核心问题是控制物质、能量、信息的传递和转换。因此,装甲车辆总体设计必须紧紧围绕对物质流、能量流、信息流的控制展开。

1. 物质流控制

装甲车辆总体设计中的物质流主要包括弹药的输送、弹壳(包括未发射弹、废弹)的排出、燃油的供给、人员的进出、维修作业的移运等。总体设计时,应以所涉及的物质为对象,实现对各种物质流的切实控制。例如,储弹器位置的确定、弹药输送路线的设计、弹药输送过程的确定性设计、弹药转运接口设计等;人员进出通道设计;维修作业接近方向设计、部件拆装通道设计等。

2. 能量流控制

装甲车辆总体设计中的能量流主要包括动力的传递、发射载荷的传递、操纵力的传递等。总体设计时应以所涉及的能量为对象,实现对各种能量流的切实控制。例如,发射载荷的确定、发射载荷传递路线设计、发射载荷影响分析、减载技术方案设计等。

3. 信息流控制

装甲车辆总体设计中的信息流主要包括目标、载体、火力、环境、操纵、效果等信息的获取、处理、传递、运用等。总体设计时,应以所涉及的信息为对象,实现对各种信息流的切实控制。例如,目标探测、目标特征识别、目标跟踪、目标处理等。

3.5.3 轻量化技术

未来快速反应、机动部署需要高机动性、高可部署性的地面作战平台和武器系统。轻型化是提高常规武器系统机动性和可部署性的重要途径。各国正通过研制和选用新型轻质材料、改进武器系统设计和系统配置,实现武器系统轻量化和高机动性的目标。美国陆军积极发展的未来装甲侦察车、未来步兵战车和未来战斗系统,其主要特征之一就是机动性好。美国陆军发展的未来装甲侦察车、未来步兵战车和未来战斗系统,拟在未来取代主战坦克的未来战斗系统,质量将在 20 t 左右,与 M1 式坦克相比,质量减小 2/3,可由 C130 运输机进行空运。

装甲车辆的火力与机动性是一对相互制约的矛盾,随着火力提高,装甲车辆质量和体积都会增加,从而降低机动性。对于武器系统,轻量化技术就是在满足一定威力和取得良好射击效果的前提下,使武器的质量和体积尽可能小。装甲车辆总体设计中,解决装甲车辆火力与机动性之间的矛盾是其永恒的主题。轻量化技术是装甲车辆总体设计中自始至终必须考虑的主要技术之一。

轻量化技术包括创新的结构设计技术、减载技术、新材料技术等方面。

1. 创新的结构设计

机械产品设计都是始于结构、终于结构的设计。轻量化技术中一个十分重要的途径就是创新结构设计，如新颖的多功能零部件的构思，一件多用、紧凑、合理的结构布局，符合力学原理的构件外形、断面、支撑部位及力的传递路径等。一个开放的系统，结构方案无穷多，可以在规定的约束条件下进行多方案的优化。结构优化设计，尤其是基于应力流的结构拓扑优化设计和基于结构刚度的结构优化设计，在结构轻量化中将起到积极作用。

2. 减载技术

减载技术是通过技术措施减小作用对象上的载荷。装甲车辆的各种构件都要承受载荷的作用。作用于装甲车辆上的载荷最主要的是武器发射时对车体的作用力（发射时的后坐力），以及车辆运行时受到不同路面、不同运动速度产生的冲击载荷作用。减小载荷是轻量化技术的一个主要方面。减载最常用的技术是缓冲。减小后坐力的主要措施有：缓冲发射时火药燃气对车体的作用冲量（如采用反后坐装置）以及路面冲击载荷、抵消部分发射时火药燃气对火炮的作用冲量（如采用前冲原理）、减小发射时火药燃气对火炮的作用冲量（如采用膛口制退器、膨胀波技术）。减载技术现在已发展到一个新阶段，需要综合应用武器系统动力学、弹道学、人机工程学，结合结构设计和配套装具设计，解决伴生的射击稳定性、可靠性和有害作用防范等问题。

3. 轻型材料的选择与应用

材料技术是轻量化技术中一项非常重要的技术。合理选择高强度合金钢、轻合金材料、非金属材料、复合材料、功能材料和纳米技术材料是实现轻量化的有效技术途径。美国、苏联以及西方发达国家已经将铝合金、镁合金、钛合金、工程塑料和复合材料等已经应用于装甲车辆构件。关注材料科学的发展，发挥材料科学技术的推动作用，研究新型材料的应用和加工工艺，是轻量化技术中十分重要的工作。

本章小结

本章在阐述装甲车辆总体方案设计基本概念、内容、设计原则的基础上，主要介绍装甲车辆总体概念设计、装甲车辆总体结构方案设计与布置、总体参数匹配与优化、系统仿真与性能评估方法、关键技术及其分解等。

思 考 题

1. 如何理解装甲车辆总体方案设计原则？
2. 装甲车辆总体方案设计中，如何运用人机工程学原理？
3. 水陆两栖装甲车辆的质心与浮心应如何设计？
4. 装甲车辆虚拟样机仿真的关键有哪些？
5. 装甲车辆底盘轻量化可以从哪些方面考虑？

第 4 章
武器系统的配置与选型

> **内容提要**
>
> 武器系统是装甲战斗车辆的重要组成部分之一。本章主要介绍装甲战斗车辆的武器系统的基本概念,以及车载火炮、车载机枪、车载弹药、车载火控系统的配置与选型的相关内容。

4.1 装甲车辆武器系统概述

火力是装甲战斗车辆的最重要的战斗性能,火力以武器系统性能为标志。装甲车辆的武器系统是构成装甲车辆火力的武器及火控系统的综合体,主要功能是迅速、准确地发现、瞄准和压制并消灭敌方装甲车辆、反装甲兵器及其他火器,摧毁敌方野战工事,歼灭敌方有生力量,以及对付敌方低空目标。装甲战斗车辆的火力发展速度远远超过其他性能的发展速度。

装甲车辆武器系统,是指以装甲车辆为运输载体的武器系统,简称车载武器系统。一般由发射装置(也简称为武器)、弹药和火力控制系统等组成。发射装置包括火炮、机枪、导弹发射装置等。火炮是装甲车辆的主要武器,机枪是装甲车辆的辅助武器。弹药包括各种炮弹、枪弹、导弹等。火力控制系统包括观察瞄准仪器、传动装置、火控计算机、定位定向装置、稳定器等。为了在必要时装甲车辆乘员下车作战,车内配备有冲锋枪、手枪、手榴弹等补充武器。有的装甲战车武器系统还包括保证弹药在装甲战车内分配给武器的装弹装置。

对装甲战车要求的多样性和目标的广泛性导致装甲战车必须装备各种武器。不同载体依据战术功能不同,所装备的车载武器配置也不同。对坦克而言,车载武器有坦克炮和机枪;对步兵战车,车载武器有小口径机关炮、机枪和反坦克导弹或炮射导弹;对装甲输送车,车载武器有外置机枪;对自行火炮,车载武器有加农炮、榴弹炮和迫击炮以及外置机枪。随着战场形势的变化,装甲车辆的车载武器配置也不是一成不变的,也在进行不断的调整。

4.2 车载火炮的配置与选型

4.2.1 车载火炮

1. 火炮

1)火炮的基本概念

火炮,是以火药为能源,利用火药燃气压力抛射弹丸,口径大于等于 20 mm 的身管射击武器。火炮以其巨大的威力而成为地面战场的主要火力武器。在第二次世界大战期间，火炮被誉为"战争之神"，这充分体现了火炮在现代战争中的地位。火炮经过长期的发展，逐渐形成了多种具有不同特点和不同用途的火炮体系，成为战争中火力作战的重要手段，大量地装备了世界各国陆海空三军。

火炮种类较多，配有多种弹药，可对地面、水上和空中目标射击，歼灭、压制有生力量和技术兵器，摧毁各种防御工事和其他设施，击毁各种装甲目标和完成其他特种射击任务。

2）火炮的特点

火炮发射过程是一个极其复杂的动态过程。一般发射过程极短（几毫秒至十几毫秒），经历高温（发射药燃烧温度高达 2 500~3 600 K）、高压（最大膛内压力高达 250~700 MPa）、高速（弹丸初速高达 200~2 000 m/s）、高加速度（弹丸直线加速度是重力加速度的 10 000~30 000 倍，发射装置的零件加速度也可高达重力加速度的 200~500 倍，零件撞击时的加速度可高达重力加速度的 15 000 倍）过程，并且发射过程以高频率重复进行（每分钟可高达 6 000 次循环）。

火炮发射过程伴随许多特殊的物理化学现象发生。火炮发射过程中，对发射装置施加的是火药燃气的冲击载荷。在冲击载荷的激励下还会引发发射装置的振动。火炮发射过程中，身管的温升与内膛表面的烧蚀、磨损是一系列非常复杂的物理、化学现象。当弹丸飞离膛口时，膛内高温、高压的火药燃气在膛口外急剧膨胀，甚至产生二次燃烧或爆燃。特别是采用膛口制退器时，产生的冲击波、膛口噪声与膛口焰容易自我暴露而降低人和武器系统在战场上的生存能力，对阵地设施、火炮及载体上的仪器、仪表、设备和操作人员都会产生有害作用。

火炮发射特点可以概括成：周期性（一发一个循环，要求较好的重复性）；瞬时性（发射过程极短，具有明显的动态特征）；顺序性（每个循环的各个环节严格确定，依次进行）；环境恶劣性（高温、高压、高速、高加速、高应变率、高功率）。

2. 火炮的类型

1）按运动形式分

按运动形式，火炮一般分为固定炮、驮载炮、牵引炮、自走炮、车载炮、自行炮等。

固定炮，一般泛指固定在地面上或安装在大型运载体上的火炮。

为了适应在山地或崎岖地形上作战，有时需要将火炮迅速分解成若干大部件，以便人扛马驮，这类火炮称为驮载炮，也称为山炮、山榴炮。

牵引炮，是指运动依靠机械车辆（一般是军用卡车）或骡马牵引着走的火炮。为了提高火炮在阵地上近距离内的运动机动性能，有些牵引炮还加设了辅助推进装置。带辅助推进装置的牵引炮称为自走炮，也称自运炮。自走炮可以在阵地可短距离运行，其远距离运动还需要牵引车的牵引，应该属于牵引炮范畴。自走炮还可以利用其动力实现操作自动化。

车载炮是指，为了提高火炮在战场上的战术机动性能，将火炮结构基本不做变动或简单改动后安装在现有或稍作改动车辆上，形成牵引炮与牵引车合二为一，不需要外力牵引而能自行长距离运动的火炮。车载炮巧妙地结合了自行火炮"自己行动"和牵引火炮"简单实用"的优点，在大口径压制火炮战技性能和列装成本的天平上取得了良好的平衡。

自行炮是指，为了进一步提高火炮在战场上的战术机动性能和自身防护能力，将火炮安装在战斗车辆的底盘（轮式或履带式）上，不需要外力牵引而能自行长距离运动的火炮。自行炮把装甲防护、火力和机动性有机地统一起来，是一个独立作战系统，在战斗中对坦克和机械化步兵进行掩护和火力支援。自行炮除传统的采用履带式底盘以外，还采用轮式底盘，以减小质量便于战略机动和装备轻型或快速反应部队。

有人将自走炮、车载炮和自行炮统称为（广义）自行炮。

装在装甲战斗车辆上，符合步兵作战要求，主要以防护为目的的火炮，称为战车炮。战车炮一般为小口径自动炮。

2）按弹道特征分

按弹道特征，火炮一般分为加农炮、榴弹炮、迫击炮等。

加农炮，是指弹道平直低伸、射程远、初速大（大于 800 m/s）、身管长（大于 40 倍口径）、射角小（小于 45°）的火炮，也称平射。加农炮一般用定装式炮弹，主要采用直接瞄准射击。

榴弹炮，是指弹道比较弯曲、射程较远、初速较小（小于 800 m/s）、身管较短（24～40 倍口径）、射角较大（可到 75°）的中程火炮。榴弹炮一般用分装式炮弹，装药号数多，主要采用间接瞄准射击。

迫击炮，是指弹道十分弯曲、射程较近、初速小（小于 400 m/s）、身管短（10～24 倍口径）、射角大（45°～85°）的火炮，俗称"隔山丢"。迫击炮是支援和伴随步兵作战的一种极为重要的常规兵器。迫击炮一般采用口部装填方式发射"滴形"炮弹，操作简便，变装药容易，弹道弯曲，可迫近目标射击，几乎不存在射击死角，主要用于杀伤近程隐蔽目标及面目标。由于迫击炮的炮膛合力较小，为了减小质量，一般以座板直接将炮膛合力传给地面。

榴弹炮和迫击炮弹也统称为曲射炮。一般将兼有加农炮射程远和榴弹炮弹道弯曲特点的火炮称为加农榴弹炮，简称加榴炮。近年西方研制的"榴弹炮"实际上都是加榴炮。既能发射榴弹炮炮弹又能发射迫击炮炮弹的火炮称为迫击榴弹炮，简称迫榴炮。

3）按用途分

按用途，火炮一般分为压制火炮、反坦克火炮、高射炮等。

压制火炮，主要是指以地面为基础，用于压制和毁伤地面目标或以火力伴随和支援步兵、装甲兵的战斗行动的火炮，通常包括中大口径加农炮、榴弹炮、加榴炮、迫击炮、迫榴炮等。压制火炮是地面炮兵的主要武器装备，具有射程远、威力大、机动性高的特点，主要用于杀伤有生力量、压制敌方火力、摧毁装甲目标、防御工事、工程设施、交通枢纽等，还可以用于发射特种用途炮弹。

反坦克火炮，主要是指用于攻击坦克装甲车辆的火炮，通常包括坦克炮、反坦克炮和无后坐炮。反坦克火炮，由于要与快速机动的坦克、装甲战车作战，一般具有初速大、射速高、弹道低伸、反应快等特点。坦克炮是配置于现代坦克的主要武器。坦克主要在近距离作战，坦克炮在 1 500～2 500 m 距离上射击效率高，使用可靠，用来歼灭和压制敌人的坦克装甲车，消灭敌人的有生力量和摧毁敌人的火器与防御工事。现代坦克炮是一种高初速、长身管的加农炮。反坦克炮是指专门用于同坦克、步兵战车等装甲目标作战的特种火炮。反坦克炮身管较长、初速大、直射距离远、发射速度快、穿甲效力强、机动性好。反坦克炮多设计为远距穿甲用途，口径较大炮管较长，多采用钨钢脱壳穿甲弹，往往还配备反坦克弹药，以保证远距离的穿甲能力，打击坦克比坦克炮更有优势。反坦克炮的弹道弧度很小，一般对目标进行直接瞄准和射击。一般火炮在发射炮弹的同时，还会产生巨大的后坐力，并使火炮产生后坐，这既影响射击的准确性和发射速度，又给操作带来不便。无后坐炮是发射时炮身不后坐的火炮。无后坐炮在发射时利用后喷物质（一般为高速喷出的火药燃气）的动量抵消弹丸击部分火药燃气向前的动量，使炮身受力平衡，不产生后坐。无后坐炮的最大优点是体积小，质量小，操作方便。无后坐炮主要用于直瞄打击装甲目标，也可以用于压制、歼击有生力量。

高射炮，是指从地面对空中目标射击的火炮，简称高炮。高射炮主要用于同中低空飞机、直升机、无人机、导弹等空中目标作战，必要时也可攻击地面有生力量、坦克等地面装甲目标或小型舰艇等水面目标。高射炮要同高速飞行的空中目标作战，必须机动灵活，炮架结构要能快速进行360°回转，高低射界为 $-5°\sim 90°$，弹丸初速大，飞行速度快，弹道平直，射高一般为 $2\sim 4$ km，一般是能自动射击的自动炮，射速一般为 $1\,000\sim 4\,000$ 发/min，有的可高达 10 000 发/min。目前，反导已经成为高射炮的主要任务。为了有效对付高速飞行的导弹这样的小目标，高射炮主要采取在极短的瞬间射出大量弹丸覆盖一定空间，形成一定火力网进行拦截的方式，因此，高射炮射速快，射击精度高，多数配有火控系统，能自动跟踪和瞄准目标。

4）按身管内膛结构分

按身管内膛结构，火炮分为线膛炮和滑膛炮。身管内膛有膛线（在身管内壁加工有螺旋形导槽）的火炮称为线膛炮。身管内膛为光滑表面而没有膛线的火炮称为滑膛炮。为了能可靠地密封火药气体，防止外泄，将身管内膛加工成直径从炮尾到炮口均匀缩小的锥膛炮。随着弹丸向前运动，膛径逐渐缩小，弹带不断受到挤压，能可靠地密封火药气体，可以大幅度提高初速，但是制造这种火炮，特别是加工带锥度的身管，具有极大的难度。

5）按射击过程自动化程度分

按射击过程自动化程度，火炮分自动炮、半自动炮和非自动炮。能完全自动完成重新装填和发射下一发炮弹的全部动作的火炮称为全自动炮，简称自动炮。若重新装填和发射下一发炮弹的全部动作中，部分动作自动完成，部分动作人工完成，则此类火炮称为半自动火炮。若全部动作都由人工完成，则此类火炮称为非自动火炮。自动炮能进行连续自动射击（连发射击，简称连发），而半自动炮和非自动炮则只能进行单发射击。

6）新型火炮

有一类火炮在工作原理和结构上都不同于传统火炮，称为新型火炮，也有称为新概念火炮。

（1）前冲炮

传统火炮发射时，炮身一般处于近似静止状态，在火药气体压力作用下炮身开始后坐，后坐结束后再回复到待发射状态。在炮身复进过程中击发，利用炮身复进时的前冲能量抵消部分后坐能量的火炮工作原理，称为复进击发原理，也称为软后坐。复进击发原理的应用，可以大大减小后坐力，有利于提高射速和射击稳定性，有利于减轻火炮全重。复进击发原理应用于大口径火炮时，往往在发射前，炮身处于后位，先释放炮身使其向前运动，在炮身前冲过程中达到预定的速度或行程时击发，以击发时的前冲动量抵消部分火药燃气压力产生的向后冲量，从而大大减小作用于炮架上的力，使火炮的质量和体积减小，这种火炮称为前冲炮或软后坐火炮。复进击发原理应用于小口径自动炮时，在连发射击中，后坐部分的运动介于前位与最大行程之间，好像浮在炮架上运动，因此一般称为浮动原理。现代研制的小口径自动炮大多采用浮动原理。

（2）液体发射药火炮

传统火炮用的是固体发射药。固体发射药是一种具有固定形状、燃烧速度很快、均相化学物质，而液体发射药是一种没有固定形状、燃烧速度很快的化学物质。液体发射药火炮是使用液体发射药作为发射能源的火炮。平时可以将发射药与弹丸分开保存，发射过程分别装填。液体发射药火炮有外喷式、整装式和再生式三种形式。整装式液体发射药火炮，与常规药筒定装式固体发射药火炮类似，液体发射药装填在固定容积的药筒内，经点火后整体燃烧。整装式液体发射药火炮，结构简单，装填方便，但液体发射药整体燃烧的稳定性较差，内弹道重复性不好保证。外喷式液体发射药火炮，是依靠外力在发射时适时地将液体发射药喷射到燃烧室进行燃烧。对外喷式液体发射药火炮，外喷压力必须大于膛内压力。由于膛内压力很高，所以外喷压力很大，因此需要一个外部高压伺服机构来完成液体发射药的喷射。该外部高压伺服机构相当复杂，控制困难。再生式液体发射药火炮，在发射前，液体发射药被注入贮液室。点火具点火，点火药燃烧生成的高温高压气体进入燃烧室中，使得燃烧室内压力升高，推动再生喷射活塞并挤压贮液室中的液体发射药。由于差动活塞的压力放大作用，使得贮液室内液体压力大于燃烧室内气体压力，迫使贮液室中的液体发射药经再生喷射活塞喷孔喷入燃烧室，在燃烧室中迅速雾化，被点燃并不断燃烧，使燃烧室压力进一步上升，继续推动活塞并挤压贮液室中的液体发射药，使其不断喷入燃烧室，同时推动弹丸沿炮管高速运动，形成再生喷射循环，直到贮液室中的液体发射药喷完为止。可以通过控制液体发射药的流量来控制内弹道循环。液体发射药与传统固体发射药相比，装填密度大，内弹道曲线平滑，初速高，从而大幅度提高射程；而且液体发射药不需要装填和抽出药筒，使得火炮的射速也大大提高；再者，液体发射药贮存方便，存贮量大，能减少火药对炮管的烧蚀、延长炮管使用寿命、减小炮塔空间；此外，生产液体发射药的成本也比较低廉。

（3）电炮

电炮是使用电能代替或者辅助化学推进剂发射弹丸的发射装置。正在研制中的电炮有电热炮和电磁炮。电炮能够驱动弹丸以高速飞行，速度超过 1.8 km/s。由于电炮炮弹比常规有更高的速度，因此它具有足够的动能对要攻击的目标造成灾难性的破坏，能更有效地摧毁硬目标。

电热炮是全部或部分地利用电能加热工质，采用放电方法产生离子体来推进弹丸的发射装置。从工作方式上，电热炮可以分为两大类：用等离子体直接推进弹丸的，称为直热式电热炮或单热式电热炮；用电能产生的等离子体加热其他更多轻质工质成气体而推进弹丸的，称为间热式电热炮或复热式电热炮。从能源和工作机理方面考虑，直热式电热炮是全部利用电能来推进弹丸的，它们是一类纯电热炮；而绝大多数间热式电热炮，发射弹丸既使用电能，又使用化学能，称为电热化学炮。通常所说的电热化学炮，主要是指一种使用固体推进剂或液体推进剂的电热化学炮。除由高功率脉冲电源和闭合开关组成的电源系统和等离子体产生器外，很像常规火炮，只不过它的第二级推进剂可采用低相对分子质量的"燃料"，一般还是采用发射药，因此，与传统火炮有较大继承性。当闭合开关后，高功率脉冲电源把高电压加在等离子体产生器上，使之产生低相对原子质量、高温、高压的等离子体，并以高速度注入燃烧室,在其内等离子体与推进剂及其燃气相互作用,向推进剂提供外加的能量,使推进剂气体快速膨胀做功,推动弹丸沿炮管向前运动。

电磁炮是完全依靠电磁能发射弹丸的一类新型超高速发射装置,又称作电磁发射器。电磁炮是利用运动电荷或载流导体在磁场中受到的电磁力(通常称它为洛伦兹力)去加速弹丸的。根据工作原理的不同,电磁炮又分为导轨炮和线圈炮两种。导轨炮是由一对平行的导轨和夹在其间可移动的电枢(弹丸)以及开关和电源等组成的。开关接通后,当一股很大的电流从一根导轨经炮弹底部的电枢流向另一根导轨时,在两根导轨之间形成强磁场,磁场与流经电枢的电流相互作用,产生强大的电磁力(洛伦兹力),推动载流电枢(弹丸)从导轨之间发射出去,理论上初速可达 6 000 ~ 8 000 m/s。线圈炮主要由感应耦合的固定线圈和可动线圈以及储能器、开关等组成。许多个同口径同轴固定线圈相当于炮身,可动线圈相当于弹丸(实际上是弹丸上嵌有线圈)。当向炮管的第一个线圈输送强电流时形成磁场,弹丸上的线圈感应产生电流,固定线圈产生的磁场与可动线圈上的感应电流相互作用产生推力(洛伦兹力),推动可动弹丸线圈加速;当炮弹到达第二个线圈时,向第二个线圈供电,又推动炮弹前进,然后经第三个线圈、第四个线圈、……,逐级把炮弹加速到很高的速度。

3. 车载火炮

车载火炮,是指以装甲车辆为运输载体的火炮,简称车载炮,一般包括坦克、突击炮、自行压制火炮、车载压制火炮等装甲战斗车辆用中大口径火炮,以及自行高射炮、步兵战车、装甲运输车、侦察车、通信车、指挥车、巡逻车等装甲战斗车辆用小口径自动炮。

对装甲战车要求的多样性和目标的广泛性(既按对装甲战车危险程度又按目标保护级别)导致装甲战车必须装备不同性能的火炮。不同载体依据战术功能不同,所装备的车载火炮的配置也不同。坦克炮是坦克的主要武器;中大口径压制火炮是突击炮、自行压制火炮、车载压制火炮的主要武器;小口径自动炮是自行高射炮、步兵战车、装甲运输车、侦察车、通信车、指挥车、巡逻车等装甲战斗车辆的主要武器。

4.2.2　对车载火炮的要求

装甲战车的功能不同,对车载火炮的要求也不同。

1. 一般要求

①初速高。
②后坐力小。
③射弹散布小,密集度好。
④工作可靠,故障率低,寿命长。
⑤维修性好,易于排除故障。
⑥勤务性能好,易于安装,便于操作。
⑦对未来的威胁要有一定的能量储备。

2. 特殊要求

1)坦克炮

作为战场主要进行近距离战斗的坦克,其主要任务是对付敌方快速机动的各类装甲目标,因此其火力无疑是装甲车辆中很强的,主要是直接瞄准射击。坦克炮是坦克的主要武器,是坦克发挥火力、消灭和压制敌人的主要手段;具有在最短的时间内用最小的弹药击毁或压制各种目标的能力。自行突击炮，主要伴随坦克进行近距离战斗，火炮也是其主要武器。自行突击炮用火炮与坦克炮相当，一般可以通用。

坦克炮应能满足下列要求：
① 首发命中率高。
② 穿破甲能力强。
③ 膛压高，初速大。
④ 射速高。
⑤ 结构紧凑，尺寸短，体积小，便于布置。
⑥ 可在行进中进行射击。

2) 自行压制火炮

自行压制火炮的主要任务是远程火力支援和压制，歼灭敌有生力量，摧毁敌装甲目标、工事、建筑物等，更是以火力强著称，通常是间接瞄准射击。

自行压制火炮应能满足下列要求：
① 威力大，配备弹种多，打击不同目标。
② 射程远，间接瞄准射击，纵深打击。
③ 火力机动性强，压制范围广，射界大，初速变化大，变射程。
④ 射弹散布小，密集度好，远程精确打击。

3) 自行高射炮

用于机动作战的自行高炮具有独立作战能力和生存能力，在全天候的条件下有很高的作战效率。自行高炮的战斗任务概括地说是：为装甲战斗部队和战斗支援部队提供空中保护；攻击敌人的飞机；对敌人的地面装甲部队及其他部队的攻击进行自卫还击。

对自行高炮的特殊要求：
① 射速高，适应多管联装。
② 供弹、排壳、排链路线和方向符合系统总体的要求。
③ 首发开闩、装填机构要符合自动化要求。
④ 能满足电控制击发的要求，工作电压在 (26 ± 4) V 的条件下能正常工作。
⑤ 设置有必要的保险机构和联锁机构。

4) 战车炮

战车炮是装备与步兵战车、装甲运输车、侦察车、通信车、指挥车、巡逻车等装甲战斗车辆用小口径自动炮，以步兵战车用战车炮为代表。步兵战车是步兵进行机动作战的战斗车辆。步兵战车具有有效的火力、高度的机动性、一定的装甲防护。步兵战车主要作战任务是伴随坦克作战，以对付地面轻型装甲目标为主。

步兵战车对自动炮的特殊要求：
① 对地面装甲目标射击首发命中率高是首要的要求。
② 射弹散布小，密集度好，1 000 m 射弹散布小于 $1.0 \text{ mil} \times 1.0 \text{ mil}$。
③ 能双路供弹，既能供榴弹，又能供穿甲弹，弹种转换时间短。
④ 自动炮能实现变射频控制、点射长度控制。
⑤ 火炮伸进炮塔内尺寸短、体积小，便于布置。

4.2.3 车载火炮结构特点及其典型结构

1. 车载火炮结构特点

车载武器与其他武器相比，虽有共同点，但由于其在车辆上工作条件的特殊性，因而在结构上有其特殊点。尤其是装甲战车主要武器的火炮，其结构特点如下：

①弹丸初速大，膛压高，炮身要承受高膛压作用（有的可达 800 MPa）。
②后坐距离短，后坐力大，反后坐装置的结构紧凑。
③炮尾的活动半径小。
④身管较长，位置前置，要考虑起落部分的平衡。
⑤由于战斗室为封闭空间，身管上有炮膛抽气装置，抽出射后膛内剩余火药气体。
⑥装有防危板和自动闭锁器等装置，保证发射时的安全。
⑦设置有药筒处理装置（收集器或抛壳窗），处理射后药筒或未击发弹药。
⑧多数火炮还装有自动装弹机，并可自动选择多弹种，实现装填自动化。
⑨火炮发射延迟时间要短。
⑩火炮具有环形射界，采用稳定装置，实现高低和方向双向稳定。
⑪由于身管较长，采用身管热护套，以消除身管因温差引起的弯曲。
⑫采用操纵方便和准确的火控系统。
⑬采用昼夜观察瞄准仪器。
⑭火炮前方有坚强的装甲防护。
⑮零件的强度应考虑能承受发射及运动时所引起的惯性和动载负荷。

2. 车载炮典型结构

坦克炮如图 4.1 所示，主要由炮身、热护套、炮闩、摇架、反后坐装置、高低机等部分组成。

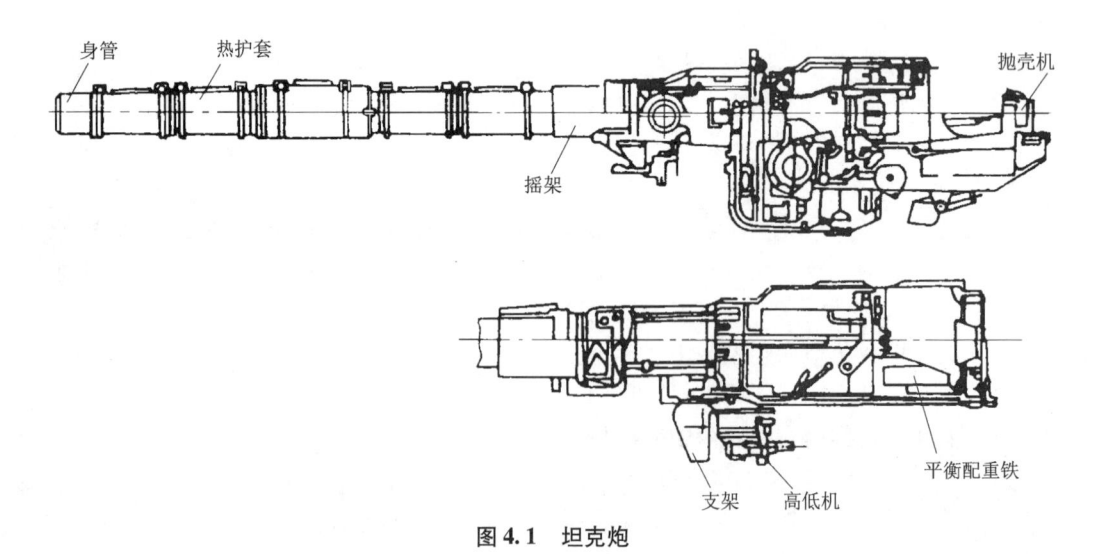

图 4.1 坦克炮

1）炮身

炮身的功用是，在火药气体的作用下，赋予弹丸一定的运动速度和飞行方向。

炮身结构如图 4.2 所示，由身管、炮尾、抽气装置和连接筒等组成。

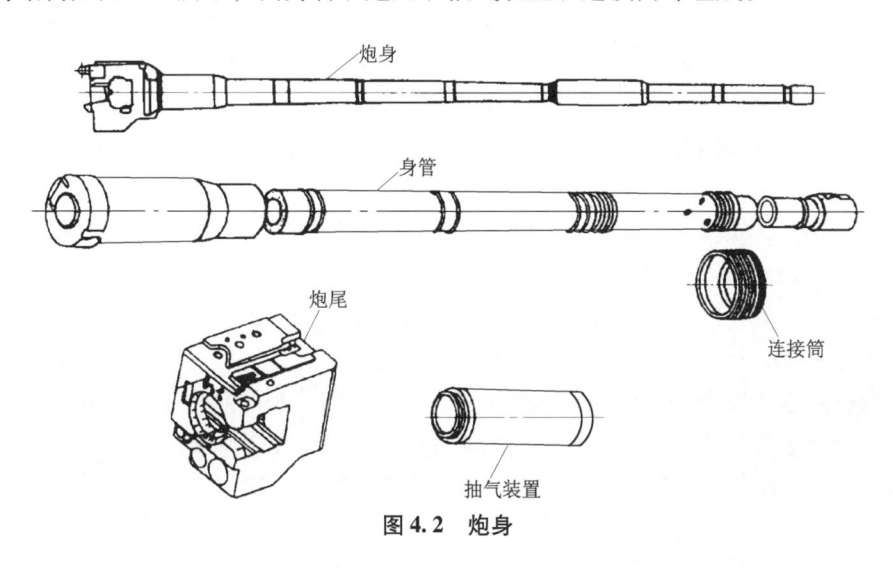

图 4.2 炮身

(1) 身管

身管是炮身的基本零件，在发射时直接承受高压火药气体的作用，并赋予弹丸一定的初速和方向。身管结构分为内部结构和外部结构。身管的内部空间及其内壁结构称为炮膛（也称内膛），其结构形式和尺寸由内弹道设计确定，取决于炮弹结构及装填方式。炮膛一般由圆柱形或圆柱与圆锥形的组合而成，分为药室、坡膛和导向部（直膛）三部分。药室用于装填炮弹，导向部用于赋予弹丸速度和方向，坡膛是药室与导向部的连接部。身管的外部结构由强度计算确定，同时还要考虑刚度、散热、连接方式。身管的外部结构一般由圆柱与圆锥形的组合而成。身管后部的圆柱部分装在摇架内，射击时这部分可以沿着摇架内青铜衬瓦滑动。在装入炮尾内的身管后端凸缘、炮尾和连接筒三者之间安装的平键用于防止身管前后移动和左右转动，该键用螺钉固定，以防它从键槽中脱出。身管前端面（即炮口）上刻制的十字线用于校正瞄准零线时使用。

按炮膛的结构，身管可以分为滑膛和线膛等。滑膛身管的炮膛由光滑的圆柱面和圆锥面组成。滑膛炮发射的弹丸是借助其尾翼来稳定其空中的飞行姿态。由于滑膛炮具有结构性能好且使用寿命，射击精度高，可提高动能弹威力，生产工艺简单等特点，目前坦克炮、迫击炮、无后坐炮和反坦克炮广泛采用滑膛结构。线膛炮身管内有膛线（身管内壁刻有螺旋槽），能使弹丸产生高速旋转运动，以保证弹丸的飞行稳定性。它的炮膛一般由药室、坡膛和线膛三个部分组成。身管炮膛的结构还可以是半滑膛身管、锥膛身管、异形膛身管、组合式变口径身管、带辅助装药身管、多药室身管等。

根据身管结构不同，身管可分为普通单筒身管、可分解身管（活动身管）、紧固身管（增强身管）。普通单筒身管由一个毛胚制成，其结构简单、制造方便、成本较低，因而得到了广泛的应用。普通单筒身管发射时，内层产生的应力很大，而外层的应力很小，也就是说，外层材料没有得到充分利用。随着火炮初速、膛压、射速的提高，炮膛的烧蚀、磨损问题变得日益严重。烧蚀、磨损造成火炮膛压、初速和射击密集度的下降，最终使火炮寿命终止。这个问题在大口径、高初速的加农炮和小口径自动炮中非常突出。解决这个问题的一个方法是，把身管做成内、外两层，在内层寿命结束后，可换上一个新的内管使火炮恢复原有的战斗性能，称为可分解身管。可分解身管可以综合为以下四种类型：活动身管（被筒局部覆盖）、活动衬管（被筒全长覆盖）、短衬管（局部衬管）和带被筒的单筒身管（被筒不承力）。根据力学分析，外压可以使单筒身管的内外壁应力分布均匀，相当于提高身管强度。增强身管，又称紧固身管，是指为提高身管的强度，在制造过程中，采用某种工艺措施，使身管得到一定外压，从而身管内壁产生受压、外壁产生受拉的有利预应力；发射时，由于预应力的存在，使身管内层的最大应力降低，外层的应力则提高，身管的内外壁应力的分布趋于均匀一致，因而改善发射时管壁的应力分布，可以在同样壁厚、同样材料的条件下，使身管能承受更大的内压，提高身管承载能力和身管寿命。由于产生预应力的方法不同，增强身管又分为丝紧身管、筒紧身管、自紧身管、复合材料身管等。丝紧身管又称缠丝身管，是指在身管的外表面缠绕多层具有一定拉应力的钢丝或钢带的身管。由于合金钢质量不断提高，而丝紧身管加工又比较复杂，所以目前制式火炮中很少采用这种结构。筒紧身管由两层或多层同心圆筒过盈地套在一起。筒紧身管的层数与火炮口径、膛压、材料、质量大小等因素有关。层数越多，各筒壁间的应力分布越均匀，最内层的合成应力越小，但制造越困难。20世纪初，炮钢强度较低，为提高火炮威力，西方国家多采用筒紧技术，口径从小到大，层数有2~6层。随着合金钢质量不断提高，而筒紧身管加工又比较复杂，所以目前制式火炮中很少采用这种结构，但有时为了提高炮身的某些特殊性能，也采用筒紧结构。自紧身管又称自增强身管，这种身管结构同单筒身管完全一样，但在制造时对其膛内施以高压，使身管由内到外局部或全部产生塑性变形。在高压去掉以后，由于各层塑性变形不同，造成外层对相邻内层产生压应力，即内层受压、外层受拉，就像多层筒紧身管一样，在内壁产生与发射时符号相反的预应力，因此，发射时身管壁内应力趋于均匀一致，提高了身管强度。由于此种身管结构简单，加之自紧工艺不断改进，目前在国内外一些新设计的火炮中得到了较广泛应用。复合材料身管，采用新型复合材料替代传统合金钢材料的身管，在保证刚强度前提下，可以减小身管质量，但储存寿命有待考验。

坦克炮身管，一般采用高强度钢、电渣重熔真空冶炼、自紧工艺处理、内膛表面镀铬方法制造。发射寿命大于500发。

（2）抽气装置

抽气装置位于身管中前部。一般采用引射式抽气装置，由身管单排上多个前倾式喷气孔、钢制储气筒和固定零件等组成。其作用是抽出火炮发射时残留在身管内的部分火药气体，降低火炮开闩时进入车内的火药气体，以减少有害气体对乘员的危害和避免炮尾焰的产生；同时，迅速扩散炮口前火药气体，以免影响乘员对战场的观察。抽气装置工作原理如图4.3所示，当火炮发射的弹丸经过喷气孔时，部分高压火药气体经斜孔进入储气筒，使储气筒内气压升高；当弹丸飞出炮口后，炮膛内压力急速下降，这时储气筒内高压火药气便由多个喷孔向外冲出，并在喷孔出口的后

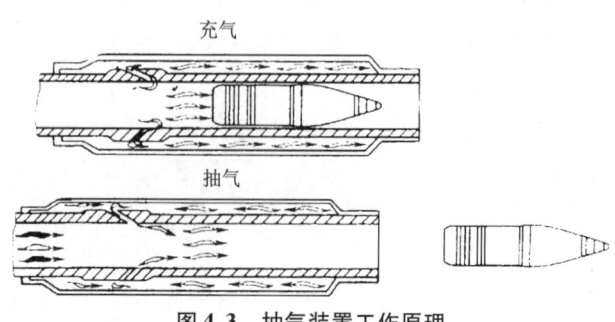

图4.3 抽气装置工作原理

方形成低压区，从而将炮膛内残存的部分发射气体引射出炮膛外。

(3) 炮尾

炮尾用于安装炮闩各零件、固定半自动装置、连接身管和反后坐装置的制退杆和复进杆及冲爪、吊杆座等。炮尾上的闩体室供闩体开、关闩时左右移动。吊杆座用于行军时使用吊杆和插销来固定火炮。焊在炮尾下右前角的冲爪用于推动后坐指示器游标来指示火炮的后坐距离。检查座用于校正水准器时，放置水准仪。此外，炮尾上还有安装制退机杆、复进机杆的两个孔及射击时防止炮身转动的导向板槽等。

在身管装入炮尾后，用连接筒的外螺纹拧入炮尾而将身管轴向固定。同时，使用驻板卡在螺纹末端齿槽内防止射击时炮身转动。

2) 热护套

热护套是套在身管外部的热防护装置。其功用是减小发射弹丸时，由于阳光照射、雨雪、风吹等外界影响因素，在身管上产生的热量分布不均匀所引起的身管弯曲变形，提高火炮射击时的命中率。20世纪60年代英国、法国坦克首先采用热护套。火炮身管外安装热护套后，火炮的弹着点散布值可降至无热护套时的39%。

热护套构造结构如图4.4所示。热护套内由有非金属隔热层的双层铝板、卡紧槽、钢带、螺栓等组成。防护效率约为60%。早期的一种维克斯刚性隔热护套采用的是在两层金属之间加装石棉、玻璃纤维等隔热材料的结构。国外常用塑料或者金属绝缘材料制造热护套。俄罗斯T-95主战坦克采用的是多层轻质合金气隙式隔热护套。

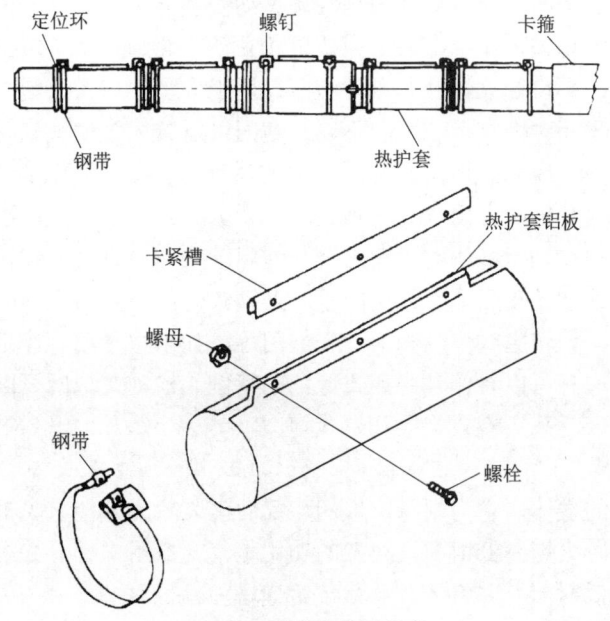

图4.4 热护套构造结构

3) 炮闩

炮闩是承受火药燃气压力，发射时用于闭锁炮膛、击发底火，发射后具有开锁、开闩、抽出药筒等功能的机构总和。炮闩主要用于发射时闭锁炮膛、击发炮弹底火和发射后抽出药筒。

炮闩一般由闭锁装置、击发装置、发射装置、保险装置、复拨器、自动开关闩装置、抽筒装置和装弹盘总成等部分组成。

闭锁装置用于发射时闭锁炮膛，由闩体、开闩柄、曲臂轴、曲臂和闩体挡杆组成。

击发装置用于击发炮弹药筒的底火，由击针、击针弹簧、击针盖、拨动子、拨动子轴、驻栓、杠杆、顶铁、炮尾触点等组成。同时，还装有电动、手动发射的转换闭锁装置。

发射装置是控制击发装置用于实施发射的装置。由电发射和机械发射两套机构组成，其中电发射时，由电磁铁击发装置工作，当无电时，可以采用手动控制击发装置工作。

保险装置用于防止闩体未关闩到位的过早击发或击针自行击发。它由保险机驻栓、驻栓弹簧和保险筒、保险杠杆、杠杆轴、杠杆弹簧、弹簧筒等组成。

复拨器用于在击发不发火时，不打开炮闩而将击针拨回待击发状态。由复拨器、复拨器轴、拨动子等组成。

自动开关闩装置，借助装在摇架上卡锁的作用，实现装弹后自动关闩和发射后自动开闩。由冲杆、传动头、传动块、套筒弹簧、关闩压筒、关闩卡板等组成。

抽筒装置用于发射后将药筒抽出，并使闩体呈开闩状态。由各两个抽筒子、抽筒子轴、抽筒子压簧、挂臂和放闩装置等组成。

装弹盘总成用于防止装弹时炮弹和主药筒从闩体凹槽上滑下或者撞击身管端面及下筒子爪。

按操作自动化程度，炮闩可以分为自动炮闩、半自动炮闩、非自动炮闩。自动炮闩是各相关动作能自动完成的炮闩。半自动炮闩是各相关动作部分能自动完成，部分由人工完成的炮闩。非自动炮闩是各相关动作都由人工完成的炮闩。一般地，自动炮闩用于小口径火炮；半自动炮闩多用于中、小口径火炮；非自动炮闩曾用于大、中口径火炮，现应用较少。

按开关闩时，炮闩相对炮身运动方向不同，炮闩可以分为纵动式炮闩、横动式炮闩、起落式炮闩和摆动式炮闩。纵动式炮闩，是指炮闩的运动方向沿炮膛轴线方向。横动式炮闩，是指炮闩运动方向与炮膛轴线方向垂直（或近似垂直）。横动式炮闩又分为横楔式炮闩和立楔式炮闩。起落式炮闩，是指炮闩的运动是绕与炮膛轴线方向垂直的轴转动，一般是绕与炮膛轴线方向垂直的水平轴转动，如螺式炮闩等。摆动式炮闩，是指炮闩的运动是绕与炮膛轴线方向平行的轴转动，如转膛式炮闩和卡口式炮闩等。如果将平动看作是转轴在无限远的转动的特例，则纵动式炮闩可以看作是起落式炮闩的特例，横动式炮闩可以看作是摆动式炮闩的特例。在地面炮中广泛采用楔式炮闩和螺式炮闩。

4）摇架

摇架是起落部分的主体。它与炮身、炮闩、反后坐装置和其他有关机构共同组成起落部分，绕耳轴回转，赋予火炮高低射向。摇架的功用是：支撑后坐部分并约束其后坐及复进运动方向，赋予火炮高低射向，并将涉及载荷传给炮塔。

摇架一般为筒形铸钢件，结构如图4.5所示。其左侧焊有瞄准镜支架，并固定有与高低机齿轮相啮合的齿弧。该齿弧下方另有一齿弧与装填角引导装置齿轮啮合。摇架下一突起部上的两孔，用于固定制退杆和复进杆。突起上焊接的支架，用于安装稳定器、动力油缸和活塞杆，摇架右侧焊有并列机枪支架。摇架上部纵槽内安装的防转键，用于防止炮身运动时可能发生的旋转。摇架前部两侧的耳轴室，在插入装有滚针轴承的耳轴后，再用螺栓固定在火炮支架上。此外，摇架上还有固定防盾和防危板的座孔等。

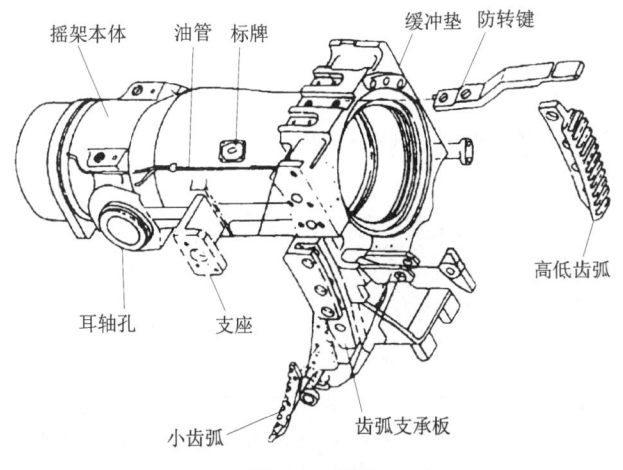

图 4.5 摇架

摇架的结构形式很多，常见的火炮摇架有三种类型，即槽形摇架、筒形摇架和组合型摇架。槽形摇架的本体呈长槽形。其上有两条平行的长导轨，炮身通过前后托箍的滑板槽（或炮尾上的卡槽）在它上边滑动。筒形摇架的本体是一个封闭的圆筒，筒内装有铜衬瓦，炮身上的圆柱面与铜衬瓦配合，做滑行运动。组合型摇架是筒形和槽形的混合结构，其组合形式较多，如由前后托箍将复进机筒和槽形框连接构成摇架，由前后托箍将复进机筒和制退机筒连接构成摇架，由制退复进机筒作为摇架前部而短槽形框体作为摇架后部构成摇架。一般来说，对于射速较低的火炮，采用筒形摇架优点较多。筒形摇架刚度好，导向部加工方便，长度尺寸较短，可采用不对称布置，便于降低火线高。由于筒形摇架密致性较好，外部呈圆形，便于与炮塔配合，故在坦克炮、自行火炮中广泛采用。高射炮射速高，应考虑采用散热较好的槽形摇架，为使结构紧凑，也可采用组合型摇架。

根据制造工艺不同，摇架又有铸造摇架、冲压铆接摇架和冲压焊接摇架。

5）反后坐装置

反后坐装置，是将炮身与摇架弹性连接起来，使得炮身可以相对摇架沿炮身轴线方向运动，用于在射击时贮存和消耗后坐能量，控制炮身后坐，并使炮身恢复原位的火炮重要部件。反后坐装置的功能：控制火炮后坐部分按预定的受力和运动规律后坐，以保证射击时火炮的稳定性和静止性，此功能由后坐制动器实现；在后坐过程中储存部分后坐能量，用于后坐终了时将后坐部分推回到待发位；控制火炮后坐部分按预定的受力和运动规律复进，以保证火炮复进时的稳定性和静止性。

反后坐装置一般由制退机和复进机组成。通常可以分为独立式反后坐装置和非独立式反后坐装置两大类。独立式反后坐装置，将后坐制动器和复进节制器组成一个部件，称为制退机。将制退机和复进机独立布置，两者之间无液体流动，制退杆（或筒）和复进杆（或筒）各自与后坐部分（或摇架）连接。大多数火炮采用这种形式的反后坐装置。非独立式反后坐装置，将后坐制动器和复进机有机地组成一个部件，两者之间有液体流动，只有制退杆（或筒）与后坐部分（或摇架）连接。这种反后坐装置称为制退复进机，也称为有机联合式反后坐装置。按制退液的压缩性质，反后坐装置可以分为不可压缩液体反后坐装置和可压缩液体反后坐装置两大类。不可压缩液体反后坐装置，是指忽略液体的压缩性而设计出的反后坐装置。液体只用来消耗后坐能量，不能储存能量；复进动力由其他介质提供。可压缩液体反后坐装置，是指采用可压缩液体作为反后坐装置的工作介质，其可压缩性达到普通制退液的3~5倍。可压缩液体不但用来消耗后坐能量，也用来储存部分后坐能量，为复进提供动力。实际上使用的基本都是不可压缩液体反后坐装置。

（1）复进机

复进机实际上是一个弹性储能装置。按储能介质不同，复进机分为弹簧式、气压式、火药气体式、液体式（可压缩液体）。气压式又分为气体式和液体气压式。以弹簧式和液体气压式应用最多。弹簧式多见于中小口径的自动炮，液体气压式常用于中大口径各种火炮。

液体气压式复进机的结构如图4.6所示，由外筒、内筒、复进杆和密封装置等组成。它可使火炮后坐部分在火炮任何仰角位置上都能保持在安装位置上。外筒固定在摇架连接座的左侧，机内充有一定压力的氮气。内筒中装有制退液，用于密封气体和传递力。前后端均拧在焊在外筒的前、后盖上，内筒上还加工有过液孔。复进杆前端有活塞，后端固定在炮尾上。火炮后坐时，复进杆随炮身向后运动，内筒液体经通液孔流入外筒并压缩外筒内氮气，使其压力升高而储备了复进能量。后坐终止时，外筒气体膨胀又将外筒中液体经通液孔压回内筒。同时，推动活塞向前，使复进筒带动火炮后坐部分回到最前端的安装位置。

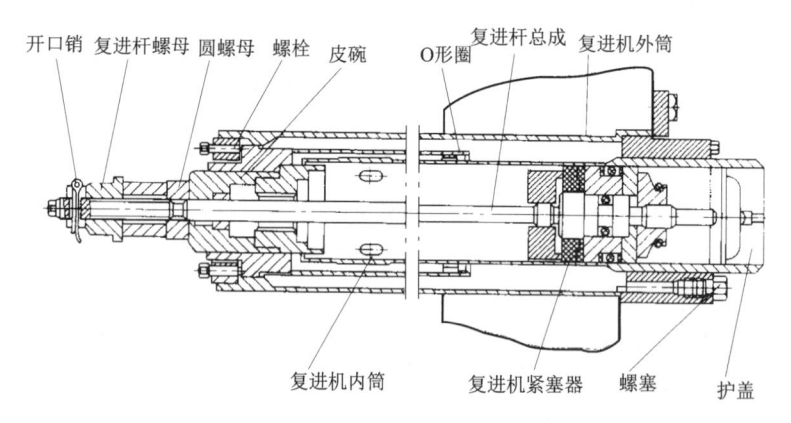

图4.6 复进机

（2）制退机

火炮制退机的结构形式很多，通常以流液孔形成方式分为活门式、沟槽式、节制杆式等。活门式，用液压和弹簧抗力来控制活门的开度，以形成所要求的流液孔。沟槽式，外径一定的活塞与在制退筒上沿长度方向变深度的沟槽配合，相对运动时，形成变化的流液孔面积。节制杆式，采用定直径环（称节制环）与变截面的杆（称节制杆）配合，相对运动时，形成变化的流液孔面积。节制杆式制退机具有结构简单、缓冲性能易于控制等优点，因此广泛应用于现代的火炮上。由于采用的复进节制器不同，节制杆式制退机又有常用的四种结构形式：带沟槽式复进节制器的节制杆式制退机、带针式复进节制器的节制杆式制退机、混合式节制杆式制退机和变后坐长度的节制杆式制退机。

带沟槽式复进节制器的节制杆式制退机的结构如图4.7所示，制退机由制退机筒、制退杆、节制杆、紧塞器及调节装置等组成。制退机筒固定在摇架右侧，其前端装有调节器，后端装有紧塞器，机内装制退液。制退杆为一空心杆，前端是有多个斜孔的活塞，活塞内经螺纹装有节制环，后端用螺母固定在炮尾上，杆内壁加工有多条导液沟槽。节制杆装在制退杆内，是一个变直径的金属杆，前端固定在制退筒端盖上，后端装有多个斜孔的调速筒，筒后部还装有比制退杆内径略小、能前后移动的活瓣。火炮后坐时，制退杆随炮身向后移动。筒内大部分液体经活塞斜孔、节制孔流到制退筒前部，小部分液体经节制杆和制退杆间隙、调速筒斜孔、活瓣、充满制退杆后腔。后坐动能绝大部分消耗在液体流经间隙所产生的阻力上。变直径的节制杆主要用于调节后坐过程中的过流阻力大小。复进时，制退杆随炮身向前运动，制退杆后腔液体只能经制退杆上导液坡槽流回前腔，因此产生阻力，减缓了复进速度，使炮尾不至以高速撞击摇架。

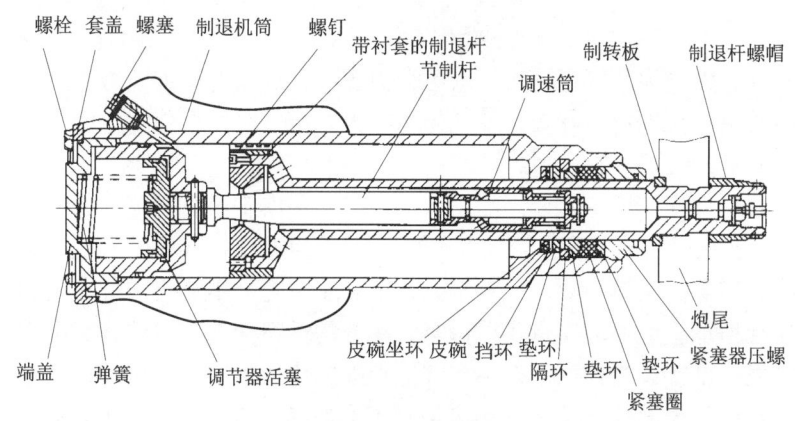

图 4.7　制退机

6）高低机

高低机是操纵起落部分绕耳轴旋转赋予炮膛轴线的高低射角的机构。高低机的功用是赋予火炮和并列机枪给定范围内的高低射角。

高低机一般被固定在火炮左支架上。它由减速装置、保险离合器、解脱装置等部分组成。减速装置由转轮、蜗杆、蜗杆轴、蜗轮、高低齿轮轴及高低齿弧等组成。蜗杆用键固定在蜗杆轴上。蜗轮通过保险离合器与高低齿轮轴连接在一起。高低齿轮与固定在摇架上的高低齿弧相啮合。保险离合器由离合器、中间离合器、齿端离合器、碟形弹簧、压紧套筒和螺帽组成。在火炮解脱固定状态，由于坦克运动而使火炮剧烈震动时，冲击力矩经高低齿弧传到高低齿轮轴上。当该力矩值超过保险离合器安装力矩时，离合器、中间离合器与高低齿轮轴之间将产生相对滑动，以达到保护机件的目的。解脱装置由偏心衬筒和转换开关握把组成。在手动瞄准转换为用稳定器瞄准时，使蜗杆和蜗轮分离。偏心套筒的偏心孔内装有蜗杆和蜗轮轴，后端装有转换开关握把。当手控瞄准时，转换开关握把在斜下方位置，转动转轮，动力经蜗杆、蜗轮、保险离合器传到高低齿轮轴、高低齿弧，使火炮绕耳轴俯仰；当使用火控瞄准时，转换开关握把在水平位置。偏心套筒使蜗杆、蜗轮分离。

此外，坦克炮还包括高低水准器、保护乘员的防危板及其上面安装的关闭装置、后坐指示器等。

4.2.4 车载火炮的选型

不同战斗车辆的武器随作战目的的不同而不同。对于装甲车辆这种具有多用途的战斗车辆来说，只有选好武器才能很好地发挥作用，尤其是主要武器——火炮的选择尤其重要。

1. 口径的选择

火炮口径是指火炮身管内膛阳线直径。火炮口径有很多，我国常用车载火炮的口径有 20 mm、25 mm、30 mm、35 mm、82 mm、100 mm、105 mm、120 mm、122 mm、125 mm、152 mm、155 mm 等。

影响火炮口径选择的因素有很多，主要有射程、弹丸威力、整炮质量、炮弹质量、可以容纳引信的空间等。一般来说，火炮口径越大，弹丸质量越大，存速越好，射程也就更远；火炮口径越大，弹丸质量越大，动能越大，弹丸体积越大，装填的炸药越多，威力也就越大；火炮口径越大大，炮膛面积越大，炮膛合力越大，后坐力越大，炮架乃至全炮质量也就越大，机动性越差；火炮口径越大，弹丸体积越大，可以容纳引信的空间越大，越有可能安装现代复杂、先进的引信。

对付敌方装甲目标的坦克炮口径的发展，是与装甲厚度矛盾竞赛的反映。坦克炮口径的发展基本上以平均每年 1 mm 的速度加大，现已达到 140~145 mm 的水平。但主战坦克火炮口径的发展受到很多因素的制约。坦克车体宽度和座圈直径不能再加大，限制采用更大口径的火炮。随口径增加，炮弹的质量将以口径 3 次方的关系增加，弹药基数则相应减少。而坦克战斗全质量发展已接近物理极限，不允许炮和弹的质量再增加，也难以允许发射时后坐力的增加。在一定炮身长度的条件下，小口径时穿甲弹威力与弹径成正比关系。试验证明，弹径超过 100 mm 后，穿甲威力与弹径已不是线性关系而约 1/3 次方的关系，因此，一味加大口径可能得不偿失。由于提高穿甲威力的途径和方法很多，以 120~125 mm 口径为基础的火炮和穿甲弹仍有改进潜力，特别是在弹的发展上更是如此。

火炮口径的确定方法：一般是根据战术上对穿、破甲威力要求和当前的技术发展水平，首先确定火炮的口径或弹径。

2. 移植其他炮种或专用车载火炮的选择

20 世纪 50 年代以前，许多车载火炮是直接选择其他传统火炮，如地炮、高炮、舰炮等，在后坐长度和自重平衡等方面进行一些改变而移植于装甲车辆上。其优点是技术成熟、生产方便、通用性强。但是，这样往往会限制车载火炮的许多特性的发展，也跟不上现代战争对装甲车辆的需要，因此就出现放弃选择常规火炮来改造设计车载火炮的做法。而按车载火炮的特殊性来设计专用的车载火炮，可以充分发挥车载火炮和装甲车辆的特点，取得极大战场效果。但是，由于新技术、新结构的采用，带来技术风险高、研制周期长、研制费用高等问题。车载火炮类型的选择是车载火炮的基础，决定了整个车载武器系统，乃至整个装甲战斗车辆的研制过程和性能。因此，车载火炮类型的选择应综合考虑各种因素，以最小代价取得最佳效果。

车载火炮类型选择原则：

（1）需求优先原则

现代战争上，各种装甲战斗车辆承担不同战斗任务，起到不同战斗作用。不同类型火炮选择，首先要以装甲车辆完成主要战斗任务为前提。在能满足战场性能要求的前提下，尽可能选择其他传统火炮作为基型,根据装甲车辆特点进行改造。只有在传统火炮不能很好完成作战需求时,才根据装甲车辆特殊性来设计专用的车载火炮。坦克和突击炮的主要任务是近距离对付敌方装甲目标。坦克炮的追求目标不是面杀伤、爆破威力,而是有限距离内的点目标和穿甲威力,不以爆破弹为主要弹种,以长杆式超速脱壳穿甲弹和破甲弹为主要弹种,要求准和快,强调立靶密集度和直射距离、弹丸出炮口瞬间的动态弹道正确、系统反应时间快等。坦克炮的膛压较其他火炮的膛压高,弹丸的初速高,穿甲能力强。坦克炮具有坚强的装甲防护,火炮尾部被包容在炮塔之内,为使火炮高低俯仰运动,在炮塔前端开口,为保证火炮的正面防护力,安装有火炮防盾。炮塔内部空间狭窄、紧凑,火炮以及其控制方案选型应服从其尺寸位置的需要。后坐力大,后坐距离小,由于战斗室容积的限制,坦克火炮的后坐长度比一般地面火炮短,后坐力是一般火炮的 2~3 倍。因此,坦克和突击炮的设计中,应按其特殊性来设计专用的坦克炮和突击火炮。新的复合装甲出现后,推动了其他火炮的发展,现在很多国家都在研究新的坦克炮,如大口径高膛压坦克炮、液体发射药火炮、电磁炮和电热炮等。又如,步兵战车主要任务是掩护步兵作战,对付轻型装甲目标和有生力量,要求能对付不同类型目标,可通过变弹种实现,但要求射速适中,甚至变射速。步兵战车上安装的战车炮虽然也是自动炮,但是与高射炮的要求不同。高射炮主要对付快速机动小目标,主要要求射速高,形成密集火力网。

(2) 先进性原则

研制的车载火炮主要性能必须优于同类产品。武器研制具有一定周期,研制新型车载火炮必须预测未来发展,达到或超过世界先进水平。鼓励自主创新,研制具有自主知识产权,填补空白车载火炮。

(3) 可行性原则

车载火炮类型选择,应有利于战术技术指标的实现,以技术上的可行性为依据。紧密结合当前技术发展实际水平,详细分析满足战术基本要求的火炮技术途径和技术可行性方案之后来确定车载火炮类型。有可能会出现战术上尽管需要,但是目前在技术上还达不到,这就需要在调整和解决战术需要与技术可行性的矛盾中寻找出既能够满足主要使用要求,又能够在技术上可以实现的方案。

火炮类型的确定方法:在确定火炮的口径或弹径的基础上,估计火炮的质量和机动方式,然后再根据战术提出的机动和防护性要求,综合考虑后才能确定火炮的种类。

3. 身管长的选择

一般来说,火炮身管越长,膛内高压气体对弹丸的作用时间越长,弹丸的初速越大,射程也越远。因此,增加身管长度成为提高炮口动能的最常用方法,同时也为弹药系统的优化设计提供良好的发展空间。火炮身管长度相对口径来说比单纯谈身管长度更有意义,一般身管长用口径的倍数来表示,称为身管比。

身管长的选择主要看火炮的用途。加农炮,初速大,弹道低伸,射程远,一般要求身管比大,在 40 以上,适用于直接瞄准射击坦克、步兵战车、装甲车辆等地面上的活动目标,也可以对海上目标射击。坦克炮、反坦克炮、高射炮等也属于加农炮类型。榴弹炮初速小,弹道比较弯曲,射程短,一般要求身管比不大,在 24~40 之间,可进行低界射和高射界射击,适用于间接瞄准射击隐蔽目标或大面积目标。迫击炮要求弹道更加弯曲,一般身管比较小,在 24 以下。现代主战坦克的坦克炮身管较长,一般身管长为口径的 50 倍以上,有的甚至达到 70 倍，例如，英国"酋长"主战坦克所使用的 120 mm 线膛炮，身管长为 60 倍口径。现代自行压制火炮，往往兼有加农炮和榴弹炮功能（简称加榴炮），一般身管比在 39 ~ 55 之间。目前世界各国发展的自行榴弹炮（西方现在许多自行"榴弹炮"其实是加榴炮），大多数都采用了 155 mm 口径 39、45 或 52 倍口径的身管。

但是炮管过长会引起转动惯量的增加，导致转动速度下降，即瞄准速度下降。炮管过长也会使身管更易于弯曲，并增大发射时的横向振动，使弹丸散布增大，引起瞄准精度的降低。对陆战火炮而言，身管长度过大也会导致火炮体积和战斗全重增加，影响通过性，不利于火炮机动性能的发挥。身管长度还受到材料和加工工艺水平等因素的限制。

如何使增大身管长度时，在提高威力和保持精度两方面保持平衡，始终是一个比较难解决的问题。在坦克炮、反坦克炮等对直瞄射击精度要求高的武器上，一般采取的方法是在身管外增加热护套、在炮口安装炮口基准系统。

4. 线膛炮或滑膛炮的选择

20 世纪 60 年代，俄罗斯在 T-62 坦克上首次使用 115 mm 口径的滑膛炮。十几年后，俄罗斯又发展了 125 mm 滑膛炮。德国、美国、法国及日本等国家在其 20 世纪 80 年代的坦克上也都采用了 120 mm 滑膛炮。现在只有英国仍采用 120 mm 线膛炮。

线膛炮的弹带直径略大于管径，膛压较高，迫使弹丸沿膛线旋转前进。滑膛炮的膛压曲线较平滑，最大膛压较低，可减薄炮管壁厚，从而减小火炮的质量。

滑膛炮发射的弹丸在炮膛内不旋转或微旋，因此滑膛炮主要发射尾翼稳定弹丸。特别适宜发射破甲弹，由于弹丸不靠膛线产生弹丸旋转而稳定，因而无离心力，不会引起破甲弹的射流因高速旋转而偏散，大幅度提高破甲能力。发射长径比较大的尾翼稳定的长杆式超速脱壳穿甲弹，可以大幅度提高弹丸的初速，提高穿甲能力。滑膛炮弹芯不旋转而用尾翼稳定来保证命中精度，其长径比可由 4 ~ 5 提高到 10 ~ 20。当弹芯直径为口径的 1/4 左右时，弹芯面积约为火炮口径截面积的 1/16，相对全口径弹来说，质量大大减小了，弹丸在膛内加速快，初速可达到 1 400 ~ 1 800 m/s。弹丸在飞行中脱壳以后的空气阻力小，速度降低小，命中精度高，穿甲能力也大大提高了。

滑膛炮的管壁较厚，且无膛线，吸热面积较线膛炮约小 30%，燃烧气体造成的热应力低，不存在膛线烧蚀问题，膛内阻力小，也没有膛线根部的应力集中问题，磨损小，使用寿命较长。滑膛炮发射的弹丸弹带，减轻弹重，提高相对有效质量。滑膛炮制造工艺简化，生产成本降低。但是滑膛炮只能发射尾翼稳定弹，而且射击距离远时，由于弹丸尾翼受外界因素的影响，射击精度较低。对滑膛炮发射的炮弹制造要求较高，炮弹的成本就较高些，而且通用的弹种少。

线膛炮为了弥补不能发射尾翼稳定弹的不足，发展了一种能相对于弹旋转的滑动弹带，发射时弹带高速旋转，而弹本身只低速旋转。这样不仅可以按常规线膛炮形式发射旋转稳定的多种弹，还可以像滑膛炮一样发射尾翼稳定弹。

5. 弹药装填方式选择

车载火炮的弹药装填方式主要分人工装填、半自动装填和自动装填 3 种。对小口径战车炮和高射炮，要求连发射击，都采用自动装填方式。而中大口径的坦克炮、突击炮、自行压制火炮，20 世纪 50 年代以前基本上采用人工装填弹药，有时辅以机械装填，射速很低。进入 20 世纪 60 年代，采用了功能较为单一的自动输弹机，弹丸的装填实现了半自动化。20

世纪 70 年代后期,弹药装填大都实现了半自动化。20 世纪 80 年代后,采用自动供输弹系统等先进技术,实现了弹药的全自动装填。自动供输弹系统是集机械、自动控制、电液气、传动、传感检测、计算机管理等于一体的智能化的弹药装填机器人系统,要求具有弹种识别、自动或遥控装定引信、弹药数字化管理和车外弹药补给功能,随着高技术的应用和火炮操瞄及射击指挥自动化程度的提高,供输弹系统将向机电控制的全自动化方向发展。

中大口径车载火炮使用自动装填机,可以装填大口径弹药;可提高和保持发射速度;自动装填比人工装填更可靠持久;取消装填手,减少乘员数,提高乘员的作战效率;可有效地降低车高,缩小坦克外廓尺寸,减小了装甲包容的体积,减轻车重和有利防护;便于实现隔舱化,提高坦克生存能力等。它产生的不利影响:一是自动装弹机使用可靠性不稳定;二是明显增加了乘员的维修保养时间。

坦克炮与突击炮多使用定装式炮弹,自动装填的关键是弹种选择问题,需要自动记忆与挑选储存的弹种(可多达 6 种)。自行榴弹炮的弹药采用分装式结构。装药有药包、药筒和模块等 3 种形式,药筒有可燃、半可燃、不可燃等 3 种,药筒材料有铜、钢和非金属等 3 种。主用的装药是变装药的,弹丸质量大,因而其射击循环过程与中、小口径火炮和自动武器不完全相同,基本过程为:击发—后坐—复进—开闩—(抽底火壳)—抽药筒—供弹—输弹—供药—输药—关闩—(装填底火)—击发。上述过程中,某些动作可以同时进行,所需时间可部分或全部重叠,需要在设计时进行周密安排和精确计算,括号内的某些动作过程则视炮种和弹药结构的类型不同而增减(如可燃药筒炮弹无抽药筒动作)。供弹、供药也是一个由若干动作组成的过程:供弹过程包括选取弹种,装定引信,供弹至输弹位置,输弹;供药过程包括选取装药,组配,供药至输药位置,输药。供输弹技术就是要在有限空间和时间的约束下,准确、可靠地完成供输弹药。供输弹过程实质上就是在系统总体约束下的多个构件在不同时空,按照射击循环要求在规定的时间内完成各种规定动作的过程。

设计供输弹系统要考虑以下因素:分装式弹药的质量及结构、引信和弹丸受撞击的安全极限、弹丸卡膛力及定位姿态的一致性等;火炮射击循环时间、炮闩结构、炮尾开口方向、挡弹、挡药机构、底火装填方式等;战斗室空间分配,包括弹药仓的总体布局、供弹、输弹、输药机构允许占有的空间、运动轨迹和时序等;总体分配给供输弹系统的质量和时间。

自动装弹机的性能要求:装弹方式要求分装式弹、定角或变角装填;装填操作要求实现自动装弹、补弹、卸弹、单独抛壳;装填条件要求车辆在前、后、左、右倾斜 15°条件下或在 15~25 km/h 时速、中等起伏地行驶时可自动装弹;自动性能要求可自动装填给定基数和配比的穿甲弹、破甲弹和榴弹三种,弹种数量任意,补弹时间为 5~6 min;自动装弹速度要求为 6~8 发/min;大修寿命要求不小于 1 000 发。

因此,选择自动装填机时,应考虑:满足火炮系统总体和战术技术性能指标规定的射速、空间尺寸和位置、运动轨迹及质量要求;弹药在舱内的放置与排列应固定可靠、解脱方便,易于实现自动化,携弹量满足指标要求;供输弹过程应准确、协调、安全、可靠,满足规定的自动化程度;合理使用动力,充分利用内能源,尽量节约外能源,考虑全炮动力源总负荷的承受能力;根据火炮总体要求,合理布置,使其具有良好的动力学特性及可靠的防火、抑爆功能;满足快速向车内补充弹药的要求,同时也要充分重视提高"三防"能力;提高系统的可靠性,应具备一旦遭到破坏或因故障而无法使用时所必须配备的应急冗余系统。

4.3　车载机枪的配置与选型

4.3.1　车载机枪

1. 机枪

机枪是带有枪架或枪座，能实现连发射击的自动枪械。机枪带有两脚架、枪架或枪座，能实施连发射击。机枪以杀伤有生目标为主，也可以射击地面、水面或空中的薄壁装甲目标，或压制敌火力点。机枪通常分为轻机枪、重机枪、通用机枪和大口径机枪。根据装备对象，又分为野战机枪（含高射机枪）、车载机枪、航空机枪和舰用机枪。轻机枪是以两脚架为依托抵肩全自动射击的质量较小的速射枪械。重机枪指装有稳固的枪架的速射枪械，一般质量在 25 kg 以上，射击精度较好，能长时间连续射击。通用机枪，也称轻重两用机枪，以两脚架支撑，可当轻机枪用，装在枪架上可当重机枪用，是一种既具有重机枪射程远、威力大，连续射击时间长的优势，又兼备轻机枪携带方便、使用灵活，紧随步兵实施行进间火力支援的优点的一种机枪。大口径机枪指带枪架口径一般在 12 mm 以上的速射枪械。主要用于歼灭斜距离在 2 000 m 以内的敌人低空目标，还可以用于摧毁、压制地（水）面的敌火力点、轻型装甲目标，封锁交通要道等。按运动方式，分为牵引式、携行式和运载式。

2. 车载机枪

车载机枪是指安装在坦克、自行火炮、步兵战车等装甲车辆上的机枪，是装甲车辆火力的组成部分，是对装甲车辆主要武器火力的补充和完善。坦克上的车载机枪一般包括并列机枪、航向机枪和高射机枪。装甲输送车上的车载机枪一般是高射机枪。

并列机枪主要用于消灭、压制 400 m 以内的敌有生力量和简易火力点；安装在炮塔门或指挥塔门上的高射机枪是装甲车辆对空自卫的武器，它们有歼灭敌空降有生力量、武装直升机和俯冲敌机的功能，也可用于压制、消灭和摧毁 1 000 m 距离范围内的地面目标，包括有生力量、火力点和轻型车辆等；航向机枪主要用于对车辆前方 400 m 以内的有生力量实施射击。

目前，并列机枪和航向机枪的口径均为 7.62 mm，高射机枪口径多为 12.7 mm 和 14.5 mm，也有少数高射机枪的口径为 7.62 mm。装甲车装备的高射机枪绝大多数是 12.7 mm 机枪，保留了 12.7 mm 高射机枪枪塔。

4.3.2　车载机枪的特点与要求

1. 车载机枪的特点

车载机枪就用途和基本原理、结构而言，与同类步兵机枪基本一致，即装甲车载机枪本身并不构成独立的武器类别。

与地面发射机枪相比，车载机枪的有利条件是它可以使用电力驱动的供弹系统。机载武器一般都采用电力供弹方式。它们都有很高的发射速度。

多数坦克装备的高射机枪均采用人工操作，射击时，乘员必须打开炮塔舱门，探出身体。装甲车装备的高射机枪，保留高射机枪枪塔结构，射手上方、前方无防护，呈立姿射击，且均为出舱人工操作。有些国家车载高射机枪由车长在车内遥控射击。

随着武器装备的不断发展、完善和装甲防护力的提高，车载机枪将产生某些变化，7.62 mm 并列机枪可能被更小口径的机枪所替代。航向机枪将逐渐被淘汰。高射机枪的口径也已呈现出进一步改进的趋势，甚至突破枪械口径的范围而代之以小口径机关炮，并且采用车内遥控操作方式。

2. 车载机枪性能要求

车载机枪的总体性能要求与火炮的基本相同，只是个别指标的含义略有差异。例如，评价机枪的远射性，常以有效射程表示。评价机枪的运动性时，主要考虑携带和运行是否方便。评价机枪的火力机动性时，虽然也是考虑机枪的迅速开火及转移火力的能力，但没有明确的"反应时间"的定义。评定机枪的可靠性，通常以"使用寿命"为指标，它是指机枪所能承受的而不失去主要战斗性能的最大发射弹数。评定机枪的维修性，主要看其分解、结合、保管、保养是否方便等。

与同类步兵机枪相比，车载机枪的战术技术性能指标在下述一些指标的要求上可能有所差异：

①精度要求：7.62 mm 口径机枪 100 m 散面密集界，方向为 10~12 cm，高低为 11~12 cm；12.7 mm 口径机枪 100 m 散布半径 $R_{50} \leqslant 20$ cm（50%弹着点在以平均弹着点为中心，以 R_{50} 为半径的圆内）。

②击发方式要求：手动和电动两种。

③供弹要求：一般采用弹链和弹箱供弹。

④故障率要求：一般小于 0.2%。

⑤射界要求：除航向机枪外，其他机枪方向射界一般为 360°，对于高低射界，并列机枪为 -5°~18°，高射机枪为 -5°~80°。

⑥开闩方式要求：手动和自动两种。

4.3.3 车载机枪的选型

车载机枪在装甲车辆火力构成中处于相对次要地位，且就用途、基本原理、结构而言，与同类步兵机枪基本一致。因此，一般不专门研制、发展车载机枪，而是根据使用和安装的需要从同类机枪中进行选择并做适当改动。这就意味着车载机枪的论证工作主要是选型和改进，至于车载机枪的弹药，更是直接从制式枪弹中选用。

1. 车载机枪的选型原则

车载机枪的选型原则：

①更好地满足使用要求。

②立足于制式装备。

③适应装甲车辆的使用环境、条件。

④便于装甲车辆总体布置和机枪自身的安装与调校。

⑤经济性好。

2. 选型后的改进要求

从现装备中选择车载机枪并非意味着可以原封不动地直接使用。在使用要求和使用条件上，步兵机枪和装甲车载机枪毕竟有所不同，必须进行适当的改进，方可满足装甲车辆的需要。这些改进归纳起来包括以下几个方面。

1）枪架、安装结构的改进

步兵用机枪被选作车载机枪时，原配枪架一般不再适用，而是根据装甲车辆的布置、安装要求重新研制新的枪架和安装结构，枪身的局部结构、尺寸也可能要做适当变动。如选用装甲车辆已有的车载机枪，则一般不存在上述改动。

2）击发装置的改进

由于空间等原因，并列机枪通常要求采用电动击发，而步兵用机枪基本均为手动击发。改装为电扣机并配设相应的击发线路和装置。当然，击发电源要求必须符合车辆电源标准。若选用现有的并列机枪，则不存在此问题。装甲车辆上高射机枪若要求在车内遥控操作时（这已经是一种发展方向），不论是选用步兵用高射机枪还是装甲车辆上现装的高射机枪，都必须改进其击发装置，变手动机械击发为电动击发。

3）供弹系统的布置和改进

车载机枪供弹装置、线路需要合理地安排布置，以保证在射击过程中供、排弹及弹链的可靠通畅，这就可能需要增设某些新的辅助装置，甚至引起局部的改动。

4）开闩装置的改进

另外，还要注意车载机枪不应过于突出装甲板之外，以免被轻武器火力和炮兵火力毁坏。它也不应该缩入炮塔内太深，因为那里的空间很小。此外，当枪管发热时，还要易于更换枪管，并能向后方缩回。枪膛内的烟也不应排入炮塔。

3. 高射机枪遥控化改进

高射机枪作为装甲车辆对空的主要武器，长期以来一直存在着需要操作人员在车外操作，失去装甲保护的弊端，严重降低了生存性能。可以结合无人炮塔和遥控武器站的思想对高射机枪进行遥控改造，通过添加高低机、方向机、电击发器、观瞄和控制等装置，使乘员可以在车内进行操作，这样就大大提高了装甲车辆的整体性能。

4.4 车载弹药的配置与选型

4.4.1 车载弹药及其特点

弹药是指装有火炸药或化学战剂等，能抛射到敌方，达到杀伤、破坏或其他战术目的的物体总称。车载弹药是指供车载武器发射各种弹药的系统，包括炮弹、枪弹和反坦克导弹等，尤其指车载火炮发射各种弹药（简称炮弹）。

炮弹按用途，分为主用弹（具有杀伤有生力量或破坏工事、装备等主要战斗用途的炮弹）、辅助弹（非战斗使用的炮弹称为辅助弹，如教练弹、水弹、模型弹等）、特种弹（具有特殊战斗用途的炮弹，如发烟弹、燃烧弹、照明弹、信号弹、曳光弹、宣传弹等）。

主用弹又可分为榴弹和甲弹两大类。

榴弹，是指弹丸内装有高能炸药，在弹丸爆炸后利用气体生成物的膨胀功或破片动能来摧毁目标的炮弹。根据弹丸的结构和对目标作用性质的不同，榴弹可分为杀伤弹、爆破弹和杀伤爆破弹。杀伤弹：这种弹主要利用弹丸爆炸后的破片，杀伤和压制对己方构成威胁的人员，破坏敌人的器材和轻型野战工事掩体，在布雷区和铁丝网障碍区开辟通路。爆破弹：主要利用弹丸爆炸后的爆破作用，来摧毁非混凝土工事，如战壕、土木或木石火力点、观察所，为城市战中的步兵提供直接火力支援，或有效打通进入建筑物的入口。杀伤爆破弹：这是一种构造和作用介于杀伤弹和爆破弹之间的统一化榴弹。它兼有杀伤和爆破两种作用，即以炸爆炸而产生的爆炸产物及冲击波破坏障碍物，又以弹壳所产生的破片杀伤有生力量。但对同一口径而言，其杀伤作用不如杀伤弹，爆破作用不如爆破弹。榴弹通常采用高能炸药，弹体材料采用高破片率的合金钢，弹体内装有钢球、钢柱、钨球等预置杀伤元件，能够有效提高杀伤爆破威力。

甲弹是安装了反装甲弹头，利用本身具有的动能、骤能效应或崩落效应，主要是用来摧毁装甲目标和永久性工事，包括穿甲弹、破甲弹和碎甲弹。

穿甲弹，主要靠弹头命中装甲时的大动能和高强度击穿钢甲，并以弹体、装甲破片或炸药的爆炸、燃烧作用，杀伤和摧毁装甲后面的乘员、装备和器材。穿甲弹主要分为普通穿甲弹、超速穿甲弹和脱壳穿甲弹三类。其中，普通穿甲弹又有尖头、钝头及被帽穿甲弹之分。速穿甲弹作为穿甲弹发展中的一个弹种，目前已被脱壳穿甲弹所代替。脱壳穿甲弹包括旋转稳定脱壳穿甲弹和尾翼稳定脱壳穿甲弹，其中，尾翼稳定脱壳穿甲弹已成为当今世界各国发展动能弹的主要弹种，并已广泛应用于现代坦克炮上。

破甲弹，是利用"聚能效应"，依靠弹内炸药起爆后形成的高温、高速、高密度的金属射流冲击装甲来达到破甲目的的一种炮弹，也称聚能装药破甲弹。破甲弹是反坦克的主要弹种之一，主要配用于坦克炮、反坦克炮等，用于毁伤装甲目标和混凝土工事。射流穿透装甲后，以剩余射流、装甲破片和爆轰产物毁伤人员与设备。破甲弹的优点：一是其破甲威力与弹丸的速度及飞行的距离无关；二是在遇到具有很大倾斜角的装甲时也能有效地破甲。其缺点：一是穿透装甲的孔径较小，对装甲的毁伤不如穿甲弹的厉害；二是对复合装甲、反作用装甲、屏蔽装甲等特殊装甲，其威力将会受到较大影响。

碎甲弹以较薄的弹体内包裹着较多的塑性炸药，当命中目标时，受撞击力的作用，弹壳破碎后，里面的塑性炸药紧紧粘贴在装甲表面，当引信引爆炸药后，依靠弹内炸药起爆后形成的冲量（高压脉冲载荷）作用于装甲，利用超压使弹着点的装甲内侧崩落形成装甲内层碎片，在装甲车体内进行杀伤和破坏。碎甲弹的优点：一是其构造简单，造价低廉，爆炸威力大；二是其效能与弹速及弹着角关系不大，甚至当装甲倾角较大时，更有利于塑性炸药的堆积；三是其装药量较多，爆破威力较大，可以替代榴弹来对付各种工事和集群人员。其缺点：一是对付屏蔽装甲、复合装甲的能力有限；二是碎甲弹的直射距离较其他弹种的近。现在已经逐步不用。

与常规炮弹相比，导弹具有射程远、命中精度高、杀伤威力大等优点。炮射导弹是精确制导技术与常规火炮发射技术的有机结合。炮射导弹主要用于坦克炮和突击炮，保留了坦克炮和突击炮原系统反应快、火力猛的特点，且不改变其成员建制和分工，不过多地增加系统的复杂性，但却拓宽了坦克炮和突击炮的远距离对抗能力（作战距离由 2 km 提高到 4 km 以上），可以在野战中攻击武装直升机、防御坦克和突击炮，以及在隐蔽阵地上对敌装甲目标实施远距离射击。

4.4.2 对车载弹药的要求

对车载弹药主要战术技术性能要求：
①任务要求。明确配属火炮、作战任务和作战对象。

②威力要求。穿甲弹和破甲弹通常以一定射击条件（距离、温度等）下击穿或侵彻目标的厚度来表示（单位：mm），取值范围以火炮口径和所对付目标不同而不同，如对付主战坦克，其穿深应在 400 mm 以上。杀伤爆破弹以弹丸爆炸时破片的杀伤半径（或杀伤面积）以及爆轰冲击波超压对不同目标的毁伤、土壤弹坑的体积大小等表示（单位：杀伤半径为 m，杀伤面积为 m^2，冲击波威力半径为 m，弹坑体积为 m^3）。威力大小因口径、结构、材料、炸药性质和技师及爆炸方式不同而不同。

③精度要求。对直射武器，密集度以立靶密集度更为合适，通常要求 1 200 m 以上首发命中概率。对压制武器，密集度以地面密集度更为合适。对制导弹药要求首发命中概率。

④使用性能要求。适用温度范围：-40 ~ +50 ℃。安全性、可靠性：主要包括最大膛压及其单发跳动、炮尾焰、烟及主要部件安全性和可靠性。对火炮烧蚀，磨损寿命要求：通常以火炮寿命终了时的射发数来表示，一般不少于 500 发。包装及长储要求：一般采用无油密封包装，外包装应满足勤务处理要求，内包装保证全弹长储时间不低于 15 年。其他使用要求：如弹重、弹长及可能影响装填的其他要求。

⑤经济性要求。在保证作战效益的基础上，应充分考虑材料是否立足于国内、是否丰富、工艺性好坏和生产成本的高低。弹药的经济性最终应以"效费比"来衡量。

⑥主要部件要求。引信：根据作战任务、目标和射击方式选择引信类型、作用方式，同时提出安全性、可靠性、效率性、经济性、抗干扰性及其他使用性要求。发射装药：根据弹道要求提出采用发射药的类型及安全性、燃烧稳定性、烧蚀性、高低温度系数以及环境适应性等要求。炸药：根据威力要求提出选用生产、运输、储存、使用和射击条件下安全、可靠、物化性能稳定、装药工艺性好、能量高的炸药。药筒：根据火炮的特点和使用要求提出采用药筒的类型，如金属药筒、可燃药筒等，并提出相应的性能要求。

4.4.3　车载弹药的选型

装甲车辆主要武器所配用的弹药种类，称为主要弹种。目前，坦克炮和突击炮主要配备穿甲弹、破甲弹、碎甲弹和杀伤爆破弹。步兵战车主要配用穿甲弹和杀伤爆破弹。装备小口径速射炮的各种轻型装甲车辆，通常是伴随坦克作战，它的任务是攻击敌轻型装甲目标、空中目标和第二类目标，因此，一般配备穿甲弹和杀伤爆破弹。自行火炮通常配备杀伤爆破弹、子母弹和布雷弹等。

1. 影响主要弹种的因素

1）目标和任务

装甲车辆配备的主要弹种由其所负担的任务和需要打击的目标来决定。如自行榴弹炮的主要任务是压制和毁伤地面目标，所以它配备杀伤爆破弹；步兵战车的主要任务是打击轻型装甲目标和空中目标以及杀伤和压制敌步兵，所以主要配备穿甲弹和杀伤爆破弹；而主战坦克所处的战场环境很复杂，需要打击的目标种类很多，所配备的弹种就较多。

2）后勤保障工作

弹药的生产、储存和战时的运输供给能力也影响弹药种类的确定，弹种少有利于后勤保障工作。

2. 主要弹种对总体性能的影响

装甲车辆要攻击多种目标，如果用针对性的炮弹去打击不同类型的目标，其毁伤效果较好。但是装甲战斗车辆的质量和容积限制了携带弹药的种类与数量,所以,在载弹量有限的情况下,弹种多了往往会在战伤上出现尽管在车上还剩有不少弹药,但需要的弹种已经用完的情况;配用弹种少则往往需要用一种弹对付不同特性的多种目标;为了兼顾各种目标的特性,就牺牲弹药的某些性能,因此多用途弹的毁伤效果不如单一用途弹的效果好,但是配用弹种少,能使车辆携带的有限的弹药得到充分利用。所以,装甲车辆配备的弹种和比例应根据不同的作战条件和对象,临时做适当的调整,以提高不同弹种的作战效果。

3. 弹种选择方法

弹种的选择主要是根据要摧毁目标的性质及弹药当前发展的技术水平确定的。

1) 根据目标性质来选择弹种

对付有生目标,可以选用榴弹(杀伤战斗部)、榴霰弹、杀伤子母弹和杀伤布雷弹等。

对于装甲目标,可选用各种穿甲弹、破甲弹和碎甲弹等。穿甲弹的种类很多。对付坦克,当前主要发展杆式脱壳穿甲弹,直接瞄准射击。带钨球的穿甲子母弹用于间接瞄准射击。破甲弹可以配用各种火炮。从几十米的近战武器到几千米的导弹战斗部,都可以采用破甲战斗部。反装甲子母弹或反装甲布雷弹用于间接瞄准射击。碎甲弹用于直接瞄准射击,因对复合装甲或屏蔽装甲的作用效果较差,应用受到一定的限制。

坦克和突击炮的首要任务是打击敌人的坦克和其他装甲目标,并能杀伤有生力量和消灭敌火力点,因此它们均备有反装甲弹药和杀伤爆破弹。在反装甲弹药中,有动能弹和化学能弹。至于在化学能弹中是选用空心装药破甲弹还是碎甲弹,则是个比较复杂的问题,它与各国的装备体制、生产技术及传统有关,从目前发展趋势来看,由于特种装甲的出现,碎甲弹逐渐被淘汰,而以多用途弹代替破甲弹和杀伤爆破弹。尾翼稳定脱壳穿甲弹仍是主战坦克携带的主要弹种。新一代尾翼稳定脱壳穿甲弹的总长度将高达 1 000 mm,长径比达 40∶1,初速也将大大提高。由于当代的穿甲弹已十分接近物理可行性的上限,因此解决以下问题成为重点:减少穿甲弹在离开炮口时的弹性形变;减少穿甲弹在飞行轨迹初期的振动;限制穿甲弹两端的热侵蚀现象;提高穿甲弹的穿甲厚度;减小发射药箱的质量;减小传递到车辆上的后坐力。目前,大多数国家发展的破甲弹通常是多用途弹,其特点是杀伤效果好,破甲威力大,既能对付装甲目标,也能对付非装甲目标。考虑到装甲部队新扩展的作战任务,适合在各种作战情况下使用,例如用于消灭反坦克小组(包括位于隐蔽位置或防护位置的反坦克小组)、在市区中对抗近程反坦克武器、远距离打击轻型装甲战车及徒步步兵等,配用可编程引信的榴弹,通过火控系统控制的编程线圈来装定引信(没有延时着发、有延时着发或可编程定时功能空爆),也可以在不进行任何编程的情况下以标准的着发/无延时模式来发射。

对于空中目标,可以选择装配近炸引信、时间引信或着发引信的榴弹、穿甲弹或燃烧弹。一般大、中口径高射炮广泛使用榴弹,而小口径高射炮则大量使用曳光燃烧榴弹和穿甲弹等。

对于观察敌人行动和对敌射击效果,可选用照明弹和电视侦察弹等。

2) 根据技术发展来选择弹种

近十多年来,火炮弹药发展很快,出现了很多威力大、射程远、精度高的新弹种。现在,大口径火炮除能发射榴弹、发烟弹、照明弹和化学弹外,还能发射子母弹、布雷弹、中子弹、末制导炮弹、末敏弹、传感器侦察弹和电视侦察弹等,这样就使火炮系统能完成多种战斗任务。

炮射导弹是利用火炮发射的导弹。炮射导弹的出现大大增强了车载火炮的射程和射击精度，并赋予装甲车辆有限反武装直升机的能力。西方主要国家都给主战坦克配备可实现视距内和视距外精确打击的制导弹药。

4.5 车载火控系统的配置与选型

4.5.1 车载火控系统及其组成

装甲战斗车辆是一种同时具有火力、机动性和防护能力的综合性武器，火力摆在首要位置。人们期望，无论是在白天还是在黑夜，是在停止间还是在行进间，在雨雪、浓雾、烟尘的战场条件下，在相当远的距离上，在几秒钟时间内，可能的话，以首发炮弹，最差也能用3发炮弹，就能够击毁对方的装甲目标；另外，还必须能摧毁战场上出现的其他点目标和面目标。因此，各国在提高火力时，除继续保持大口径火炮，提高初速并且不断研制新弹种外，都争相研制新型的、先进的火控系统。火控系统是一套使被控武器发挥最大效能的装置。

装甲车辆火控系统，简称车载火控系统，是指安装在装甲车辆内，能迅速地完成观察、搜索、瞄准、跟踪、测距、提供弹道修正量、解算射击诸元、自动装表、控制武器指向并完成射击等功能的一套装置。它是火力系统的一个重要组成部分，用于缩短射击反应时间，提高首发命中率。

车载火控系统已经发展了四代。第二次世界大战末期装备的第一代火控系统，仅简单配备与火炮相连的光学瞄准镜。瞄准时，炮手手摇高低机和方向机，利用瞄准镜上的测距分划，采用估计目标距离的方法来装定瞄准角。这种火控系统在 900 m 的距离内，对固定目标、原地射击时，才会达到 50% 的首发命中效果。超过 900 m 时，命中率将会显著下降。20 世纪 50 年代装备的第二代火控系统，在光学瞄准镜基础上增加了测距仪，以代替炮手目测距离，提高了测距能力，并配有机械式弹道计算机和主动红外夜视瞄准镜。火控系统只计算目标距离和弹种对瞄准角修正两个参数量。与第一代火控系统相比，性能上已经有了明显的提高。射击命中率达 50% 的距离已增至 1 300 m。20 世纪 60 年代装备的第三代火控系统，由炮长激光测距瞄准镜、车长昼夜观瞄镜、目标角速度测量装置和机电模拟式弹道计算机组成，并且配用火炮双向稳定器和一些弹道修正传感器，例如横风、耳轴倾斜、目标角速度传感器。这时的火控系统已具有现代火控系统的全部特征，以火控计算机为中心，将所有的火控部件，诸如激光测距仪、昼夜观瞄镜、双向稳定器和各种传感器综合起来组成一个整体，它可以完成观察搜索目标、跟踪瞄准、测距、提供修正量、解算高低瞄准角和方向修正量、装定表尺及自动调炮和射击等功能，又被称为综合式火控系统。它不但可以原地射击固定目标，也可以原地或短停射击运动目标。原地射击固定目标时，首发命中率为 50% 的距离可达 2 500 m 以上。20 世纪 70 年代后装备的第四代火控系统，由微型计算机、激光测距仪和热成像夜视仪等最新科技成果组成，采用全新控制方式的火控系统。其主要特征是光学瞄准线与火炮相互独立稳定，火炮随动于瞄准线。这种火控系统又被称为指挥仪式或稳像式火控系统。它使车辆具有在原地及行进状态下，均能以高命中率射击固定或运动目标的能力。这种火控系统使坦克在行进间射击的首发命中率达到 65%～85%。目前，又发展了"猎歼式"

火控系统和以热像仪输出信号为基础,采用自动跟踪器控制瞄准、跟踪目标及射击效果的自动化火控系统。

现代车载火控系统主要由昼夜用光电瞄准装置、测距装置、火炮控制装置、系统控制用计算机和各种修正弹道参数所使用的传感器等部件组成。

火控系统习惯上分为观测瞄分系统、火炮控制分系统和计算机及传感器分系统。观测瞄分系统,保证装甲车辆能够在全天候的条件下,具有迅速捕捉目标,准确测定其距离并进行精确瞄准的能力。它由光学瞄准镜、夜视和夜瞄装置、激光测距仪、光学观察潜望镜及其他各种组合形式的光学仪器构成。火炮控制分系统,简称炮控系统,用于保证装甲车辆在各种地形条件下,炮手都能很容易地操纵火炮,甚至自动轻便操纵火炮,使瞄准角不受车体振动等因素的影响。它主要由火炮稳定及控制装置组成。计算机及传感器分系统,对影响火炮射击精度的多种因素进行测定、计算和修正,最大限度地发挥火炮的威力,保证瞄到哪里就能够打到哪里。它由火控计算机及目标角速度、火炮耳轴倾斜、炮口偏移等传感器组成。车载火控系统的这三个分系统是互相联系的,实际上是一个以火控计算机为中心的综合控制系统。

所有的火控系统,尽管在工作原理和构造上有所不同,但是都包括采集数据、解算诸元、控制武器这三个部分,称为火控系统的三要素。

采集数据,是指采集解算射击诸元所必需的弹道和气象数据,如车辆至目标的距离、目标相对于车辆运动的角速度、火炮耳轴的侧倾角度、弹种、气温、气压、横风速度、发射药温度、炮膛磨损引起的弹丸初速下降值、所用弹种的跳角或综合修正量等数据,为计算机解算射击诸元做好准备。比较完善的火控系统会使用大量的自动传感器来自动测量弹道和气象数据中的大部分数据,这样系统的自动化程度高,但造价高、可靠性有所降低;也有相当数量的火控系统只自动采集少数几个对射击诸元解算精度影响较大的弹道和气象参数,其余部分数据则由人工输入计算机。

解算诸元,包括火控计算机根据采集到的弹道和气象数据,单次或连续解算射击诸元,并输入执行机构。射击诸元主要包括瞄准角和方向提前量。

控制武器,是指火控系统的执行机构在射手操纵下或在系统自动控制下装定射击诸元,使火炮到达指定的空间位置并发射,完成射击任务。

4.5.2 对车载火控系统的要求

装甲车辆的威力不仅取决于武器,而且在很大程度上还取决于完善的火力控制系统。现代战争对火控系统的主要要求如下:满足武器系统的要求;抢先于敌方发现各个方位的目标;对目标进行停止和行进间射击;首发命中目标;夜战能力;适应各种大气环境;适应各种路面的战争环境等。

1. 新型装甲车辆的火控系统

对新型装甲车辆用的火控系统,具体的基本要求如下:

①快速发现、捕获和识别目标。

②反应时间短。

③远距离射击首发命中率高。

④坦克行进间能射击固定或运动目标。

⑤全天候和夜间作战能力强。
⑥操作简便，可靠性高。
⑦配有自检系统，维修简便。
⑧具有较高的费效比。

2. 改装装甲车辆的火控系统

对改装老式装甲车辆用的火控系统，具体的基本要求如下：
①在与老式车辆性能相匹配的前提下，基本上满足现代先进火控系统的某些要求。
②安装简单迅速，通用性好。
③车辆改动量小，改装成本低。
④可靠性高，操作和维护简便。
⑤功耗低，尽量利用车辆上原有的电源。
⑥体积小，不过多地占用炮塔内的有效空间。

4.5.3 车载火控系统的选型

在未来战争中各种复杂气象、地形、敌方实施干扰的条件下，能够充分地发挥装甲武器系统的威力，达到对敌方目标发现早、测距快、瞄得精、打得准，即具有"先敌开火，首发命中"的能力是车载火控系统的基本功能。而且火控系统性能的高低将直接关系到装甲车辆在战场上的生存能力。因此，在发展装甲车辆整体技术时，应把提高和研制性能先进的火控系统摆到重要的地位。火控系统的成本通常占到装甲车辆总价值的30%～50%。单从这一点上，可以清楚地认识到火控系统在装甲武器系统中的重要作用和地位，并加以选择。

选择车载火控系统时，常用系统反应时间和命中概率两个指标来评价火控系统性能的优劣，一般来说，火控系统的系统反应时间越短、命中概率越高，性能就越好。

系统反应时间，是指从射手发现目标到火控系统完成射击准备、可以随时开火的时间，反映了火控系统的快速性能。

命中概率是指火控系统在某种射击条件下对某种目标射击时命中目标的可能性大小，反映了整个战车武器系统的精度。在其他条件相同的情况下，射击的命中概率越高，系统反应时间越短，火控系统的性能就越好。通常用首发命中概率作为评价直瞄武器系统精度的指标，之所以强调首发，是因为这最能客观反映武器系统本身的性能。如果考虑了次发甚至第三发射击的命中情况，可能会因射手操作等人为因素的存在而不能反映系统本身的性能。因为射手在首发射击没有命中目标时，一般会进行射击修正，修正方法和修正量的大小会因射手的经验、观察弹着点的结果等因素的不同而变化，此时计算的命中概率就会由于人为的不确定因素而难以准确反映系统的性能。

在世界各国使用的车载火控系统中，其技术性能、结构组成、使用部件各不相同，以控制方式分类，火控系统可以被划分为扰动式、非扰动式和指挥仪式三种类型。

1. 扰动式火控系统

扰动式火控系统属于综合式火控系统。在这种火控系统中，瞄准镜和火炮采用四连杆机构刚性连接。因此，瞄准线和火炮轴线是平行的，瞄准线随动于火炮。调节时，瞄准线偏移方向和火炮运动方向相反。

使用中，火炮每射击一次，炮长都要进行两次精确瞄准，目标产生一次扰动偏移。其操作过程是：当炮长捕获目标后，先用瞄准镜中瞄准线精确瞄准目标中心，然后用激光测距仪测定目标的距离，并在瞄准镜中产生瞄准控制光点。这个时间为 3~4 s。火控计算机根据测出的距离和传感器输入的目标角速度、火炮耳轴倾斜角等测量值计算出射击提前角后，送至瞄准线偏移装置，瞄准光点随之产生偏移（即扰动偏移），该偏移量相当于射击提前角。这个过程为 1~3 s。随后炮长再次用瞄准光点瞄向目标中心，这时可立即射击。这个过程也需要 1~3 s。

扰动式火控系统分为手动调炮和自动调炮两种工作方式。采用手动调炮系统工作时，计算出的射击提前角只输给瞄准镜，炮长需要用手控装置调转火炮，使瞄准光点重新瞄准目标。采用自动调炮系统工作时，计算机算出的射击提前角，同时输给瞄准镜和火炮。

扰动式火控系统的优点是：自动装定表尺，结构简单，成本低；缺点是系统反应时间长，容易产生滞后，动态精度差，操作难度较大。另外，由于火控系统中瞄准装置与火炮同步转动及车辆行进时车体振动对火炮稳定精度的影响，使得装有这种火控系统的车辆不宜采用行进射击方式。

2. 非扰动式火控系统

这种火控系统中的瞄准镜与火炮仍为刚性连接，但在系统中增加了一个调炮回路。除了射击状态时，瞄准线与火炮轴线平行。

系统工作时，从火控计算机输出的射击提前角信号同时送至瞄准镜和火炮的传动装置，使火炮自动调转到提前角位置上，而瞄准镜中反射镜朝相反方向转动同样的角度。由于瞄准线和火炮轴线同时受射击提前角信号的控制，并朝相反方向以同一速度移动，瞄准线和目标之间的相对运动速度等于零。因此，瞄准线就能始终对准目标，火炮却已经调转到预定的提前角射击位置上。在整个瞄准过程中，炮手无扰动感觉，所以被称为非扰动式火控系统。

该火控系统的优点是结构比较简单，系统反应时间较短，跟踪平稳性好，操作简便；但它同样受火炮不容易稳定等因素的影响，因此也不适宜采用行进射击方式，而仅适于采用短停射击方式，即"静对静"或"静对动"射击。

3. 指挥仪式火控系统

目前，世界上所有性能先进的装甲战斗车辆均安装指挥仪式火控系统。使用这种火控系统的显著特征是：当炮手从处于行驶状态的坦克瞄准镜向外观察时，视场中的景物几乎是不动的，所以又把这种火控系统称为"稳像式"火控系统。

扰动式和非扰动式火控系统，瞄准镜均与火炮刚性安装在一起，由于火炮质量大，对它很难达到很高的稳定精度，同时，火炮的不稳定又很容易影响瞄准线的瞄准精度，造成整个火控系统动态精度的下降。而指挥仪式火控系统稳定和控制方式不同，瞄准镜和火炮分开安装；采用瞄准线和火炮各自独立稳定的瞄准控制方式；瞄准线作为整个系统的基准，火炮随动于瞄准线；稳定瞄准线是通过陀螺仪稳定瞄准镜中的反射棱镜来实现的。

使用指挥仪式火控系统进行目标跟踪瞄准时，炮手用手控装置（如操纵台）驱动瞄准线，使瞄准线始终跟踪、瞄准目标并进行测距。火炮则通过自同步机（或者旋转变压器）和火炮伺服机构随动于瞄准线。火控计算机计算出的射击提前角，只输给火炮和炮塔伺服装置，使火炮自动调转到射击提前角的位置上。瞄准线则依然保持跟踪瞄准目标。这时，系统中的火炮重合射击装置（即重合射击门电路）在火炮到达射击提前精度范围后，装置自动输出允许射击信号。若此时炮手已按下发射按钮，火炮便能自动发射。

指挥仪式火控系统在实际应用时，可以分为以下三种。一种是基本型，指挥仪式火控系统的基本型；另一种是猎歼型，由车长负责发现目标，交给炮长后再去搜索新目标，炮长负责跟踪、瞄准、射击目标，整个系统反应时间为 6~8 s；还有一种是自动跟踪型，在乘员识别目标后，可自动控制瞄准镜跟踪目标，同时还可以消除车体及人工操作不稳定导致的跟踪目标的误差，进一步缩短反应时间和提高命中率。

指挥仪式火控系统具有以下优点：①瞄准线稳定精度高。一般达 0.2 mil 左右。这是因为指挥仪式火控系统稳定瞄准镜中的一个光学元件要比扰动式或非扰动式火控系统稳定整个火炮要容易得多。②系统反应时间短，操作容易。由于火炮稳定效果的改善，加快了炮手在行进间对目标的捕捉、跟踪、测距、瞄准操作，因此缩短了系统的反应时间和连续射击的间隔时间，提高了火力和火力机动性。③行进间首发命中率高。因为在系统中采用了重合射击门电路技术。

与前两种火控系统相比，指挥仪式火控系统也存在着明显的缺点：①静止状态下射击首发命中率低于扰动式火控系统，因此，某些车辆安装指挥仪和扰动式两套火控系统，并采用了"工作方式切换"装置，可使火控系统在行进射击时采用指挥仪方式工作，在静止射击时采用扰动方式工作，以达到充分发挥火力的目的。②系统的结构复杂，成本高。

本章小结

本章在介绍装甲战斗车辆的武器系统的基本概念与组成的基础上，系统介绍了车载火炮、车载机枪、车载弹药、车载火控系统的概念、要求、配置与选型等相关内容。

思 考 题

1. 车载中大口径火炮有哪些特点？
2. 线膛坦克炮能否发射尾翼稳定脱壳穿甲弹？需要做何种改进？
3. 车载机枪有哪些特点？
4. 车载中大口径火炮如何发射反坦克导弹？
5. 车载火控系统与固定式火控系统选型有何差异？

第5章

动力系统的配置与选型

> **内容提要**
>
> 发动机是车辆的"心脏"。本章主要介绍以发动机为核心的装甲车辆动力系统及其组成、要求与评价指标,以及发动机和保证其正常工作的相关辅助系统的要求与选型。

5.1 动力系统概述

5.1.1 动力系统及其组成

动力系统是发动机和保证其正常工作的相关辅助系统的总和,其主要功用是给装甲车辆行驶提供所需原动力,并为发电机、冷却风扇、液压油泵、空气压缩机等提供能源。

发动机将燃料的化学能转变成机械能,经传动装置,传给推进装置,使车辆产生迁移。为了保证发动机能正常工作,还需要一系列辅助系统,主要包括以下各系统:

①燃油供给装置:存放、滤清燃油,并将其送到发动机。
②空气供给装置:从外界中吸取、滤清空气,并将其送到发动机。
③混合气形成装置:燃油雾化与空气混合形成可燃混合气体。
④排气装置:使废气从发动机排出。
⑤起动系统:使发动机起动。
⑥冷却系统:将动力系统中被冷却的热量传导出来,并将其发散到周围环境中去。
⑦润滑系统:存放、滤清润滑油,并将其送到发动机的摩擦零件。

随着具体的车辆的用途和要求不同,组成动力系统各个系统的明细也可以变化。例如,在周围空气温度较低的情况下,使发动机的冷却液和机油在起动之前先逐渐预热起来,需要配备预热系统;在炎热气候条件下使用的车辆中可以不配备加温系统和辅助发动机起动的工具。

5.1.2 对动力系统的要求

对动力系统的要求主要考虑到动力传动舱总布置的特点和对车辆整体总的性能要求。

①确保战术技术要求的实现。确保装甲车辆的功率、比功率、扭矩、转速等战术技术要求的实现。

②具有良好使用性。便于操作使用;行驶准备时间短;确保达到系统要求的行程储备等。

③具有良好适应性。确保各种限气候条件和道路条件下使用性能：环境温度为 -50 ~ 50 ℃；相对湿度为（在 25 ℃ 的条件下）≤98%；环境中空气含尘量与实际使用条件相符合；气候条件为全天候；低气压与海拔高 4 000 m 的气压相当。

④具有良好可靠性和维修性。动力系统及其组成部分，在保险期内，应有工作能力（无大的磨损和损坏）。发动机工作的保险期不低于 500 h，工作的寿命（到大修前、无须中间拆装）不低于 1 000 h。维护保养的部件有良好的接近性；维护和更换部件简便；使用最少量工具，花费最少的劳动和时间。

⑤具有结果的性能。动力系统及其组成部分体积小、质量小、工艺性好。

⑥具有良好经济性。应具备最大的燃油经济性和机油经济性，以及使用多种燃油的可能性。

⑦有利提高车辆生存力。降低热辐射；燃油隔舱化；部件的布置要考虑加强薄弱区和相互屏蔽；提高部件的抗冲击性；安全防火、灭火抑爆等。

以上所述的对动力系统的要求可根据具体的装甲车辆的要求进行添加。

5.1.3 动力系统的评价指标

对动力系统进行直接评价的主要指标有：

①动力系统的最大功率：发动机最大台架功率与车辆动力系统各系统所消耗的功率的差值。

②动力传动装置的干质量：动力传动装置不加燃油、机油和冷却液时的总质量。

③动力传动装置的比功率：单位动力传动装置干质量的最大功率。

④动力系统低温准备时间：当气温为 -40 ℃ 的情况下，动力系统进行加载所需的准备时间。

⑤燃油比消耗量：单位功率每小时耗油量。有时也直接用整车耗油量（每百千米耗油升数）。

对各种车辆的动力系统相对比较，采用动力系统和动力传动舱总的功率指标与体积重量指标：

①动力系统的相对功率损失：动力系统的功率损失与发动机的台架最大功率之比。

②动力传动舱的单位容积功率：发动机的台架最大功率与动力传动舱容积之比。

③动力传动舱的相对容积：动力传动舱容积与车辆底盘的车体内部容积之比，或动力系统的容积与动力传动舱容积之比等。

④动力系统的相对质量：动力系统的质量与车辆的质量之比，或发动机及其辅助系统的质量与动力系统质量之比等。

⑤组件的比容积和比质量：动力系统组成部件的容积和质量与发动机的台架最大功率之比。

5.2 车用发动机的配置与选型

发动机历来有车辆的心脏之称，对装甲车辆的机动性能影响很大。性能优良的发动机是设计出优良车辆底盘的前提，而底盘又是安装一切战斗和作业装置的前提。装甲车辆设计之前，对已有发动机进行选择，如没有完全合适的发动机，则应预先提出设计或改进要求。

5.2.1 对发动机的要求

在装甲车辆的动力系统中，主要与发动机工作特征有关的要求如下：

①满足车辆行驶需要的功率、转矩和转速要求。发动机功率是决定车辆机动性的主要因素。

②高单位体积功率。发动机不仅要求高功率，还要求有最小的尺寸和质量。装甲车辆的单位体积功率（比功率）是车辆机动性的主要标志。在车辆内部空间和整车质量一定时，提高发动机的单位体积功率，可提高机动性能，扩大战斗部分空间，提高火力性能；降低发动机的高度，能降低坦克的高度，从而降低被对方炮火命中的概率，提高防护性能。由此可见，装甲车辆发动机的单位体积功率直接影响到装甲车辆的三大性能。

③良好的燃油经济性。降低燃油的消耗，不仅具有经济意义，更具有军事意义：装甲车辆携带同样数量的燃油，其行驶里程就可以增大；而当行驶里程一定时，油箱的体积就可缩小。减少油料消耗，还可以减轻后勤供应负担。

④良好的牵引特性。发动机扭矩变化特性和转速工作范围，应确保车辆有良好的牵引特性。

⑤良好的适应性。应能在高温、严寒、高原、山地、泥泞、潮湿、振动、冲击、潜渡等各种气候和环境条件下长期可靠工作；能使用多种燃料，并且性能和寿命不会因此而降低。

⑥高可靠性、维修性和耐久性。要求较高的平均无故障间隔时间、较少的平均维修时间及较长时间的持续工作能力；保证规定的保险期和寿命；易于接近需保养的装置。

⑦良好的起动性能。在任何环境条件下，发动机都必须能迅速、可靠地起动。

⑧低噪声。降低噪声可改善乘员的工作环境和提高隐身防护性能。

⑨良好的经济性。相对低的采购费用、使用及维修保障费用低。

5.2.2 发动机的类型及其特点

发动机类型主要有活塞式内燃发动机、燃气轮机、转子发动机和绝热发动机等。现代装甲车辆用的发动机主要有活塞式内燃发动机和燃气轮机两种。

1. 活塞式内燃发动机

1）活塞式内燃发动机及其工作原理

活塞式内燃发动机，有时简称内燃机，将燃料和空气混合，在其气缸内燃烧，产生高温高压的燃气；燃气膨胀推动活塞做功，再通过曲柄连杆机构或其他机构将机械功输出，驱动从动机械工作。内燃机的应用范围很广，装甲车辆中大量利用内燃机。常见的有汽油机和柴油机。

汽油的挥发性好，它与空气的可燃混合气是在气缸外部化油器的特制容器内形成的，再送入气缸并借电火花点燃。这种方式的发动机称为点燃式发动机或汽化式发动机，或直称汽油机。

柴油的挥发性较差，先强制地将柴油呈雾状喷射到已将空气压缩到 $3\sim4$ MPa 的气缸中，雾状柴油与高温空气相遇便立刻自燃。在气缸内形成可燃混合气并借预压的高温空气而自燃的发动机，称为压燃式发动机或混合式发动机，或直称柴油机。

现代装甲车辆用发动机主要是柴油机，在结构上主要是燃烧室和燃料供给系统做些改动，满足多种燃料的要求。

发动机的工作循环可以在活塞上下运行共四次或两次的时间内完成。每个活塞运行一次，等于发动机一个工作行程（或称冲程）。所以，内燃发动机有四行程和二行程之分。组成工作循环的四个行程叫作进气行程、压缩行程、膨胀（或称工作）行程和排气行程。由二行程组成的工作循环中，没有进气和排气两个行程，代之以换气（或称扫气）；换气在膨胀行程终了压缩行程之初进行。根据换入的空气在气缸内运动的走向不同，换气有横向、回流和直流三种。

活塞在气缸内最高的位置叫作上死点；最低的位置叫作下死点。两个死点之间的距离叫作活塞行程。下死点以上的气缸容积叫作气缸总容积，上死点以上的容积叫作压缩室（或称燃烧室）容积。总容积与压缩室容积之差，叫作工作容积（发动机排气量，即全部气缸的工作容积之和）。气缸总容积与压缩室容积之比，即压缩比。压缩比越大，热效率越高。一般情况下，汽油机的压缩比为 4~7，柴油机的压缩比为 13~18。

2）内燃机结构

内燃发动机主要由曲轴连杆装置、气体分配装置和联动装置、燃料供给系、润滑系、冷却系、起动系等装置和系统组成。

曲轴连杆装置包括气缸、活塞、连杆、曲轴和固定在曲轴箱内的曲轴支座。气缸排列方式一般有四种：直列式、V 形排列式、对置式和星形排列式。现代装甲车辆发动机采用 V 形排列式。柴油机的燃烧室结构取决于燃烧过程，有直接喷射式、预燃室式、涡流室式等。

气体分配装置，也称配气装置，包括进气门、排气门、气门簧、凸轮轴和凸轮轴联动装置。气门安装在活塞的上方叫上置式，安装在气缸的侧面叫下置式。

燃料的供给系统包括燃料箱、低压燃料泵、燃料滤清器、高压泵和喷油嘴（柴油机）、化油器（汽油机）、转数调节器和空气滤清器。增压器也属供给系的一个组件。

润滑系由机油箱、机油泵、滤清器和散热器组成。

冷却系分液冷和风冷两种，前者包括散热器、水泵、气缸水套和风扇，后者主要是风扇。

起动系主要是以蓄电池为电源的电动机。

3）内燃机特点

①内燃机的热能利用率高。增压柴油机的最高热效率可达 46%。

②功率范围广，适应性能好，内燃机功率最小的不到 0.73 kW，最大的可达 34 000 kW。

③结构紧凑，质量小，体积小，燃料和水的消耗量也少。

④使用操作方便，起动快。

⑤对燃料要求较高。高速内燃机一般利用汽油或轻柴油作料，并且对燃料的洁净度要求严格。

⑥对环境的污染也越来越严重。

2. 燃气轮机

1）工作原理

燃气轮机是一种以连续流动的气体为工质带动叶轮高速旋转，将燃料的能量转变为有用功的旋转叶轮式热力发动机。为了提高燃气轮机的输出功率，供实际使用，就必须添加压气机，将空气压入燃烧室使燃烧后所得到的大量高燃气再通过喷管形成高速气流，推动叶轮做功。燃气轮机作为装甲车辆动力系统于20世纪80年代首先用于美国M1坦克。

燃气轮机的工作过程是，压气机（即压缩机）连续地从大气中吸入空气并将其压缩；压缩后的空气进入燃烧室，与喷入的燃料混合后燃烧，成为高温燃气，随即流入燃气涡轮中膨胀做功，推动涡轮叶轮带着压气机叶轮一起旋转；加热后的高温燃气的做功能力显著提高，因而燃气涡轮在带动压气机的同时，尚有余功作为燃气轮机的输出机械功。燃气轮机由静止起动时，需用起动机带着旋转，待加速到能独立运行后，起动机才脱开。

燃气轮机的工作过程是最简单的，称为简单循环；还有回热循环和复杂循环。燃气轮机的工质来自大气，最后又排至大气，是开式循环；还有工质被封闭循环使用的闭式循环。

燃气初温和压气机的压缩比，是影响燃气轮机效率的两个主要因素。提高燃气初温，并相应提高压缩比，可使燃气轮机效率显著提高。压缩比最高达到30以上。

2）结构

现代燃气轮机的结构必须包括压气机、燃烧室和涡轮三个主要部分，一般由压气机、高低压涡轮、动力涡轮、燃烧室、回热器、减速齿轮箱、燃油系统、附件传动箱和起动电机组成。滤清的空气经可变导向叶片进入低压压气机，再进入高压压气机增压，通过回热器时吸收一部分废气热量而温度升高，然后进入燃烧室，与喷入的燃料混合后连续燃烧（起动时由点火器引燃）。燃气从燃烧室进入高压涡轮和低压涡轮，再进入动力涡轮做功后排入大气。排入大气前途经回热器，传给压缩空气一部分热量以降低油耗。废气经过回热器后降温。动力涡轮的转速可达22 500 r/min，通过减速齿轮降速，将功率传给传动装置。

3）燃气轮机的技术特点

燃气轮机作为装甲车辆动力，具有一些非常诱人的优点，又有一些致命的缺点。

燃气轮机的主要优点如下：

①燃气轮机本机的质量小、单位功率质量小，只有同功率柴油机的一半左右。

②结构简单，零件少，易维护保养。总零件数比柴油机约少30%，运动件只有柴油机的1/5，轴承数是柴油机的1/3，密封件和齿轮数是柴油机的1/2。

③低温起动性能好。燃气轮机摩擦件少，气动力矩较小，可以使用功率较小的起动电动机。

④负荷反应快，加速性好。只要燃料建立起稳定的燃烧，部件就可达到工作温度，很快输出全功率。燃气轮机从怠速到输出全功率的时间小于3 s，而柴油机需要2~3 s的时间。

⑤燃料适应性好。汽油、煤油，柴油都可使用，且功率变化不大。

⑥冷却消耗功率少。没有柴油机中专用的零部件冷却系统，仅需机油散热器。

⑦扭矩特性好。燃气轮机的扭矩随动力涡轮的转速降低而增大，可以简化、减轻传动装置及其操作，提高效率和车辆的平均速度和加速性，减少驾驶员的劳动强度。

⑧机油消耗量少，仅为柴油机的1/10，不需要定期更换机油和机油滤清器。

但是，燃气轮机的主要缺点如下：

①燃油消耗率高，尤其是在低转速、部分负荷时，热效率低，油耗更高，行驶同样的里程，比柴油机将多耗油30%~70%，这不仅减少了车辆总行程，还给后勤补给带来了困难。

②空气消耗量大，比柴油机的耗气量多2倍以上，大大加重了空气滤清的难度。

③制造成本高，约为柴油机造价的2倍。加工难度、精度要求都很高。

④制动困难。由于燃气轮机的压气机、动力涡轮等的转速很高，惯性很大，因此制动困难。

3. 转子发动机

转子发动机目前尚在研究之中。它的特点是，以转子的旋转运动代替活塞的往复运动。

三角形转子在外壳中进行行星运动，外壳的工作面呈长短幅圆外旋轮线形。当转子沿着外壳的工作面旋转时，转子相邻两顶之间的容积也随着变化，而转子每转一转，相邻两顶之间的容积有的加倍，有的减半。

4. 绝热发动机

绝热发动机目前尚在研制、试验之中。所谓绝热发动机，就是说它是一种在"绝热"状态下工作的发动机。将柴油机的活塞顶、燃烧室、气缸盖、进气门、排气门等受热零件采用耐热材料（如陶瓷）制造，能在很高的热负荷下正常工作，即所谓绝热柴油机。

绝热柴油机的构造和工作原理大体上与普通柴油机的相似。现在研制中的绝热柴油机，大多是复合式绝热柴油机。所谓复合，就是附加有涡轮余热回收装置，以便有效地回收废气中的余热。

5.2.3 发动机的选择

1. 发动机类型选择

一般车辆可供考虑的动力大体有电气和热机两类。电气能源指各种储电池电动机系统。热动力机可有多种区分，如内燃或外燃、连续或间断燃烧、开式或闭式循环、压燃或火花点火、均匀供气或层供气等。车辆动力的选择不同于固定动力或甚至船舶的动力，首先应以轻小为前提。从单位动力装置质量所能提供的功率和能量来考察。

目前装甲车辆上以内燃机（汽油机、柴油机）为主，随着技术的发展，燃气轮机、电气动力和混合动力会逐渐应用到装甲车辆上。

战斗车辆采用汽油机或柴油机，从20世纪20年代就开始有争论。苏联在第二次世界大战时已选定专用柴油机，西方直到20世纪50年代才统一用柴油机。尽管柴油机的比质量和比体积大于汽油机，但在具有同样容量的燃料时，车辆最大行程是汽油机的1.3~1.6倍，在战场上被击中后也不易着火，且没有电火花影响通信和电子装置。实践证明，因经济而方便地采用现成的航空、汽车发动机或其他民用大功率发动机都不适合。20世纪60年代以来发展成功的专用发动机，差不多都是适用多种燃料的高速柴油机，即在必要时也可以喷射煤油、汽油甚至机油等。不过，在拥有大量汽车的一些炮兵或步兵部队中，为了与运输车和牵引车通用，简便后勤，在数量较少的装甲车辆上也采用汽油机。有的轻型轮式车辆也采用大量生产的民用发动机。

燃气轮机在20世纪60年代就已开始应用于装甲车辆。与柴油机相比，虽然燃气轮机有明显的缺点，但也具有许多优点，特别是具有较大的转矩变化范围，可改善车辆的牵引特性，减少排挡数目，越来越引起人们的重视。

当前世界装甲车辆发动机的装备和研制现状是：柴油机仍然处于统治地位，通过基本结构、燃烧系统、冷却系统、涡轮增压、中冷等新技术的应用，柴油机正在继续发展，还具有强大的生命力；燃气轮机实现了突破，20世纪70年代末首次作为主动力系统进入装甲车辆发动机行列，80年代初功率就达到了1 100 kW以上。从20世纪80年代以来，国外研制的高比功率柴油机都已先后付诸装备并进行了诸多改进和新的研发。德国MTU公司的880系列和美国康明斯公司的ALPS（先进整体式推进系统）代表当前装甲车辆柴油机最先进水平。目前发达国家坦克柴油机的比功率已经达到70 kW/L以上，新研制产品HPD（高功率密度柴油机）高达92 kW/L。我国装甲车辆用柴油机主要经历了类比、改进和创新三个阶段。经过半个世纪的发展，取得了很大进步，尤其是单一功率指标方面接近了国际先进水平。目前，主战坦克柴油机功率可达1 176 kW，功率密度达34.6 kW/L，但从总体性能上看，距国际先进水平还有一定差距。

2. 柴油机冲程数的选择

现在多数装甲车辆采用四冲程发动机，有少数采用二冲程发动机。二冲程发动机的单位体积功率比四冲程发动机高得多。但燃料经济性不好，低速特性差，影响最大行程，不适于在困难路面上行驶。当采用增压器以后，一些缺点得到改善。

3. 气缸排列形式的选择

发动机的气缸排列形式中，直列气缸在一般缸径时的功率不够大，缸数过多会使机体过长。星形和X形排列的发动机高度大，曲轴中心过高，不便于连接传动部分，保养接近向下方的一些气缸有困难。对置活塞发动机的活塞顶和燃烧室的热负荷大，导致壳体和缸套易裂。立式对置活塞发动机的高度影响车体的高度，卧式对置发动机影响车体的宽度或长度，它们都较难再继续加大功率。20世纪70年代以来所研制的主战坦克发动机几乎都采用V形结构的气缸排列形式，包括许多轻型装甲车辆也如此，V形夹角一般为90°或60°，气缸数多为12缸，也有8缸。

发展趋势是：发动机不但与传动装置组装为一体，冷却装置和空气滤清器等也都固定为一体，这样可取得最紧凑的空间和工作可靠性，整体拆装和调整所需时间也大幅度地减少90%以上。

4. 动力机组

用两台以上发动机来组成动力机组，可以获得分别工作和联合工作的不同功率及最低的油耗，但得到所需功率所占用的体积和质量大，并且不必要地具有多份附属装置和连接结构。现代装甲车辆要求发动机的主要指标是：单位体积功率为350 kW/m³以上、比质量为2 kg/kW以下、额定燃油消耗率不大于245 g/(kW·h)、大修前的使用寿命在500 h以上。发动机尺寸指标比质量指标更重要。因为发动机本身约占坦克质量的4%~5%，占车体容积的10%。而车体却占坦克总质量的30%~40%，因此加大发动机体积会引起车体容积特别是车重的迅速增加。目前研制的装甲车辆发动机单位体积功率有的已高达700 kW/m³。

5.3 其他装置的配置与选型

5.3.1 冷却系统的配置与选型

1. 冷却系统及其组成

1）冷却系统

发动机工作时，高达2 500 ℃的燃气及高速相对运动件间的摩擦，使活塞、气缸盖、气缸套、气门等零件的温度也很高。若不适当冷却，零件严重的受热，将破坏正常的配合间隙，降低机械强度和刚度；高温下润滑油性能恶化，润滑不良，零件磨损加剧；高温下发动机充气不良，易产生不正常燃烧。因此，过热带来发动机工作可靠性下降，使用寿命缩短，动力性、经济性恶化等一系列后果。所以，必须对发动机进行适当的冷却。

冷却系统，就是使工作中的发动机得到适度的冷却，并保持在最适宜的温度状态下工作的辅助系统，其作用是可靠地保护发动机，改善燃料经济性和降低排放。

2）冷却系组成

冷却系统分为两种类型：液冷和风冷。液冷是指通过发动机中的管道和通路进行液体的循环的冷却系统。当液体流经高温发动机时，会吸收热量，从而降低发动机的温度。液体流过发动机后，转而流向散热器，液体中的热量通过热交换器散发到空气中。液冷的优点是冷却均匀，冷却效果好，易控制，但结构复杂，成本高。风冷是指通过发动机缸体表面及其附着的铝片对气缸进行散热的冷却系统。一个功率强大的风扇向这些铝片吹风，使其向空气中散热，从而达到冷却发动机的目的。风冷的优点是结构简单，成本低，不存在"冻水箱"、"开锅"问题，但冷却效果差，不易控制，噪声大。大多数发动机都采用的是液冷。

液冷系统的冷却液多以水作为冷却介质主体，添加防腐剂或防冻剂，因此称为水冷系统。目前发动机上采用的水冷系大都是强制循环式水冷系统，即利用水泵提高冷却液的压力，强制水在冷却系中进行循环流动。

水冷系统按其组成部分的功能与结构，可分为热介质循环系统、散热器和通风装置三个组成部分。传热介质循环系统，通过介质将传带热量到热交换器，并维持介质稳定循环。散热器，将传热介质带来的热量传给冷却空气。通风装置加速空气流动，促进散热，加快冷却作用。

设计水冷系统时，为保证水泵工作条件的稳定性，在水泵进口处保持足够的压力是非常重要的。这主要靠在水泵的进口处与膨胀水箱相连接起来，以及采用尺寸足够大的水管来达到。循环回路的管径由冷却液流量来求取。在冷却系中，膨胀水箱的体积应为总体积的20%。

在现代装甲车辆上，广泛采用管－片式或管－带式散热器。液态传热介质沿两集水室之间散热器管排流动，管排外部有片状或带状的散热片。冷却系统进行方案设计时，可预先估算所需散热器散热面积，选择散热器。集水室里面装有隔板，将散热器分成几组通道。散热器最大尺寸由工艺的可能性来确定。

通风装置的型式和结构对冷却系的布置有很大的影响。采用引射或轴流风扇作为冷却通风装置的冷却系统，可将散热器、进出百叶窗、通风装置用通风管道连接成一个整体，使空气通道与动力传动舱的其他空间隔离开来。当采用离心式风扇的冷却系统时，往往做成开式的空气风道，此时冷却空气与动力传动舱的空间不隔离开。选择通风装置的型式，这要由冷却系的型式来确定。引射冷却系统的优点是：有在各式各样的容积布置的可能性；耗功小；省掉排气系统，而且废气排温低；当克服水障碍时，将散热器和引射器体埋入水中，以获得冷却。但是，由于引射所产生的压力低，散热器只能采用大迎风面和小厚度；不增加尺寸而提高其效能的可能性受到限制。然而，风扇冷却系统可保证使用迎风面小而厚度大的散热器，而且可用提高风扇叶轮转速的办法来强化冷却。但风扇冷却耗功大，并且还要设计和布置其传动机构。为了解决大单位功率的装甲车辆的冷却部件的任务，往往使用复合式的通风装置，此装置在恶劣工况下，通过接通装在引射流道里的风扇，以提高引射器的风量的方法来保障。

2. 对冷却系统的要求

随着发动机采用更加紧凑的设计和具有更大的比功率，发动机产生的废热密度也随之明显增大。一些关键区域的散热问题需优先考虑。一个良好的冷却系统，应满足下列各项要求：

①适应性好。发动机冷却系统应能满足发动机在各种工况下运转时的需要，尤其是满足发动机满负荷时的散热需求。

②效果好。起动后，能在短时间内达到正常工作温度。

③结构紧凑合理。冷却系统有最小的体积尺寸和质量。

④消耗功率小。冷却系消耗的功率为发动机功率的3%~15%。

⑤使用可靠。密封好，不得漏水；使用可靠，寿命长；设置报警装置；维修性好。

⑥影响小。冷却系统对装甲车辆的防护性、涉水性、目标特性等总体性能影响小。

⑦工艺性好，制造成本低。

3. 冷却系统的选择

根据传统冷却系统的作用，现代冷却系统设计要综合考虑：发动机内部的摩擦损失；冷却系统消耗的功率；燃烧边界条件（如燃烧室温度、充量密度、充量温度）等方面的因素及其影响。先进的冷却系统采用系统化、模块化设计方法，统筹考虑每项影响因素，使冷却系统既保证发动机正常工作，又提高发动机效率和减少排放。

现代的发动机设计，将发动机的热量管理系统纳入整个发动机控制系统中，全面考虑发动机的暖机、冷却效率、废气排放控制、燃油利用等。目前的冷却系统属于被动系统，只能有限地调节发动机的热分布状态。冷却系统设计主要是选择满足要求的系统结构。选择这样或那样结构决策常常遇到多项指标相互制约的变化，因此，设计计算冷却系是多目标决策，其目标是获得动力传动舱整体指标高。采用先进的冷却系统设计和先进的工作方式可大大改进冷却系统，使冷却系统高效地运行，间接地提高燃料经济性和降低排放量。

1) 冷却方式的选择

装甲车辆发动机采用水冷的技术经验较多。与风冷比较，水冷发动机工艺要求较低、成本较低、容易防止局部过热、机体表面的温度较低、噪声较小、水上行驶和潜渡时有可能利用车外的水来冷却。但是，水冷发动机不利于在缺水地区使用，需要更多的冷却空气才能带走相同的热量。水冷式冷却系比较容易损坏和漏水，水垢多。特别是，水冷式的整个动力部分所占体积、质量都比风冷的大。目前的冬季加温锅体积大、起动时间长，这都急需改进。美国、日本、德国等一些厂家具有风冷发动机的传统经验。现代主战坦克发动机功率日益增大，需要冷却的热量也越来越大，风冷式难以满足要求，但风冷式发动机对于中、轻型车辆还是适用的。

2) 冷却液的选择

选择冷却液的性能应满足要求：

①防冻性。即在冬天0℃以下不结冰。地区不同，防冻要求也不同。

②防腐性。要求冷却液对钢、铸铁、铝、铜、黄铜、焊锡等多种金属没有腐蚀作用，也不能够腐蚀橡胶、树脂。

③热传导性。传热性能必须优良。
④稳定性。性能稳定,不容易变质。

3) 膨胀水箱的选择

冷却液在发动机冷却回路流动,随温度升高体积膨胀,为了吸收这部分膨胀体积而需要选用膨胀水箱。选用的膨胀水箱必须要求有耐热、耐压及一定的容积,膨胀水箱盖应该为压力式散热器盖。一般要求膨胀水箱的设计容积占整个冷却系统容积的 4% ~ 6%,并且膨胀水箱安装位置必须高于散热器及发动机缸盖。

4) 风扇的选择

现在常用的内燃机热效率不太高。一般柴油机的热量利用和排热情况大约为:输出功率 34%,排气 31%,冷却 31%,辐射 4%。由于需要从密闭的装甲车体中带走的热量很大,因此发动机轴功率的 12% ~ 14% 将用于驱动风扇,发动机实际输出净功率不超过 30%。

冷却系采用的通风装置有风扇和废气引射抽风装置两种。废气引射抽风装置,利用发动机排气压力,经喷嘴喷射,并扩张引流来抽风。这样,可利用废气余压做功来降低风扇消耗功率,效果较好,曾在一些装甲车辆上应用。但现代发动机利用废气对涡轮增压器做功,就不能再作抽冷却风用。风扇由发动机直接带动,以保证只要发动机运转就能有冷却气流。风扇传动形式有带传动、齿轮传动、液力传动及液压传动。带传动和齿轮传动结构较简单,成本低,但不能进行无级调速;液力传动可进行无级调速,但结构较复杂,成本高;液压传动布置自由,可进行无级调速,但传动效率较低。风扇本身尺寸应该小,风量和风压满足要求。冷却风扇从入口到出口的压力变化是属于 10% 大气压以下的低压头风扇。

风扇有离心式、轴流式和混流式三种。离心式风扇:离心力造成空气的静压头,风扇周围的蜗形风道内的空气动能也转换为静压力,总的气压可达 1.5 ~ 3 kPa。其特性在较大程度上取决于叶片弯曲形式与角度。因此,又分为三种:叶片前弯的离心风扇的空气压头高,但效率较低。常用的是叶片后弯的,其效率较高、压头较低;为提高压头,需要提高转速。径向的直叶片的性能介乎二者之间。轴流式风扇:空气流量大,效率较高,但空气压头一般低于 1.8 kPa。低压头风扇的叶片数目可以少到两个;如果需要较高的压头,须增加叶片数。用风扇罩管可引导空气使部分切向分量速度转换为静压头。而风量与压力成正比,从而提高了效率。当在叶轮的前、后或只在一侧装有固定的导向叶片时,可以把动压头在切向上的分量转换成静压头,从而提高效率。混流式风扇:可以产生轴向和径向气流分量,兼有轴流风扇流量大和离心风扇静压头高的综合性能,效率较高。

选用风扇需要能克服风道的阻力提供足够的空气流量。风扇的数量和最大直径要与散热器尺寸相配合,而速度则与传动比有关。风道阻力为冷却系静压力降的函数,随流量而变,近似于抛物线关系。试验证明,风扇流量正比于速度乘直径的三次方,而压力正比于速度的平方乘直径的平方,并和空气密度成正比变化。风扇消耗的功率则随速度的立方变化,也与空气密度成正比变化。冷却系风道阻力产生于百叶窗、金属网、各散热器、发动机及一些妨碍空气流通的部件。在大多数冷却系中,气流是扰动的,静压力损失随风量的平方而变。通常需要通过实验决定,也可以类比计算。当可利用的车内空间不受限制时,一般可选用专业生产的成品。当可利用的车内空间受限制不能用一个大风扇时,可以用两三个较小的风扇并列,也可以用单独的进风风扇和排风风扇。

5.3.2 润滑系统的配置与选型

1. 润滑系统及其组成

1) 润滑系统及其作用

发动机工作时,传力零件的相对运动表面(如曲轴与主轴承活塞与气缸壁正时齿轮副等)之间必然产生摩擦金属表面之间的摩擦,不仅会增大发动机内部的功率消耗,使零件工作表面迅速磨损,而且由于摩擦产生的大量热可能导致零件工作表面烧损,致使发动机无法运转。因此,为保证发动机正常工作,必须对相对运动表面加以润滑,也就是在摩擦表面覆盖一层润滑油,使金属表面间形成一层薄的油膜,以减小摩擦阻力,降低功率损耗,减轻机件磨损,延长发动机使用寿命。润滑系统是存放并不断向发动机供润滑油的综合装置。该系统,在所有的工况下,在所有可能使用的条件下,向发动机连续不断地供给所需压力的润滑油。

发动机的润滑油一般称为发动机油,简称机油。机油对发动机的主要作用有:润滑(润滑运动零件表面,减小摩擦阻力和磨损,减小发动机的功率消耗)、清洗(机油在润滑系内不断循环,清洗摩擦表面,带走磨屑和其他异物)、冷却(机油在润滑系内循环,还可带走摩擦产生的热量,起冷却作用)、密封(在运动零件之间形成油膜,提高它们的密封性,有利于防止漏气或漏油)、防锈蚀(在零件表面形成油膜,对零件表面起保护作用,防止腐蚀生锈)、液压(润滑油还可用作液压油,起液压作用)、减振(在运动零件表面形成油膜,吸收冲击并减小振动,起减振缓冲作用)。

在以活塞式发动机为动力的动力装置中,主要采用石油加工得到的矿物油做润滑剂。装甲车辆对发动机机油的严格而又相互制约的要求,只能靠采用优秀品质的基础润滑油添加上专门的添加剂才能达到。采用专门的抗氧化的、去污的、抗磨和消泡沫的添加剂,以及能同时改善机油多个性能的多功能添加剂。对于燃气轮机的润滑,主要使用合成机油,因为矿物油不能满足燃气轮机对热氧化稳定性的较高的要求。

2) 润滑方式

润滑方式主要分为压力润滑、飞溅润滑和定期润滑。压力润滑,是利用机油泵,将具有一定压力的润滑油源源不断地送往摩擦表面,如曲轴主轴承、连杆轴承及凸轮轴轴承、摇臂等,形成油膜,以保证润滑的润滑方式。飞溅润滑,是利用发动机工作时运动零件飞溅起来的油滴或油雾来润滑摩擦表面的润滑方式。飞溅润滑可使裸露在外面承受载荷较轻的气缸壁、相对滑动速度较小的活塞销,以及配气机构的凸轮表面、挺柱等得到润滑。定期润滑,是对于负荷较小的发动机辅助装置定期、定量加注润滑脂进行润滑。定期润滑不属于润滑系的工作范畴。近年来在发动机上采用含有耐磨润滑材料(如尼龙、二硫化钼等)的轴承来代替加注润滑脂的轴承。

3) 润滑系统的组成

发动机润滑系统由机油供给装置、滤清装置、仪表及信号装置等组成。

①机油供给装置:使机油以一定的压力和流量在循环系统中流动,包括油池、机油泵、油道、油管、限压阀等。

②滤清装置:清除机油中的各种杂质,包括集滤器、粗滤器、细滤器、旁通阀等。

③仪表及信号装置:使驾驶员随时知道润滑系统的工作情况,包括堵塞指示器、压力感

应塞、油压警报器、指示灯及压力表等。

按常用机油放置位置，发动机的润滑系统可分为湿式曲轴箱系统和干式曲轴箱系统。

湿式曲轴箱的润滑系，曲轴箱的底部用来存放机油。发动机运转后带动机油泵，机油泵从机体油池吸入机油，再把机油流入油冷器，冷却后的机油通过机油滤清器（简称机滤）过滤后进入机体主油管，在压力作用下至各个润滑点。润滑后的机油会沿着缸壁等途径回到油底壳中，重复循环使用。重复润滑的机油中，会带有磨损的金属末或灰尘等杂质，如不清理，反而加速零件间的磨损。所以，在机油油道上必须安装机油滤清器进行过滤。但时间过长，机油一样会变脏，因此在车辆行驶一定里程后，必须更换机油和机油滤清器。这种系统广泛应用于汽车发动机。

干式曲轴箱的润滑系，机油存放在专门的油箱中。当发动机工作时，供油泵从循环油箱抽机油，而后将其在压力作用下，经机油滤清器，供入主油道，由此机油到达发动机的摩擦零件。用回油泵从沿发动机长度上分设的两个机油集油池将机油抽出来，而后经机油散热器和泡沫消除器，返回循环油箱。当温度低时，发动机出来的机油，不经机油散热器，而经旁通油道，返回油箱。随着机油的消耗，机油从补油箱进入循环油箱。为了防止机油从循环油箱又流到补油箱，在连接油道上设有止回阀。为防止润滑系油箱内的压力过高，经排除空气导管和发动机曲轴箱通风系统，使之与大气相通。在发动机起动之前，用电动机油泵，不经过机油滤清器，往主油道泵有压力的机油。润滑系的工作，根据设置在主油道进口处的压力指示值和装在发动机机油出口处的温度指示值来监测。在军用履带车辆的发动机中，主要采用干式曲轴箱的润滑系，它可以降低发动机的高度和减少机油的消耗，确保其长的使用期限。

向摩擦表面供机油的油道（或油管）、供油泵、回油泵、机油滤清器和减压阀等元件都和发动机设计成一体。

2. 对润滑系统的要求

对于现代装甲车辆动力装置的润滑系统，提出以下要求：

①在发动机保险期内不换机油的情况下，确保发动机的工作性能。

②对于发动机负荷最大的零件（如曲轴轴承等），确保润滑。

③确保能带走摩擦表面的热量。经发动机的机油循环量应足够，确保能带走摩擦表面的热量。油路足够大且畅通，压力足够，流量足够大，流动顺畅。

④在车辆侧倾和纵倾45°的情况下，能保证工作性能。机油量足够，油箱位置摆放合理，油箱进油口和出油口设计合理。

⑤确保满足车辆行程储备需要。按机油计的行程储备不得小于按燃油计的行程储备。

3. 润滑系统的选型

1）机油的选用

机油选用原则：

①根据工作条件的苛刻程度选用适当的品种。主要考虑黏度（机油的黏度指机油在外力作用下流动时，分子间的内聚力阻碍分子间的相对运动，产生种内摩擦力，所表现出来的性质）及其温度特性（机油的黏度随温度变化而变化的性质）、低温性（机油在低温下的流动性）、安定性（机油一般情况下抵抗氧化变质的性能）、腐蚀性（机油对金属及其他物质产生腐蚀作用的性质）等因素。

②根据地区季节气温,结合发动机的热负荷,选用适当的牌号。

2)机油泵的选用

机油泵的功用是保证机油在润滑系统内循环流动,并在发动机任何转速下都能以足够高的压力向润滑部位输送足够数量的机油。

机油泵按结构形式,可分为齿轮式和转子式两类。

齿轮式机油泵又分内接齿轮式和外接齿轮式,一般把后者称为齿轮式机油泵。齿轮式机油泵壳体上加工有进油口和出油口,在油泵壳体内装有一个主动齿轮和一个从动齿轮,齿轮和壳体内壁之间留有很小的间隙,其工作原理是当齿轮向顺时针旋转时,进油腔的容积由于轮齿向脱离啮合方向运动而增大,产生一定的真空度,润滑油便从进油口进入并充满进油腔,旋转的齿轮将齿间的润滑油带到油腔,由于轮齿进入啮合,出油腔容积减少,油压升高,润滑油经出油口被输送到发动机油道中。齿轮式机油泵的特点是工作可靠,结构简单,制造方便和泵油压力较高,所以得到了广泛应用。

转子式机油泵壳体内装有内转子和外转子。内转子通过键固定在主动轴上,外转子外圆柱面与壳体配合,二者之间有一定的偏心距,外转子在内转子的带动下转动,壳体上设有进油管和出油口、转子式机油泵。工作原理:在内、外转子的转动过程中,转子的每个齿的齿形齿廓线上总能相互成点接触,这样内、外转子间形成了四个封闭的工作腔。由于外转子总是慢于内转子,这四个工作腔的容积在不断变化。每个工作腔在容积最小时与壳体上的进油孔相通,随着容积的增大,产生真空,润出油孔相通时,容积逐渐减小,压力升高,润滑油被压出。转子式机油泵的优点是结构紧凑,外形尺寸小,质量小,供油量大,供油均匀,噪声小,吸油真空度较高,成本低,在中、小型发动机上应用广泛。而且,当机油泵安装在曲轴箱外或安装位置较高时,采用转子式机油泵比较合适。

3)机油滤清器的选用

机油滤清器的功用是滤除机油中的磨屑、杂质和机油氧化物,以免使之进入润滑系统磨损机件。

机油滤清器按结构,可分为可换式、旋装式、离心式;按在系统中的布置,可分为全流式、分流式和组合式;按作用,可分为粗滤器和细滤器。

粗滤器用于滤去机油中粒度较大(直径为 0.05 mm 以上)的杂质,它对机油的流动阻力较小,故通常串联于机油泵与主油道之间,属于全流式滤清器。粗滤器是过滤式滤清器,其工作原理是利用机油通过细小的孔眼或缝隙时,将大于孔眼或缝隙的杂质留在滤芯的外部。机油滤清器的滤芯有褶纸式、纤维滤清材料和金属片缝隙式。机油滤清器经过一段时间使用之后,滤芯上会聚集许多油泥和金属碎屑,造成滤清器堵塞,阻碍润滑系统正常工作。此时,应及时清洗或更换机油滤清器的滤芯。

细滤器用于清除细小的杂质(直径在 0.001 mm 以上的细小杂质),这种滤清器对机油的流动阻力较大,故多做成分流式。它与主油道并联,只有少量的机油通过它滤清后又回到油箱。经过一段时间运转后,所有润滑油都将通过一次细滤器,从而保证了润滑油的清洁度。细滤器有过滤式和离心式两种,过滤式机油细滤器存在着滤清能力与通过能力的矛盾,现代发动机一般采用离心式细滤器。

4)机油冷却器的选用

机油冷却器在热负荷较大的高性能、大功率发动机上是必不可少的部件,分为风冷式和水冷式两种类型。风冷式机油冷却器一般装在发动机冷却水散热器前面，利用风扇的风力和车辆行驶迎面风对机油进行冷却，类似于冷却水散热器。由于风冷式机油冷却器无法控制冷却强度，在发动机起动后暖机时间长，一般都不采用，仅在赛车或少数涡轮增压发动机上采用。水冷式机油冷却器外形尺寸小，布置方便，并且不会使机油冷却过度，机油温度稳定，因而应用较广。

5.3.3 燃料供给系统的配置与选型

1. 燃料供给系统及其组成

燃料供给系统，是根据需要储存相当数量的燃油，以保证车辆有相当远的续驶里程，同时根据发动机运转工况的需要，向发动机供给一定数量的、清洁的、雾化良好的燃油，以便与一定数量的清洁的空气混合形成可燃混合气，并将燃烧后的废气排出的各装置组成的综合系统。

燃料供给系统的功用：储存、过滤和输送燃料；提供清洁的空气；根据发动机的不同工况，以一定的压力及喷油质量将燃油定时、定量地喷入燃烧室，迅速形成良好的混合气并燃烧；根据发动机的负荷变化，调节供油量并稳定发动机转速；将燃烧后的废气从气缸中导出并排入大气中。

燃料供给系由燃油供给装置、空气供给装置、混合气形成及废气排出装置等四部分组成。燃油供给装置包括燃油箱、输油泵、低压油管、滤清器、喷油泵、喷油器、调速器、喷油提前器、高压油管及回油管等。空气供给装置包括空气滤清器、进气管等，有的柴油机装有增压器。混合气形成是在燃烧室内完成的。废气排出装置包括排气管及排气消声器等。

发动机工作时，输油泵将油箱中的燃油泵出，经低压油管、滤清器输入喷油泵。当某缸活塞接近压缩终了时，喷油泵泵出的高压燃油经高压油管供给喷油器，形成雾状燃油，并定时、定量地喷入燃烧室，与燃烧室内的高压、高温空气混合，迅速燃烧做功，做功后废气经排气歧管及排气消声器排入大气。其中，从燃油箱到喷油器泵入口的这段油路为低压油路，从喷油泵到喷油器这段油路称为高压油路。输油泵供给的多余燃油及喷油器工作间隙泄露的极少量燃油经回油管返回滤清器或燃油箱，这段油路称为回油路。

2. 对燃料供给系要求

对燃料供给系统的主要要求是：确保要求的行程储备，添加燃油所花的时间和工作量应适当，在正常使用条件下保证发动机不断的工作。

1）使用燃料要求

柴油的蒸发性和流动性都比汽油的差，不能在气缸外部形成混合气。接近压缩行程终点时，把柴油喷入气缸，受热、蒸发、扩散，与空气混合。混合气形成的时间很短，燃烧室各处混合气成分不均匀，并且随时间变化。柴油黏度大，不易挥发，必须用高压以雾状喷入。可燃混合气的形成和燃烧过程是同时、连续重叠进行的，即边喷射、边混合、边燃烧（扩散燃烧）。必须要有足够的空气和柴油混合。进气道、燃烧室、燃油系统要相互匹配。

2）柴油储量要求

现代装甲车辆动力装置的功率不断增大，作战半径也日益增加，所需携带的燃油也越来越多。为了满足战术技术指标要求，需要较大燃油储量，并配置多个油箱，分开储存，串联使用。油箱分为车内油箱、车外油箱、附加油箱。工作顺序先从附加油箱开始，而后是车外油箱，最后是内部油箱。

①储油量应满足最大行驶里程需要。

②车内油箱储油量，一般应不少于60%，尽量利用车内剩余空间分开储存。

③油箱的加油口应该开设在方便加油的地方。

④油箱下部要求有一定深度的"底油"，以免吸入沉淀物。应该有油箱最低点的放油口。

⑤油箱应该分组，以免一个油箱在战斗中损坏后全部油都漏损。

3）燃油供给和控制要求

根据发动机使用和运行的不同工况，燃料供给系统必须按各种使用工况的要求对燃油进行有效的控制和供给。要求燃料供给系统能够按照发动机的工作状态需要，将一定量的燃油喷入气缸内；应保持正确的喷油定时，根据需要能够调节供油提前角（柴油喷入气缸后，要经过一定时间的物理化学过程后才能着火燃烧；要在上止点附近着火，就要在上止点之前喷油；喷油提前角是指从喷油器喷油开始，到活塞运行至上始点时曲轴转过的角度）；应具有良好的雾化质量，以保证混合气的形成和燃烧过程；断油应迅速，避免二次喷射或滴油现象发生；工作要可靠，使用保养及调节要方便。

气缸内燃油着火前的物理化学过程准备时间基本不变，但转速越高，同样时间所占曲轴转角就越大。所以，喷油提前角应随发动机转速增高而加大。喷油泵提前供油角度要求尽可能精确控制，一般误差不大于±0.50°。

4）自动调速要求

柴油机高压供油系统中，只能控制喷入气缸的油量，但油量控制装置与发动机负荷没有直接联系（汽油机用节气门控制进入缸内的空气量）。负荷增加时，如果每循环油量不变，则发动机转速降低，甚至熄火；负荷减小时，若油量不变，则发动机转速增大，甚至可能超速。发动机转速不稳，随负荷而变。需要设置自动调速装置，使之根据负荷变化，自动调整喷油泵循环供油量，以使柴油机稳定转速运行。

5）适时调整要求

在适当时刻将增压的、洁净的、适量的柴油以适当的规律喷入气缸，喷油时机（喷油提前角）和喷油量应与发动机工况适应。喷油压力、喷注雾化质量及其在燃烧室的分布与燃烧室类型适应。多缸机一个工作循环内，各缸均喷油一次，喷油次序与气缸工作顺序一致。根据负荷变化自动调节循环喷油量，保证发动机稳定运转，稳定怠速，限制超速。

3. 燃料供给系统配置与选型

1）低压供油系统

将过滤后的清洁燃油输入喷油泵的低压油腔，并将多供和喷油器泄漏的柴油送回油箱。油箱、低压油管、柴油滤清器、输油泵一般称为燃油系统的辅助装置。输油泵输油压力为 0.1~0.25 MPa。

（1）油箱

油箱用来储存最大行程所需的柴油。柴油箱分为车内油箱组、车外油箱组和备用油箱组。车内油箱组可以充分利用车内剩余空间，分开储油，串联使用。一般由左前油箱、右前油箱、右油箱、前弹架油箱等组成，油箱之间用油管、气管连接。车外油箱组一般布置在车体中部，安装在左翼板上，底部有放油螺塞及放油活门。车外油箱一般有4个油箱，由前向后依次为第 1、2、3、4 油箱。第 4 个油箱用油管与备用油箱连接，第 1 个油箱的吸油管与车内油箱连通。每个车外油箱均有吸油管、加油口盖及滤网。备用油箱（桶）一般配备有两个，安装在车辆尾部装甲板的专用托架上，用卡带固定。两个油箱间用油管和气管连接，并与车外油箱组中第 4 个油箱连接。

（2）燃油分配开关

燃油分配开关用来接通或切断某一组油箱的油路。燃油分配开关固定在驾驶椅右侧的底甲板上，它由支架、开关体、开关塞、开关固定卡、弹簧、转把、压紧螺母、垫圈和油挡组成。转把有三个位置（按前进方向）：向前通车外油箱组，向右通车内油箱，向后为关闭位置。

（3）手动燃油泵

手动燃油泵用来在起动发动机前将燃油送到喷油泵和加温器燃油泵，并与排除空气开关配合，排除油路内的空气。手动燃油泵固定在驾驶椅的右侧、燃油分配开关的后方，并与燃油分配开关相连。它由泵体、泵盖、叶轮及叶轮轴、手柄、进油活门及座、出油活门及座和密封油挡等组成。叶轮和活门座将泵体内腔隔成 1、2、3、4 四个工作室，叶轮和叶轮轴之间有两道环行油道，分别沟通 1、3 和 2、4 工作室。活门座与叶轮之间装有密封垫。泵体与泵盖、泵盖与叶轮轴之间分别装有密封圈和油挡。逆时针方向摇动手柄时，1、3 工作室容积减小，压力增大，通 1 工作室的进油活门关闭，通 3 工作室的出油活门开启，1 工作室的燃油经环行油道进入 3 工作室，经出油活门而被泵至燃油粗滤清器。同时，2、4 工作室的容积增大，产生低压，通 2 工作室的出油活门关闭，通 4 工作室的进油活门开启，燃油进入 2、4 工作室。顺时针方向摇动手柄时，将 2、4 工作室的燃油泵出；1、3 工作室又进油。反复摇动手柄，便不断地将燃油泵出。发动机工作时，由于输油泵的抽吸作用，使进、出油活门同时开启，将油路沟通。

（4）排除空气开关

排除空气开关用来在起动发动机之前，与手动燃油泵配合，排除油路内的空气，便于起动发动机。排除空气开关固定在驾驶椅前的车首甲板上，它由开关体、弹子活门、开关杆、转把、弹簧、压紧螺母、垫圈和油挡等组成。逆时针方向转动转把时，弹簧被压紧，弹子活门开放。此时摇动手动燃油泵，燃油细滤清器和喷油泵内的空气便通过开关流至右弹架油箱。松开转把时，开关在弹簧的作用下自行关闭。使用中，由于弹簧弹力减弱等原因，造成开关关闭不严时，输油泵泵出的部分燃油会经排除空气开关流至前油箱，大负荷时可能造成供油不足，发动机功率下降。因此，排除空气后，应拧紧开关转把，必要时重新安装弹簧，增大其弹力。

（5）燃油粗滤清器

燃油粗滤清器用来滤除燃油中较大颗粒的机械杂质和尘土。燃油粗滤清器安装在车内油箱的支架上。它由滤清器体、滤清器盖、密封毡垫、滤网（多层）、弹簧及垫圈等组成。滤清器体：中间焊有中心螺杆，并用螺母使体与盖结合。滤清器盖：上有进油接管和出油口。进油接管通滤网的外面，滤网的内腔通出油口，在盖的内、外环槽中，各装有一道密封垫，分别与外层滤网及体紧密结合。滤网：多层套合在一起。外、中层滤网之间的下端和中、内层滤网的上端是密封的；内层滤网套装在中心螺杆上，其下端坐在带弹簧及垫圈的密封垫圈上，借弹簧张力压紧。燃油进入滤清器体内，流经滤网后，较大的杂质便被滤去。由于燃油通过滤网的流速较慢，燃油中所含的部分水分的杂质便沉淀到体的底部。滤清后的燃油经出油口分别到输油泵和加温器燃油泵。

（6）输油泵

输油泵用来在发动机工作时，保证低压油路中柴油的正常流动，克服柴油滤清器和管路中的阻力，并以一定的压力向喷油泵输送足够量的柴油。输油泵特点是流量较小，泵出口压力稳定（一般为1.0~1.2 MPa）。由于柴油黏度较高，泵入口温度一般不高，一般需加温输送。输油泵有柱塞式（活塞式）、膜片式、齿轮式和叶片式等几种。柱塞泵容积效率高、泄漏小、工作可靠，可在高压下工作，大多用于大功率液压系统；但结构复杂，材料和加工精度要求高，价格高，对油的清洁度要求高。齿轮泵体积较小，结构较简单，对油的清洁度要求不严，价格较低；但泵轴受不平衡力，磨损严重，泄漏较大。叶片泵分为双作用叶片泵和单作用叶片泵。这种泵流量均匀、运转平稳、噪声小、作用力和容积效率比齿轮泵高。叶片泵中，设计合理、加工精密的圆弧叶片，降低了叶片对定子内曲线的压应力，提高了定子和叶片的使用寿命；定子采用先进的高次方无冲击过渡曲线，使叶片具有良好的运动和受力状态，保证了叶片与定子间的良好接触，并使得流量损失，压力和流量脉动为最小，噪声更低，寿命更长；采用插装式结构，主要内脏零件做成组件形式，泵心更换可在几分钟内完成。柱塞泵容积效率高、泄漏小、可在高压下工作、大多用于大功率液压系统；但结构较复杂，材料和加工精度要求高、价格高，对油的清洁度要求高。由于其性能好，在装甲车辆柴油发动机中常用叶片泵。叶片式输油泵，按形式分为变量叶片泵和定量叶片泵，按结构分为单叶片泵和双联叶片泵，按压力分为高压叶片泵、低压叶片泵和中压叶片泵。

输油泵选择首先应满足流量要求，一般要求输油量为柴油机全负荷最大耗油量的3~4倍。在此基础上，考虑满足其他要求，如所输送燃料（柴油）特性的要求，转速、效率等性能要求，可靠性高、噪声低、振动小等机械方面要求，体积小、质量小、结构简单等结构要求，容易操作和维修方便等使用要求，以及经济要求。

起动发动机前回转装置不工作，摇动手动燃油泵，燃油便被压入输油泵，经调压活门上的油孔，顶开旁通活门，经出油口到燃油细滤清器；停止摇动手动燃油泵时，旁通活门弹簧伸张，活门关闭。发动机工作时，联动机构带动回转装置工作，当拨油叶转到进油口时，进油室内容积由小变大，压力降低，柴油便被吸入；当拨油叶转到出油口时，出油室容积变小，燃油便从出油口泵至燃油细滤清器。当发动机转速在1 860 r/min时，供油压力为245~294 kPa。当供油量超过需要时，调压活门被顶开，多余的燃油便返回进油口，在泵内循环。当压力下降后，调压活门弹簧伸张，活门关闭。

（7）柴油精滤清器

柴油精滤清器用来在柴油进入喷油泵前，滤除其中较小的杂质。柴油精滤清器固定在发动机前端上部中央。一般由两个滤清器并联而成，用来提高滤清质量。每个滤清器均由滤清器盖（两个制成一体）、滤清器体、滤芯、垫圈、弹簧和密封圈等组成。滤清器体中间焊有中心螺杆，并用螺母使体与盖结合。滤清器盖上有3条油道，分别与进油口、出油口和排除空气管相通。另有1个排气螺塞，在盖的内、外环槽中，各装有一道密封毡垫，分别与滤芯上端凸缘及滤清器体紧密结合。滤芯套装在中心螺杆上，下端座在带密封圈的垫圈及弹簧上，弹簧用来将滤芯两端密封处压紧。滤芯由滤油纸板、网套、上盖、下盖和夹紧板组成。滤清元件使用细毛毡板片与厚纸板交互叠放，带微孔的滤油纸板折叠成波纹圆筒套在网套上，两端用黏结剂与上、下盖黏结，纸板折叠交接处用夹紧板夹紧。由输油泵或手摇柴油泵送来的柴油，经进油口和盖内的油道同时进入两个滤清器体与滤芯之间的内腔。由于流通面积增大，通过滤芯受阻，流速降低，柴油中的杂质一部分沉淀下来，另一部分通过滤芯上的微孔时被挡在滤芯表面。进入滤芯内腔的清洁柴油，经盖上的出油管、出油道流往喷油泵。这种滤器的滤清精度可达 12~16 μm，在良好的情况下，可达 2~6 μm。当滤油器脏污时，其流体阻力比初始时的 10~15 kPa 显著增高，由此，往高压燃油泵的供油可能会停止。由此，滤油器应定期清洗，而滤清元件应定期更换。

2）高压喷油系统

高压喷油系统是将输入的低压油加压到超过喷油器开启压力，按发动机负荷情况精确计量燃油并适时地将其以雾状喷入气缸的装置。喷入的油束与燃烧方式相匹配，使燃油与空气形成有利于燃烧的可燃混合气。这个系统对柴油机的起动、怠速、功率、油耗、噪声和排污等都有重大影响。由喷油泵、高压油管、喷油器组成的高压喷油系统，称为泵-管-嘴系统。也有喷油泵、喷油器合一的所谓泵喷嘴系统。

(1) 喷油泵

喷油泵又称高压油泵，是燃油系统中最重要的一个部件。喷油泵的功用是提高燃油压力，并根据柴油机工况的要求，将一定量的燃油在准确时间内喷入燃烧室，即喷油泵的主要作用：①提高油压（定压）：将喷油压力提高到 10~20 MPa；②控制喷油时间（定时）：按规定的时间喷油和停止喷油；③控制喷油量（定量）：根据柴油机的工作情况改变喷油量，以调节柴油机的转速和功率。

对喷油泵的要求是：喷油泵的供油量应满足柴油机在各种工况下的需要，即负荷大时供油量增多，负荷小时供油量减少，同时，还要保证对各缸的供油量应相等；根据柴油机的要求，喷油泵要保证各缸的供油开始时刻相同，即各缸供油提前角一致，还应保证供油延续时间相同，而且供油应急速开始，停油要迅速利落，避免滴油现象；根据燃烧室形式和混合气形成的方法不同，喷油泵必须向喷油器提供压力足够的燃油，以保证良好的雾化质量。

按总体结构，喷油泵分为单体泵和合成泵（整体泵）。单体泵主要由一个柱塞和柱塞套构成，本身不带凸轮轴，有的甚至不带滚轮传动部件。由于这种单体泵便于布置在靠近气缸盖的部位，使高压油管大大缩短，目前应用在缸径为 200 mm 以上的大功率中、低速柴油机上。合成泵是在同一泵体内安装与气缸数相同的柱塞组件，每缸一组喷油元件，由泵体内凸轮轴的各对应凸轮驱动。

喷油泵有柱塞式、分配式、泵-喷嘴三种基本类型。柱塞式喷油泵是最基本形式，由发动机曲轴齿轮带动，一只弹簧顶着柱塞一端，柱塞另一端接触凸轮轴，当凸轮轴回转一周时，柱塞就会在柱塞套内上下移动一次，通过高压油管将燃料输送到喷油器，通过喷油器将燃料喷入燃烧室。直列式喷油泵，简称直列泵，每一组柱塞系统对应一个气缸，通过高压油管将燃料输送到喷油器，通过喷油器将燃料喷入燃烧室。直列泵的主要优点是可靠性好，成本低，便于维护。直列泵广泛应用于中型和重型卡车、舰船和固定式发动机，它可以通过机械调速器或者电子调速器进行控制。直列泵使用发动机的润滑系统进行润滑。轴向压缩转子式分配泵和直列泵不同，转子分配泵使用一个高压单元产生所需高压，并将燃料提供给所有气缸，因此油泵结构紧凑。分配泵与直列柱塞式喷油泵相比，有许多优点：分配泵结构简单，零件少，体积小，质量小，使用中故障少；分配泵精密偶件加工精度高，供油均匀性好，因此不需要单独进行各缸供油量和供油定时的调节；分配泵的运动件靠喷油泵体内的柴油进行润滑和冷却，因此，对柴油的清洁度要求很高；分配泵凸轮的升程小，有利于提高柴油机转速。泵－喷嘴型将喷油泵和喷油器结合在一起，直接安装在柴油机气缸盖上，由顶置凸轮轴驱动。它们的最大优点是能够减轻或者消除在柴油流动和喷射的过程中，在高压油管内所形成的压力波影响。

常用的柴油机喷油泵为 A 型泵、B 型泵、P 型泵、VE 型泵等。前三种属柱塞泵；VE 泵是分配式转子泵。

（2）喷油泵操纵装置

喷油泵操纵装置用来供驾驶员在操纵部分调节供油量。喷油泵操纵装置由加油踏板、脚跟座、调整螺栓、踏板轴、踏板轴杠杆、倾斜拉杆、双臂杠杆（两个）、纵拉杆、垂直拉杆、三臂杠杆、加油拉杆、两个限制螺钉、回位弹簧、手操纵装置组成。

（3）喷油器

喷油器用来与喷油泵配合，将柴油以一定压力喷成雾状，均匀分布在燃烧室中，与空气形成混合气。喷油器的作用：将燃料雾化成较细的油滴，以利于着火燃烧；使燃油喷注的形状同燃烧室的形状适当配合，以形成质量良好的可燃混合气。因而要求喷油器应有一定的喷射压力和射程，以及合适的喷射角度。喷油器还应能在停止喷油时迅速地切断燃油的供给，不发生滴漏现象。喷油器对混合气的形成和燃烧效率具有决定性的作用，因此和发动机的性能、废气排放及噪声有直接关系。

喷油器有传统机械式、电磁阀式，未来的发展趋势是使用性能更加先进的压电陶瓷式。目前一般间接喷射柴油机使用的是轴针式喷油器，直接喷射柴油机使用孔式喷油器。孔式喷油器主要用于直喷式燃烧室的柴油机，轴针式喷油器用于间接喷射式燃烧室。由于工作时轴针在喷孔中往复运动，因此可以自动清除积炭，不易阻塞。

3）自动调节系统

对柴油发动机，当负荷稍有变化时，导致发动机转速变化很大；当负荷减小时，转速升高，导致柱塞泵循环供油量增加，从而又导致转速进一步升高，这样不断地恶性循环，造成发动机转速越来越高，最后飞车；反之，当负荷增大时，转速降低，导致柱塞泵循环供油量减少，从而又导致转速进一步降低，这样不断地恶性循环，造成发动机转速越来越低，最后熄火。要改变这种恶性循环，就要求有一种能根据负荷的变化，自动调节供油量，使发动机在规定的转速范围内稳定运转的自动控制机构。

自动调速器是一种自动调节装置，它根据柴油发动机负荷的变化，自动增减喷油泵的供油量，用于减小某些机器非周期性速度波动，使柴油机能够以稳定的转速运行。

调速器的种类很多，按转速传感，分为气动式调速器、机械离心式调速器、复合式调速器等。其中应用最广泛的是机械式离心调速器。而以测速发电机或其他电子器件作为传感器的调速器，已在各个工业部门中广为应用。

调速器必须满足稳定性条件：当机组转速与设定值出现偏差时，调速器能做出相应的反应动作，同时又必须有一经常作用的恢复力使调速器恢复初始状态。离心调速器中的弹簧就是产生恢复力的零件，这样的调速器称为静态稳定的调速器。但是当调节动作过度而出现反向调节时，实际调节动作会形成一个振荡过程，使调节过程中出现动态不稳定性。动态不稳定的调速器不能保证机器正常工作。使振荡能很快衰减的调速器称为动态稳定的调速器。在调节系统中增加阻尼是提高动态稳定性的一种方法。调节系统中的阻尼使调速器具有一定的不灵敏性,即当被控制轴的转速稍微偏离设定值时,调速器不产生相应的动作。机械式调速器的不灵敏性一般约为其设定值的1%。灵敏性过高的调速器,也会由于正常运转中的速度波动而产生不应有的调节动作。

机械离心式调速器,是根据弹簧力和离心力相平衡进行调速的,结构简单,维护比较方便,但是灵敏度和调节特性较差。

气动式调速器的感应元件用膜片等气动元件来感应进气管压力的变化,以便调节柴油机转速。

液压式调速器是利用飞铁的离心作用来控制一个导阀,再由导阀控制压力油的流向,通过油压来驱动调节机构增大或减小油门,完成转速自动调节的目的。液压调速器的优点是输出转矩大,调速特性和灵敏度比机械离心式调速器的好,缺点是结构较复杂,维护技术的水平要求较高。

电子式调速器是近年来研究应用的较先进的调速器,它的感应元件和执行机构主要使用电子元件,可接收转速信号和功率信号,通过电子电路的分析比较,输出调节信号来调节油门。电子调速器的调速精度高,灵敏度也高,主要缺点是需要工作电源,并要求电子元器件具有很高的可靠性。

按功能分有两速调速器、全速调速器、定速调速器、综合调速器等。定速(单程式)调速器,只能控制发动机的最高空转转速。两极式调速器的作用是既能控制发动机调速特性不超过最高转速,又能保证它在怠速时稳定运转,在最高转速与怠速之间,调速器不起调节作用。全程式调速器不仅能控制柴油机的最高和最低转速,而且在柴油机的所有工作转速下都能起作用,也就是说,能控制柴油机在允许转速范围内的任何转速下稳定地工作。中、小型汽车柴油机多数采用两极式调速器,以起到防止超速和稳定怠速的作用。在重型汽车上则多采用全程式调速器,全程式调速器除具有两极式调速器的功能外,还能对柴油机工作转速范围内的任何转速起调节作用,使柴油机在各种转速下都能稳定运转。

4)空气供给系统

空气供给系统用来为发动机提供充足的清洁空气,并将废气排出车外。

空气供给系统由空气滤清器,连接管,波纹管,废气涡轮增压器,发动机进、排气歧管,车内排气管,废气抽尘器及废气抽尘活门等组成。

发动机工作时,在气缸抽吸作用下,外界气体经空气滤清器滤清后,通过连接管、三通管、增压器压气机、发动机进气歧管进入气缸。发动机工作排出的废气经排气歧管、增压器废气涡轮、车内排气管、废气在抽尘器排出车外。废气在通过废气涡轮时,驱动涡轮并经轴带动压气机工作,使进入气缸的空气量增加。空气滤清器集尘箱内的尘土和废油井中的废油在废气抽尘器的作用下,经夹布胶管、废气抽尘活门及抽尘管吸出,与废气一起排出车外。

(1)空气滤清器

空气滤清器用来滤清进入气缸的空气,以减轻发动机的磨损。

空气滤清器一般为两级综合式。一级滤清器用来过滤颗粒较大的尘土。一级滤清器一般为轴向离心旋风式。二级滤清器用来过滤颗粒较小的尘土。二级滤清器为深度过滤型,装有粗滤尘盒和精滤尘盒。粗滤尘盒内装有多层粗滤网,精滤尘盒内装有多层细滤网,滤网按照一定的顺序装入各自的盒体内,用盒底压紧焊接而成。滤尘盒安装前均需按规定浸透机油。

每个粗滤尘盒与格状板之间，以及粗滤尘盒与细滤尘盒之间的四周边缘处，用浸油的毡垫密封，用来防止未经二级滤清器滤清的空气直接进入发动机。

在发动机的抽吸作用下，空气从旋风筒的各个轴向进气口进到旋风筒中，由于每个导流管上螺旋叶片的导流作用，使空气沿叶片做高速旋转运动。当空气流动超出导管端口时，即改变方向，沿着中心导流管做急速逆向流动，此时较大颗粒的尘土在离心力的惯性力作用下被甩向旋风筒的锥形筒壁，再落入集尘箱，然后经过废气抽尘活门被排气系统的废气抽尘器抽走（第一级滤清）。而后较清洁的空气从中心导流管出来，先后通过粗滤尘盒、精滤尘盒，小颗粒的尘土被滤尘盒内滤网上的机油粘住，使空气再一次得到滤清（第二级滤清）。滤清后的空气经过进气连接管、涡轮增压器进入发动机气缸。

（2）废气抽尘活门

废气抽尘活门安装在空气滤清器的两个集尘箱连接管和排气系统的废气引射器之间。当车辆在陆地上行驶时，阀门在排气管空气室负压的作用下总是处于打开状态，尘土从集尘箱连接管经过阀门到废气抽尘器被排出车外。当车辆在潜渡时，由于背压的作用，阀门关闭，排气管里的高温废气被阀门隔开，防止了空气滤清器的塑料旋风筒被烧坏及发动机吸进废气。它主要由活门体、活叶、密封垫、销轴、盖板、排尘管、进尘管组成。

（3）挡板

挡板固定在车体动力室与空气滤清器之间，侧装甲板上的开口处。它由密封板、橡胶板和压板组成，用铆钉固定在一起。

夏季空气滤清器从外气道进气时，用螺栓将两个挡板固定在侧装甲板的开口上，阻止动力室的高温空气进入空气滤清器。冬季堵住外进气道时，拆下两个密封挡板，使动力室与空气滤清器室相通，从而改善了发动机的工作条件。

（4）废气涡轮增压器

发动机采用废气涡轮增压，可以充分发动机排出的利用废气能量，提高气缸的进气压力，来提高发动机功率。

废气涡轮增压器由压气机、废气涡轮和轴承体三部分组成。压气机由涡壳和叶轮组成。涡壳上的进气口通过三道管、连接管与空气滤清器连接，出气口与发动机进气歧管连接。叶轮固定在涡轮轴上。废气涡轮由无叶轮箱、涡轮及轴组成。无叶涡轮箱上有两个切向进气口，分别与气缸排气歧管连接，排气歧管与进气口之间的波纹管是起补偿作用的，其轴向出气口与车内排气管连接。

发动机排出的高温废气，经排气管进入无叶涡轮箱，使废气中的一部分热能转变为动能，从而驱动涡轮高速旋转；由于压气机叶轮是固定在涡轮轴上的，所以压气机叶轮也同样高速旋转。来自空气滤清器的清洁空气经过三通管，进入增压器压气机涡壳。空气在离心力作用下被压缩，压缩后的空气进入发动机进气歧管。由于增加了空气量，若同时相应增加供油量，即可提高发动机功率。

（5）废气抽尘器

利用发动机排出的废气能量，将空气滤清器集尘箱中的尘土和集油管中的废油吸出并排出车外。废气抽尘器由喷管、空气室、混合室、扩散管、抽尘管组成。抽尘管通过夹布胶管与空气供给系统废气抽尘活门的排尘管相连。

发动机工作时，废气涡轮增压器排出的废气进入车内排气管，经抽尘器锥形喷管喷出，废气流经喷管时流速增大。高速气流使空气室内产生了低压，从而将空气滤清器集尘箱内的尘土及废油井中的废油经抽尘器吸出，经排气管的空气室、扩散管排出车外。

本章小结

本章在介绍以发动机为核心的装甲车辆动力系统及其组成、要求与评价指标的基础上，主要介绍了发动机和保证其正常工作的冷却系统、润滑系统、燃油供给系统的要求、配置与选型。

思 考 题

1. 如何理解发动机是车辆的"心脏"？
2. 如何体现动力系统轻量化？
3. 如何提高动力系统的可靠性？
4. 研制装甲车辆新型发动机有哪些技术难点？
5. 如何精简保证发动机正常工作的辅助系统？

第6章

传动系统的配置与选型

> **内容提要**
>
> 传动系统是装甲车辆基本组成部分,是较为复杂的系统。本章主要介绍传动系统的概念、功能、组成、要求,以及离合器、变速器、转向器、制动器以及操作机构的配置与选型。

6.1 传动系统概述

6.1.1 传动系统及其组成

1. 传动系统及其功能

传动系统是实现装甲车辆各种行驶及使用状态的各装置的总称。传动系统使装甲车辆具有发动机空载起动、直线行驶、左右转向、倒向行驶、坡道驻车以及随时切断动力等能力。传动系统的主要功能包括:

①将发动机发出的动力传递到行驶装置。

②根据行驶地面条件来改变牵引力和行驶速度。

③向转向装置提供转向时所需要的动力。

④向其他辅助设备提供动力,如拖动空气压缩机、冷却风扇、各种用途油泵,在有的水陆两栖车辆中,有水上推进的动力输出,在工程保障车辆上有作业装置的动力输出等。

⑤有效控制车辆运动、受力、行驶状态等。

2. 传动系统的构成

传动系统由联轴器、变速机构、离合器或液力变矩器、传动箱、转向机构、制动装置、操纵机构等组成。

联轴器,用于两传动轴之间连接,完成动力传输工作。发动机的动力通过弹性联轴器传递给传动箱,并且通过弹性联轴器中弹性元件的变形、摩擦以及油液的阻尼作用,可以降低发动机曲轴扭振对传动系的影响;减小或避免动力与传动系统产生共振;提高发动机和传动装置机件使用寿命。联轴器除连接功能外,还具有缓冲、减振、补偿等使用功能。装甲车辆上一般使用的联轴器有半刚性的连接齿套联轴器、膜片式联轴器和盖斯林格联轴器(金属簧片式)等几种。

离合器,是传动系统中直接与发动机相联系的总成件,安装在发动机与变速器之间,实现动力系统与传动系统之间的切断和结合，保证车辆起步时平稳、换挡时平顺，以及防止传动系统过载。

变速机构，实现车辆的行驶速度的改变，保证发动机在高效区工作。变速机构一般设置多个挡位，传动比依次减小，此外，还有空挡、倒挡。有的变速机构传动比在一定的范围内连续可调，此时称之为无级变速。

传动箱，是解决发动机动力向其他传动机件传输及满足车辆匹配工作要求时所采用的一种传动部件。尤其是发动机在车内横向布置时，通过传动箱将发动机动力传递给离合器，通过增速来减小离合器、变速器、转向机构所承受的转矩及其结构尺寸，同时，通过安装在传动箱支座上的电动机，经主离合器、传动箱反向拖动发动机起动时，增大起动力矩。

转向机构，用来改变或保持车辆行驶或倒退方向的一系列装置。转向机构的功能就是按照驾驶员的意愿控制车辆的行驶方向。

制动装置，使行驶中的车辆按照驾驶员的要求进行强制减速甚至停车；使已停驶的车辆在各种道路条件下（包括在坡道上）稳定驻车；使下坡行驶的车辆速度保持稳定。包括行车制动装置（使行驶中的车辆减速甚至停下）、驻车制动装置（使停驶的车辆保持不动）、辅助制动装置（使下坡行驶的车辆车速保持）。

操纵系统，驾驶员用来控制传动系统各机构动作，以实现对传动系统的各种性能要求，包括离合器踏板、变速杆、转向操纵杆和制动踏板等。

3. 传动系统的主要类型及其特点

装甲车辆传动系统的发展过程中采用过各种方案和结构，从实现功率传递的传动方式来分，有机械传动、液力传动、液力机械传动、液压传动、液压机械传动、电力传动和机电复合传动七种主要类型。按功率传递，分为有单功率流传动和双功率流传动等类型。中国和俄罗斯的装甲车辆多采用机械传动系统，西方国家的装甲车辆传动系统多装有带闭锁离合器的液力变矩器、具有自动变速的行星变速机构和液压无级转向的双流传动，使车辆的转向性能大为改善。

1) 机械传动系统

机械传动主要由联轴器、传动箱、离合器、变速器、制动器、转向器及其操纵机构等组成，全部由机械元件（例如轴、齿轮、摩擦片等）来传递功率。动力传递过程：发动机→（联轴器→传动箱→）离合器→变速器→（联轴器→传动箱→）制动器→转向器→驱动轮。

机械传动的特点：

①机械传动一般速度变化范围是有级的（多挡位），速度变化不连续，如不切断动力，车速不能降低到零。

②机械传动虽然能扩大力矩变化范围，改变牵引力变化范围，但没有扩大适应性。

③机械传动时，发动机的功率利用程度随挡位数多少而定。

④阻力突然加大时，机械传动中可能导致发动机熄火。

⑤机械元件的传动效率较高。

⑥机械传动结构较简单，尺寸和质量较小。

⑦机械传动对制造要求不高，成本不高。

⑧机械传动易磨损，影响寿命。

机械传动按主要传动机构结构形式，分为定轴式机械传动和行星齿轮传动。

定轴式机械传动一般由离合器、固定轴式变速器、传动箱、转向器、制动器等组成。其特点是定轴齿轮传动，结构简单，造价低。

行星式机械传动除变速机构采用行星齿轮传动，换挡用离合器和制动器实现外，其一般组成与定轴式机械传动相同。优点是结构紧凑尺寸小，适用于大功率传动。

2）液力传动系统

液力传动，也叫动液传动，它靠液体介质在主动元件和从动元件之间循环流动过程中动能的变化来传递动力。

液力机械传动的基本组成：在机械传动基础上，多串联了一个液力偶合器（或者液力变矩器）；或者以液力变矩器代替机械传动中的机械式离合器。

液力机械传动具有如下特点：

①速度能够连续变化，能降低车速到零而仍保持足够的牵引力，扩大了发动机的力矩变化范围，同时也扩大了适应性，能满足各种车辆行驶工况的要求。

②动液装置的特性使发动机可以在选定的一个有利的转速范围内工作可能较充分地利用发动机功率。阻力突然加大时，动液装置滑转，发动机不致熄火。

③动液传动工作平稳，传动装置的寿命较高。

④动液装置的传动效率较低，通常最高效率只有0.9左右，低速时还要低得多。

⑤动液装置因效率低而需要功率较大的发动机；同时，产生热量多，因而工作油需要冷却，所以结构复杂，尺寸质量增加。动液传动制造要求比机械传动高，价格也较高，对大批量生产带来不利影响。

总之，在传动性能方面，动液传动优于机械传动，但效率低、结构复杂是其主要缺点。在功率后备足够大（有大功率的发动机）时，可以采用动液传动，否则应从效率高、结构简单、便于制造出发，选用机械传动。

动液传动装置有液力偶合器和液力变矩器两种。液力偶合器能传递转矩，但不能改变转矩大小。液力变矩器除了具有液力偶合器的全部功能以外，还能实现自动变速。一般液力变矩器还不能满足各种车辆行驶工况的要求，往往需要串联一个有级式机械变速器，以扩大变矩范围，这样的传动称为液力机械传动。

近代装甲车辆中常采用闭锁式动液传动，动液装置闭锁时就转化为机械传动。低速时利用动液传动良好的起步性、适应性、平稳性；高速时利用机械传动的高效率。这样，可按机械传动选择发动机功率，同时，也不再需要很大的冷却系统，但此时仍需要像机械传动那样多挡数的变速机构。

3）液压传动系统

液压传动，也叫静液传动，它靠液体传动介质静压力能的变化来传递能量。

液压传动主要由油泵、液压马达和控制装置等组成。发动机输出的机械能通过油泵转换成液压能，然后再由液压马达将液压能转换成机械能。液压传动有布置灵活等优点，但其传动效率较低、造价高、寿命与可靠性不理想，目前只用于少数特种车辆。

液压传动的主要优点是布置灵活、无级变速等；主要缺点是传动效率较低、造价高、寿命与可靠性不理想。目前只用于少数特种车辆。

随着液压泵马达技术的成熟，一般液压装置作为液压无级转向机构能较好地满足各种车辆转向要求，与其他机械传动装置一起使用，构成液压机械传动系统。

4）电力式传动系统

电力传动，简称电传动，是由发动机带动发电机发电，并由电动机进行车辆功率传递、驱动驱动桥或由电动机直接驱动带有轮边减速器的驱动轮（电动轮），实现车辆驱动。

电力传动基本组成：离合器、发电机、控制器、电动机、驱动桥等。电传动系统的动力主要来源于发动机。

目前，国内外对电传动的研究正方兴未艾，与传统的机械传动相比，电传动有许多优点，如无级变速、任意半径转向、加速性和灵活性高、没有机械传动换挡的冲击振动、传动部件布置灵活以及可采用再生制动等。新一代装甲车辆的发展需要大量的电能来满足定向能武器、电磁炮、电热炮、电磁装甲以及雷达所需，在机械传动条件下的车辆无法满足这个需要，而在电传动装甲车辆中，发电机发出数百千瓦的电能，提供这个能量需要是有可能的，加之电力电子技术的发展使大功率器件不断涌现，因此电传动技术将从相对灵活的小轿车步入笨重的装甲车辆。

5）单流传动装置

单流传动是指变速机构与转向机构采用串联方式，将发动机的功率经多个具有独立使用功能的机件，传递到行动装置上的传动方式。目前装甲车辆上常用两种典型的单流传动布置。

一种是根据发动机在车辆中的横向布置形式，由弹性联轴器、传动箱、离合器、定轴变速器、行星转向器、侧减速器、行走机构、操纵机构等部件组成。这种单流传动的特点是：各个功能部件结构简单、制造容易、成本低，缺点是装置占用车内空间大、安装调整时间长、装置在转向时功率利用较差。

另一种是具有变速、转向、制动功能的双侧变速器单流传动布置。这种传动装置的特点是：布置后的动力传动舱比采用的液力机械双流传动装置几乎短50%，整车重量因此也可以减少5%~10%。但它也存在着两个明显的缺点：一是可维修性能差，为了拆下变速器，必须要拆断液压管路、操纵拉杆与发动机的连接件以及履带和主动轮等；另一个是转向性能不好，尤其是在高速转向时，原因是变速器的传动比是按直驶工况选择的，而不是按转向工况选择的。

现代轮式装甲车辆采用H传动设计方案，发动机动力经变速器后，由主差速器传动箱传到两侧，再分别传到两侧各车轮，其传动结构似H形，故称H传动。轮式装甲车应用H传动，通常可降低车高300 mm左右，使重心降低，抗倾覆能力增强，形体防护力提高。

6）双流传动装置

双（多）流传动是指传动机构中的变速机构与转向机构采用并联方式，使发动机的功率先沿变速和转向机构两路传输，后在汇流行星排上汇合，再传递到侧减速器上的传动方式。

双流传动通常由集液力变矩器、变速机构、转向机构、制动装置于一体的综合传动装置和侧减速器、行走机构、操纵机构、润滑系统等组成。双流传动装置主要特点：

①传动装置集成度高、体积小，这样便于采用整体吊装方式进行拆装，拆装时间短。
②车辆各挡均有规定转向半径而且高挡的转向半径大，这有利于提高车辆的机动性。
③车辆挂倒挡时可进行反转向，挂空挡时也可进行原位（又称中心）转向。
④装置结构复杂，加工困难，装配精度及成本高。

在发动机转速不变的前提下，根据两侧履带速度的变化，双流传动可分为独立式和差速式。独立式双流传动装置，是转向时一侧履带速度不变，另一侧履带减速的传动装置。在独立式双流传动装置中，根据汇流行星排太阳齿轮与齿圈的转动方向，又划分出两种传动装置：正独立式，行星排中太阳齿轮与齿圈转动方向相同；零独立式，行星排中太阳齿轮不转动。差速式双流传动装置，是转向时一侧履带速度增大，另一侧履带降低的传动装置。在差速式双流传动装置中，同样根据汇流行星排太阳齿轮与齿圈的转动方向，又可以划分出三种传动装置：正差速式，行星排中太阳齿轮与齿圈转动方向相同；负差速式，行星排中太阳齿轮与齿圈转动方向相反；零差速式，行星排中太阳齿轮不转动。

单流传动与双流传动相比较，在满足对传动装置的要求方面有以下几点不同：

①双流传动各挡的规定转向半径不同。低挡半径小，高挡半径大。单流传动的规定转向半径值不变，不能满足各种速度下对转向半径的要求。

②双流传动由于用规定半径转向的机会较多，使转向时消耗的功率较小。

③双流传动能够进行中心转向，提高了转向灵活性。

④双流传动能采用液压转向机，实现规定转向半径的连续变化。

⑤双流传动结构较复杂。

目前，双流传动主要在美、德、英、法、日等西方工业化国家生产的主战坦克及装甲车辆上使用。双流传动装置与单流传动装置相比的突出优点是：它可以使车辆具有优良的转向性能。另外，由于它可以采用动力舱整体吊装方式进行拆装，因此能大大缩短在战场上车辆动力传动装置战伤时的维修时间，提高车辆的战斗使用效能。

7）各种类型传动的基本特点

①机械传动的主要优点是结构简单，成本低，效率高。缺点是切断动力换挡时存在动力损失；换挡频繁，刚性大，冲击大，噪声大，降低了传动装置的使用寿命。

②液力传动的主要优点是能无级变速和变矩，动力性好，具有自动适应性，提高了操纵的方便性和车辆在困难路面上的通过性；充分发挥发动机性能，有利于减少排气污染；减振、吸振、减缓冲击，提高动力传动装置的使用寿命和乘员的乘坐舒适性。缺点是效率低，结构复杂，成本高。

③液压机械传动的作用优点是连续、平稳地无级变速，非常接近理想特性，液压部件的体积和质量大大减小，便于布置；可利用增加液流循环阻力的方法进行动力制动；发动机工况可以调节在最佳工况工作；变速、制动操纵方便。缺点是效率低，其峰值总效率仅 70%~75%；不适应高转速、高负荷、转速变换频繁、震动大等恶劣工况，其寿命和可靠性尚待进一步提高。

④电传动的主要优点是可按行驶功率的要求以最经济的转速运行，得到恒功率输出特性，可无级变速，起动和变速平稳；能将电动机转换为发电机实现制动，提高行驶安全性，并易于实现制动能量的回收；动力装置与车轮间无刚性连接，便于总体布置和维修；可实现静音行驶，清洁无污染。缺点是成本高，自重大并消耗大量有色金属。这种传动装置在军用车辆上的应用，目前还处于研制阶段。

中国和俄罗斯的装甲车辆多采用机械传动系统，西方国家的装甲车辆传动系多装有带闭锁离合器的液力变矩器、具有自动变速的行星变速机构和液压无级转向的双流传动，使履带车辆的转向性能大为改善。

6.1.2　对传动系统的要求

1. 性能方面的要求

为满足车辆行驶性能，传动装置应满足如下性能要求：

①速度要求。车辆速度应能从起步到需要的最大速度之间连续变化。根据现代化的要求，当装甲车辆行驶在良好路面时，最大速度应该达到 60～85 km/h。同时，装甲车辆应该有低速行驶的可能性，以便保证在受限制或不过分危险的条件下行驶。驾驶员在心理上可以接受的行驶最低速度为 5～7 km/h。两个速度极限确定了传动装置与发动机共同应该保证的车辆速度范围。

②牵引力要求。车辆发出的牵引力变化范围应在 10 倍以上，既能在满足良好道路上行驶，又能不打滑攀登最大坡道，牵引力按行驶需要变化。

③与发动机匹配要求。传动系统应与发动机特性匹配，充分利用发动机功率和特性。高速时在良好道路上达到最大速度，而低速时能发出攀登尽可能大的坡道的牵引力。传动系统应满足这两个极端条件所需要的功率。

④超负荷工作要求。外界阻力突然过大时，应不致引起发动机熄火或机件的超负荷损坏，即传动系应该有在超负荷下能打滑的环节，包括在车辆起步和换挡中克服过大的惯性负荷的打滑。

⑤修正行驶方向要求。随不同弯曲道路和地形的需要，可以做适当的稳定半径的左或右转向，包括高速行驶中准确的微调方向和低速甚至静止时的中心转向，也包括倒驶中的转向。

⑥传动效率要求。传动效率要高，空载损失小。低效率不只是减小有用功率的问题，还影响寿命降低，发热使温度过高，或需要散热装置，而散热装置又需要消耗动力和增加重量、占据有用空间和增加成本等。

⑦倒驶要求。要能够倒驶，包括战斗中要求的高速倒驶，如射击后转换阵地等。

⑧切断动力要求。能切断动力，以满足空载起动发动机和非行驶工况的发动机工作等需要。

⑨制动要求。能利用发动机制动，以及拖车起动发动机。

2. 总体设计方面的要求

①传动系统的方案、外形与总体布置相适应。
②应该结构紧凑，体积小，质量小。
③能与相连、相邻件良好地配合。

3. 对机械装置的普遍要求

①结构简单、操作轻便。
②工作可靠性好。
③使用寿命长。
④不需要经常保养，便于检查维修。
⑤成本低。

6.1.3　传动系统的传动比分配

传动装置的传动比合理分配是实现车辆动力性的基础。因此，根据车辆总体牵引计算提出的要求,将传动比分配到各级传动中,并进一步设计变速机构。

通常最大传动比 i_{max} 由最大爬坡度决定,最小传动比 i_{min} 由最大车速决定。传动范围 $d = i_{max}/i_{min}$ 通常大于 10。传动范围由前传动比 i_q、变传动比 i_b 和后传动比 i_h 来实现,$d = i_q i_b i_h$。

传动比分配的原则是使传动具有高效率、小体积和变速机构高转速运转。

i_q 和 i_h 为不变传动比,在分配时,对定轴变速机构应考虑使变速器尺寸最小。对行星变速机构,将直接挡(最高挡或次高挡)时的传动比确定为不变传动比,i_q 和 i_h 分配原则是 i_q 小,i_h 大,以使变速器尺寸减小。通常前传动比 i_q(增速传动比)约为 0.7,后传动比(侧传动比)i_h 的范围为 5.7~1.3。

可变传动比分配应满足挡数和克服典型道路阻力的要求。现代装甲车辆带液力变矩器的传动通常为 4 个前进挡、1~2 个倒挡;机械传动为 6~8 个前进挡、1~2 个倒挡。当挡数较少时,按典型道路阻力划分排挡,挡数较多时,可按等比级数或等差级数规律划分。车辆传动比分配和确定是一个反复的过程,在传动设计过程中,由于结构、转速等制约条件而会有适当调整。在传动比分配完成的基础上进行牵引计算,绘制车辆动力特性,获得车辆最大速度、加速性和最大爬坡度等性能。

6.2 变速器与离合器的配置与选型

6.2.1 变速器及其特点

1. 变速器及其功能

变速器,是用来改变来自发动机的转速和转矩的机构,它能固定或分挡改变输出轴和输入轴传动比,又称变速箱。变速器由变速传动机构和操纵机构组成。变速传动机构的主要作用是根据不同行驶条件要求改变发动机传到驱动轮上的转矩和转速的数值与方向,使车辆具有合适的牵引力和速度,保证发动机在最佳的工况范围内工作;操纵机构的主要作用是控制传动机构,实现变速器传动比的变换,即实现换挡,以达到变速变矩。

变速器的功能:

①改变车辆动力装置的转速与转矩使用范围。在较大范围内改变传动比,满足不同行驶条件对牵引力和行驶速度的需要,使发动机尽量在有利的工况下工作。

②使车辆具有倒向行驶功能。实现倒车行驶,用来满足车辆倒退行驶的需要。

③使车辆具有空挡功能。发动机工作,但实现不向驱动轮输出动力。

④可实现发动机动力的分流。根据需要,通过变速器可以将发动机的部分动力用于驱动其他助力或辅助装置。

2. 对变速器的要求

变速器是车辆重要的传动部件,应根据具体车辆的用途,综合考虑,予以满足如下要求:

①保证牵引计算所确定的挡数与各挡传动比。

②保证动力换挡或部分动力换挡,提高平均车速。

③传动效率高,功率损失小。

④操纵轻便,换挡平稳。

⑤使用可靠，有足够的强度、刚度与寿命。
⑥结构较简单，质量轻，体积小。

3. 变速器类型及其特点

按结构形式，变速器可分为机械变速器和液力变矩器。机械变速器，是应用齿轮传动的变速原理，变速器内有多组传动比不同的齿轮副，形成不同挡位（有级变化的次序）。车辆行驶时的换挡行为，也就是通过操纵机构使变速器内不同的齿轮副工作，在低速时让传动比大的齿轮副工作，而在高速时让传动比小的齿轮副工作。液力变矩器，是以液体为工作介质的一种非刚性扭矩变换器，发动机带动输入轴旋转时，液体从离心式泵轮流出，顺次经过涡轮、导轮再返回泵轮，周而复始地循环流动，泵轮将输入轴的机械能传递给液体，高速液体推动涡轮旋转，将能量传给输出轴。液力变矩器靠液体与叶片相互作用，产生动量矩的变化来传递扭矩。

按传动比的变化方式，变速器可分为有级式、无级式和综合式三种。有级式变速器，是有几个可选择的固定传动比，一般采用齿轮传动。有级式变速器是使用最广的一种。按所用轮系型式不同，有级式变速器又可分为齿轮轴线固定的普通齿轮变速器（简称定轴变速器）和部分齿轮轴线旋转的行星齿轮变速器（行星变速器）。变速器挡数即指其前进挡位数。轻中型车辆变速器的传动比通常有3~5个前进挡和一个倒挡，在重型车辆用的组合式变速器中，则有更多挡位。所谓组成式变速器，通常由两个简单式变速器组合而成。现代装甲车辆的传动系统中，主要采用有级式变速器，结构、性能、寿命均达到很高的水平。总的来说，对主战坦克、重型装甲车辆，由于要求功率大、尺寸小、质量小，故采用行星变速器较多。对中小功率装甲车辆，定轴变速器用得较多，因其可靠、耐用、简单便宜。无级式变速器的传动比可在一定范围内连续变化，可以连续获得变速范围内任何传动比。通过无级变速可以得到传动系与发动机工况的最佳匹配。常见的无级变速器有液力机械式无级变速器、金属带式无级变速器和电力式无级变速器等。综合式变速器，是由有级式变速器和无级式变速器共同组成的，其传动比可以在最大值与最小值之间几个分段的范围内做无级变化，例如由液力变矩器和齿轮式有级变速器组成的液力机械式变速器目前应用较多。

按操纵方式划分，变速器可以分为强制操纵式、自动操纵式和半自动操纵式三种。强制操纵式变速器，是靠驾驶员直接操纵变速杆换挡。自动操纵式变速器，其传动比的选择和换挡是自动进行的，驾驶员只需操纵加速踏板，变速器就可以根据发动机的负荷信号和车速信号来控制执行元件，实现挡位的变换。半自动操纵式变速器可分为两类，一类是部分挡位自动换挡，部分挡位手动（强制）换挡；另一类是预先用按钮选定挡位，在踩下离合器踏板或松开加速踏板时，由执行机构自行换挡。

1）定轴变速器

为适应各种用途的车辆传动的要求，定轴变速器具有各种形式。按轴的布置可分为同轴式、两轴式和多轴式变速器三种。

同轴式变速器，由3根轴组成，输入轴和输出轴的轴心相同，可以容易地获得直接挡，是一种简单定轴变速器，如图6.1所示。齿套向左时，左离合器1结合，右离合器2分开得一挡；右离合器2结合，左离合器1分开得二挡（直接挡）；齿套向右，结合左离合器1得倒挡。这方案适用于挡数不多、传动范围不大（1.5~3.5）、需要直接挡、变速器输入/输出轴同轴心的情况。

两轴式变速器，由输入和输出两根轴组成，传动仅由一对齿轮啮合，传动效率高。这种方案的传动范围不大（一般为3~4）。图6.2所示是两轴式变速器简图，这种变速器结构简单，操纵方式也最简单，离合器均相同，制造零件少，造价低。目前我国的装甲车辆使用的变速器主要是两轴式变速器，根据不同车型和布置形式差别，有不同的方案。

图6.1 同轴式变速器简图

多轴式变速器，由3根或3根以上的轴组成的，一端输入，两端输出，既可以制成输入与输出同轴式的，也可以带有换向机构制成一端输入、两端输出的"T"字形变速器或其他形式的。由于传动比做多级分配，可以保证离合器在相对转速较低的条件下获得较大的变速器传动范围，一般可达6~7。图6.3所示为轻型装甲车辆使用的三轴固定式变速器，用同步器换挡，它具有3个自由度，可获得9个挡，即6个前进挡、3个倒挡（实际只用了2个倒挡），从而可以减少齿轮和离合器的个数，减小变速器的质量，同时也减小了变速器的宽度。多轴变速器齿轮啮合对数多，工作时要同时结合两个或更多离合器，但由于没有特别高速零件，离合器转速较低，故工作可靠。

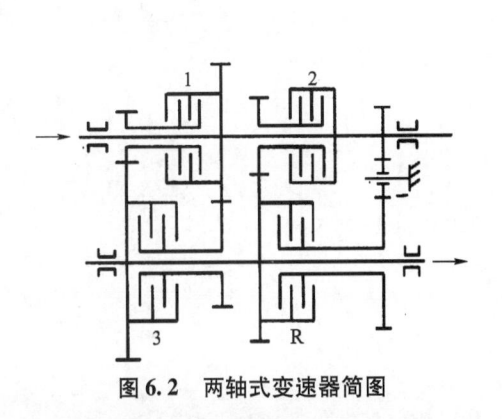

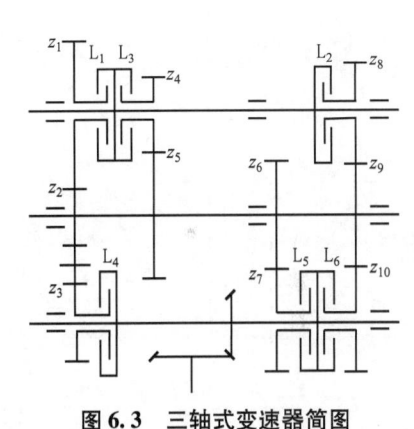

图6.2 两轴式变速器简图

图6.3 三轴式变速器简图

定轴式变速器的特点：
①结构简单，工作可靠，价格低廉。
②加工与装配要求低，精度容易保证。
③采用人力换挡、有级变速时：功率利用较差，使车辆动力经济性、平顺性降低；同时，换挡操作频繁、复杂，驾驶员工作强度大。
④单齿传动产生的径向力使轴弯曲变形较大，因此降低了机件的使用寿命。
⑤当传递功率增大时，其中的齿轮模数、结构尺寸和重量均将增大，使用受到限制，同时也不利于车内布置。
⑥人力换挡时切断动力，影响车辆的平均行驶速度。

2）行星变速器

行星变速器，是用行星齿轮机构实现变速的变速器，由行星齿圈、太阳轮、行星轮（又称卫星轮）和齿轮轮轴组成，根据齿圈、太阳轮和行星轮的运动关系，可以实现输入轴与输出轴脱离刚性传动关系、输入轴与输出轴同向或反向传动和输入与输出轴传动比变化,得到广泛应用。

行星传动具有可绕中心轴旋转的行星齿轮。行星齿轮作为内部连接零件,联系着绕中心旋转的各元件,即太阳轮、齿圈和框架,构成行星排。若干行星排加上一些可以控制各元件的制动器、离合器等,则组成行星变速箱机构。行星机构的灵活应用变化很多,成为装甲车辆传动系统许多新部件的发展基础。装甲车辆上采用行星齿轮传动的部件很多,不仅有行星变速箱,还有行星转向机、行星式侧减速器、炮塔方向机等。

装甲车辆上应用的行星传动,不管多么复杂,其基本型式都有基本行星排(差速器)、等轴差速器和多元件复式行星排三类。

行星机构以行星排为基本单元。行星排都具有太阳轮、齿圈和框架三个元件,元件对外连接,而行星轮只起内部连接作用,不计作元件。行星轮是构成行星排的内在核心,根据行星轮的数目及结构形式,一般有单星、双星和双联行星三种,共构成七种基本行星排,如图6.4所示。

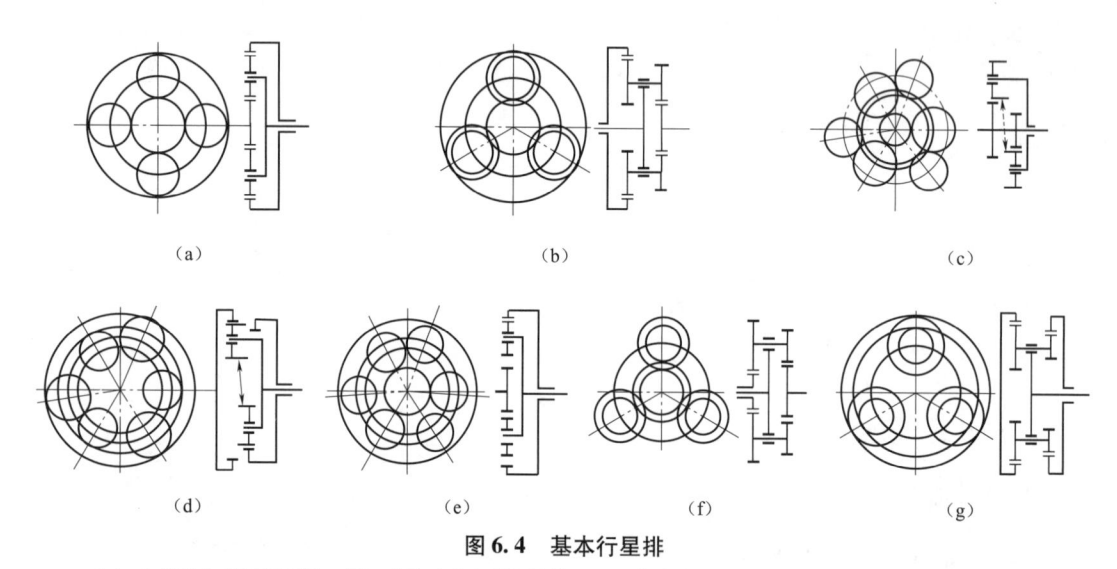

图 6.4 基本行星排

(a) 内外啮合单星行星排;(b) 内外啮合双联行星排;(c) 外啮合双星行星排;(d) 内啮合双星行星排;(e) 内外啮合双星行星排;(f) 外啮合双联行星排;(g) 内啮合双联行星排

内外啮合单星排(普通行星排)是行星传动中结构最简单、轴向尺寸最紧凑、应用最多的一种。行星架上装有若干个行星轮,与齿圈内啮合,与太阳轮外啮合,通过行星轮把三元件联系在一起。内外啮合双联排的三元件与普通排的相同,只是行星轮是双联的,双联行星齿轮分别与太阳轮和齿圈相啮合。外啮合双星排的三元件与外啮合双联排相同,只是用两个相啮合的行星轮代替了双联行星轮。两个行星轮又分别与两个太阳轮相啮合。内啮合双星排的三元件是两个齿圈和行星架,相啮合的两个行星轮分别与两个齿圈相啮合。内啮合双星排的三元件与普通排相同,但用两个相啮合的行星轮代替普通排中的一个行星轮,外行星轮与齿圈啮合,内行星轮与太阳轮啮合。外啮合双联排的行星齿轮也是双联的,但与双联行星齿轮相啮合的是两个太阳轮。内啮合双联排的行星轮与外啮合双联排相同,但两个齿圈代替了两个太阳轮。单星行星排是结构最简单、应用最广的一种;双星行星排虽然结构复杂一些，但可得到比单星行星排更广的传动范围。双联行星排常用于差速器中。

各种基本行星排也都具有差速性能。就行星排三个彼此可以相对旋转的元件（太阳轮、行星架和齿圈）而言，都具有一个绕其轴线旋转的自由度。但三元件组成行星排后，因受到约束，使三元件构成一定的运动学关系，减少了一个自由度，故为二自由度机构。太阳轮、齿圈和行星架分别与主动轴、被动轴、操纵件连接。承受外转矩，构成传递动力的构件称基本构件（或构件）。单星行星排有三个构件，故称三构件行星机构。

三元件与主动轴、被动轴、操纵件的连接方式不同，可以实现四种不同组合的挡位：

①低挡：太阳轮主动，行星架被动，齿圈不动。

②中挡：太阳轮不动，行星架被动，齿圈主动。

③高挡（超速挡）：太阳轮不动，行星架主动，齿圈被动。

④倒挡：太阳轮主动，行星架不动，齿圈被动。

所有运动件都不受约束时，变速器处于空挡。由于实际结构中的轴轴承、齿数、重合度等不能过小，齿圈与太阳轮齿数比值的实际范围受影响不能过大或过小。内外啮合单星行星排的较适当齿圈与太阳轮齿数比值范围为 1.5～4（一般以 2～3 为最佳）。

各种行星排普遍具有的差速性能，是三元件之一的转速为一定时，另两元件转速之和为一定并可按一定比例分配。即另一件转速的增加（或减少）值为其余一件转速减少（或增加）值的 x 倍。$x \neq 1$ 时，此两元件所外联两轴的转速变化不相等，该行星排称为不等轴差速。对于其中 $x = 1$ 的特定情况，则称为等轴差速。

等轴差速器是一种特殊的行星机构。常见的有以下几种形式：

①锥齿轮等轴差速器，是车辆上最广泛应用的等轴差速器。三元件是行星架（壳体）和两个相同齿数的锥齿轮，行星轮也是锥齿轮，并与左、右外连的锥齿轮相啮合。当行星架有动力输入时，如两侧阻力相等，则两动力输出的锥齿轮等速旋转。当左、右锥齿轮中一侧转速增加（或减小），另一侧锥齿轮转速减小（或增加）相同的值时，形成等轴差速，如图 6.5 所示。

②外啮合圆柱齿轮等轴差速器。其三元件和外啮合双星排相同，由两个太阳轮和行星架组成，但两个太阳轮齿数是相同的，它有成对的宽行星轮互相啮合，其作用与锥形差速器的相同，只是全由圆柱形齿轮组成。如美国 M113 装甲输送车的双差速器中，就包括这样一个柱形差速器。如图 6.6 所示。

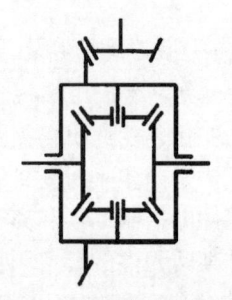

图 6.5　锥齿轮等轴差速器　　　　图 6.6　外啮合圆柱差速器

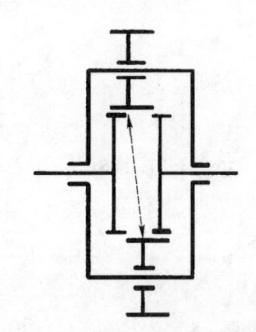

③内啮合圆柱齿轮等轴差速器。它与外啮合差速器的区别在于用内啮合的齿圈来代替外

啮合太阳轮。美国 M-46 坦克的传动装置中就采用了这种内啮合柱形差速器。如图 6.7 所示。

对于同向行星机构，也都能形成等轴差速器。例如双星排齿圈速度为一定时，既可整体回转，也可自由分配太阳轮和行星架转速，其性能与前几种等轴差速器完全相同，其结构也较简单，如图 6.8 所示。

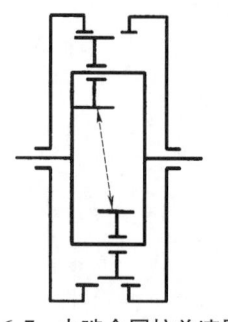

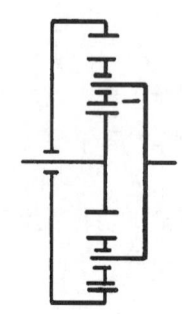

图 6.7　内啮合圆柱差速器　　　　图 6.8　内外啮合双星排差速器

由宽的双星轮、双联行星轮及其复合的行星轮为核心，共同具有一个行星架而组成的行星排，称为复式行星排。每一种工况轮流用其中的三元件来实现，其余元件空转，所以每种工况都相当于一种基本行星排工作。图 6.9 中给出两种复式行星排，图 6.9（a）为双行星轮五元件的复式排，图 6.9（b）为双星双联行星轮七元件的复式排，其中行星架是共用的。一个多元件复式行星排，相当于多种基本行星排复合在一起应用，可实现多种工况，即实现多个传动比。

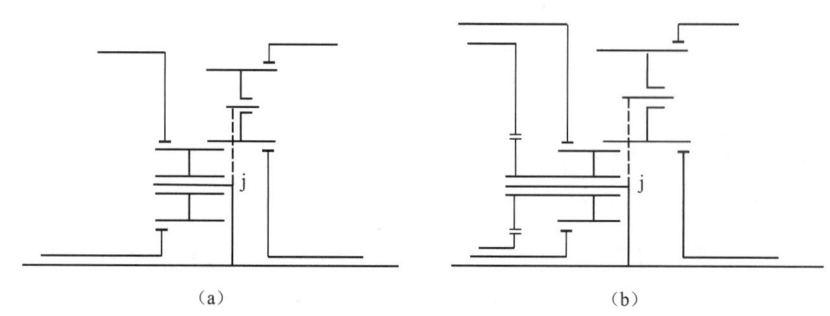

图 6.9　两种复式行星排

行星变速器已越来越广泛地应用在装甲车辆上，作为机械传动应用，易于和动液元件（各种液力变矩器）及静液元件（各种液压泵和液压马达）分别组成可实现多种调速功能要求的传动装置。为适应车辆外界阻力的变化和车辆速度的变化，变速机构需要几个排挡来实现，为实现车辆倒驶，还必须具有倒挡。显然这种变速机构是由多个行星排综合而成的。

行星变速机构由多个行星排及其操纵件构成的。操纵件即指制动器和离合器。制动器可以实现行星排某一元件转速为零，离合器可以实现行星排某两元件的转速同步，形成一体旋转。不同操纵件参与工作，得到行星传动某一个确定的传动比（即排挡），改变参加工作的操纵件，即可得到另一个传动比，这称为行星变速器改变排挡。

根据行星机构的自由度数，可分为二自由度和三、四自由度的变速箱。普通单排，每操纵一个元件（制动器制动一个元件，或离合器结合某两个元件），即得到一个传动比，称为二自由度的。同样，二自由度行星变速器，每操纵一个元件，得到一个传动比。因此，换挡系统结构可简化，适用于 2~5 挡。当变速器挡数超过 5~6 挡时，行星排太多，结构就显得复杂。同时操纵两个元件，才能得到一个传动比，称为三自由度的。三自由度行星变速器实现一个挡要同时操纵两个操纵件，因此换挡系统复杂些。但由于共用了行星排和操纵件，在挡数较多时，就具有优越性。有些三自由度行星变速器是由两个二自由度变速器串联而成的，有些三自由度行星变速器是用换联主动或被动件来获得倒挡的。同时操纵三个元件，才能得到一个传动比，则称为四自由度行星变速器。四自由度行星变速器实现一个排挡要同时操纵三个操纵件，用于超过 8~10 挡的多挡传动。一般由三自由度和二自由度变速机构串联而成。

在选择行星变速器自由度时，除了应考虑变速器行星机构的结构要简单外，还必须注意使操纵系统简化，最好在前进挡时只操纵一个操纵件。实践证明，当同时切换两个操纵件进行动力换挡或实现自动换挡时，若要保证平稳换挡和功率不中断，会使其液压换挡系统结构复杂化。

行星变速器也可按最高挡为降速挡、直接挡和超速挡分类。行星变速机构具有直接挡可获得最高机械效率和较小尺寸，所以在变速机构中应用较广。有些传动装置为减小变速器尺寸，采用包括直接挡的超速挡传动，如一般高低挡行星机构就是一个直接挡、一个超速挡。常用变速机构为带一个直接挡的降速挡传动。

行星变速器也可按有无正、倒挡换挡机构来分类。在履带式装甲车辆上，为提高机动性，其正、倒挡数目相同。这可用专门的正、倒挡换向机构实现。在前进挡或倒挡时，只需操纵一个操纵件。在同一排挡时，由前进挡换倒挡也只需变换一个操纵件。

按行星变速器在车辆上的布置，可分为纵置和横置两类。横置的行星变速机构，在履带式装甲车辆上应用较多。

行星式变速器的特点：

①结构紧凑，可以用较小尺寸实现较大传动比，可以用较小齿轮模数传递较大转矩。

②实现动力换挡较方便，换挡离合器和制动器有可能只传递部分转矩，由于没有径向力，工作和换挡较平稳。

③便于功率的分流和汇合，具有二自由度的行星机构可以将功率分为两路，也可将两路功率汇合成一路，如履带式坦克装甲车辆双功率流转向机构中的汇流行星排。

④便于实现变速器系列化。如四挡变速器只要附加一行星排就可成为五挡变速器；三挡变速器串联一个二挡变速器就成为六挡变速器。

⑤结构较定轴式变速器复杂，加工和装配精度要求较高，零件间连接复杂，齿轮较多，因此造价较高。

⑥有时候有多层套轴，这给零件轴向定位、径向对中带来困难。一般行星传动中常产生较高转速，使轴承寿命降低，特别是行星轮轴承，因受很大离心力作用，更为不利。

随着技术的不断发展，制造工艺水平的提高，这些问题已获得很好解决。

3）液力变矩器

液力变矩器是一种能改变输出轴上传递转矩大小的液力元件，由主动元件泵轮 B、被动元件涡轮 T 和导轮 D（又称反应器）三个具有弯曲形状叶片的工作轮等组成（图 6.10），以液压油为工作介质。

液力变矩器的作用：

①柔和传递发动机转矩（传递转矩作用），或不传递发动机转矩（离合作用）。

②改变由发动机产生的转矩（变矩作用），改变传动轴转速（变速作用）。

③缓冲发动机和传动系统的扭转振动（减振作用）。

④起到飞轮作用，使发动机运转平稳（缓冲作用）。

⑤必要时可以驱动油泵工作。

液力变矩器工作时，原动机拖动泵轮 B 旋转，泵轮中的工作液体因随泵轮旋转而在离开泵轮时获得了动能和压能，实现了将原动机的机械能转变为液体能量。离开泵轮的高速液流随即冲击涡轮的叶片，使涡轮在克服外部负载形成的阻力后带动负载旋转，这时大部分液体能量又转变为机械能量。由涡轮流出的液流进入固定不动的导轮中，其速度大小和方向都发生了变化。这种变化导致了液体动量矩的改变，换句话说，导轮对液流施加了一个反力矩。这个变化着的反力矩与作用在涡轮上的外部阻力矩的方向是相同的。随着涡轮转速的变化，这个反力矩的大小也在变化。液力变矩器之所以能改变输出力矩的大小，就是因为有导轮产生的反力矩的存在。

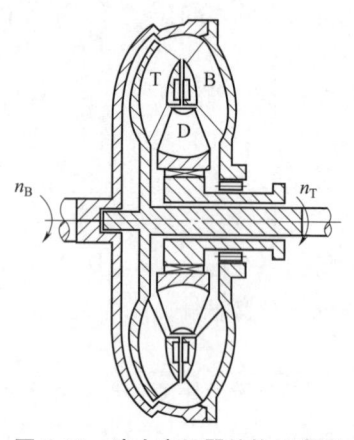

图 6.10　液力变矩器结构示意图

液力变矩器在结构形式和性能上多种多样，比较常见的有以下几种：

按涡轮形式，液力变矩器分为向心式、轴流式和离心式。涡轮形式可用液力变矩器涡轮中间流线出口和入口半径的比值 $f_T = R_{T2}/R_{T1}$ 来区别。向心式 $f_T = 0.55 \sim 0.65$，轴流式 $f_T = 0.90 \sim 1.10$，离心式 $f_T = 1.20 \sim 1.50$。向心式最高效率值比另两种高，最高可达 86% ~ 91%，其对应的转速比也高，穿透性可在 1 ~ 3 的较大范围内选择，容能量也比其他两种大。空载时，发动机功耗也小，起动变矩比较低，但在高效区却较高。

叶轮是液力变矩器的核心。它的型式和布置位置以及叶片的形状，对变矩器的性能有决定作用。有的液力变矩器有两个以上的涡轮、导轮或泵轮，借以获得不同的性能。按工作轮数目，泵轮分为单、双泵轮两种，其中双泵轮能提高低速比时的效率，改变容能。刚性连在一起的涡轮数目又称液力变矩器级数。单级涡轮：最高效率值 η_{max} 较高，起动变矩比 K_0 较低，高效率的工作范围 d_T 相对较小。两级以上称多级。它比单级式 K_0 及 d_T 较大，但 η_{max} 值略低。导轮分为单导轮和双导轮两种。最常见的是正转（输出轴和输入轴转向一致）、单级（只有一个涡轮）液力变矩器。

按泵轮与涡轮能否闭锁为一体，液力变矩器分为闭锁式液力变矩器和非闭锁式液力变矩器。非闭锁式即普通型液力变矩器。闭锁式液力变矩器采用片式闭锁离合器，离合器分离时为液力工况，用于起步、换挡和困难路面行驶，可提高车辆的起步及低速性能；离合器闭合时为机械传动，用于良好路面行驶，提高传动效能。当车辆采用自动闭锁液力变矩器时，可降低油耗 4%。

按可实现的工作状态，液力变矩器可分为单相、双相、三相或多相几种。相是指液力变矩器可能的工作状态，它以一种独立的形式表现出来。单级两相（三元件综合式）采用单向联轴器结构，扩大高效区范围，具有结构简单、工作性能可靠、稳定的特点；单级三相

(双导轮多相式)导轮分割成两个并分别安装在两个单向联轴器上,这种结构可提高低速比时变矩比值和第一相最高效率点到第三相耦合器工况点之间的效率值,被广泛采用。

液力变矩器的输入轴与输出轴间靠液体联系,工作构件间没有刚性连接,因此液力变矩器具有如下特点。

①能消除冲击和振动,过载保护性能和起动性能好。

②输出轴的转速可大于或小于输入轴的转速,两轴的转速差随传递扭矩的大小而不同。

③有良好的自动变速性能,载荷增大时,输出转速自动下降,反之,则自动上升。

④保证动力机有稳定的工作区,载荷的瞬态变化基本不会反映到动力机上。

⑤液力变矩器在额定工况附近效率较高,最高效率为85%~92%。

4)自动变速器

按操纵方式,变速器可以分为强制操纵式、自动操纵式和半自动操纵式三种。强制操纵式变速器,是靠驾驶员直接操纵变速杆换挡,俗称手动挡。自动操纵式变速器,简称自动变速器,其传动比的选择和换挡是自动进行的,驾驶员只需操纵加速踏板,变速器就可以根据发动机的负荷信号和车速信号来控制执行元件,实现挡位的变换,俗称自动挡。半自动操纵式变速器,俗称手自一体。

自动变速器利用电子控制单元ECU实现变速,用于取代手工操纵变速杆换挡变速。电子控制单元ECU根据驾驶员选择的操纵模式及驾驶意图,依据车辆行驶速度和油门开度位置两个参数,自动计算选择最佳的换挡时刻,发出换挡信号并自动完成换挡操纵——同步调速、分离主离合器、摘空挡、选位操纵、同步调速、挂挡、平稳接合主离合器、平稳起步等步骤实现换挡自动化。

自动变速器具备自动平稳起步,自动完成换挡动作、换挡模式的选择、车速控制、慢爬行、制动控制等功能。

一般来说,自动变速器的挡位分为P、R、N、D、L等。P挡(停车挡):做停车之用,注意要配合手刹使用。它是利用机械装置去锁紧车辆的转动部分,使车辆不能移动。当车辆需要在一固定位置上停留一段较长时间,或在停稳之后离开驾驶室前,应该拉好手制动及将拨杆推进P的位置上。要注意的是,车辆一定要在完全停止时才可使用P挡,否则自动变速器机械部分会受到损坏。R挡(倒挡):车辆后倒时用。通常要按下拨杆上的保险按钮,才可将拨杆移至R挡。要注意的是,当车辆尚未完全停定时,绝对不可以强行转至R挡,否则变速器会受到严重损坏。N挡(空挡):将拨杆置于N挡上,发动机与变速器之间的动力已经切断。如短暂停留可将拨杆置于此挡并拉出手制动杆,右脚可移离刹车踏板稍作休息。D(前进挡):用在一般道路行驶。由于各国车型有不同的设计,所以D挡一般包括从1挡至高挡或者2挡至高挡,并会因车速及负荷的变化而自动换挡。将拨杆放置在D挡上,驾车者要控制车速快慢,只要控制好油门踏板就可以了。L挡(低速挡):用作上、下斜坡之用,此挡段的好处是当上斜或落斜时,车辆会稳定地保持在1挡或2挡位置,不会因上斜的负荷或车速的不平衡而令变速器不停地转挡。在落斜坡时,利用发动机低转速的阻力作制动,也不会令车子越行越快。

按变速形式,自动变速器可分为有级变速器与无级变速器两种。有级变速器是具有有限几个定值传动比(一般有4~9个前进挡和一个倒挡)的变速器。无级变速器是能使传动比在一定范围内连续变化的变速器,无级变速器在车辆上应用已逐步增多。

按无级变矩的种类，自动变速器可分为液力自动变速器、机械式无级变速器和电动机无级变速。液力自动变速器是在液力变矩器后面装一个行星齿轮变速系统。机械式无级变速器是由离合器和依据车速、油门开度改变、V形带轮的半径变化而实现无级变速的。电动机无级变速取消了机械传动中的传统机构，而代之以电流输至电动机，以驱动和电动机装成一体的车轮。

按前进挡的挡位数不同，自动变速器可分为2个前进挡、3个前进挡、4个前进挡以上三种。早期的自动变速器通常为2个前进挡或3个前进挡。这两种自动变速器都没有超速挡，其最高挡为直接挡。新型轿车装用的自动变速器基本上都是4~9个前进挡，即设有超速挡。这种设计虽然使自动变速器的构造更加复杂，但由于设有超速挡，大大改善了车辆的燃油经济性。

按齿轮变速器的类型，自动变速器可分为定轴齿轮式和行星齿轮式两种。定轴齿轮式自动变速器体积较大，最大传动比较小，使用较少。行星齿轮式自动变速器结构紧凑，能获得较大的传动比，被绝大多数轿车采用。

按变速系统的控制方式，自动变速器可分为液控自动变速器、电控液力自动变速器、电控自动变速器。液控自动变速器，是通过机械的手段，将车辆行驶时的车速及节气门开度两个参数转变为液压控制信号；阀板中的各个控制阀根据这些液压控制信号的大小，按照设定的换挡规律，通过控制换挡执行机构动作，实现自动换挡，实际使用较少。电控液力自动变速器，是通过各种传感器，将发动机转速、节气门开度、车速、发动机水温、自动变速器液压油温度等参数转变为电信号，并输入电脑；电脑根据这些电信号，按照设定的换挡规律，向换挡电磁阀、油压电磁阀等发出电控制信号；换挡电磁阀和油压电磁阀再将电脑的电控信号转变为液压控制信号，阀板中的各个控制阀根据这些液压控制信号，控制换挡执行机构的动作，从而实现自动换挡。电控自动变速器，是通过控制电动机来实现换挡，由于它使用电动机控制，所以不用液压油，没有滑阀箱，在结构上也变得更加紧凑和简单，造价更低，实际使用较少。

自动变速器常见的有四种型式，分别是液力自动变速器（AT）、机械式无级变速器（CVT）、电控机械式自动变速器（AMT）、双离合自动变速器（DCT）。轿车普遍使用的是AT，AT几乎成为自动变速器的代名词。

AT由液力变扭器、行星齿轮和液压操纵系统组成，通过液力传递和齿轮组合的方式来达到变速变矩。其中液力变扭器是AT最重要的部件。

AT传动系统的结构与手动挡相比，在结构和使用上有很大的不同。AT传动系统由液力变矩器、行星齿轮和液压操纵系统组成，通过液力传递和齿轮组合的方式来达到变速变矩。其中，液力变扭器是AT最具特点的部件。由于液力变矩器自动变速变矩范围不够大，因此，在涡轮后面再串联几排行星齿轮来提高效率，液压操纵系统会随发动机工作的变化而自行操纵行星齿轮，从而实现自动变速变矩。辅助机构自动换挡不能满足行驶上的多种需要，例如停泊、后退等，所以还设有干预装置（即手动拨杆）及标志P（停泊）、R（后位）、N（空位）、D（前进位），另外，在前进位中还设有"L"附加挡位，用于起步或上斜坡。由于将其变速区域分成若干个变速比区段，只有在规定的变速区段内才是无级的，因此，AT实际上是一种介于有级和无级之间的自动变速器。液力自动变速器通常有两种类型：一种为横置液力自动变速器；另一种为纵置液力自动变速器。液力自动变速器电子控制通过动力传动控制模块接收来自车辆上各种传感器的电信号输入，根据车辆的使用工况对这些信息处理来决定液力自动变速器运行工况。按照这些工况，动力传动控制模块给执行机构发出指令，并实现下列功能：变速器的升挡和降挡；一般通过操纵一对电子换挡电磁阀在通/断两种状态中转换；通过电子控制压力控制电磁阀来调整管路油压；变矩器离合器用于控制电磁阀的接合和分离时间。自动变速器主要是根据车速传感器、节气门位置传感器以及驾驶员踩下加速踏板的程度进行升位和降位控制。

AMT 传动系统是在传统的固定轴式变速器和干式离合器的基础上，应用微电子驾驶和控制理论，以电子控制单元（ECU）为核心，通过电动、液压或气动执行机构对换挡机构、离合器、节气门进行操纵，来实现起步和换挡的自动操作。AMT 传动系统的基本控制原理是：ECU 根据驾驶员的操纵（节气门踏板、制动踏板、转向盘、选挡器的操纵）和车辆的运行状态（车速、发动机转速、变速器输入轴转速）综合判断，确定驾驶员的意图以及路面情况，采用相应的控制规律，发出控制指令，借助于相应的执行机构，对车辆的动力传动系统进行联合操纵。AMT 传动系统是对传统干式离合器和手动齿轮变速器进行电子控制实现自动换挡，其控制过程基本是模拟驾驶员的操作。ECU 的输入有加速踏板信号、发动机转速、节气门开度、车速等。ECU 根据换挡规律、离合器控制规律、发动机节气门自适应调节规律产生的输出，对节气门开度、离合器、换挡操纵三者进行综合控制。离合器的控制是通过三个电磁阀实现的，通过油缸的活塞完成离合器的分离或接合。ECU 根据离合器行程的信号判断离合器接合的程度，调节接合速度，保证接合平顺。换挡控制一般是在变速器上交叉地安装两个控制油缸。选挡与换挡由四个电磁阀根据 ECU 发出指令进行控制。在正常行驶时，节气门开度的控制由驾驶员直接控制加速踏板，其行程通过传感器输入 ECU，ECU 再根据行程大小，通过对步进电动机控制来控制发动机节气门开度。在换挡过程中，踏板行程与节气门开度并非完全一致，按换挡规律要求先减小节气门开度，进入空挡，在挂上新的挡位后，接合离合器，在传递发动机扭矩增大的同时，节气门开度按一定的调节规律加到与加速踏板对应的开度。

CVT 采用传动带和可变槽宽的带轮进行动力传递，即当带轮变化槽宽时，相应地改变驱动轮与从动轮上传动带的接触半径而进行变速，传动带一般有橡胶带、金属带和金属链等。CVT 是真正的无级变速，它的优点是质量小、体积小、零件少。与 AT 比较，它具有较高的运行效率，油耗也较低。但 CVT 的缺点也很明显，就是传动带很容易损坏，不能承受过大的载荷，因此在自动变速器中占有率较低。

CVT 与 AMT 和 AT 相比，最主要的优点是它的速比变化是无级的，在各种行驶工况下都能选择最佳的速比，其动力性、经济性和排放与 AT 相比都得到了很大的改善。但是 CVT 不能实现换空位，在倒位和起步时，还得有一个自动离合器，有的采用液力变矩器，有的采用模拟液力变矩器起步特性的电控湿式离合器或电磁离合器。CVT 采用的金属带无级变速器与 AT 一般所用的行星齿轮有级变速器比较，结构相对简单，在批量生产时成本可能低些。

DCT 有别于一般的自动变速器系统，它基于手动变速器而又不是自动变速器，除了拥有手动变速器的灵活性及自动变速器的舒适性外，还能提供无间断的动力输出。而传统的手动变速器使用一台离合器，当换挡时，驾驶员须踩下离合器踏板，使不同挡的齿轮做出啮合动作，而动力就在换挡期间出现间断，令输出表现有所断续。与传统的手动变速器相比，

DSG 使用更方便，因为它终究还是一个手动变速器，只是使用了 DCT 的新技术，使得手动变速器具备自动性能，同时大大改善了车辆的燃油经济性，DCT 比手动变速器换挡更快速、顺畅，动力输出不间断。另外，它消除了手动变速器在换挡时的扭矩中断感，使驾驶更灵敏。基于其使用手动变速器作为基础及其独特的设计，DCT 能抵御高达 350 N·m 的扭力。因此，双离合变速器的优势有：换挡快（双离合变速器的换挡时间非常短，比手动变速箱的速度还要快，只有 0.2 s 不到）；省油（双离合变速器因为消除了扭矩的中断，也就是让发动机的动力一直在利用，而且始终在最佳的工作状态，所以能够大量节省燃油，相比传统行星齿轮式自动变速箱更利于提升燃油经济性，油耗大约能够降低 15%）；舒适性（因为换挡速度快，所以 DCT 的每次换挡都非常平顺，顿挫感已经小到人体很难察觉的地步）；在换挡过程中，几乎没有扭矩损失；当高挡齿轮已处于预备状态时，升挡速度极快，达到惊人的 8 ms；无论油门或者运转模式处于何种状况，换挡时间至少能达到 600 ms。但是，双离合变速器的结构复杂，制造工艺要求也比较高，因此成本也是比较高的，所以我们看到配备双离合变速器的都是一些中高挡的车型；虽然在可以承受的扭矩上，双离合变速器已经绝对能满足一般的车辆的要求，但是对于激烈的使用还是不够，因为如果是干式的离合，则会产生太多的热量，而湿式的离合，摩擦力又会不够；由于电控系统和液压系统的存在，双离合器变速器的效率仍然不及传统手动变速器，特别是用于传递大扭矩的湿式双离合变速器更是如此；当需要切换的挡位并未处于预备状态时，换挡时间相对较长，在某些情况下甚至超过 1 s；双离合变速器相比传统手动变速器更重；早期的双离合变速器可靠性欠佳。

自动变速器与手动变速器相比，具有以下优点：

① 消除了离合器操作和频繁换挡，从而减轻了驾驶员的疲劳。

② 能自动适应各种行驶条件的变化，从而降低了对驾驶员驾驶技能的要求。

③ 因采用液力传动，能够避免发动机超载运转，有利于延长有关零件的使用寿命。

④ 由于减少了换挡冲击与振动，使底盘起步加速更加平稳，从而提高了乘坐的舒适性。

尽管很多人认为自动变速器存有结构复杂、价格高昂、耗油量高、维修困难等缺点，但由于其具有优良的操作性能和出于对行驶安全性的考虑，目前世界各国自动变速器的装车率越来越高，特别是大排量、高档次的轿车，已达到普及的程度。

6.2.2 离合器及其特点

1. 离合器及其功用

离合器，是以开关的方式传递动力和运动的传动装置。离合器基本工作原理是：依靠自身的机件采用啮合、摩擦或离心力等方式来传递运动和转矩。离合器主要用于发动机、电动机等原动机与工作机之间，以及机构内部主动部分与从动部分之间，实现动力和运动的传递与切断。

离合器主要功用是两方面：一是必要时切断或接通动力，二是在接通过程中产生摩滑。离合器能够实现的控制功能有：机构与车辆的起动及停止、变速机构中速度的变换、运动传动轴之间的同步和相互超越、机构与车辆起动或超载时的保护、防止被动轴的逆转、控制传递转矩的大小、满足接合时间等。因此，它在许多领域中都得到了广泛的应用。

离合器作为定轴式变速器的辅助机构，在换挡时，分离离合器，切断发动机传到变速器的动力，因而可使换挡轻便。

离合器使车辆起步和加速平稳。如果在车辆起步时，使发动机曲轴与传动系统突然接合，由于车辆及传动系统中许多旋转零件的巨大惯性，可能使发动机受过大负荷而熄火，也可使机件受过大负荷而损坏，还会使车内站立人员安全得不到保障。传动系统装有离合器，在车辆起步或换入高挡后加速时，驾驶员可柔和地接合离合器而使底盘起步和加速平稳。起步和加速的平稳对车内乘员的舒适性、安全性和延长机件的使用寿命都是很重要的。

离合器作为保险机构，可以限制发动机及传动系统机件受过大负荷而损坏。当车速急剧改变时（如紧急制动或猛然加速时），由于惯性的原因，负荷将大大增加。这时，由于离合器所能传递的扭矩有限而打滑，就可将机件所受负荷限制在一个允许的范围内，以免损坏机件。

离合器便于起动发动机。底盘发动机起动时，将变速器放在空挡状态，往往不分离离合器也能起动。但若在起动时将离合器分离，便可减小起动电动机的负荷，有利于发动机起动。这对大功率发动机以及起动困难、蓄电池电量不足的发动机来说，还是有意义的。

2. 对离合器的要求

1）接通与切断动力方面的要求

①接合时，应能可靠地传递足够的力矩。在寿命期限内，应能可靠地传递最大的计算力矩。

②分离应彻底。分离后不应再继续发生摩擦，否则仍将传递一部分力矩，影响正常工作，且增加磨损和发热。

③控制分离结合所需的操纵功小。

2）摩滑方面的要求

①接合应平稳柔和。接合过程中力矩应平稳地增加，避免突然传递大的力矩，形成冲击。

②分离接合的过程中发热少，温度不致剧烈升高。这可以使摩擦系数稳定，磨损小，寿命高，油液不易变质。

除了这些要求之外，还有传动装置的共同要求和一般机械设计方面的普遍要求：调节和修理方便；外廓尺寸小；质量小；耐磨性好和有足够的散热能力；操作方便省力等。

当然，由于功用不同，每种离合器对于各项要求是有重点的。例如，对主离合器最主要的要求是传递足够的力矩和摩滑发热小；此外，为了减少换挡冲击，还要求被动部分转动惯量小。换挡离合器因为经常在分离状态，要求分离彻底，否则经常摩滑，会降低效率并且发热。

3. 离合器类型及其特点

1）离合器类型

由于离合器种类繁多，分类方法也是多种多样，目前尚无统一的标准进行分类。常见的分类方式主要有以下几种。

①按接合元件的性质，离合器分为啮合式离合器和摩擦式离合器两大类。装甲车辆传动装置中常用摩擦片式离合器。

②按操纵方式，离合器分为自动操纵式离合器和外力操纵式离合器。自动操纵式离合器包括安全式离合器、离心式离合器、超越式离合器等。外力操纵式离合器包括机械式离合

器、气动式离合器、液压式离合器、电磁式离合器等。

③按从动盘数量，摩擦式离合器分为单盘离合器、双盘式离合器和多盘式离合器等。

④按摩擦副的工作情况，离合器分为干式离合器和湿式离合器。干式离合器，其摩擦副元件中没有润滑油。湿式离合器的摩擦副中有稀油进行润滑和冷却，润滑的方式为喷淋、油浴或两者兼有。湿式离合器具有压力分布均匀、磨损小且均匀、传递扭矩容量大的特点，采用强制冷却，寿命可达干式离合器的 5~6 倍。早期的离合器采用锥面式摩擦结构和手动机械助力方式操纵，而现代离合器大多采用多片式摩擦结构和液压方式操纵。

⑤按冷却方式，离合器分为普通型、气冷型、水冷型等。

⑥按零件结构特点，离合器分为有弹簧、无弹簧、有滑环、无滑环式等。

⑦按使用性质，离合器分为转向、换挡、闭锁、离合等。

⑧按加压方式，离合器分为弹簧加压离合器和液压加压离合器两种。干式离合器多为弹簧加压，常用圆柱螺旋弹簧；湿式离合器多为液压加压。弹簧加压离合器按照其压紧弹簧的布置特点，可分为周布弹簧离合器、中央弹簧离合器、膜片弹簧离合器等。

⑨按功用，离合器分为主离合器、液力元件的闭锁离合器、换挡离合器和转向离合器等。主离合器安装在发动机与变速器之间，起动或换挡时，切断动力，切断发动机的惯量，以减少冲击；在挂上挡后一段时间内，产生摩滑使车辆平稳加速；还可作为传动系统内的摩擦保险环节，以防止过载。闭锁离合器安装在液力变矩器泵轮与涡轮之间，用于将液力传动转换为机械传动，以提高传动效率；使液力变矩器闭锁，以进行发动机制动或拖车起动。换挡离合器安装在变速器的轴上，换挡时产生摩滑，使车辆平稳换挡，另外，作为传动系统的摩擦保险环节，以防止过载。转向离合器安装在转向机构中，通过操纵其分离或结合，可以得到不同的转向半径。

目前，在装甲车辆上使用的主离合器和以前曾经使用过的转向离合器均为常闭、多片、干摩擦式。而换挡或闭锁离合器常用的是常开、多片、湿摩擦式。

离合器结构中的摩擦片有钢质的，也有带衬面的。为了增大摩擦系数和传递的转矩，衬面材料既有用铜丝加石棉制成的，也有采用粉末冶金经烧结制成的。

2）工作方式

在种类繁多的离合器中，其工作方式随操纵方式和结合元件的不同而有所不同。一般有以下几种工作方式。

①常开可操纵式离合器。按照分离→结合传动→分离→再结合的循环方式工作。需要结合时，使用操纵机构如手柄、液压块、电磁铁等，使结合件（主动或被动部分）移动，采用啮合或摩擦方式压紧主、被动部分一起旋转工作。需要分离时，按相反操作过程使主、被动部分分离。

②常闭可操纵式离合器。按照结合传动→分离→再结合的循环方式工作。这种工作方式常用于车辆上，其操纵方式与常开式相同。

③自动式离合器。其工作方式既可以是常开式的（如：结合由离心元件在转动离心力控制下的离心式离合器），也可以是常闭式的（如：分离由负载转矩变化控制的安全式离合器）。其中一种超越式离合器的分离是由于被动轴转速超过主动轴转速而产生的脱开力造成的。

6.3 转向机构和制动器的配置与选型

6.3.1 转向机构及其特点

车辆在行驶过程中，需按驾驶员的意志经常改变其行驶方向，即转向。

转向机构，是用于控制各类轮式或履带式车辆的行驶方向的机构。转向机构应能根据需要保持车辆稳定的沿直线行驶或能按要求灵活地改变行驶方向。

根据原理不同，转向机构可分为轮式和履带式两大类。

1. 轮式转向机构的配置与选型

1）轮式转向机构

就轮式车辆而言，实现车辆转向的方法是，驾驶员通过一套专设的机构，使转向桥（一般是前桥）及其上的车轮（转向轮）相对于车辆纵轴线偏转一定角度。在车辆直线行驶时，往往转向轮也会受到路面侧向干扰力的作用，自动偏转而改变行驶方向，此时，驾驶员也可以利用这套机构使转向轮相反方向偏转，从而使车辆恢复原来的行驶方向。这样一套用来改变或恢复车辆行驶方向的专设机构，即为轮式车辆转向机构。转向机构的功用是，保证车辆能按驾驶员的意志而进行转向行驶。

轮式车辆的转向方式有轮转向、轴转向、铰接转向和滑移转向。

轮转向，也称偏轮转向，是指通过改变各个车轮方向实现车辆转向。在艾克曼于19世纪末发明梯形连杆转向机构后，汽车已普遍采用轮转向。为使结构简单，大多数车辆用前轮转向。转向时尽量使全部车轮绕同一个瞬时转向中心做圆周运动，以保证转向轮不发生滑移。有的车辆因前轴为驱动轴或载荷较重或对机动性有特殊要求而用后轮转向。等轴距3轴、4轴或多轴车辆也有用前后轮同时转向的（全轮转向）。可根据情况采用前轮转向、后轮转向或4轮同时转向，如图6.11所示。

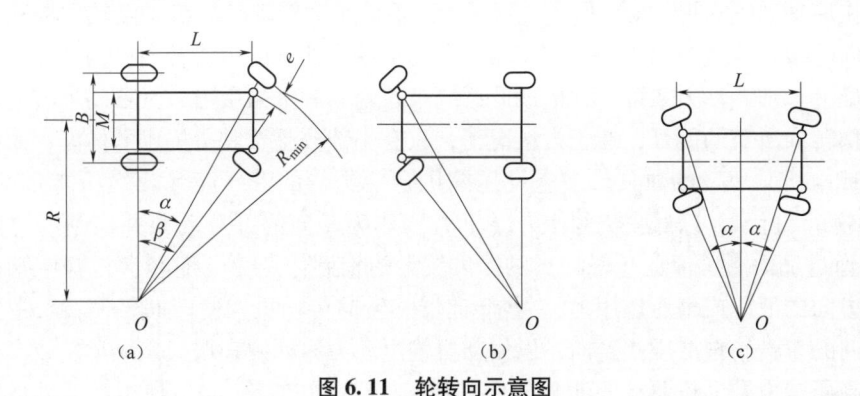

图 6.11 轮转向示意图
(a) 前轮转向；(b) 后轮转向；(c) 全轮转向

轴转向，是指通过改变整个车轴线方向来实现车辆转向。虽然几个车轴线在转向时交于一点，但转向时车轮前后位移过大，转向阻力大，轮胎磨耗大，所以不适用于高速行驶的车辆。早期的汽车和现代某些全挂车上采用轴转向。

铰接式转向类似于轴转向，即车轮无转向动作而用液压或气压机构推动车辆的铰接部分使车辆转向，如图 6.12 所示。铰接式车辆大都是行驶于松软地面的越野车辆或工程机械，车速也较低，可以用这种转向方式。

滑移转向，是指利用两侧车轮现速度差而实现车辆转向。滑移转向主要用于作业场地狭小，地面起伏不平，作业内容变换频繁的场合。

2）对轮式转向机构要求

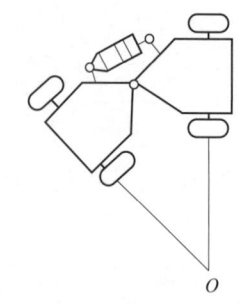

图 6.12　铰接转向示意图

①转向时，全部车轮必须做纯滚动，不应有侧滑，形成统一的瞬时转向中心。

②保证转向轮与转向盘转动方向一致，转向轮具有自动回正能力，保持稳定的直线行驶状态。

③在行驶状态下，转向轮不得产生自振，转向盘没有摆动。转向传动机构和悬架导向装置产生的运动协调，应使车轮产生的摆动最小。

④转向器和转向传动机构中应有间隙调整机构。尤其是转向器和转向机构的连接处，应有调整机构，消除因磨损而产生的间隙。

⑤转向灵敏，最小转弯直径小，保证车辆有较高的机动性。

⑥工作可靠，操纵轻便，作用在转向盘上的切向力：≤150～200 N。

⑦转向机构还应能减小地面传到转向盘上的冲击，并保持适当的"路感"。

⑧当发生碰撞时，转向装置应能减轻或避免对驾驶员的伤害。

⑨刚度足够，保证精确转向。

⑩结构合理。

3）轮式转向机构类型及其特点

根据操纵方式，转向机构分为机械式转向机构、液压助力式转向机构和全液压式转向机构等。机械转向机构，以驾驶员的体力（手力）作为转向的动力，其中所有传力件都是机械的。工作原理如图 6.13（a）所示，依靠驾驶员的手力转动转向盘，经转向器和转向传动机构使转向轮偏转。主要用于中小型车轮转向的车辆。液压助力式转向机构，是在机械转向机构的基础上，加装动力系统，并借助此系统来减轻驾驶员的手力，又称动力转向机构。动力转向机构转向所需的能量，在正常情况下，只有小部分是驾驶员提供的体能，而大部分是发动机（或电机）驱动的油泵（或空气压缩机）所提供的液压能（或气压能）。工作原理如图 6.13（b）所示，以驾驶员的体力（手力）作为转向的部分动力并控制助力液压油缸（气缸），通过助力液压油缸（气缸）的提供较大的辅助作用力（对转向机构中某一传动件施加不同方向的液压或气压作用力），经转向器和转向传动机构使转向轮偏转。主要用于重型车轮转向的车辆。全液压式转向，以发动机输出动力为能源来增大操纵车轮或车架转向的力，所用高压油由发动机驱动的油泵供给。工作原理如图 6.13（c）所示，驾驶员转动转向盘控制液压系统油流方向和油量，发动机驱动的油泵供给高压油驱动转向油缸使转向轮偏转。主要用于大中型中低速车轮转向的车辆。

（1）机械转向机构

机械转向机构一般包含转向器和转向传动机构。转向器是转向机构中减速增扭的传动装置，其功用是增大转向操纵机构传到转向节的力并改变力的传动方向。转向器一般由转向

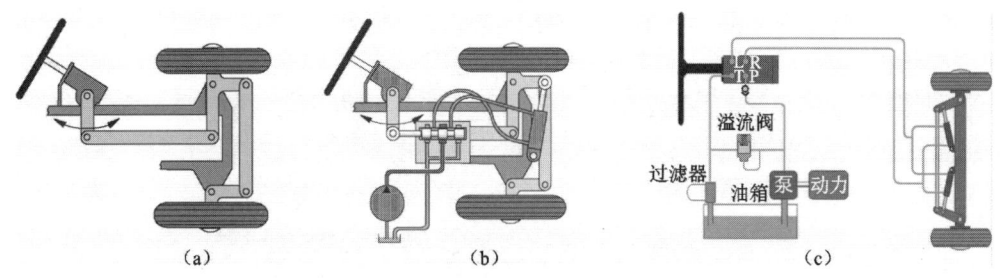

图 6.13 转向机构工作原理示意图
(a) 机械转向机构；(b) 液压助力式转向机构；(c) 全液压式转向机构

轴、啮合传动副、转向摇臂等组成。转向传动机构是将转向器输出的转向力和运动转变为转向动作的机构，一般由转向垂臂、左右梯形臂和转向横拉杆等组成。

转向器的输出功率与输入功率之比称为转向器传动效率，是衡量转向器性能的一个重要参数。当转向轴作为输入、转向摇臂作为输出时，求得的转向器传动效率为正效率；当转向摇臂作为输入、转向轴作为输出时，求得的转向器传动效率为逆效率。转向器的可逆性指的是转向垂臂上的作用力能否以及能有多少反传到转向盘上去的性能。

转向器按传递力可逆程度，可分为可逆式、不可逆式和极限可逆式。可逆式转向器，是指转向器很容易将经转向传动机构传来的路面反力传到转向盘上，即逆效率很高的转向器。可逆式转向器有利于车辆转向结束后转向轮和转向盘自动回正，但也能将坏路面对车轮的冲击力传到转向盘，发生"打手"情况。经常在良好路面上行驶的车辆多采用可逆式转向器。不可逆式转向器，是指转向器不能将经转向传动机构传来的路面反力传到转向盘上，即逆效率很低的转向器。对不可逆式转向器，路面作用于转向轮上的回正力矩不能传到转向盘，这就使得转向轮自动回正成为不可能，驾驶员不能得到路面反馈信息，即所谓丧失"路感"。极限可逆式转向器，是指转向器很难将经转向传动机构传来的路面反力传到转向盘上，即逆效率略高于不可逆式的转向器，其反向传力性能介于可逆式和不可逆式之间，而接近于不可逆式。多用于工作环境恶劣的中型以上越野车和工矿用自卸车。

通常按传动副的结构形式，可分为齿轮齿条式转向器、蜗杆滚轮式转向器、曲柄指销式转向器和循环球式转向器等。

齿轮齿条式转向器转向时，通过转向轴上的齿轮与可移动的齿条相啮合，实现转向力及其方向的传递和放大，如图 6.14 所示。驾驶员转动转向盘，通过转向轴、安全联轴节带动转向齿轮转动，齿轮使得齿条轴向移动，带动拉杆移动，使车轮偏转，实现转向。齿轮齿条式转向器的优点：结构简单、紧凑、体积小、质量小；传动效率高达 90%；可自动消除齿间间隙；没有转向摇臂和直拉杆，转向轮转角可以增大；制造成本低。缺点：逆效率高（60% ~ 70%）。因此，车辆在不平路面上行驶时，发生在转向轮与路面之间的冲击力大部分能传至转向盘。广泛用于微型、普通、中高级轿车，部分前悬独立的重型车辆。根据输入齿轮位置

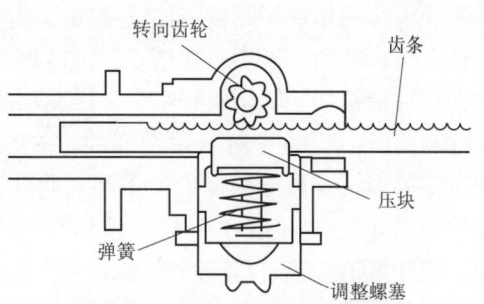

图 6.14 齿轮齿条式转向器示意图

和输出特点不同，齿轮齿条式转向器有四种形式：中间输入，两端输出；侧面输入，两端输出；侧面输入，中间输出；侧面输入，一端输出。根据转向器和转向梯形相对前轴位置的不同，有四种布置形式：转向器位于前轴后方，后置梯形；转向器位于前轴后方，前置梯形；转向器位于前轴前方，后置梯形；转向器位于前轴前方，前置梯形。

蜗杆滚轮式转向器，通过转向轴上的蜗杆与可摆动的涡轮（滚轮）相啮合，实现转向力及其方向的传递和放大，如图 6.15 所示。蜗杆母线为凹圆弧的曲面蜗杆（通常称为球面蜗杆）。滚轮表面做出两道或三道环形的齿，与球面蜗杆啮合。根据滚轮齿数不同，分为双齿式、三齿式和单齿式 3 种。转向盘带动球面蜗杆转动时，与之啮合的滚轮绕滚轮轴自转，同时，沿着蜗杆的螺线滚动，从而带动其支座和转向摇臂绕轴摆动，最后

图 6.15　蜗杆滚轮式转向器示意图

通过转向传动机构使车辆转向轮偏转。这种转向器实际上是一个蜗轮减速器，它具有较大传动比，可使转向变得轻便省力。优点：结构简单；制造容易；强度比较高、工作可靠、寿命长；逆效率低。缺点：正效率低；调整啮合间隙比较困难；传动比不能变化。蜗杆滚轮式转向器应用较少。

蜗杆指销式转向器，通过转向轴上的蜗杆与可摆动的指销相啮合，实现转向力及其方向的传递和放大，如图 6.16 所示。转向蜗杆转动时，与之啮合的指销即绕摇臂轴轴线沿圆弧运动，并带动摇臂轴转动，最后通过转向传动机构使车辆转向轮偏转。蜗杆指销式转向器的优点：传动比可以做成不变的或者变化的；工作面间隙调整容易。蜗杆指销式转向器有固定销式与旋转销式。固定销式转向器的优点：结构简单、制造容易。缺点：销子的工作部位磨损快，工作效率低。旋转销式转向器的效率高、磨损慢，但结构复杂。根据销子数量不同，有单销和双销。传动副是由蜗杆与带有曲柄的一个锥形销相啮合组成的。因此，双销式结构能保证曲柄销转到两端位置时，总有一个销能与蜗杆啮合，较之单销式有更大的转角，并避免因曲柄销在转到极限位置时脱出蜗杆而使转向失灵。要求摇臂轴有较大的转角时，应采用双销式结构。采用双指销不但可使播臂轴转角范围加大，而且由于直线行驶及修正行驶方向时两指销均与转向蜗杆啮合，因而使指销受力小、寿命长。双销式转向器的结构复杂、尺寸和质量大，并且对两主销间的位置精度、螺纹槽的形状及尺寸精度等要求高。此外，传动比的变化特性和传动间隙特性的变化受限制。蜗杆指销式转向器应用较少。

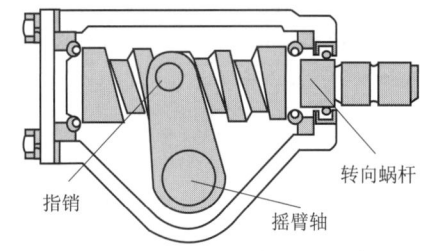

图 6.16　蜗杆指销式转向器示意图

循环球式转向器，通过转向轴上的螺杆与可移动的螺母之间形成的螺旋槽内装有循环钢球而构成的滚珠丝杆传动副，以及可移动的螺母上齿条与摇臂轴上齿扇构成的传动副组成，实现转向力及其方向的传递和放大，如图 6.17

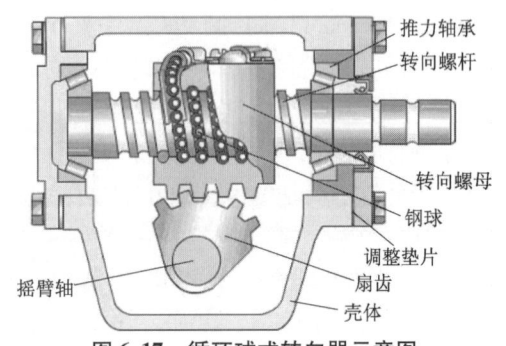

图 6.17　循环球式转向器示意图

所示。循环球式转向器是由螺杆－螺母、齿条－齿扇两对传动副组成，故又称为综合式转向器。转向螺杆转动时，通过钢球将力传给转向螺母，螺母即沿轴向移动。同时，在螺杆及螺母与钢球间的摩擦力偶作用下，所有钢球便在螺旋管状通道内滚动，形成循环"球流"。在转向器工作时，两列钢球只是在各自的封闭流道内循环，不会脱出。螺母沿轴向移动，通过其上齿条驱动齿扇及摇臂轴转动，最后通过转向传动机构使车辆转向轮偏转。循环球式转向器属可逆式转向器。循环球式转向器的优点：传动效率可达到75%～85%，操纵轻便；转向器的传动比可以变化；工作平稳可靠，使用寿命长；齿条和齿扇之间的间隙调整容易；适合用来做整体式动力转向器。缺点：逆效率高，结构复杂，制造困难，制造精度要求高。循环球式转向器主要用于大中重型车上。

转向传动机构，是从转向器到转向轮之间的所有传动杆件的总称。转向传动机构的功用是将转向器输出的力和运动传到转向桥两侧的转向节，使转向轮偏转，达到转向的目的，并使两转向轮偏转角按一定关系变化，以保证车辆转向时车轮与地面的相对滑动尽可能小。

转向传动机构的结构和布置因转向器位置和转向轮悬架类型而异。

与非独立悬架配用的转向传动机构，一般由转向摇臂、转向直拉杆、转向节臂、两个梯形臂和转向横拉杆等组成，如图6.18所示。各杆件之间都采用球形铰链连接，并设有防止松脱、缓冲吸振、自动消除磨损后的间隙等的结构措施。转向摇臂的一端与转向器中摇臂轴连接，另一端通过球头销与转向直拉杆做空间铰链连接。转向直拉杆是转向摇臂与转向节臂之间的传动杆件，在转向时既受拉又受压，具有传力和缓冲作用。在转向轮偏转且

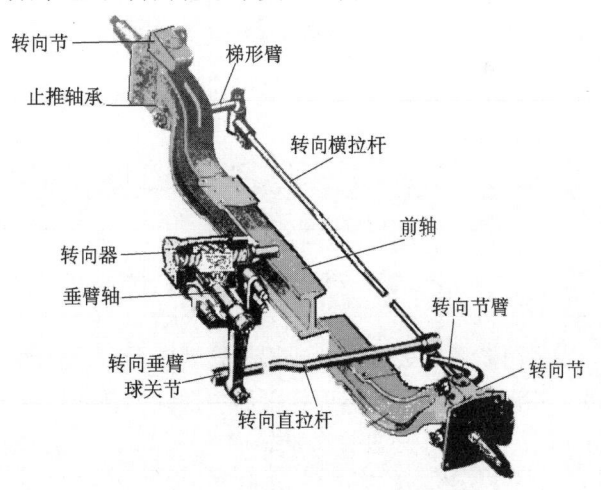

图6.18 转向传动机构示意图

因悬架弹性变形而相对于车架跳动时，转向直拉杆与转向摇臂及转向节臂的相对运动都是空间运动，为了不发生运动干涉，三者之间的连接件都是球形铰链。转向横拉杆是转向梯形机构的底边，由横拉杆体和旋装在两端的横拉杆接头组成。其特点是长度可调，通过调整横拉杆的长度，可以调整前轮前束。左右梯形臂、转向横拉杆及前梁所形成的四边形是一梯形，故称为梯形机构。转向梯形机构的作用是保证转向时所有车轮行驶的轨迹中心相交于一点，从而防止机械车辆转弯时产生的轮胎滑磨现象，减少轮胎磨损，延长其使用寿命，还能保证车辆转向准确、灵活。根据转向直拉杆布置方向，分纵向布置和横向布置。根据转向梯形相对前桥布置位置，分为前置式和后置式，如图6.19所示。一般采取后置式，即转向梯形布置在前桥之后。在发动机位置较低或转向桥兼充驱动桥的情况下，为避免运动干涉，采取前置式，即将转向梯形布置在前桥之前。

当转向轮独立悬挂时，每个转向轮都需要相对于车架做独立运动，因而转向桥必须是断开式的。与此相应，转向传动机构中的转向梯形也必须是断开式的。与独立悬架配用的多数是齿轮齿条式转向器，转向器布置在车身上，转向横拉杆通过球头销与齿条及转向节臂相

连，如图 6.20 所示。

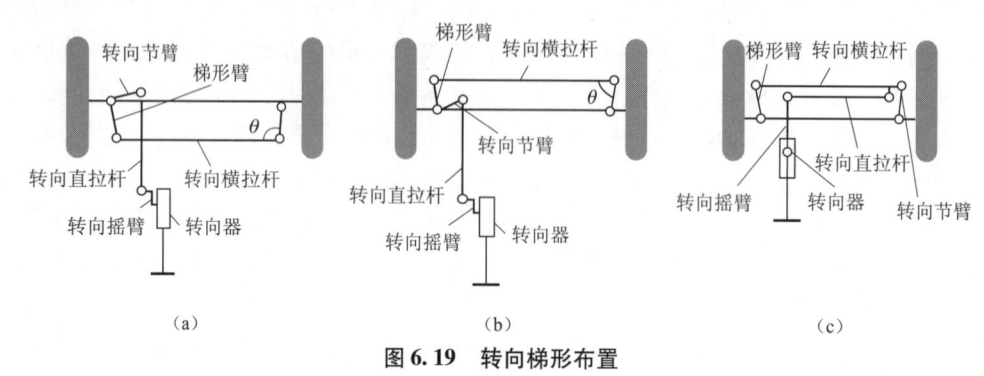

图 6.19 转向梯形布置
（a）后置式；（b）前置式；（c）转向直拉杆横向布置

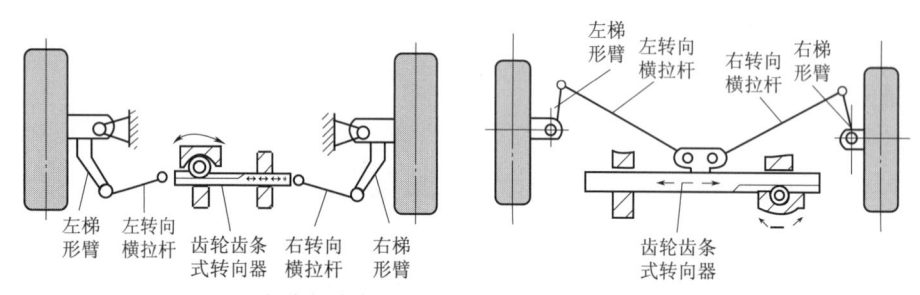

图 6.20 与齿轮齿条式转向器相配用的转向传动机构示意图

当采用循环球式转向器或蜗杆式转向器时，转向传动机构的杆件较多，一般分成两段或三段，并且由在平行于路面的平面中摆动的转向摇臂直接带动或通过转向直拉杆带动，如图 6.21 所示，其中主要部件包括转向摇臂 1、转向直拉杆 2、左转向横拉杆 3、右转向横拉杆 4、左梯形臂 5、右梯形臂 6、摇杆 7、悬架左摆臂 8、悬架右摆臂 9 等。在转向轮偏转而且因悬架弹性变形而相对于车架跳动时，转向直拉杆与转向摇臂及转向节臂的相对运动都是空间运动。因此，为了不发生运动干涉，三者之间的连接件都是球形铰链。弹簧装球头销后起缓冲作用。在旋松夹紧螺栓以后，转动横拉杆体，可改变横拉杆的总长度，来调节前轮前束。往往还设置转向减振器，用于克服车辆行驶时转向轮产生的摆振，并提高车辆行驶的稳定性和乘坐的舒适性。转向减振器一端与车身或前桥铰接，另一端与转向直拉杆或转向器铰接。

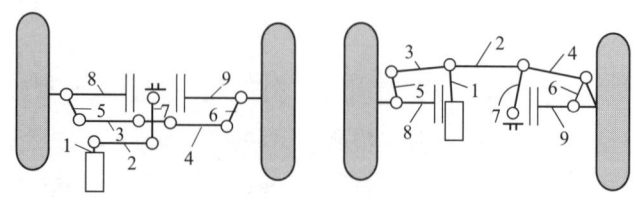

1—转向摇臂；2—转向直拉杆；3—左转向横拉杆；4—右转向横拉杆；
5—左梯形臂；6—右梯形臂；7—摇杆；8—悬架左摆臂；9—悬架右摆臂。

图 6.21 与独立悬架配用的转向传动机构示意图

（2）液压助力式转向机构

助力转向机构是在机械式转向系统的基础上加一套动力辅助装置组成的，又称动力转向机构。助力转向机构将发动机输出的部分机械能转化为压力能（或电能），并在驾驶员控制下，对转向传动机构或转向器中某一传动件施加辅助作用力，使转向轮偏摆，以实现车辆转向，借助辅助动力系统来减轻驾驶员的转向操纵力。助力转向机构的作用：在转向时，减小对转向盘的操作力；限制转向系统的减速比；原地转向时，能提供必要的助力；限制车辆高速或在薄冰上的助力，具有较好的转向稳定性；在动力转向装置失效时，能保持机械转向系有效工作。助力转向机构由机械转向器、转向控制阀、转向动力缸以及将发动机输出的部分机械能转换为压力能的转向油泵（或空气压缩机、电动机）、转向油罐等组成，如图 6.22 所示。设计时，当前轴负荷大于 40 kN 时，必须采用助力转向机构；当前轴负荷为 25 ~ 40 kN 时，可装可不装助力转向机构；当前轴负荷小于 25 kN 时，不必装助力转向机构。设计满足要求：运动学的随动（转向轮转角和转向盘转角的关系）；力的随动（路感），即不同路面上，驾驶员的手力感觉；助力转向机构失灵时，仍能够用机械转向操纵；当操纵力大于 200 N 时，助力转向机构起作用；应能够自动回正，保证车辆稳定、直线行驶。

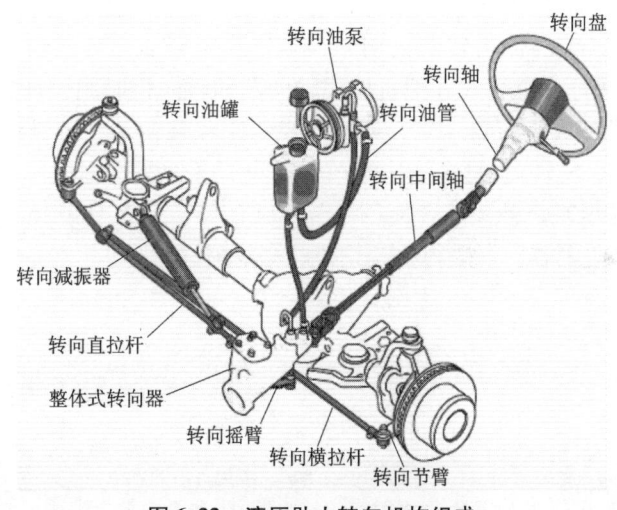

图 6.22 液压助力转向机构组成

助力转向机构按传能介质的不同，可以分为液压式、气压式和电动式三种。液压式液压式助力转向机构具有结构紧凑，尺寸小，压力大，灵敏度高，可吸收冲击，无须润滑等特点，因此常用液压式助力转向机构，其工作原理如图 6.23 所示。当车辆直线行驶时，转向控制阀将转向油泵泵出来的工作液与油罐相通，转向油泵处于卸荷状态，动力转向器不起助力作用。当车辆需要向右转向时，驾驶员向右转动转向盘，转向控制阀将转向油泵泵出来的工作液与 R 腔接通，将 L 腔与油罐接通，在油压的作用下，活塞向下移动，通过传动机构使左、右轮向右偏转，从而实现右转向。向左转向时，情况与上述相反。

液压式助力转向机构按液流型式，分为常流式和常压式两种。常流式是指机械不转向时，系统内工作油是低压。常压式是指机械不转向时，系统内工作油也是高压，分配阀关闭。液压式助力转向机构按其转向控制阀阀芯的运动方式，可分为滑阀式和转阀式两种。滑

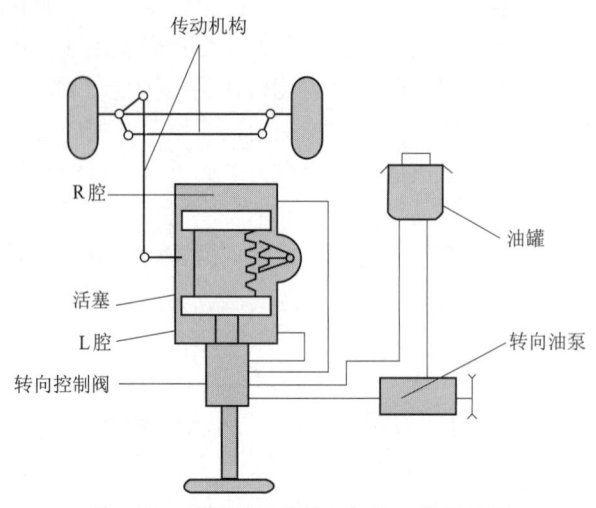

图 6.23 液压式助力转向机构工作原理图

阀式的特点是结构简单、工艺性好、操纵方便、易于布置。转阀式的特点是灵敏度高、密封件少、结构先进复杂。根据机械式转向器、转向动力缸和转向控制阀三者在转向机构中的布置和连接关系的不同,液压助力转向机构分为整体式(机械式转向器、转向动力缸和转向控制阀三者设计为一体)、组合式(把机械式转向器和转向控制阀设计在一起,转向动力缸独立)和分离式(机械式转向器独立,把转向控制阀和转向动力缸设计为一体)三种结构型式,如图 6.24 所示。整体式具有结构简单,前束调整容易,制造容易等特点,但车轮跳动相互影响,一般与非独立悬架配合使用。分离式的特点是车轮跳动互不影响,但结构复杂,成本高,前束调整困难,一般与独立悬架配合使用。

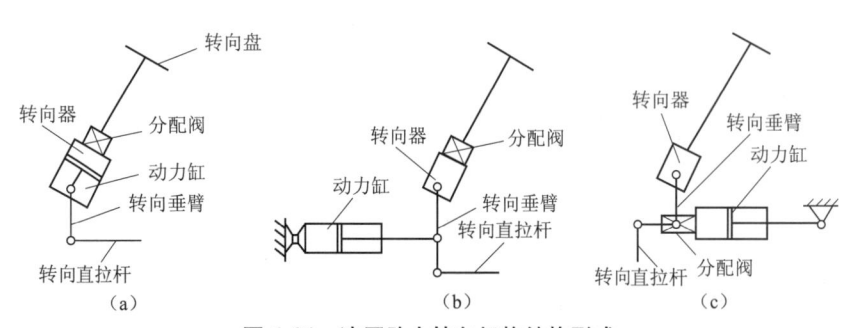

图 6.24 液压助力转向机构结构形式
(a) 整体式;(b) 组合式;(c) 分离式

(3) 全液压式转向机构

全液压转向机构仅仅以液压介质为动力去实现转向功能,且转向控制元件与执行元件之间无须进行刚性连接,如图 6.25 所示。由于全液压转向具有操作轻便、转向灵活、质量小、体积小、安装布置方便等诸多优点,目前国内外全液压转向技术在重型轮式车辆的转向系统中均已得到了普遍的应用。通常用于时速≤60 km/h 的非道路轮式移动车辆的液压操控。

全液压转向机构是由液压转向器和转向传动机构组成的，其功用是操纵车辆的行驶方向，应能根据需要保持车辆稳定地沿直线行驶，并能按要求灵活地改变行驶方向。转向系对车辆的使用性能影响很大，直接影响行车安全，所以其必须满足以下基本要求：①操纵轻便，转向时，作用在转向盘上的操纵力要小；②转向灵敏，转向盘转动的圈数不宜过多，由转向盘至转向轮间的传动比应选择合理，同时，转向盘的自由转动量不能太大；③高度可靠，保证不致因转向机构的损坏而造成严重事故，因此，转向机构的结构要合理，各零件要有足够的强度和刚度，对于采用动力转向的车辆，除了要保证发动机在怠速时转向器也能正常工作外，还应考虑发动机或油路发生故障时，有应急转向措施；④转向盘至转向垂臂间的传动要有一定的传动可逆性，这样，转向轮就具有自动回正的可能性，使驾驶员有"路感"，但可逆性不能太大，以免作用于转向轮上的冲击全部传至转向盘，增加驾驶员的疲劳和不安全感。

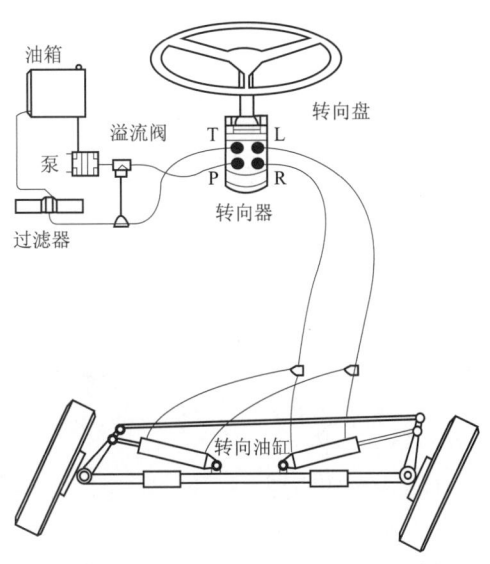

图 6.25 全液压转向机构示意图

全液压转向机构离不开转向控制元件——全液压转向器（SCU）。全液转向器按阀的移动方式，分为滑阀式和转阀式两大类。滑阀式的特点是结构简单、工艺性好、操纵方便、易于布置。转阀式的特点是灵敏度高、密封件少、结构先进复杂。滑阀式又可分为机械滑阀式（循环球滑阀式）、液压滑阀式。液压转向器按阀芯的功能形式，分为开芯无反应、开芯有反应、闭芯无反应、闭芯有反应（实际运用中，没有人使用）、负荷传感（与不同优先阀分别构成：静态系统、动态系统）、同轴流量放大等几类。开芯型转向器处于中位（不转向）时，供油泵与油箱相通。开芯型转向器中使用的是定量液压泵。闭芯型转向器中位处于断路状态（闭芯），即当转向器不工作时，液压油被转向器截止，转向器入口具有较高的压力。闭芯型转向器中使用的是压力补偿变量泵。负载传感型转向器能够传递负载信号到优先阀，通过优先阀优先控制转向机构所需流量。根据压力传感信号的控制方式，分为动态传感型和静态传感型。负载回路反应型，是在转向器处于中位即驾驶员没有进行车辆转向操作的时候，转向油缸两侧直接连接到转向油缸上，转向盘上可以感受到转向油缸上受到的外力（负载）。负载回路无反应型，是在转向器处于中位即驾驶员没有进行车辆转向操作的时候，两油缸截止，转向盘上不能感受转向油缸上受到的外力。

2. 履带式转向机构的配置与选型

1）履带式车辆的转向原理

履带式车辆只要使左右侧履带的速度不同即可转向，即利用两侧履带的速度差进行转向（滑移转向，如图 6.26 所示）。当一侧制动时，就可以在原地转向。

2）履带式车辆转向的特点

履带式车辆与轮式车辆有许多不同点，不同点之一是两者的转向性能不同。

（1）最小转向半径小

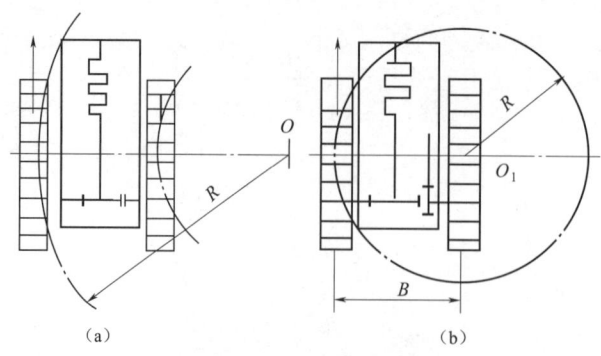

图 6.26 滑移转向示意图
(a) 绕某回转中心转向；(b) 原地转向

履带式车辆的最小转向半径比轮式车辆的小，可以等于履带中心距的一半，甚至等于零。因此履带式车辆能够在较窄狭的地面上转向。而轮式车辆的最小转向半径远大于车宽，所以转向要占较大的面积。在转向所占最小面积方面比较，履带式车辆比轮式车辆优越得多。

（2）转向阻力大

履带车辆转向时，接地段要横向刮动地面，特别是在松软地面上以小半径转向时，横向阻力大大增加，为了防止发动机熄火，驾驶员常常需要换入低挡并加大油门。而轮式车辆转向时，只需把前轮转动一定角度，前轮仍然滚动没有横向运动，所以不会引起横向阻力的增加。为了防止翻车或侧滑，驾驶员常常减小油门或换入低挡。在转向阻力方面，轮式车辆比履带式车辆优越得多。

（3）转向平稳性不好

履带式车辆如以规定转向半径或分离转向半径转向，可以做任意角度和任意长时间的转向，转向过程比较平稳。如以非规定转向半径转向，内侧摩擦元件部分制动，有制动功率损失；为了防止烧坏摩擦元件，不能做长时间的持续转向。如果一次转向未能把车辆转到预定方向，则应使它直驶一小段距离后，再做转向运动，直到将它转到预定方向为止。由此可知，其转向运动是断续式的、冲击式的，转向过程是不平稳的。而轮式车辆转向时，转向机构内部没有制动功率损失，所以它可做任意角度和任意长时间的转向，其转向过程是平稳的。

（4）转向轨迹可控性差

履带式车辆转向时，转向轨迹不完全取决于操纵杆或转向盘的位置，它受地面性质影响较大。这就要求驾驶员对各种地面性质应当深入了解，否则，实际的转向轨迹和驾驶员预想的转向轨迹会有较大出入，所以其转向轨迹的可控性较差。而轮式车辆的转向轨迹在一般情况下只取决于转向盘旋转角度。所以其转向轨迹的可控性较好。在转向轨迹可控性方面，轮式车辆比履带式车辆优越。

总之，在转向性能方面，履带式车辆不如轮式车辆，这是履带式车辆的一个突出缺点。

3）履带式转向机构类型及其特点

履带装甲车辆的转向机构，在发展中经历了诸多类型、方案、结构的变革，从最早期的双侧变速器方案，经单差速器、转向离合器、双差速器、二级行星转向机、多半径双流转向，最后实现了液压无级转向，达到了长期追求的像轮式车辆转向一样方便的目标。

履带装甲车辆的转向机构按两侧履带速度控制性质（或状态），分为独立式、差速式和降速式等。独立式转向机构，转向时，高、低速履带互不影响，当车辆由直驶工况变为转向工况时，只改变一侧履带速度，另一侧（高速侧）履带速度将保持直驶时状态，而车辆几何中心速度改变。结构形式有单流传动中的转向离合器、一/二级行星转向机构、双侧变速箱和双流传动中的正独立式、零独立式等转向机构。差速式转向机构，当车辆由直驶工况变为转向工况时，一侧履带升高的速度等于另一侧履带降低的速度，而车辆几何中心速度不变。结构形式有单流传动中的单差速器、双差速器和双流传动中的正差速式、零差速式、负差速式等转向机构。降速式转向时，在低速履带降速的同时，高速侧履带也按比例降速，结构仅有 3K 转向机构一种。

履带装甲车辆的转向机构按功率流数目，分为单功率流和双功率流两类。单功率流转向机构，串联在变速箱（或变矩器）后面。转向时，其功率输出与直驶功率输出相同，只有一路，只是两侧履带速度不同。其特点是：直驶与转向性能互不影响，规定转向半径少，向时功率消耗大。结构有上述的独立式和差速式转向机构中的转向离合器、行星转向机、双侧变速箱，以及单、双差速器等几种。双功率流转向机构，与变矩器、变速机构、制动机构一起组成双流传动装置（又称综合传动装置）。转向时，通过汇流行星排在直驶功率流上加两个方向相反的转向功率流，使两侧履带产生速度差。汇流排的连接方式是变速机构功率由齿圈输入，转向机构功率由太阳轮输入，汇流后由框架输出。变速机构和转向机构组成双功率流传动。其特点是：直驶与转向性能互相配合，转向半径与传动比有关，规定转向半径多。若转向分路中采用静液传动，还可以实现无级转向。结构有正、负、零差速式和正、零独立式两类。

履带装甲车辆的转向机构按传动介质，分为机械式和液压式转向机构两种。机械式转向机构，包括转向离合器、行星转向机、差速器、双侧变速箱等。转向离合器用于单、双流传动中。行星转向机，用于单流传动中，转向半径不随排挡变化、结构简单、工作可靠、直驶性能稳定。差速器直驶性能不稳定。双侧变速箱直驶性能不太稳定，每侧变速机构均要承受转向时的发动机全部功率。液压式转向机构包括静液差速双流转向机构、静动液复合转向机构、静液机械复合转向机构等。静液差速双流转向机构，由液压机组（包括辅向柱塞泵和马达）和汇流行星排组成，其特点是系统的液压制动锁保证直驶稳定性，每挡均有一个最小规定转向半径，并且低挡时转向半径小、高挡时转向半径大，转向半径能连续无级变化，空挡时可进行中心（原位）转向。这是一种比较理想的转向装置。静动液复合转向机构，由静液转向机组和两个动液转向耦合器组成。静液机械复合转向机构，由液压转向机组和机械转向装置复合组成，其特点是用小功率液压元件进行连续无级的大半径缓转向；使用高效率的机械转向机构进行小半径急转向。液压式是目前无级转向机构中具有最好的重量、尺寸及动力学指标的一种。

履带装甲车辆的转向机构按规定转向半径数目，分为一级式、二级式和多级式。一级式转向机构只有一个规定转向半径，如转向离合器。二级式转向机构有两个规定转向半径，如二级行星转向机。多级式转向机构有三个或以上规定转向半径，如双流传动装置中转向机构。

履带装甲车辆的转向机构按转向半径改变原理，分为无级式和混合式。无级式转向机构、带摩擦变矩器、液压和电力传动的转向机构。混合式转向机构，带有双侧变速箱和辅助功率中有液压传动的转向机构。

(1) 单功率流转向机构

装甲履带式车辆的单功率流转向机构，按转向时两侧履带速度的差别情况，可分为独立式、差速式、降速式三种类型。独立式转向机构，转向轴单独把低速履带的速度降低，而高速履带的速度不变，保持与直驶时相同。单流转向机构中属于独立式的转向机有转向离合器和行星转向机。转向离合器为一级的转向机，即只有一个规定转向半径，其相对规定转向半径值 $\rho_{g1}=0.5$。行星转向机构有一级转向机和二级行星转向机，一级转向机有一个规定转向半径 $\rho_{g1}=0.5$；常用的是二级行星转向机构，它有两个规定转向半径，$\rho_{g1}=0.5$，$\rho_{g2}\approx 3$。差速式转向机构，转向时把低速履带的速度降低的同时，高速履带的速度相应地增加，且高速侧履带速度增加量等于低速侧履带速度降低量。单流转向机构中属于差速式的常用的有双差速器，它有一个规定转向半径 $\rho_{g1}=1.5\sim 2$。降速式转向机构，转向时把低速侧履带的速度降低的同时，高速侧履带的速度也按比例降低，从而降低了转向功率。由于其机构复杂、性能也不十分理想，过去仅有极少数重型坦克采用。

在规定转向半径和转向角速度方面，转向离合器、二级行星转向机、双差速器都不能按道路条件不同而连续选择规定转向半径；转向离合器和差速器只有一个规定转向半径；二级行星转向机有两个规定转向半径；独立式转向机构转向时，车辆平面中心速度降低；差速式转向机构转向时车辆的平面中心速度不变；所以差速式的转向角速度比独立式的大；降速式的转向角速度比前述两种转向机构的都低。

在转向消耗的功率方面，在相同地面条件及相同转向半径下，双差速器所消耗的功率一般比转向离合器略小些；二级行星转向机有两个规定转向半径，用第二规定转向半径转向时有再生功率，消耗的功率比其他两种转向机构小得多。

在操纵元件和机构的自由度方面，双差速器转向时，只需要操纵一个摩擦元件；转向离合器需要操纵两个摩擦元件；二级行星转向机构则要操纵三个摩擦元件，机构相对复杂一些；独立式转向机构在坦克直驶时只有一个自由度，直驶时方向稳定性较好。独立式转向机构转向时，一侧离合器分离的瞬间是二自由度的，此时履带上如遇外力作用（如下坡时的下滑力），坦克会失去操纵性，而形成"反转向"（即操纵左侧转向机构而坦克向右侧转向）；差速式转向机构有两个自由度，当两侧履带所遇阻力不相等时，特别是在复杂地形行驶或通过障碍物时，容易偏驶，失去直驶稳定性。

在总体布置方面，双差速器结构比较紧凑，体积和质量都较小。转向离合器结构比较简单；二级行星转向机构比上述两种转向机构都较复杂；双差速器和纵轴变速箱配合，便于布置；转向离合器或二级行星转向机构和横轴变速箱配合，便于布置。

由此看出，在单流转向机构中，二级行星转向机构有两个规定转向半径，能产生再生功率，转向功率消耗较低，在困难路面上直驶时，可用两侧行星排作加力挡，行驶性能稳定，转向性能较好，优于其他两种转向机构。它可适用于中型和轻型坦克、装甲履带式车辆，目前国内列装的装甲车辆都在应用。转向离合器过去多用于后备功率较大的轻型装甲履带式车辆，目前已极少应用。双差速器转向机构过去多用于欧美国家轻型装甲履带式车辆。

(2) 双功率流转向机构

单流转向机构的直驶性能和转向性能是各自独立的，一般只有一个或两个规定转向半径，绝大部分的转向运动都由非规定转向半径实现的。以非规定半径转向时，有制动功率损失是很大的、转向过程是断续的冲击式的、转向轨迹是由若干条折线组成的、转向半径是突变的以及转向时间不能太长等突出的缺点。为了克服这些缺点，第二次世界大战以后，越来越多的国家把直驶机构和转向机构综合在一起，构成了双功率流转向机构或称双流传动。

所谓双流传动，是指由发动机传来的功率，分别通过两条并联传递路线传到两侧主动轮上：一路叫变速分路，功率经变速机构 B 不经转向机构 Z，传到两侧汇流行星排 H 的齿圈 q 上；另一路叫转向分路，功率经转向机构 Z 不经变速机构 B，传到两侧汇流行星排 H 的太阳轮 t 上。然后每侧的两路功率在汇流行星排 H 的行星架 j 上汇合起来，再经两侧的侧传动 C，最后传到两侧主动轮 ZD 上（图 6.27）。

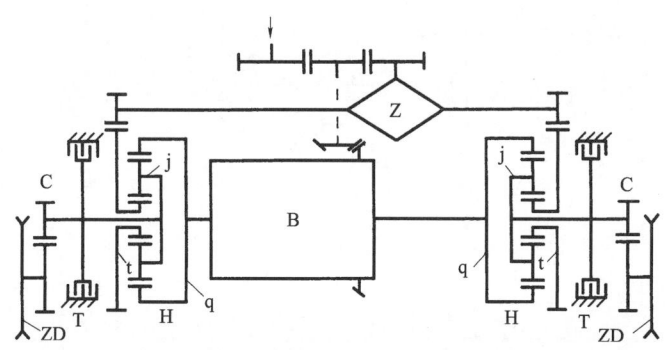

图 6.27 双功率流转向机构原理见图

现有双流传动的共同特点之一，都是以行星排作为汇集两路功率的汇流机构，所以把它称为汇流行星排，以 H 表示。行星排的齿圈和变速分路相连，太阳轮和转向分路相连，行星架经侧传动和主动轮相连。现有双流传动在转向机构上的根本区别，是驱动太阳轮机构形式的不同，采用的机构有离合器、差速器（或液压组件）。采用不同的驱动机构，太阳轮有不同的旋转速度和不同的方向。转向运动要求两侧履带有不同的运动状态，所以两侧太阳轮也应有不同的运动状态。而直驶运动要求两侧履带有相同的运动状态，所以两侧太阳轮也应有相同的运动状态。

根据转向运动学参数，双流传动可分为两大类：一类是差速式双流传动，转向时车辆平面中心的速度是不变的，这个运动学特点和差速式单流转向机构是一样的；另一类是独立式双流传动，转向时车辆平面中心的速度是降低的，这个运动学特点和独立式单流转向机构也是一样的。

为了区别太阳轮的运动方向，规定车辆直线前进挡行驶时齿圈的旋转方向为正向，太阳轮的旋转方向和齿圈旋转方向相同的为正向，和齿圈旋转方向相反的为负向，太阳轮被完全制动时为零向。根据车辆直驶时太阳轮旋转方向，差速式双流传动和独立式双流传动又各分为三种。

①正差速式双流传动。车辆直线行驶时，两侧汇流排太阳轮的角速度太小相等，它们的旋转方向为正（和齿圈方向相同）。以规定转向半径转向时，内侧太阳轮被完全制动；外侧太阳轮的角速度比直线行驶时增大 1 倍，其旋转方向为正。具有这种运动学特点的差速式双流传动机构，称为正差速式双流传动，其传动原理简图如图 6.28（a）所示。

②零差速式双流传动。车辆直线行驶时，两侧汇流行星排太阳轮完全被制动，转向分路

不传递功率，为单功率流。以规定半径转向时，两侧太阳轮的角速度大小相等、方向相反，内侧太阳轮旋转方向为负，外侧太阳轮旋转方向为正，变速、转向两路都传递功率，为双功率流。具有这种运动学特点的差速式双流传动，称为零差速式双流传动，其传动原理简图如图 6.28（b）所示。

③负差速式双流传动。车辆直线行驶时，两侧汇流行星排太阳轮的角速度大小相等，旋转方向为负。以规定半径转向时，内侧太阳轮的角速度比直驶时增大 1 倍，其旋转方向为负；外侧太阳轮完全被制动。具有这种运动学特点的差速式双流传动，称为负差速式双流传动，其传动原理简图如图 6.28（c）所示。

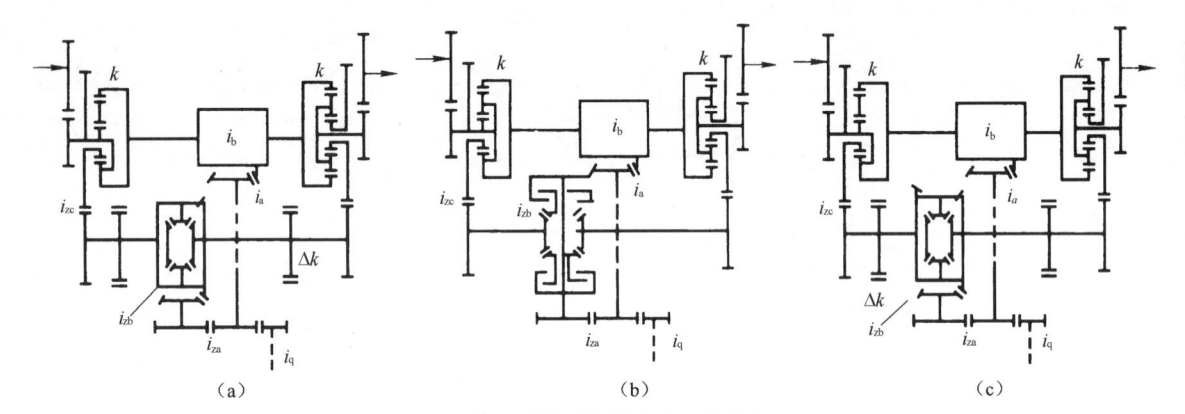

图 6.28　差速式双流传动原理简图
(a) 正差速式双流传动；(b) 零差速式双流传动；(c) 负差速式双流传动

④正独立式双流传动。车辆直线行驶时，两侧汇流行星排太阳轮的角速度大小相等，旋转方向为正。以规定转向半径转向时，内侧太阳轮完全被制动，外侧太阳轮的角速度仍和直驶时相同，旋转方向为正。具有这种运动学特点的独立式双流传动，称为正独立式双流传动，它的传动原理简图如图 6.29（a）所示。

⑤零独立式双流传动。车辆直线行驶时，两侧汇流行星排太阳轮完全被制动，只有变速路传递功率，为单功率流。以规定转向半径转向时。内侧太阳轮旋转方向为负（反转），外侧太阳轮仍和直驶时一样完全制动。具有这种运动学特点的独立式双流传动，称为零独立式双流传动，它的双流传动原理简图如图 6.29（b）所示。

⑥负独立双流传动。车辆直驶时，两侧汇流行星排太阳轮的角速度大小相等，旋转方向为负。以规定半径转向时，外侧太阳轮的角速度仍和直驶时是一样的，内侧太阳轮必须以更大的角速度反转。这种方案理论上是成立的，但其结构非常复杂，不实用，没见应用实例。所以实际中只有五类双流传动。

上述六类双流传动在性能和结构上存在较大的区别，从性能方面讲，零差速式双流传动性能最好，如转向机构用液压机组，可实现无级转向。从结构方面讲，正独立式双流传动结构最简单，其转向机构的组成、操作等几乎和二级行星转向机构完全一样；但是，它每个挡都有一个第二规定转向半径，这使得转向性能有较大提高。

上述几种双流传动直驶和转向时，两侧汇流排三元件的切线速度见表 6.1。

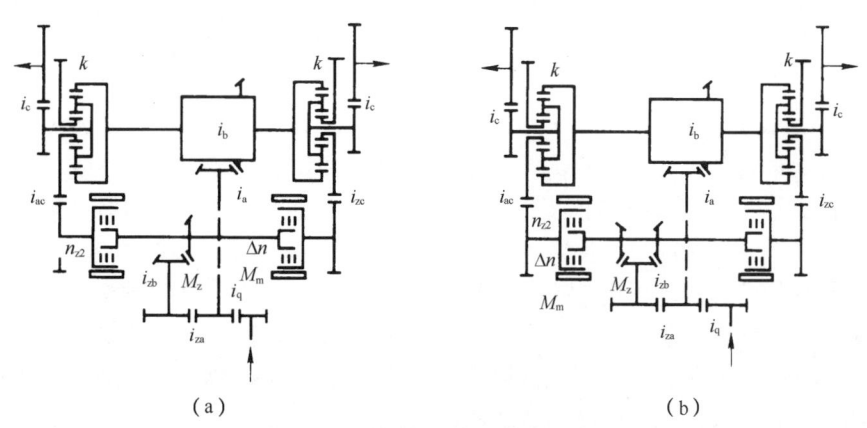

图 6.29 独立式双流传动原理简图

（a）正独立式双流传动；（b）零独立式双流传动

表 6.1 双流传动汇流排三元件切线速度

项目	直驶汇流情况		转向汇流情况	
	左侧行星排	右侧行星排	高速侧行星排	低速侧行星排
正差速式				
零差速式				
负差速式				
正独立式				
零独立式				

6.3.2 制动器及其特点

1. 制动器及其要求

制动器，是通过某种方式对旋转件施加制动力矩或者解脱制动力矩，使运动部件（或运动机械）减速、停止或保持停止状态，以及再恢复到原来旋转状态的装置或机构，俗称刹车、闸。制动器是一种能量转换装置，将运动构件的动能转换成热能并耗散掉。为了减小制动力矩和结构尺寸，制动器通常装在设备的高速轴上，但对安全性要求较高的大型设备则应装在靠近设备工作部分的低速轴上。装甲车辆制动器的作用是使车辆有效减速、停车和驻车，保证行车安全，使机动性得到充分发挥。制动器主要由制动架、制动件和操纵装置等组成。有些制动器还装有制动件间隙的自动调整装置。

车辆的制动性优劣影响车辆的行驶安全性及车辆最高行驶速度等。决定装甲车辆制动性能的外部因素包括路面条件、状况及风阻；内部因素包括车的质量、传动系统的形式、制动器形式及参数、主动轮参数等。评价装甲车辆制动性能，一般包括以下几个方面：

①制动距离。在规定行驶速度下，从车辆开始制动到最后停车过程中车辆所驶过的距离。

②制动时间。从开始制动到最后停车过程中车辆行驶的时间，包括空走时间和持续制动时间，其中，空走时间是车辆开始制动（驾驶员踩下制动踏板）到车辆最大制动力的时间，持续制动时间是从车辆最大制动力到制动终止的时间。

③制动减速度。车辆制动力越大，则制动减速度越大，制动效果就越好。

④制动器的热负荷。制动器的热负荷表征制动器持续制动能力。

在制动的过程中，制动器将装甲车辆的动能转换成热能，实现装甲车辆的减速或停止运动。制动器的可靠性和可控性直接关系到装甲车辆高速行驶的安全。由于制动器在装甲车辆行驶中的重要性，对制动器有如下要求：

①制动可靠。制动转矩是保证安全可靠的基本条件，而且磨损小，寿命长。

②制动平稳。制动摩擦副所产生的摩擦转矩稳定性好，受外界条件变化。

③散热性能好。

④噪声低、污染小。

⑤操纵省力，放松彻底，操作维修方便。

2. 制动器的类型及其特点

制动器的形式种类较多。目前在装甲车辆上使用的制动器，常按以下方法进行分类。

按用途及功用，制动器分为换挡制动器、转向制动器、停车制动器等。换挡制动器，制动行星变速箱中行星排的一个构件，以实现换挡。转向制动器，在履带式车辆及其传动装置内安装两个，直驶时两个制动器全松开，转向时制动一侧转向机构实现车辆转向。停车制动器分为行车制动器（脚刹）和驻车制动器（手刹）两种，安装在驾驶员处，行车制动器用于使车辆减速或停车，驻车制动器使车辆保持驻车（即停车）状态。

按工作原理，制动器分为摩擦式、液力式、液机联合式。

1）摩擦制动器

摩擦制动器，是利用固定构件和旋转构件表面相互摩擦时产生的摩擦阻力矩来降低速度，直至制动旋转构件停止的制动器，又称机械式制动器。摩擦制动器应用最为广泛，通过摩擦将装甲车辆的动能和位能转化为热能而耗散掉，以达到减速或停车的目的。

摩擦制动器按摩擦副的工作环境，可分为干式制动器和湿式制动器。干式制动器，摩擦副制动时，摩擦产生的热量主要由制动器结构元件吸收，另一部分热量则直接耗散到空气中。湿式制动器摩擦副工作于浸油封闭环境中，紧急制动时，摩擦热主要由制动器结构元件吸收；在持续制动时，制动时产生的热量一部分由制动器的结构元件吸收，大部分则由冷却润滑油吸收或带走。

结构上，摩擦式制动器又可以划分为片式、带式、盘式、鼓式等几种。

（1）片式制动器

片式制动器，利用可轴向移动但不能转动的从动钢片与随主动件旋转的相应摩擦片之间产生的摩擦，而将主动件制动。一般由多组间隔排放摩擦片组成，可通过增减摩擦片数来满足不同排制动要求。当需要制动时，控制油压进入活塞油缸，推动制动活塞压缩回位弹簧，将随主动件旋转的摩擦片与不能转动的从动钢片压紧，在从动钢片与摩擦片之间产生摩擦，而将主动件制动，如图 6.30 所示。

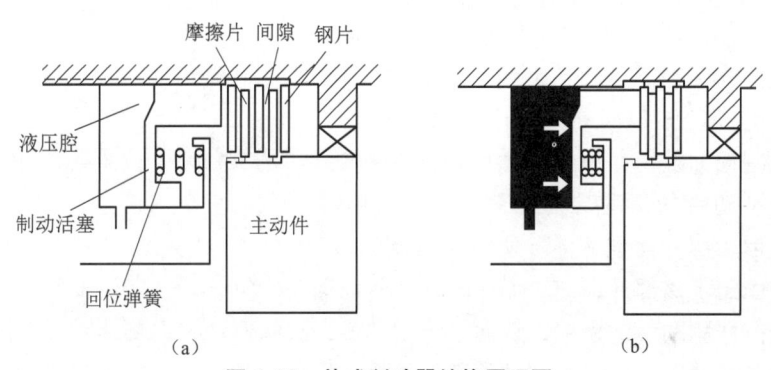

图 6.30 片式制动器结构原理图
（a）制动前；（b）制动后

片式制动器，在工作时无径向力、摩擦均匀、在两个旋转方向上制动效果相同，接合的平顺性好，间隙无须调整，具有制动容量大、平稳、磨损小、使用寿命长（可达 10 000 h）、易于实现标准化和系列化、易于使用液压驱动和操纵等特点。但是轴向尺寸大。

片式制动器，有干式片式制动器和湿式多片制动器。干式片式制动器摩擦副制动时，摩擦产生的热量主要由制动器结构元件吸收，另一部分热量则直接耗散到空气中。湿式多片制动器摩擦副工作于浸油封闭环境中，紧急制动时，摩擦热主要由制动器结构元件吸收；在持续制动时，制动时产生的热量一部分由制动器的结构元件吸收，大部分则由冷却润滑油吸收或带走。

干式片式制动器多采用弹簧加压。湿式多片制动器多采用液压加压，活塞在制动油压作用下压紧动、静摩擦片，全盘式制动器由液压油缸推动移动弹子盘旋转，从而使制动摩擦片的主动片和被动片在轴向压紧。由于湿式多片制动器采用多片环形摩擦片，摩擦副工作于浸油封闭环境中，它的结构特点决定了它有着其他形式制动器所无法比拟的优点。湿式多片制动器采用多片结构，多个摩擦副同时工作，制动特性为制动力矩随车速下降而上升，其摩擦系数受温度、滑摩速度、压力变化的影响小，它是摩擦式制动器中性能最稳定的。目前，美国、俄罗斯、德国、日本、英国等国的军用车辆上都采用这种制动器。湿式多片制动器可在较小的比压下获得较大的制动转矩，磨损量小，同时冷却散热效果好，尤其在持续制动或重复制动工况时，散热效果明显好于干式制动器。制动转矩对摩擦系数的敏感度低。摩擦副间有油膜存在，制动过程中有混合摩擦出现，制动力大且平顺。工作环境对外全封闭，工作性能稳定，抗热、抗水衰退性能好。在不增大径向尺寸的前提下，改变摩擦副数即可调整制动转矩，易于实现摩擦偶件的系列化、标准化。当然，湿式多片制动器也存在缺点，即带排损失大。因为湿式多片制动器具有多个摩擦片，在非制动工况下，有可能存在摩擦片与对偶盘之间的碰撞摩擦现象；此外，由于摩擦偶件工作在润滑油环境下，而润滑油都具有一定的黏性，所以会产生一定的阻力，这些都会引起装甲车辆行驶时的功率损失，即所谓的带排损失。

（2）带式制动器

带式制动器，是利用围绕在制动鼓周围的制动带收缩而产生制动效果的一种制动器。液压促动的带式制动器主要由制动鼓、制动带、液压缸等组成，如图6.31所示。制动带的内表面敷摩擦材料，它包绕在转鼓的外圆表面，制动带的一端固定在变速器壳体上，另一端则与制动油缸中的活塞相连。当制动油进入制动油缸后，压缩活塞回位弹簧推动活塞，进而使制动带的活动端移动，箍紧制动鼓。由于制动鼓与运动部件构成一体，所以箍紧制动鼓即意味着夹持固定了该部件，使其无法转动。制动油压力解除后，回位弹簧使活塞在制动油

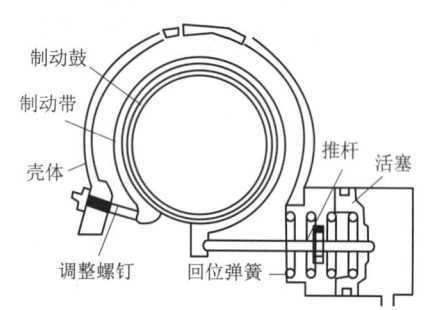

图 6.31　带式制动器的结构图示意图

缸中复位，并拉回制动带活动端，从而松开制动鼓，解除制动。在制动时，允许制动带与制动鼓之间有轻微的滑摩，以便被制动的部件不至于突然止动，因为非常突然的止动将产生冲击，并可能造成损害。但是制动带与制动鼓之间太多的滑动，即制动带打滑，也会引起制动带磨损或烧蚀。制动带的打滑程度一般随其内表面所衬敷的摩擦材料磨损及制动带与制动鼓之间的间隙增大而增大，这就意味着制动带需不时地予以调整。

带式制动器结构简单紧凑，制动带包角大，制动转矩大，分离的彻底性要比片式好些；但磨损不太均匀且有较大的径向力，制动转矩对摩擦系数敏感度高，散热差，安装调整时间长，可靠性降低。在我国和俄罗斯的一些坦克上仍在使用。

按制动带与杠杆的连接形式，带式制动器可划分为简单式带式制动器、差动式带式制动器和综合式带式制动器三种结构形式。简单式带式制动器，又称单端式制动器，一端固定、另一端为操纵端，结构简图如图6.32（a）所示，制动带的一端固定在杠杆支点A上，另一端与杠杆上的B点连接。制动带在促动装置作用下会径向收缩，从而箍紧在制动鼓上，制动带就会与制动鼓表面摩擦，由于制动带不能旋转，所以制动鼓就会因为摩擦力矩的作用而减速甚至固定不动，处于紧闸状态。当松开促动装置时，则提起杠杆，制动带与制动鼓相互分离，即为松闸。这种型式的制动鼓按图中转向旋转时产生的制动力矩较大，反向旋转制动力矩较小，用于单向制动，用作换挡制动器。差动式带式制动器，又称浮式制动器，两端都不固定，结构简图如图6.32（b）所示，制动带的两端分别与杠杆的B和C点相连，在制动力P的作用下杠杆绕A点转动，B点拉紧而C点放松。由于AB大于AC，即拉紧量大于放松

量,因而整个制动带仍然是被拉紧的,制动带就会径向收缩,箍紧在制动鼓上,对制动鼓起到制动作用。反之,就会处于松闸状态。它与简单带式一样,宜用于单向制动,但所需制动外力比简单带式小而制动行程大,故常用作停车和转向制动器,以及手或脚操纵的单向制动。综合式带式制动器,又称双端式制动器,结构简图如图 6.32(c)所示,在制动力 P 的作用下,B 点和 C 点同时拉紧,且 AB 等于 AC,因而制动带被拉紧,就会径向收缩,箍紧在制动鼓上,对制动鼓起到制动作用。制动鼓正转或反转时,这种制动器产生的制动力矩相同。它可用于正、反向旋转和要求有相同制动力矩的场合。

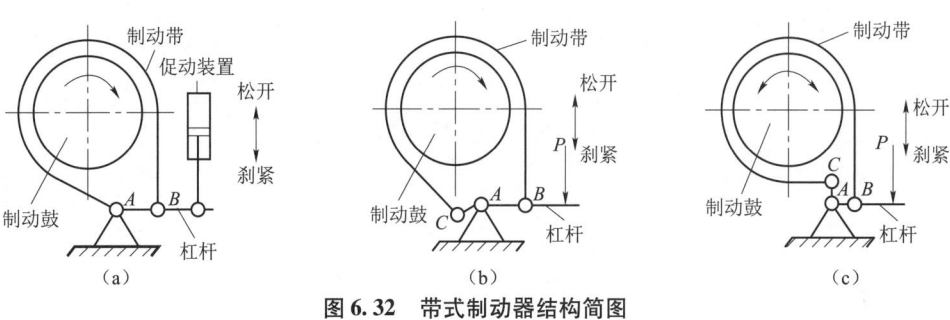

图 6.32 带式制动器结构简图
(a)简单式;(b)差动式;(c)综合式

(3)盘式制动器

盘式制动器,摩擦副中的旋转元件是以端面工作的金属圆盘(制动盘),摩擦元件从两侧夹紧制动盘而产生制动。

盘式制动器结构上有全盘式制动器、钳盘式制动器等。在钳盘式制动器中,由工作面积不大的摩擦块与其金属背板组成制动块。每个制动器中一般有 2~4 块。这些制动块及其促动装置都装在横跨制动盘两侧的夹钳形支架中,称为制动钳。钳盘式制动器散热能力强,热稳定性好,故得到广泛应用。钳盘式制动器按制动钳的结构型式,可分为定钳盘式和浮钳盘式两种。定钳盘式制动器,结构示意图如图 6.33(a)所示。制动盘固定在轮毂上,制动钳固定在车桥上,既不能旋转,也不能沿制动盘轴向移动。制动钳内装有两个制动轮缸活塞,分别压住制动盘两侧的制动块。当驾驶员踩下制动踏板使车辆制动时,来自制动主缸的制动液被压入制动轮缸,制动轮缸的液压上升,两轮缸活塞在液压作用下移向制动盘,将制动块压靠到制动盘上,制动块夹紧制动盘,产生阻止车轮转动的摩擦力矩,实现制动。浮钳盘式制动器的制动钳是浮动的,可以相对于制动盘轴向移动,结构示意图如图 6.33(b)所示。制动钳一般设计成可以相对于制动盘轴向移动。在制动盘的内侧设有液压油缸,外侧的固定制动块附装在钳体上。制动时,制动液被压入油缸中,在液压作用下活塞向左移动,推动活动制动块也向左移动并压靠到制动盘上,于是制动盘给活塞一个向右的反作用力,使活塞连同制动钳体整体沿导向销向右移动,直到制动盘左侧的固定制动块也压到制动盘上。这时两侧制动块都压在制动盘上,制动块夹紧制动盘,产生阻止车轮转动的摩擦力矩,实现制动。全盘式制动器,摩擦副的固定元件和旋转元件都是圆盘形的,分别称为固定盘和旋转盘,结构示意图如图 6.33(c)所示。制动盘的全部工作面可同时与摩擦片接触,产生的制动力大,一般用于重型车辆上。

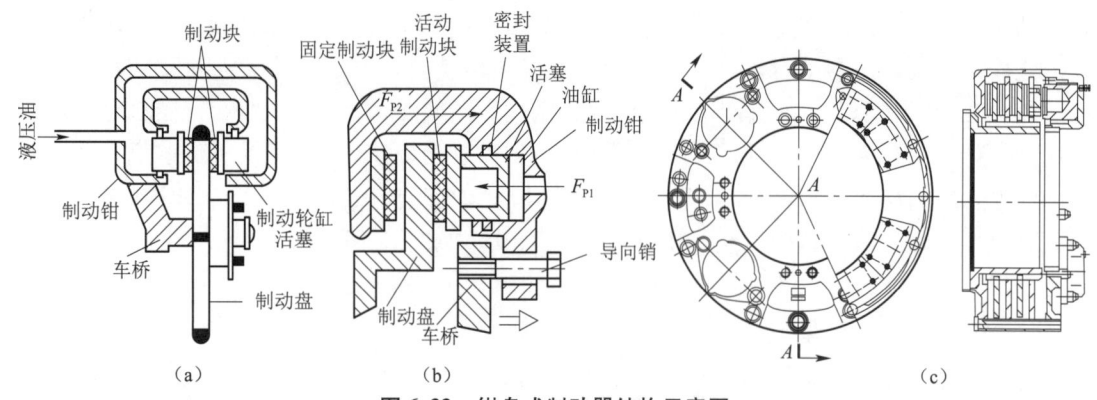

图 6.33 钳盘式制动器结构示意图
(a) 定钳盘式；(b) 浮钳盘式；(c) 全盘式

盘式制动器具有如下优点：热稳定性较好，因为制动摩擦衬块的尺寸不长，其工作表面的面积仅为制动盘面积的 12%~6%，故散热性较好；水稳定性较好，因为制动衬块对盘的单位压力高，易将水挤出，同时，在离心力的作用下，沾水后也易于甩掉，再加上衬块对盘的擦拭作用，因而出水后只需经一两次制动即能恢复正常；制动力矩与车辆前进和后退行驶无关；在输出同样大小的制动力矩的条件下，盘式制动器的质量和尺寸较小；盘式的摩擦衬块在磨损后更易更换，结构也较简单，维修保养容易；制动盘与摩擦衬块间的间隙小（0.05~0.15 mm），这就缩短了油缸活塞的操作时间，并使制动驱动机构的力传动比有增大的可能；制动盘的热膨胀不会像制动鼓热膨胀那样引起制动踏板行程损失，这也使间隙自动调整装置的设计可以简化。盘式制动器有自己的缺陷，例如对制动器和制动管路的制造要求较高，摩擦片的耗损量较大，成本高，并且由于摩擦片的面积小，相对摩擦的工作面也较小，需要的制动液压高，必须要有助力装置的车辆才能使用，效能较低，故用于液压制动系统时所需制动促动管路压力较高，一般要用伺服装置。盘式制动器是国外车辆上采用较多的一种制动器。

（4）鼓式制动器

鼓式制动器，是利用制动传动机构使制动块（刹车蹄）将制动摩擦片压紧在制动鼓内侧，从而产生制动力，实现制动，又称块式制动器或蹄式制动器。

鼓式制动器是利用制动蹄片挤压制动鼓而获得制动力的。按制动蹄运动方向，鼓式制动器可分为内张式和外束式两种。内张鼓式制动器，是以制动鼓的内圆柱面为工作表面，在现代车辆上广泛使用；外束鼓式制动器则是以制动鼓的外圆柱面为工作表面，目前只用作极少数车辆的驻车制动器。

按促动装置（制动蹄张开装置）形式，鼓式制动器可分为轮缸式制动器和凸轮式制动器，如图 6.34 所示。轮缸式制动器以液压制动轮缸作为制动蹄促动装置，多为液压制动系

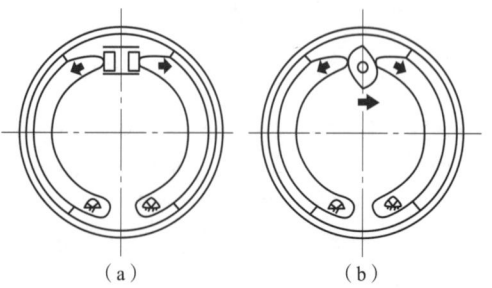

图 6.34 鼓式制动器促动装置示意图
(a) 轮缸式；(b) 凸轮式

统所采用；凸轮式制动器以凸轮作为促动装置，多为气压制动系统所采用。

轮缸式制动器按制动蹄的受力情况不同，可分为领从蹄式、双领蹄式（单向作用、双向作用）、双从蹄式、自增力式（单向作用、双向作用）等类型，如图 6.35 所示。领从蹄式制动器的结构如图 6.35（a）所示。两个制动蹄的下端固定在制动底板上，以限制制动蹄的轴向位置。制动蹄上端用回位弹簧拉靠在制动轮缸的顶块上。制动蹄的外圆面上，用埋头螺钉铆接着摩擦衬片。作为制动蹄促动装置的制动轮缸也用螺钉固装在制动底板上。制动鼓固装在车轮轮毂的凸缘上，随车轮一起转动。制动轮缸作用于制动蹄上端，两个制动蹄绕下端固定销张开，使制动蹄压紧制动鼓的内圆柱面而产生制动力。制动蹄上制动力分布不一样，靠近主动端大，靠近固定端小。称制动力由大到小的制动蹄为领蹄，制动力由小到大的制动蹄为从蹄。不管制动鼓是正向旋转还是逆向旋转，两个制动蹄中都有一个领蹄和一个从蹄，因此这种结果称为领从蹄式制动器。领从蹄式制动器制动效能比较稳定，结构简单可靠，便于安装，应用广泛。在制动鼓正向旋转时，两制动蹄均为领蹄的制动器称为双领蹄制动器，如图 6.35（b）所示。在制动鼓正向旋转时，两制动蹄均为从蹄的制动器称为双从蹄制动器，如图 6.35（c）所示。在制动鼓逆向旋转时，双领蹄制动器就变成双从蹄制动器，而双从蹄制动器就变成双领蹄制动器。由此可见，这种双领蹄式制动器具有单向作用，在前进时制动效能好，倒车时制动效能大大下降，且不便安装驻车制动器，故一般不用作后轮制动器；但两制动蹄片受力相同，磨损均匀，且制动蹄片作用于制动鼓的力量是平衡的，即单向作用双领蹄制动器属于平衡式制动器。双从蹄制动器也有相同特性。如果能使单向作用双领蹄制动器的两制动蹄的支承销和促动力作用点位置互换，那么在倒车制动时就可以得到与前进制动时相同的制动效果。双向作用双领蹄制动器的制动蹄在制动鼓正、反向旋转时均为领蹄，如图 6.35（d）所示。自增力式制动器，是利用可调顶杆体浮动铰接的制动蹄来代替固定的偏心销式制动蹄，利用前蹄的助势推动后蹄，使总的摩擦力矩得以增大，起到自动增力的作用。自增力式制动器可分为单向自增力式和双向自增力式两种，在结构上只是制动轮缸中的活塞数目不同而已。单向自增力制动器只在车辆前进时起自增力作用，使用单活塞制动轮缸，如图 6.35（e）所示。双向自增力制动器在车辆前进或倒车制动时都能起自增力作用，使用双活塞制动轮缸，如图 6.35（f）所示。在基本结构参数和制动轮缸工作压力相同的条件下，自增力式制动器由于对摩擦助势作用的利用，制动效能最好，但其制动效能对摩擦因数的依赖性最大，因而其稳定性最差；此外，在制动过程中，自增力式制动器制动力矩的增长在某些情况下显得过于急速。因此，单向自增力式制动器只用于中、轻型车辆的前轮，而双向自增力式制动器由于可兼作驻车制动器而广泛用于轻型车辆后轮。

现代坦克上应用的摩擦制动器按结构形式，主要可分为带式、片式和盘式制动器等。但由于鼓式制动器成本比较低，主要用于制动负荷比较小的后轮和驻车制动。目前，美、日、英等国的履带式装甲车辆已经多采用湿式多片制动器。我国军用履带式装甲车辆多采用带式制动器，新一代履带式装甲车辆的制动器正向片式和盘式制动器方向发展。

摩擦制动器常用的摩擦材料有以下几种：纸基材料，具有动静摩擦系数高、接合紧和对油的污染小等特点，但其强度和传热能力都较差。石墨－树脂材料，具有制动平稳、耐磨、耐高温的特点。石棉－树脂材料，多用于轻型和中型车辆。铜基粉末冶金材料，具有良好的耐磨和高温性能，多用于重型车辆上。

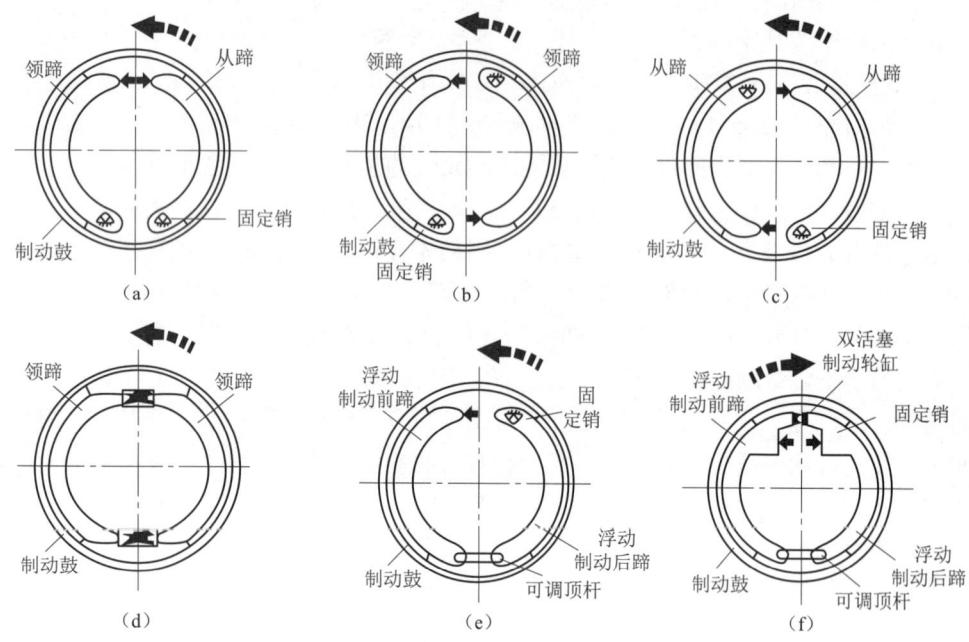

图 6.35 轮缸式制动器制动蹄受力情况示意图

(a) 领从蹄式；(b) 单向作用双领蹄式；(c) 双从蹄式；
(d) 双向作用双领蹄式；(e) 单向作用自增力式；(f) 双向作用自增力式

2) 液力制动器

现代主战坦克车重为 40~60 t、最高行驶速度为 60~70 km/h。坦克在高速行驶中，要求它既能迅速改变行驶方向，又能迅速减速停车。对于这种使用要求，常用的机械式制动器很难予以满足，而且，单独使用机械制动器还存在着长时间、连续工作不安全的因素。因此，人们将其他地面车辆上使用的液力制动器移植到了现代装甲车辆上。

液力制动器，又称液力减速器，是由一个多叶片制成的固定工作轮和一个多叶片制成的旋转工作轮组成的一种制动器。制动工作时，先向两个工作轮叶片间充入工作液体，旋转的工作轮使液体在两个工作轮内腔中产生摩擦、冲击，将旋转工作轮上的机械能转变为液体的热能，以达到使旋转工作轮（即输出）减速的目的。液力制动器工作时工作腔充油，不工作时将油排空。液力制动器在制动工作时，向旋转机构带动的转子叶片和固定不动的定子叶片组成的工作腔内充入工作液后，在转子叶片上产生的制动力矩将使转子转速降低，制动力矩的大小随充液量的变化而改变。这样，通过转子达到了降低旋转机构转速的目的。制动时，最快可在 0.3 s 内将转子和定子叶轮结合。由于在制动过程中，旋转机构的机械能被部分或全部转换成工作液的热能。因此，制动系统还需要相应的散热措施将制动热量散掉，以保证液力制动器能够正常、连续地工作。制动力矩的大小取决于工作轮腔的充液量和旋转工作轮的转速，因此液力制动器的最主要特点是车速越高，其制动力矩就越大。

液力制动器的主要特点：

①与同尺寸的其他制动器相比，液力制动器在车辆高速时制动力矩大、制动平稳、噪声小、无机械制动时的磨损，工作寿命为其他类型制动器的 3~5 倍。

②液力制动器的制动力正比于车速，最大制动功率取决于散热能力，性能稳定可靠。

③适于长时间连续制动工作,并可减小摩擦与降低磨损。

④与机械制动器联合使用时,结构体积小,适用于高速、大功率的装甲车辆及各种车辆。

⑤低速制动力小、性能差,空转时会产生4%的鼓风功率损失。

⑥充油及控制精度要求高。

液力制动器按功能可分为减速制动型和牵引-制动复合型两类。减速制动型主要起减速制动作用。牵引-制动型液力变矩器是将液力变矩器和液力减速器在结构上合二为一,其主要优点是节省空间,总体布置方便,位于装甲车辆传动链的高级环节,可以小尺寸获得大制动转矩。减速制动型液力制动器按结构可分为轮毂内置式、变速器内置式、轴间反转式等。轮毂内置式,结构紧凑,但径向尺寸受限制,同时因其靠轮毂散热,而使制动时间、功率和散热受到限制。变速器内置式,结构紧凑、转子转速高、径向尺寸及制动力矩大。轴间反转式,两个工作轮分别由车辆两轴驱动,一个正转、一个反转,其特点是力矩系数高。牵引-制动复合型液力变矩器按结构可分为制动轮式、涡轮反转式等。制动轮式,具备变矩器和减速器功能,由泵轮、涡轮、导轮及两个制动轮组成,两制动轮刚性连接,减速时将制动轮制动。涡轮反转式,由一个离合器、制动器、变矩器组成,制动时,离合器松开,制动器接合,同时,通过倒挡机构使与输出端相连的涡轮反转,由液力冲击泵轮而产生制动力矩。

3) 液机联合式制动器

机械制动器低速制动性能稳定,高速时由于制动器温升过高,导致摩擦面间磨损加剧,不利于装甲车辆的安全行驶。与此相反,液力减速器的制动能力与行车速度平方成正比,车速越高,制动能力越大,高速时具有良好的制动效能,而低速时制动能力明显下降,而且性能不稳定,因此该种装置只能作为减速制动器或紧急制动时辅助使用,而不能作为停车制动器使用。为了满足车辆的制动性能,通常装甲车辆上组合使用多种制动器。

联合制动或复合制动,即将几个不同的制动器(或制动系统)联合使用,在保证装甲车辆所需制动性能的基础上,可兼顾各制动器不同的使用工况,充分发挥各自的优点,避免其缺点。

对液力减速器和机械摩擦制动器需要进行控制,以避免高转速范围时机械制动器的摩擦磨损。在高转速范围内,液力减速器单独工作,在低速范围内,液力减速器和机械制动器联合工作,这样,就把液力减速器和机械制动器的优点结合起来,同时也弥补了各自的缺点。这两种制动器的联合应用为重型或高速装甲车辆提供高效、安全的制动技术,同时减少冲击振动,延长制动装置的寿命。

联合制动的主要目的是在保证装甲车辆各制动器良好且稳定工作的情况下,尽可能地使得装甲车辆制动转矩恒定,其优点是可简化装甲车辆制动系统的辅助装置的设计,如工作液体的流量和散热器的设计等,缺点是对装甲车辆制动控制系统的要求很高,以确保各制动器的相互匹配和协调。制动转矩从零逐渐增加到目标制动转矩的这段时间称为装甲车辆空走时间(或称制动起效时间),空走时间越短越好,以尽可能地缩短制动距离。此后,装甲车辆理想的制动转矩为一直线,保证装甲车辆具有均匀的减速度。

在装甲车辆行驶过程中,如果要产生正常制动减速度,脚踏阀在第一级行程内作用,联合制动恒转矩系统发挥作用。装甲车辆的联合制动过程就是机械制动器配合液力减速器工作的随动过程。在装甲车辆速度较高的时候,为了保护机械制动器的摩擦片,由液力减速器单独制动，液力减速器按照驾驶员的控制指令产生相应的恒定制动转矩，液力减速器处于部分充油状态，随着车速降低，液力减速器在自身液压控制阀的作用下增加充液量，以保持恒制动转矩。当液力减速器的充液量达到最大值以后，如果车速进一步降低，减速器的制动转矩就会降低，这时电子控制单元控制伺服减压阀的电流使机械制动器产生相应的补偿转矩。

如果驾驶员观察到前方路面的紧急情况，紧急踩下制动踏板，机械制动器以最大制动能力产生制动转矩。液力减速器以最大制动能力参与制动。

当装甲车辆下长坡需要长时间连续制动的时候，驾驶员按下电子控制系统的调速制动按钮，调速制动模块作用，电子控制系统控制脚踏板后面的电控减压阀使液力减速器产生制动转矩。假设在一定的坡道上装甲车辆开始时静止，则在自身重力分量的作用下，装甲车辆沿坡道方向下降加速，液力减速器的制动转矩与车速有关，速度越高，其制动转矩越大，所以存在液力减速器和车辆下坡分力的平衡车速，装甲车辆最后将稳定在这个平衡车速上。

在调速制动过程中，如果电控装置采集到脚踏板的制动信号，则控制程序自动转到其他制动模块。这种装置在不改变原来液压系统的基础上增加了制动系统的功能。

在设计联合制动恒转矩控制系统的时候，有两种选择方案。第一种方案的基本原理是根据制动过程中液力减速器出口压力的变化动态调整机械制动器伺服减压阀的控制电流。当指令装置发出指令油压的时候，液力减速器就产生对应的恒制动转矩使装甲车辆减速，同时有反馈油压产生，制动转矩、车速、反馈油压这三者呈线性关系。当车速减到一定程度的时候，联合制动系统的机械制动器开始参与制动，使装甲车辆仍然得到恒制动转矩。根据液力减速器和机械制动器的具体结构尺寸和制动转矩模型，可以找到液力减速器反馈油压和伺服减压阀控制电流的对应关系。这种方法需要事先知道液力减速器液压控制系统和机械制动器控制系统的精确数学模型。第二种控制策略是直接采集装甲车辆的实际制动减速度，把这个制动减速度和脚踏板产生的指令减速度相比较，由实际减速度和指令减速度的差值控制机械制动器的制动转矩。这样在液力减速器控制模型和机械制动器控制模型还不是很完善的情况下，便可以得到恒定的装甲车辆制动减速度。

6.4 操纵机构的配置与选型

6.4.1 操纵机构及其要求

1. 操纵机构及其特点

操纵机构是指驾驶员用来控制装甲车辆的动力和传动系统各机构动作，以实现对车辆在行驶时的各种战术技术性能要求的一套装置。它对于充分发挥传动系统的技术性能，提高车辆的机动性，减轻驾驶员的疲劳，并使驾驶员能集中注意力观察外界情况以提高战斗力，影响都很大。

装甲战斗车辆操纵与一般车辆操纵相比较，具有以下特点：

①由驾驶员管理的操纵件数量多而且复杂；战斗时，还需要驾驶员操纵武器射击和操作其他辅助装置。

②操纵费力，驾驶员的体力消耗较大。

③在战斗时关闭驾驶窗，因而工作条件差，噪声大，视界受限制，驾驶员很容易疲劳。

因此，不断提高装甲车辆操纵机构的完善程度，改进驾驶员的工作条件，不仅是驾驶员的迫切要求，而且是提高装甲车辆性能和持续战斗力的重要方面。

装甲战斗车辆驾驶员操纵的机构很多，有下列几种：

①发动机及其各辅助系统的操纵机构。例如，油门踏板、手油门和起动开关等。

②传动系统各组件的操纵机构。例如，主离合器踏板、变速杆、转向操纵杆和制动踏板等。

③其他操纵机构。例如，机枪射击、百叶窗开关、水陆坦克的水上行驶的操纵机构等。

2. 对操纵机构的要求

对手动操纵机构的要求：

①操纵件数目应是最少的。考虑到人的生理和人体测量的特点，在全部车辆行驶状态和参数条件下，它们应保证操纵轻便并且简单。通常，操纵件的行程应为：踏板为 100 mm，手柄为 300 mm；当转向盘在中间位置到 40°～42°时，施加的力为：踏板上为 150 N，手柄上为 100 N；对于制动器，施加在停车制动器上的力可以从 45 N 连续增加到 300 N；紧急制动时，踏板上允许达到 800 N，手柄上允许达到 400 N。

②具有足够的灵敏性、准确性和快速反应能力。操纵件的作用应及时地引起车辆行驶参数相应准确变化，车辆对于操纵件位置改变所对应的反应时间不应大于 0.2～0.3 s，否则会导致驾驶员的操作失误。

③要能满足被操纵件的作用力、行程和动作速度以及多个被操纵件的作用先后顺序等方面的要求。要求手操纵机构工作时不要影响脚操纵机构的工作。

④在所有使用条件下工作可靠，操纵机构不易发生故障，万一有故障，也不应使车辆完全失去操纵能力；停车制动器能够单独操纵，以便救援时可以被拖拉。

⑤经常处于准备工作状态。

操纵机构的机构和元件按照它们在构造上所实现的功能是各式各样的，因此，按照用途还可以提出某些附加的要求。此外，也可以对它们提出一些总体结构要求，如高的传动效率，足够的耐久性和可靠性，质量小，操纵轻便，使用和维修简单以及生产成本低等。

现代动力传动的操纵机构通常采用自动操纵机构，要求除了应满足上述手动操纵的要求外，还有一些特殊的要求：

①既要操作容易、省力、动作次数少；又要工作可靠、可控，便于驾驶员根据不同的行驶条件，对车速及牵引力进行有效的控制，保证安全行驶。

②既要保证得到最好的动力性能，获得最佳的加速性；又要有满意的燃油经济性。要满足这两种要求，应有最佳的换挡时刻。

③升挡和降挡必须依次进行，保证平稳地换挡，以减少换挡过程中的振动和冲击，防止机件的损坏。

④驾驶员可以干预自动换挡，以适应复杂的路面和地形条件的要求。

⑤自动换挡系统发生故障时，应有应急挡（保险挡）。一般应急挡应有一个前进挡和一个倒挡，以便应急行驶。

⑥自动变速操纵机构，最好能有车长超越驾驶装置（即车长超越驾驶员直接驾驶装甲车辆）和行驶遥控操纵机构。

3. 操纵机构的组成

操纵机构一般可由能源、控制机构、传导机构和执行机构等组成。

①能源。操纵机构的能源有人力和动力两大类。人力，是指驾驶员的体力。动力，是指由发动机或传动装置带动的液压泵、压气机、电动机的动力。

②控制机构。控制机构是操纵机构的输入机构，是驾驶员的主动操作直接作用的部分，如按钮、手操纵杆、手柄、拉杆、踏板、转向盘和阀门等。

③传导机构。传导机构是控制机构和执行机构之间的连接机构，将驾驶员操作的力、行程和信号直接地或经过放大后，转换、传递给执行机构。对机械操纵机构来讲，是杠杆、连杆和凸轮等机械元件；对液压操纵、气压操纵机构讲，是油管和气管等。有的传导机构还包含其他为保证正常工作需要的元件和部件，如储存工质的容器、泵、滤清器、配电设备和各种仪表等。

④执行机构。执行机构是操纵机构的输出机构，是与被操纵件直接发生作用的机构。例如在机械式操纵中的拨叉、拉杆或推杆；在液压操纵和气压操纵中，使离合器分离或接合、使制动带拉紧或松开的油缸或气缸等。

4. 操纵机构的分类

操纵机构按不同的特征，可以分为许多的种类。

按操纵时所用的能量形式，操纵机构可分为以下几种。

①机械操纵机构。利用机械能完成操作动作的操纵机构称为机械操纵机构，由拉杆、杠杆、凸轮、弹簧等机械元件组成，其动力源是驾驶员的体力。按作用形式，机械操纵机构又可分为直接作用式和助力式。直接作用式，操纵时所需要的能量完全由驾驶员的体力来承担，也称无助力式操纵。直接作用式常用于定轴式机械变速箱换挡操纵，如中型坦克的换挡操纵机构、停车的制动操纵机构等。助力式，操纵所需要的能量部分由预先储存的辅助能量来供给，驾驶员只付出换挡操纵所需要的部分能量。助力式常用于主离合器、转向机和制动器操纵，因这些部件所需操纵力大，通常采用助力式操纵机构。尤其是对于中、重型坦克来说，一般驾驶员反映仍感到操纵费力，体力消耗较大，如中型坦克的主离合器操纵机构等。弹簧助力式机械操纵是广泛应用的一种操纵装置，其优点是结构简单，工作可靠，保养维修方便。但缺点是助力作的效果有限。在机械式操纵装置设计中，应确定操纵装置的传动比，使操纵力和行程符合人机工程要求；决定机构方案、助力方式，注意减少拉杆关节摩擦，提高力效率，加大拉杆刚度，提高行程效率，以减小操纵功。机械式操纵装置结构简单，工作可靠，在第二次世界大战后仍为大多数坦克所采用。为减小操纵力，可以采用气压助力操纵、液压助力操纵等。液压助力操纵机构是一种液压操纵和机械操纵共同为同一执行元件工作的操纵装置，通常是采用并联式工作。其优点是当液压系流出现故障时，机械装置的功能不会受到影响，工作可靠。尤其是在对机械式操纵装置进行改进时，采用这种方案则更为方便、可行。

②液压操纵机构。利用液压能来完成操纵动作的操纵机构称为液压操纵机构。按动作性质，液压操纵机构又可分为无随动作用式操纵机构和随动作用式操纵机构。无随动作用式操纵机构，执行机构的行程或力的大小不能相应地随控制机构的行程或力的大小而改变；一般情况下用于换挡离合器、换挡制动器和动液传动闭锁离合器的操纵。随动作用式操纵机构，执行机构的行程或力的大小能相应地随控制机构的行程或力的大小而改变；一般用于主离合

器、驻车制动器、转向制动器等装置的操纵。因为控制主离合器分离结合的快慢、制动力的大小以及转向半径的大小对于满足传动装置性能是非常必要的。按作用对象分，随动作用式操纵机构又可分为行程随动式操纵机构和作用力随动式操纵机构。行程随动式操纵机构，执行机构行程的大小能相应地随控制机构行程的大小而改变。作用力随动式操纵机构，执行机构力的大小能相应地随控制机构的力的大小而改变。液压式操纵装置由油源（油箱、油滤、油泵）、操纵阀、压力控制阀、换挡阀和散热器等组成，应用于离合器或制动器换挡的传动中，除操纵功能外，兼有对传动装置冷却和润滑功能。为保证被操纵件工作特性（作用强度和速度），通常设计成随动结构，随操纵手柄的位移或力而变化。传统液压操纵装置为纯液压的，用手操纵换挡阀，接通油路。

③气压操纵机构。利用高压空气来完成操纵动作的操纵机构称为气压操纵机构。

④电操纵机构。利用电动机来完成操纵动作的操纵机构称为电操纵机构。

⑤复合式操纵机构。复合式操纵机构，是上述 4 种操纵机构的综合运用，如机械 – 液压式、电 – 液式和机 – 电 – 液式等。

按完成操纵的方法，操纵机构可分为简单操纵机构、自动操纵机构和半自动操纵机构三种。

①简单操纵机构。通常是直接作用式机械操纵机装置。

②半自动操纵机构。在这种装置中，为了改变行驶工况，驾驶员仅仅发出主控指令，通常只发给一个操纵件，往后操纵机构将会按照预先规定的程序自动完成各项功能操作，输出信号为力、位移、速度等形式，按所要求的大小、形式和持续时间，并按严格的逻辑关系连续输送给相应部件的执行机构。

③自动操纵机构。这种装置与半自动换挡操纵机构的区别仅仅在于它的主控指令是由操纵机构自身确定的。自动操纵是动力换挡操纵中更加完善的一种。例如自动换挡，在自动变速箱的升挡和降挡过程中，挡位是自动变换（换挡）；在液压操纵自动换挡机构中，操纵挡位自动升挡和降挡的机构为液压机构；在电液操纵自动换挡机构中，操纵挡位自动升挡和降挡的机构为电液机构；在电液气操纵自动换挡机构中，操纵挡位自动升挡和降挡的机构为电液气机构。

6.4.2 离合器操纵机构的配置与选型

1. 离合器操纵机构

离合器操纵机构，是驾驶员借以使离合器分离，而后又使之柔和接合的一套机构。它起始于离合器踏板，终于飞轮壳内的分离轴承。

2. 对离合器操纵机构的要求

为了保证离合器可靠工作，满足离合器性能要求，离合器操纵机构必须满足如下要求：

①提供足够操纵力。由于驾驶员的体力有限，踏板操纵力不大于 150 N。采用气压助力操纵机构时，系统压力必须大于 0.22 MPa。气压助力操纵机构的储气筒内压缩空气的压力必须达到规定的标准（≥450 kPa），否则，踩踏离合器踏板时感到沉重。

②合理的操纵行程。踏板行程不大于 100 mm。

③操纵动作灵活。要求动作灵活，不得有任何卡滞现象。

④可靠性高。对液压和气压助力操纵机构，应确保助力器各部的密封性，没有漏泄。

3. 离合器操纵机构的类型及其特点

离合器操纵机构的结构型式应根据对操纵机构的要求及车型、整车结构、生产条件等因素确定。按照分离离合器所用传动装置的型式，区分有机械式、液压式和助力器式。

1）机械式离合器操纵机构

机械式离合器操纵机构，以驾驶员的体力作为唯一的操纵能源，它有杆系和绳索传动两种型式。杆系操纵机构的特点是机构简单，容易制造，摩擦损失大，关节点多布置困难，工作时会受车架或车身变形的影响，且不能采用吊式踏板，载货车辆常用此类机构。绳索操纵机构（图6.36）的特点是可消除杆系的缺点，可远距离操作，适用吊式踏板，但操纵拉索寿命较短，拉伸刚度较小，绳索拉伸变形导致踏板自由行程增大，常用于中、轻型轿车，微型车辆等。上述两种装置的共同特点是结构简单、成本低、故障少，缺点是机械效率低。

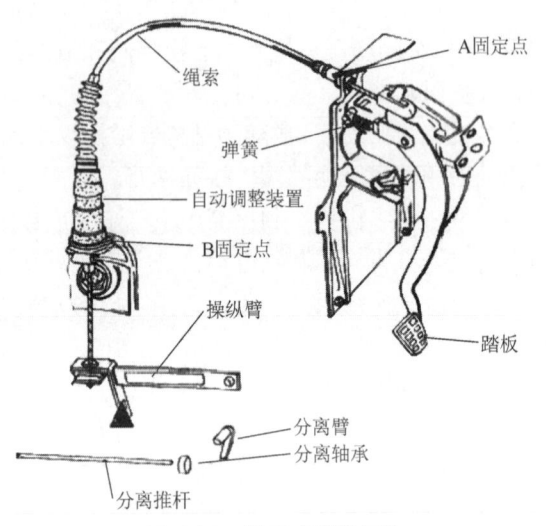

图6.36 绳索式操纵机构

2）液压式操纵机构

液压式离合操纵机构，是通过液压主缸将驾驶员施于踏板上的力放大，以操纵离合器传动装置，如图6.37所示。其特点是摩擦阻力小、质量小、布置方便、接合柔和、不受车身外形影响。

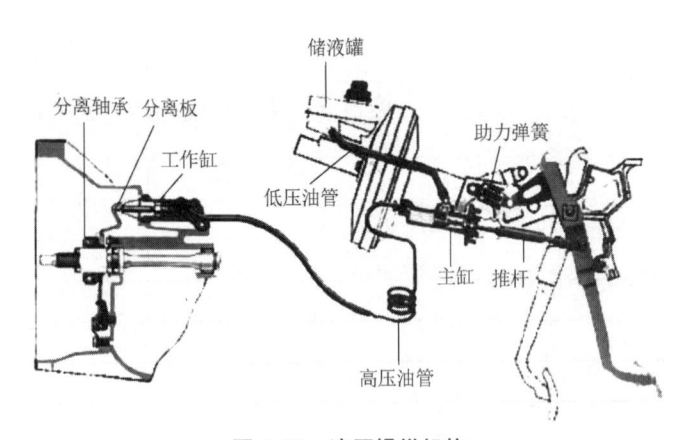

图6.37 液压操纵机构

3）气压助力液压操纵机构

在中、重型车辆上，为了既减小踏板力，又不致因传动装置的传动比过大而加大踏板行程，一般采用气压助力液压离合操纵机构，如图6.38所示。气压助力液压离合操纵机构利用发动机带动的空气压缩机作为主要的操纵能源，驾驶员的肢体作为辅助的和后备的操纵能源。驾驶员能随时感知并控制离合器分离和接合程度（依靠气压助力装置的输出压力必须与踏板力和踏板行程成一定的递增函数关系）。当气压助力系统失效时，保证仍能人力操纵离合器。

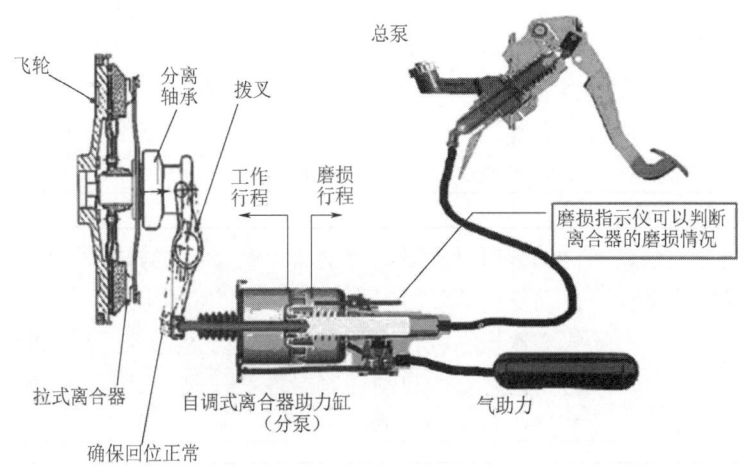

图 6.38　气压助力液压操纵机构

6.4.3　变速器操纵机构的配置与选型

1. 变速器操纵机构

变速器操纵机构，是用来改变变速器齿轮的搭配，从而实现换挡的机构。换挡（进行挡位变换），就是根据车辆行驶条件的需要改变变速传动机构传动比、变换传动方向或中断发动机动力的传递。在驾驶员操作下，变速器操纵机构能迅速、准确、可靠地摘下、挂入某个挡位或退到空挡。

2. 对变速器操纵机构的要求

应保证变速器能够准确地挂入选定的挡位，并能可靠地在所选挡位上工作，要满足以下要求：

①为防止变速器自动跳挡，操纵机构应设自锁装置。无论是用滑动齿轮还是用接合套换挡，挂挡后要求实现在全齿长上啮合。在振动或车辆倾斜等条件影响下，要保证不自行脱挡或挂挡，为此，应该设置自锁装置。

②为防止同时挂入两个挡位，操纵机构应设互锁装置。能够保证不同时挂入两个挡，以免使同时啮合的两挡齿轮因其传动比不同而相互卡住，造成运动干涉甚至造成零件损坏。

③为防止误挂倒挡，操纵机构应设倒挡锁装置。防止车辆在前进中因误挂倒挡而造成极大的冲击，使零件损坏，并防止在车辆起步时误挂倒挡造成安全事故。

3. 变速器操纵机构类型及其特点

变速器操纵机构可有强制操纵式、自动操纵式和半自动操纵式。

1）强制操纵式

强制式变速器操纵机构，是驾驶员直接操纵变速杆换挡的变速器操纵机构。按变速操纵杆位置，强制式变速操纵机构又分为直接操纵式和远距离操纵式。直接操纵式，变速杆及所有换挡操纵装置都设置在变速器盖上，变速器布置在驾驶员座位的近旁，变速杆由驾驶室底板伸出，驾驶员可直接操纵变速杆来拨动变速器盖内的换挡操纵装置进行换挡。由变速杆、拨块、拨叉、拨叉轴和自锁、互锁及倒挡锁等装置组成。直接操纵式结构紧凑、简单、操纵方便；每一根拨叉轴最多实现2个挡位，挡位越多，换挡操纵机构越复杂。对于不同的变速箱，其挡位排列不同，因此在仪表板上或者操纵手柄上应该有变速箱挡位排列图。直接作用式常用于定轴式机械变速器换挡操纵。远距离操纵式，是驾驶员座椅距离变速器较远，因而变速杆不能直接布置在变速器盖上，为此，在变速杆与变速器之间加装了一套传动杆件连接，构成远距离操纵。发动机后置的车辆变速器必须采用远距离操纵。远距离操纵应该具有足够的刚性，而且连接件之间的间隙要小，否则换挡手感不明显。

2) 自动操纵式

自动式变速器操纵机构，是针对自动变速器而言，传动比的选择和换挡是自动进行的，驾驶员只需操纵加速踏板，自动变速器就可以根据发动机的负荷信号和车速信号来控制执行元件实现挡位的变换。自动式变速操纵机构实际上是指自动变速器控制系统。控制系统的主要任务是控制油泵的泵油压力，使之符合自动变速器各系统的工作需要；根据操纵手柄的位置和车辆行驶状态实现自动换挡；控制变矩器中液压油的循环和冷却，以及控制变矩器中锁止离合器的工作。

为实现自动换挡，必须以某种（或某些）参数作为控制的依据，而且这种参数应能用来描述车辆对动力传动装置各项性能和使用的要求，能够作为合理选挡的依据，同时，在结构上易于实现，便于准确、可靠地获取。目前常用的控制参数是车速和发动机节气门开度。目前，常用的控制系统有两种：一种是只以车速或变速器输出轴转速作为控制参数的系统，称为单参数控制系统；另一种是以车速和节气门开度作为控制参数的系统，称为双参数控制系统。

车速和节气门开度的变化要转变成油液压力变化的控制信号，输入到相应的控制系统，改变液压控制系统的工作状态，并通过各自的控制执行机构来进行各种控制，从而实现自动换挡。这种转速装置称为信号发生器或传感器，常用的控制信号有液压信号和电气信号。

液压信号装置是将发动机负荷（节气门开度）和车速的变化转变成液压信号的装置。常见的液压信号装置有节气门调压阀（简称节气门阀）和速度调压阀（简称速度阀或调速器）两种。

将控制参数的变化转换成电气信号（通常是电压或频率的变化），经调制后再输入控制器。或将电器信号输入电子计算机，电子计算机根据各种信号输入，作出是否需要换挡的决定，并给换挡控制系统发出换挡指令。在计算机控制的自动变速器上，传感节气门开度信号的是节气门位置传感器，感传车速变化信号的是速度传感器。

自动变速器的控制系统有液力式和电液式两种。

液力式控制系统，包括各种控制阀和液压管路，主要有油压调节部分（主调压阀、次调压阀、速控油压调节阀、强制降挡油压调节阀、低滑行调压阀、中间调压阀等）、控制信号转换部分（手动阀、节气门法、速控阀等）、换挡控制部分（换挡阀，以及蓄压器背压控制、散热器旁通阀、定时阀等辅助控制阀）、换挡品质控制部分（球阀、顺序阀、蓄压器、发动机转速控制等）。一般采取一体化设计，将各种控制阀组成阀板总成。图6.39所示为液力式控制系统工作过程示意图。液力自动变速器换挡原理：驾驶员通过操纵手柄改变手动阀的位置，控制系统根据手动阀位置、节气门开度、车速等因素，控制换挡阀，即控制两端作用着节气门油压和速控油压，两端油压发生变化，使换挡阀产生位移，改变油路，从而实现自动换挡。

图 6.39　液力式控制系统工作过程示意图

电液式控制系统，除了阀板总成及液压管路之外，还包括电磁阀、控制开关、控制电路、传感器、执行器、电脑等。图 6.40 为电液式控制系统工作过程示意图。电子控制单元根据传感器检测所得节气门开度、车速、油温等运转参数，以及各种控制开关送来的当前状态信号，经运算比较和分析后按设定的程序，向各个执行器发出指令，以操纵阀板总成中各种控制阀的工作，从而最终实现对自动变速器的控制。电控液动自动变速器换挡原理：驾驶员通过操纵手柄或按钮改变手动阀的位置，控制系统根据手动阀位置、节气门开度、车速等因素，利用液压自动控制和电子自动控制原理，控制换挡阀两端的电磁阀，即控制着换挡油压，换挡时，换挡阀一端充油一端泄油（或者两端都充油、泄油），使换挡阀发生位移而实现自动换挡。现在绝大多数自动变速器都采用了电控液动系统。电控液动系统能按车辆行驶的需要选择相应的挡位，实现更复杂、更合理的控制，获得更理想的经济性和动力性，并可简化液压控制系统，提高控制精度和反应速度，容易实现整车控制。

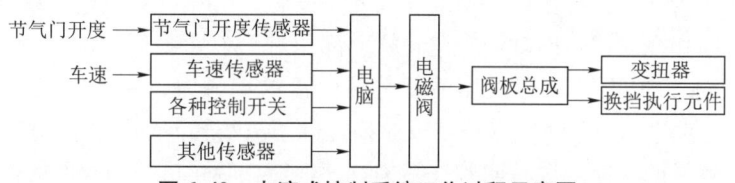

图 6.40　电液式控制系统工作过程示意图

手动阀控制有按钮式和拉杆式（换挡操纵手柄）。按钮式主要用于电控系统。换挡操纵手柄，通过一根缆绳和一连杆机构与自动变速器连接，驾驶员通过操纵手柄可以选择行驶方式，为控制系统提供信号。加速踏板，通过加速缆绳和节气门连接，加速踏板踩下的角度即节气门的开度被准确地传递到自动变速器，自动变速器根据节气门的开度来进行换挡控制和主油路压力控制。

3）半自动操纵式

半自动式变速操纵机构，可分为两种：一种是部分挡位自动换挡，部分挡位用手动换挡；另一种是预先选定挡位，在踩下离合器踏板或松开加速踏板时，由执行机构自行换挡。

6.4.4　转向操纵机构的配置与选型

转向操纵机构，是驾驶员操纵转向器工作的装置。转向操纵机构的作用是将驾驶员作用的转向操纵力传递到转向器。轮式车辆与履带式车辆转向方式不同，转向操纵机构也不同。

履带式车辆转向采用速差式转向。履带式车辆转向操纵机构一般由转向操纵杆和传动系统组成。驾驶员通过操纵转向操纵杆，经传动系统，将运动和操纵力传到转向器的转向轴，用于改变两侧履带速度差，实现转向。转向操纵杆一般为双杆，有各种形式，如长杆式（图 6.41）、手柄式等。

图 6.41 长杆式转向操纵杆

轮式车辆转向采用偏轮式转向。轮式车辆转向操纵机构一般由转向盘、防伤转向机构、转向传动系统等组成。驾驶员通过操纵转向盘，经传动系统，将运动和操纵力传到转向器的转向轴，用于使转向轮偏转，实现转向。

转向盘，也称方向盘，位于司机的正前方，是碰撞时最可能伤害到驾驶员的部件，因此需要转向盘具有很高的安全性，在驾驶员撞在转向盘上时，骨架能够产生变形，吸收冲击能，减轻对驾驶员的伤害。

转向轴和转向管柱上也要采取防伤的被动安全措施。国外有关规定：车辆以 48.3 km/h 速度同障碍物正面相撞时，转向轴和转向管柱上部相对于车身未变形部分的位置的最大位移量不得超过 127 mm；或者试验用人体模型与转向盘的接触力，在它们之间的相对速度为 6.7 m/s 时，不应越过 11.35 kN。采取的安全措施除了减小转向轴、转向盘后移量外，还可采用能吸收冲击能量的转向轴、转向管柱结构及其他能减轻司机受伤程度的措施。吸收能量的方法通过使有关转向零件在撞击时产生弹性变形、塑性变形或摩擦来实现。

转向盘的惯性力矩也是很重要的，惯性力矩小，就会感到"轮轻"，操作感良好，但同时也容易受到转向盘的反弹的影响，为了设定适当的惯性力矩，就要调整骨架的材料或形状等。

现在有越来越多的车辆在转向盘上安装了其他电器操作按钮和手柄，必须时刻与车身电器线路相连，而旋转的转向盘与组合开关之间显然不能用导线直接相连，因此就必须采用电缆盘或集电环装置。转向盘的端子与组合开关的端子用电缆线连接，电缆盘将电线卷入盘内，在转向盘旋转范围内，电线卷筒自由伸缩。这种装置大大提高了电器装置的可行性。

6.4.5 制动器操纵机构的配置与选型

制动系统，是使车辆的行驶速度可以强制降低的一系列专门装置。制动系统主要由供能装置、控制装置、传动装置和制动器四部分组成。制动系统的主要功用是使行驶中的车辆减速甚至停车、使下坡行驶的车辆速度保持稳定、使已停驶的车辆保持不动。

制动系统一般由供能装置、控制装置、传动装置、制动器组成。供能装置，是供给、调节制动所需能量的装置。控制装置，是产生制动作和控制制动效果各种部件，如制动踏板。传动装置，是将制动能量传输到制动器的各个部件，如制动主缸、轮缸。制动器，是产生阻碍车辆运动或运动趋势的部件。一般将供能装置、控制装置、传动装置合称为制动操纵机构。制动操纵机构，是产生制动作、控制制动效果，并将制动能量传输到制动器的机构。

制动系统的一般工作原理如图 6.42 所示，利用与车身或车架相连的非旋转元件和与车轮（或传动轴）相连的旋转元件之间的相互摩擦来阻止车轮的转动或转动的趋势。制动系不工作时，车轮和制动器可自由旋转。制动时，要汽车减速，脚踏下制动器踏板，通过传动装置，将制动力和动作传输到制动器，从而产生制动力。解除制动时，放开制动踏板，所有构件回位，制动力消失。

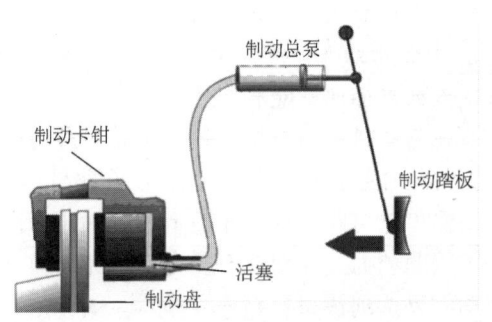

图 6.42 制动系统工作原理图

为了保证车辆行驶安全，发挥高速行驶的能力，制动系统必须满足下列要求：

①制动效果好。制动距离短、制动减速块、制动时间少。

②操纵轻便，制动时的方向稳定性好。制动时，前后车轮制动力分配合理，左右车轮上的制动力应基本相等，以免车辆制动时发生跑偏和侧滑。

③制动平顺性好。制动时应柔和、平稳；解除时应迅速、彻底。

④散热性好，调整方便。这要求制动蹄摩擦片抗高温能力强，潮湿后恢复能力快，磨损后间隙能够调整，并能够防尘、防油。

⑤带挂车时，能使挂车先于主车产生制动，后于主车解除制动；挂车自行脱挂时能自行进行制动。良好的制动效能对于提高车辆平均速度和保证行车安全有着重要作用。

按功用，制动系统分为行车制动系统、驻车制动系统、辅助制动系统等。行车制动系统，是由驾驶员用脚来操纵的，又称脚制动系统，其功用是使正在行驶中的车辆减速或在最短的距离内停车。驻车制动系统，是由驾驶员用手来操纵的，又称手制动系统，其功用是使已经停在各种路面上的车辆驻留原地不动。辅助制动系统，经常在山区行驶的车辆以及某些特殊用途的车辆，为了提高行车的安全性和减轻行车制动系性能的衰退及制动器的磨损，用于在下坡时稳定车速。

按制动能量传输，制动系统分为机械式、液压式、气压式、电磁式、组合式。

按回路多少，制动系统分为单回路制动系、双回路制动系。

按能源，制动系统分为人力制动系统、动力制动系统、助力（伺服）制动系统。人力制动，是以驾驶员的肢体作为唯一的制动能源的制动系统。动力制动系统，是完全靠由发动机的动力转化而成的气压或液压形式的势能进行制动的制动系统。气压制动是常用动力制动系统，以发动机的动力驱动空气压缩机作为制动器制动的唯一能源，而驾驶员的体力仅作为控制能源。一般装载质量在 8 000 kg 以上的重型车辆都使用这种制动装置。助力制动系统，兼用人力和发动机动力进行制动的制动系统，动力随人力动，又称伺服制动系统。

据统计，车辆突然遇到情况踩刹车时，90%以上的驾驶者往往会一脚将刹车踏板踩到底进行急刹车，这时候的车子十分容易产生滑移并发生侧滑，这是一种非常容易造成车祸的现象。造成侧滑的原因很多，例如行驶速度、地面状况、轮胎结构等都会造成侧滑，但最根本的原因是，在紧急制动时，车轮轮胎与地面的滚动摩擦会突然变为滑动摩擦，轮胎的抓地力几乎丧失，此时此刻驾驶者尽管扭动转向盘也会无济于事。针对产生这种产生侧滑现象的根本原因，研制出车用防抱死刹车系统（ABS）这样的防滑制动装置。ABS 的作用就是在车辆制动时，自动控制制动器制动力的大小，使车轮不被抱死，处于边滚边滑（滑移率在 20% 左右）的状态，以保证车轮与地面的附着力在最大值。ABS 的功能主要在物理极限的性能内，保证制动时车辆本身的操纵性及稳定性。同时，在加速的时候，也能防止轮胎的纯滑移，提高了加速性能和操作稳定性。

在制动时，ABS 根据每个车轮速度传感器传来的速度信号，可迅速判断出车轮的抱死状态，关闭开始抱死车轮上面的常开输入电磁阀，让制动力不变，如果车轮继续抱死，则打开常闭输出电磁阀，这个车轮上的制动压力由于出现直通制动液贮油箱的管路而迅速下移，防止了因制动力过大而将车轮完全抱死。再让制动状态始终处于最佳点（滑移率 S 为 20%），制动效果达到最好，行车最安全。车辆减速后，一旦 ABS 电脑检测到车轮抱死状态消失，它就会让主控制阀关闭，从而使系统转入普通的制动状态下进行工作。

本章小结

本章在介绍传动系统的概念、功能、组成、要求的基础上，主要介绍了离合器、变速器、转向器、制动器以及操作机构及其工作原理、要求、类型与特点。

思 考 题

1. 离合器是否为装甲车辆必备装置？
2. 如何理解变速"挡位"？
3. 什么是转向器？
4. ABS 系统与制动器是什么关系？
5. 操作机构设计如何体现"以人为本"？

第 7 章

行走系统的配置与选型

> **内容提要**
>
> 行走系统是装甲车辆的主体。本章主要介绍装甲车辆的行走系统及其要求,以及悬挂装置、轮式行走装置和履带式行走装置的配置与选型。

7.1 行走系统概述

7.1.1 行走系统

装甲车辆行走系统,也称行动系统或行驶系统,是保证装甲车辆行驶、支承车体、减少装甲车辆在各种路面上行驶时的颠簸和振动的各种机构的总称。其主要功能是支承车辆总重,将传动系转矩转化为驱动力,承受并传递路面驱动力和各种反力,缓冲与减振,配合转向系统实现车辆行驶方向的控制并保证车辆的操纵稳定性,配合制动系统并保证车辆的制动性。

行走系统有轮式行走系统、履带式行走系统、半履带式行走系统。轮式行走系统的驱动轮转动与地面作用,产生牵引力推动车辆行驶。轮式装甲车辆对通过性提出了更高的要求,通常采用全轮驱动,常用的有 4×4、6×6 和 8×8,甚至有 10×10 轮式装甲车辆。轮式装甲车行驶阻力与转向阻力小,转向对路面破坏小,公路行驶速度快,油耗低,噪声小,寿命长,制造成本低,使用经济,维修简便,乘坐舒适,突出的优点是公路机动性好;但其单位压力大,承载能力小,转向半径大,越野通行能力和承载能力均不如履带式装甲车辆。履带式行走系统的驱动轮驱动闭合履带,履带与地面作用产生牵引力推动车辆行驶。履带式行走系统的单位压力小,承载能力大,可进行零半径转向,转向灵活,突出的优点是越野性能好;但其转向时阻力大,对路面破坏也大,推进效率低、噪声大、寿命短,成本及使用维修费用高。履带式装甲车辆适于在各种复杂的环境和条件下使用。目前在装甲车辆中,轮式约占 3/4,履带式约占 1/4。主战坦克、步兵战车等主要为履带式,但是轮式装甲车辆也日益受到各国的重视,地位不断提高。这两类装甲车辆处于共同发展时期。

行走系统包括行走装置和悬挂装置两部分。行走装置与地面作用将传动装置输出的动力转化为驱动车辆行驶的牵引力,悬挂装置减缓行走系统行驶时产生并传给车体的冲击与振动。

7.1.2 对行走系统的要求

①通过性能良好。装甲车辆在各种野外地面行驶时，应有良好的通过性能；在超越垂直墙、攀登纵坡和侧倾坡时，应具有良好的稳定性能；两栖装甲车辆还具有良好水中通过性能。

②高速行驶性好。保证行走系统具有实现高速行驶和大力牵引的可能性。行走系统具有良好缓冲及减振性能，以保证车辆在高速行驶中能经受不断的冲击，平稳行驶。

③工作可靠。保证行驶系统各机构在各种恶劣环境条件下的动作灵活可靠，并有足够的强度、耐磨性和防护性。

④质量尽可能减小。

⑤噪声尽可能小，对路面破坏程度轻。

⑥制造工艺简单，检查和维修方便。

7.2 悬挂装置的配置与选型

7.2.1 悬挂装置及其要求

1. 悬挂装置及其功能

悬挂装置，也称悬架，是车架与车轮之间的一切传力连接装置的总称。路面作用于车轮上的垂直反力（支撑力）、纵向反力（牵引力和制动力）和侧向反力以及这些反力所造成的力矩，都要通过悬挂装置传递到车架（或承载式车身）上，以保证车辆的正常行驶。悬挂装置的主要功能：传递作用在车轮与车架之间的力和力矩；缓冲由不平路面传给车架的冲击力；衰减由冲击引起的振动。通过悬挂装置，支持车身，改善车辆稳定性、舒适性和安全性。装甲车辆行驶中，尤其是高速行驶时，由于路面不平，路面作用于车轮上的垂直反力往往是冲击性的。冲击力传到车架和车身时，将使乘员感到极不舒适，货物也可能受到损伤，并引起车辆机件的早期损坏。为缓和冲击，在车轮与车架之间，必须有弹性元件，使车架和车身与车轮或车桥之间做弹性联系。但弹性系统在受到冲击后，将产生振动。持续的振动易使乘员感到不舒适和疲劳。故在车轮与车架之间，除有弹性元件之外，还应当有减振作用，使振动迅速衰减。车轮相对于车架和车身跳动时，车轮（特别是转向轮）的运动轨迹应符合一定的要求，否则对车辆某些行驶性能（特别是操纵稳定性）有不利的影响。为此，悬挂装置中的某些传力构件同时还承担着使车轮按一定轨迹相对于车架和车身跳动的任务。因此，多数结构形式的悬挂装置主要由上述的弹性元件、减振器和导向机构等几部分组成。其中弹性元件起缓冲作用，阻尼元件起减振作用，导向机构起传力和稳定作用，它们的共同任务则是传力。

2. 对悬挂装置的要求

对悬挂装置的基本要求如下：

①行驶平顺性达到令人满意的程度，使乘员能持久工作，保证观察、瞄准和射击的准确性。

②行驶安全性达到最佳的状态，保证底盘在恶劣条件下行驶时（包括超越各种障碍），

悬挂装置应有足够的强度和缓冲能力。

③工作可靠耐久，保证底盘在各种条件下行驶时工作可靠，应有足够的疲劳强度和耐磨性，可长期使用；个别部分被冲击损坏时，不应妨碍继续行驶。

④质量小，体积小，便于维护修理。

7.2.2 悬挂装置类型及其特点

按车轮和车体连接方式不同，悬挂装置可分为独立悬挂和非独立悬挂。按车体振动控制力，悬挂装置可分为被动悬挂、半主动悬挂（无源主动悬挂）和主动悬挂（有源主动悬挂）。按弹性元件的类型不同，悬挂装置可分为金属弹簧式悬挂、油气弹簧式悬挂等。

1. 独立悬挂和非独立悬挂

非独立式悬挂装置，如图7.1（a）所示，左右两侧的车轮装在一个整体式刚性车桥上，车桥通过悬挂装置与车架（或承载式车身）相连接。其特点是载重量大、构造简单、成本低廉、维修方便且占用空间较小，但因车身较高，易受地面倾斜影响，高速时稳定性较差，并且车轴连接左、右两轮，其运动为联动方式，易发生横向振动，以致乘坐舒适性较差，故现今仅使用于重型车辆上。独立式悬挂装置，如图7.1（b）所示，每一个车轮独立地通过悬挂装置与车架（或承载式车身）相连接，右车轮能各自独立作动，任一车轮上下跳动时，不致影响另一车轮，车身也不致倾斜，并且弹簧以下的非承载重量较轻，车轮触地性良好，具有较佳的乘坐舒适性及操控安定性；其缺点则为零件数增多、成本较高及构造较复杂，并且常需较大的设置空间。

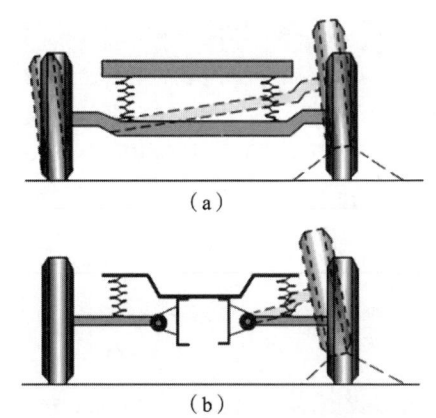

图7.1 非独立式悬挂与独立式悬挂示意图
（a）非独立式悬挂；（b）独立式悬挂

随着装甲车辆行驶速度不断提高，非独立式悬挂装置已不能满足行驶平顺性与操纵稳定性等方面的要求。现代装甲车辆越来越多地采用了独立式悬挂装置。

独立悬挂装置中多采用螺旋弹簧和扭杆弹簧作为弹性元件，钢板弹簧和其他形式的弹簧用得较少。独立悬挂装置的结构类型很多，主要可按车轮运动形式分成横臂式独立悬挂、纵臂式独立悬挂、车轮沿主销移动的悬挂装置（包括烛式悬挂、麦弗逊式悬挂等）三类。

1）横臂式独立悬挂

横臂式悬挂装置，是指车轮在车辆横向平面内摆动的独立悬挂装置。按横臂数量的多少，又分为单横臂式和双横臂式悬挂装置等。

单横臂式独立悬挂装置如图7.2所示。当悬挂装置变形时，车轮平面将产生倾斜而改变两侧车轮与路面接触点间的距离（轮距），致使轮胎相对于地面侧向滑移，破坏轮胎和地面的附着。此外，这一种悬挂装置用于转向轮时，会使主销内倾角和车轮外倾角发生较大的变化，对于操纵性有一定影响。单横臂式具有

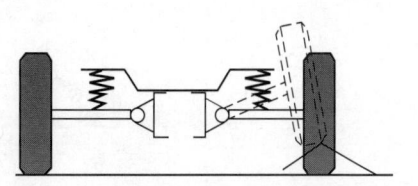

图7.2 单横臂式独立悬挂装置示意图

结构简单，侧倾中心高，有较强的抗侧倾能力的优点。但随着现代汽车速度的提高，侧倾中

心过高会引起车轮跳动时轮距变化大,轮胎磨损加剧,而且在急转弯时左右车轮垂直力转移过大,导致后轮外倾增大,降低了后轮侧偏刚度,从而产生高速甩尾的严重工况。单横臂式独立悬挂装置多应用在后悬挂装置上,但由于不能适应高速行驶的要求,目前应用不多。

双横臂式独立悬挂装置按上下横臂是否等长,又分为等长双横臂式和不等长双横臂式两种悬挂系统。等长双横臂式悬挂装置如图 7.3(a)所示,在车轮上下跳动时,能保持主销倾角不变,车轮平面没有倾斜,但轮距变化大(与单横臂式相类似),造成轮胎磨损严重,现已很少用。不等长双横臂式悬挂装置如图 7.3(b)所示,只要适当选择,优化上下横臂的长度,并通过合理的布置,就可以使轮距及前轮定位参数变化均在可接受的限定范围内。不大的轮距变化在轮胎较软时可以由轮胎变形来适应,而不致使车轮沿路面滑移。目前轿车的轮胎可容许轮距的改变在每个车轮上达到 4~5 mm。保证车辆具有良好的行驶稳定性。目前不等长双横臂式悬挂装置已得到广泛应用。

双横臂式独立悬挂装置,一般横臂采用 A 字形叉形结构,常称双叉臂悬挂装置,如图 7.4 所示。双叉臂悬挂拥有上下两个叉臂,横向力由两个叉臂同时吸收,支柱只承载车身重量,因此横向刚度大。双叉臂式悬挂的上下两个 A 字形叉臂可以精确地定位前轮的各种参数,前轮转弯时,上下两个叉臂能同时吸收轮胎所受的横向力,加上两叉臂的横向刚度较大,所以转弯的侧倾较小。

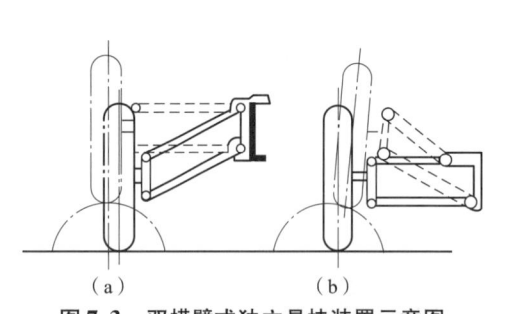

图 7.3 双横臂式独立悬挂装置示意图
(a) 等长双横臂;(b) 不等长双横臂

图 7.4 双叉臂独立悬挂结构

2) 纵臂式独立悬挂装置

纵臂式独立悬挂装置,是指车轮在车辆纵向平面内摆动的悬挂装置,又称拖曳式独立悬挂装置。按纵臂数量的多少,又分为单纵臂式和双纵臂式两种形式。

单纵臂式悬挂装置如图 7.5 所示,当车轮上下跳动时,会使主销后倾角产生较大的变化,因此单纵臂式悬挂装置不用在转向轮上。

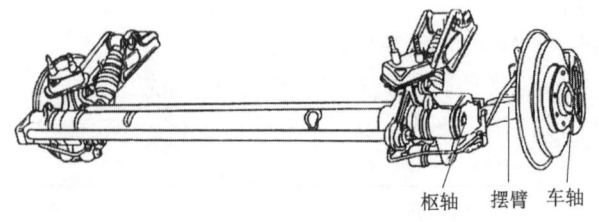

图 7.5 单纵臂式独立悬挂装置

双纵臂式悬挂装置如图7.6所示，其两个摆臂一般做成等长的，形成一个平行四杆结构，这样，当车轮上下跳动时，主销的后倾角保持不变。双纵臂式悬挂装置多应用在转向轮上。

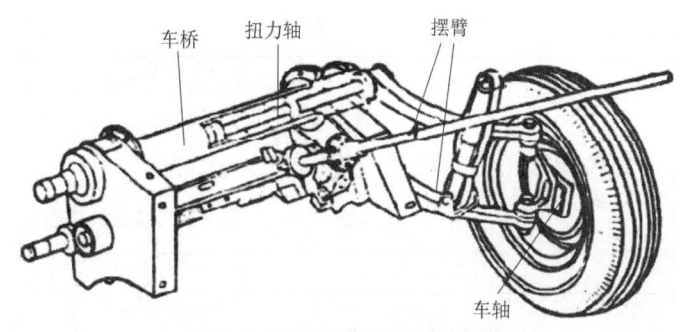

图7.6 双纵臂式独立悬挂装置

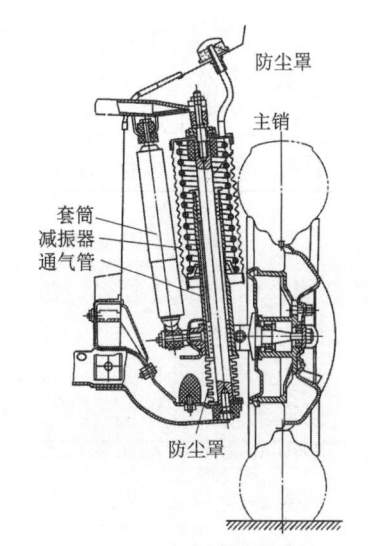

3) 烛式悬挂装置

烛式悬挂装置如图7.7所示，其结构特点是车轮沿着刚性地固定在车架上的主销轴线上下移动。烛式悬挂装置的优点是，当悬挂装置变形时，主销的定位角不会发生变化，仅是轮距、轴距稍有变化，因此特别有利于车辆的转向操纵稳定和行驶稳定。但烛式悬挂装置有一个大缺点，就是车辆行驶时的侧向力会全部由套在主销套筒的主销承受，致使套筒与主销间的摩擦阻力加大，磨损也较严重。烛式悬挂装置现已应用不多。

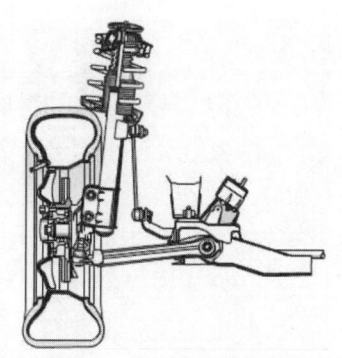

4) 麦弗逊式悬挂装置

麦弗逊式悬挂装置，又称滑柱连杆式悬挂装置，如图7.8所示。将减振器作为引导车轮跳动的滑柱，螺旋弹簧与其装于一体，允许滑柱上端做少许角位移，车轮上下运动时，主销轴线的角度会有变化，这是因为减振器下端支点随横摆臂摆动。其结构特点是其车轮也是沿着主销滑动，但与烛式悬挂装置不完全相同，它的主销是可以摆动的。麦弗逊式悬挂装置是摆臂式与烛式悬挂装置的结合。与双横臂式悬挂装置相比，麦弗逊式悬挂装置的优点是结构紧凑，车轮跳动时前轮定位参数变化小，有良好的操纵稳定性，加上由于取消了上横臂，给发动机及转向系统的布置带来方便。与烛式悬挂装置相比，它的滑柱受到的侧向力又有了较大的改善。麦弗逊式悬挂装置，内侧空间大，有利于发动机布置，并降低车子的重心，是一种经久耐用的独立悬挂装置，具有很强的道路适应能力。

图7.7 烛式悬挂装置

图7.8 麦弗逊式悬挂装置

5) 多连杆式悬挂装置

多连杆式悬挂装置如图7.9所示，是由3~5根杆件组合起来控制车轮的位置变化的悬挂装置。多连杆式能使车轮绕着与汽车纵轴线成一定角度的轴线内摆动，是横臂式和纵臂式的折中方案，适当地选择摆臂轴线与车辆纵轴线所成的夹角，可不同程度地获得横臂式与纵臂式悬挂装置的优点，能满足不同的使用性能要求。多连杆式悬挂装置的主要优点是，车轮跳动时轮距和前束的变化很小，不管车辆是在驱动、制动状态，都可以按驾驶员的意图进行平稳地转向，其不足之处是车辆高速时有轴摆动现象。

图7.9　多连杆式悬挂装置

2. 被动悬挂与主动悬挂

从控制力的角度来分，则可把悬挂分为被动悬挂、半主动悬挂和主动悬挂三大类。

1）被动悬挂

一般的车辆，绝大多数装有由弹簧和减振器组成的机械式悬挂，如图7.10所示。由于这种常规悬挂装置内没有能源供给装置，悬挂的弹性和阻尼参数不会随外部状态而变化，因而称这种悬挂为被动悬挂。这种悬挂虽然往往采用参数优化的设计方法，以求尽量兼顾各种性能要求，但实际上，由于最终设计的悬挂参数是不可调节的，所以在使用中很难满足高的行驶要求。

2）半主动悬挂

半主动悬挂可视为由可变特性的弹簧和减振器组成的悬挂装置，如图7.11所示。虽然它不能随外界的输入进行最优控制和调节，但它可按存储在计算机内部的各种条件下弹簧和减振器的优化参数指令来调节弹簧的刚度和减振器的阻尼状态。半主动悬挂又称无源主动悬挂，因为它没有一个动力源为悬挂装置提供连续的能量输入，所以在半主动悬挂装置中改变弹簧刚度要比改变阻尼状态困难得多，因此，在半主动悬挂装置中以可变阻尼悬挂系统最为常见。半主动悬挂装置的最大优点是工作时几乎不消耗动力，因此越来越受到人们的重视。

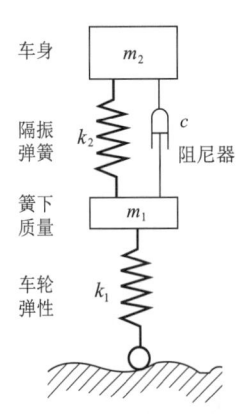

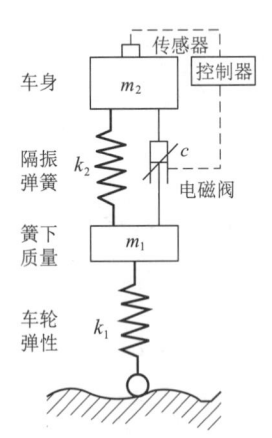

图7.10　被动悬挂装置　　　　图7.11　半主动悬挂装置

半主动悬挂按阻尼级，又分为有级式和无级式。有级式半主动悬挂装置，是将悬挂装置系统中的阻尼力分成两级或多级，可由驾驶员选择或根据传感器信号自动进行选择所需要的阻尼级。也就是说，可以根据路面条件和车的行驶状态来调节悬挂装置的阻尼级，使悬挂装置适应外界环境的变化，从而可较大幅度地提高底盘的行驶平顺性和操纵稳定性。无级式半主动悬挂，是根据车辆的运动状况和地面路况，在几毫秒内从最小到最大自动调节悬架阻尼。图 7.12 所示为一种无级悬挂装置示意图。微处理机从速度、位移、加速度等传感器处接收信号，计算出系统相应的阻尼值，并发出控制指令给伺服电动机，经阀杆带动调节阀门转动，使其改变节流孔的通道截面积，从而改变整个系统的阻尼力。该系统虽然不必外加能源装置，但所需的传感器较多，故成本较高。

3）主动悬挂

主动悬挂是一种具有做功能力的悬挂，需外加动力源，自动调整悬挂装置的刚度和阻尼力以及车身高度，如图 7.13 所示。主动悬挂装置通常包括测量元件（如车身加速度传感器、车身位移传感器、车速传感器、转向盘转角传感器、制动压力开关、节气门位置传感器、加速踏板传感器等）、反馈控制器（对传感器输入的电信号进行综合处理，输出对悬架的刚度和阻尼以及车身高度进行调节的控制信号）和执行机构（按照电子控制器的控制信号，准确地动作，产生力和扭矩，及时调节悬架的刚度和阻尼系数以及车身高度，包括电磁阀、伺服电机、气泵电动机、油缸、气缸等）。

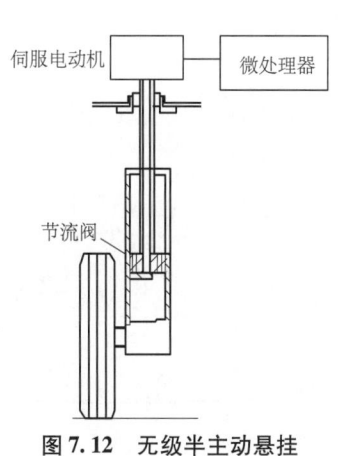

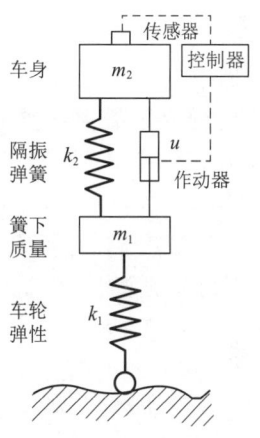

图 7.12　无级半主动悬挂　　　　图 7.13　主动悬挂装置

因此，主动悬挂需要一个动力源（液压泵或空气压缩机等）为悬挂装置提供连续的动力输入。当车辆载荷、行驶速度、路面状况等行驶条件发生变化时，主动悬挂装置能自动调整悬挂刚度（包括整体调整和各轮单独调整），从而同时满足汽车的行驶平顺性、操纵稳定性等各方面的要求。

主动悬挂的优点可归纳为以下几个方面：

①悬挂刚度可以设计得很小，使车身具有较低的自然振动频率，以保证正常行驶时的乘坐舒适性。车辆转向等情况下的车身侧倾、制动、加速等情况下的纵向摆动等问题，由主动悬挂装置通过调整有关车轮悬挂的刚度予以解决。

②采用主动悬挂，因不必兼顾正常行驶时车辆的乘坐舒适性，可将悬挂抗侧倾、抗纵摆的刚度设计得较大，因而提高了车辆的操纵稳定性，即车辆的行驶安全性得到提高。

③先进的主动悬挂，还能保证在车轮行驶中碰抵砖石之类的障碍物时，悬挂装置在瞬时将车轮提起，避开障碍行进，因而车辆的通过性也得到提高。

④车辆载荷发生变化时，主动悬挂装置能自动维持车身高度不变。在各轮悬挂单独控制的情况下，还能保证车辆在凸凹不平的道路上行驶时，车身稳定。

⑤装有某些主动悬挂装置的车辆制动时，车尾部下倾，可以充分利用后轮与地面间的附着条件，加速制动过程，缩短制动距离。

⑥装有主动悬挂装置的车辆在转向时，车身不但不向外倾斜，反而向内倾斜，从而有利于转向时的操纵稳定性。

⑦主动悬挂可使车轮与地面保持良好接触，即车轮跳离地面的倾向减小，保持与地面垂直，因而可提高车轮与地面间的附着力，使车轮与地面间相对滑动的倾向减小，抗侧滑的能力得到提高。轮胎的磨损也得到减轻，转向时车速可以提高。

⑧在所有载荷工况下，由于车身高度不变，保证了车轮可全行程跳动。

⑨由于车身高度不变，侧倾刚度、纵摆刚度的提高，消除或减少了由于转向传动机构运动干涉而发生的制动跑偏、转向特性改变等问题，因而可简化转向传动机构的设计。

⑩因车身平稳，不必装大灯水平自调装置。

主动悬挂装置的主要缺陷是成本较高，液压装置噪声较大，功率消耗较大。

主动悬挂装置按其控制方式，又分为机械控制悬挂和电子控制悬挂。

机械控制主动悬挂，这是一种纯机械式控制系统，系统中有油气弹簧和高度控制阀，油泵和储压器可使供油管路中维持稳定的高压，高度控制阀则分别控制油气弹簧中的油压，从而控制了油气弹簧的刚度，如图 7.14 所示。车辆载荷增大时，高度控制阀动作，油气弹簧中油压上升，反之，则油压下降，直至车身高度达到设定值为止。车辆转向时，外侧高度控制阀增大两个外侧油气弹簧的油压，内侧油气弹簧油压则下降，从而维持车身水平，即提高了车身抗侧倾能力。制动（或加速）时，则前面（或后面）高度控制阀使前面（或后面）油气弹簧中的油压上升，另外两个油气弹簧中的油

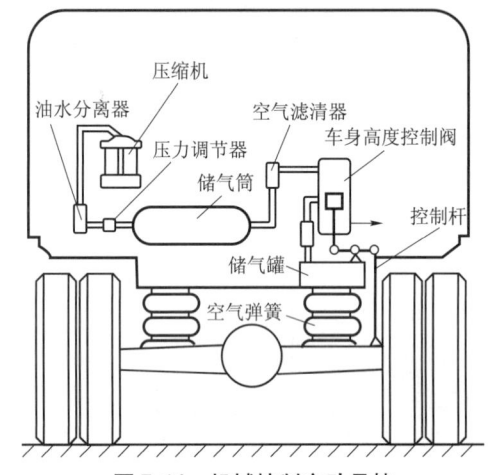

图 7.14 机械控制主动悬挂

压下降，维持车身水平，即提高了车身的抗纵摆能力。为了保证车轮正常跳动时防止高度控制阀误动作，在高度控制阀与车轮摆臂的连接传感元件中装有缓冲减振装置，其振动特性必须与车轮悬挂的振动特性良好匹配，才能保证系统正常工作。这一点完全靠机械振动系统的合理设计来保证。机械控制悬挂的特点是结构简单，成本低，但是机械控制悬挂存在着控制功能少，控制精度低，不能适应多种使用工况等问题。随着电子技术的飞速发展，随着车用微机、各种传感器、执行元件的可靠性和寿命的大幅度提高，电子控制技术被有效地应用于悬挂装置控制中。

电子控制悬挂，可以根据不同的路面条件、不同的载荷质量、不同的行驶速度等，来控制悬架系统的刚度、调节减振器的阻尼力的大小，甚至可以调节车身高度，从而使车辆的行驶平顺性和操纵稳定性在各种行驶条件下达到最佳的组合。电控悬挂的基本功能如下：减振器阻尼力调节，根据汽车的负载、行驶路面条件、汽车行驶状态等来控制悬架减振器的阻尼

力,防止汽车急速起步或急加速时的车尾下蹲、紧急制动时的车头下沉,以及急转弯时车身横向摇动和换挡时车身纵向摇动等,提高行驶平顺性和操纵稳定性;弹性元件刚度调节,在各种工况下,通过对悬架弹性元件刚度的调整,改变车身的振动强度和对路况及车速的感应程度,来改善汽车的乘坐舒适性与操纵稳定性;汽车车身高度调节,可以使得车辆根据负载变化自动调节悬架高度,以保持车身的正常高度和姿态,当汽车在坏路面行驶时,可以使车身升高增强其通过性,当汽车在高速行驶时,又可以使车身降低来减小空气阻力并提高行驶稳定性。电控悬挂,根据车身高度、车速、转向角度及速率、制动等信号,由电子控制单元(ECU)控制执行机构,使悬挂装置的刚度、减振器的阻尼力及车身高度等参数得以改变,从而使汽车具有良好的乘坐舒适性和操纵稳定性。采用电控悬架,可以根据车辆行驶状况及驾驶员的意愿等因素,由电子控制系统自动调节悬挂装置的相关特性参数,从而打破传统被动悬架的局限性,使汽车悬架的特性与道路状况及行驶状态相适应,保证汽车的平顺性和操纵稳定性都得到最大的满足。带路况预测传感器的电控主动悬挂如图 7.15 所示,包括悬挂弹簧、液压执行器、车载电脑、油源系统和各种传感器等。路况预测传感器、车身传感器等实时探测相关信息,车载电脑按给定模型进行识别,控制液压执行器,控制阀的开度可以随控制电流的大小而改变,以控制进入油管的油量,进而控制施加到液压执行器的油压,随着输入控制阀的电流的增加,液压执行器承载能力也增加。

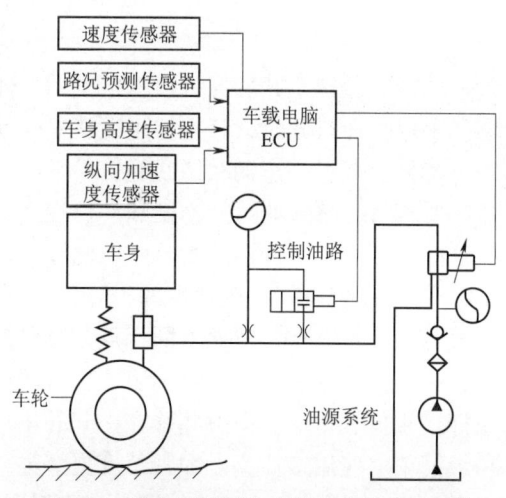

图 7.15 带路况预测传感器的电控主动悬挂

3. 金属弹簧式悬挂与油气弹簧式悬挂

为了保证车辆的行驶性能,必须设法减小在行驶过程中的受力和振动。解决方法是对车辆进行缓冲。缓冲是使车辆受力和缓,即减小受力。缓冲作用从冲量的观点看,就是将突然的冲击转化为作用时间较长而作用力较小的冲击;从能量观点看,就是将车轮受冲击后所获得的垂直方向运动的动能,由弹性元件吸收,变为弹性元件的变形能。缓冲器中最关键的零件是弹性元件。常用的弹性元件有圆柱螺旋弹簧、板簧、碟形弹簧、扭杆、气体、橡胶、油气等。

按弹性元件性质分类,悬挂装置可分为金属弹簧和油气弹簧两类。

1)金属弹簧悬挂装置

装甲车辆悬挂装置中常用的金属弹簧主要有扭杆弹簧、螺旋弹簧和碟片弹簧等。碟片弹簧悬挂装置，工艺性能好，容易调整弹簧刚度，最大悬挂行程为 270 mm，但使用性能不理想。螺旋弹簧悬挂装置，单位质量储能小，车内占用空间大，能达到的最大悬挂行程为 200 mm，主要用于轻型轮式车辆。扭杆弹簧悬挂装置是一种技术最成熟、成本最低、各国采用最多的悬挂装置。

扭杆弹簧悬挂装置，如图 7.16 所示，是利用圆形扭杆在扭转时的弹性变形来实现车体和负重轮之间的弹性连接。扭杆的一端用花键固定在车体上，另一端固定在悬挂装置的平衡肘内。平衡肘转动时，扭杆就发生扭转，储存能量。

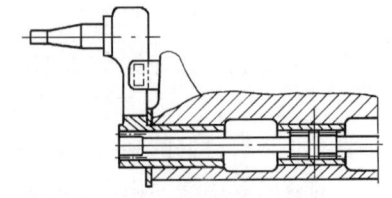

图 7.16 扭杆弹簧悬挂装置

扭杆弹簧悬挂装置的特点：

①单位体积材料吸功能力高、尺寸质量比小、占用车内空间小。扭杆弹簧比叠板弹簧单位质量储藏的能量大 3 倍多，所以，在相同负荷下，可大幅减小结构尺寸和减小质量。

②结构简单、质量小、工艺成熟、可靠性及保护性好，不需要维护。对于一个受反复载荷的零件，其强度和寿命与表面质量有很大的关系，表面疵病常是弹簧折断的主要原因。扭杆外形简单，表面容易做到精细加工、强化处理，故质量容易保证，寿命较长。

③由于扭杆为杆状，适合作为轴类安装在空心轴内，这样可使结构紧凑，维护保养较好。

④更换时复杂费力。

目前装甲车辆中有不少采用扭杆悬挂，其悬挂特性基本上是线性的，悬挂刚度基本是不变的。具有这种悬挂的车辆在平坦路面行驶时，悬挂的刚度就显得较大，振动频率较高，行驶平稳性差，持续行驶时乘员容易疲劳。当车辆在凹凸起伏不平的地面上行驶时，来自地面的冲击很大，车体振动猛烈，要求有足够大的悬挂刚度和动行程来吸收振动能量，而此时悬挂刚度又显得太小，吸收振动能量不大，缓冲性能太差，因此经常发生平衡肘撞击限制器的现象，此时振动加速度达了 $5g$ 以上，影响了行驶速度的提高。

现在已设计出许多扭杆式悬挂装置结构，按照不同特点，可以分为不同的类型。

按弹簧的结构形式分，有一根扭杆的单扭杆式悬挂装置，有两根实心扭杆或一根实心的一根管状的扭杆组成的双扭杆式悬挂装置，有由一些并在一起的小直径扭杆组成的束状扭杆式悬挂装置。单扭杆轴结构最简单、应用最广泛。因其长度贯穿整个车宽，使悬挂装置的刚度及剪应力较小。双扭杆轴包括两根实心或一实一管同轴式两种结构。同轴式结构的特点是：可减小悬挂装置占用车内的空间，改善车辆可操作性，但它却难以实现大悬挂装置行程。两根扭杆轴可依次或同时扭转，依次扭转可降低装置的等效刚度和扭杆轴内应力，同时扭转则可增加装置的刚度。束状扭杆轴由一束细而短的扭杆轴组成。扭杆轴应力较小，可用于大负重轮行程和大扭转角的工作条件下。但它和双扭杆轴的共同缺点是：结构复杂、可靠性差，其大的外径将增加车体高度。

按左、右两侧悬挂装置扭杆的布置，分为不同轴心布置和同轴心布置的扭杆式悬挂装置。扭杆悬挂装置的各种方案示于图 7.17 中。

装甲车辆上用得最广的扭杆是不同轴心布置的单扭杆式悬挂装置，因为这种扭杆式悬挂装置的结构最简单，与同轴心布置的扭杆相比，由于其长度较长（利用车体的整个宽度），能够保证悬挂装置有较小的刚度和较小的剪切应力。扭杆同轴心布置的优点是可以减小悬挂装置

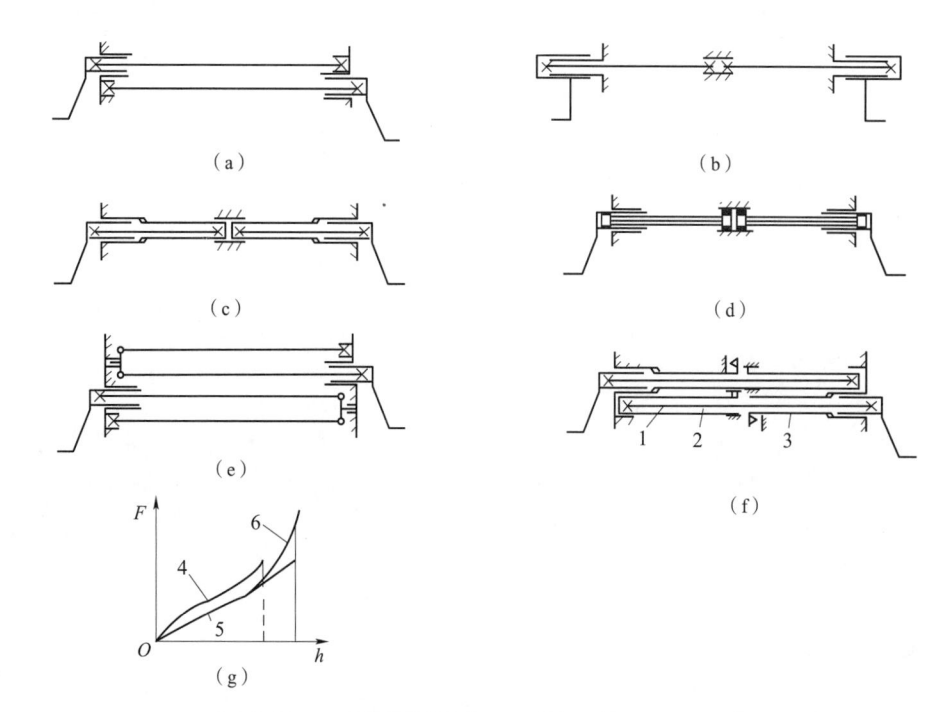

1—实心扭杆；2—串拉的管状扭杆；3—并接的管状扭杆（副弹簧）；
4—实心扭杆工作时；5—实心扭杆和管状扭杆共同工作时；6—副弹簧也工作时。

图 7.17　扭杆悬挂装置方案简图

(a) 两轴不同心布置的单扭杆式悬挂装置；(b) 两轴同心布置的单扭杆式悬挂装置；
(c) 两轴同心布置的管－杆式悬挂装置；(d) 束状扭杆式悬挂装置；(e) 有两个实心扭杆的悬挂装置；(f) 两轴不同心布置的管－杆式悬挂装置；(f) 制造的悬挂装置的特性曲线；(g) 按方案 (f) 制造的悬挂装置的特性曲线

占用车内的空间；减少装甲车辆直线行驶时的驶偏倾向，因而改善了装甲车辆的可操纵性。但是，这种方案的缺点是难以实现大的悬挂装置行程，以及车体底部的可能弯曲会使花键的工作条件变坏。在有两根扭杆的弹簧内，两根扭杆可以依次或同时扭转。依次扭转时，在负重轮行程大的情况下，能降低悬挂装置的等效刚度和扭杆内的应力；同时，扭转时会增加悬挂装置的刚度。图 7.17 (f) 的方案说明由一根实心扭杆和两根管状扭杆组成的复式弹簧，其中的一根管状扭杆用来作为副钢管弹簧来保证非线性特性。束状扭杆弹簧以其一束细而短的扭杆来保证大的扭转角和相应的负重轮行程，但应力却比较小。双扭杆和束状扭杆的主要缺点是：结构复杂、可靠性差、外部直径较大，为了将它们安装在车体底部，需要较大的车底距地高度。

此外，也有按平衡肘的结构、轴向固定方法、固定座形式、平衡肘与减振器连接方式等特征进行分类的。

材料与工艺措施制造扭杆轴材料和工艺方法的选择对提高扭力轴的疲劳寿命影响很大。

对扭杆轴所用材料的要求是：具有较高的拉伸强度、屈服极限、疲劳强度，以及良好的淬透性和一定的冲击韧性。

扭杆轴的损伤是导致断裂、疲劳失效的主要原因。为了提高长期处于高度变载荷工作条件下扭杆轴的寿命，目前在扭杆轴加工制造过程的各个环节已采取了多种措施，并制定了严格的检验标准。机械加工时，加工表面不允许有机械损伤和划痕，在正常情况下，表面粗糙度应在 0.8 μm 以上，制成品要经过磁力探伤检查。热处理时，普遍采用淬火后进行低温回火的工艺方法，以降低材料内部应力，提高强度。表面机械强化方法有两种，一种是采用喷丸处理，以保证扭杆轴表面硬化；另一种方法是采用滚压处理滚压扭杆轴的花键槽、杆部以及扭杆与花键头部的过渡部位。强扭处理方法是把将扭杆轴向工作方向扭转 5 次。第一次扭转角度应使表层应力超过材料的屈服点并保持 30 s 时间，卸荷后，材料外层将保持有反方向的残余剪切应力。第二次至第五次扭转时，应减去前次扭转产生的残余变形角。但在第四次扭转时，应在扭转状态停留 60 s。扭杆轴杆部应进行表面磷化、涂漆或涂环氧树脂处理，然后再缝绑胶带或漆布来防止锈蚀或机械损伤。其中一种保护工艺在扭杆轴包装前将其浸入塑料溶胶内，寿命可提高 1.5 倍。

2）油气悬挂装置

装甲车辆的平均行驶速度，常常受到悬挂装置性能的限制。当车辆在一定地面上以一定的速度行驶时，车体的颠簸和振动的大小取决于悬挂装置的结构和性能的好坏，当高速行驶时，常因悬挂装置性能较差，颠簸很大而不得不降低车速。即使装备了大功率的发动机，也不能充分利用发动机的功率，只能以道路阻力所能允许的速度行驶，因而限制了装甲车辆最大速度的发挥，也降低了平均行驶速度。因此，改进悬挂装置的结构，提高其性能，对提高坦克的行驶性能具有重大意义。

当车辆在较好的路面行驶时，负重轮行程较小，悬挂的刚度较低，行驶速度较高，此时行驶平稳性较好。当车辆在凹凸起伏不平的地面上行驶时，负重轮行程较大，悬挂的刚度较大，则吸振缓冲能力较强，允许高速行驶，这时的行驶平稳性也是较好的。这种悬挂装置是理想的悬挂装置，其悬挂刚度是可变的，悬挂特性是非线性的。油气悬挂装置就具有这种特性。

油气悬挂装置，是一种利用密闭容器内的高压气体作为弹性元件的悬挂装置。其工作原理是依靠控制动力机构和蓄气筒之间的液体流量来实现减振功能，如图 7.18 所示。工作特性介于纯气体和纯液体悬挂之间。工作时，容器内的气压在 14.7 MPa 以上。

油气悬挂中的弹簧称为油气弹簧（简称弹簧），由液压油缸、控制机构和蓄压器等组成，如图 7.19 所示。油气悬挂装置是以液压缸内的油液传递压力，将负重轮和平衡肘系统传来的压力再传给密闭容器（蓄压器、蓄气筒、气室），蓄压器内具有高压气体；高压气体作为弹性元件起到缓冲剂吸收振动的作用。而油液除传递压力外，还具有调节车体高度、衰减车体振动、刚性闭锁悬挂、辅助密封气体、润滑零件以及调节蓄压器容积等多种功能。

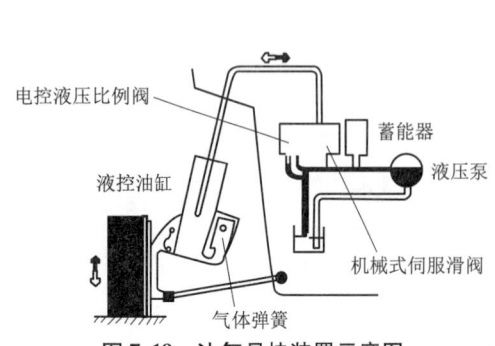

图 7.18 油气悬挂装置示意图

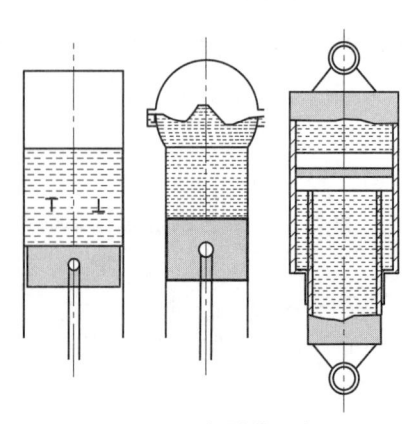

图 7.19 油气弹簧示意图

油气悬挂装置的优点如下：

①油气悬挂装置具有非线性、变刚度和渐增性的特性。它在平坦的地面上行驶时，动行程较小，悬挂刚度较小，行驶平稳性较好；而在起伏地行驶时，则随着负重轮动行程的增大，悬挂刚度变大，故能吸收较多的冲击能量，避免了产生刚性撞击。较好地满足了行驶平稳性和缓冲可靠性的要求，并提高了行驶速度，改善了车辆的机动性能。

②采用油气悬挂，使车辆振动周期增大，振动频率降低，有较好的行驶平稳性。

③装有可调式油气悬挂装置的车体，可以上、下升降及前后俯仰和左右倾斜。因此可以提高车辆的通过性和扩大火炮的射角范围，并且有利于车辆隐蔽。

④油气悬挂还可以实现悬挂闭锁及车体调平。液压闭锁可使弹性悬挂变成刚性悬挂，可消除射击时车体的振动，提高射击精度。在车辆爬坡和紧急制动时，还可防止横向侧滑。

⑤油气悬挂改善了乘员的舒适性，能防止精密电子仪器因振动加速度过大而损坏或失效。

⑥与扭杆悬挂相比，油气悬挂在压缩行程终点前段有较大的弹力。

⑦油气悬挂可省去单独的减振器。

⑧车外安装的油气悬挂，无须占用炮塔回转底板至车底甲板间安装扭杆所需的空间高度，可降低车体的高度及减小其质量。

⑨油气悬挂只要改变油气弹簧蓄压器的充气压力，就可以在不同负载的变型装甲车辆上应用，故部件的通用性较好。

⑩可调式油气悬挂可使行动部分维修方便。

但油气悬挂装置也有些不足之处：

①油气悬挂布置在车外，防护性较差。

②油气悬挂成本一般较扭杆悬挂的高，并且其可靠性与寿命都不如扭杆悬挂。

③油气悬挂中的油压和气压力都较高，对油和气的密封装置要求较高，零件加工精度要求较严，否则会漏油、漏气而不能使用。

④油气悬挂一般较难在 -40 ℃以下的气温下正常工作，对油液和橡胶低温性能要求较高。

按弹簧结构特点和油气分隔方法，油气悬挂装置可以分为无分隔式、有隔片式、活塞分隔式和同轴叶片式。无分隔式油气悬挂装置，对控制和补偿的外部液压渗漏无要求。有隔片式油气悬挂装置，隔膜质量小，工作时无摩擦，可减小蓄气筒尺寸。活塞分隔式油气悬挂装置，工作可靠，但蓄气筒尺寸大。同轴叶片式油气悬挂装置，非悬挂质量小，容易制成整体式，工作腔压力大，密封及隔板开关复杂，需要随时补充渗漏，制造工艺性差。如果没有给油气悬挂装置规定控制和补偿外部液压传动的渗漏，那么蓄压器没有隔片是可以的。如果蓄压器内用膜式隔片，那么可以将蓄压器设计得紧凑一点，因为隔膜的质量小，工作无摩擦。用浮动活塞作隔片时，其工作比较可靠，但为了布置它，要求蓄气筒的长度尺寸较大。

按油缸与气室布置方式，油气悬挂装置可以分为整体式和分立式。整体式油气悬挂装置，弹簧各组成件、支架、平衡肘均装在一个构件内，工作可靠性高，保养方便。分立式油气悬挂装置，各元件单独布置，可充分利用有限空间。

按液压油缸的结构形式，油气悬挂装置可以分为筒式（活塞式）和叶片式。按蓄压器数目，筒式油气悬挂装置又可分为单蓄压器油气悬挂和双蓄压器油气悬挂。叶片式油气悬挂装置，采用同轴叶片式液压机构的油气悬挂装置，具有较小的非悬挂质量，可以很容易地将它制成整体式，很方便地布置在车上；对来自液压系统液体的输送十分简单。采用同轴叶片式液压机械的油气悬挂装置的主要缺点是，其密封装置很复杂。

按筒式液压缸的固定方式，油气悬挂装置可以分为固定式和摆动式。固定式液压油缸油气悬挂简图，常常制造成整体式的，将它布置在车体外部，这种方案能简化油气悬挂装置的保养和修理工作，使悬挂装置的结构更加紧凑。保证用固定的管道将油气弹簧与液压系统连接起来。用曲柄—连杆传动时，再加上侧向力作用于活塞，从而造成缸壁和密封件的不均匀磨损。在这种油气弹簧结构中要求有专门连接活塞与连杆接头用的轴承，但接头的尺寸又受到限制。固定式动力液压缸的油气悬挂装置，由于有平衡肘的轴承支架，因而质量比较大。有一种固定式动力液压缸，如果其臂向下布置，那么将这种液气悬挂布置在车辆的侧面是比较简单的，尤其是对于前面几个负重轮的悬挂。有两个动力液压缸，能够减小弹簧的宽度尺寸（在相等的工作压力和载荷条件下，减小动力液压缸的直径）；保证减小作用于连杆轴承和平衡肘轴的负荷；在有两个蓄压器的情况下，可以使负重轮静态条件下的悬挂的特性具有较高的刚度。但是这种悬挂装置也比较复杂。将弹簧布置在平衡肘内的油气悬挂装置，在车体内部占的空间最小，但它使平衡肘的质量增加，从而增加非悬挂的质量，并相应地增加对负重轮和履带的动载荷。这种结构要实现对悬挂装置的控制是很复杂的。摆动式液压油缸油气悬挂，用于轻型装甲车辆油气悬挂装置，摆动式动力液压缸方案的优点是：弹簧的质量小；动力液压缸活塞的密封工作条件好（它们不受侧向载荷作用）；接头的轴承尺寸不受限制。但是，在大的负重轮行程的情况下，将这种弹簧组装在车体外边是很复杂的；而且摆动式缸体使得来自控制系统液体的输送（常常是通过一根软管）复杂化。

3）减振器

减振是消耗弹簧变形储存的能量，以衰减弹簧的振动，改善行驶平顺性。

减振器，是安装在车体和负重轮之间的一个阻尼部件，用来消耗坦克的振动能量，衰减车辆的振动；并限制共振情况下增大车体的振幅。由于车辆纵向角振动（前、后俯仰振动）最显著，并且对射击准确性影响最大，而这种振动在最前端和最后端两个负重轮处的运动加速度最大，所以，现代装甲车辆多在最前、最后负重轮处安装减振器，以便有效地衰减车辆纵向角振动。由于减振器能够减小车体振动的振幅和次数，因而能延长弹性元件的使用寿命。目前，大都采用液压减振器。近年来，也有采用摩擦减振器的。

减振器吸功缓冲与弹性元件吸功缓冲不同。弹性元件变形吸功储存能量，随后还要释放出来，这是个可逆的能量转换过程；而减振器将吸收的能量只转化为热能耗散掉，因而是一个不可逆的过程。可见减振器吸振能力最终还是取决于散热效果及密封件耐高温的性能。减振器主要用来抑制弹簧吸振后反弹时的振荡及来自路面的冲击。如果没有减振装置，那么当经过一次冲击后，受压弹性元件即要伸张，将其在冲击时所吸收的能量全部放出而变为动能，从而引起在铅垂方向的自由振动，这样因冲击而获得的机械能则以动能和弹性元件变形能的形式互相转化。由于地面的冲击是随机的，因而就有可能出现共振现象，使振幅加大而碰到限制器。限制器上尽管有橡皮垫等缓冲元件，但是受到的冲击力还是会加大很多倍，这对保证各零部件的强度不利，同时使行驶平顺性变坏。减振器的作用就是要将铅垂方向因冲击而获得的机械能通过摩擦不可逆地转化为热能散失掉，以便达到衰减车体振动、限制共振状态下车体振幅增大这一目的。它具有不可逆吸收转换功能。对于减振，在悬挂装置中，能引起振动衰减的阻尼来源不仅是系统中装设的减振器,还有相对运动的摩擦副(如缓冲器组成各零件之间的摩擦)。从装置减振器的必要性,以及车辆结构的复杂性、质量和经济性等方面综合考虑,许多车辆基本未采用减振器减振。

对减振器的基本要求如下。

①高速装甲车辆悬挂装置的减振器应保证对车体振动具有高的衰减率,要达到这一点,首先是选择合适的减振器型式、特性、数量以及在悬挂装置上的布置。

②减振器的特性应具有小的正行程(压缩行程)阻力,并且保证有高的能量,防止装甲车辆以高速度在不平度较大的地面上行驶时发生平衡肘与限制器刚性撞击现象。

③减振器应在 $-40 \sim +50$ ℃的温度范围内和在发热温度达到 $+200$ ℃的条件下工作可靠。

④减振器的使用期应不短于整车规定的寿命。

⑤保证减振器结构工艺性与互换性,并且能方便地将它们布置在车体上。

按工作方式,减振器可分为单向作用减振器和双向作用减振器。单向作用式减振器,只在单向行程上产生作用,在反向行程不产生作用或作用很小。双向作用式减振器,在双向行程都产生作用。

按阻尼是否可调,减振器可分为阻尼可调式减振器和阻尼不可调式减振器。

按工作介质,减振器可分为油液减振器和气体减振器。

按是否充气,分为充气减振器和不充气减振器。

按工作原理,减振器可分为液压式和摩擦式。液压减振器在功率相等的情况下,金属用量最少,结构最紧凑,并具有比较稳定的性能,易于调整。液压式减振器结构上有叶片式、摆杆式、筒式等几种。摩擦式(机械式)减振器,是利用外部摩擦阻尼来消耗振动能量、衰减车体振动的装置。摩擦式减振器,具有减振阻力与负重轮行程成正比,与负重轮和车体之间相对速度无关,由主、被动摩擦片的摩擦来实现的摩擦阻力可使车体振动按等比级数进行衰减,正反行程减振阻力相等特点。摩擦式减振器的结构十分简单,但是,由于摩擦材料表面的耐磨性较差,磨损较快,摩擦阻力不稳定,致使这种减振器的使用性能不稳定,后被液压减振器所代替。但随着高温、耐磨性能良好材料的问世,同轴摩擦式减振器应运而生。

按结构形式,减振器可分为筒减振器、杠杆式减振器和同轴式减振器。筒式减振器,结构简单,制造工艺性好,可以互换,密封性好,工作性能高度稳定;在适当的外形尺寸和结构条件下能吸收较高的能量,但防护性能最差。目前,军用履带车辆广泛采用,但在完善悬挂装置中,由于负重轮行程的加大,在履带行走系统的现有外形尺寸条件下,要将筒式液压减振器布置在车体外面是件复杂的事情。叶片式减振器在车上的布置和防护性都很好,与车体的大面积接触保证其有良好的散热条件。杠杆式减振器又可以分为杠杆-活塞式、杠杆-叶片式或杠杆-摩擦式三种。杠杆-活塞式,尺寸小,容易布置,但因工作能量小和使用寿命短而不适于高速车辆。杠杆-叶片式分为密封和不密封两种。密封式布置防护性及散热性好,而制造比较复杂、质量和尺寸较大、密封困难、器体易变形、性能不稳定是其缺点。杠杆-摩擦式,结构简单,性能比较稳定。同轴减振器没有杠杆的关节式连接,所以它们的布置实际上不受负重轮行程的限制,提高了悬挂装置的可靠性,并且不要求在车体上另开减振器安装孔。同轴减振器的结构组合保证了悬挂装置的优质保养和修理,同时,也不削弱车体防护,但其受热后易使扭力轴强度下降。值得指出的是,叶片式减振器的制造比较复杂,质量和尺寸比较大。由于叶片的密封困难、隔板的形状复杂以及减振器体容易变形,所以高度的不稳定性是这种减振器的特点。

7.3　轮式行走装置的配置与选型

7.3.1　轮式行走装置及其构成

1. 轮式行走装置及其功能

轮式行走装置,也称车轮行走装置,是指以轮胎行驶的行走装置。

轮式行走装置的主要功用是:支持整车的重量和载荷;缓和由路面传来的冲击力;产生驱动力和制动力;产生侧抗力;保证车辆行驶和进行各种作业。

2. 对轮式行走装置的要求

①保证在额定负荷和正常行驶速度下能安全工作。
②保证有尽量小的滚动阻力。
③保证有较好的通过性能。
④保证有良好的行驶平顺性。

3. 轮式行走装置的组成

车轮行走装置主要由车桥、车轮与轮胎等组成。普通汽车的行走装置还包括车架,但装甲车辆通常将车架与车身做成一体。

车桥,也称车轴,用来安装车轮的总成。车桥通过悬架和车架(或承载式车身)相连,两端安装汽车车轮,其功用是传递车架(或承载式车身)与车轮之间各方向作用力,与转向系配合实现行驶方向控制。

车轮,是介于轮胎和车轴之间承受负荷的刚性旋转组件。车轮的主要功能是,固定轮胎内缘、支持轮胎并与轮胎共同承受负荷。车轮由两个主要部件轮辋和轮辐组成。轮辋是在车轮上安装和支承轮胎的部件,轮辐是在车轮上介于车轴和轮辋之间的支承部件。车轮除上述部件外,有时还包含轮毂。由车轮和轮胎两大部件组成车轮总成。也有将组合在一起的车轮总成(包括轮胎、轮辋与轮辐)简称为车轮。

轮胎,是接地滚动的圆环形弹性橡胶制品。轮胎的主要功用是支承车身,缓冲外界冲击,实现与路面的接触并保证车辆的行驶性能。

7.3.2　轮式行走装置配置与选型

1. 装甲车驱动轴数目的确定

轮式装甲车辆多为全轮驱动,其驱动轴数目的确定应从提高通过性观点出发,限制最大轴重,以降低车辆对地面的单位压力。因此,它的选择要点是采用多轴驱动并使轴重在各轴上合理分布,保证每个轴上不超过通过性所限制的最大车重。

对于多轴全轮驱动的越野车,为保证对地面单位压力在 0.175~0.20 MPa 以下,限制单根轴最大轴重不得超过 5 000 kg。根据现有越野车的一般重量利用系数,可概略计算出一般双轴驱动的越野车全重不大于 8 t;三轴全轮驱动越野车全重不大于 14 t;对于四轴全轮驱动越野车不,大于 20 t。但对现代装甲车来说,由于对它提出了更高的使用要求,战斗全重往往比上述限定的重量小得多。例如 4~7 t 以下采用双轴驱动，7~10 t 采用三轴驱动（但某些装甲车也采用四轴驱动），而 14~15 t 者均采用四轴驱动。

当轮式底盘采用非独立式悬挂装置时，左右两侧车轮安装在一个整体的实心或空心梁（轴）上，然后再通过悬挂装置与车架相连接，这个实心或空心梁便叫作车桥，习惯称整体式车桥。当轮式底盘采用独立式悬挂装置，即左右两侧车轮单独通过悬挂装置与车架（或承载式车身）相连接时，或者有的车体左右车轮还通过一个断开式车梁（即分成互相铰接的两段的车梁）相连接时，车体左右车轮之间实际上无"桥"可言，而是通过各自的悬挂装置与车架相连接，然而在习惯上，仍将它们也称作断开式车桥。根据车桥上车轮的作用，车桥又可分为转向桥、驱动桥、转向驱动桥、支持桥四种。转向桥与支持桥都是从动桥。一般轮式底盘多以前桥为转向驱动桥，而以后桥或中、后两桥为驱动桥。转向桥的功用：通过操纵机构使转向车轮可以偏转一定角度，以实现转向；除支持底盘承受垂直反力外，还承受制动力和侧向力以及这些力引起的力矩。驱动桥除了支撑底盘车架之外，还装有主减速器、差速器和半轴等传动系机件，因而驱动桥一般做成一个空壳，叫作驱动桥壳。驱动桥壳一般由主减速器壳和半轴套管组成。

2. 轮胎选型

轮胎的使用条件复杂和苛刻，承受着各种变形、负荷、力以及高低温作用。

对轮胎的主要要求：

①具有较高的承载性能、牵引性能、缓冲性能。

②具备高耐磨性和耐屈挠性。

③具备低滚动阻力与生热性。

④具有防弹能力。装甲车辆用轮胎都是防爆轮胎，被击穿后仍能持续行驶。

轮胎按胎体结构，可分为实心轮胎、海绵轮胎、空心轮胎、充气轮胎等。

实心轮胎，是相对空心轮胎而言的，其胎体是实心的，不需要内胎或气密层。实心轮结构简单，胎具有优良的安全使用性能，使用寿命长，变形率低，但缓冲性能差。实心轮胎是一种适应于低速、高负载苛刻使用条件下运行的车辆，现已很少在装甲车辆中采用。实心轮胎一般分为黏结式和非黏结式两种。黏结式实心轮胎指橡胶直接硫化在轮辋上的轮胎。非黏结式实心轮胎指硫化后再固定在轮辋上的轮胎。按形状，分为圆柱式实心轮胎和斜底式实心轮胎两种。为了改善缓冲性能，美国一家公司研发了一款带蜂巢支撑体结构实心轮胎，将原来的充气部分用蜂巢结构来代替，起到与传统轮胎类似的减震作用，如图 7.20 所示。

海绵轮胎，是外胎内腔中以弹性海绵代替压缩气体的轮胎，如图 7.21 所示。海绵轮胎的优点是缓冲性能较实心轮胎有较大的提高，当被弹片和子弹等击中

图 7.20 带蜂巢支撑体结构实心轮胎

后，不会很快丧失作用，目前大量使用。其缺点是质量大（和充气轮胎比较），行军时由于内摩擦生热大，可能将海绵熔化，因此行驶速度不高。另外，在长期存放时，因受压及高温影响，容易失去弹性。

空心轮胎，是采用高性能弹性材料、专有工艺制造，内外胎一体，空腔结构轮胎，如图

7.22 所示。具有不怕扎、弹性好、耐磨、滚动阻力小等优点，使用寿命是充气胎的 3 倍以上；轮胎内侧设有热交换器，使胎体内外的热冷空气自动交换，具有防止轮胎老化的功能。

图 7.21　海绵轮胎　　　　　图 7.22　免充气空心轮

充气轮胎，采用内外胎结构，用橡胶密闭有压力的空气，压缩空气而产生弹性。充气轮胎由内胎（充满着压缩空气，有弹性）、外胎（有强度和弹性的外壳，保护内胎不受外来损害）、垫带（内胎与轮辋之间，防止内胎擦伤和磨损）等组成。充气轮胎按组成结构，可分为有内胎轮胎和无内胎轮胎；按帘线排列方向，可分为普通斜交胎、子午线胎等；按胎压大小，可分为超低压胎（0.15 MPa 以下）、低压胎（0.15 ~ 0.44 MPa）、高压胎（0.49 ~ 0.69 MPa）。充气轮胎优越的缓冲性能和低滚动阻力的特性迄今为止尚无其他轮胎可以超越，散热性能好，质量小。性能优异，适用于各种车辆，但是容易漏气、爆胎，尤其是轮胎被弹片等击中后不能继续使用。目前已有一种在轮胎内加有支撑物的防弹越野充气轮胎（内支撑轮胎）。还有一种装备中央轮胎充放气系统的自补气装置的充气轮胎。这种轮胎自动充气智能系统巧妙地运用了一个传感器以及几个调节器，就能完成充气过程，当轮胎气压下降至预设定值时，轮胎中的一个调节器将开启，使空气进入一个抽吸管；当车辆起动滚动轮胎时，轮胎变形的过程将压扁这个抽吸管，抽取空气穿过轮胎进入进气阀，之后再进入轮胎之中，结构原理如图 7.23 所示，中央控制系统如图 7.24 所示。这就解决了一般充气轮胎中弹后不能行驶的缺点，提高整车的机动性和越野通过性能。另外，充气轮胎弹性大，有可能影响射击精度。气胎缓冲性能好，采用气胎有可能不需要另加缓冲器，这对简化结构和减小质量均有利。可见，使用充气轮胎比使用海绵轮胎对提高火炮的综合性能有利。

充气压力一般应从通过性要求出发并结合车轮负荷、断面宽度及使用条件而定。采用低压胎，降低充气压力（0.05 ~ 0.10 MPa）将导致轮胎触地面积增大，单位压力减小，并减少地面的压陷变形，从而提牵引性能并减小在松软地面上的行驶阻力。对于每一个载荷，一定的轮胎结构参数及支承面积下，可以获得一个导致最小滚动阻力的充气压力，或获得一个具有最大牵引

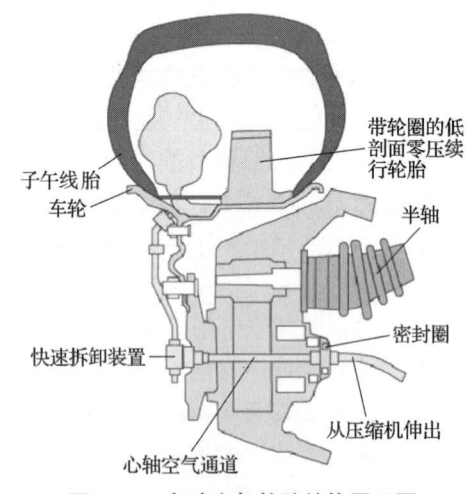

图 7.23　自动充气轮胎结构原理图

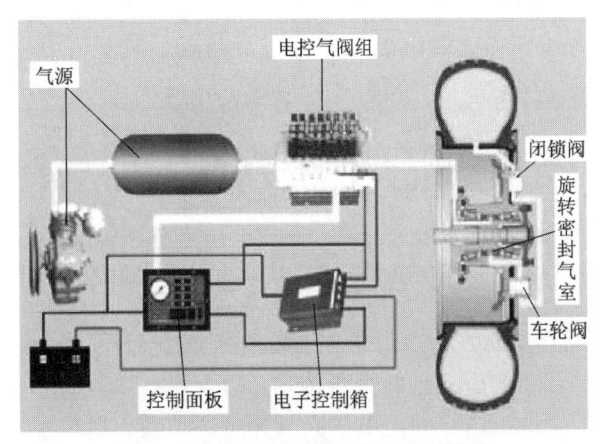

图 7.24 自动充气轮胎中央控制系统

力的充气压力。为了使装甲车既在各种松软地面上有良好的通过性，又便于在坚硬的公路上行驶而不致有过大的滚动阻力和缩短轮胎寿命，最好选用可以调节气压的中央充气系，气压一般在 0.05~0.45 MPa 范围内变化。

增加车轮直径可使轮胎触地面积增加、单位压力降低并减小滚动阻力，但滚动阻力的减小只有在轮胎直径足够大时才有明显的效果。加大车轮直径还可以提高最小离地距及克服垂直障碍。目前装甲车轮胎直径多在 1~1.5 m，2~3 m 的大轮胎仅在特殊用途的车辆上采用。增加轮胎宽度不仅直接降低了轮胎与地面的单位压力，而且因为轮胎较宽，可允许胎体有较大的变形而不降低其使用寿命，因而可以使充气压力更低一些。但过宽的轮胎会使转向操纵费力（应注意采用转向助力装置）。现有宽断面轮胎多在 250~600 mm 范围。断面特宽（加大到 1.5 m）的轮胎，仅在特殊机械上使用。

轮胎胎面花纹，是通过模压或刻制在外胎胎面上的各种纵向、横向、斜向组成的沟槽。按照轮胎圆周排列的纵向花纹因为具有纵向连续性的特点，所以主要承担雨天排水的功能，并且对于轮胎的散热也很有帮助，但抓地力不足。纵向断开而横向连续的横向花纹则有着较大的抓地能力，从而可以弥补纵向花纹的先天缺陷。胎面花纹的作用主要是增大轮胎与地面的摩擦力，改善轮胎的行驶性能；降低胎噪增强舒适性；为轮胎散热、排水；提升车辆操控性能；增进美观，提升视觉效果。

越野性能是装甲车辆最主要的性能。要求选择胎面花纹时从如下几个方面考虑：提高车轮与地面的附着强度，保证车辆在困难地面上的通过能力；稀泥与积雪等能从花纹中自行排出；为保证操纵稳定性，要求不仅在纵向平面内有良好的附着性能，而且在横向平面内也要好；当在坚硬表层路面上行驶时，滚动损失小；在坚硬表层路面上行驶时，没有颤动；使用寿命长。这些要求有些是互相矛盾的，因此装甲车辆通常采用特种花纹胎面，以保证越野性能。

轮胎尺寸通常按规格选择。轮胎尺寸规格标记目前一般习惯仍用英制表示，也有用公制或公制、英制混合表示的，法国则采用字母、符号表示轮胎尺寸。

通常轮胎并不是由车辆设计者任意确定的，而是从现有轮胎产品系列中主要根据轮胎的承载能力，即允许载荷来选择。同时，考虑到装甲车辆行军时的恶劣条件，而将载荷加大

12%~15%估算。如果所用车轮规格相同，则按受载最大的车轮选取。选择轮胎规格时，同时应考虑车辆最低点离地高和火线高的要求，以及对减小滚动阻力和提高通过性是否有利等。有特殊要求的，可以向轮胎生产部门提出要求。

7.4　履带行走装置的配置与选型

7.4.1　履带行走装置及其构成

1. 履带行走装置及其功能

履带行走装置，是指以履带行驶的行走装置。对于20 t以上的装甲车辆来说，采用履带行走装置可使车辆获得大牵引力，并能够提高其越野机动性。但装置本身也存在着使用金属多、工作寿命短、在坚硬和不平地面行驶时功率损失大等缺点。

履带行走装置的主要功能：

①将动力传动装置传来的转矩转变成为牵引力。

②传递地面制动力实现制动。

③支承车辆的质量。

④提供支承面，实现良好的通过性。

目前，在履带式装甲车辆上使用两种类型的履带行走装置：一种是无托带轮型（克里斯型），采用大负重轮、短平衡肘，具有履带不易脱落、车内噪声小等特点；但装置质量有所增加。另一种是有托带轮型（维克斯型），采用小负重轮、长平衡肘，可减小因上部履带摆动在铰接处产生的功率损失，减小非悬挂质量，增加负重轮的动力行程。

2. 对车轮行走装置的要求

①通过性能良好。

②工作可靠，具有足够的强度、耐磨性和防护性。

③质量尽可能减小。

④对路面破坏程度轻。

⑤噪声尽可能小。

⑥制造工艺简单，检查和维修方便。

3. 履带行走装置的组成

履带行走装置主要由履带、主动轮、负重轮、诱导轮、张紧机构、托带轮等组成，如图7.25所示。

主动轮是通过齿轮和履带啮合，将减速器传来的动力传给履带而使车辆运动的主动件，其主要功用是将驱动转矩转换成履带的拉力而驱动履带；将制动转矩转换成制动力而使履带制动。

履带是由主动轮驱动，围绕着主动轮、负重轮、诱导轮和托带轮的柔性链环，有人称其为"无限轨道"和"自带的路"。其主要功用是保证在无路的地面上的通过性，降低的行驶阻力；支撑负重轮并为其提供一条连续滚动的轨道；将地面的牵引力、附着力和地面制动力传给车体。

负重轮是履带车辆重量的主要承力轮。其主要功用是支撑车辆车体在履带接地段上的滚

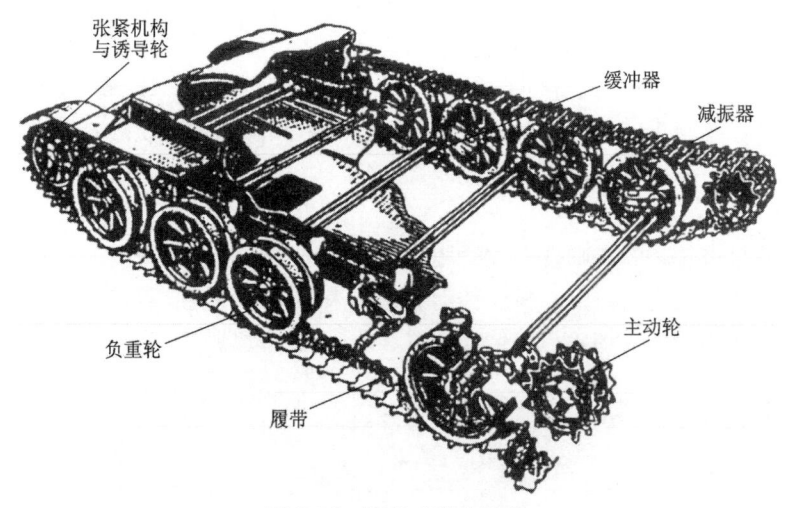

图 7.25 履带式行走装置

动；将车辆的重力较均匀地分配在整个履带接地段上；规正履带。

诱导轮是支撑和引导上履带段，并与张紧机构一起调整履带的松紧程度的履带车辆从动轮。其主要功用是支撑、引导上履带段运动。

张紧机构（履带调整器）的主要功用是调节履带的松紧程度。

托带轮的主要功用是托支上支履带；减少履带的振荡。

7.4.2 履带行走装置的配置与选型

1. 履带

履带用于保证车辆在松软地面上仍具有较高通过性，降低行驶阻力，并对地面有良好附着力；通过履带和地面的相互作用，实现履带行走装置的牵引力和制动力。

每辆履带式装甲车辆上有两条履带。履带约占行走装置质量的一半。

履带主要由履带板、履带销等组成，如图 7.26 所示。

对履带的要求：

①具有高的强度和长的使用寿命。
②力求降低行动部分的动载荷和功率损失。
③有足够大的纵向刚度和扭转刚度。
④在纵向和横向上对地面有可靠的啮合力。
⑤便于排泥和尽可能降低对路面的破坏。
⑥结构和工艺应简单，成本低。
⑦组装、维修、保养和更换简便易行等。

图 7.26 履带及其组成

按制造方法，履带可分为铸造式、锻造式和焊接式履带三种。按相互连接形式，履带可分为单销式和双销式两种。按铰链结构材料，履带可分为全金属式和挂橡胶式两种。全金属式具有结构简单、质量小、铰链磨损快、平均寿命较低等特点；挂橡胶式指部分或全部在底面、滚道、销耳中挂胶的履带。它具有使用寿命长、行驶噪声小、效率较高、传给传动装置动载荷小等特点。按履带销结构，可分为金属铰链履带和橡胶金属铰链履带。装甲车辆履带以金属铰链式为主，需要时也可以换装挂胶式履带。

2. 主动轮

主动轮，通过齿轮和履带啮合，卷绕履带使其与地面作用产生牵引力。其主要功用：在驱动工况，连续绕转履带并将发动机经传动装置传来的功率转换成履带的牵引力；在制动工况，将履带的反作用力经主动轮传给传动装置和相应的制动器。每辆履带式装甲车辆上装有两个主动轮。

主动轮主要由齿圈、轮毂、轮盘和导向盘等组成，如图 7.27 所示。

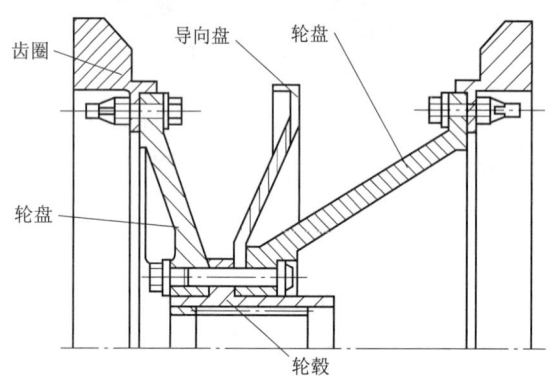

图 7.27　主动轮结构

对主动轮的基本要求：
①能够可靠、无冲击地传递牵引力和制动力。
②有较高的耐磨性，并便于更换磨损元件（如齿圈）。
③使用寿命长。
④组装、分解简便。
⑤能够自清泥土。
⑥质量和尺寸较小。

对主动轮与履带啮合的要求：
①应保证各元件顺利地进入啮合和退出啮合。
②实现无冲击传递力。
③啮合面的滑动最小。
④啮合处的应力不大。

按啮合传递方式，主动轮可分为板齿啮合、齿啮合和板孔啮合。按与履带啮合副，主动轮可分为单销式啮合副和双销式啮合副。

3. 负重轮

负重轮支承车重并把履带紧压在地面上，使履带与地面有较大的接触面积，以产生更大的附着力，同时，把车体对履带的运动变为负重轮的滚动，提高行驶效率。负重轮的主要功用是支撑车辆车体在履带接地段上滚动；将车辆的重力较均匀地分配在整个履带接地段上；规正履带。负重轮每辆车每侧有 4~8 个负重轮。

负重轮主要由轮毂、轮盘、轮缘和橡胶减振件、护缘、密封装置等组成，如图 7.28 所示。

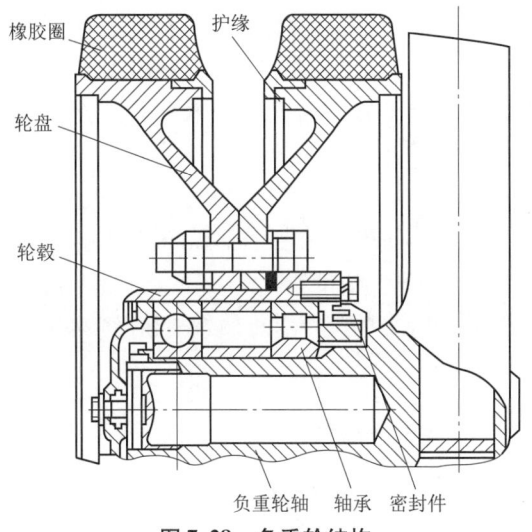

图 7.28　负重轮结构

对负重轮的要求：
①保证在履带上的滚动阻力最小。
②在各种条件下的使用寿命较长。
③负重轮在履带上滚动时的动负载和噪声较小。
④维修简便。
⑤尺寸小，质量小。

按减振程度，负重轮可分为无减振全金属型、橡胶内部减振型和橡胶外部减振型。按轮缘数量，负重轮可划分为单排和双排两种。单排式结构简单，用于两栖车辆有增加浮力的功能，但将使得履带增重、散热及排泥差，因此多用于轻型装甲车辆。双排结构多用于主战坦克。为了避免负重轮上橡胶在战斗中起火，以色列在"梅卡瓦"MK4 主战坦克上采用了全金属型负重轮。

4. 诱导轮与张紧机构

诱导轮及张紧机构的主要功用是支撑、引导上履带段运动，调节履带的松紧程度。每辆车装两个诱导轮，安装在履带张紧机构轴上，结构原理如图 7.29 所示。

诱导轮主要由轮毂、轮盘、滚珠轴承等组成。张紧机构主要由支架、曲臂、螺杆等组成，包括导向装置、张紧装置、释荷或定位装置、传动装置、缓冲或补偿装置等。

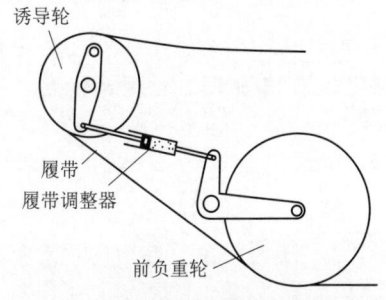

图 7.29　诱导轮及张紧机构原理简图

对诱导轮的基本要求与对负重轮的基本要求相同。

按结构，诱导轮可分为单排和双排两类。按减振程度，诱导轮可分为全金属、内部减振和外部减振。按诱导轮移动轨迹，张紧机构分可分为曲臂式和直线导轨式两种。曲臂式诱导轮轴沿圆弧移动。其结构比较简单、方便。直线导轨式已很少使用。按诱导轮移动方式，张紧机构分可分为全手工式、手工机械式和自动式。自动式，属非人力的自动调节。多数车辆采用手工机械式张紧机构。按执行机构结构形式，张紧机构可以分为螺杆型、蜗杆型和液压传动型三种。螺杆型结构比较简单、工作可靠、有自锁能力，但其效率低、尺寸较大。蜗杆型结构最紧凑，易于布置；但由于其仅有一个齿处于啮合状态，从而限制了其传递大载荷的能力。液压传动型调节轻便、快捷，容易用压力检查履带张紧力和实现远距离自动调节，但其占用空间较大。

5. 托带轮

托带轮的主要功能是托撑上部履带，限制上部履带的滑移，减小履带在行驶中的摆动，增大负重轮行程。每侧各装有 1~3 个托带轮。

按排数分类时，托带轮可划分为单排和双排两种。按减振状况，可划分为有减振和无减振两种。托带轮结构如图 7.30 所示。

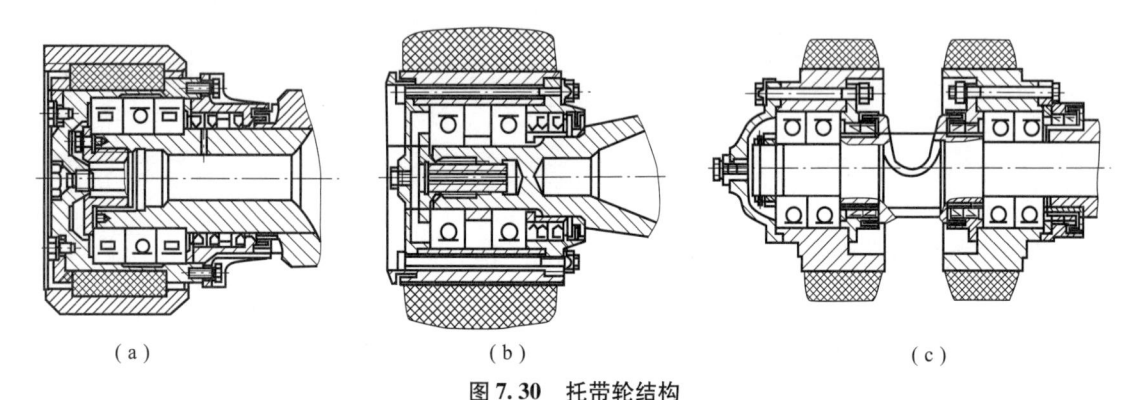

图 7.30　托带轮结构
（a）内部减振式单排托带轮；（b）外部减振式单排托带轮（一）；
（c）外部减振式单排托带轮（二）

本章小结

本章在介绍装甲车辆的行走系统及其功能、组成、要求的基础上，主要介绍装甲车辆的行走系统中的悬挂装置、轮式行走装置和履带式行走装置的功能与主要构成，以及各主要组成部分的工作原理、类型及特点。

思　考　题

1. 水陆两栖装甲车辆的行走系统有什么特殊要求？
2. 如何实现水陆两栖装甲车辆在水中行驶？
3. 悬挂装置的减振器是否必需？是否所有装甲车辆悬挂装置都有减振器？
4. 轮式行走装置中轮胎如何兼顾缓冲与防弹？
5. 履带式行走装置中主动轮前置与后置各有什么特点？能否中置？

第 8 章

防护系统的配置与选型

> **内容提要**
>
> 防护系统是装甲车辆的主要组成部分。本章主要介绍装甲车辆防护系统的概念、组成和要求,以及装甲防护、隐身防护、核生化防护、主动防护的配置与选型。

8.1 防护系统概述

8.1.1 防护概念

1. 装甲车辆防护

防护,是为受或减伤害而采取的防备和保护方式、方法和措施。防护分主动防护和被动防护。主动防护就是采取施放烟幕、诱骗、干扰或强行拦截等措施,来免受被瞄准或被击中。被动防护就是采取一定保护措施,来减轻伤害。由于现代反装甲手段的威力和多样性,迫使装甲车辆继续提高综合防护能力,以减少反装甲武器对装甲车辆的损伤,提高装甲车辆的战场生存力。

2. 装甲车辆防护原则

①降低车辆可发现性和可识别性。
②一旦被发现,要避免被击中。
③如果被击中,不要被击穿。
④防止车辆被摧毁。

3. 装甲车辆防护形式

装甲车辆防护形式主要有装甲防护、隐身与伪装防护、核生化"三防"防护、主动防护和综合防护等。

8.1.2 防护系统及其构成

装甲车辆的防护系统是装甲车辆上装甲壳体和其他防护装置、器材的总称,用于保护车辆自身和内部乘员及机件、设备免遭或降低反装甲武器损伤。

装甲车辆诞生之初,为了对抗机枪子弹的攻击,设置了装甲防护。随后为了减少发动机经常起火造成的损失,又在车内增设了灭火器。核武器出现后,为了能够在核条件下作战,装甲车辆上又安装了"三防"装置,不但具有了在核条件下作战的能力,同时还具有了对付生物武器、化学武器的手段。现代战争用于防护的设备和技术不断增加，例如迷彩涂料、隐身涂料、复合装甲、自动灭火抑爆装置、烟幕装置、红外干扰装置、反坦克导弹拦截装置等。这些防护的新装置、新技术的出现，极大地提高了装甲车辆的战场生存力。从某种意义上来说，正是防护促进了装甲车辆的诞生，又是防护的不断进展给装甲车辆注入了新的活力，使装甲车辆在不断出现的新型反装甲武器面前顽强地生存了下来。

在现代高技术战争的战场上，装甲车辆会受到各种各样的威胁。这些威胁按方位划分，有来自顶部、前部、后部、侧部、底部各个方向，按弹药种类划分，则有穿甲弹、破甲弹、航空炸弹、反装甲子母弹、精确制导炮弹、榴弹、反坦克导弹、反坦克火箭筒、反坦克地雷等。图 8.1 示出了这些威胁的种类和方位。

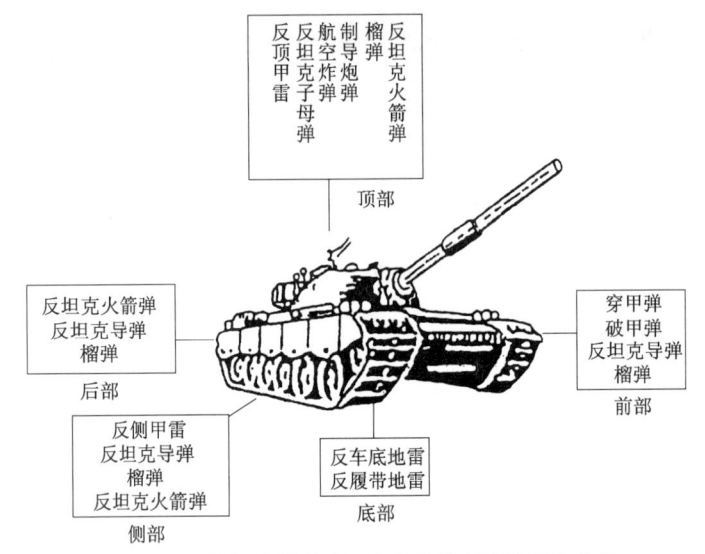

图 8.1　现代坦克所受反坦克弹药的威胁种类和方位

为使装甲车辆免遭或减少反装甲武器造成的损伤，装甲车辆可采取的措施有：减小被发现的概率；减小被命中的概率；依靠自身装甲抗击反装甲弹药的攻击，减小装甲被击穿的概率；减小弹药产生"二次效应"的概率；安装核辐射、生物武器、化学武器的防护装置（简称核、生、化防护装置或"三防"装置）。现代装甲车辆的防护就是按上述 5 个方面采取防护措施的。轻型装甲车辆由于作战使用要求不同，其防护性能与坦克相比有一定差别。通常根据作战要求加以配置。

现代主战坦克的防护系统，由多种高新技术装置综合而成，是一个相对庞大和复杂的系统。它主要包括：装甲防护，伪装与隐身，综合防御（或叫光电对抗），二次效应防护，核生化三防。在这五大防护技术中，每一项又包含若干项具体内容。现代坦克防护系统的总体构架与各部分的具体内容如图 8.2 所示。

上述防护技术有各种分类方法，通常，除装甲防护技术外，其他防护技术统称为特种防护技术。也有人把其划分为两大类，即主动防护技术和被动防护技术。前者指综合防御技术，后者指其余几种防护技术。还有人把防护技术划分为硬防护技术和软防护技术。硬防护技术指装甲防护，其余则为软防护。上述划分方法虽不同，但防护技术的基本内容是完全一致的。

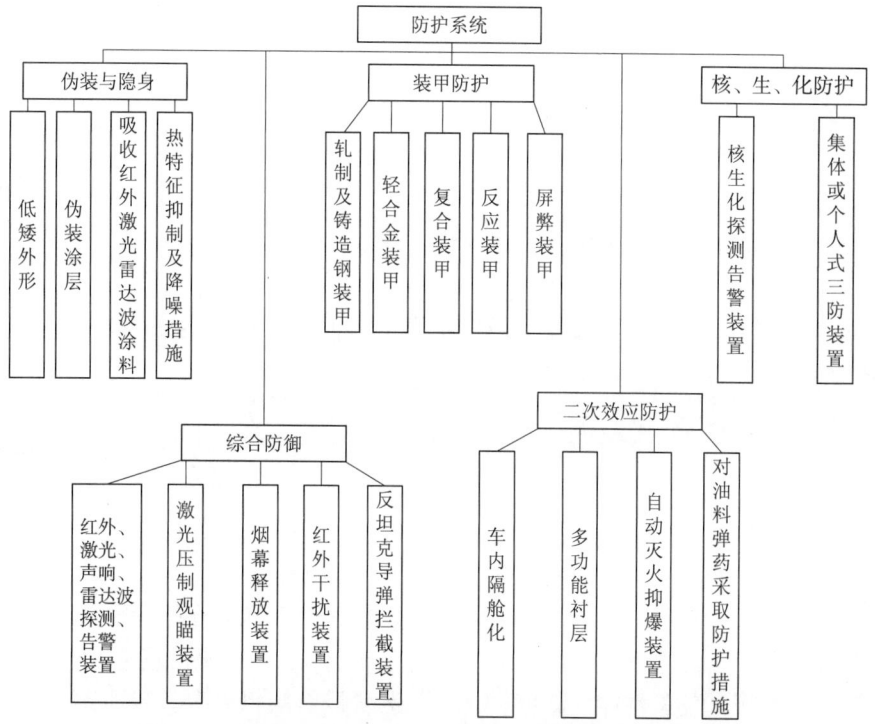

图 8.2　现代坦克防护系统的总体构架与各部分的具体内容

8.1.3　对防护系统的要求

装甲车辆防护系统担负着保护装甲车辆乘员及车内装置免遭或降低敌方武器损伤的功能。这种特殊的使命对防护系统提出了特殊的，有时甚至是苛刻的要求。

1. 防护性能高

对防护系统性能总的要求是尽可能地提高装甲车辆的战场生存能力，减小被毁伤的概率。这种要求可分解为：伪装与隐身防护性能要求；综合防御系统性能要求；装甲防护性能要求；"二次"效应防护性能要求；"三防"装置性能要求。对伪装与隐身性能的要求体现在被发现概率上；对干扰装置和导弹拦截装置的性能要求体现在被命中概率上；对装甲防护的性能要求体现在被击穿概率上；对二次效应防护及"三防"装置的性能要求体现在被击毁概率上。为了提高装甲车辆防护能力，就需尽可能降低其被发现概率、被命中概率、被击穿概率、被击毁概率。

2. 质量小

装甲车辆的战斗全重，受国情、战术思想、作战使命、技术发展水平的制约，其总质量有一定的限制。防护系统的质量也就因此受到了严格控制。防护系统的质量，主要是装甲防护的质量。一般来说，现代主战坦克的战斗全质量 40～60 t，用于装甲防护（即车体和炮塔）的质量约占战斗全质量的 50% 左右，即 20～30 t。

3. 防护装置体积小

防护系统的各种装置，有一些要放在车外，如烟幕抛射装置、红外干扰装置等；有一些要放在车内,如灭火装置、"三防"装置等;还有的组成子车辆的外壳,如均质装甲、复合装甲等。在车内的装置,要占据一定的容积,而在车外的装置,则可能会直接地影响车辆的宽度和高度。车辆的容积与车重有着密切的关系。容积大,则车体重,或者装甲防护能力弱;容积小则与之相反。

4. 可靠性高和维修性好

装甲车辆的防护装置通常要在各种恶劣的条件下使用,包括高温、严寒、湿热、干燥、日晒、雨淋、强烈冲击振动、电磁、声响等环境,因而对其可靠性、维修性有较高的要求。

8.2 装甲防护系统的配置与选型

8.2.1 装甲防护及其发展

1. 装甲防护

装甲,是用于抵挡或削弱敌人的攻击,保护目标避免或减轻伤害的保护壳。

装甲防护,一般是指利用装甲抵抗破片、子弹、炮弹或导弹的袭击,保护内部的人员和设备,避免和减轻敌人火力的伤害。装甲防护是被动防护的主要形式。装甲防护,是装甲车辆在战场上获得生存力的主要手段之一,是装甲车辆在现代及未来战场上生存的基础。装甲防护能力取决于装甲的材料性能、厚度、结构、形状极其倾斜角度。在现代战争的条件下,由于高新技术的发展,反装甲武器及其他形式的攻击趋于高效和复杂化,无论是种类、射距还是空间范围,都对装甲车辆形成了全方位、立体的攻击,只有对现代反装甲武器具有足够的防护,装甲车辆在现代战场上才有生命力,从而使得装甲防护在现代武器系统中的作用显得愈加重要。

2. 装甲防护发展

随着钢铁材料的冶炼和铸造技术的发展,为攻防兼备的装甲车辆制造提供了必要的物质和技术条件。20 世纪初期,开始出现了装甲车,但是装甲的厚度不超过 12 mm。

随着火炮技术的发展,穿甲弹开始使用,到了 20 世纪 30 年代,装甲厚度达到了 60～80 mm。第二次世界大战为装甲车辆发展提供了强烈的需求背景,也为装甲防护的发展提供了机遇。第二次世界大战时期,坦克装甲厚度继续增加,炮塔装甲厚度达到 150 mm,车体装甲厚度也达到了 100 mm。第二次世界大战以后的冷战时期,军备竞赛不断,火力和装甲竞相发展。装甲的质和量也得到改善,炮塔钢装甲的厚度推向 200 mm,重型坦克装甲厚度达到 270 mm。依赖增加装甲厚度和质量对付日益增强的火力的陈旧办法一直延续到 20 世纪 60 年代。20 世纪 60 年代末,装甲防护出现了新的转机,陶瓷、玻璃钢等防弹材料的应用,掀起了世界性的复合装甲研制的热浪。装甲防护不再是单纯以质量的增加去适应火力的增强,而是开辟了新的技术途径。20 世纪 70—80 年代的复合装甲取得了令人惊叹进展。各种夹层和结构的应用,使复合装甲进入发展的鼎盛时期,反映装甲新技术已经走到成熟应用地步。进入 20 世纪最后 10 年。新材料和微电子等高科技的发展,推动了新概念装甲防护技术取得突破,为防护技术注入了新的活力。

装甲防护是在与进攻武器的矛盾对抗中发展起来的。随着反坦克武器弹药威力的增加,装甲防护水平也不断提高。一代坦克装甲防护水平达到等效钢装甲防护厚度约 200 mm;二代坦克等效钢装甲防护厚度：防穿甲弹 300 mm，防破甲弹 500 mm；三代坦克等效钢装甲防护厚度：防穿甲弹 500~600 mm，防破甲弹 800~1 000 mm；预计四代坦克等效钢装甲防护厚度可达：防穿甲弹 900~1 000 mm，防破甲弹 1 300~1 400 mm。装甲由均质到复合，由主装甲到披挂和组合结构已经走过了百年的历程，装甲技术日新月异，装甲种类也层出不穷。

8.2.2 装甲防护类型及其特点

从防护原理，可把装甲分成被动装甲和主动装甲。主动装甲由自动侦测、判别、攻击系统组成，通过对来袭弹头进行拦截起而到防护作用；被动装甲则是通过提高装甲抗打击能力来达到防护目的。

从组成的材质，可分成金属装甲和非金属装甲。金属装甲是由金属材料制成的装甲，如钢装甲、铝合金装甲。非金属装甲是由非金属材料制成的装甲，如防弹玻璃等。

从材料力学性能特点，可分成均质装甲和非均质装甲。均质装甲是用单一材料制成的，如钢装甲、铝合金装甲。非均质装甲不是用单一材料整体制成的，也称复合装甲，如钢多层装甲、间隙装甲等。

从具体的防护材料，可分成钢装甲、铝装甲、钛装甲、贫铀装甲、陶瓷装甲等。钢装甲，也称普通装甲，是由高强度合金钢制成的。铝装甲，是由高强度铝合金制成的。钛装甲，是由高强度钛合金制成的。贫铀装甲，是掺杂了贫铀材料的装甲。铀是一种高密度元素，贫铀则是制造铀燃料过程中经燃烧后产生的铀杂质。其主要成分是不能作为裂变材料的铀 238，故称"贫化铀"，简称"贫铀"。但纯贫铀的硬度和强度都不高，必须添加别的成分制成贫铀合金，再经过热处理。贫铀密度为 18.7 g/cm^3，是钢铁密度的 2.5 倍。因为密度高，可有效减少装甲在应力波下的损伤，提高了装甲整体强度。至于它是否属于放射类物质，美国军方发言人曾这样介绍说：一辆坦克上的贫铀装甲重 2~3 t，即使坦克乘员连续在这样的坦克上待 3 天，所受到的照射剂量也不如做一次 X 光透视所受到的照射剂量大。陶瓷装甲是掺杂了陶瓷材料的装甲。陶瓷材料具有硬度高、质量小的优点，其对动能弹和弹药破片的防御能力都很强，在弹头撞击陶瓷装甲的瞬间，撞击产生的超压冲击波沿着陶瓷装甲和弹头传播，造成两者损坏。有氧化铝陶瓷、碳化硼陶瓷、碳化硅陶瓷、氮化铝陶瓷、氮化硅陶瓷、碳化钨陶瓷、二硼化钛陶瓷等。

从具体的防护技术，可分成普通装甲、复合装甲、反应装甲等。

1. 均质装甲

钢装甲不仅是装甲车辆的"坚固防线"，也是构成装甲车辆壳体的刚性支撑架。

装甲钢是用来制造钢装甲，满足特殊技术要求的合金结构钢。其是用来制造装甲车辆车体、炮塔和附加装甲的主要结构材料，构成车辆壳体，承受各种负荷和防护功能，因此，要求具有良好的强度（硬度）、韧性和抗弹性能（抗击穿、崩落、裂纹）、良好的工艺性能（轧制、铸造、热处理、切割、切削加工、焊接等）以及高的效费比。

装甲钢的种类较多，有多种分类方法，主要有以下几种。

按生产工艺，装甲钢分为轧制装甲钢和铸造装甲钢。轧制装甲钢广泛用于装甲车辆的车体装甲、附加装甲、复合装甲和靶板等。铸造装甲钢主要用于车辆的炮塔、炮框，目前铸造装甲钢的使用在逐渐减少。轧制装甲经过多次碾压变形，破坏了金属的一次晶粒和枝晶，改变了浇铸过程中内部组织的疏松结构，得到了高韧性的纤维组织，从而提高了装甲的机械性能，所以大多数装甲车辆的车体都是用轧制钢装甲板焊接而成的。铸造装甲是由装甲铸钢冶炼直接浇铸而成的，可以得到不同部位均匀过渡到不同壁厚和理想倾角以及可造成跳弹的流线型外表面。但是由于铸钢内部组织不够密实，如有柱状晶、偏析、缩孔和气孔等缺陷，所以铸造装甲抗弹性能一般略低于同类轧制装甲的10%。对于外形特殊，厚度不均匀的炮塔或装甲结构件通常采用铸造装甲。

按截面成分和性能，装甲钢分为均质装甲钢和非均质装甲钢。同一截面上的化学成分、金相组织和性能基本相同的为均质装甲钢，否则为非均质装甲钢。现生产、使用的装甲钢都是均质装甲钢。

按厚度规格，装甲钢分为薄装甲钢、中厚度装甲钢和厚装甲钢。薄装甲钢板厚度在 25 mm 以下，厚装甲钢板厚度在 45 mm 以上，厚度在 25 ~ 45 mm 之间为中厚度装甲钢板。薄装甲钢板主要抗枪弹用，中、厚装甲钢板抗炮弹用。

按硬度等级，装甲钢分为低硬度装甲钢（<270 HB）、中硬度装甲钢（270 ~ 380 HB）、高硬度装甲钢（388 ~ 514 HB）、超高硬度（>514 HB）装甲钢。高硬度、超高硬度装甲钢一般用作抗枪弹的薄装甲板，在轻型战车上得到广泛应用。复合装甲也使用高硬度的厚板。抗炮弹用中低硬度装甲钢板均为中、厚装甲钢板；铸造装甲钢均为中、低硬度的厚装甲。

装甲钢均为低、中碳低合金钢；其碳含量大都在 0.25% ~ 0.32%。为保证获得需要的强度、硬度或特殊要求，少数钢种含碳量低到 0.19% 或高于 0.45%，合金元素总量在 5% 以下。加入合金元素是为增加钢淬透性，使钢板得到均匀的全马氏体组织，使其具有适当的强度和韧性。装甲钢都在调质或淬火 + 低温回火状态下使用。

选用装甲钢必须综合考虑实际应用和生产制造等方面因素。影响装甲钢选用的因素可归纳为抗弹性能、工艺性能（主要是焊接性能）和影响原材料成本的合金元素含量。目前世界上各国应用的装甲钢种类繁多，但基本上为中碳合金钢。随着近年来微合金钢技术和控制轧制 - 控制冷却工艺在冶金生产中的应用，根据装甲钢在工艺性能和材料成本上的要求，人们开始采用控轧 - 控冷工艺生产低碳低合金含量的装甲钢。

为了减小质量，有些轻型装甲战车的车体和炮塔以及坦克的部分复合装甲夹层材料选用铝合金装甲和钛合金装甲。

第一代铝合金装甲（Al - Mg）在美国 M113 装甲人员输送车上得到应用。到目前为止，美国、英国和意大利在轻型战车上均采用第二代铝合金装甲（Al - Zn - Mg），俄罗斯和法国也改用了铝合金装甲。第三代铝合金装甲（Al - Cu - Mg）也得到应用。影响铝合金装甲性能的主要合金元素是镁（Mg）和锌（Zn）。锌含量直接影响铝合金装甲的强度。第二代铝合金中锌含量超过 3.5%，第一代铝合金装甲锌含量不到 0.25%，有的甚至还没有。因此，第二代铝合金装甲是铝锌镁合金，强度明显高于第一代。但是锌含量增加也带来了一些不利的影响，例如脆性增加，耐腐蚀性能差。为了提高耐腐蚀性能，第三代铝合金添加了铜元素。美国新型两栖突击车采用了第三代铝合金装甲，抗弹性能和抗海水腐蚀性能较好。在步兵战车和装甲输送车上，中国的铝合金装甲得到了应用。铝合金装甲以减小质量为优势，在轻型战车上和钢装甲竞争。减小质量的主要技术途径有两条：第一，铝合金装甲的密度接近 2.8 g/cm^3，同等质量的铝装甲的厚度是钢装甲的 2.8 倍。抗弯曲变形的刚度和材料的厚度三次幂成正比，因此同样质量的铝装甲的刚度远远超过钢装甲。对于跨度较大的薄装甲车体的轻型战车，可以大量节省车内的加强筋，减小整车的结构质量。第二，合理利用铝装甲的有利抗弹角度，挖掘铝装甲的抗弹潜力，减小装甲的质量。铝装甲抗弹特点之一是不同的布置角度抗弹性能是不一样的，根据对高强度铝合金抗枪弹试验，抗小口径穿甲枪弹性能高，抗普通枪弹性能低，得到的数据表明，法线角0°是铝装甲抗弹性能峰值的奇变点，而法线角20°~40°是铝装甲抗弹性能的低谷，因此，进行铝装甲布置时就应该优化选择。铝装甲抗弹特点之二是抗大口径枪弹和炮弹碎片比抗小口径枪弹性能高，有时可以提高20%~40%，从根本上来说，要提高铝装甲的抗弹性能，则必须提高装甲表面的硬度，但是铝装甲的硬度无法和钢装甲及其他硬质材料相比，这样就必须走另一条道路，就是下面要介绍的双硬度复合装甲技术。铝装甲不能用常规电弧焊接方法焊接，只能用氩气保护的特种工艺焊接，这给装甲应用工艺提出了特殊的要求。另外，焊接材料及焊接工艺也都有一些特殊要求，这就在一定程度上限制了铝装甲的大量应用。此外，铝装甲材料在核辐射时产生的感生辐射衰减速度极快，所以核爆炸后乘员就可以很快进入铝装甲车辆起动，抓住有利战机，而钢装甲车辆则望尘莫及。

钛合金具有质量小，综合性能良好的特点。钛合金材料目前在航空航天技术领域得到应用，在装甲车辆的复合装甲单元结构中局部应用。它的合金成分为Ti-Al-V，其密度大约是$4.6\ g/cm^3$左右，只有钢的60%，但强度和通常应用的高强度钢装甲接近。因此，抗弹性能和同样厚度的钢装甲相当，这样可以比钢装甲减重40%。把钢装甲的厚度作为1，要达到钢装甲的刚度时，钛装甲增厚40%，质量不增加，抗弹性能提高了40%。但是钛合金的高成本和特种焊接工艺阻碍了它的广泛应用。由于制造技术的改进，低成本的钛合金装甲成为可能，因而钛合金装甲的研究工作又活跃起来。据美国估算，如果M1坦克采用钛合金装甲，整车质量可以减少4 t。

贫铀装甲的特性是塑性好、波阻抗大、密度大，因此抗穿甲和抗破甲的综合效益比较高。美国M1A1-HA重型装甲坦克就是采用了贫铀装甲，抗弹防护系数大约可以达到1.1，厚度系数可以达到2.0。所以，对于减薄装甲结构有着特殊意义。这种贫铀装甲坦克正面防穿甲水平达到600 mm的轧制钢装甲。由于贫铀装甲的密度大约是钢的2.5倍，反应装甲和响应装甲的结构层背板使用这种材料可以大幅提高抗穿甲和抗破甲的综合效益。贫铀装甲残留微量的放射性，给使用带来了一定困难。尽管有人测定放射性含量低，不会对人造成伤害，但是公众舆论的压力限制了它的使用。

2. 复合装甲

复合装甲，是由两层以上不同性能的防护材料组成的非均质装甲。一般来说，复合装甲是由一种或者几种物理性能不同的材料，按照一定的层次比例复合而成的，依靠各个层次之间物理性能的差异来干扰来袭弹丸（射流）的穿透，消耗其能量，并最终达到阻止弹丸（射流）穿透的目的。复合装甲可以是金属与金属复合装甲、金属与非金属复合装甲以及间隔装甲等，它们均具有较强的综合防护性能。复合装甲是随着反装甲武器弹药威力的增强而迅速发展起来的。复合装甲大幅度提高了抗破甲和抗穿甲能力。复合装甲是20世纪60年代末和70年代初装甲防护技术发展阶段的一个新里程碑。到目前为止，所有的现代坦克的正面防护都无一例外地安装了复合装甲。

国外把复合装甲分成三类，第一类为表面硬化复合装甲；第二类为夹层复合装甲；第三类是归属结构异形装甲的形体装甲。

双硬度装甲是复合装甲的元老。从均质装甲抗穿甲弹破碎弹头的原理可以知道，装甲的表面越硬抗弹性能越好。通常"硬"伴随着"脆",容易使装甲背面产生崩落,这些碎片将直接危及乘员和仪器设备的安全。为了强化表面装甲并保持背面的韧性,20世纪30年代产生了表层高硬度、里层较软的塑性好的双硬度复合装甲。采用轧制复合工艺的双硬度装甲的中间界面有特殊要求,一种办法是在最后轧成装甲板前的两种板坯间加入特种黏结剂,另一种是焊接板坯后抽真空排空气,或者爆炸复合后进一步轧成复合板,保证层间的牢固结合,防止受到弹丸冲击时开裂。这是双硬度复合板的一项重要工艺技术。双硬度装甲还因工艺和成本困扰着推广使用,但是外挂高硬度装甲却得到了应用。钢铝复合装甲结合了双方的优点,得到满意的抗弹效果,而且工艺简单,使用方便。钢装甲的最高硬度也不会超过穿甲弹头的硬度,但陶瓷的硬度却远远超过穿甲弹头的硬度,所以,在装甲表面贴上陶瓷是一种最理想的抗枪弹材料。为了减小陶瓷表面的破碎面积,人们提出了种种改变陶瓷形状和固定方案。从破碎力学分析,密排的球形陶瓷,覆盖纤维增强材料,灌以黏结剂,固定成预制板,可获得良好的抗弹和防破碎的效果。此外,陶瓷的品种不同,硬度和重量也有明显区别。抗弹试验证明,在表面硬质陶瓷背面贴一层软质过渡层橡胶材料或纤维复合材料,再和主体装甲(钢或铝)组成双硬度装甲,能够获得最佳的抗弹效果。

夹层复合装甲是内涵十分广义的复合装甲。多层装甲,是由两层以上不同性能的防护材料组成的非均质装甲,如图8.3所示。间隙装甲,是在比较薄的装甲板块与板块间留有间隙或灌注低密度材料,可以大幅度提高防御破甲弹的能力。模块装甲,将复合装甲制成组合件,可采用螺栓或铁筐盛装的办法将其固定在车体或炮塔的相应部件上,同时,可根据敌方武器破甲威力的发展,随时增加或减少复合装甲组合件的挂装数量,另外,在非战时可将其卸下(总质量一般为2 t以上),以降低油料的消耗,主要优点是能降低炮塔和车体的制作成本。

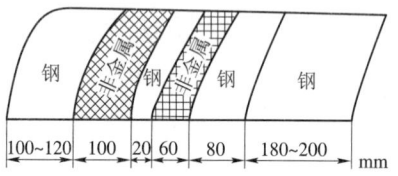

图8.3 T80炮塔多层装甲结构示意图

复合装甲有多层,穿甲弹或破甲弹每穿透一层,都要消耗一定的能量。由于各层材料硬度不同,可以使穿甲弹的弹芯或破甲弹的金属射流改变方向,甚至把穿甲弹芯折断。因此,复合装甲的防穿透能力比均质装甲要高得多,如图8.4所示。在装甲的单位面积质量相同时,复合装甲抗破甲弹的能力比均质钢装甲提高两倍。复合装甲的夹层材料采用特殊的非金属材料,例如抗弹陶瓷、有机和无机纤维增强材料等。另外,为了进一步提高复合装甲的抗破甲性能,设置了间隙干扰结构。复合装甲夹层是由多层次多元材料组合而成的。由于陶瓷材料和高强度纤维材料的特殊性能,夹层复合材料首先选用这种材料。通常把陶瓷复合装甲和高强度纤维材料复合使

图8.4 复合装甲作用原理

用,为了进一步提高抗破甲性能,在复合装甲内设置间隙,形成对射流的干扰,提高抗穿破甲综合性能。此外,复合装甲夹层中的弹性材料有特殊的作用,可以用它来吸收冲击能量,控制破坏隔层,起到缓冲垫的作用。弹性层中夹带了大量的碎片,吸收了穿甲弹的大量动能。如果夹层结构设计得好,穿甲弹和弹性层的上层钢装甲板撞击可以形成冲塞,它们在这

一缓冲层中互相挤压，形成更多的碎片，也使穿甲弹的能量得到释放。这些夹带了大量碎片的弹性层又进一步磨蚀阻止后续穿甲弹杆的前进，这一过程的分析可以称为提高防护性能的冲塞破碎效应，也是复合装甲抗穿甲弹的一项技术。

3. 反应装甲

反应装甲是指，装甲车辆受到反装甲武器攻击时，能针对攻击做出反应的装甲。最常见的爆破反应装甲。

爆炸式反应装甲，是在主装甲板上安装相对安全的钝感装药（惰性炸药）。惰性炸药对小一点的冲击不会做出反应（如子弹、小口径炮弹弹片），当受到反坦克导弹和反坦克动能弹，尤其是聚能破甲弹，会击穿主装甲的武器攻击坦克时，一旦接触到了装甲上的惰性炸药块，惰性炸药就会向外爆炸，可以有效地降低这些反坦克武器的破坏效果，达到保全坦克的目的，如图8.5 所示。当聚能破甲弹射流引爆炸药时，爆炸产物侧向干扰后续射流使之变

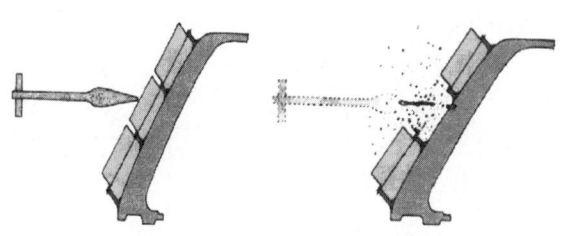

图 8.5　爆炸式反应装甲作用原理

形，这样提高了它的抗破甲性能。由于反应装甲背面金属板和射流相交时间相对较长，干扰射流的作用更大些。反应装甲主要防破甲弹，对于靠动能的穿甲弹的防护效果不明显。因此把两层夹板的厚度增加，同时，调整好炸药的冲击感度，保证一定撞击能量以上的大口径穿甲弹才能引爆反应装甲，这就是"双防"反应装甲。双防反应装甲既可以防破甲弹，对穿甲弹也有防护效果。例如，俄罗斯在T80Y坦克首上装甲安装的镶嵌式结构就是这种反应装甲使用的实例。

串联破甲弹战斗部可以用前级射流引爆反应装甲，而后级射流正常侵彻主装甲。为此，"三防"形式的反应装甲研制成功。实际上，"三防"反应装甲利用串联破甲弹的前级射流作为引爆能源，起动反应装甲的第一层装药，遮挡了第一级战斗部，反应装甲第二层主装药对付串联破甲弹战斗部第二级战斗部的破坏。但是这种双层反应装甲对付不了前级大口径装药的串联战斗部导弹，因此人们改变了思路，想出以快制快的办法，利用串联弹的前级射流引爆预埋在反应装甲中的反击装置，提前击毁串联弹的后置主装药，从根本上动摇了串联弹的威胁作用，试验证明，口径越大、威力越大的串联弹，更容易被这种新型反应装甲所破坏。不难看出，在矛与盾的斗争中，装甲和反装甲技术都得到了发展。

动态物理响应装甲（反作用装甲）与爆炸式反应装甲相比较，外形结构上没有多大区别，其核心部分在于夹层材料，由炸药换成了非爆炸的惰性材料，经常用的有橡胶、高强度抗冲击复合材料等。虽然惰性材料在射流作用下，也能突然膨胀，但对主装甲的破坏小得多，而使得夹层钢板穿孔边缘翘起移动，同样可使双板背向运动，射流在响应装甲背板上留下的狭长的穿孔，孔越长，夹层板的利用率越高，防弹效果也越好，此外高速射流冲击波在不同声阻抗的反应装甲层间震荡反射也侧向干扰后续射流。这种响应装甲镶嵌在组合装甲的内部，既安全又可靠。

4. 新概念装甲

为了提高装甲车辆的防护能力，除了提高装甲材料性能外，当前正在研究新概念装甲，应用新的抗弹机理来提高装甲的抗弹能力。

1）电装甲

电装甲的概念包括电磁装甲和电热装甲。

电磁装甲是一种利用电磁学原理而运行的防护装置，根据工作方式不同，可分为被动式电磁装甲与主动式电磁装甲两种。

被动式电磁装甲，是在主装甲外放置两块金属（钢）板，其间用绝缘子隔离开一定距离。通常最外边的钢板接高功率脉冲电源的低电端（接地），靠近主装甲的钢板接电源（如电容器）的高电压端。当破甲弹射流接通两钢板时，相当于开关闭合而接通电容器电路，瞬时释放电能，则有大电流脉冲通过金属射流，将引起射流的磁流体力学的不稳定，使射流发散，降低了射流的侵彻能力，避免射流破坏坦克的主装甲，如图8.6所示。若不是破甲弹射流而是尾翼稳定的脱壳穿甲弹，当大电流流过穿甲弹弹芯时，也会引起穿甲弹弹芯震动和膨胀的不稳定性，从而使穿甲弹弹芯断裂，失去有效穿甲能力。

主动式电磁装甲，由探测系统、计算机控制系统、电源（电容器组）和钢板发射器等组成，预警距离至少100 m。一旦传感器探测系统探测到入射弹丸，则计算机控制系统指令开关接通，使电容器组向钢板发射器的扁平线圈放电（类似电磁成形器或感应线圈炮原理），则钢板发射器向来袭的破（穿）甲弹入射路径发射出一个高动能钢板块去迎击入射破（穿）甲弹，将来袭破（穿）甲弹撞断或撞偏，使其失去破坏装甲的能力，如图8.7所示。

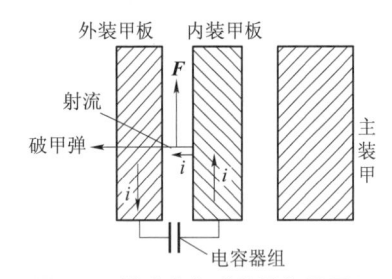

图8.6 被动式电磁装甲作用原理

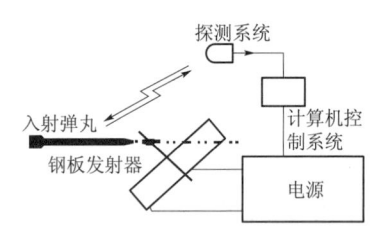

图8.7 主动式电磁装甲作用原理

电热装甲是在两块金属板之间夹有特殊的绝缘层，弹丸瞬间"激活"电热装甲，绝缘层受热迅速膨胀，形成高温等离子体，以此破坏来袭破（穿）甲弹，使其失去破坏装甲的能力。能量密度达到20 MJ/m^{3}时才能破坏弹丸。

强大的电磁场装置，其体积和重量过大，而且相应的绝缘层材料和结构仍在广泛研究，目前在装甲车辆上还难以安装，这是目前应用上的最大障碍。

2）滑动装甲

滑动装甲，顾名思义，就是在装甲夹层间设置高速滑动的装甲块或聚能切割器，以它来侧向撞击入射侵彻的穿甲弹杆，使之被切断或变形。滑动块可以是一块，也可以是两块，甚至是多块。有的双向滑动块使用先进的陶瓷活动板或高强度装甲板，在导轨上迅速滑动，然后滑回原位，作用时间只有百分之几秒。当被穿甲弹击中时，外层钢板先使弹芯速度减慢，待弹芯碰到中间陶瓷活动板时，陶瓷板左右来回滑动，使弹芯运动方向发生改变，甚至可把弹芯剪成3段，受到损伤的弹芯动能急剧减小，残存的功能很快就被内层钢装甲板吸收。这种装甲可以防御贫铀弹攻击。滑动装甲的关键技术是迅速取得装置的起动信号和高速的推动力。弹丸撞击起爆，以导爆索传爆，引爆推动装置是一种比较简单而实用的方案。

3）灵敏装甲

灵敏装甲，融合当代的高新技术，更新了装甲防护的概念。从本质上讲，灵敏装甲还是一种被动式装甲，但和传统的被动式装甲有着本质的区别。灵敏装甲在受到弹药攻击时，通过传感器－控制器－微动力干扰装置共同协作，能动地改变弹丸或射流的运动方向。更先进的灵敏装甲还可以通过反馈系统进行自封和自愈修复。灵敏装甲的关键技术是传感器和微动力装置。一般认为，穿甲弹的着靶速度在 1 000 ~ 2 000 m/s 范围，要求传感器的反应时间至少提前 0.01 s，弹丸着靶时，在装甲材料内的弹性波传播速度高达 1 300 m/s，使用快速响应的传感器和灵敏的微动力干扰装置还有足够的时间对侵彻弹丸的威胁做出响应。例如，用压电陶瓷、形状记忆合金和陶瓷电致伸缩材料，可以制成微动力装置，其微型化和超常的作用力取得了重大进展。也有人在复合装甲层中预制出多个微型气泡，安装微型冲击波发生器，射流到达时，同时起动微型冲击波发生器，可以定向干扰射流。

8.2.3　装甲防护配置与选型

1. 装甲防护配置原则

在尽量减小装甲车辆质量前提下，配置各部分装甲来提高防护力的一些基本原则。

① 在不同部位采用不同的装甲材料。前装甲、侧装甲和炮塔应优先采用较好的或经过特殊处理因而 K 值较高的材料。顶板，特别是底板，可以用稍差一些的材料。

② 对不同方位采用不同厚度的装甲。对容易受到攻击而且重要的方面，装甲要厚些；而不易受到敌人攻击的较次要方面，可以薄些。

③ 重要部位的装甲尽量倾斜设置。现代坦克前装甲对水平面的倾斜角都小于 45°，通常在 30° 左右。S 型坦克前上装甲为 11° ~ 12°，前下装甲约为 17°。有的坦克还使向前方的车体、炮塔装甲同时也向两侧倾斜，这也可以增加对最重要方位的防护能力。

④ 装甲的上、下部位中弹机会是不同的。车体的前、后装甲可以采用上厚而较斜，下薄而较直的不同甲板。车体侧面的上、下部分侧装甲也可采取不同的厚度。对于基本垂直的侧装甲板，由于轧制甲板是等厚度的，可以使底甲板向上弯起，代替侧装甲的下部分，可以较合理地分配防护能力和减小质量。铸造装甲无论是厚度、倾斜角还是形状，都可以合理过渡。

⑤ 随防护的重要性决定了装甲的配置。偏重保护乘员和战斗部分空间，而减少动力传动部分空间的保护。

⑥ 尽量避免在前、侧方向装甲上开设门、窗、洞、孔，也不应具有使弹丸容易卡住或妨碍跳弹的不必要的突出物。

⑦ 经常必须开启的窗和门应考虑适当的防护措施。

2. 结构装甲

车体与炮塔制造要使用结构装甲，结构装甲的主要类型与性能如下。

1）屏蔽装甲

屏蔽装甲是最早应用的结构装甲。在车体侧面挂装裙板和炮塔安装各种护栏，这些都是为了提前引爆聚能装药战斗部，使破甲弹形成大炸高的失稳射流。另外，栅栏式屏蔽装甲以夹击方式破坏破甲弹药形罩，使其不能形成射流。苏联的 T-72 坦克侧屏蔽装甲是一种独特的方案。它使用铰接式弹簧使橡胶屏蔽板张开一定角度的鱼鳃结构，这样就加大了对前方来袭弹药的屏蔽距离和对车体的屏蔽面积。屏蔽装甲也完全可以用复合装甲、爆炸式反应装甲和动态物理响应式装甲等特种装甲做成,这样就起到了叠加的双重防护效果,如图 8.8 所示。

图 8.8 屏蔽装甲

2) 异形装甲

这种装甲通过改变装甲的外形来获得良好的防护效果。对于合金钢穿甲弹头,直射法线角为 65°时就可能跳弹;对于钨合金杆式尾翼稳定脱壳穿甲弹,在法线角大于 70°以后也能见效。这种倾斜布置的装甲使得弹丸受到不对称的阻力作用,容易使弹丸偏转、折断或跳弹。因此,装甲车辆的正面装甲都是倾斜布置的,而铸造炮塔都做成弧形结构,如图 8.9 所示。苏联的 BMΠ-1 步兵战车的正面发动机盖板装甲是锯齿形的铝装

图 8.9 异形装甲

甲,利用外形的变化在弹道方向上局部增加了装甲的厚度,提高了防弹性能,相应减小了质量。T-72 坦克首上装甲有数条平行焊接的筋条,这也是一种改变弹丸角度的附加结构。当主装甲不能改变角度时,就利用附加的异形装甲来提高抗弹性能。美国的 XM8 轻型坦克动力舱两侧试装价格低廉的网形装甲是另一种异形装甲结构。以色列研制的附加装甲(EAAK)可以使垂直布置的主装甲得到抗弹强化,这种附加装甲结构是由侧向放置的"人"字形双层响应装甲板结构组成的,提高了抗穿甲和破甲的综合性能。

装甲外形的变化是一种结构装甲,内部结构的变化也是一种结构装甲。尤其是火力的不断更新和发展,装甲也必须变化和提高。因此,新一代装甲车辆广泛采用可拆式组合结构装甲。美国、英国、德国采用改变装甲内外壁之间的夹层材料和结构,组装成新的组合装甲。焊接材料不再是传统的不锈钢焊条,而是一种容易切割的铁素体焊条。采用这样的构造,虽然基体装甲不能更换,但是可以更换损坏的复合夹层,更新复合材料。通过这种办法,在海湾战争中,美国把贫铀装甲换装在 M1A1 坦克上,成为 M1A1HA 重装甲坦克,抗弹性能立刻提高到 2 000 m 距离上,防穿甲 600 mm 钢装甲的水平。结构装甲在结构和组合上采用新的合成技术。

防护装甲主要由车体和炮塔两部分组成。这两部分装甲的总质量和每部分质量,对于不同车型来说差别较大。

3. 车体

车体的装甲质量约占整车质量的 1/3 左右。经测算:车高每降低 100 mm,车重就可减

少 500 kg；而车长每缩短 100 mm，车重能减少 200 kg。目前，车体有两种成型方法：一种是以色列采用的整体铸造成型；另一种是多数国家采用的由多块装甲板焊接成型。

车体的防护功能，就是抵御各种反坦克弹药和方法的攻击，保护车内设备及人员。

车体主要由车首、两侧、后部、顶部、底部等几部分装甲，按盒形结构分别与相邻装甲焊接而成。焊接后车体通常包括驾驶室、战斗室、动力传动室等，如图 8.10 所示。车首装甲，一般采用上、下两块倾斜的均质装甲及复合装甲板安装焊接而成。轻型车辆主装甲板为 10～12 mm，中型车辆为 20～80 mm，重型车辆约 100 mm 以上。上装甲板倾斜角 30°左右，下装甲板倾斜角 35°左右。侧装甲由左右侧装甲板、护板、翼子板和屏蔽裙板组成。轻型车

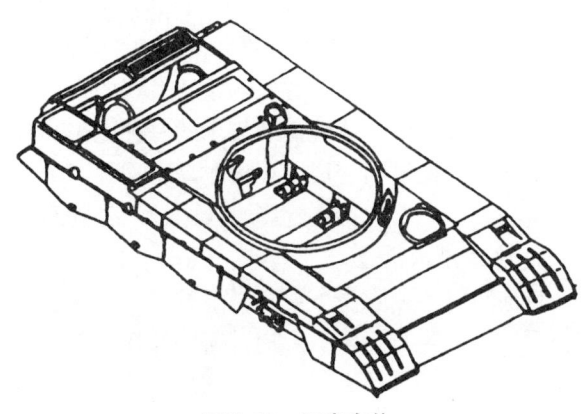

图 8.10 坦克车体

辆侧装甲板约为 8 mm，中型车辆为 10～40 mm，重型车辆约为 50 mm 以上。轻型车辆后部装甲板约为 8 mm，中型车辆为 10～20 mm，重型车辆约为 50 mm。底部装甲，由多块钢板焊接而成。轻型车辆底部装甲板约为 5 mm 以下，中型车辆约为 10 mm，重型车辆约为 20 mm。轻型车辆顶部装甲板约为 8 mm，中型车辆为 10～20 mm，重型车辆约为 50 mm。

4. 炮塔

炮塔位于车体中部，通过炮塔座圈与车体相连。它可以相对车体进行圆周转动。炮塔由于结构、装甲型式的差别而使其重量差异较大。

一般采用装甲钢板焊接结构来优化设计炮塔外形。充分利用倾斜装甲，可以提高防护能力。倾斜为 60°的装甲，不仅使弹丸的穿透距离增加了一倍（假设弹丸沿水平线击中），而且还有可能引起跳弹。设计人员的目标是使炮塔装甲尽可能地倾斜。提高装甲防弹能力，对轻装甲防护，适用于一般防护要求的轻型装甲车辆配置，通常要求炮塔正面装甲可防 12.7 mm 穿甲弹，侧面和后面装甲可防 7.62 mm 穿甲弹，顶装甲可防炮弹碎片。对中型装甲防护，适于防护要求较高的装甲车辆配置，一般要求炮塔前装甲可防 25 mm 穿甲弹，侧面和后面装甲可防 12.7 mm 穿甲弹，顶装甲可防炮弹碎片。特别是复合装甲的应用，既可减小炮塔的质量，又可大大提高炮塔整体的防护性能。

8.3 隐身防护系统的配置与选型

8.3.1 隐身技术

装甲车辆作为现代战争地面战场的主要突击兵器，是陆军战斗力的象征。但是随着无线电探测技术和探测手段的发展，以及其他非可见光探测技术和各种反伪装技术的逐渐完善和应用，原有的各种机械式伪装方法已基本上丧失效能，特别是 20 世纪 70 年代以来，随着导弹技术水平的发展和先进反坦克武装直升机的发展，传统的装甲车辆的生存受到严峻的挑

战。因此，国外发达国家对装甲车辆用隐身技术的研究和发展给予了高度的重视。

1. 隐身与隐身技术

军事学中的隐身，是指控制目标的可观测性或控制目标特征信号的技巧和技术的结合。

隐身技术，也称隐形技术，准确的术语应该是"低可探测技术"或"目标特征控制技术"，是指通过研究利用各种不同的技术手段来改变己方武器装备等目标的可探测性信息特征，最大限度地降低被对方探测系统发现的概率，使敌方探测系统不易发现或发现距离缩短的技术。隐身技术是传统伪装技术的一种应用和延伸，它的出现，使伪装技术由防御性走向了进攻，由消极被动变成了积极主动，增强了部队的生存能力，提高了对敌人的威胁力。

隐身技术主要包括雷达隐身技术、红外隐身技术、可见光隐身技术和声波隐身技术等。

2. 隐身技术措施

目前装甲车辆隐身主要从隐身材料、隐身结构、车辆外形总体隐身设计三个相关层面解决装甲车辆的隐身问题。发达国家已经在涵盖材料、结构、外形设计的装甲车辆总体隐身技术领域取得了关键性突破，采取的隐身技术途径有：采用多频谱隐身涂料或隐身器材；尽可能地改善装甲车辆的隐身结构形体；根据装甲车辆的目标特征信号及重点特征信号区域，改进现有结构材料的设计，有效抑制各种特征信号。

1）减小车辆的外形尺寸

降低车辆的车高和炮塔尺寸，以减小暴露给敌人的目标面积，缩小被敌人探测器发现的距离。由于传统的可旋转炮塔体积较大且位置较高，坦克被击中时，炮塔被击中的概率高达60%以上，故各国发展的新一代坦克开始考虑采用无炮塔结构。采用顶置式火炮的坦克，其车体以上部分的投影面积比传统的炮塔坦克减少一半以上。但是，在坦克传统结构形式下，要想使主战坦克的尺寸有较大幅度缩小是不可能的。只有突破坦克的传统结构形式，提出新的总体方案，才可能解决问题。如美国首先提出了先进整体式推进系统的研制规划。这种推进系统是将发动机、传动装置及其他辅助系统设计和制成成一个整体，同时又满足原有推进系统的各种要求。采用该推进系统的主战坦克与采用普通推进系统的主战坦克相比，车长将缩短 1.5 m 以上，质量下降 4~5 t。可见，小型化是坦克的一个发展方向，也是隐身技术综合的需要。

2）降低车辆的红外辐射

车辆的红外辐射是其被红外探测器发现并被红外制导武器摧毁的根源，因而，降低车辆的红外辐射对提高车辆生存力具有重要作用。车辆自身的红外辐射主要是在 8~14 μm 波段，来源于发动机及其排出的废气、射击时的炮管、履带与地面摩擦以及受阳光照射而产生的热。减少其红外辐射的主要技术措施有：在车辆上安装效率高、热损耗小的发动机，如绝热陶瓷发动机；改进发动机燃烧室结构，减少排气中的红外辐射成分；在燃油中加入添加剂，使排气的红外频谱大部分处于大气窗口之外；改进通风和冷却系统，降低车辆温度；降低发动机排气的温度，在排气管附加挡板，以改变红外辐射方向；在炮管上安装具有良好隔热作用的套筒等。合理布置发动机排烟口，或对排烟道进行冷却；降低排气温度，或在行动部分外侧挂装裙板，以减少热点数量及热辐射强度，从而降低红外特征。通过降低装甲战斗车辆的信号特征，可以缩小灵巧反坦克导弹或弹药导引头上侦察传感器对战车的侦察范围。动力舱的顶部装甲板是主要的组外能量发射源，使装甲战车容易受到热寻的攻顶武器的攻击。乌克兰哈尔科夫莫罗佐夫机械制造设计局用来减少动力舱红外输出的计划包括：在动力舱顶部装甲板上安装绝热材料;用冷空气给动力舱通风。

3) 减小噪声

车辆,尤其是履带车辆,噪声主要来源于发动机、悬挂系统和履带板,其波幅大、频率低、传播距离较远,并能绕过山丘或障碍物传播,易被声波传感器探测到。减小噪声的主要技术措施有:采用低噪声发动机;结构设计引入隔声、消声材料或装置;采用挂胶负重轮和装橡胶垫的履带等。

4) 利用复合材料制造车体和炮塔

复合材料不仅密度小、强度高、防弹性能好,而且目标特征信号弱,是制造车体和炮塔的理想材料。复合材料的隐身作用有:对雷达波的反射比金属弱,并可吸收部分雷达波;可塑性好,可制成最佳隐身结构外形;隔热性好,可减弱坦克的热辐射;有消声作用。美国研制的由高强度的 S-2 型玻璃纤维和强化聚酯树脂模压而成的复合材料,其外部又镶嵌了高硬度的陶瓷材料,以提高防弹能力,其不仅密度小、强度高、防弹性好,而且目标特征信号弱,可用于制造炮塔和车体。M2"布雷德利"步兵战车采用复合材料以后,其车内噪声可以比原来减小 5~10 dB。

5) 应用隐身涂层

在车辆表面涂上特殊的涂层,尽量降低车辆自身的辐射能量,使车辆外形轮廓变得模糊,达到减少和消除车辆目标信息的目的。吸波涂层主要有以下几种:第一种是吸收雷达波的涂层;第二种是热红外隐身涂层;第三种是激光隐身涂层;第四种是全波谱隐身涂层。在未来战场上,装甲车辆可能同时面临雷达、可见光、红外和激光多波段威胁,单一波长的隐身涂层已不能满足需要。因此,许多国家都在研制双波段、三波段乃至多波段隐身涂层。

3. 隐身材料

1) 宽频带吸波材料

目前隐身吸波材料中多使用磁性吸波剂,这种吸收剂存在吸收频带窄、密度大、不易维护的缺点。各国竞相开发各种新型吸波剂,如美国开发的席夫碱基盐类吸收剂,在受到雷达波照射时,其分子结构会轻微而短暂地重新排列,从而吸收电磁能量,使雷达波衰减 80%,而且质量只有铁氧体材料的 10%;欧洲推出的多晶铁纤维吸收剂,是一种磁性雷达波吸收剂,质量较一般的雷达吸收涂层小 40%~60%,可在很宽的频带内保持高吸收率,实现了雷达吸收材料薄、轻、宽频带的目标。这类隐身材料可用于坦克火力用弹箭或导弹的隐身。

2) 高分子隐身材料

高分子隐身材料研制周期短、投资少、成本低、效益大,极具发展潜力。其中的结构导电聚合物品种多、密度低、物理化学性能独特,可发展成为一种新型的轻质、宽带微波吸收材料。高分子的光功能材料能够透射、吸收、转换光线,以及在光的作用下可以变色,它们将在未来武器装备红外和可见光隐身中大显身手。

3) 纳米隐身材料

当材料的尺寸达到纳米级时,会出现小尺寸效应、量子效应、隧道效应、表面和界面效应,从而呈现出奇特的电、磁、光、热特性,使一些纳米材料具有极好的吸波性。如纳米级的氧化铝、碳化硅材料可以宽频带吸收红外光;某些纳米金属粉对于雷达波不仅不反射,反而具有很强的吸收能力。美国研制出的"超黑粉"纳米吸波材料,对雷达波的吸收率高达 99%,可用这些纳米隐身材料制成吸波薄膜、涂层或复合材料,用于武器装备隐身。

4）结构吸波材料

吸波性能优良的结构材料主要有层板型、蜂窝型与复合型，一般以树脂基体（如环氧树脂）与吸波剂混合，并用玻璃纤维、碳纤维、芳纶纤维、碳化硅纤维进行增强而成。新研制的结构型吸波材料不仅对雷达波、红外线有很高的吸收率，而且具有较好的承载能力，容易维护，发展潜力很大。采用碳纤维增强的复合材料结构吸波材料作为武器系统的主承力结构，不仅具有良好的透波、吸波性能，而且强度高、韧性大、质量小，可使武器减少自重、增强机动性能。

8.3.2　隐身防护的类型与特点

1. 可见光隐身防护

可见光隐身防护，就是减小目标与背景在可见光波段的散射或辐射特性上的差别，以隐蔽真实目标或降低目标的可探测性特征，为欺骗对方所采取的各种隐蔽措施。可见光隐身防护实质上可以看成视觉伪装，是通过覆盖物来使伪装者融入或非常接近周围环境，用于欺骗敌方肉眼的侦察，包括迷彩伪装、植物伪装、人工遮障伪装等。

1）迷彩伪装

目前世界各国的装甲车辆均在表面涂敷了迷彩。试验证明，用微光夜视仪观察 1 000 m 处坦克的发现概率，无迷彩时为 77.5%，有迷彩时只有 33%。现代迷彩兼有吸波作用，不仅可降低车辆的目视发现概率，还可减弱车辆的红外辐射，并且可随时更换，以适应复杂多变的作战环境。不同使用环境，需要涂敷不同迷彩，如沙漠作战用车辆就涂敷像沙丘样的迷彩，一般在丛林和草原、田野等绿色环境作战用车辆就涂敷绿色迷彩（图 8.11），海军陆战队用车辆就涂敷蓝白色的迷彩。

2）挂伪装网

植物伪装，是利用周围环境中的植物进行伪装。人工遮障伪装，是通过人工模拟周围环境，形成遮挡进行伪装。往往植物伪装与人工遮障伪装结合使用。伪装网，可以是本身就是模拟周围环境，也可以是通过安插附件（如树枝）模拟周围环境。挂伪装网属临时性伪装，也可以取得较好的伪装效果，不但可以使对方看不清车辆的外形，还能遮蔽处于窗口的 $0.3 \sim 1.1\ \mu m$、$3 \sim 5\ \mu m$ 和 $8 \sim 14\ \mu m$ 的红外辐射波，如图 8.12 所示。传统的伪装网基本上只适用于固定不动的静止车辆，对于运动中的装甲车辆，只能用变形迷彩来伪装。目前新研制的伪装网使用范围已扩展至行进的车辆上。例如瑞典"萨博"公司制造的"移动性伪装系统"（MCS），可以明显地减小装甲车辆被发现的可能性。但是伪装网容易被树枝等障碍物刮破，其作用将受到很大影响。

图 8.11　迷彩伪装　　　　图 8.12　挂网伪装

2. 红外隐身防护

红外隐身技术主要采用隔热、降温、目标热惯量控制等技术手段，显著降低目标表面温度和红外辐射强度，大大减小了目标与背景红外辐射特征的差异，是实现目标的红外隐身最有效的途径之一。对坦克装甲车辆而言，发动机特别是排气系统的高温辐射是其在红外波段的主要暴露特征，为将高温效应降到最低，世界各军事强国在其地面武器装备上均不同程度地使用了红外隐身结构技术。

1) 动力装置结构隐身

红外辐射具有明显的可探测特征，热成像装置能探测周围与车辆的温差，其红外线（其波段探测范围为 $3\sim5\ \mu m$ 和 $8\sim14\ \mu m$）随着车辆温度和辐射能量的变化而变化，因此，要合理改进装甲车辆动力装置结构，降低红外信号，从而使红外探测系统难以发现，达到隐身的目的。

(1) 采用隐身动力舱

装甲车辆的最大红外辐射源主要是发动机及其排气系统排放的废气。因此，要降低车辆红外信号，主要是要减少发动机及其排放废气的红外辐射。为解决发动机辐射问题，可以在车辆上安装效率高、热损耗小的发动机，如绝热陶瓷发动机，一方面可提高发动机的效率，另一方面也可降低装甲车辆的红外辐射特征；改进发动机燃烧室结构，减少排气中的红外辐射成分；改进通风和冷却系统，降低坦克温度；采用双层结构的发动机，空气在中间循环，对车体起到冷却作用。另外，针对动力舱上部的热辐射问题，可以采用保温材料将动力舱罩住，将空气送入其中，用于吸收热量，这种方法对热源跟踪式炮弹的探寻器具有一定的遮蔽效果。

(2) 合理布置发动机排气管

为减小废气给车辆带来的影响，一般发动机的排气口都设置在后部，并且装有消音器，炽热的发动机废气在进入消音器之前，先被吸入的外界凉空气冷却，然后才经消音器排出车外。

(3) 降低排气的红外辐射特征

纯净的热空气本身并不会被热像仪探测到，当其中带有粉尘或有热辐射物存在时，热像仪中就会形成图像。柴油机的废气中含有大量杂质，容易被热像仪探测到。同时，行驶车辆扬起的粉尘被排气加热后落到地面，可使车辆的运行轨迹在热成像仪中更加明显，因此，应尽量减少排气中的杂质，降低排气的红外辐射特征。采用新型的雾化喷嘴，改善燃料的雾化状态，提高发动机的燃烧效率，提高燃油的燃尽率，一方面提高了发动机功率，另一方面降低排气中的碳粒浓度等，降低排气红外辐射。在燃料中加入可提高燃烧效率的添加剂，使排气的红外频谱大部分处于大气窗口之外，改变排出气体的红外频谱分布，避开探测器的响应频谱。在排气管上附加挡板以改变红外辐射方向，降低发动机排气温度。另外，一种新的混流降温措施将发动机冷却空气掺入发动机废气中，以此来降低排放气体的温度。

2) 应用对抗红外探测的隐形材料

对抗被动红外探测的隐形材料有聚苯乙烯和聚氨酯泡沫塑料。这种泡沫塑料质量小，使用方便，隔热性能优良，而且易于着色。将泡沫塑料喷涂、刷涂或胶粘到车体表面，可使车体表面与背景的热辐射特性接近甚至一致。这种材料的隔热效果随其厚薄而变化，因此可根据各部位温度高低的不同而涂敷不同的厚度，在一般情况下为 $1\sim4\ mm$。

3) 装甲车辆对热成像的红外隐身技术

红外辐射是装甲车辆被红外探测器发现并被红外制导武器摧毁的根源，因此，减少热信号对于确保装甲车辆生存具有重要作用。可采用下述几种主要措施减少红外辐射。

(1) 改变目标红外辐射特性

大部分红外线探测器的工作波段都集中在大气窗口波段内，在大气窗口之外，大气对红外线辐射几乎是不透明的。通过改变己方的红外线辐射波段到对方的红外线探测器波段之外，使对方的红外线探测器探测不到己方的红外线辐射，该技术称为改变红外线辐射波段技术。对装甲车辆，可在燃油中加入能够提高燃烧效率的添加剂，改变排出气体的红外光谱分布，使排气的红外频谱大部分处于大气窗口之外。模拟背景的红外线辐射背景特征技术，适用于常温坦克装甲车辆。对高温目标，首先应使其变成常温目标，通过改变装甲车辆的红外辐射分布状态，使目标与背景的红外线辐射相协调，使装甲车辆的红外线图像成为背景红外线辐射图像的一部分，有效降低敌方探测系统发现目标的概率。通过改变目标各部分红外线辐射的相对值和相对位置来改变目标易被红外线成像系统所识别的特定红外线图像特征，从而使敌方难以识别，该技术称为红外线辐射变形技术，目前主要采用的是涂料。车辆等车体的面积大，但车体的温度并不高，可在车体表面涂覆特殊红外隐身涂料，以降低红外辐射，达到隐身的目的。

(2) 抑制目标的红外线辐射强度

降低目标红外线辐射强度也就是降低目标与背景的热对比度，使敌方红外线探测器接收不到足够的能量，减小目标被发现识别和跟踪的概率。热成像系统是利用目标与背景的温度差别来识别目标，降低热源的温度可有效减少被发现的概率。由斯蒂芬-玻尔兹曼定律可以知道，目标辐射能量密度与其表面温度的四次方成正比，有效地降低目标的表面温度，会收到较好的隐身效果。抑制发动机和其他高温金属部件的红外辐射，可采用绝热复合柴油机，隔热程度可达到45%~65%；或使用热效率高的燃气轮机，可有效地降低装甲车等车辆上的金属零件的温度。采用对抗红外探测的隐身材料，降低装甲车辆的红外辐射率，减小与背景的对比度。

(3) 调节红外线辐射的传输过程

在结构上改变红外线辐射的方向、调节红外线辐射的传输过程，是指通过特定的结构部件，在传输过程中改变红外线辐射的辐射方向和辐射特征。抑制发动机排气口温度，可采用将装甲车等车辆的发动机废气导入发动机冷却空气排放口，或改变排气口的位置和形状，在排气管表面涂覆金属氧化物和非金属涂料，在排气管上附加挡板等方法来实现。

3. 雷达隐身防护

雷达隐身技术是采取多种措施降低目标对雷达电磁波的反射特性，使雷达接收到的目标回波信号能量大幅度减小，雷达对目标的探测距离大大缩短的技术。试验证明，通过多种减弱雷达信号的办法，坦克装甲车辆的雷达信号可减少90%~99%。

1) 采用新的外形设计

通过减小装甲车辆的外形尺寸和炮塔尺寸，降低车高，可以减小暴露给敌人的目标面积，从而缩小被敌人探测器发现的距离，以此来实现雷达隐身。但是，在装甲车辆传统结构形式下，要使装甲车辆的尺寸有较大幅度缩小是非常困难的。只有突破装甲车辆的传统结构形式，提出新的总体方案才可能解决问题。

2）使用吸波材料

隐身外形设计只能散射30%左右的雷达波，要进一步提高雷达隐身效果，应在装甲车辆的设计制造中使用吸波材料。目前国外广泛应用的吸波材料主要有铁氧体、石墨和炭黑等。使用吸波材料可显著提高装甲车辆的雷达隐身效果。美国研制出的"超黑粉"纳米吸波材料对雷达波的吸收率高达99%。正在开发的吸波材料有视黄基席夫碱盐、含氰酸盐、晶须和导电聚苯胺透明吸波材料、新型吸波塑料、等离子体吸波涂料等涂层型吸波材料。

4. 声波隐身防护

装甲车辆在运动中发出的噪声不仅强，而且波幅大、频率低、传播声较远，并可绕过山丘或障碍物传播，非常容易被对方的传感器探测到。研究表明，声级降低6 dB，可使侦听距离缩小1/2，所以降低装甲车辆的噪声对坦克装甲车辆的隐身具有非常重要的意义。

（1）采用噪声小的发动机

燃气轮机的体积小、噪声低，可以在 $-18 \sim 50$ ℃之间的环境下正常工作。

（2）采用先进的隔声、消声结构设计

结构设计采用先进的隔声、消声技术，如车体采用复合材料后，车内的噪声比原来降低5~10 dB。

（3）采用挂胶负重轮和装橡胶衬垫履带

采用挂胶负重轮和装橡胶衬垫履带固然能减小装甲车辆的噪声，但是随着与其他零件的摩擦，这些橡胶元件的温度会升高，从而成为重要的红外辐射源。

5. 多频谱隐身防护

目前，从总体上说，装甲车辆没有进行雷达隐身设计，即使有的涂装了隐身涂料，使得装甲车辆有一定的隐身性能，但是远远不能满足未来战场的需求。

新一代装甲车辆的隐身需求主要在光、电、热信号特征降低幅度方面。防毫米波制导、防厘米波侦察及光学、红外成像，并有针对性实现激光隐身防护，在主要威胁角上的辐射（散射）强度减缩至与背景相一致。

装甲车辆的外形尺寸在5 m以上，结构复杂，强散射源和热辐射源分布在各威胁角内。车体四周大平面、上装部位的车长镜、车长门、动力舱、炮塔等部位形成的腔体、二面角和多面体，在电磁波威胁范围内均为强散射（辐射）源，目标特征显著，形成的RCS（LCS）峰值及车体表面的高红外辐射强度，是光电探测系统发现并识别目标的主要特征信号。隐身材料是实现峰值抑制和改变红外辐射强度空间分布的有效技术途径。

国外隐身材料技术的先进性体现在多电磁波传输路径下的特殊功能结构设计和新型功能填料技术，通过单一频段下隐身性能的有效性和多频段下隐身性能的匹配性来实现宽频隐身功能，形成系列隐身材料产品和成套应用设计方法。

应用低红外发射率材料，将装备上的辐射传热通过反射来降低外表面温度，形成低的目标辐射特征信号与背景融合。

对于装备在作战状态由发热部位、灰尘、泥土和开火时的气浪形成的热辐射区域，采用低发射率涂层技术已达不到隐身效果，必须通过外形结构改进和隐身材料的综合应用，抑制目标在动态下的辐射强度。如采用橡胶裙板遮蔽负重轮、改变排烟管位置和实施冷却技术等。

6. 纤维复合材料结构隐身防护

复合材料技术是一项使隐身车辆成为现实的最有前途的新技术。高强纤维增强的复合材料既可提高车辆的防护能力，又可赋予车辆一定的隐身能力。纤维增强复合材料本身不仅具有良好的吸收雷达波能力，还因它有良好的隔热性，起到改变目标热特征的作用，有良好的减震降噪性能，起到改变目标声特征的作用等。同时，复合材料可以按照设计要求加工成所需的外形，避免常规坦克用厚钢板制造而形成的尖锐棱角，可避免雷达探测。

按照制造工艺的不同，这类复合材料可分为混杂增强、自动多向编织和夹层缠绕技术。它们都能使吸波复合材料具有更多遍布基体的导电网状纤维，并且使它含有的纤维量能按设计要求的特定角度铺叠、排布和取向。

装甲车辆隐身除了对付探测器的工作波段，还必须考虑作战目标和背景的融合。例如一种新型多频谱的伪装隐身网，基体材料由聚酯纤维编织而成，其中含有一定数量的金属纤维，基体材料表面涂有防火涂料、雷达吸波涂料和低反射率的红外涂料，它可以保证在产生部分反射时，其能量曲线不中断，使目标的信号特征和环境保持一致。网上开有小孔，当伪装隐身网工作时，能产生最佳热交换，红外探测器即使能得到热成像，也无法区别所隐蔽的目标和背景。一种新型防紫外线隐身材料，能使车辆在积雪覆盖的地带、沙漠、森林地带多种地形条件下的隐身能力优于以前的同类材料。

7. 隐身防护总体设计

外形设计是减少视信号特征的重要措施，尽可能减弱装甲车辆受威胁主要方向上的电磁散射强度，并使允许的观测角度尽量宽是外形设计的主要要求。例如，采用半无顶短舱结构、顶置火炮坦克、单人坦克等。

在诸多探测技术和精确制导武器中，红外/热成像技术将是装甲车辆生存的致命威胁。为了提高未来装甲车辆的生存力，北约组织20世纪80年代大力研究红外/热特性反监测技术，1991年年底，北约军事委员会公布了"未来主战坦克红外/热特性反监测要求"的标准化协议（STAN-AG4319），该协议旨在使限制未来主战坦克被动反监测、伪装和隐蔽等项红外/热特性技术规范化，提出了反监测的设计目标是将未来主战坦克与其局部背景的热特性差异降到最低限度，并制定了以下设计指南：

①发动机排气和冷却空气出口不得使气流指向可见表面或地面，只能指向后方而又不能直指地面，以防扬尘。从车辆前方沿纵轴线观察应不可见。

②发动机设计应使排气中粒子杂质含量最低，以减小其热辐射。

③垂直面及与垂直面成小角度平面的发射率应足够低，以使车辆热点视在温度降到最低。

④内部热耗散较低，朝向天空水平表面的应具有较高的发射率，以防止天空辐射（通常冷于背景）反射给威胁性传感器。

⑤使用红外表面涂层或反射技术等方法降低热点视在温度。

⑥避免车辆自身产生高热对比度，如，冷空气入口不应接近热排气口，避免热容失配区等。

⑦避免大面积均匀视在温差分布，应利用热导和热发射率差异形成破碎视在温度表面。

⑧应将导向和悬挂部件的热特性降到最低限度，并避免可能从前方和侧面暴露，可使用导向侧缘提供热屏蔽（同时提供装甲防护）。

⑨使车辆行驶留下的地面热迹降到最低限度。

⑩必要时设计伪装器材。

据报道，美国陆军坦克-机动车辆司令部研究、发展与工程中心（TARDEC）提出发展2010—2015年主战坦克的计划。新型坦克将大量采用先进的复合材料和多种隐身技术以及总体设计，车体质量可减小1/3，坦克全重40～50 t，乘员由目前的4人减到2～3人，采用雷达吸波材料涂层、新车体或者车体的主要部分将重新设计，并可能采用轻质复合材料、采用复合材料底盘、较小的乘员室、先进的信号特征管理、命中回避和自动目标伺服等，这些都将大大提高坦克的生存能力。

未来装甲车辆总的热特性和局部热点均降至最低限度，最终实现非常接近未来红外/热谱探测器发现目标的最大视在温差，达到隐身的目的。

8.4 "三防"装置的配置与选型

8.4.1 "三防"概念

装甲车辆"三防"装置，是指防御核武器、生物武器、化学武器的攻击，保护车内乘员不受伤害、机件不受损坏，提高车辆战场生存能力，以及保持乘员战斗能力的一套防护装置。它是现代装甲车辆，尤其是主战坦克上必备的一套防护装置。除了车内集体防护措施之外，装置还包括乘员个人可以采用的防辐射背心、头盔、眼镜和滤毒罐等防护装备。

1. 对核武器的防护

在现代战争中，装甲车辆，尤其是主战坦克，极有可能遭到战术核武器的攻击。从核武器的危害程度来看，首先应具备防御冲击波和早期核辐射的能力。而对于防御光辐射和放射性沾染的方法与防生物武器、化学武器的措施是一致的，都是采用同一套密封、滤毒、通风系统。

1）防冲击波

（1）提高设计强度

加强车体与炮塔、炮塔与炮耳轴的连接与支撑强度，提高车外机件的可靠性。如行走系统、高射机枪、各种灯具及附件等。

（2）减少窗口、提高密封性

设计时应尽量减少门窗孔口，对必需的门窗应在冲击波到达前自动关闭，这样可减小冲击波压力80%～90%；无三防装置的坦克内仅能降低该值的30%左右，当车内压力小于25 kPa时，也不会击穿乘员的耳膜了。

（3）对传感器要求

安装在车上适宜地方，并且不受气候、烟雾、树木等干扰。应能采用强光或音响等方式报警，并能立即控制门窗关闭，保证车内密封。

2）防光辐射

由于光辐射半径比冲击波作用半径大，空气温度可达200～300 ℃，因此，在防护时乘员应迅速躲避；光学设备应安装防闪光装置或采用特殊的变色玻璃。

3）防放射性沾染

主战坦克在门窗关闭的情况下可减少车内污染80%以上，装甲人员输送车可减少约

50%，而汽车只能降低30%左右。另外，可采用车内清洗设备及清洗液防护，但这种防护措施在实施中存在许多困难，只适宜用作防护的补充手段。

4）装甲防御核武器的作用

装甲车辆的车体和炮塔装甲主体对核武器攻击具有一定的防护作用。实验表明，坦克是各种兵器中削弱早期核辐射较好的兵器。早期核辐射γ射线穿过各种物质时，辐射强度减弱至一半的厚度为：铅18 mm、铝70 mm、土壤140 mm，而装甲钢板为28 mm。

装甲防护核武器的能力有两个评价系数。一个称为防护系数K：它以车外剂量与车内剂量的比值来表示，即K = 车外剂量/车内剂量。K值越大，表明车内乘员受贯穿辐射的程度越小，乘员越安全。一般情况下，主战坦克K = 12~40，装甲车辆K = 2.0~3.5，在车辆的非主要部位K值较小。另一个称为穿透系数：e = 1/K。该值越小，表明车辆的防护能力越强。

2. 对化学武器的防护

化学武器包括神经性、全身中毒性、糜烂性、失能性、刺激性、窒息性毒剂等。常用气态速杀性毒剂，主要破坏人的中枢神经。这些毒剂多为无色无味，如含磷的沙林毒剂等。

防护措施通常采用毒剂自动报警器，在进气风扇上安装吸附式滤毒设备，以及和γ射线报警器共同控制的一套紧急关闭系统。毒剂报警器可分别对不同的毒剂报警。其中一种性能较好的报警器，可在浓度为0.005~0.05 μg/L时，3 s内报警。

3. 对生物武器的防护

生物武器所使用的细菌、立克次体、病毒，以及致毒力强、伤害途径多、传染力强、作用持久的真菌有十余种。通常利用昆虫或制成干粉、极细小颗粒进行撒布。

因生物战剂粒子都比化学战剂粒子体积大，所以防毒装置也可同时用于防护生物战剂武器（配备生物武器探测仪自动报警、紧急关闭系统、过滤设备）。由于装甲车辆在行进中不易发现敌方已经使用生物武器，因此，还需要地面防化、侦察、医疗部队的协同，以便能够及时采取防护动作。

8.4.2 "三防"装置的构成与配置

1. "三防"装置的构成与布置

三防装置具有在核武器、化学武器攻击时，自动进行检测报警、关闭门窗密封、显示车内超压数值、车内进气净化等功能；从电台或其他途径得到指令后，对生物武器进行密封防护的半自动集体防护功能。系统中还配有供下车或应急时使用的乘员个人防护器材。

核生化"三防"装置，一般采用集体"三防"方式。集体"三防"装置由报警机构、控制机构、关闭机构和过滤通风装置等组成，其工作原理如图8.13所示，其各部分在坦克车上的安装位置如图8.14所示。一般"三防"和灭火控制盒放在驾驶舱，三防和灭火报警信号通过电旋连至炮长操控面板，通过告警灯指示给炮长。探测器和抑爆控制盒安装在炮塔，抑爆灭火瓶放于底盘，通过电旋与抑爆控制盒相连，三防控制盒的风扇、毒剂报警和辐射报警信号线通过电旋与炮塔的排风扇关闭机和控制盒相连。

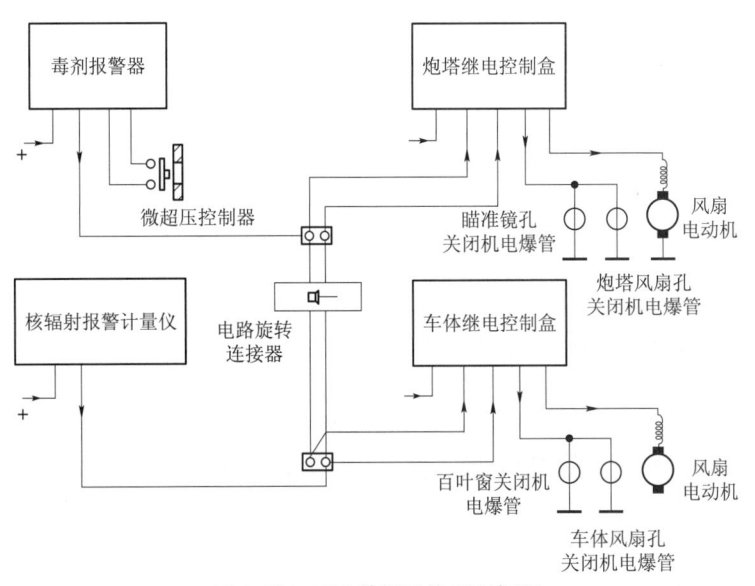

图 8.13 三防装置工作原理框图

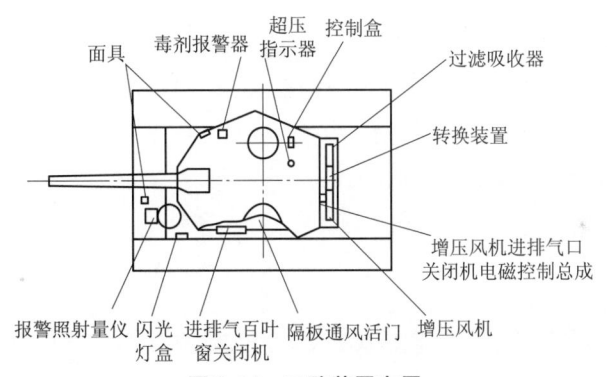

图 8.14 三防装置布置

2. 报警机构

报警机构，是用物理方法或电子技术，自动探测装甲车辆环境有关核武器、化学武器和生物武器特征信息，产生报警信号，提示相关人员采取对策，或者形成操作指令，以便自动控制系统实施动作。报警机构，主要包括射线报警器、毒剂报警器及闪光信号器等。

1）射线报警器

射线报警器一般安装在车辆内。核武器爆炸后，在冲击波到达之前，它能接收 γ 射线，自动发出灯光报警信号，同时输出电信号，使各关闭机动作，自动关闭观察孔和通风口，以减少、削弱冲击波、光辐射、早期核辐射和放射性沾染对乘员的杀伤。

2）毒剂报警器

毒剂报警器一般安装在炮塔右侧内壁上。其上部的进气口经一根特制的导气管与炮塔顶甲板上的进气口相连，利用电子捕获原理来检测毒剂。当污染空气由仪器的抽气泵经炮塔进气口、导气管和气路抽入检定器时，毒剂分子将使电流下降，电流下降的大小与空气中毒剂浓度成正比。在电流变化的同时,也将引起高电阻上电压的变化,这个电压信号经放大器放大后,可表示毒剂在空气中浓度的大小。当毒剂浓度达到一定值后,即可发出毒剂报警信号。报警灯可以发出 1.5~4.5 次/s 的黄色闪光,以便在战斗室向乘员显示核报警信号。同时,将报警信息传送给控制系统。仪器中还设有延时电路,用于接通电源后 60~90 s 内向反向器供电,以防止仪器受坦克电源接通瞬间和电起动发动机瞬间产生的电脉冲干扰而引起的错误报警。

3) 闪光信号器

闪光信号器一般安装在驾驶员前方车体倾斜甲板上,用于接收来自毒剂报警器的电信号,发出红色或黄色闪光报警信号。

3. 控制机构

控制机构由计算机和序列继电控制盒组成。车体继电控制盒安装在驾驶员前方倾斜装甲板上。它接收到毒剂报警器或射线报警器送来的信号后,继电器动作,使车体风扇停转,并自动关闭该风扇和进排气百叶窗的关闭机。炮塔继电控制盒吊装在二炮手前方炮塔顶甲板上。它接收到毒剂报警器或射线报警器送来的信号后,继电器动作,使炮塔风扇停转,并自动关闭该风扇和瞄准镜的关闭机。车长继电控制盒,装在车长门正后方,接收核子和化学报警信号、灭火系统中风扇控制信号,实现对各执行机构和增压风机的自动控制,建立起集体防护。

4. 关闭机构

它是三防装置的执行机构。关闭机构由炮塔(进气)风扇关闭机、车体(排气)风扇关闭机、瞄准镜孔关闭机和进排气百叶窗关闭机组成,用于关闭其窗孔,实现车体密封。具有自动、半自动与手动关闭及手动开启功能。

1) 风扇关闭机

车体风扇关闭机安装在车体风扇进风口,可以自动或手动关闭车体风扇进风口。炮塔风扇关闭机安装在炮塔风扇出风口,也可以自动或手动关闭炮塔风扇出风口。

手动开启关闭机的通风窗时,使挡板通风窗口与窗盖体通风口重合,将手柄锁住,这时关闭机为开启状态。当毒剂报警器或射线报警器进来的电信号引爆电爆管时,固定销轴被解脱,挡板在弹簧作用下顺时针旋转,窗盖体的通风口被挡板挡住为止,这时关闭机为关闭状态。电爆管每次引爆后,需及时更换新的电爆管。每引爆 5 次,应清洗电爆管室及其螺盖等。手动关闭风扇关闭机的通风窗时,只要拉出固定销拉环,使固定销轴解脱,挡板在弹簧作用下即可关闭通风口。

2) 瞄准镜孔关闭机

瞄准镜孔关闭机安装在炮塔左前方瞄准镜观察孔处,用来密封瞄准镜观察孔。

当毒剂报警器或射线报警器送来的电信号引爆电爆管时,固定销也可以从控制杆的环形槽内脱出,转轴活门在扭簧作用下转至关闭位置,关闭机呈关闭状态。

3) 进排气百叶窗关闭机

进排气百叶窗关闭机安装在左侧甲板内壁,它串接在百叶窗拉杆的中间,用来自动关闭进排气百叶窗。驾驶员手动开启百叶窗关闭机时,推操纵手柄向前,当固定销对正后拉杆的环形槽时,固定销卡入槽内,排气百叶窗完全开启。当毒剂报警器或射线报警器送来的电信号引爆电爆管时,固定销脱出环形槽,在弹簧作用下推动后拉杆,使进排气百叶窗关闭。手动关闭百叶窗关闭机时,用力拉固定销手柄,即可关闭进排气百叶窗。

5. 过滤通风装置

过滤通风装置由除尘增压风机、过滤吸收器、进气管关闭机构和排尘口关闭机构以及密封部件等组成。除尘增压风机,安装在二炮手后方车体侧甲板上,用来为战斗室提供不含灰尘的风量和建立超压。过滤吸收器安装在二炮手后方动力室车体底甲板上,其进口与除尘增压风机的出气口用连接管相接。用来过滤吸附毒剂、空气中的放射性尘埃或生物战剂,为战斗室提供洁净空气。进气管和排尘口关闭机构安装在除尘增压风机的进气管和排尘口的通道处,它们由安装在二炮手右侧体甲板上的手柄操纵,以开启或关闭进气口和排尘口。密封部件包括炮塔座圈密封带、防盾密封套、门窗密封胶圈、拉杆密封垫圈、发动机隔板密封垫和扭力轴密封垫圈等,用来密封车辆缝隙,以保证战斗室能够建立超压。

8.5 主动防护系统配置与选型

8.5.1 主动防护系统

1. 主动防护系统及其特点

现代战争中,装甲车辆面临来自各方面的威胁,其自身的装甲无法抵抗所有的打击,特别是各种反坦克导弹。如果采取主动措施,摧毁这些反坦克导弹,无疑对保护装甲车辆的安全、提高装甲车辆在战场上的生存力具有重要意义。

主动防护系统,是装甲车辆主动探测和识别敌方来袭弹药,并拦截、摧毁或迷惑敌方来袭弹药的自卫系统。主动防护系统,可分为主动(或硬杀伤)型和对抗(或软杀伤)型以及两种混合使用的综合型三种。主动(或硬杀伤)系统是一种近距离反导防御系统,在车辆周围的安全距离上构成一道主动火力圈,在敌方导弹或炮弹击中车辆前对其进行拦截和摧毁。对抗(或软杀伤)系统则是利用烟幕弹、干扰机、诱饵及降低特征信号等多种手段迷惑和欺骗来袭的敌方导弹。

主动防护与传统的爆炸反应装甲和复合装甲相比,具有以下优点:
①减小武器的体积和质量,降低了成本。
②采用新的毫米波雷达发射信号对动目标进行精确测距和测速。
③实现"半球形"防御,并且提出一种新设想,避免了毫米波雷达"盲区"。
④采用新型榴弹炮摧毁来袭导弹,极大地提高了摧毁概率。

必须承认,再完善的主动防护系统也无法为装甲车辆提供百分之百的防护。无论从战术层面还是从技术层面,主动防护系统都存在着不可忽视的弱点。比如,软杀伤主动防护系统只对某种制导类型的反坦克导弹有效,这就是其最大的弱点。硬杀伤主动防护系统探测跟踪目标、识别目标和攻击目标环节都存在弱点。

2. 主动防护的基本原理

根据防护机理的不同,主动防护系统分为软杀伤系统和硬杀伤系统。软杀伤系统主要是使反坦克导弹迷失方向,不能准确命中目标;硬杀伤系统则是在反装甲武器命中目标之前,就将其摧毁或减小其对装甲车辆的威胁。

1) 软杀伤主动防护系统

软杀伤主动防护系统以"干扰"和"伪装"为主要技术手段,来实现对自身的防护,采用的技术途径主要有探测告警和诱骗干扰。

(1) 探测告警

利用激光、红外或雷达探测系统探测战车面临的威胁并发出告警信号,战车乘员随之实施车辆机动或释放烟雾,以影响敌方观测系统,从而实现对自身的防护。20世纪60年代,红外探测器在坦克上得到了应用,它在敌方夜视仪红外搜寻光束的照射下会发出告警信号。而后,20世纪70年代研制出激光告警接收器,能对激光测距仪和目标指示器的脉冲光束做出响应。该系统和烟幕弹发射器配合使用,可以对激光驾束制导的反坦克导弹进行有效的干扰。近年来,又出现了各种形式的雷达探测系统,使其探测告警能力不断提高。各种探测系统各有特点,红外探测器可以探测到逼近目标的导弹在高速飞行时摩擦生热的弹体;紫外探测器可以探测到导弹发射的闪光和火箭发动机的火焰,抗干扰能办强;脉冲多普勒雷达可以探测较大范围的威胁,但容易暴露坦克位置而遭到攻击。

(2) 诱骗干扰

采用各种手段设置本车以外的假目标或干扰反坦克导弹的制导系统,使其偏离预定飞行轨迹,从而实现对自身的防护。从技术手段上,可以分成红外诱骗干扰和激光诱骗干扰两大类。红外诱骗干扰系统可对有线半自动制导反坦克导弹的红外跟踪器进行诱骗,还可以通过对导弹控制部输送错误信号来避免导弹的命中。激光诱骗机用于探测来自导弹的激光驾束,对导弹的探测头设定本车以外的错误目标。为此,必须用与导弹指示器相同的波带和脉冲频率来进行操作,实现起来并不容易。激光致盲器主要用于对敌反坦克导弹系统操作者或光电传感器进行致盲,以躲避导弹的命中。激光致盲器主要为对付激光驾束制导导弹研制的,但是在致乱有线半自动制导导弹的波束测向器方面也有可能性。

2) 硬杀伤主动防护系统

硬杀伤主动防护系统以主动方式探测并摧毁攻击弹药,不使其战斗部接触车体装甲爆炸。通常情况下,主动防护系统由三部分构成:有一个或多个传感器组成,能够探测威胁的探测系统;能够识别威胁并起动对抗措施的计算与数据处理装置的控制中心;能够摧毁或以其他方式使威胁失效的火力系统。

当探测系统探测到有弹药攻击车辆目标时,进行跟踪获取来袭弹药的攻击方向、速度等信息,并将此信息传送到控制中心,控制中心发送信号,使相应的发射装置进入准备状态。当来袭弹药进入拦截范围时,控制中心根据来袭弹的信息计算合适的发射时刻,并发送射击控制信号,使发射系统发射拦截弹。当拦截弹和来袭弹药交汇时,拦截弹爆炸形成大量高速破片毁伤来袭弹药。根据交汇情况的不同,拦截弹可以对来袭弹药造成不同程度的毁伤,当距离较近时,同时有大量高速破片命中来袭弹药,可导致其战斗部内炸药燃烧或爆炸、威力的降低或者改变角度。

3. 主动防护系统的工作过程

某截获反坦克导弹的主动防护系统使用一种Ka波段的雷达传感器完成搜索和目标检测,用W波段精确跟踪来袭目标。它有7个发射装置,每一个都携带有传感器和防御弹药。整套系统包括7个可以覆盖全方位范围的发射器,总质量很小。该系统的反应时间只有400 ms,在车体四周的6个发射器在140 ms内可以旋转90°,车辆顶部的发射器可以"半球形"方式旋转。主动防护系统的工作过程如图8.15所示,即当来袭的反坦克导弹达到炮塔前沿一定距离，微波天线发射的多斜率步进调频连续电磁波碰到目标后产生回波信号，进入振荡器混频并产生差拍，形成多普勒增幅信号，随着探测距离的逼近，经处理过的信号越来越大，其幅值达到某一阀门电压，立即向安全起爆的点火电路输出一个执行信号，使电雷管的点火电路接通；点火电容立即产生瞬间放电，电雷管引爆后，通过传爆药柱起爆反击装置。

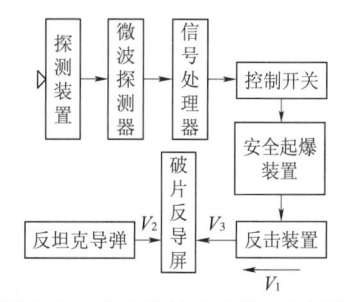

图 8.15 主动防护系统的工作过程

8.5.2 主动防护系统的构成与配置

主动防护系统一般由探测、控制和对抗三大分系统组成。探测分系统是主动防护系统的"眼睛"，用于探测反坦克导弹、火箭弹等来袭目标，主要有激光告警装置、雷达探测与跟踪装置、紫外线探测系统等。控制分系统是主动防护系统的"大脑"，用来筛选、判断袭来目标，并选择相应的命令，由计算机、控制软件、控制面板和指挥信号换流器等组成。对抗分系统是主动防护系统实现最后致命一击的"铁拳"，分硬、软杀伤两大类。硬杀伤系统主要是各种弹药发射器，软杀伤系统则主要有烟幕屏蔽、激光诱饵与红外干扰、水雾防护等。控制分系统通常与武器系统中火控分系统共用，以下主要介绍主动防护系统的探测和对抗两个分系统。

1. 主动防护的探测装置

1）激光告警装置

激光告警装置用于感知敌坦克炮的激光测距机和半主动制导武器系统，并向乘员发出警告。

激光告警装置通常与计算机控制装置、烟幕弹对抗装置组合成一个系统，有全自动和半自动两种工作方式。激光告警装置在探测到敌方激光目标指示器或激光测距机发出的激光束后向乘员告警，并命令车长（半自动）或计算机（全自动）选择发射相应的烟幕弹，在既定时间和空间内形成气溶胶烟幕，遮蔽敌方激光目标指示器和激光测距机的"视线"。

对付反应时间较长的激光制导导弹，激光告警装置有足够的时间做出判断并发射多谱线的烟幕弹，形成一定范围的烟幕。随着科技的发展，激光测距机探测到目标与炮弹到达的时间间隔越来越短，而激光驾束制导炮射导弹的激光驾束信号的能量不到激光测距机的1%，以激光告警装置为耳目的主动防护系统，一般的激光告警装置很难有足够的时间做出反应，防护效果差强人意，只有采用昂贵的高灵敏度激光告警装置。

2）雷达探测和跟踪装置

当雷达发现飞行物体的特征符合系统预设目标时，雷达自动转换为跟踪方式，并向控制系统提供目标弹道数据，以判断来袭目标能否命中战车。如果判定构成威胁，则雷达提供精确跟踪数据，计算机确定防御弹药的发射位置和时间，在来袭弹药距战车 7.8~10 m 时锁定目标，弹药发射后在距战车 1.3~3.9 m 处爆炸。爆炸产生的大量破片拦截来袭目标，使其在剧烈的冲击下提前爆炸或偏离飞行弹道，大大降低破甲效果。

3）紫外探测系统

雷达和红外探测传感器易受地面杂波的干扰，紫外探测系统就好得多。它除了用于战车主动防护系统，还被应用到飞机上，探测到来袭导弹的火箭发动机气流后发出警告。

2. 主动防护的杀伤系统

1）硬杀伤系统

所谓硬杀伤，是指主动防护系统利用火箭弹等反击弹药直接攻击来袭目标，使其提前爆炸或偏离预定弹道，从而达到保护自身的目的。

目前世界上最成熟的主动防护硬杀伤系统仍然是俄罗斯的"鸫"和"竞技场"。"鸫"系统的对抗装置包括4个带装甲防护的双管火箭发射器，发射器口径为107 mm，火箭弹质量9 kg，能以20°固定仰角向前发射，可形成一个80°的弧形防护弹幕。"竞技场"系统由环绕炮塔的22～26个发射器组成，发射器呈平板状，以30°倾角布置，可以与垂直方向成25°～40°角向上发射，在炮塔正面形成一个220°的防御区域。"竞技场"较之"鸫"有两个明显优点："鸫"向水平方向抛射破片攻击目标，而"竞技场"首先向上向外抛出霰弹，然后引爆，令其向下崩射碎片击毁来袭弹药，大大减少了对战车附近20～30 m范围内友军的威胁；"竞技场"防护系统对抗装置发射出的弹药与来袭导弹的弹道相似，更能有效地对付目标。

德国的AWISS主动防护系统也颇具特色。它采用的榴弹发射器可高速旋转180°、上仰60°，形成半球形防护区域。榴弹头部有一个盒式高爆战斗部，可对其他杀伤榴弹和火箭弹无能为力的高速动能弹（包括长杆式圆锥形尾翼稳定脱壳穿甲弹）形成相当大的破坏——爆炸冲击波使长杆倾斜，从而偏离预定航道，大大降低穿甲效果。1999年，该系统用"米兰"反坦克导弹进行了试验，效果十分理想。目前法、德两国还在联合探索一种全新的对抗动能弹的方法，利用电磁加速后的高速物体撞击动能弹，使其断裂或改变飞行轨迹。

2）软杀伤系统

所谓软杀伤，是指利用烟幕弹、激光诱饵与红外干扰、水雾防护等手段，使来袭弹药误入歧途，偏离预定攻击目标。

烟幕弹是最常用、经济、方便的防护措施。自从被各种战车装备以来，立下了赫赫战功，在科学技术高度发达的今天仍然受到青睐，得到不断发展。为了使烟幕弹充分、快速地发挥作用，改变在地面爆炸的方式，采用在距战车25～45 m、离地4～9 m范围内起爆；改变类似追击炮弹的弯曲弹道（发射器与水平面成45°固定），采用更快速的平直弹道。一般烟幕弹发射器按一定仰角固定在战车炮塔侧边，当目标来袭时，战车旋转炮塔，使烟幕弹发射器对准目标，要使炮塔在非常短的时间内旋转到发射位置十分困难。对于炮塔正面120°范围内的来袭目标，可以选择一组距离目标最近的烟幕弹发射器，但最好的方法是把发射器设计成可移动的，当目标来袭时，快速移动到来袭方向，对准目标射出烟幕弹。战车空间位置有限，一般最多配置12～16具烟幕弹发射器，而且使用后还需要从外面手工装填烟幕弹。

激光诱饵与红外干扰也是一个办法。可以利用战车的激光装置照射附近地上，"制造"出一个假目标引诱敌方上当。但为了诱骗对方，战车的激光装置不得不以与被"锁定"目标相同的波段和频率持续工作。通常情况下，一辆主战坦克配备两台红外干扰机，安装在主炮两侧。在战斗过程中一直处于开机状态，对敌方的红外制导武器进行干扰。

水雾防护是一种独特的方法。瑞典FOA防护研究所研制的多谱段水雾防护系统具有良好的应用前景。该系统在战车周围设置一排与车内水箱相连的水管喷嘴。当目标来袭时，水在高压作用下从喷嘴高速喷出，在2 s内形成一道水雾防护墙。水雾的雾滴比自然界形成的要大，可有效对付可见光和红外波段探测，对 94 GHz 毫米波雷达也有一定程度的影响。该水雾防护系统已被安装到 CV90 战车上，并成功地进行了演示试验。

本章小结

本章在介绍装甲车辆防护系统的概念、原则、组成和要求的基础上，重点介绍装甲车辆的装甲防护、隐身防护、核生化防护、主动防护的工作原理、系统组成、类型及其特点。

思 考 题

1. 如何理解"进攻就是最好的防守"？
2. 装甲防护与高效毁伤在矛与盾的较量中不断发展，终点何在？
3. 是否存在"万能"隐身技术？
4. 国际公约禁止使用核生化等大规模杀伤性武器，核生化"三防"还有必要吗？
5. 主动防护的难点和关键是什么？

第 9 章
电气与电子系统的配置与选型

> **内容提要**
>
> 电气与电子系统是现代装甲车辆的重要组成部分。本章主要介绍装甲车辆电气与电子系统的基本概念、功能、组成，以及主要车载电气系统、车载电子控制系统、车载通信系统和车载信息系统的工作原理、配置与选型。

9.1 车载电气与电子系统概述

9.1.1 车载电气系统及其组成与功能

1. 车载电气系统及其功能

装甲车辆的电气系统，是产生、转换和使用电能的一系列功能设备的有效组合，通常是指电源装置、用电设备、检测仪表和辅助器件的总称，有时也简称车载电器。

进入 20 世纪 70 年代，装甲车辆领域广泛应用微电子技术，进入 90 年代后，采用数据总线技术的现代装甲车辆，将全车的电气、电子系统和部件接到总线的公用设备总线上，通过计算机实施控制，形成了现代装甲车辆电气系统。该系统是指由产生、输送、分配和使用电能，并能使其完成和运行的所有设备、分系统按着一定要求进行电气连接而组成的系统。

车载电气系统的功能主要是：产生和管理电能，实现装甲车辆不同任务、不同工况下用电载荷的可靠供电；采用电能配电设备及传输电缆将电能安全、可靠输送到整车的所有用电设备；控制各用电设备实现不同任务工况；采集并显示动力、传动、行走、电源、用电等系统的主要参数，并判断是否正常，对非正常情况及时向乘员提供必要的视觉和听觉信息。

2. 车载电气系统的组成

车载电气系统，主要由电源及其控制、电能分配与传输、用电设备及其管理、动力传动工况显示和故障诊断等分系统组成。现代装甲车辆电气系统组成的简图如图 9.1 所示。

9.1.2 车载电子系统及其组成与功能

车载电子系统是车载电子控制系统、车载通信系统和车载信息系统的总称。

1. 车载电子控制系统

车载电子控制系统，是装载在装甲车辆上，由系列电子元器件组成的电子电路硬件和控制策略与计算机程序两大部分组成，它们相互作用、相互依赖，形成一个整体，从而实现对

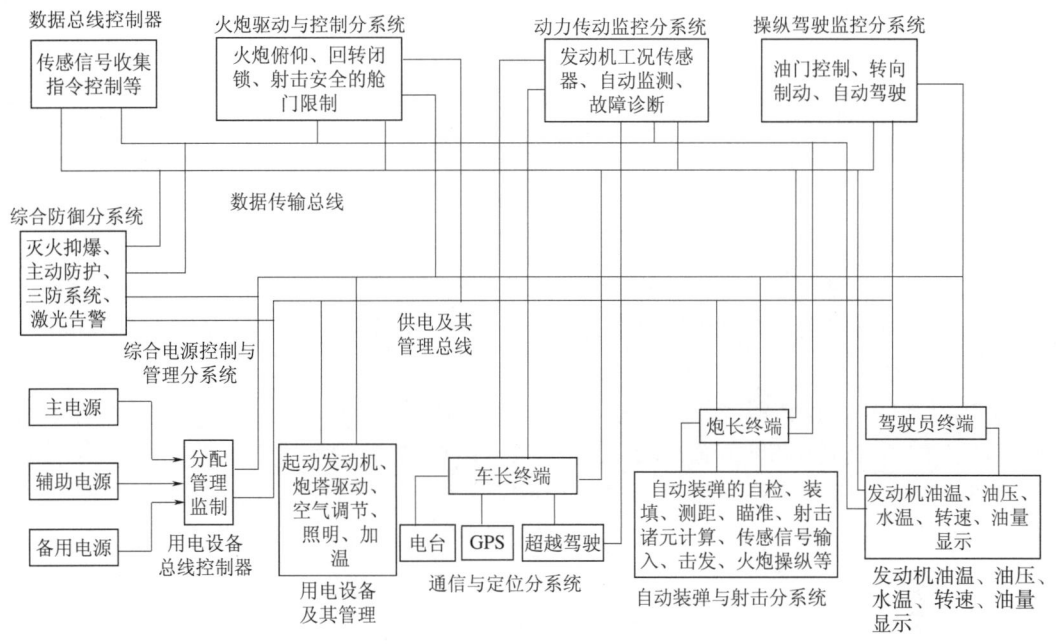

图 9.1 电气系统组成简图

车辆及其性能的控制（使车辆按照所希望的方式沿着某一确定的规律运行）。电子控制系统，是以电子技术为核心，通过控制器实现控制。车载电子控制系统，主要用于提高车辆的安全性、舒适性、经济性和娱乐性。

车载电子控制系统，在硬件结构上一般由传感器、电子控制单元（ECU）和执行机构组成。传感器，装在车辆各部位的信号转换装置，用来测量或检测反映车辆运行状况的各种物理量、电量和化学量等，并将它们转换成计算机所能接收的电信号后送给 ECU。ECU，由具有各种控制功能的电子电路（微处理器）组成，对传感器送入的电信号进行比较、分析和处理，并向执行机构发出控制指令。执行器，主要元器件包含继电器、晶闸管、电动机、发声器、发光器等，是根据 ECU 发出的控制命令来完成各种相应动作的装置。车辆在运行时，各传感器不断检测车辆运行的工况信息，并将这些信息实时地通过输入接口传送给 ECU；ECU 接收到这些信息时，根据内部预先编写好的控制程序进行相应的决策和处理，并通过其输出接口输出控制信号给相应的执行器；执行器接收到控制信号后，执行相应的动作，实现某种预定的功能，使车辆按照所希望的规律运行。

根据装甲车辆的总体结构，车载电子控制系统分为发动机控制系统、传动控制系统、行走控制系统、火炮（炮塔）控制系统等。发动机控制包括燃料喷射控制、点火时间控制、怠速运转控制、排气再循环控制、发动机爆燃控制、减速性能控制等。发动机控制系统能最大限度地提高发动机的动力性，改善发动机运行的经济性，同时尽可能降低汽车尾气中有害物质的排放量。传动控制包括变速控制、转向控制、制动控制等。传动控制系统主要用于提高传动效率，改善燃油经济性和车辆操纵性。行走控制主要是指悬挂控制。行走控制系统主要用于改善车辆的行驶安全性、稳定性和平顺性。火炮（炮塔）控制主要是稳定控制和操瞄控制。火炮（炮塔）控制系统主要用于提高行进间射击能力和火炮瞄准准确性。除此之外，车载电子控制系统还有车内环境控制。对民用车载电子控制系统，还包括车用全自动空调控制、风窗玻璃的刮水器控制、灯光控制、汽车门锁控制、顶棚传制、电动车窗与电动后视镜控制、电动座椅控制、安全气囊与安全带控制、防盗与防撞安全控制、巡航与自动驾驶控制、音响控制、车内噪声与通风控制等。

根据控制功能，车载电子控制系统可分为动力控制、安全控制、舒适性控制和娱乐信息控制等。

2. 车载通信系统

通信系统，是用于完成信息传输过程的技术系统的总称。现代通信系统主要借助电磁波在自由空间的传播或在导引媒体中的传输机理来实现，前者称为无线通信系统，后者称为有线通信系统。

通信系统，一般由信源（发端设备）、信宿（收端设备）和信道（传输媒介）等组成，被称为通信的三要素。来自信源的消息（语言、文字、图像或数据）在发信端先由末端设备（如电话机、电台或数据末端设备等）变换成电信号，然后经发端设备编码、调制、放大或发射后，把基带信号变换成适合在传输媒介中传输的形式；经传输媒介传输，在收信端经收端设备进行反变换恢复成消息提供给收信者。这种点对点的通信大都是双向传输的。因此，在通信对象所在的两端均备有发端设备和收端设备。

装甲车辆通信系统，一般包括车内的通信设备和车际通信设备，由甚高频双工移动通信、甚高频单工无线通信、高频单边带无线通信、战术卫星通信、软件无线电通信、有线通信等通信设备（或分系统）组成。这些通信设备组成一个严密的通信网络，可完成对上通信、指挥所之间通信、指挥所内部通信、协同通信以及部队内部的通信任务。

3. 车载信息系统

装甲部队作战的特点是在运动中作战。一般车载信息协调分为情报信息、指挥控制、电子战（电子对抗或光电对抗）等信息设备。情报信息设备主要用于完成侦察信息采集、各种情报信息融合处理、情报信息数据库管理等任务。指挥控制设备主要用于完成部队作战协调、决策等指挥任务。电子战设备主要用于完成控制和利用电磁谱使己方取得最大的作战效能的设备，即在确保己方使用电磁谱的前提下，阻止、瓦解、削弱、欺骗或利用敌方使用频谱。

4. 车载综合电子系统

近代的装甲部队作战已经广泛采用现代电子与信息技术，把指挥、控制、通信、计算机、情报信息处理等结合成一体，组成 C^4I 系统，具有各种军事信息融合处理、辅助决策、快速反应、协同作战等自动化指挥能力。随着装甲车辆自动化、信息化的发展，借助智能化管理技术和多路传输技术，实现电能和信息的传输集成化、一体化和智能化，这使得装甲车辆不仅具备了可通过车内终端瞬时把握敌我双方情况和发展态势，及时发现敌人和实现精确射击的能力，而且还可实现战区的所有部队不能共享信息，进行联合作战。

9.2　车载电气系统的配置与选型

9.2.1　对电气系统的要求

对于装甲车辆电气系统特性要求，国内外均以军用标准的形式做出了明确而具体的规定，并作为装甲车辆研制和使用的依据。具体要求内容如下。

（1）直流 28 V 电气系统的特性要求

稳态电压：发电机与蓄电池并联工作时，电气系统稳态电压为 25~30 V；仅用蓄电池工作时为 20~27 V；发电机供电工作时为 23~33 V。纹波电压：纹波频率应在 50~200 kHz 范围内；发电机与蓄电池并联工作时，纹波电压的上峰值和下峰值均应小于 2 V；发电机供电工作时，纹波电压的上下峰值小于 7 V。其他指标：尖峰电压、浪涌电压、起动扰动电压的指标应满足国军标 GJB 298—1987《军用车辆 28 V 直流电气系统特性》的要求。电气设备的适应性：所有用电设备应能承受幅值为 ±250 V 的尖峰脉冲电压的冲击而不出现敏感现象。电气设备还应有保护装置，以防止外部起动或其他不适当的电路连接使极性颠倒。

（2）直流 270 V 电气系统的特性要求

稳态电压 250~280 V；脉动电压 6 V；直流 270 V 过压、欠压和瞬变过程参照 GJB 181A—2003《飞机供电特性》的要求。

（3）供电电源功率和容量要求

对于目前 28 V 供电体制，主机发电机的功率序列为 5 kW、8 kW、10 kW、15 kW、20 kW。直流辅机电源的功率主要有 5 kW、10 kW、15 kW，一般不超过 20 kW。蓄电池单块的容量一般为 110 A·h、115 A·h、130 A·h，一般整车由 1~4 块电池组成。

（4）蓄电池加热要求

蓄电池加热方式：电加热。蓄电池加热速率：电解液升温速率不低于 10 ℃/h。控制方式：自动（在冬季通过车载发电系统或地面电源供电加热）。

（5）电起动要求

电起动特性：对于 24 V 电起动系统，起动时的稳态电压不低于 16 V（每次起动时间不超过 30 s，间隔 2 mm 的试验不超过 3 次），用外部电源起动时，也应满足此要求。起动电动机的额定电压：直流 48 V 或 24 V，额定功率：9 kW、12 kW、19 kW、20 kW。

（6）工作环境要求

系统应在 -45~50 ℃ 环境下正常工作；安装在发动机上的发电机、起动电动机应能在 100~130 ℃ 环境温度下正常工作；安装在动力舱进风口的抽尘电动机应能在 85 ℃ 环境温度下正常工作；安装在动力舱的其他部件也应能在 85 ℃ 环境温度下正常工作。安装在车辆上的电气设备，都必须承受越野行驶的冲击、振动；安装在发动机上的起动电动机以及其他电气设备还必须承受动力传动系统工作时自身振动的影响。具体指标受 GJB 150A—2009《军用装备实验室环境试验方法》的约束。安装在车体外部的电气设备能承受车辆在降雨环境下工作的要求；安装在驾驶舱、战斗舱、动力舱的电气设备也应具有防水淋的功能。电气设备应满足我国南部沿海的使用环境；电气部件壳体、电连接器、传输电缆应具有防盐雾的能力。电气系统应符合 GJB 1389A—2005《系统电磁兼容性要求》有关条款及 GJB 151B—2013《军用设备和分系统电磁发射和敏感度要求与测量》规定的电磁干扰要求，同时，还应满足整车电磁兼容性要求，不影响整车电磁自兼容。

9.2.2 车载电气系统配置与选型

1. 电源装置及其控制

现代装甲车辆的电源由主电源、辅助电源和备用电源三部分组成。主电源由发电机和电压调节器组成；辅助电源由小型发动机、发电机和电控装置组成；备用电源是指蓄电池组。蓄电池用于在发电机不工作或其电能不能满足电器装置负荷需要时，与发电机一起向电器装置供电。发电机是装甲车辆的主供电装置，在发动机正常运转时间内向各电器负载供电和向蓄电池充电。

电气系统根据整车电力、电子设备的功率以及在装甲车辆运行的工况下进行供耗电平衡控制。目前装甲车辆发电机的额定功率在满足车辆用电设备各种工况需求的基础上，应留有 1.3~1.5 倍的功率储备。

电源分系统的控制由总线系统中公用设备总线控制器来完成。电源分系统用于对全车电源分配并根据各系统用电情况实施管理和监测。电源分系统的工作状况可直接显示在乘员操纵台上。对电源分系统的人工控制可用操纵台上的控制开关切换，也可按预定的程序自动转换。

1）蓄电池

装甲车辆等军用车辆目前大多采用蓄电池作为备用电源，与发电机并联连接。蓄电池的主要作用：在起动发动机时供给起动电动机电能；在车辆停放或发动机转速低至发电机不能向外供电时，向全车用电设备供电；当用电超过发电机额定功率时，则由蓄电池和发电机共同供电。

根据起动电动机的要求，蓄电池必须具备能提供大电流和小内阻的特点，保证在大电流放电时，蓄电池内压降不致过大。目前，能满足上述要求的主要是起动型铅酸蓄电池。

铅蓄电池经历了一百多年的变化和发展，至今仍在二次电池的生产和应用中保持着领先地位。其主要特点是：具有较宽的使用温度和电流范围；能充、放电几百次，使用寿命较长；储存性能好，尤其适于干式荷电状态储存；测试其放电程度的操作简单；原材料丰富而价廉，易加工。

2）发电机

发电机是把机械能转换为电能的装置。装甲车辆发电机在工作时间向用电装置供电，同时向蓄电池充电。发电机的电压要随发动机转速和负载的变化而变化，并受环境温度和振动等各种因素的影响，而用电装置往往需要稳定的电压才能正常工作，因此，发电机必须和电压调节器配合工作，以使输出电压稳定。

电压调节器对发电机电压调节其本质是一个自镇定系统。电压调节器框图如图 9.2 所示。发电机输出电压的稳定程序是供电系统的一项重要指标，通常用电压精度来表示，其定义为：电压稳定精度 = 稳态时调节点上的最大偏差电压/额定电压。

图 9.2 电压调节器框图

按转换的电能方式，发电机可分为交流发电机和直流发电机两大类。目前，装甲车辆上广泛使用交流发电机。交流发电机又分为同步发电机和异步发电机两种。现代装甲车辆上广泛使用的是同步发电机。

装甲车辆上的发电机在原理上和普通发电机没有区别，由于工作条件不同，装甲车辆发电机在结构、要求和性能等方面有一定的特殊性。

装甲车辆上发电机一般都安装在发动机的侧面由发动机带动旋转。由于装甲车辆发动机区域内只有有限的空间安装发电机，因此，在保证功率的条件下，必须将发电机的轴向和径向尺寸尽量缩小。

装甲车辆上发电机的比功率比普通发电机大得多。例如，一般 3 kW 直流发电机的质量约 80 kg，而同功率的坦克直流发电机质量为 40 kg，比功率约大一倍。随着装甲车辆发电机功率的增长和其结构的不断改进，比功率也会不断增大。

当发动机驱动电动机转子转动时，转子磁极中的剩余磁场也相应旋转，并在三组定子绕组中产生三相感应电势。其输出再经三相桥式全波整流器变为直流电。该电流除供给各用电装置外，还能为蓄电池充电。其中的整流器是二极管硅整流元件。它具有效率高、体积小、质量小、维护简便以及超载能力高等特点。另外，由于硅整流器的单向导电性，所以，当发电机电压低于蓄电池组电压时，蓄电池也不能向发电机放电。

2. 电能分配与传输

装甲车辆电能分配与传输系统的功用是将电能输送到各个用电装置，保护电气、电子设备免遭短路和过载的损害。

电能分配与传输系统主要由电能分配和电能传输装置组成。电能传输装置主要包括电路旋转连接器、接线盒和传输电缆等。电能分配装置主要包括主配电盒、驾驶员配电板以及智能配电设备等。电能分配装置不仅具有电能分配功能，而且具有过流保护、短路保护功能。智能配电设备还具有欠压保护、过压保护功能。对于电网电压高于 48 V 的系统，电能分配装置还具有绝缘检测功能。

1）输电电路

输电电路包括电路旋转连接器、导线、插接件、接线盒等。

（1）电路旋转连接器

电路旋转连接器，又称汇流环，是装甲车辆实现底盘与炮塔之间电能传输、信号传输，并且上壳体和下壳体能够相对运动的综合性传输设备。它是坦克装甲车辆底盘与炮塔之间电信号传输的唯一装置，当炮塔旋转时，炮塔座圈上的拨叉带动电路旋转连接器上壳体旋转。它与外部连接所采用的密封插头座能满足大功率、多支路、防水密封的传输性能要求。同时，通信支路还有防干扰的屏蔽措施。目前电路旋转连接器具有直流 270 V、直流 28 V、总线信号和模拟信号的传输功能。随着未来装甲车辆的发展，将赋予电路旋转连接器更多的功能。

电路旋转连接器，一般采用层叠电刷片和导电环的传递结构，由上部旋转和下部固定的两部分组成，如图 9.3 所示。

电路旋转连接器是通过一个导电元件对另一个导电元件的多点接触来实现两个相对旋转导电元件之间的导通。当炮塔旋转时，带动电路旋转连接器上壳体、主回路导电拨叉、Y 形拨叉柱及其上的内活动导电环相对六方电刷片旋转。而电源电能及电信号由下壳体插座通过导电片引出线、导电焊接片传至六方导电片，再通过滑动接触传给内活动导电环及引出线至上壳体插座，从而实现了电能及信号由固定的车体向旋转炮塔上的传送。其中导电支路的结构如图 9.4 所示。

（2）传输电缆

传输电缆是全车的"神经"系统，主要由导线和电连接器（也称插接件，即插头、插座、接线盒等）组成，电连接器把一段一段的导线连接起来，组成电网。按功能分为电源线、控制线、信号线、数据总线等。导线和电连接器的选取应根据传输支路的电流、电压、应用环境，以及电缆的强度等指标进行综合选取。

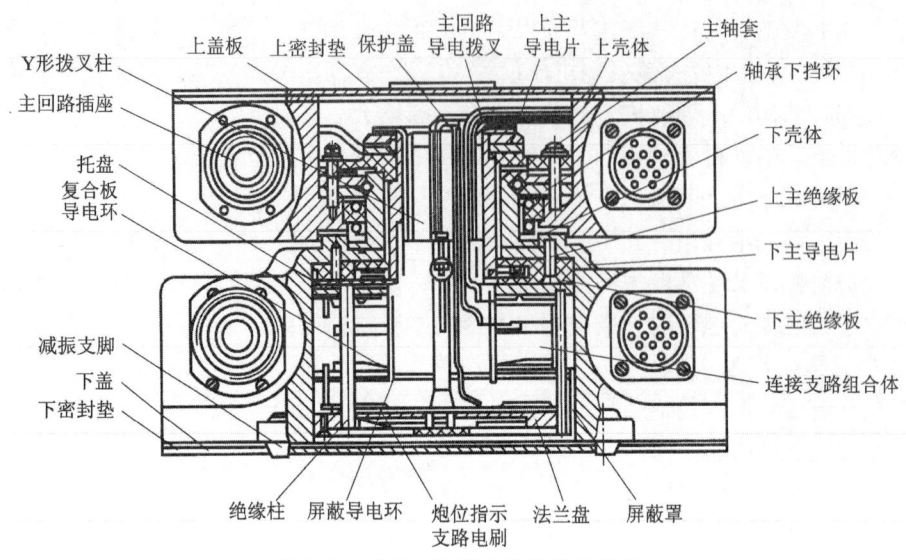

图 9.3 TLS-43 型电路旋转连接器

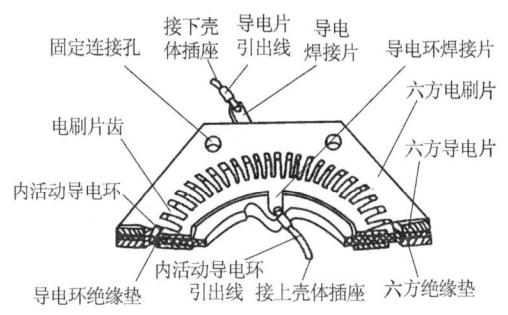

图 9.4 导电支路的结构

电缆是电气网络的主体，其作用是将电气系统的电功率或数据信号进行传递或交换，实现电气系统的功能及要求。电缆设计是电气系统工程化设计中较为烦琐的一个部分。随着装甲车辆电子设备的增加，设备之间的电气联系也交错复杂，但同时提供给电缆的安装空间越来越小，使电缆综合性设计的要求更为突出。

电网基本是单线制，个别线路是双线制和三线制。单线制电路是用电装置一端接电源正极，另一端直接和车体相连。蓄电池的负极通过总开关控制的接触器接车体（负极搭铁），因此，所有单线制电路由蓄电池供电时均受电路总开关控制。车内安全照明灯和车内外工作灯插座均属于双线制线路。双线制线路是用两根导线将耗电装置与蓄电池连接，不借用车体做负极电路，所以，双线制的耗电装置不受电路总开关的控制。个别有特殊需要的线路采用三相三线制。坦克上采用三线制电路的有三相交流发电机的工作线路及电动转速表指示器和传感器之间的电路等。

装甲车辆用电缆的导线选取必须考虑其所处的环境。特别是动力舱内电缆，由于环境相对恶劣，环境温度高，因此，选用导线时，绝缘层耐温需达到耐 200 ℃。根据传输信号的不同，可以选取屏蔽耐高温导线、双绞线。对于功率传输线、控制线、低电压信号等，通常选用耐高温导线。目前车辆上采用的大部分线缆为屏蔽导线，对传输非常敏感的信号，如总线信号等采用屏蔽的双绞线。导线的最外层是由金属丝编织的屏蔽层，它可加强导线的机械强度，保护绝缘层，减少电磁干扰。电气、电子设备分布于车内外各处，电路纵横交错，为了便于检查和维修，每根导线的两端均箍有相同的线号牌和编码。

导线截面积的选取需要考虑的主要因素为连接设备的用电功率，通过用电设备功率的大小计算通过导线的电流。长时间工作的用电设备可按照导线载流量的60%进行选择；短时间工作的用电设备可按照导线载流量的60%~100%进行选择。导线过长或导线经多个插接件转接后连接到用电设备的，其截面积选取应适当增大。对于需要单独走线的导线，因容易受外力损坏应适当增大截面积，若选取的导线截面积在0.5 mm^{2}以下，一般选用0.5 mm^{2}的导线。对于处于工作环境温度较高地方的导线，其导线截面积应适当增加余量。对于使用在导通压降较大情况下的导线，应适当增加导线截面积余量。导线截面积在35 mm^{2}以下的导线，推荐使用氟塑料F46绝缘导线，具有耐高温、耐潮湿和耐腐蚀等特点。截面积大于35 mm^{2}以上的耐高温导线，由于装甲车辆走线空间和折弯半径受限，推荐选用硅橡胶绝缘导线，在高温、低温、腐蚀性中能够保持良好的电性能和柔软性。

电缆长度主要根据电缆敷设来确定。电缆应尽量沿最短线路敷设。同时兼顾：电缆应绕开棱角、锐边，绕开可以运动的部件，电缆应远离高温、易燃烧部件（例如动力舱内电缆需要远离排烟管）等原则。虽然在电缆设计的时候考虑到了以上的诸多事宜，但是由于装车时的具体情况不同，电缆的长度走向等还要进行相应的调整，通过实际装车的布线验证确定电缆的最终长度。

理论上讲，一根线束连接所有的电连接器是最理想的，但实际装配时是不利于安装使用的。所以电缆要合理分组，在方便装配的情况下，电缆的划分尽量按照各分系统进行，使划分后的系统电缆相对独立。这样可以减少各系统之间的相互干扰，维修时方便故障定位。电缆分组设计受到布线空间和电气接口方面的限制。划分成的每一组电缆也不宜太复杂，实现功能的基础上尽量简单，以降低布线难度。同时，还要考虑线缆束间的电磁辐射或耦合而导致的后果。将电缆所传递的信号进行分类，尽量使不同类型的信号分在不同组电缆中。

电缆分支采用树干式的方式，依据电缆的走向、长度和传输类型设置不同的分支位置，不允许出现交叉、缠绕等情况。同一组别的电缆应走向一致，首先，按照电缆的类型对其进行分类，尽量避免动力线和信号线交叉并行，总线电缆需单独分支；其次，按照电缆的长度和安装位置进行分叉点的设置，分叉点应尽量靠近需要连接的电气设备，并且根据实际情况前移50~100 mm，保证分叉点不会影响电缆分支的走向，利于电缆的安装敷设。若电缆自身长度小于500 mm，建议不进行分支设计。

（3）电连接器

电连接器选取的一般原则：根据导线截面积和通过电流大小合理选择；优先选用接触电阻较小的电连接器；经常插拔的地方，选取卡口式接插件，有利于操作；由于动力舱内环境恶劣，腐蚀性气体、液体较多，应选用密封式插接件；由于金的导电性好，又不易氧化，处于恶劣环境中重要传输信号的插接件，其插针插孔通常选用镀金的。

从方便使用维护的角度，选择卡口或快速连接器，不是特殊需要，不选用螺纹连接的连接器，具有浮渡或潜渡性能的车辆，选用具有防盐雾、防腐蚀、密封性好的连接器，若条件具备，优先选用具有屏蔽功能、可盲插和防错位、防斜插的连接器。同时，注意在同一部件上或安装位置相邻的部位上,不能选用同一型号、同一规格的连接器,实在避不开时,可采用插头或插座的针、孔互换的办法解决。

(4) 附属部件

为保证电能的良好传输,密封性、绝缘性等是电缆设计时需关注的重要技术指标。电缆设计时,需选用热缩异型件、防波套、热缩管和透明热缩管等附属部件作为电缆密封性、可靠性、绝缘性的实现途径。

热缩异型件主要用于电缆接头处、分叉处、连接处、终端处的连接,应具有很好的应力解除、密封性能及机械保护性能。其产品有多种形式,通常选用直式热缩异型件和弯式热缩异型件两种。热缩异型件在选型时需参考收缩率、拉伸强度、断裂伸长率、击穿强度、使用温度等性能指标。由于电缆插头热缩异型件后插拔空间会加大,建议根据电缆安装要求尽量选用弯式热缩异型件,以节省电缆的安装空间。

防波套的主要用于导线屏蔽保护、抗辐射干扰和接地线等方面。应具有较好的屏蔽效率、柔软、质量小、密度高、抗氧化性好等性能。选型时需参考标称套径范围、编织线最少根数/直径、最小编制密度、屏蔽效率等性能指标。防波套的选用因素有两类:一是连接器尾部附件的形式,二是防波套自身的尺寸规格。凡是在连接器端采用大小屏蔽罩压接防波套的,需选用自身壁厚较薄的防波套。凡是在连接器端采用镀银铜丝绑扎后再钎焊的,可不用过度关注防波套的自身壁厚。另外,防波套通常会标注最大直径和最小直径,在选用时需注意与连接器尾部附件直径的尺寸配合,不能超出防波套的最大直径和最小直径范围。

热缩管主要用于线束的绝缘、绑扎、密封防潮、机械保护。热缩管应具备耐温、抗腐蚀等物理化学性能,应具有优良的阻燃、绝缘性能、收缩温度低、柔软有弹性的特点。热缩管的标称尺寸主要有3个参数:热缩管的最小扩张内径,即热缩管的实际内径尺寸;最大收缩后内径,即热缩管完全收缩后的最大内径;热缩管在被加热、完全收缩后的管壁厚度。常用热缩管的收缩比为2∶1,也可以根据需要选用收缩比为3∶1和4∶1的热缩管。对于收缩比为2∶1的热缩管,尺寸选择依据是:120%≤扩张后最小内径/所要覆盖物的最大外径≤160%,60%≤收缩后最大内径/所要覆盖物的最大外径≤80%。对于收缩比为3∶1的热缩管,尺寸选择依据是:120%≤扩张后最小内径/所要覆盖物的最大外径≤240%,40%≤收缩后最大内径/所要覆盖物的最大外径≤80%。对于收缩比为4∶1的热缩管尺寸,选择依据是:120%≤扩张后最小内径/所要覆盖物的最大外径≤320%,30%≤收缩后最大内径/所要覆盖物的最大外径≤80%。

2) 配电电路

配电电路是指各种配电板、保险丝、开关和自动保护开关等组成的电路,全车电路一般要经过配电电路如主配电板、驾驶室保险丝盒、炮长配电盒和车长配电盒等与电源连接。

配电电路从形式上分,有集中式配电网络和分布式配电网络两种。集中式配电主要应用在小型装备或车辆上加装的功能单元的配电系统。大型装备一般采用分布式配电系统。集中式配电是将所有用电设备的配电集中在一台配电设备中。此种配电方式具有供配电管理控制简单,只需要一台箱体的优点;如果配电路数过多,会导致所需的体积大、质量大,安装、维修困难,所以该类配电主要应用在小型装备上。分布式配电是将用电设备按功能和区域划分,进行分别配电。首先设置一个主配电箱,用于对主路电源进行保护和分线;按照用电设备安装位置,将不同区域设备分开配电。

根据系统中各组件的实现功能,将电网控制与设备配电分开;按照用电设备特性,分布式配电具有布线简单,功能划分明确,箱体由一个增加为多个,分体体积小、质量小,便于维护的优点;采用模块化、标准化、通用化的设计思路,采取成熟技术、经验和成果,满足战术指标要求。目前主要有基于传统保险、继电器的分配电盒方案和基于智能功率模块的远程配电终端方案,是否采用主要取决于车辆的信息化需求。这种模式主要用于大型装备上。

有些安装的电源敏感设备在无法满足标准的要求时,也可以通过增加对蓄电池、单向二极管、滤波器实现不受或少受系统电网影响的独立电网的独立配电,避免常规电网中的起动扰动等电压异常波动,保护设备。在工程上采取较多的是将发电机、蓄电池、外接电源作为电源,通过主配电盒实现一级配电,通过仪表板、分配电盒、智能配电盒等实现二级多路小功率配电及保护。

(1) 主配电板

主配电板位于蓄电池室的出线端上方。发电机和蓄电池的正极输出线首先接到主配电板上,然后再由主配电板将电能分送到驾驶室配电盒和炮塔配电板及双稳配电盒。还通过主配电板的中心螺栓直接把电能输送到起动电动机的主电路。

某装甲车辆主配电板的电路连接情况如图 9.5 所示。1 号接点接通向电路旋转连接器的 99 号线,并接外部起动插座的正极;2 号接点接蓄电池的正极和起动电动机按钮的正极;3 号接点接 97 号线,经电流传感器与硅整流器正极相连;4 号接点接与电压调节器相连的 1 号线、与空气阻力指示灯盒和空气阻力传感器相连的 52 号线及与热烟幕控制盒相连的 74 号线;5 号接点通过 70 号线接车体安全照明灯负极并接通向电路旋转连接器的 107 号线;6 号接点接与起动控制盒相连的 73 号线,并通过 20 A 保险丝与 5 号接点相连;7 号接点接 87 号线向加温器电机和电热塞供电。

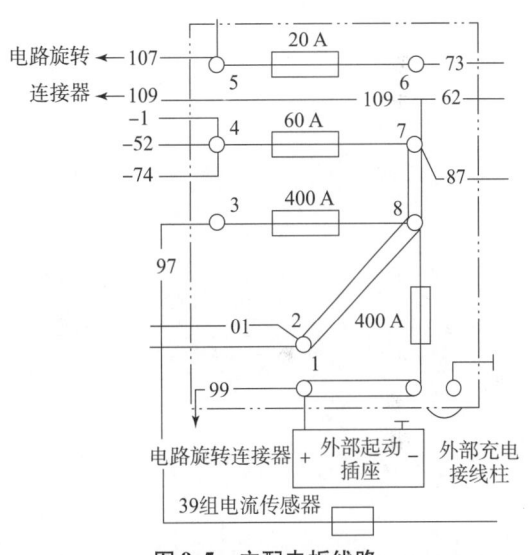

图 9.5 主配电板线路

(2) 驾驶室配电盒

驾驶室配电盒的功用是将电能通过配电盒上的插头、插座分送到车体部分各用电装置,通过配电盒上不同容量的自动保护开关和按钮来控制起动电动机、仪表、照明和油泵电动机等各用电设备。

某装甲车辆的驾驶室配电盒的面板上装有 20 个不同容量的 ZKC 自动保护开关,其中 2 A 的 1 个、5 A 的 11 个、10 A 的 4 个、15 A 的 1 个、40 A 的 1 个、50 A 的 2 个。配电盒面板上装有一个 ZZK - 1 双向接通开关,是控制前灯的大光和小光的电源开关;一个 LLA3 型按钮开关,是控制音响信号器的电源开关;两个 LLA4 按钮,是机油电动机控制按钮和起动电动机的起动按钮;一个 LLA2 按钮,为炮口密封帽和进排气百叶窗盖布爆破雷管电源控制按钮;另外三个开关为驾驶员风扇开关、夜视仪开关和电路总开关。

(3) 炮长配电盒

装甲车辆中炮长主要负责火炮瞄准和发射以及相关用电设备的操纵。炮长配电盒将电能通过配电盒上的插头、插座分送到火炮操瞄各用电装置,通过配电盒上不同容量的自动保护开关和按钮来控制火炮操瞄、仪器仪表、照明等用电设备。

某装甲车辆的炮长配电盒安装在炮长(一炮手)左侧的炮塔内壁上,接线情况如图9.6所示。从图中可以看出,在炮长配电盒上装有10个容量不同的ZKC自动保护开关,其中2 A的1个,5 A的3个,10 A的3个,20 A的1个,40 A的1个,60 A的1个,它们分别控制不同的用电装置。每个开关上边均装有标牌,标明所控制的用电装置。

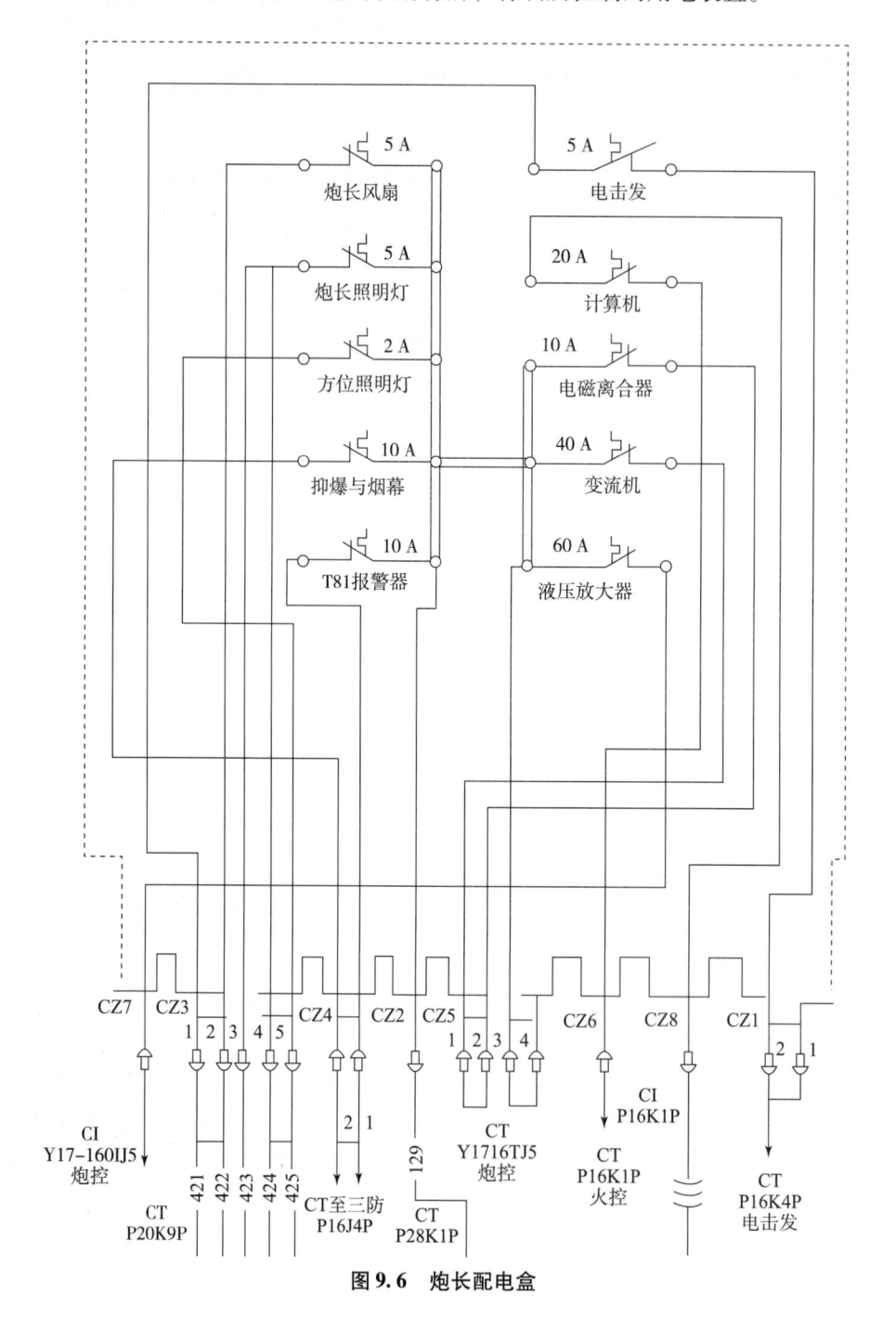

图9.6 炮长配电盒

（4）车长配电盒

车长是协调装甲车辆内部成员之间的合作，并根据情况和命令与友军单位协调作战，极大地发挥装甲车辆的作战效能。车长配电盒将电能通过配电盒上的插头、插座分送到通信、观测、定位定向等信息系统和双稳等炮控系统，以及安全、防护等各用电装置，并通过配电盒上不同容量的自动保护开关和按钮来控制通信、信息、仪器仪表、照明等各用电设备。

某装甲车辆的车长配电盒安装在车长右侧的炮塔内壁上，共有 10 个容量不同的 ZKC 自动保护开关，其中 2 A 的 1 个、5 A 的 3 个、10 A 的 1 个、15 A 的 1 个、20 A 的 3 个、80 A 的 1 个。车长开关盒安装在车长配电盒的上部，上有顶灯开关、窗口电源开关、示高灯开关、号码灯开关、车长风扇开关、潜渡与工作灯插座等。

（5）过压过流保护

电源系统应具有过压过流保护功能，具体指标应满足相关标准关于 270 V 供电相关要求。普通熔丝的保护电路，其过电流反应是较迟钝的，不适合作为灵敏的保护装置，因而在高压供电系统的装甲车辆中采用具有高速断流、恢复容易特点的电子保护电路，作为其过流保护装置。过压会对用电设备造成严重损害，出现过压时，应使发电机减磁或者灭磁，并使发电机脱离电网。过压保护电路对持续性过电压按反延时特性动作，而对瞬时过电压不应动作。电网可能会由于导线绝缘损坏、接线连接不当、战斗损伤等原因引起短路，短路使电源不能正常供电，甚至导致火灾。短路保护主要由反流保护器和熔断器来实现。所用的熔断器为慢熔熔断器，当其通过发电机额定工作电流时，可长时间工作，通过电流超过额定电流较大时才会熔断，并且电流越大，熔断越快。

3. 用电设备及其管理

电气系统的用电设备主要包括：发动机的起动电动机、照明、信号显示、报警等部件，以及电子控制装置、通信装置、信息装置等。关于对电气系统其他电气设备的管理，通过总线集成方式，在车长、炮长和驾驶员操纵台上形成三个控制分系统。将车辆起动、加温、空气调节、灯光控制、车外驾驶环境、动力传动工作状况等要素的传感器，与乘员操纵台上的显示器及控制器相连，显示器可显示用电设备工作的信号和数据，控制器可方便地对各用电设备实施控制和管理职能。

1）发动机起动装置

起动装置，是用来带动发动机曲轴转动，使发动机进入连续运转工作状态的动力装置。电动机起动装置是用电作动力来驱动发动机曲轴转动，使之进入连续运转工作状态的动力装置。电动机起动装置具有操作简便、起动迅速、消耗功率小、可多次连续起动、工作可靠等特点。

起动电动机的选型主要由被起动发动机类型、阻力矩和转速等参数确定。

装甲车辆上用的起动电动机一般为直流电动机。直流电动机的励磁方式一般可分为他励、并励、串励、复励四种。装甲车辆上用的起动电动机一般都采用串励励磁方式。串励电动机在制动时的转矩比并励电动机大很多，而起动瞬间相当于电动机制动情况。电动机的制动转矩越大，曲轴加速越快，越能保证发动机可靠起动，缩短起动时间。串励电动机的起动电流，即制动电流比并励电动机的小，这对蓄电池工作很有利。串励电动机具有软的机械特性，这使它在负载转矩很大范围内变化时，功率和电流的变化范围小，因而保证在不同温度条件下，起动发动机时能顺利地工作。串励电动机由于在起动时磁路系统饱和程度很大，可以认为磁通是常数,所以其起动转矩与电压的一次方成正比,蓄电池大幅度的电压降对串励电动机的影响较小。

为了保证发动机迅速起动,起动电动机应有足够的功率,应能克服阻碍曲轴转动的起动阻力矩,而且能在较短时间内使发电机曲轴达到一定的起动转速。起动转速是保证发动机正常工作所需的最低转速。柴油机的起动转速取决于气体压缩时能否达到自燃温度和燃油的雾化状况,一般要求转速为 80~150 r/min。如果转速过低,空气在压缩过程中将有较长时间,经气缸壁的传导而冷却,不能达到燃油自燃所需要的温度。此外,转速过低,高压油泵的压力不够大,柴油雾化不好。发动机的起动转速与气温条件有关。夏季气温高,发动机阻转矩小,起动过程中曲轴转速高。由于温度越高越容易起动,因此所要求的起动转速也就越低。起动转速还与发动机的使用条件有关。例如,新发动机气缸密封性较好,起动转速可低一些;而接近大修的发动机,活塞环与气缸壁的磨损增大,封闭性下降,漏气增多,压缩终了时的压力、温度就低,起动转速要相应高一些。

起动装置有一定的起动转矩,并且这个转矩应大于阻碍曲轴转动的起动阻转矩。起动阻转矩有摩擦阻转矩、压缩阻转矩和运动部分的惯性阻转矩。摩擦阻转矩主要来自活塞与气缸壁的摩擦阻力以及轴承中的摩擦力,其大小随摩擦表面上润滑油的黏度而异。低温度时,润滑油黏度增大,摩擦转矩也增大。因此,冬季要换用黏度小的润滑油,起动前要加温。压缩阻转矩是压缩行程活塞受到压缩气体的阻力而形成的,在接近压缩行程上止点时阻力最大。在膨胀的时候,压缩气体所消耗的功,差不多全部用来推动曲轴旋转,此时压缩阻力为负值。压缩阻力与发动机曲轴所在位置有关,而与发动机的温度无关。多气缸发动机的各气缸压缩行程彼此错开,总的压缩阻力变化不大,可认为压缩阻转矩是全部阻转矩中不变的部分。惯性阻转矩取决于它们在加速过程中的惯性力,随它们的惯性矩和加速度而异。柴油发动机压缩比达 15~20,压缩阻转矩的影响显著增大,其起动阻转矩比汽油发动机大一倍左右。

起动电动机的功率必须使发动机转动达到稳定阻转矩时,具有足够的起动转速。起动装置的功率与发动机稳定阻转矩及起动转速成正比。

2)灯具

转向灯,安装在车体左右前灯及尾灯外侧,闪光信号由装有驾驶室前上装甲板上的转弯灯控制盒控制。要求具有适应范围大、闪光频率稳定(40~60 次/min)、耐冲击振动、工作寿命长等特性。

编码灯,又称号码灯,安装在炮塔外左后侧,由炮塔内车长后方的扳钮开关控制。其功用为:在夜间显示车辆编号;代替标高灯使用;按指挥员设想编号而作为指挥战斗时车辆的专用标志、代号、灯光信号等。

前灯,安装在车首上装甲板两侧,供夜间行驶时使用。为保证路面照明效果和避免使迎面行车驾驶员因强光而产生视力迷茫现象,一般采用双灯丝灯泡。其中,"大光"(远光)为 28 V 80 W,"小光"(近光)为 28 V 35 W,灯光的转换由驾驶室配电盒上的"前灯开关"控制。

为防止驾驶员制动车辆时,后面车辆发生追尾事故,在车尾两侧和驾驶员左仪表板上装在制动指示灯。

3)报警装置

电警报器:当发生火灾、发动机机油压力失压时,会自动发出音响报警信号。

空气滤清器阻力报警装置：当空气滤清器进气阻力增加到一定数值时，装置内阻力传感器触点接通电路，以灯光报警，提醒乘员为保证发动机安全运行，应及时清洗（或更换）滤清器。某坦克空气滤清器阻力报警装置报警阻力为 7.8 kPa，工作电压为 22~30 V。

对报警装置，要求灵敏度高、参数易于调整、测量迅速可靠、结构简单、使用方便。

4. 工况显示和故障诊断

传统的装甲车辆的工况显示，是用指针式电气仪表和传感器，将机油压力、水温、油温、发动机转速等显示在仪表板上。在现代装甲车辆上，被数字式自动控制装置取代。

数字式自动控制装置由各种传感器、控制单元和执行机构组成。在驾驶员综合显示器上显示动力传动工作的水温、油温、机油压力、发动机转速等状况参数。驾驶员可适时地通过控制喷油时机和喷油量，适应路面状况和坡度实现自动调整发动机的动力输出，以充分发挥发动机的最佳效能，并能保护动力传动装置的部件不受损坏。数字式自动控制装置还具有自检和故障诊断能力，开车前可对系统工况进行自检。行车中对出现的故障可显示故障部位和损坏程度，并能根据故障程度实施控制，有效地发挥发动机的功能并对发动机加以保护。

9.3 车载电子控制系统的配置与选型

9.3.1 炮控系统

火炮控制系统，简称炮控系统，是装甲车辆武器系统的一个重要组成部分，主要用于控制火炮瞄准和射击。以前炮控系统独立于火控系统，现在炮控系统已作为火控系统的一部分。

车载火炮在行进间射击时，由于车体（包括火炮）随地形的起伏而振动，影响炮长对目标进行瞄准和射击，使得行进间的射击命中率降低。为了实现行进间车载火炮的稳定和操纵，提高车载火炮行进间的射击命中率，近代装甲车辆都安装了火炮稳定装置。这是一种对车载火炮射角和方向角的驱动与稳定系统。仅使火炮射角稳定的装置，称为单向稳定器，或垂直（高低）稳定器。能使火炮射角和方向角都得到稳定的稳定装置，则称为双向稳定器。这种带稳定装置的炮控系统，除了在一定的精度范围内稳定火炮外，还具有优良的控制性能，能实施对火炮高质量的控制。

炮控系统主要包括高低向稳定器、水平向稳定器和炮塔电力传动装置，是对火炮实施驱动和稳定的自动控制系统。它同时受稳像火控系统控制，使得火炮自动跟踪瞄准线并赋予火炮射击提前量。其具体功能：行驶时自动地将火炮稳定在高低瞄准角和水平方向角；按炮长给定的调炮指令在稳定（自动）状态下和非稳定（半自动）状态下，以平稳的速度调转火炮跟踪目标；按车长给定的指令超越炮长控制而实现高低、水平向目标指示；按火炮计算机给出的射击诸元自动赋予火炮射角。炮控系统可分为垂直向炮控系统和水平向炮控系统。

1. 炮控系统的基本工作原理

1）垂直向炮控系统的工作原理

垂直向炮控系统一般是一个电液式伺服系统，它能实现对火炮垂直向射击角度的稳定和瞄准。在安装垂直向炮控系统的速度陀螺传感器时，其框架轴线与火炮身管轴线相平行，而转子轴线与火炮耳轴轴线相垂直，基座与火炮摇架固连。这样高低向速度传感器就能测量火炮垂直向运动的角速度，并将其转换成电信号。垂直向炮控系统原理框图如图 9.7 所示。

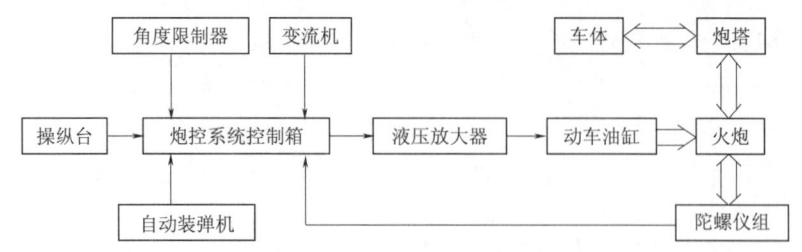

图 9.7　垂直向炮控系统原理框图

2）水平向炮控系统工作原理

水平向炮控系统一般是一个全电式复合控制系统，即一个按偏差控制的闭环系统和一个按扰动控制的开环系统的复合。闭环系统应用的速度陀螺与垂直向炮控系统的一样，只是安装方向不同：方向速度陀螺仪的框架轴线与火炮身管轴线相垂直，陀螺转子轴线与火炮耳轴轴线相平行，基座与火炮摇架固定。这样安装就实现火炮水平向的稳定和瞄准。水平向炮控系统工作过程如图 9.8 所示。

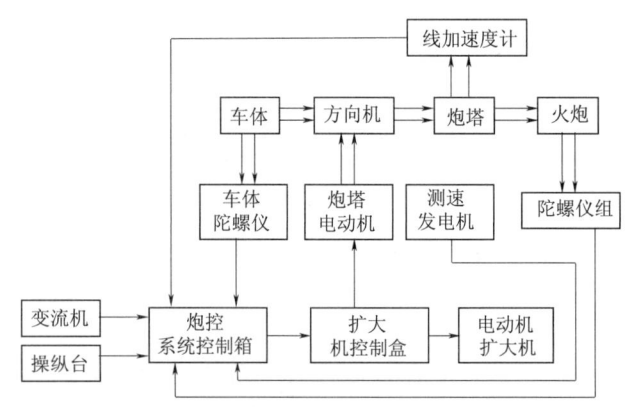

图 9.8　水平向炮控系统工作过程

2. 炮控系统的组成与功能

炮控系统主要由炮长操纵台、陀螺仪组、变流机、炮控系统控制箱、液压放大器、动力油缸、补油箱、高压油管组、角度限制器、调炮器、起动配电盒、电动机扩大机、扩大机控制盒、炮塔电动机、电磁离合器、测速崩离析发电机、线加速度传感器、车体速度陀螺仪、车长目标指示器、驾驶窗闭锁开关、炮塔固定器闭锁开关、炮控电缆等部件组成，如图 9.9 所示。

炮长操纵台，为炮控系统的控制部件，它是电气和机械的合成机构，供炮长用来操纵火炮瞄准、机枪及火炮击发、激光测距和自动装弹等。

陀螺仪组，由速率陀螺和放大器板组成，用来产生高低和水平方向的稳定和瞄准信号。火炮扰动的测量部件皆采用陀螺仪传感器。

变流机，由同轴的电动机-发电机组和稳频装置两部分组成。电动机部分为直流复励电动机，发电机部分为永磁式交流发电机，变流机用于将 26 V 直流电压变换为三相、频率为

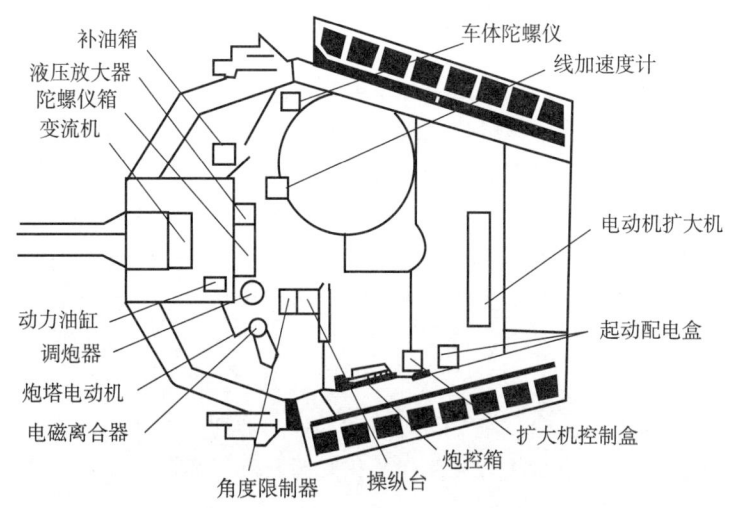

图 9.9 某坦克炮控系统主要部件

400 Hz 的 36 V 交流电压，供火控系统使用。通过控制和调节电动机的励磁，来稳定电动机的转速，以稳定发电机输出电压的频率。

炮控箱为炮控系统的综合控制部件，它通过电缆与其他部件相连，主要是完成炮控系统的起动、控制、调整和工况转换等工作。炮控箱内部安装有电源电路板、放大器电路板、开关电路板等。外部有插座、计时器、精度显示转换开关、精度显示水平和垂直调零电位器、显示窗口、调整窗、检查窗、保险丝和检测插座等。

起动配电盒主要由接触器、起动电阻以及用于元器件安装的支架和紧固件等组成，通过插座和专用接线座与外部电路的连接。起动配电盒与火炮控制系统的其他机械、电气部件共同完成整个系统的控制过程。起动配电盒可以关断电动机扩大机电源，使其停止运行。

电动机扩大机为水平向系统的功率驱动部件，为炮塔电动机提供不同极性和不同大小的电压。电动机扩大机的驱动电动机一般采用永磁式，可降低静态功耗。

电动机扩大机控制盒，可以在自动和半自动工况下接收来自炮控箱的控制信号和反馈信号，通过调整电动机扩大机发电机励磁绕组的电流来调整发电机的电压，达到调节炮塔电动机转速的目的。

线加速度传感器是一种敏感线加速度的惯性器件，它在炮控系统中用于敏感炮塔横向运动时的加速度，并将信号送入水平稳定器，以提高火炮水平向的稳定精度。

车体陀螺仪是用来敏感车体在炮塔旋转平面内振动角速度的大小和方向的，并将其转变成方向稳定的前馈信号，从而提高方向稳定器的稳定精度。

炮塔方向机固定在一炮手座位左前方的炮塔壁和上座圈上，用于转动炮塔并赋予火炮的水平射角。方向机有电驱动和手驱动两种功能。在使用双向稳定器或电传动时，方向机由炮塔电动机驱动，方向机可以各种速度调转炮塔，实现搜索目标和精确瞄准或稳定炮塔。方向机由炮塔电动机、电磁离合器、测速电动机、保险离合器、手轮及蜗轮蜗杆机构、清除空回机构和方位指示器、固定器手柄、箱体等部件组成。

垂直向稳定器电液伺服系统，主要由液压放大器、动力油缸、补油箱和油管组成，用来将陀螺仪组或稳像式瞄准镜陀螺仪输出的电信号，经中间前置放大器放大后进行电液转换和功率放大,并形成相应的力矩作用到火炮上,拖动火炮做相应的俯仰运动,以完成对火炮的瞄准和稳定。

调炮器是一个机械电气装置,通过齿轮传动完成火炮的机械角度与电气信号的测量和转换。它测量出火炮相对于自动装弹机装填线的位置,炮控系统根据位置信号进行调炮,当火炮进入装填线后,自动装弹机根据该信号将火炮机械闭锁。

角度限制器固定在高低机支架上,用于当火炮达到最大仰角或最大俯角时,切断瞄准电路,同时为接通闭锁电磁铁电路做好准备。角度限制器是利用杠杆机构相互作用,将输入的机械转角转变成相应的开关动作,实现系统极限的自我保护,以减少不必要零部件的损坏。

9.3.2 发动机综合控制系统

发动机电控系统的控制目标:使发动机的动力强、油耗小、排放污染和噪声小,本质是改善发动机的燃烧过程。然而这些指标往往是相互联系和矛盾的,没有电子控制,这些矛盾很难解决。

电控系统的控制内容:喷油控制、进气控制、速度控制、废气再循环控制和故障诊断等。在发动机结构一定的条件下,喷油量、喷油时刻和喷油规律基本决定发动机的性能,因此,发动机计算机的控制重点是喷油控制。

按发动机所用燃料,可分为电控汽油喷射系统、电控柴油喷射系统等。装甲车辆发动机大部分是柴油机,电控柴油喷射系统对喷油量、喷油时间、喷油压力、喷油率进行控制,同时,也进行变速器控制、排气再循环控制、进气量控制等,还具有故障自诊断、故障应急处理、数据通信等功能。

柴油机电控系统框图如图9.10所示,一般由传感器、ECU和执行装置三大部分组成。传感器可将发动机各种状态的物理量转换成相应的电量送给ECU,ECU按一定的控制策略综合、处理这些信息后送出控制数据,执行装置将ECU送出的控制数据和信息(电量)转换成物理或机械动作,改变发动机的状况,使其工作在控制策略规定下的状态。

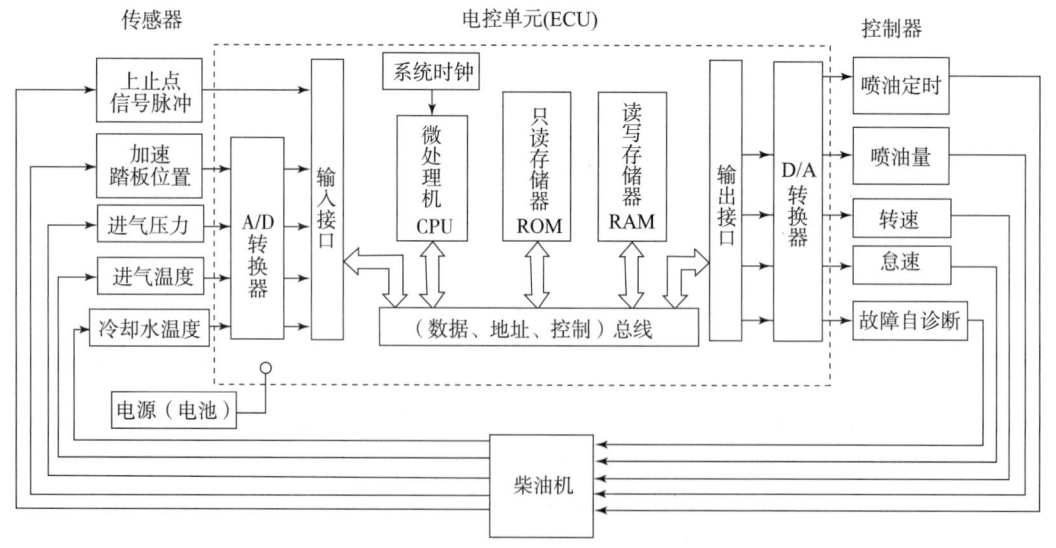

图9.10 柴油机电控系统框图

ECU还有自动诊断系统故障的功能。在ECU的可编程只读存储器中，存放了一套自检程序，一开机，该程序首先运行，它既能检查计算机内部，又能监测计算机外部的部件。一旦发现故障，立即在仪表板进行报警，维修技术人员可根据车型完成故障诊断的操作，给整个系统的检修带来了极大的方便。

装甲车辆好的机动性取决于车辆良好的动力性能，它不仅取决于发动机，而且还取决于传动系统。发动机与传动系统的匹配是动力好坏的重要因素。从根本上说，发动机与传动应是一体化的，即结构、设计和控制一体化的系统，只有这样，才能使车辆的动力性能达到综合最优。

1. 柴油机喷油控制系统

柴油发动机的喷油从机械控制逐步走向电子控制。电控系统有单体电控泵喷射系统和共轨喷射系统，其中共轨喷射系统已成为发展的主流。

柴油机燃油供给与调节是其最重要的系统，对发动机内部的燃烧及其主要性能有直接的影响。

车用柴油机中常用的机械燃油喷射系统分为直列（柱塞）泵系统和转子泵系统。直列泵系统多用于大、中型车用柴油机上。转子分配泵系统则多用于轻型客车和柴油轿车上，它们的转速较高。我军装甲车辆的发动机多是直列泵（泵－管－嘴）系统。发动机转速越高，直列泵供油越多，反之越少，因此柴油机需要调速装置。

装甲车辆大部分采用直喷式燃烧室，具有较高的燃油喷射压力，发动机的燃油经济性好，冷起动特性好，但噪声和振动大，排放污染大。在机械控制下，喷油规律由发动机的机械结构而定。

按实际喷油的燃烧过程，开始的喷油量较多，预混合燃烧放热率较大，此时缸压变化快，发动机振动和噪声大，NO_x排放多；后来喷油较少，扩散燃烧放热率较小，碳烟不能充分氧化，势必排黑烟（微粒）；而理想燃烧过程开始时喷油量较少，预混合燃烧放热率较小，缸压变化率小，发动机振动和噪声小，NO_x排放少，后来扩散燃烧放热率提高，碳烟能充分氧化，减少了排烟。

要想发动机的动力、油耗、排放污染和噪声达到综合最优，柴油机应控制实际燃烧过程。为了实现理想的喷油规律，人们采用了机械式泵－管－嘴系统等，取得了一定的成效，但传统的机械式泵－管－嘴系统很难实现理想的喷油规律。实践证明，要实现理想的喷油规律，必须精密地控制燃烧过程，可以在传统的泵－管－嘴系统基础上实施电控。要使发动机有好的综合性能，达到排放标准，必须采用电控系统。功能更优越和调节自由度更大的电控共轨喷油系统近年来发展很快，已成为主导产品。

共轨燃油喷射系统的高压油管是各缸共享的。ECU根据发动机工况和其他信息（如油温、气温等），依据给定的油压脉谱图，通过油泵控制阀来调节高压供油泵的供油量，以改变共轨中的油压，因此，油压与发动机转速无关。喷油器的开启和关闭由控制室中的油压决定。当三通电磁阀通电时，控制室中的高压油流出，喷油器针阀因压力室内的油压作用而上升，喷油开始；当三通电磁阀断电时，高压油重新回到控制室，液压活塞下行，使针阀关闭停止喷油。三通电磁阀的开启时刻和开启持续时间就决定了喷油时间，即喷油量。节流孔的孔径大小可以影响控制室泄压速率，从而控制了针阀上升速度，以改变初始喷油速率。这一系统通过油泵控制阀和三通电磁阀可以实现对喷油压力、喷油时间、喷油量和喷油速率的柔性控制，可以完成更加理想的喷油控制。

电控共轨喷油系统与传统喷油系统相比较，有下述优点：

①喷油压力在一定范围内连续可调，对不同工况可采用最佳喷射压力，从而优化柴油机的综合性能，特别是解决了传统喷油系统的喷油压力随转速降低而降低，导致低速转矩和排放性能不好的固有缺陷。

②系统紧凑、刚度大，可实现较高的喷油压力。

③可实现各种喷油规律，例如，预喷射、多段喷射和"靴形"喷射等，以及适应排放后处理的喷射。

④采用电磁阀控制喷油，控制精度高，循环波动小。

2. 柴油机调速系统

柴油机不同于汽油机，转速越高，直列泵供油越多，促使发动机加速，这容易使发动机在高速时"飞车"；相反，发动机转速降低，喷油减少，转速会更低，容易使发动机低速不稳甚至熄火，因此，柴油机需要调速装置。调速装置可限制发动机最高转速，稳定最低转速，在负荷变化时自动调节供油量，使发动机的转速稳定。

发动机工作时，一方面，其机械调速装置的弹簧力使油量调节齿杆向加油的方向移动；另一方面，离心弹子的推力使油量调节齿杆向减油的方向移动。在这两个力的作用下，全程调速装置在油门踏板和手加油杆位置不变时进行调速工作。

当外界阻力一定时，发动机转速稳定，弹簧拉力与调速装置中的离心弹子的推力处于平衡状态，油量调节齿杆不动，发动机转速稳定。

当外界阻力增大时，发动机转速降低，调速装置中的离心弹子收缩，轴向推力小，在弹簧的作用下油量调节齿杆自动向加油的方向移动，使发动机转速上升。当两个力平衡时，自动加油停止，发动机工作在比原来稍低一些的转速下。

当外界阻力减小时，发动机转速升高，调速装置中的离心弹子张开，轴向推力增大，克服弹簧力，使油量调节齿杆自动向减油的方向移动，使发动机转速下降。当两个力平衡时，自动减油停止，发动机工作在比原来稍高一些的转速下。

机械调速装置在保护发动机的同时，只能对发动机转速进行基本稳定，实质是一种定性调节。随着对发动机的要求越来越高，即要求转速的精确性和快速的响应性，机械调速装置无法胜任和完成。电子调速装置的准确性、快速性和多功能性，以及一体化控制的要求，使其必然代替机械调速装置。

电子调速系统框图如图9.11所示，主要包括转速传感器、齿杆位置传感器、电控单元和执行机构（位置控制的比例电磁铁）。加速踏板位置一定，调速装置中的ECU记下发动机的转速并作为基准。在车辆运行中，任何发动机转速的变化都通过转速传感器反馈到电控单元，电控单元控制比例电磁铁通过移动油量调节齿杆来改变供油量，达到调节速度的目的。整个系统比机械系统速度快、精度高。

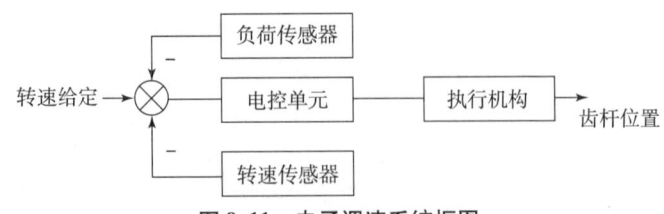

图9.11 电子调速系统框图

在实际的控制中，系统不仅要速度反馈，而且要负荷（加速踏板）反馈。ECU得到转速、负荷和齿杆位置参数，并对转速和负荷信号进行微分，以这5种基本参数进行转速控制，转速结果响应快、稳定、振荡小。电子调速系统作为柴油机电控的一部分，是提高发动机性能和动力一体化控制中不可缺少的。

3. 柴油机空气滤清器阻力报警装置

装甲车辆发动机工作环境恶劣，空气滤清器上尘土附着越多，进气阻力越大。阻力达到一定程度时，发动机的功率下降、油耗上升、温度升高、排放的烟度增加。为了保证发动机正常工作和安全，需要配置空气滤清器阻力报警装置，在空气滤清器进气阻力增加到一定值后，给驾驶员报警，以便及时清洗滤清器。

进气管内的相对真空（负压）通过采样接管、空气滤指示器接通开关到达空气阻力传感器。通过空气滤清器的空气阻力增大，发动机进气管内的相对真空变大，空气阻力传感器中的膜盒变形越大，杠杆在电位器上的位移也越大。当空气阻力大到临界值时，杠杆移动接通指示灯电路，指示灯亮向驾驶员报警。

4. 柴油机排温自动控制装置

装甲车辆发动后的排温在某种意义上说明发动机的热负荷，排温过高影响发动机的寿命，工作效率下降，NO_x 排放增加。排温自动控制装置可以保证发动机工作在正常温度范围内。

排温自动控制装置由传感器、控制盒、执行器组成。工作原理如图 9.12 所示，传感器检测发动机的温度，将检测到的信号输入控制盒，当排气温度超过规定值时，控制盒输出控制信号至执行器，执行器控制齿杆移动，使喷油量减少直至排气温度下降到规定值以下。当排气温度不超过规定值时，则控制盒处于监测状态。

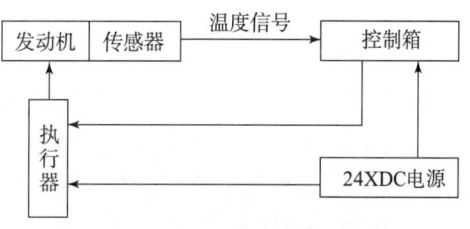

图 9.12 排温自动控制原理框图

9.3.3 自动变速器的电子控制系统

自动变速器，是车辆行驶过程中，驾驶人根据行驶需要控制加速踏板，变速器即可依据发动机负荷及车速等参数的变化，自动换入不同挡位工作。装有自动变速器的车辆不仅换挡快且平稳，减少了换挡过程动力损失，提高了乘坐舒适性，而且换挡准确，让发动机动力总成常处于经济和高效率工作区，提高了整车动力性和燃料经济性。另外，自动变速器通过电液系统控制方式，有效消除或降低动力传动过程中的冲击和动载，提高了动力系统零部件的使用寿命和可靠性。

典型自动变速器主要由带锁定离合器的变矩器、齿轮变速机构、换挡执行机构、油泵、液压控制系统和电子控制系统组成。驾驶人通过加速踏板和变速杆向电子控制单元 ECU 传递操作意图，各种传感器检测车辆行驶状态，ECU 接收和处理信号，并按存储于其中的最佳控制参数，如最佳换挡规律、离合器最佳控制规律、发动机节气门的自适应调节规律等，分析确定挡位和换挡点，输出换挡指令，通过电动、液压或气压分别对发动机节气门开度、离合器接合与分离、变速器换挡三者进行控制，实现三者的动作与时序的最佳匹配，从而实现平稳起步和迅速换挡；使汽车获得优良的燃油经济性与动力性。电子控制机械式自动变速器（AMT）的基本控制原理如图 9.13 所示。

图9.13 AMT的基本控制原理

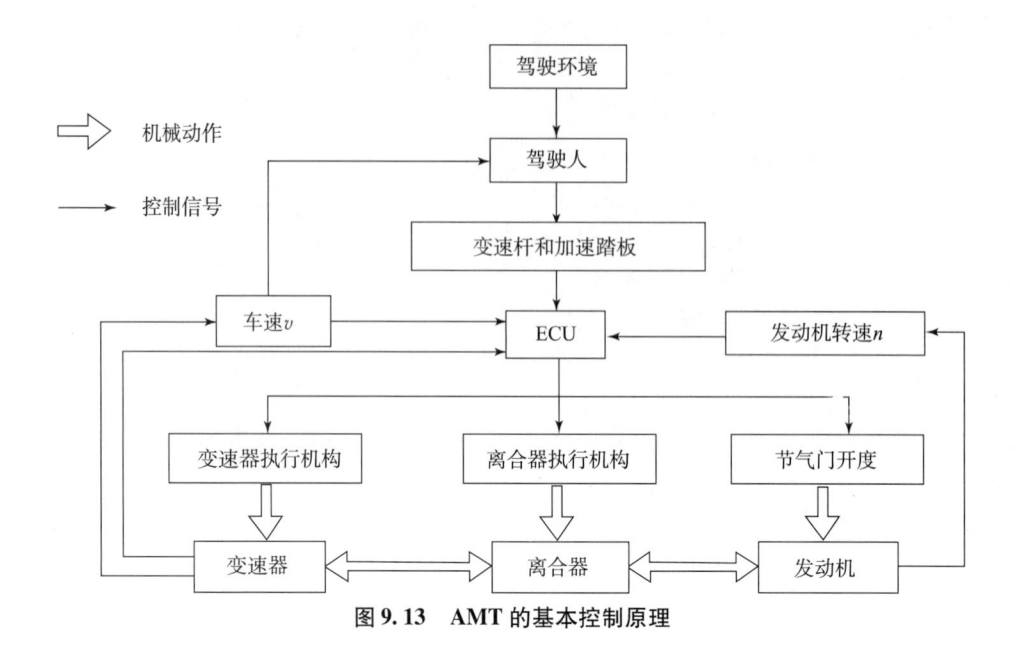

9.3.4 电动助力转向系统

助力转向系统是指在驾驶人的控制下，借助于车辆发动机产生的液体压力或电动机驱动力来实现车轮转向。助力转向是一种以驾驶人操纵转向盘（转矩和转角）为输入信号，以转向车轮的角位移为输出信号的伺服机构。助力部分跟踪手动操作，产生与转向阻力相平衡的辅助力，使车辆进行转向运动。与此同时，把部分输出力反馈给驾驶人，使其获得适当的手感，构成所谓的助力转向双动伺服机构，如图9.14所示。由于助力转向系统使转向操纵灵活、轻便，在设计时，对转向器结构型式的选择灵活性增大，因此已在普遍采用。尤其是电子控制技术在助力转向系统的应用，使驾驶性能达到令人满意的程度。电子控制助力转向系统在车辆低速行驶时可使转向轻便、灵活；在车辆高速区域转向时，又能保证提供最优的动力放大倍率和稳定的转向手感，从而提高了高速行驶的操纵稳定性。

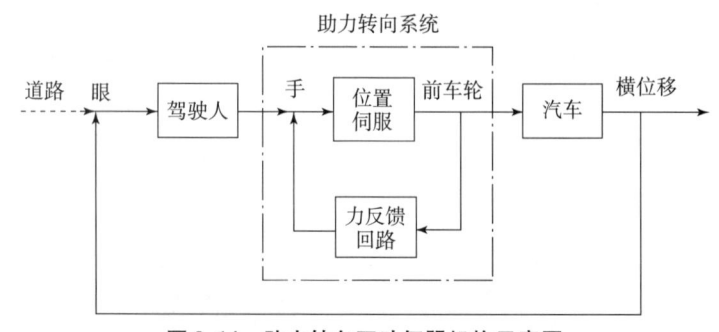

图9.14 助力转向双动伺服机构示意图

电动助力转向系统（EPS）是利用电动机作为助力源，根据车速和转向参数等，由ECU完成助力控制。它能节约燃料，提高主动安全性，并且有利于环保。

EPS 主要由转矩传感装置、车速传感器、电子控制单元、电动机、离合器、减速机构、转向轴及手动齿轮齿条式转向器等组成。转矩传感器用于检测作用于转向盘上的转矩信号的大小与方向。车速传感器根据车速的变化，把脉冲信号传送给 ECU。电动机是 EPS 的动力源，根据 ECU 的指令产生相应的输出转矩。离合器保证 EPS 在预先设定的车速范围内闭合；当车速超出设定车速范围时，离合器断开，电动机不再提供助力，转入手动转向状态。减速机构用来增大电动机的输出转矩。ECU 接收转矩信号和车速信号，并计算出最优化助力转矩，然后输出指令信号给电动机控制电路，由控制电路决定电动机作用的大小和方向。

9.3.5 电子控制悬挂系统

车辆行驶的平顺性和操纵稳定性是衡量悬挂性能好坏的主要指标，所以理想的悬挂应在不同的使用条件下具有不同的弹簧刚度和减振器阻尼，这样既能满足行驶平顺性要求，又能满足操纵稳定性要求。电子控制悬挂系统克服了传统被动悬挂系统对其性能改善的限制，可根据不同的路面附着条件、不同的装载质量、不同的行驶车速等来控制悬挂系统的刚度，调节减振器阻尼力的大小，甚至可以调整车身高度，从而使车辆的平顺性和操纵稳定性在各种行驶条件下都能达到最佳组合。

电控悬挂系统由传感器、控制器、阻尼可调减振器、驱动电路、驱动电动机等构成。

电控悬挂用传感器主要测量车辆运动量，其中车速传感器用来测定车速，转角传感器用于检测转向盘的中间位置、转动方向、转动角度和转动速度，加速度传感器用于直接测出车身横向加速度和纵向加速度，车身高度传感器检测车身高度（悬挂装置的位移量）。

电控悬挂的控制器是悬挂控制系统的枢纽，由微处理器和传感器电源电路、执行器驱动电路及监控电路等组成。通过从传感器接收车辆行驶状态下的各种信号，如速度、加速度、高度信号等，按照控制器内预先编好的控制语句通过执行机构（步进电动机、电磁阀等）对减振器的阻尼力、弹簧刚度等进行控制，从而改善汽车行驶稳定性。控制器框图如图 9.15 所示。其控制功能主要包括传感器信号放大、输入信号的计算、驱动执行机构、故障检测等。

电控悬挂的控制流程图：预先将电子控制装置的控制程序写入 ROM，悬挂控制过程中，按控制程序规定的顺序进行计算、分析和比较。系统起动后，首先对控制装置 RAM、执行机构进行初始化，然后读取各种传感器输入信号和各种开关信号，根据驾驶人所选择的系统控制模式，对输入信号进行计算、分析，并发出控制信号进行车辆行驶控制，最后再读取各种输入信号，如此往复循环。

减振器是利用阻尼消耗振动过程中产生的能量。减振器一般是利用小孔节流的流体阻尼技术来实现悬挂系统的减振特性。阻尼可调减振器的阻尼力变换是通过转子阀转动来实现的，转子阀由装在减振器内的电动机驱动，转子阀可按三个阶段变换减振器内节流口的面积，从而控制减振器阻尼力为软、中、硬三种不同状态。一般行驶情况下，减振器均处于"软"工况。当车轮突然出现反跳时，系统就会立即将前减振器状态调至"硬"工况，后减振器调至"中"工况。

悬挂控制执行器安装在弹簧和减振器的上方，用于驱动减振器的阻尼调节杆和气压缸的气阀控制杆，从而改变减振器的阻尼力和悬架弹簧刚度。悬挂刚度、阻尼调节杆驱动装置多采用直流电动机或步进电动机。电动机经过蜗轮-蜗杆或行星齿轮传动驱动调节杆，限位开

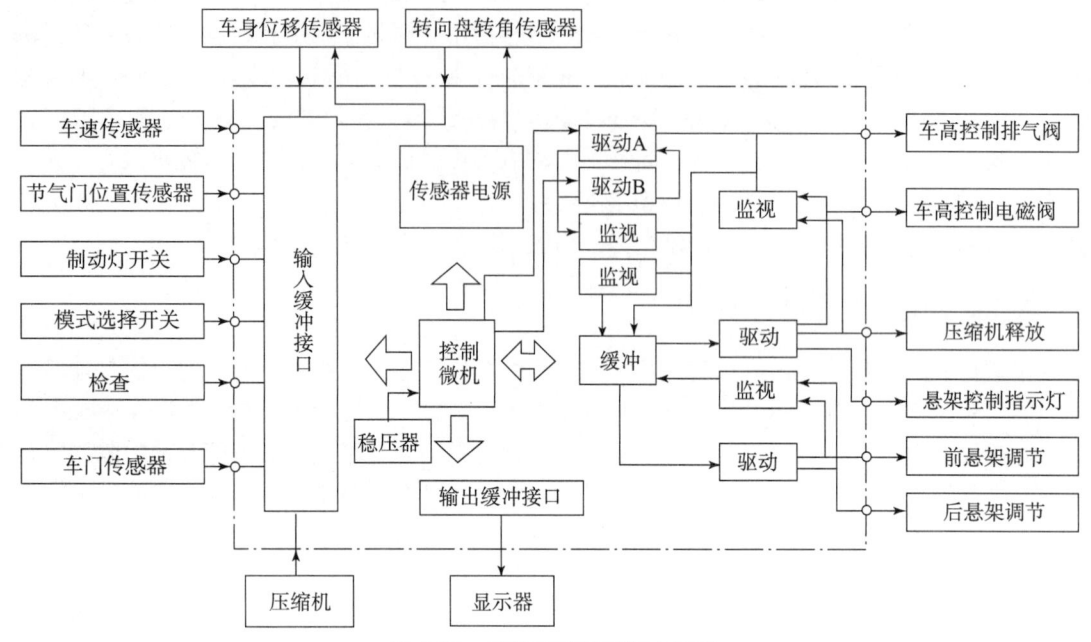

图 9.15　悬挂系统控制器方框图

关可在阻断电动机电路的同时，对电动机实行电气制动，使电动机立即停止回转。有的执行器采用步进电动机进行驱动，通过对两个电磁线圈通以脉动电流，在定子上产生电磁力，从而使永久磁铁组成的转子转动，每一次脉动电流使转子旋转一定角度。

9.3.6　舱内温度控制系统

空调的作用就是平衡舱内的热负荷，使舱内温度达到舒适的效果。与民用空调相比，军用空调要求：在 +55 ℃时正常工作；可以承受载车越野产生的振动、冲击；可靠性、可维修性远高于民用空调；空调接上风道可以控制冷风或热风的去向，直接送到人所在的位置，直接送到机柜内的发热区，使舱内温度得到有效的控制。要选择制冷量与舱容大小匹配的空调。

舱内冷负荷的计算：夏季当舱外的环境温度高达 55 ℃时，若要使舱内温度降至 28 ℃，舱内的总冷负荷 = 舱内空气的吸热量 + 舱体保温量 + 舱内电子设备的吸热量 + 舱内设备的发热量。

舱内热负荷的计算：冬季当舱外的环境温度达到 -25 ℃时，若要使舱内温度升至 10 ℃时，舱内的总热负荷 = 设备的散热量 + 人体散热量 + 照明设备散热量 + 舱体蓄热量 + 舱内空气的放热量。

通过以上计算，参照空调主要性能参数选择匹配的空调。空调制冷量的选择固然可以通过上述计算获得，但实际计算方法较烦琐。可以不通过计算舱内热负荷，而在大量试验的基础上，反算出舱壁板单位传热面积上消耗的制冷量，由此可推算出所需配备空调的制冷量，即 $Q = \lambda F$。式中，λ 为方舱大板单位传热面积上消耗的制冷量（W/m²）；F 是除底板外方舱外表面积（m²）。λ 是一个经验和试验数据，它是在大量试验数据基础上获得的。λ 受气候、风速、气压、湿度等因素的影响。一般来讲，这一数据在北方约为 170 W/m², 高温地区和潮湿地区应选大一些，因上述地区空调的负荷加大，制冷效率将有所下降。随着科技的发展，机动式指挥所系统的功能越来越强大，对具有恶劣的作战环境和自然环境同时又兼备良好的内部环境的条件下，保证通信、指挥、作战、信息、后勤保障等工作的连续性和可靠性提出了更高的要求。因此，与之相匹配的结构设计也有待进一步提高。

9.4 车载通信系统的配置与选型

9.4.1 车载通信系统及其特点

装甲车辆装有通信系统，具有通信能力，这是车辆自身及作战指挥的需要。车载通信包括车际通信和车内通信。车际通信是指车与车之间的通信以及车与地面指挥所之间的通信；车内通信是指车内乘员之间，也包括车内乘员与车外搭载兵之间的通信联络，还包括停止时车辆之间的有线通信联络。车际通信是车辆通信的主体，是战场战术通信的一部分。

车载通信系统包括车载式无线电台和车内通话器。车载式无线电台用于车际通信，车内通话器供车内乘员之间通话联络。车载电台由收发信机、天线及调谐器等组成。车辆通信中应用的某些终端设备，如传真机、汉字终端等设备，是通用终端设备，不属于车辆通信系统。车内通话器主要由各种控制盒、工作帽（音频终端）和连接电缆等组成。电台和车内通话器在车内总是配置成系统使用。图 9.16 所示是车载通信系统示意图。

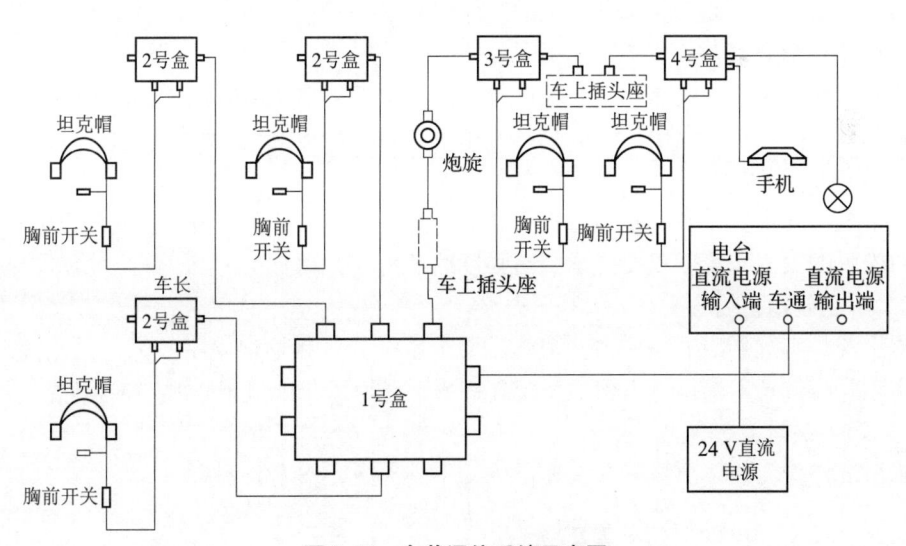

图 9.16 车载通信系统示意图

车载通信系统与其他军事通信相比较，具有以下特点：
①话音通信为主。
②运动中通信为主。
③存在同台多机问题。

④通信环境恶劣。
⑤通信效果易受地理环境影响。

9.4.2 车载通信系统要求

对于车载通信系统，除了满足一般军用通信装备的要求以外，还有以下特殊要求。

(1) 通信性能好

装甲车辆的通信性能基本上取决于车载通信设备的性能，对装甲车辆通信性能的要求指标众多，习惯上仅选其中最重要的通信距离来表示车辆的主要通信性能，这是因为通信距离反映的是指挥员在战场上实施指挥的有效控制范围。在装甲车辆通信中，通信可靠度习惯上用可通率来表示，可通率指通信双方均可通的信道数与通话试验的信道总数之比。把可通率为70%时的通信距离定义为车辆的"通信距离"，可通率为50%时的通信距离定义为"极限通信距离"。

(2) 通信系统在车内的布置与安装合理

为保证车辆的通信性能，通信系统在车内布置与安装应科学合理，如果通信系统在车内的布置位置不妥或安装不牢，电缆走向、捆扎不合理，接地点选择不恰当或接地不良等，均可能使通信系统应有的功能与性能得不到发挥，造成车辆通信性能下降。例如：某坦克由于电台安装位置不当，从而导致50%信道受计算机干扰；接地不良，造成车内通话受干扰等。又如，移动组网通信要求电台的天线在水平面应具有无方向性，现在使用的车载鞭状天线本身是无方向性的，装到车上后，会出现不同程度的方向性，即在某个方向上通信效果较好，而在别的方向上通信效果变差。这是由于车辆顶甲板不是理想地网，而且天线安装位置要综合考虑多种因素，不可能安装到顶甲板的几何中心。

(3) 车内电磁环境好

车载通信系统对车内电磁环境要求比较高。由于车辆中应用的电子设备不断增多，使得车内电磁兼容性问题日益突出。十分复杂的车内电磁环境不同程度地影响通信性能。

(4) 系统抗振性能好

要求系统内的主要设备有坚实的机箱和减振防松措施，所有的模件、插件及电路板均须设置有防松脱的紧固装置，以便能承受高强度的冲击和振动。

(5) 系统抗噪性能好

要求系统具有抗噪声通信能力。为此，要求系统的音频输出电平较高，采用隔音耳罩、静噪与主动降噪等技术措施，以保证系统在高噪声环境下仍能进行正常的通信联络。

(6) 系统操作性能好

要求系统操作简便，更换频道快速准确，不用寻找，不用微调。

9.4.3 车载通信系统配置与选型

1. 车内通信系统

车内通信是指车内乘员之间，也包括车内乘员与车外搭载兵之间的通信联络，还包括停止时车辆之间的有线通信联络。

车内通信系统，也称车内通话器，简称车通，是用于装甲车辆车内乘员之间相互通话，以及车内乘员通过车载电台与外接进行通信联络的装置总称。车内通信系统的主要功能：供乘员进行车内通话；使用电台进行无线通信；在车辆停止或慢行时，车内、外人员可通过灯光信号相互联络或双工通话，车外人员也可使用车内电台；车外远地两部电台可经车内两部电台进行自动转信。

车内通信系统主要由各种控制盒、工作帽和连接电缆等组成，如图9.17所示。一号中心控制盒是车内通信系统的主要部分，用于放大乘员话音信号和电台收信机监听放大器的输出信号。多个二号控制盒分别供车长、一炮手、二炮手等使用，用它既可进行车内通话，也可以使用电台通话。三号控制盒为驾驶员专用，具有车内与利用电台通话功能，同时，它还控制着搭载人员使用电台或进行车内通话的时机。四号控制盒供搭载人员通过三号盒进行车内通话或使用电台通信。五号控制盒通过车内安装的转信台，可与车外远距离的通信台自动通信。工作帽是车内乘员的音频终端。因为车内空狭小，车辆内噪声高，高噪声环境不仅会伤害乘员的听力，而且严重影响通信效果，为了避免通信干扰，车内乘员采用独立的带音频终端的工作帽。野战电话机，也称手握受话送话器，简称手机，是战场条件下使用的有线通信终端设备，主要供搭载人员使用。

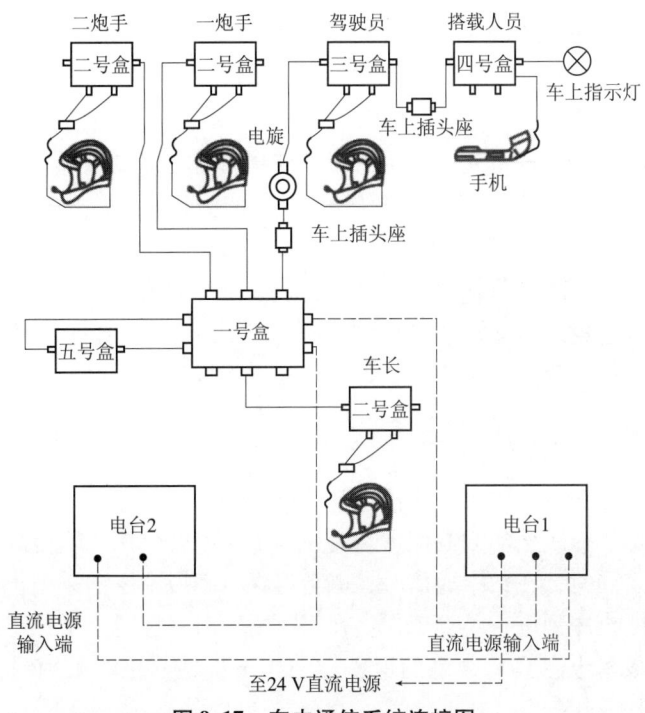

图9.17　车内通信系统连接图

2. 车际通信系统

车际通信系统，是指用于装甲车辆之间的通信以及车与地面指挥所之间的通信设备的总称。车际通信系统是车载通信系统的主体。

车际通信系统，主要由电台、保密单元、跳频单元等部分组成。系统中电台具有频段宽、波道多、可预制信道等特点。并可在移动指挥所（如装甲指挥车）中，同时开通多部电台进行多方向通信工作。电台在装设电子反干扰和保密机单元后，能提高系统在电子战条件下的抗干扰、反窃密和反侦察能力。当系统中电台配接数据终端、电子计算机、传真机等终端设备后,通过 VHF/FM 无线电通信网能够建立数据、文电、战场态势图等野战数据信息网。由于系统多处采用了微处理器,因而实现了电子记忆预置信道、天线自动匹配、自动调谐与检测、遥控、自动转信等多项功能,使得整个系统便于使用和野战维护,通信传输稳定可靠。系统设计中采用了积木式与模块式紧凑结构,从而具有"三防"性能。

1) 电台

电台是无线电台的通称,是指一种用于进行无线电通信的技术设备。电台由发射机、接收机、天线、电源等组成。从应用角度出发,电台可分为话音传输的对讲电台(如对讲机、车载台等)和数据传输的数传电台。

装甲车辆车载电台,一般是甚高频、调频式战术电台,可实现信道预置、自测、自动调谐、遥控、自动转信等功能控制,并具有良好的电磁兼容性和同车多机工作能力。电台可预置多个信道,工作可采用值班收听、单工收发、转信、遥控、轻声通信、数据通信等方式。在中等起伏地形条件下,采用大功率通信距离为 35 km,中功率通信距离为 15~20 km,小功率通信距离为 8~10 km。

2) 保密单元

保密单元,是一种数字式话音加密/解密装置。该装置采用信息保密技术,可以对原始信息进行数字加密处理。在通信过程中,既可以用明语也可以用密语方式工作,还能够与跳频单元连用而组成跳频加密通信方式。因此,该机在战术通信中有很高的保密性能。

保密单元一般由微处理器单元、音频单元、控制单元、接口单元等组成。微处理器单元(MC)用于产生各种控制保密单元的控制信号。它由微处理器、ROM、RAM、微处理控制器(CC)和中断控制组成。音频单元(AU)可以进行信号的模/数转换,并对发送信号进行加密以及对加密后的信号进行检查和监视。控制单元(CONT)提供整机工作的定时信号及同步信号处理。接口单元(INFC)用于处理保密单元与电台之间的状态。微机通过该单元发送保密单元状态数据或读入系统状态数据。同时,该单元使保密单元内部时钟与数据单元时钟进行位同步。

3) 跳频单元

跳频单元,是在通信过程中可以使信道频率快捷跳变的装置,是一种战术语言通信用、采用全同步信道频率快捷跳变的载波保护装置,与电台配合使用,既可以进行模拟通信,也可以进行数字通信。同时,在数字通信时,电台可在全频段范围内采用正交跳频方式,按照一个长而复杂的伪随机序列进行跳频工作。在保密通信时,还可以把保密单元和跳频单元接入电台系统中,使战术电台具有很高的保密性和抗干扰性。工作采用明语、密语、密钥加注、存放抹除共四种方式。

跳频单元主要由微机单元、基带单元、接口单元、同步单元、定时单元等组成。微机单元由低功耗微处理器产生的各种信号控制跳频单元工作。基带单元的作用是跳频单元与电台连用时,能使来自电台的信号通过跳频单元中的基带单元处理后,再返回上述两种电台以完成跳频信号的处理。接口单元可使电台获得跳频单元的面板功能,也可以通过电台键盘显示器来检测跳频单元的工作状态。同步单元可译出同步数据并提供同步的定时信号。同步数据译码同时被送往微机单元。定时单元提供跳频单元使用的各种定时信号。

9.5 车载综合电子信息系统

9.5.1 综合电子信息系统

1. 装甲车辆综合电子系统及其构成

随着电子技术与车辆技术的发展，在一些国家的第三代和新一代主战坦克中出现了装甲车辆综合电子系统。装甲车辆综合电子系统是当今武器装甲车辆的重要技术，是把电子信息技术与传统的装甲车辆技术相融合，是当前世界各国竞相开展的一项重要工作，是未来装甲车辆提高综合效能，实现数字化战场的基础。

装甲车辆综合电子系统，是以计算机为核心，以数据总线为纽带，以数据总线为核心，把乘员、车辆各子系统及整个战场指挥控制系统有机联系在一起的综合体系。装甲车辆综合电子系统将车内原有的电子、电气系统和新增的指挥、控制、计算机、情报监视、侦察等设备或子系统综合而成的一个大系统。装甲车辆综合电子系统把战场情报和侦察与指挥控制系统、自动目标探测和目标跟踪的火控系统、炮控系统、车辆辅助防御系统、通信和定位导航系统、车辆状况（油料、弹药储备、故障、火灾等）监测、故障诊断系统、人机接口装置、自动化管理模块等系统综合成有机的整体。

装甲车辆综合电子系统是应用现代计算机数字集散控制、分布式系统控制和管理、系统优化设计、总线通信控制等高新技术，对现代装甲车辆中的信息采集、处理、传输与显示系统，以及目标探测与跟踪系统、稳定瞄准系统、操瞄系统、炮控系统、火控解算系统及车辆行驶控制系统（传行操系统）、定位与导航系统、防护系统、电源分配与管理系统等，实施集中管理，分散控制，分配与协调各分系统的功能，进行全系统工况监控及故障定位、故障隔离，保证车辆电子、电气系统始终处于最佳的工作状态，提高战车的总体作战效能，并通过车际指控系统提高装甲车辆在集成作战环境中的协同作战能力。装甲车辆电子综合系统是通过信息共享，达到功能综合，使车内的子系统性能提高，从而使坦克的总体性能和作战效能倍增。除了提高传统的火力、防护和机动性能外，它还加强了车内的指挥控制能力。图9.18 所示为某坦克综合电子系统的示意图。

在装甲车辆综合电子系统中，计算机、显示系统加上人构成车辆的"大脑"，数据总线构成车辆的"神经"，其他各功能系统构成车辆的"器官"，由此使装甲车辆成为一个功能完备、协调的智能化整体，从而实现装甲车辆的综合化、数字化与智能化。

装甲车辆综合电子系统按功能分为五个部分。

①数据控制和分配分系统，也称数据总线，负责车内信息调度与传输。

②乘员控制和显示分系统，为系统的人-机接口部分。

③计算机资源分系统，为车辆各功能分系统提供了智能资源、数据和信号处理及控制功能。

④电源管理和分配分系统，负责将电能分配给车辆上所有分系统，并对其进行开关控制。

⑤车载电子信息功能分系统，车内外信息获取与应用等功能设备或子系统，包括车内电气、车内通信、定位定向、火控、指挥与控制、情报监视、侦察等设备或子系统。

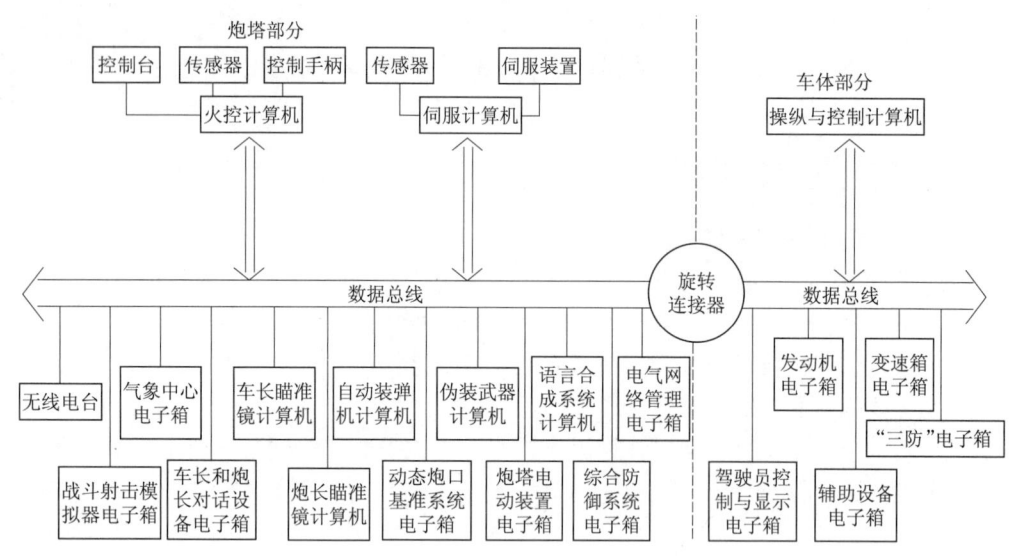

图 9.18 某坦克综合电子系统的示意图

2. 功能要求

①采用先进的多路传输数据总线和数字传输技术，构成车内信息高速公路。指令响应式多路传输数据总线系统，能在车辆综合电子信息系统中起着神经中枢的作用，将全车连接成一个完整的信息网络。

②具有数字式数据输出能力，以便能够构成全车信息系统，这些主要车载功能系统和部件包括武器系统、推进系统、防护系统、通信系统、电气系统和定位导航系统等。

③可实时采集本车位置、车辆状态、敌方目标攻击信息和位置信息等，实时在车长显示器上显示并传输给上级指挥机构，接收上级网络传输的战场态势、导航等各种信息，从而可大大提高战场透明度。

④通过大范围的数据共享的多媒体手段，能够适时地实施指挥与协同，以单车为基点实现指挥自动化，大幅度地提高部（分）队的整体作战能力。

⑤采用具有数字传输能力的电台，这是实现网络信息传输能力的必不可少的条件。

⑥在条件具备时，系统中应增加自动故障诊断和检测子系统，使装甲车辆的综合电子系统具有故障诊断和检测功能，电子部件采用模块结构，便于换件修理。

⑦车载射击模拟训练子系统，可使乘员随时在车上进行模拟训练，并可通过网络系统与友邻车辆进行联合模拟训练。

9.5.2 综合电子信息系统的配置

1. 多路传输数据总线

装甲车辆综合电子系统中的总线有多路传输数据总线、电源管理分配总线、视频总线、车内通话总线等多种。多路传输数据总线，负责装甲车辆综合电子系统内部的信息管理，是综合电子系统的"脊梁"；电源管理分配总线，负责车辆电源系统管理；视频总线，用于热成像或电视图像传输；车内通话总线，负责车内话音通信。

多路传输数据总线是一种军用总线型集中管理的分布式计算机网络。多路传输数据总线的功能是实现车内各系统之间信息的传输和调度。多路传输数据总线按传输介质，分为电总线和光总线，目前装甲车辆上多用电总线。

总线中有若干个远程终端与各子系统相连。总线上数据传输顺序由总线控制器控制，总线控制器不断地发出控制指令，控制数据的存取。各远程终端按照总线控制器的指令变换发送或接收状态，进行数据传输。

信息的传输方式为时分制多路传输，在此方式中，通信系统对来自不同信号源的不同信号在时间上错开来，形成一个组合的脉冲序列。

2. 指挥控制与显示子系统

装甲车辆指挥控制与显示子系统主要用于指挥员进行指挥及乘员操作与控制车内各主要设备，并用于观察和显示车内外有关战术、技术状况，是保证装甲车辆完成作战、机动、防护与通信的主要系统之一，也是车辆综合电子系统的重要组成部分。

指挥控制与显示子系统一般分为三部分，即车长、炮长和驾驶员的控制与显示系统。车长控制与显示系统主要由三块控制面板、一台监视器、一个键盘、信号处理装置及操纵台和电台等组成。一块面板用于总线控制和监视装置，面板上装有控制炮塔、火控系统、瞄准镜、热像仪和自动装弹机的总开关；一块面板用于控制数据传输系统，该传输系统可用于组成表格化信息，并可利用键盘进行修改，面板上电源控制开关可控制电源系统正常工作或控制耗电量，使其在低功耗情况下工作；还有一块面板包括辅助武器控制系统、传感器输入系统、综合防御系统的控制器、车长显示系统与总线接口，采用菜单方式，为车长显示各种信息，并供车长检查故障、手工输入参数及传送信息之用。炮长控制与显示系统主要包括两块控制面板、监视器、键盘、信号处理装置及操纵台等。驾驶员控制与显示系统装在驾驶舱内。所显示的主要信息和信号有里程数、燃油量、发动机转速、蓄电池电压、使用排挡、工作状态以及有关辅助系统、分配系统或发动机组可能出现的故障等。

3. 定位导航子系统

在未来局部战争中，装甲机械化部队可能要以较小的分队（甚至单车）独立去执行难度较大的战斗任务，其活动范围可达几百千米。因此，乘员和上级指挥机关都需要及时了解车辆所在的位置、到达目的地的最佳路线，以便更好地协调行动，统一指挥，快速、有效地调动部队（火力）。定位导航系统可以大大提高抵达预定地点和位置的精度，缩短到达指定地区的时间（距离），降低耗油量，有效地避开核、生、化沾染地区，提高战场生存力。

定位是自动为指挥系统提供武器平台和目标的位置、方向与运动信息。目前，但凡谈到定位系统，一般是指美国的全球定位系统（GPS）。GPS是一个由覆盖全球的24颗卫星组成的卫星系统，这个系统可以保证在任意时刻，地球上任意一点都可以同时观测到4颗卫星，以保证卫星可以采集到该观测点的经纬度和高度，以便实现导航、定位、授时等功能。除美国GPS外，还有我国自主研发的北斗卫星导航系统等。导航是将武器平台等运载体按预先规定的计划和要求，从一个地方引导到目的地的过程。

定位导航系统是确定载体的位置并完成引导任务的设备。定位导航系统可为指挥员和驾驶员实时提供定位、导航、航迹等信息。车长通过显示器了解本车所处位置和行驶方向，驾驶员综合显示器能显示全部导航资料及车长下达的导航命令。定位导航系统还能输入准确的地域边界数据，划定安全区域，一旦车辆驶出安全区，即发出告警信号，提醒停止前进，并显示出返回安全区域的路线。定位导航系统除具有导航功能外，还能为火控计算机连续提供火炮纵轴与真北方向的夹角以及火炮纵横摇角、平台定位、武器定向等功能。导航定位定向系统主要有惯性导航（惯导）系统、卫星全球定位系统等。

惯导系统不依赖于任何外界信息，能够进行完全独立的导航，可以连续提供导航信息，然而其系统精度主要取决于惯性器件的精度，定位误差随时间积累，不能长时间使用。惯导系统主要分为平台式惯导系统和捷联式惯导系统两大类。平台式惯导系统有实体的物理平台，陀螺和加速度计置于陀螺稳定的平台上，该平台跟踪导航坐标系，以实现速度和位置解算，姿态数据直接取自平台的环架。捷联式惯导系统是一种无框架系统，由3个速率陀螺、3个线加速度计和微型计算机组成。其速率陀螺和线加速度计直接固连在载体上作为测量基准，它不再采用机电平台，惯性平台的功能由计算机完成，即在计算机内建立一个数学平台取代机电平台的功能，故有时也称其为"数学平台"。卫星导航（卫导）系统能迅速、准确、全天候地提供导航和授时信息，但被遮挡时，功能失效。

4. 火控子系统

装甲车辆的火控系统一般是一个独立的系统。现在已将火控系统作为车辆综合电子系统的组成部分，火控计算机同时也是多路传输数据总线系统中的主计算机，负责总线中信息的调度，同时，火控系统内各部件也通过数据总线相连。即火控系统已与多路传输数据总线紧密结合在一起。

数字式综合型火控系统主要由车长瞄准镜、炮长瞄准镜、火控计算机、CCD摄像机、激光测距仪、热像仪、陀螺稳定器、动态炮口基准系统、车/炮长视频监视器、操纵台、操作键盘及各种传感器等组成，通过数据总线将各种设备连接在一起，以使相互之间进行对话，发挥综合作用，以实现对多目标的搜索、识别和定位；保证坦克主要武器在运动中和在停止间，在昼夜全天候条件下，对固定目标和运动目标进行射击，并保证其具有对多目标作战的能力，提高火炮的命中率。

火控计算机用于该综合电子系统的管理和为火控系统提供必要的计算能力。在瞄准功能中，火控计算机保证对瞄准镜的控制，以及根据乘员操作确定伺服方式；管理车/炮长的射击优先权，并向伺服计算机提供用于瞄准的基准和射击修正值；负责记录时间和已完成的作战任务；同时，对数据总线进行管理，并通过总线系统管理坦克内各主要设备之间的信息交换，如炮长瞄准镜、车长瞄准镜、伪装武器、自动装弹机、驾驶员控制与显示系统、外部数据传输系统、动态炮口基准系统、气象中心、车/炮长对话设备、电台等。

5. 综合防御子系统

近年来，激光、红外、雷达等光电对抗装备的发展，使得能迅速探测威胁源的存在，并指出它的方位，和选择最佳对抗措施的综合防御子系统成为车辆综合电子系统的一个主要子系统。

综合防御子系统一般包括自动探测报警系统和多弹种发射系统。自动探测报警系统由多种传感器、数据处理系统和指挥与控制显示系统组成。传感器安装在炮塔外部，探测范围为360°；数据处理系统用于将经过处理的数据输入火控计算机；指挥与控制显示系统安装在炮塔内车长位置上，系统配有电源开关、音频静默开关、昼/夜亮度开关和检测按钮等，通过数字或表盘式灯光信号显示来袭方向、种类以及系统故障等信息，并可向乘员发出声响报警。计算机数据处理接收来自多个威胁探测器的信息，对威胁进行分析，选择实施最佳对抗措施，使车辆防御系统能智能化自行工作。报警系统与多弹种发射系统相连。多弹种发射系统根据探测到的威胁，自动发射对抗弹药，增强车辆对制导武器和其他反坦克武器的防护能力。当探测到威胁方位时，系统的动力驱动底座可自动迅速地将弹药发射系统调整对准敌来袭方向，并根据威胁种类选择发射烟幕弹、箔条诱饵、照明弹、杀伤榴弹或其他特种弹药，对坦克实行屏蔽或对敌实施干扰。

6. 电源分配和管理子系统

为了更有效地发挥综合电子系统的效能，电源分配和管理子系统负责将电能分配给车辆上所有的分系统，并用于监视和控制各功能装置的电源消耗、车长有计划用电、低功耗操作等。电源分配和管理子系统可自动检测系统内部故障、隔离故障部分并自动重组配电网络，以保证最基本的功能。

7. 车辆动力、传动电控子系统

发动机电控子系统由各种传感器、控制单元和执行机构组成，能对燃油喷射时机、喷油量、点火时间和怠速进行控制调节；可提高发动机的性能和降低油耗；能通过总线在驾驶员综合显示器上显示动力传动装置的工况检查和功能故障等信息。根据发动机的故障程度实施控制，有效地发挥发动机的功能。

变速器电控子系统对变速器进行自动控制，可根据车辆行驶速度和油门开度选择最佳排挡。同时，可进行功能和故障检测，并可通过总线向驾驶员提供有关信息。

8. 自动装弹子系统

自动装弹机有机电式和机器人式等多种类型，都可用计算机进行管理，通过装甲车辆综合电子系统可对弹种选择、自动装弹及弹药消耗等进行自动管理。

9. 通信子系统

通信子系统一般包括电台及电台数字化接口装置，可构成无线分组数据网，可传输语言、数据和静态图像。通信子系统与总线系统相连，构成完整的车内、车际信息系统，实现车内各系统与乘员之间、乘员与乘员之间以及装甲车辆与邻车之间的信息交换与共享。

10. 自动诊断子系统

由于装甲车辆各系统结构日趋复杂，部件的可接近性降低，给故障诊断带来很大困难。这就要求故障的检测/诊断由敞开式向封闭式发展。由采用先进的微处理机、传感器、报警显示装置构成的故障检测/诊断子系统，具有故障感知、逻辑判断等人工智能。

本章小结

本章在介绍装甲车辆电气与电子系统的基本概念、功能、组成，以及电磁兼容性的基础上，主要介绍车载电气系统、车载电子控制系统、车载通信系统和车载综合电子信息系统的工作原理、组成、配置及其特点。

思 考 题

1. "强电"与"弱电"如何统一？技术关键是什么？
2. 民用汽车的电子控制技术如何应用于装甲车辆？
3. 什么是信息、信息技术？
4. 如何利用信息技术提高装甲车辆性能？
5. 什么是智能化？装甲车辆如何智能化？

第 10 章

装甲车辆人机环工程设计

> **内容提要**
>
> 装甲车辆总体设计应充分体现"以人文本"的设计理念。本章主要介绍人机环工程学基本概念、装甲车辆总体设计中应考虑的人机工程环工程方面的主要问题及其设计方法,包括作业空间设计、人机信息界面设计、内环境设计等。

10.1 装甲车辆人机环工程概述

10.1.1 人机工程学

1. 人机系统

将人与机器联系起来,并作为一个整体或系统来考虑,就称为人机系统。人机系统就是指"人"与他所对应的"物"共处同一时间及空间时所构成的系统。其中,"人"指的是在所研究的系统中参与系统过程的人;"机"泛指一切与人处于同一系统中,与人交换信息、物质和能量,并供人使用的物,"机"可以是机器,也可以是物品。有时人机系统往往是人–机–环系统的简称,不仅包含"人"与"机",还包括"环境"。"环境"是指与"人""机"共处的、对"人"和"机"有直接影响的几何与物理环境或间接影响的周围外部条件等。

2. 人机界面

在人机系统中,"人"与"机"之间能够相互施加影响,实现相互作用的区域,称为人机界面。人通过感觉器官(眼、耳、鼻、舌、身体)接收外界的信息、物质和能量,又通过人的执行器官(手、脚、口、身等)向外界传递信息、物质和能量。

总的来说,人机界面可以分为三类:第一类是控制系统人机界面,此类人机界面是机器通过显示器(主要是视觉、听觉显示器及传感器)将机器运转信息传递给人,人再通过机器控制器对机器传达指令,从而使机器按人所规定的状态运行。如装甲车辆驾驶系统、各种调度系统等。第二类是直接作用型人机界面,此类界面属于"人"与"机"直接相互作用,要求"机"适合人体形态、尺寸及操作能力,使人在使用过程中用力适当、感觉舒适、操作方便和安全可靠。如手刹、座椅、家具、服装、手工具等。第三类是间接作用型人机界面,此类人机界面中,"机"的输出通过对环境影响,间接作用于人的生理、心理过程,从而影响人的舒适、健康和生命安全。如装甲车辆车内的照明、振动、噪声、小环境气候及生命保障条件等。

3. 人机关系

在产品设计过程中，为了建立良好的人机关系，工程师需要遵守以下三条基本原则：

（1）机宜人原则

要求设计的产品尽量满足使用者的体质、生理、心理、智力、审美及社会价值观念等要求，具体内容包括：信息显示既便于接收，又易于做出判断；控制系统的尺寸、力度、位置、结构、形式均适合操作者或使用者的需要；产品的使用得心应手，能充分发挥使用效率；人所处的作业环境舒适安全，有利于身心健康，能充分发挥人的功能等。

（2）人适机原则

在产品使用过程中，在空间、时间和环境条件上往往受到经济上可行性、技术上可能性的限制，加上机器本身性能要求，以及使用机器时外界环境条件（如高温作业、恶劣的行驶路面）等，所以要求对人的因素予以限制和训练，并利用人的可塑性，让人适应机器要求。此外，在当今社会，产品系统变得更加庞大，其自动化、智能化程度也更高，所以，人与机器的关系由人直接与机器共同参与生产过程，逐渐转变为人远离生产过程；与此同时，由人直接控制机器，变为人只与监控系统对话，人机界面逐渐由体力型（感知型）转变为心理型（认知型），对操纵者文化素质、诊断与决策能力要求越来越高。

（3）为大多数使用者设计原则

设计出的产品需确保在预计的大多数人中都可以适应使用，而不能为"平均值"设计，或为"极端值"设计。为"大多数使用者设计"的产品，要求设计师知道用户群是谁，并且知道用户群的特征分布、能力和局限性。

4. 人机工程学

人机工程学，是从人的生理和心理特点出发，研究人、机、环境的相互关系和相互作用的规律，以优化人－机－环境系统的一门学科。人机工程学研究人与机器相互关系的合理方案，即对人的知觉显示、操纵控制、人机系统设计和布置、作业系统的组合等进行有效的研究，目的在于获得最高效率及人在作业时感到安全和舒适。

人机工程学，是一门交叉学科，研究的核心问题是不同作业中人、机器及环境三者间的协调；研究方法和评价手段涉及心理学、生理学、医学、人体测量学、美学和工程技术的多个领域；研究目的是希望通过各学科知识的应用，指导工作器具（如装甲车辆）、工作方式和工作环境的设计和改造，使作业在效率、安全、健康、舒适与心理满足等几个方面的特性得以提高。

10.1.2　装甲车辆人机工程设计概述

1. 装甲车辆人－机－环境系统

装甲车辆人－机－环境系统，是指在装甲车辆规定的约束条件下，由相互作用与依赖的人、机、环境三要素构成的具有特定功能的集合体。系统中的"人"，主要指经过选拔、训练的合格人员并作为系统中的主体要素；"机"，主要指装甲车辆中人所控制的部件、设备、装置、计算机等的总称；"环境"，主要指装甲车辆内部人、机共处的工作环境。广义而言，影响人机系统的环境条件也属于"机"的范围，如作业空间场所、物理及化学环境等。但为了研究方便，往往将环境单独分离出来，称为人－机－环境系统，所以一般可以认为人机系统就是人-机-环系统的简称。

在装甲车辆设计开发过程中，人机工程学扮演着重要角色。装甲车辆设计中的乘员与装置的空间设计与布置、设备操作与仪表显示的人机界面设计、乘员上下车与安全逃生的人机界面设计、驾驶操纵系统人机界面的设计与优化匹配、装甲车辆车内环境的宜人化控制等，都极大地影响着装甲车辆总体性能、战技指标及乘员的安全逃生等。

2. 装甲车辆人机工程设计的一般要求

在装甲车辆总体方案设计过程中，应坚持"以人为本"的原则，在系统性能、寿命周期费用、安全保障、时间、进度等综合权衡基础上，把操作者作为主体要素有效地结合到人-机交互系统设计中，除完全达到战技指标的要求外，还要根据国军标（GJB 1835—93）进行人-机-环境系统的总体设计，满足如下要求。

①通过设备、装置、软件和工作环境的妥善设计，使人员与设备（装置或软件）的组合满足系统的性能要求。

②在系统的操作、维护和控制过程中，使人员操作达到所要求的有效程度。

③为操作程序、工作方式和人员安全与健康提供符合规定的工作环境，而且这种工作环境应符合人的生理和心理特性，并使不舒适和任何其他降低人的能力或增强差错的因素减小到最低限度。

④尽量降低对人员数量、技能、训练和费用等方面的要求。

⑤操作者的工作负荷应与人的能力相适应。

3. 人机环工程设计及其原则

人机环工程设计，强调在人-机-环境系统中人的主导作用和机器、环境以适应人为基本准则，正确处理人与机器、人与环境、机器与环境之间的相互关系和合理匹配，能充分地发挥人和机器的作用，使整个人机系统可靠、安全、高效，以及操作方便和舒适。

1）设计要点

人机系统设计中，要注意以下四个要点：在人机系统中，人与机械的合理分工；人与机械的合理配合；在系统中做好仪器、空间及作业姿势的分析与设计；对全系统作出评价。

2）设计原则

（1）综合性原则

综合考虑人的工作负荷、耐受限度以及影响人的能力的有关因素。

（2）安全保护性原则

在故障发生能使系统失去功能或由于设备损坏、人员伤害或错误操作关键设备而引起大事故的那些部位，设计中应提供安全保护措施。

（3）设计简化原则

应在符合性能要求和预期使用条件基础上，体现最简单的设计，使操作、维修简易并降低对后勤保障、人员、训练等要求。

（4）生命保障性原则

对饮水、口粮、急救药品等的提供和存放，以及有关排泄物的处理等，设计中应提供必要的措施。应有处理意外事故、自救、援救的适当应急系统和措施。

（5）标准化原则

控制器、显示器、标记、编码、标牌等及其在设备和仪表板上的布局的一般功能应符合标准化要求。系统和分系统的选择与设计应符合人–机–环境系统的有关设计标准及合同中规定的相应要求。

10.2 装甲车辆人机工程分析

10.2.1 人机工程分析概述

1. 人机工程分析的基本概念

人机工程分析，是针对具体工程项目加以调查与分析，与人机环工程学要求相比较，找出其中存在不合理、易出错的地方或隐患，进而提出改善的建议。人机工程分析，结合作业内容的要求和特点，对人机特征进行具体分析，掌握人机功能特征，做到人和机的功能在人机系统中的合理分配，是人机工程设计的基础。

对现有工程项目，通过人机工程分析，可以找出工程中存在的不合理、不均衡、复杂化、变异多的地方加以改善，提高工程质量水平。对新工程项目，通过人机工程分析，可以找出其中可能存在的不合理、易出错的隐患，在人机工程实施之前，根据人机工程学的原理，先制订人机相互协调、相互匹配的方法，提出预防措施并予以落实，保证工程项目顺利完成。

2. 人机工程分析程序与内容

人机工程分析主要内容和一般程序如下：

①明确人机系统。明确人机系统是人机工程分析的必要条件。包括系统的目的、系统的使用条件、一般的环境条件、紧急时的安全性等。

②系统的外部环境分析。这里主要指妨碍机器系统功能完成的外部环境，对此要进行认真的调查和检测。一般外部环境包括现在的技术水平、自然环境、企业政策、经济条件、人的因素、原材料、市场等。对于人机系统的设计而言，人的因素是主要的，诸如系统中工作人员的职业、年龄、技术水平、心理素质等，都将直接影响机器系统的性能和可靠度。

③系统的内部环境分析。人机系统的内部环境对人的能力影响较大，它们主要有：温热环境（包括体温调节、最舒适的温度带以及对温度的适应性训练等）；气压环境（低压环境下供氧不足及高原适应性训练，高压环境下氧中毒、氮中毒、潜伏病等）；重力环境（人体对加速度、减速度的反应及人体忍耐的限度等）；其他（如辐射环境、视觉与适应、适当的照度、明适应、暗适应等）；衣服环境（衣服小气候、衣服材料等）；居住环境及气候、噪声与振动环境；放射性环境、粉尘环境及大气污染；等等。

④人机系统要求分析。人机系统分析主要有以下内容：系统的使命和要素分析、人的性能评定及人的潜力分析、机械分析、补给支援分析、安全性、可靠性与维修性分析、要素分配与权衡及优化分析等。

⑤人机系统要素的机能、特性及制约条件分析。包括人的最小作业空间、人的最大施力、人的作业效率、人的疲劳、人的可靠度、费用、系统的输入与输出。

⑥人机协作关系分析。人与机械的作业分工包括操纵控制技术、安全保障技术、人体舒适性和使用方便性技术、人机共同作业的程度。

⑦要素的决定。决定系统中人的功能，决定系统中机械的功能。

⑧评价方法的选定。参照人机系统评价法，考虑系统的可靠性、安全性等。

10.2.2 装甲车辆的人机工程分析

装甲车辆的性能是人、机、环境综合效能的集合，装备必须由人去操纵，只有和人有机、协调地结合起来，才能形成强大的战斗力。分析装甲车辆发展的定位和层次，处理好人、战场环境与装甲车辆的关系，是充分发挥装甲车辆性能和战斗力的首要条件。

装甲车辆人机工程分析主要包括装甲车辆系统总体分析、人的特性及能力分析、设备与驾乘人员作业空间分析、设备与驾乘人员界面分析和作业环境因素分析等。

1. 装甲车辆人机要求分析

一般情况下，装甲车辆总体设计中与人机工程相关的工程分析主要包括以下几个方面：
①装甲车辆研制项目的任务与要求分析。
②所研制装甲车辆的功能分析。
③所研制装甲车辆的运用分析。包括安全性分析、舒适性分析、操作性分析和美观性分析等。
④所研制装甲车辆的维修性分析。

2. 人的特性及能力分析

人的状态是一个不稳定因素，人的能力不仅有个体差异，而且可能随着环境的变化而变化。在装甲车辆设计中，针对装甲车辆的运用特点，分析可变性的驾乘人员特性以及对装甲车辆操控能力。一方面，尽量避免由于人的因素影响系统效能；另一方面，在人的影响必须参与的环节上准确分析和判断人的能力。装甲车辆驾乘人员的人的特性和能力分析主要包括以下几个方面：
①人体的几何特性和机械特性分析。
②人的感知能力和心理机制分析。
③人的信息处理能力分析。
④人的适应性分析。
⑤人的可靠性分析。

3. 空间与作业域分析

驾乘人员以及装甲车辆内部仪器设备不仅本身占有一定空间，而且还需要一定的运动范围。由驾乘人员以及装甲车辆内仪器设备组成的多个相联系的个体作业场布置在一起构成装甲车辆内部总体作业空间。装甲车辆内部总体作业空间设计与布置，应以人为中心，符合人机工程学原理。
①驾乘人员作业域分析。
②维修空间分析。
③空间布置分析。

4. 人机界面分析

人机界面，是指人和机器在信息交换和功能上接触或互相影响的领域，或称人机结合面。信息交换、功能接触或互相影响，指人和机器的硬接触与软接触，此结合面不仅包括点线面的直接接触，还包括远距离的信息传递与控制的作用空间。人机结合面是人机系统中的中心环节，实现信息的内部形式与人类可以接受形式之间的转换。凡参与人机信息交流的领域，都存在着人机界面。其可以简单地区分为输入与输出两种，输入指的是由人来进行机械或设备的操作，而输出指的是由机械或设备发出来的通知。好的人机接口会帮助使用者更简单、更正确、更迅速地操作机械，也能使机械发挥最大的效能并延长使用寿命。

驾乘人员对装甲车辆的操控，实际是驾乘人员与装甲车辆之间的互动过程，也是信息传递的过程。驾乘人员与装甲车辆之间的互相交流沟通，是通过显示器、控制器等人机界面实现的。分析人机界面，改善信息传递的途径能够获得更好的人机关系。装甲车辆人机界面分析主要有：

①输入分析。输入是驾乘人员对装甲车辆的各种操控。
②输出分析。输出是装甲车辆及其设备产生出来的信息。
③人机匹配性分析。在装甲车辆中，驾乘人员是一个子系统，为使人机系统总体效能最优，必须使装甲车辆与驾乘人员之间达到最佳的配合，即达到最佳的人机匹配。

5. 作业环境分析

装甲车辆驾乘人员的操作质量直接或间接地受作业环境的影响。恶劣的作业环境会大大降低工作效率，甚至影响整个系统的运行和危害人体安全。在装甲车辆人－机－环境系统中，对系统产生影响的一般环境主要有照明、噪声、热环境、振动以及有毒物质等。在系统设计的各个阶段，尽可能排除各个环境因素对人体的不良影响，使人具有"舒适"的作业环境，有利于最大限度地提高系统的综合效能。

①噪声分析。
②照明分析。
③温度环境分析。
④振动分析。
⑤舒适性分析。

10.3 装甲车辆人机工程设计

人机工程设计，针对人机系统中的人、机和环境三个组成要素，不单纯追求某一个要素的最优，而是在总体上、系统级的最高层次上正确地解决好人机功能分配、人机关系匹配和人机界面合理设计三个基本问题，以求得满足系统总体优化，达到安全、高效、舒适的目标。

10.3.1 人机功能分配

现代人机系统的功能包括信息接收、存储、处理、反馈和输入/输出以及执行等。在人机系统中，人与机器各有所长，人机功能分配必须建立在对人、机特性充分分析比较的基础上。人－机特性比较见表 10 – 1。

表 10 – 1　人－机特性比较

能力种类	人的特性	机器的特性
物理方面的功率（能）	10 s 内能输出 1.5 kW，以 0.15 kW 的输出连续工作 1 天，并能做精细的调整	能输出极大的和极小的功率，但不能像人手那样进行精细的调整

续表

能力种类	人的特性	机器的特性
计算能力	计算速度慢，易差错，但能巧妙地修正错误	计算速度快，能够正确地进行计算，但不会修正错误
记忆容量	能够实现大容量的、长期的记忆，并能实现同时和几个对象联系	能进行大容量的数据记忆和取出
反应时间	最小值为 200 ms	反应时间可达微秒级
通道	只能单通道	能够进行多通道的复杂动作
监控	难以监控偶然发生的事件	监控能力很强
操作内容	超精密重复操作时易出差错，可靠性较低	能够连续进行超精密的重复操作和按程序常规操作，可靠性较高
手指的能力	能够进行非常细致而灵活快速的动作	只能进行特定的工作
图形识别	图形识别能力强	图形识别能力受限
预测能力	对事物的发展能做出相应的预测	预测能力有很大的局限性
经验性	能够从经验中发现规律性的东西，并能根据经验进行修正总结	不能自动归纳经验

人机功能分配，是指为充分发挥人与机械各自的特长，互补所短，以达到人机系统整体的最佳效率与总体功能，所进行的人机合理分工。人机功能分配，是产品设计首要和顶层的问题，是人机系统设计的基础。人机功能分配的结果形成了由人、机共同作用而实现的人机系统功能。

1. 人机匹配

在复杂的人机系统中，人是一个子系统，为使人机系统总体效能最优，必须使机械设备与操作者之间达到最佳的配合，即达到最佳的人机匹配。人机匹配包括显示器与人的信息通道特性的匹配，控制器与人体运动特性的匹配，显示器与控制器之间的匹配，环境（气温、噪声、振动和照明等）与操作者适应性的匹配，人、机、环境要素与作业之间的匹配等。要选用最有利于发挥人的能力、提高人的操作可靠性的匹配方式来进行设计。应充分考虑有利于人能很好地完成任务，既能减轻人的负担，又能改善人的工作条件。例如，设计控制与显示装置时，必须研究人的生理、心理特点，了解感觉器官功能的限度和能力以及使用时可能出现的疲劳程度，以保证人、机之间最佳的协调。随着人机系统现代化程度的提高，脑力作业及心理紧张性作业的负荷加重，这将成为突出的问题，在这种情况下，往往导致重大事故的发生。在设备设计中，必须考虑人的因素，使人既舒适又高效地工作。随着电子计算机的不断发展，将会使人机配合、人机对话进入新的阶段，使人机系统形成一种新的组成形式——人与智能机的结合、人类智能与人工智能的结合、人与机械的结合，从而使人在人机系统中处于新的主导地位。

2. 人机功能分配的一般原则

人机合理分工的基本原则，是充分发挥人与机器各自的优势。为此，需要弄清楚人与机器两者的所长和所短。装甲车辆功能分配通常应考虑的主要因素：

①人与系统的性能、负荷能力、潜力及局限性。
②人进行规定操作所需的训练时间和精力限度。
③对异常情况的适应性和反应能力的人机对比。
④人的个体差异的统计。
⑤机械代替人的效果和成本等。

根据人和机器各自的优势，可得出人机合理分工的一般原则如下：

①把笨重、快速、单调、规律性强、高阶运算及在严酷和危险条件下的工作分配给机器。一般速度快、精密度高、规律性的、长时间的重复操作、高阶运算以及危险和笨重等方面的工作，应由机械来承担。

②将指令程序的编制、机器的监护维修、故障排除和处理意外事故等工作安排人去承担。一般灵活多变、指令程序编制、系统监控、维修排除故障，以及设计、创造、辨认、调整及应付突然事件等工作由人承担。

随着科学技术的发展，在人机系统中，人的工作将逐渐由机械所替代，从而使人逐渐从各种不利于发挥人的特长的工作岗位上得到解放。

在人机系统设计中，对人和机械进行功能分配，主要考虑的是系统的效能、可靠性和成本。

10.3.2 人体测量数据与应用

1. 人体静态尺寸数据的应用原则

应根据项目设计的实际需要选择使用人体静态尺寸数据。具体尺寸数据除 GB 3975、GB 10000、GB/T 12985 有关规定及标准提供的有关数据外，数据的采用还应符合下述原则：

①最新标准化原则：所使用的人体数据应来源于权威机构颁布的最新标准。

②极限设计原则：要求以某种人体尺寸极限作为设计参数，其中，设计的最大尺寸参考选择人体尺寸的低百分位；设计的最小尺寸参考选择人体尺寸的高百分位。

③可调性设计原则：设计中优先采用可调性结构，并且可调的尺寸范围一般应根据小百分位（一般取第 5 百分位数）和大百分位（一般取第 95 百分位数）来确定。

④非"平均"设计原则：设计中一般不应对所有设计尺寸采用人体尺寸的平均值，而应该考虑使用人体群体对象，按特定人群百分位数确定。

⑤特殊需要原则：特殊情况下，需要指定特定的人体百分位数尺寸。

2. 人体动态尺寸数据的应用原则

利用人体动作范围数据进行项目设计应符合下述原则：

①在考虑人员必须执行的操作动作时，选用动作范围的最小值；在考虑人员的自由活动空间时，选用动作范围的最大值。

②操作位置应允许身体躯干自由活动。

③当作为操纵或保养设备等直接机能（例如"够得着"）使用时，人体关节动作范围应取下限值；当作为活动自由度设计要求时，人体关节动作范围应取上限值。

3. 人体生物力学数据的应用原则

人机工程设计离不开人体生物力学的应用。装甲车辆人机工程设计时，人体生物力学主要应用于以下方面：

①控制器操纵力的合理设计。

②座椅舒适性设计。

③上下车的舒适性及便捷性设计。

④对动力舱观察、更换履带、负重轮或轮式车辆轮胎、注油、车辆维修等的维修性设计。

⑤在事故和爆炸冲击中，保护乘员免于与车内硬物的碰撞，并且能衰减车体传导到车内乘员的瞬时冲击振动能量分析。

利用人的体力数据进行项目设计应符合下述原则：

①设计控制操作时，所需最大操纵力应根据实施控制的最弱者所提供的最大力来确定。

②在可能的情况下，设备应尽可能按一个人能提举的原则来设计。

4. 装甲车辆人体测量数据的应用

装甲车辆为经过特定挑选的群体所用，所以装甲车辆车内驾驶舱与战斗员舱的布置、车载控制器与显示装置的人机界面设计和尺寸应该按照国军标颁布的特定群体的、最合适的人体测量数据来确定，必须保证对使用人员的适应性、可靠性、兼容性、操纵性和维护性。

与人体测量数据有关的尺寸的设计极限应根据规定的人体尺寸百分位数确定。在应用人体测量数据进行有关项目的设计时，应考虑数据测量条件的限制，并根据不同因素进行适当的修正：

①有关任务性质、频度、困难程度以及任务所要求的人体活动性。

②执行任务时人体所处的位置。

③为补偿干扰、投射等需要造成的增量。

④由防护服或防护装备等追加的增量。

⑤必须同时执行多个相互干扰的任务造成的增量。

装甲车辆车总体设计时，应充分利用人体测量数据，构成人体二维或三维标准模型，作为对有关设计项目进行分析和评价的辅助手段。利用人体动作范围数据进行项目设计时，应符合人体动态尺寸数据应用原则；利用人的体力数据进行项目设计时，应符合人体生物力学数据应用原则。

10.3.3 作业空间设计

1. 一般作业空间设计

1）作业域与作业空间

人的动作空间主要分为两类：第一类是人体处于静态时的肢体活动范围，称为人体作业域；第二类是人体处于动态时的全身动作空间，称为人体作业空间。人体作业空间要大于作业域。

操作者采用坐姿或立姿进行作业时，手和脚在水平面和垂直面内所能触及的运动轨迹范围，分别称为水平作业域（范围）和垂直作业域（范围）。作业域是构成作业空间的主要部分，它有平面作业域和空间作业域之分。手的水平作业域是人位于工作台或操作台面前，在台面上左右运动手臂而形成的轨迹范围。手竭力外伸所形成的区域称为最大作业域，而手自然外伸所形成的作业域为常用作业域。人手和身体以较舒适的姿势外伸所形成的区域称为较佳作业域。手的垂直作业域是指手臂伸直,以肩关节为轴做上下运动所形成的范围。一般人脚操作的灵敏度与精确度比手操作的差,但其操纵力要大于手操作。脚操作多在坐姿下采用,立姿下只能由单脚进行操作。正常坐姿的脚作业域位于身体前侧、座高以下的区域。

人在操纵机器时,姿态的变化和位置的移动所占用的空间构成了人体作业空间(即活动空间)。人体作业空间大于作业域。影响人体作业空间的因素很多,主要包括动作的方式、各种姿态下工作的时间、工作的过程和用具、着装等。

通常意义下的作业空间,是指人、机在完成某项作业时所需的活动范围及所占空间,不仅指人体作业空间,还包含作业对象的活动范围及所占空间。

2)一般作业空间布置与设计

作业空间设计,就是把机器(作业对象)按照人的操作要求进行合理的空间布置。从人的需要出发,对机器的控制器、显示器相对于操作者的位置进行合理的安排。作业空间设计着眼于人,其基本目标是在充分考虑操作需要的基础上,使人机系统以最有效、最合理的方式满足作业要求,为操作者创造既安全、舒适,又经济、高效的作业条件。一般作业空间设计的主要内容包括空间布置、座椅设计、工作台设计、工作环境设计等。

在作业空间设计时,应注意两个"距离":一个是安全距离,为了防止碰到某物(通常是比较危险的东西)而设置的障碍物距离作业者的尺寸范围;另一个是最小距离,即确定作业者在作业时所必需的最小范围。

一个设计合理的作业空间,应使操作者在任何时刻观察、操作都很方便,并且在较长时间维持某种作业姿势时,不会产生或尽可能少地产生不适和疲劳。作业空间设计时,要按照作业者的操作范围、视觉范围及作业姿势等一系列生理、心理因素对作业对象、机器、设备、工具进行合理的布置、安排,并找出最适合本作业的人体最佳作业姿势、作业范围,以便为作业者创造一个最佳的作业条件。

在作业空间具体设计过程中,必须遵守以下人机工程学原则:

①作业空间设计必须从人的要求出发,保证人的安全、健康、舒适与方便。

②要从客观条件的实际出发,处理好安全、健康、舒适、高效及经济诸方面的关系。

③根据人体生物力学、人体解剖学和生理学的特性,在作业空间中合理布置控制器和显示器。

④按照控制器和显示器的重要程度进行布置。

⑤按控制器的使用频率和操作顺序进行恰当布置。

⑥按控制器和显示器功能,将功能相同或相互联系的布置在一起,以利于操作和观察。

⑦作业面布置要考虑人的最适宜的作业姿势、动作及其范围,减少作业人员劳动强度和疲劳。

⑧注意作业空间场所的人与设备的安全及人流、物流的合理组织。

这8条原则往往难以同时得到满足,在实际运用时,要根据实际人机系统的具体情况,统一考虑,全面权衡,从总体合理性上加以恰当布置。

作业空间的布置,是指在作业空间限定之后,确定合适的作业面及显示器、控制器的位置。人机系统中,作业空间的布置不仅要考虑人与机之间的关系,还要考虑机与机、人与人之间的关系。

作业空间布置，一般遵循重要性原则、使用频率原则、功能原则、使用顺序原则等。进行系统中各元件布置时，不可能只遵循一个原则。通常，重要性原则和使用频率原则主要用于作业场所内元件的区域定位，而使用顺序原则和功能原则侧重于某一区域内各元件的布置。选择何种原则布置，往往是根据理性判断来确定的，没有很多经验可供借鉴。在上述 4 种原则都可以使用的情况下，按使用顺序原则布置元件，因为其执行时间最短。

对不同类型的显示器与控制器，可以按以下顺序进行布置：

①布置主显示装置，比如车速表、发动机转速表或电动机转速表、新能源车辆的电量表等。

②布置与主显示装置相关的主操纵器。

③布置有协调性要求的操纵器与显示装置。

④布置按顺序使用的元件。

⑤将使用频繁的元件布置在方便观察、易于操纵的部位。

⑥按布局一致的原则协调本系统内及其他相关系统的布置方案之间的关系。

2. 装甲车辆车内作业空间设计与布置

1）装甲车辆车内作业空间设计

按照 GJB 1835、GJB 2873 和 GJB/Z 131 规定，装甲车辆车内空间设计应优先考虑驾驶员、车长、炮长和填装手等乘员能在所设计的空间内顺利地实施规定的作业。设计应根据人体测量数据进行，并综合协调空间限制、人机界面状况、工作环境及设计费用与效果等。

（1）操作空间设计

不同工作姿势对操作空间的要求差别很大，设计应根据规定工作姿势下的人体测量数据进行。

站姿可用于常规的、频繁活动的和短时间的工作；坐姿则用于长时间的、高控制精度的和需要四肢共同操作的工作。通常，在站姿操作者不能改变体位时，也应设置座椅。驾驶员、车长和炮长都属于坐姿工作，在车内相应工作位置处都有各自的座椅。当空间条件受限时，允许采用半仰姿（如有的坦克驾驶室在闭窗驾驶时，就采用半仰姿）、半立姿（有座椅支撑）操作。设计应适合操作要求，并提供符合规定要求的人机界面设计。

座椅应与坐姿操作空间相协调，并提供稳定、舒适的身体支撑，以便操作者能进行有效操作。座椅应能够高低、前后调整，使人体尺寸第 5~95 百分位数的操作者正常使用。在需要连续坐姿操作时，座椅的座位和靠背需有软垫。无软垫的座椅只适于间歇使用。当座高高于允许值时，可设置垫脚板。在无足够的空间设置永久性座椅时，应为需要坐姿操作或休息的人员设置临时座椅。临时座椅的结构和尺寸应满足乘坐要求。驾驶员、车长和炮长的工作座椅应配有安全带装置。

车长工作位置设计，在顶舱门开启状态时，应充分考虑由车辆外形和附属物对视界所造成的盲区和车长在战斗室内的位置及眼眶高；在顶舱门关闭状态时，应充分考虑由于视界缩小和定向而造成的观察问题、眼睛从一个观察镜转移到另一个观察镜需要对周围景物重新定向和需要对观察记号重新定位、严重影响视敏度的震动和观察视野缩小所引起的心理问题。车长座椅符合按规定着装的第 5~95 百分位数人员的座椅。在顶舱门开、闭状态下，座椅的定位和位置不应使车长有不方便的体位。座椅高低调节宜大于 100 mm；前后水平调节可取 100 mm。每次调节增量不宜大于 25 mm。座椅靠背角度应能调整。车长应能坐着操作座椅的调节机构。座椅应能折起，使车长能在顶舱门开启时按立姿操作。踏脚板宜有不小于 255 mm 高低调节范围，可站姿向外观察。踏脚板尺寸应能容下第 95 百分位数人员的御寒靴。

炮长（一炮手）工作位置设计，除主瞄准装置外，还应提供潜望镜或多台广角组合的观察镜，使旋转炮塔中的炮长能观察到外部环境，并接收视景感示信号，以免影响视觉定向。提供适宜的通风源，并具有炮长可以够得到的调节装置，用于调节气流方向、流速等。炮长座椅符合按规定着装的第 5~95 百分位数人员的座椅。座椅应具有高低及前后水平调节，每次高低调节增量不宜大于 25 mm，使炮长与控制器及观、瞄装置处于最佳界面状况。炮长应能坐着操作座椅的调节机构。坐姿工作时，座椅高低调节宜大于 100 mm。座椅以上至顶舱面空间高度不宜小于 1 000 mm。座椅可采取长方形：座深 300~460 mm，座 380~500 mm。座椅靠背可取 380 mm 高、300 mm 宽，靠背角度应能调节并有适宜的弯曲度，以便支撑背部。为防备冲击振动，应装有支撑用的扶手。提供搁脚板和适宜的容腿空间。

装填手（二炮手）工作位置设计，应使符合按规定着装的第 95 百分位数人员在坐姿手执炮弹时，让开火炮的后坐通道。应设置预防火炮发射时对人员伤害的安全装置，并有一定的安全措施来防止炮长在装填手未离开炮尾时进行火炮射击。座椅高度可调节，易于变换成开舱站立的脚踏平台。座椅可折起或便于卸下。应有废弹筒的收集、处理装置，防止退出的废弹筒危及设备或妨碍人员操作。应有适宜的通风和观察装置。留有相应的空间，便于第 5 和第 95 百分位数人员保养辅助武器。

（2）设备布局设计

设备布局应综合考虑空间条件和人机界面状况，根据人体测量的有关数据进行设计。

设备的工作面应在操作者的正前方。当设备多于一个时，应选用以主要设备为中心的环绕布局方式。布局的具体尺寸应适合人体尺寸第 5 和第 95 百分位数的操作者，在需要的情况下，还应为操作者提供适当的自由活动空间。显示区的布局应考虑人对视觉信息的接收能力。重要的显示器或观察设备应放在操作者的最佳视野区。控制区的布局应考虑人体动作范围、操纵能力和人的操纵效率等。频繁操作的或需要精细调节的控制器应放在优先的位置上。需要用较大力量或有较大位移的操纵，应提供足够的躯干或全身活动的空间。

应提供操作者靠近设备时所需要的容膝和容脚空间及放置工具或其他必需品的容纳空间。

共用操作空间的设计应考虑着装、个人装备等带来的尺寸增量及人员之间操纵动作的干涉程度，使操作者能够顺利、有效地操作。

火炮的布局应符合第 5 和第 95 百分位数人员操作、取弹、装弹和使用的要求。装弹空间应按第 5 和第 95 百分位数人手运动的包络尺寸及按规定操作所需的活动空间进行设计。手控反应的最佳范围：手动曲柄每转一周，方位角 10~20 mil，高低角 10~15 mil。防止灼热的废弹筒接触乘员或引发火灾。对不大于 12.7 mm 口径的武器，应能由一人进行装卸。观瞄装置的界面应能与第 5 和第 95 百分位数人员戴乘员帽时的尺寸相协调。

炮弹架应在不搬动其他炮弹条件下，对不同类型的弹药均可方便地取放。把炮弹从车外送到炮弹架上以及炮弹架送到炮尾，应留有无阻碍的空间。装在底板上的炮弹架不应妨碍乘员在舱内站立。炮弹架的布置不应阻碍接触控制器；不应遮蔽显示器；不应妨碍乘员从舱内紧急脱离。当炮弹架位于炮尾后面时，必须在炮尾和炮弹之间留有足够距离，以容纳预计使用中的最长炮弹加上第 95 百分位数人员戴手套的手的厚度。

火控系统的控制器布置应在各种规定条件下都能容易地进行操作。高低机和方向机的安装位置应和火炮、瞄准镜、测距仪以及其他火控仪器的位置相适应，并符合习惯上的通用要求。控制器应能使炮长不需频繁换手或不要求手的转移距离过大，就能使操作从一种形式转换到另一种形式。对控制器超越控制及转换时间的要求是：为车长提供的火控程度应和炮长的相同；车长可以超越炮长进行控制和射击；由炮长控制转换到车长控制（或相反）所需时间与动作应减至最少。

光学器材在尺寸与重量限制条件下，目镜至出射光瞳的距离应考虑火炮射击后坐时对人眼的安全防护以及便于人员在活动中观察或戴防毒面具时的观察要求，距离通常不宜于小于 25 mm。需要眼睛稳定定向观察的目镜与护眼罩、护额、防毒面具等相协调，并与服务及个人装备等兼容。瞄准调节按钮及锁定应能由第 5 和第 95 百分位数按规定着装的人员调节、锁定或开锁。

电台应放置在不因系统工作和乘员活动而可能造成损坏的位置。电台位置不应妨碍乘员正常活动或危及乘员安全。电台的控制面板应容易看见并易于接近和操作。电台天线的位置应最大限度地减少射频对人员的危害。

应有储放必要的口粮、饮水、药品、救生器材以及其他规定随车携带的物品、备品等所需的空间。储放的物品允许第 5 和第 95 百分位数的人员戴手套采取自然的姿势即能储放和取出。储放的物品不应妨碍火炮后坐、装填或其他系统的功能。

（3）通行空间

通行空间设计应影响的因素：通过的人数、方向和频度；通行姿势及这种姿势下工作的性质；由着装、搬运及其他原因而造成的尺寸增量；能造成人员伤害的锐角、毛刺、电缆及其他物品；底甲板的绝缘性和防滑性。

常规出入口的设计，应保证人员在规定着装的情况下，携带必要装备顺利通过。常规出入口的位置和尺寸应符合人体尺寸第 95 百分位数使用者顺利出入的要求。应急出入口的尺寸应保证所有使用者都能出入，并使人员（包括携带的装备）同舱室内有关部件的干涉程度降至最低水平。乘员应能容易、迅速出入舱口（门）并可简便地撤出一名伤员。在保持车体结构强度及防弹要求条件下，舱口（门）的尺寸和形状应保证第 95 百分位数人员出入。

在各种车辆倾斜条件下，开、闭顶舱门的力应符合第 5 百分位数人员操作，不宜大于 200 N。当使用手柄来锁紧或松开顶舱门时，侧向用力不宜大于 110 N；拉力不宜大于 200 N。圆形和长方形顶舱口尺寸应符合有关规定。应急出入口（安全门）一般应设在便于出入的车体底部，且出入口的门不应向车外开启。安全门尺寸应符合有关规定。

从舱口（门）到达乘员位置应有无障碍的通道和适用的扶手、脚蹬等。通道的设计，应保证第 95 百分位数使用者在规定的着装条件下携带必要的装备顺利通过。手柄、锁闩、扶手应有绝热措施（低导热性），以适于酷热和寒冷气候条件下使用。锁闩的设计应在寒冷条件下不致冻结。设计允许乘员从车内一个部分转移到另一部分的爬行空间。跪姿爬行时，可取 785 mm 高、636 mm 宽；俯姿爬行时，可取 510 mm 高、710 mm 宽。

在需要改变高度的地方，应为使用者设置梯和坡道。梯应根据通过人员数目及其所携带的物品的总重量进行设计，还应从防滑、固定、安全、重量、体积等方面进行综合考虑。坡道用于将器材从一个高度搬运到另一个高度。在要求人员将器材从低位搬运到高位时,应考虑人的体力限度和安全性要求;用于通行的坡道应安装扶手和防滑底板。

(4) 维修空间设计

维修空间设计应符合有关人体测量参数及心理特性要求;工作空间应使第 5 和第 95 百分位数操作者在穿防寒服及戴手套条件下,能正常进行维修工作。工作空间和间距应能使维修人员采取预期的姿势;在需要之处,可使用测试设备进行工作。

根据测试、保养、调节、拆卸、更换和修理的要求,有关部位、元件、部件应设置检修口。当需要时,应使检修口不仅能容下手、臂、工具,而且留有充分的观察空间,或设置辅助的观察孔。检修口盖的打开和关闭应简单可靠,其操作空间和操作力应符合有关的人体测量数据;不能卸下的盖,在打开的位置上应有自支撑装置,并且不妨碍检修操作。根据具体需要,在盖口处设置标志,注明检修口的功用、建议的操作程序、所需的辅助器材、危险警告和必要的预防措施。标志应在检修口盖打开或关闭时都能看见。

为便于维修,可采取检修通道。通道应采取最易使人的肢体、工具等通过的形状。检修通道应置于:正常安装时易于接近的设备表面;直接进入和最便于维修的地方;在有关的显示装置、控制装置、测试点电缆等的同一面上;远离高电压或危险的转动部件的安全区,否则,应在这类部件的周围设置适当的绝缘、屏护装置,以防维修人员受到伤害。

测试点与检修点应根据下述要求进行设置和设计:使用次数和时间要求;尽量减少对其他设备和部件的拆卸和移动;设在外表面或设在设备全部组装好后易于达到或操作的部位;每个测试点应有明显区别;使测试点和与其相应的标记及控制装置面向维修人员;在接头、探测装置、控制装置等之间留出充足的间隙,便利抓握和操作(根据情况,可采取以下间隙:只需手指控制时,不小于 19 mm;需戴手套的手控制时,不小于 75 mm);对需经常视检的内部部件(如测量仪表、指示器等)设置窗口;设计工具引导装置或提供其他设计性能,简化对视觉不可达的测试点或维修点的操作;避免电、机械等损害,距危险部位至少 115 mm(一掌宽),同时设置保护装置,防止发生事故。

2) 装甲车辆车内作业空间布置

装甲车辆工作空间布置,是指车载武器、主要机械力学装置和火控系统、电控系统、电气系统、信息系统、综合电子系统等,以及乘员的工作位置在装甲车辆车体内的相互配置。装甲车辆工作空间的布置是各种战斗性能和技术性能实现的基础,也是保证其具有最大战斗效能的基础。

(1) 工作空间布置要求

在进行装甲车辆乘员车内工作空间布置设计时,需要绘制标明:舱口(门);乘员爬行空间;乘员关键位置;战斗室车长座椅、各种操纵与控制装置旋钮、开关、踏板,以及显示仪表、电台与潜望镜;战斗室炮长座椅、各种操纵与控制装置旋钮、开关、踏板,以及火控计算机、显示装置、观瞄镜;战斗室填装手座椅、火炮填弹装置操作手柄、按钮、开关等;驾驶室驾驶员座椅、控制器(如转向盘、踏板和变速杆等)、仪器面板、车内饰板与潜望镜。

装甲车辆乘员车内工作空间布置要满足操纵方便性、乘坐舒适性和国军标法规要求。

装甲车辆乘员车内工作空间布置主要内容:确定车身内部尺寸;确定乘坐与操纵空间;校核各项性能及法规要求的尺寸数据。

（2）工作空间布置

装甲车辆乘员车内工作空间布置是在整车总布置的基础上进行的，整车的总布置提供了车辆的长宽高、整体式或模块化防护系统结构尺寸、武器系统的控制尺寸、战斗全重、负重轮或轮胎轴荷，以及动力传动装置、行走系统等的轮廓尺寸和位置。据此再以国内外同类车型有关数据作为借鉴，即可初步确定驾驶室、战斗室、动力传动室、底甲板平面高度、前围板位置、乘员座椅布置、内部空间控制尺寸、驾驶室转向盘位置角度与操纵机构、踏板的相互位置等。然后在此基础上，按满载情况绘制 1∶5 车身总布置图。在性能、运动学、动力学和人机工程学校核环节，需要采用国军标对装甲车辆产品的相关强制性标准，对整车、零部件布置的符合性进行校核。另外，对国军标尚未要求但国际上通用的标准应考虑符合性，并按设计经验及相关参考资料，对车内外零部件尺寸、布置位置的合理性进行人体、人机工程学校核。

车内人机布置应考虑上下车空间及上下车便捷性。影响乘员与驾驶员上下车空间的因素比较多，比如从舱口（门）到达乘员位置应有无障碍的通道和适用的扶手与脚蹬，以及座椅的布放位置、座椅的形状、圆形和长方形顶口尺寸、舱门的开度、乘员上下车时相对车辆不同部件所需要的空隙（如头、躯干、膝盖、大腿、脚和手的运动空间）大小、乘员从车内一个空间转移到另一个空间的爬行空间、乘员抓握手柄（把）的布置位置等。

车内人机布置应考虑乘员有舒适的坐姿。舒适坐姿的获得与座椅高度、人的大小腿部空间、头和肩膀空间、大腿和躯干夹角、颈部夹角、大腿和小腿夹角、坐垫的长度和宽度、座椅靠背、头枕、脊椎应力等因素密切相关。

车内人机布置应考虑乘员手与脚操控的便捷性。乘员手与脚操控的便捷性与控制和显示装置布置位置，以及乘员在触及、抓握和操控过程中的身体运动和姿态等密切相关，如果操控过程中较多以自然姿态，而非尴尬姿态工作，那么操控的便捷性是显而易见的。

人机布置应考虑车内和车外的视野。在搜寻道路和车内视觉信息的过程中，眼睛、颈部和躯干之间能否协调运动影响着车内外视野。在闭舱驾驶时，履带式装甲车辆驾驶员的视野是由左、中、右三块潜望镜提供的，这个视野角度一般在 140°左右，因而存在视野盲区，影响着车外视野。车长在车辆闭舱行驶时，其视野由周视潜望镜提供，它是由多块潜望镜组成的。对于复杂道路条件和气象条件，如果车辆照明能够提供自适应的灯光，则将显著改善车内和车外视野。

人机布置应考虑车辆维修与服务的便捷性。车辆维修与服务的便捷性取决于以下几个方面：加注燃油（包括能否快速找到加油口，油箱盖能否易于开启）；动力-传动舱盖是否容易打开，给变速箱加注齿轮润滑油是否方便，发动机机油是否易于检查；炮弹能否借助手或起卸设备方便地储放和卸下；炮塔里的战斗舱是否留有相应的空间，便于第 5 百分位和第 95 百分位数人员保养辅助武器；履带或轮胎能否快速更换；前后大灯灯泡是否易于更换。

10.3.4 人机界面设计

1. 人机界面设计概念与原则

人机界面，是指人机间相互施加影响的区域。凡参与人机信息交流的一切领域都属于人机界面。通常，人机界面是指功能性界面，人在其上接收机器的功能信息，并操纵与控制机器，即在机器上实现人与机器互相交流沟通的显示器、控制器。机器通过显示器将机器的运转信息传递给人。人通过机器上的控制器（操纵器）对机器传达控制指令。按人接收信息的感觉通道不同，信息显示装置分为视觉显示、听觉显示和触觉显示。人机信息交换中，人对机器的控制大多通过肢体活动来实现，依据人体的操作部位，可分为手动、脚动两大类控制器。

人机界面设计，是指显示、控制以及它们与人之间关系的设计，以便获得良好的人机界面。良好视觉显示器的特征：乘员应该能够以最小的心理和生理努力快速阅读和理解显示内容（获取所需信息）；乘员应该能够通过短时间的扫视便能从视觉显示设备上获得必要的信息；乘员应该不需要任何肢体动作（包括过多头部和躯干运动的人体倾斜）就可以获得必要的信息（听觉设备不需要乘员做出任何眼睛、头部和躯干运动）。良好控制器的特征：乘员应该能够以最小的心理和生理努力迅速地操作控制件；应该只需要很短的视觉停留就可以完成所需的控制操作，比如大多数的转向信号操作都不需要用眼睛去查看转向信号操作杆；任何控制操作应该需要最少的手/手指的运动，例如操作控制不需要手从操纵件上移开。

人机界面设计，必须解决好两个主要问题，即人控制机械和人接收信息。前者主要是指控制器要适合人的操作，应考虑人进行操作时的空间与控制器的配置。后者主要是指显示器的配置应与控制器相匹配，使人在操作时观察方便，判断迅速、准确。

人机界面设计应该考虑以下原则：
① 以人为本的基本设计原则。
② 顺序原则。
③ 功能原则。
④ 一致性原则。
⑤ 频率原则。
⑥ 重要性原则。
⑦ 面向对象原则。

人机界面的标准化设计，确实体现易懂、简单、实用的基本原则，充分表达以人为本的设计理念，是未来的发展方向。

2. 显示器设计

1）视觉显示器

装甲车辆上使用最普遍的视觉显示器，目前主要还是各种仪表和信号灯，其功能都是将系统的有关信息输送给操作者，因而其人因工程学性能的优劣直接影响系统的工作效率。

车载视觉显示器人机工程学设计，主要包含3个方面：确定操作者与显示器间的观察距离；根据操作者所处的位置，确定显示器相对于操作者的最优布置区域；选择有利于传递和显示信息、易于准确快速认读的显示器型式及其相关的匹配条件（如颜色、照明条件等）。

视觉显示器设计，除应符合GJB 1062相关规定外，还应符合下述要求：
① 信息应以直接、简明的形式呈现给操作者，不应有增加作业难度的变换或计算。
② 显示的冗余度应能增进识别、加快检索速度和提高信息处理的可靠性。如果不要求达到上述显示效果，应避免给操作者多余的信息。
③ 应使处于正常操作或维修状态下的人员对显示器的判读达到预期的精度，不应使人员采取不方便、不舒适、不安全的体位。
④ 完成特定操作活动或实现序列操作活动所需要的所有显示器应组合在一起。

⑤显示器应按照其使用顺序中的功能关系排列，并尽可能在功能组内按顺序排列，使观察的流程是从左向右或从上向下的。

视觉显示器设计，应实现可发现性（显示器的位置可以被发现）、可视性（显示器，尤其是像车速表、转速表这样的重要显示器，应放置在一个无盲障视角的区域内）、易识别性（容易区别不同用途的显示器）、易读性（显示器所显示的信号应在各种条件下都可辨认）、读取性（乘员应该能够非常迅速地读取所需要的信息，最好是一次短暂的扫视就可以读取）、可解释性（显示器所显示的内容可确保被大多数乘员所理解，可以正确解释显示的信息，而不混淆）等。

为了保证高工作效率和减轻人的疲劳，仪表板的空间位置应使操作者不必运动头部和眼睛或者轻微转动头部和眼睛，但无须移动身体位置就能看清全部仪表。装甲车辆的仪表板应尽量布置在乘员的最佳视野范围内。

装甲车辆仪表板离人眼的最远距离最好不超过 700 mm，最小距离为 330~700 mm。仪表板高度最好与眼平齐，板面上边缘的视线与水平视线的夹角不大于 10°，下边缘的视线与水平视线的夹角不大于 45°，或者要求仪表板表面与正常视线的夹角不得低于 45°。仪表板应与操作者的视线成直角，至少不应小于 60°。当人在正常坐姿下操作时，头部一般略自然前倾，所以，布置仪表板时，应使板面相应倾斜。通常，仪表板与地面的夹角为 60°~75°。报警仪表应该位于操作者正常视线 30°锥角内。一般的仪表板都应布置在操作者的正前方和左右前侧。当仪表板很大时，可采用弧形板面或弯折形板面。操作者的巡检视角一般不能大于 120°，边缘视线与仪表板的夹角不应小于 45°。单人使用的弯折形仪表板，两侧板面与中间板面之间的夹角以 115°为最优，两人使用的可增大到 125°~135°。另外，仪表板的位置不得妨碍操作者对周围环境的观察。

根据视觉运动规律，仪表板面一般应呈左右方向为长边的长方形形状。使用频率最高的仪表应尽量组合在一起，并尽可能安排在乘员最优视区内。重要的或关键的仪表和显示器应置于最佳设计视区中优先的位置上，或置于光线最强处。一般性仪表允许安排在 20°~40° 视野范围内。40°~60°视野范围只允许安排次要的仪表。各仪表刻度的标数进级系统，应尽可能一致。仪表的设计和排列还需照顾到它们与控制器之间的相互协调关系。当仪表很多时，应按照它们的功能分区排列，区与区之间应有明显的区别。各区之间可用不同颜色的背景，也可用明显的分界线或图案加以区分。性质重要的仪表区，在仪表板上要有引人注目的背景。在仪表板上画出各分区仪表之间功能上的关系，也有助于认读。

装甲车辆仪表照明设计，正常照明时，若不需要完全暗适应，应该使用低亮度白光，在可行时，最好采用整体照明，并且亮度可调；若要求完全暗适应，应提供低亮度的 0.07~0.35 cd/m² 红光（主波长为 620 nm）照明。在需要与夜视装置相容的场合，仪表照明不应使用红光；照明应能连续变化至完全关闭状态。在多个显示器组合在一起的场合，整个仪表板的照明应该均匀，在全开至全关的范围内，任意两个仪表指示器平均亮度的差别不应大于 33%。整体照明的仪表内的灯光分布应该足够地均匀。灯光分布用不少于 8 个点等距测试法测量时，指示器局部亮度的标准差与指示器亮度的均值之比，应不大于 0.25。为了确保操作者能在所有的设计照明状态下感知必要信息，所有被显示信息与显示背景应提供足够的对比度。

2）听觉信息传示装置

听觉信息传示装置，是利用示警信号（声音，如哔哔声、铃声、蜂鸣器、语音等）来传达信息,其特点是可快速、有效地传递简单和短促的信息,反应快,方向不受限制。

在下列场合,原则上采用听觉显示:

①所处理的信息是短暂的、简单的,并要求做出立即或瞬时反应。

②视觉显示受限时,如视觉作业过重和周围照明的限制,受操作者体位活动影响及由于振动、缺氧等环境因素所致的视觉功能减退,预期操作者可能出现疏忽等。

③人员安全处于危急情况或操作处于关键时刻,要求采用附加的或多途径信息传递方式。

④为了劝告、暗示、提醒或警告,而需要引起操作者注意随后的附加反应。

⑤惯例或习惯上已经建立了对听觉显示的期待。

⑥话音通信是必要或理想的。

听觉信息传示装置的设计必须考虑人的听觉特性、装置的使用目的及使用环境与条件。听觉信号应在声级、瞬时特性及频谱组成等方面具有明显辨别特征。险情听觉信号应符合 GB 1251.1 有关规定。

告警信号频率范围应在 200~5 000 Hz,如有可能,应在 500~4 000 Hz。信号必须绕过障碍物或穿过间壁时,应当使用频率低于 500 Hz 的声音。选用的频带应不同于最强的背景噪声频率,如有可能,应尽量低于背景噪声频率,并且应符合有关标准。

言语传示装置,是用语言在人与机器之间传递信息,其特点是可以使传递和显示的信息含义准确、接收迅速、信息量较大,可更为细致、明确地指导操作者的各种操作行为,但易受噪声干扰。语言警告信号的语言部分应由识别特定条件和揭示适当行动的简短的标准化语言信号(语文信息)构成。当两个以上(如事故或故障等)信息同时呈现时,应建立优先机制,最重要的信息得以优先提出,其余的按重要性大小依次呈现,直至全部警告信号呈现完为止。言语传示装置设计,应注意语言清晰度与语言的强度之间的关系。噪声环境中的语言通信具体要关注以下几点:环境干扰噪声的声级;通信距离的影响;声音与声源的距离每增加 1 倍,语言声级下降 6 dB;车载环境或工作环境的吸声条件;当混响时间≥1.5 s 时,语言清晰度就下降。

要求以多途径的传递方向向人员传递已经存在的或即将发生的危险时,当系统出现紧急变化而要求人员采取应急行动时,或劝告人员改变某些系统状态或数据时,可采用劝告、暗示、警告等非语言听觉信号(音响传示)。音响传示装置设计,在有背景噪声的场合,音响传示装置的声音频率应设计在噪声掩蔽效应最小的范围内。设计使用断续的或音调有高低变化的声音信号,更能引起人的注意(对于报警装置,最好设计成视、听双重报警)。音响信号传播距离远和穿越障碍物时,应加大声音强度,并使用低频信号。在同一个工作环境内,音响装置不宜过多,以免造成各信号间相互干扰。

当听觉信号与视觉显示联合使用时,应是辅助性的或支持性的,用于提示操作者注意有关的视觉显示。

3. 控制器设计

在人机系统中,控制器(又称操纵装置、控制装置、调节装置)是指通过人的动作(直接或间接)是用来使机器改变运行状态的各种元件、器件、部件、机构及它们的组合等机构,其基本功能是把操作者的响应输出转换成机器的输入信息,进而控制机器的运行状态。

控制器的设计，应使操作者能在其一个作业内，安全、准确、迅速、舒适、方便地持续操纵而不产生疲劳。为此，设计者必须充分考虑人体的体形、尺度、生理特点、运动特征和心理特性，以及人的体力和能力的极限，才能使所设计的控制器达到高度的宜人化。

1) 控制器设计一般原则

装甲车辆控制器设计应符合人机工程学原理，一般遵循如下原则：

①控制器应实现预计的操作动作，包括提供适当的操作方式和操作力以及防止误操作的措施。

②控制器要适应人的生理特点，便于大多数乘员使用操作。

③控制器运动方向与其工作状况（作用）之间的对应关系，应保持操作上习惯的、业已定型的某些通用规定，以便充分利用操作者原有的技能，并尽量减少可能产生的差错。

④合理地分配体力，避免操作者任一肢体负担过重。

⑤操纵一个控制器，不应妨碍使用另一个控制器。

⑥控制器的设计应符合安全、适用、可靠要求，不存在伤害人体的危险，不因振动、碰触而跳位或误动。

⑦用来操作相互不同但又紧密相关的设备的控制器，应在尺寸和形状上相一致。

⑧控制器应易于视觉或触觉识别，并能根据颜色、尺寸、形状或安装位置等来区别。

⑨控制器的造型设计，要求尺寸大小适当、形状美观大方、式样新颖、结构简单，并且给操作者以舒适的感觉。

2) 控制器的类型及其选择

控制器主要分为手动控制器和脚动控制器。

脚动控制器主要是踏板式，具有动作简单、快速、操纵力较大的特点，能较长时间保持在调节位置上，可用于两个或几个工位的调节和无级调节，但是操纵精度要求不高。下述情况可选择使用脚动控制器：手操纵力过大，以致难以操作或进行这种操作极易引起疲劳；需要连续进行操作，并且用手又不方便的场合；当操作者的双手正在进行其他操作时，又被要求进行另外的控制作业；在坐姿、有座椅靠背的条件下，宜选用脚控操纵器。踏板式脚动控制器，每只脚最多只能操纵两个简单的控制器；踏板活动方向应与操作者下肢关节的自然活动方向相协调；踏板应安装在操作者不用过分伸腿或扭转身体而便于操纵位置，即使踏板运动到最远端时，也不应超出操作者有关肢体尺寸和力量的限度，不应使踝关节在操作时过分弯曲；踏板位置应有利于操作者足部处于"休息"或"稳定"状态；当操作者需用很大力才能蹬满全程时，应提供适当的助力措施；踏板在承受操作者脚的重量时，不应起动控制动作。

手动控制器是使用最广泛的控制器，适于进行迅速而精确的操作。当需要在宽大范围内进行精确调节时，应使用大于360°旋转式控制器。手动控制器设计一般只针对右手操作。有些规定由右手完成的动作会给左手操作者造成一定困难，在这种情况下，手动控制器设计尽可能兼顾左、右手操作者。最常用的手动控制器宜设在肘和肩高之间。手控制的空间尺寸范围应符合GB/T 12984规定。

控制器的形状与它的功能之间最好有逻辑上的联系，以利于辨认和记忆，如转向盘是圆环状，很容易与转向功能发生联系。控制器的式样应便于使用，有利于操作者用力。有定位或保险装置的控制器，其终点位置应有标记或专门的止动限位装置。分级调节的控制器应有中间各挡位置标记和定位、自锁、连锁装置，如操纵杆等。当控制器数量很多，而又难以单纯用形状来区分时，可在控制器上刻上适当的符号，作为辅助标志。这些符号最好用手感触或脚触感即可辨别。

控制器形式主要有开关式、操纵杆式、摇把（曲柄）式、手轮式、转向把式、旋钮式、旋塞式、键盘式、指拨滑块式、牵拉式、触摸屏式、组合式等。应根据其功能特点和使用场合适当选用。

3）控制器的大小

控制器的尺寸大小，应以适合乘员的手或脚进行操作为宜。

控制器的尺寸范围及优先选用应符合 GB/T 14775、GJB 1835 等标准要求。

4）控制器的布置

控制器的布置应遵循如下设计原则：

①手动挡控制器应尽可能布置在人的视野范围内，借助视觉进行识别。脚动控制器的空间位置和分布应尽可能做到在盲目定位时有较高的操纵工效。

②当控制器很多时，应按照它们的功能分区布置，各区之间用不同的位置、颜色、图案或形状进行区分。

③主要的控制器应安置在对操作最有利的位置上。

④在一系列操作过程中，若有数个步骤均选用某一控制器时，这些步骤应按操纵动作发生的先后顺序排列，尽量减少控制器的重复动作，避免控制器开、关状态的反复切换。

⑤为便于依次或同时操作，减少操作距离或节省空间，有些控制器可装配在一起，但其设计应尽可能减少错误操作的可能性。

⑥应急控制器必须与其他控制器分开布置，安排在能迅速辨识而又最方便操作的位置，以确保操纵准确、及时，同时要有防止误动的安全措施。

⑦在控制器远离显示器、设备的情况下，控制器的布局应符合运动方向一致性的原则。

⑧当同一系统或类似系统中几个控制板上装有作用相似的控制接口时，控制器的位置和布局也应相同或相似。

⑨控制器的总体布置要力求简洁、明确、易操作及造型美观。

5）操纵力

控制器的操纵阻力主要由摩擦阻力、弹性阻力、黏滞阻力、惯性阻力等部分构成。

最大操纵力既取决于操纵器的工作要求，又受限于操作者在一定姿势下所能产生的最大出力。操纵器的操纵力应符合 GB/T 14775 等标准要求。

设计控制操作时，所需最大操纵力应根据操作者第 5 百分位所提供的最大力来确定。人体所能提供的最大体力主要数据：坐姿时，推拉臂力 150 N 左右，上下臂力 85 N 左右，里外臂力 50 N 左右；腿的瞬时蹬力 1 750 N 左右，持续蹬力 850 N 左右；手的瞬时握力 250 N 左右，持续瞬时握力 150 N 左右。

设计提举操作时，应根据第 5 百分位操作者所能提举的最大质量来确定。行走不超过 5 步操作者所能携带极限质量为 30 kg。对有握持且长不超过 380 mm、高不超过 300 mm 的物品，提举 300 mm 操作者所能提举极限质量为 40 kg，提举 900 mm 操作者所能提举极限质量为 30 kg，提举 1 500 mm 操作者所能提举极限质量为 15 kg。

从省力的角度出发，在不同的用力条件下，以使用最大肌力的 1/2 和最大收缩速度的

1/4 操作，能量利用率最高，人较长时间工作也不会感到疲劳。

6）控制器的编码

将控制器进行合理编码，使每个控制器都有自己的特征，以便于操作者确认无误，是减少操作差错的有效措施之一。控制器的编码方法应使其在整个系统中所代表的含义不变，并应考虑某一系统所用的编码同操作者在另一系统中可能使用的编码保持一致。

控制器编码主要有形状编码、大小编码、位置编码、颜色编码、标志编码等。

4. 显示器与控制器组合设计

控制器和显示器的种类繁多，但控制器和显示器必须设计为一个工作系统。控制器与相应显示器之间的对应关系对于操作者应是直观、明确和肯定的。显示器应清楚地指明相应的控制反应，显示器对控制的响应应是一致的、可预知的，并且与操作者的期望相一致。控制器的输入及系统的响应状况应有适当的反馈信息显示，保证操作者对系统运行状况充分了解。为保证系统进行安全有效的操作，系统对控制输入的响应和显示器对此响应显示的延迟时间应尽量短。显示器与控制器组合设计应符合 GJB 1062 有关规定。

控制和显示装置的布置应向操作者提供能以适宜的负荷并方便地完成规定任务的人机界面布置。在确定控制和显示及其相关设备的位置和方向时，必须考虑以下原则：

①使用方便原则。
②功能组合原则。
③位置预期原则。
④使用次序原则。
⑤重要性原则。
⑥使用频率原则。
⑦一致性原则。
⑧时间-压力原则。

5. 人与计算机界面设计

保证操作者与计算机之间具有良好的功能界面，达到人与计算机之间的最佳匹配，并将降低工效或引起差错的因素减少到最低水平。

1）防差错管理

在向系统输入时，应提供简单可靠的修正错误的方法。计算机对输入的信息应进行检查，将操作造成的错误减至最少。在进行关键性输入时，要求操作者对其输入的内容进行校验。在数据被输入和被计算机接收之前，应具备便于数据编辑和修改的能力。当需要给操作者传送关于内部检测的警告信息时，警告信息的内容应是根据错误状况而做的可靠判断，并尽可能多地提供诊断情报和处理方案。程序的运行应对操作者的要求最少，并能防止不符合规定的输入。

计算机应具备命令语言，允许操作者在任何时候进行查询，以便确定使用符合规定的命令。

2）输入与控制

系统响应时间应与操作要求一致。操作者响应时间应与系统响应时间相兼容，并在预期的作业环境中承担总的任务所确定的范围之内。

显示和数据输入系统应向操作者提供以下反馈：输入是否已被接受；不允许的输入信

息；由于计算机过载而造成的问题；在可能条件下，对操作者的正确输入应提供控制反馈响应；当发现输入控制出现错误时，应立即提供反馈信息，并提示修正方法及其他帮助；控制输入的响应滞后不应影响操作者控制输入的速度；由操作者输入的控制数据应在明确的位置上清楚地显示。

从一组方案中选择控制动作时，应将各个方案显示给操作者。应显示出与操作者相互作用的有关参数的实时值。显示的有关术语、计量单位、工作步骤顺序或时间、相位等应清楚、可靠，不造成误解。

对于时间性要求强、容易出错或频繁使用的控制输入，应使用固定的标准功能键。当标准功能键被重新编序或定义时，应以红光一类的键盖视觉警告信号提示操作者："该标准功能不再通过此键实现"。

有关显示的要求及主要参数的参考量值，应符合 GJB 1062 及 GB/T 12984 有关规定。

10.3.5 内部环境控制

环境是指影响乘载员身体健康和工作能力以及装备性能发挥的各种因素。环境因素是作为一种主动的因素而不是一种被动的干扰因素引入系统，成为系统的一个重要环节。环境可分为外部环境和车内环境。外部环境主要指妨害机器系统功能完成的外部因素。车内环境主要指妨害人－机功能发挥的各种车内因素。装甲车辆乘员舱内对乘载员战斗力造成影响的主要微环境因素有振动、噪声、温度、湿度和空气质量等。空气质量包括一氧化碳浓度、二氧化碳浓度和氧气浓度等。车内环境对车内驾、乘、载员影响大，车辆设计中必须严格控制，尤其要注意对振动和噪声，以及环境温度的控制。车内环境控制要求应符合 GJB 1372 有关规定。

1. 照明

光环境分为天然光（利用自然界的天然光源形成作业场所的光环境）和人工照明（利用人工制造的光源构成作业场所的光环境）。通过改善光环境，可以改善人的视觉条件（照明生理因素）和视觉环境（照明心理因素）来提高劳动生产率。良好光环境使车辆事故次数、出错件数等都明显减少。

光环境控制，主要是控制照明条件，主要包括合理的照度平均水平；光线的方向和扩散要合理；不让光线直接照射眼睛；光源光色要合理；让照明和色相协调；不能忽视经济条件的制约等。

对于照明，除为完成作业任务提供规定的照度外，还必须考虑：视觉作业目标与其背景之间的亮度对比；来自工作面和光源的眩光；最简单和最困难的作业任务所需要的照明水平及其差异；照明光源和设备表面的颜色组配；作业任务的精度和所需时间；作业要求或操作者工作条件的可能变化（例如降蔽性要求、照度调节等）。

为缩短暗适应时间，封闭舱室内的照明系统应根据昼、夜及不同作业要求进行设计。可结合下述措施提高夜间视觉功效：在低亮度下阅读的字符是黑色背景上的白色字体；控制器应用白色；仪表板的设计和安置适合昼、夜使用；采用红光照明下能够使用的地图。乘员舱空间狭小，可以用绿蓝色、低饱和度、稍低明度的色彩。

在选择照明装置数量和安装位置时，应考虑光的可及性、开关等的操作方便性以及不产生眩光等。

2. 气候环境

气候环境是空气的温度、湿度和空气流动等因素的综合，它对人的健康、舒适和作业效能产生一定程度的影响。气候环境是作业的干扰因素，可以分为冷环境和热环境。人体对环境的适应可以提高人体对不同气候的耐受力和操作工作的效能，但是人体对环境的适应有一个限度。在极端气候条件下，若人体的体温过高或过低，就会导致人体的病理性反应，甚至死亡。气候环境控制具有重要意义。气候环境控制的具体手段是多种多样的，比如，可以通过供暖或制冷改善室内（车内）气候，也可以通过衣着和局部防护控制人体热平衡。

人机工程中，主要是指特定空间中的气候环境，也称车内气候或微气候环境。装甲车辆可能在各种气候环境下使用，车内高低温环境均影响乘载员战斗力的发挥。

装甲车辆车内温度环境的参数设计及评价等应符合 GJB 898 有关规定。车内应具有采暖和降温装置，以便在低温和高温时维持车内规定的温度，采暖与降温可与人员的个体防护服组合设计。采暖宜保持车内基准温度不低于 5 ℃ 水平（车速为 $\frac{2}{3}v_{max}$，座椅上方 610 mm 处为测温参考点）。采暖或降温时，足部和头部位置的温差不宜大于 5.5 ℃。

车内相对湿度宜控制在 30% ~ 70% 范围。

通风设计应符合要求：通风应是独立的，与发动机的通风无关；通风气流宜均匀地吹向人体各个部位；车辆静止和发动机停止工作时，通风装置应能长时间的工作；每人所需通风量可取：新鲜空气为 0.57 m^3/min，32 ℃ 以上炎热气候时为 4.2 ~ 5.7 m^3/min。

车体、隔板、舱壁等表面温度高于 49 ℃ 或低于 0 ℃ 时，应采取防护措施或警告标志。

乘员舱的隔热采用隔热层，由满足环保的胶合板、毛毯、泡沫塑料等材料组成；顶盖隔热层必须保证一定厚度；外表采用浅色，减少太阳辐射热的作用；内饰材料不应粗糙；发动机罩要有较好的隔热措施，并加一层铝铂。乘员舱的密封采用弹性橡胶或海绵橡胶来密封。

3. 振动

装甲车辆振动来源于不平路面的激励及机械装置的振动传递。车内振动的大小与车辆行驶的路面、行驶速度、悬挂装置及发动机的工况有关，座椅振动的大小还与座椅的减振性能有关。在起伏路上行驶时，水平方向加速度增大，装甲车辆振动呈现强烈的三方向振动。对乘载员影响较大的振动主要是通过座椅和底甲板传导至人体的全身性振动。振动对人的影响是多方面的，人体与目标的振动使视觉模糊、仪表判读及精细的视分辨发生困难；由于手脚和人机界面振动，使动作不协调，操纵误差增加；由于全身受损颠簸，使语言明显失真或间断；由于强烈振动，使脑中枢机能水平降低，注意力分散，容易疲劳，从而加剧振动的心理损害；等等。振动影响工作能力和效率，使车辆性能不能充分发挥，甚至影响健康，如乘载员的腰肌劳损，因此，车辆悬挂系统和座椅系统必须具有良好的减振性能，才能保证乘载员的乘坐舒适性，提高工作效率。振动的强度限制应符合 GJB 59.15 及 GJB 966 的有关规定。手传振动的强度限制应符合 GB 10434 的规定。

4. 噪声

噪声是一类引起人烦躁或音量过强而危害人体健康的不规则声音。噪声不仅会对人们工作产生各方面的影响，还会产生暂时性听力下降、听力疲劳、持久性听力损失、爆震性耳聋。噪声在 30 ~ 65 dBA，对人产生心理影响；噪声在 65 ~ 90 dBA，对人产生较重植物神经方面的影响；噪声在 90～120 dBA，对人造成听觉机构不可恢复性的损失；噪声大于 120 dBA，对人造成内耳永久性的损伤；若噪声大于 140 dBA，对人可能形成严重的脑损伤。

装甲车辆的工作环境比较嘈杂，噪声特别大，乘员心情烦躁，容易疲乏，并且容易产生错误的判断，进行错误的操作，使装备总体效能得不到充分的发挥，影响战斗能力。长期暴露在 90 dBA 以上的噪声环境中，会引起听觉器官的器质性病变，导致听力损失。噪声也影响全身各个器官，装甲车辆成员健康水平逐年下降。舱内噪声环境的好坏直接关系到作战的效率和持续作战的能力，必须要给舱内人员营造一个良好的作战和操作空间。按照国军标 GJB 2、GJB 50、GJB 1372 的规定，装甲车辆乘员从事军事作业，其工作场所噪声标准为：每日连续暴露（8 h）允许声压级为 90 dBA。

控制车内噪声的传统技术主要有减弱声源强度、隔绝传播途径和吸声处理 3 个方面。

降低装甲车辆上任何声源的噪声能量都有利于控制车内噪声，尤其是降低发动机噪声和传动系噪声更具重要意义。乘员舱的隔声性能主要指隔离空气声通过板壁向室内穿透的能力。隔声量的大小主要取决于选用的材料和结构；乘员舱的板壁材料多选用隔声效果好的钢板、硬质塑料和玻璃，其结构形式主要有单层和双层两种。

为降低车辆行驶过程中传入车内的噪声，可以利用具有弹性和阻尼的材料来阻断结构声；也可以利用涂布、阻尼黏胶等材料来提高车身壁板的隔声性能，并减小车身壁板的孔缝数目和尺寸，从而增强车身结构的隔声量，削弱或阻断气体传声。也就是主要采取隔振、隔声与提高舱室密封性等措施来降低乘员舱内噪声。提高乘员舱密封性是阻止噪声传入乘员舱内的有效方法之一。车身隔声结构的构成是在不同部位适当组合吸声防振材料，有时为了减小坦克装甲车辆质量，也采用在车身涂覆防振涂料等方法。通过优化动力-传动总成和乘员座椅悬置参数，就可以达到隔振的目的；通过优化底盘悬挂设计、柔性轮胎设计，可以起到减振效果。

吸声是为了消除或降低室内混响。吸声材料一般为多孔性吸声材料，如玻璃纤维、矿渣棉、泡沫塑料等。在车身壁板上使用能减少反射声的吸声材料可有效降低乘员舱室混响声。例如，在乘员舱顶棚采用吸声处理，可在乘员耳朵的位置处降低 2 dBA 以上的噪声。

主动控制技术运用与车内噪声控制是现代车内噪声控制新技术，主要包括有源噪声控制技术和结构声主动振动控制技术。有源噪声控制是在指定区域内人为地、有目的地产生一个次级声信号去控制初级声信号，以达到降噪目的的技术。结构声主动控制用控制结构振动的方法控制低、中频的结构声辐射，不用次级声源，直接将控制力施加于结构，使辐射声能量最小。

5. 有害气体

各种有害气体的含量应符合有关卫生标准规定，并应考虑多种有害气体复合作用的影响。一氧化碳（CO）含量应符合 GJB 967 的规定。二氧化氮（NO_2）的 8 h 期限的时间加权平均浓度应低于 10 mg/m³。氨气（NH_3）的 8 h 期限的时间加权平均浓度应低于 35 mg/m³。

6. 辐射

辐射应符合 GJB 7 及 GJB 663 的相关规定。

10.3.6　安全性设计

安全应符合 GB 12265、GJB 900 及 GJB 663 的有关规定。

安全标记和标牌的设置：在具有危险的设备附近应设有醒目的警告牌。

工作区域应具有警报装置，以警告人员即将发生的危险或现已存在的危险。安全门应符合下述要求：操作简单；易于接近；不发生堵塞；在黑暗中能简单地找到并操作；开启时间短；操作力小；不因其本身或对它的操作造成新的危险。

电气和电器安全设计：手握电动工具应设计保护接地，手握部位应绝缘；插头和插座的设计应使一种额定电压的插头不能插入另一种额定电压的插座，或避免接错电源正、负板。

机械安全设计：暴露的运动部件应有适当的防护罩、屏蔽板、护挡等防护措施；在设计可伸缩的梯和台阶时，应为扶手留有足够的空间。

流体、毒物和辐射安全设计：危险流体的管路应与其他管路相互隔离并有明确的标志。设置有毒气体的含量和辐射量自动检测与告警。

防火设计：设备的设计应使其在存放或运转期间不散发易燃气体；否则，应有自动保险装置和相应的报警器。避免采用能释放可燃物质的材料。当电容器、电感器或电动机存在潜在的火灾危险时，应采用扎眼最少的不燃外壳保护。

防爆设计：阴极射线管荧光屏应有耐震玻璃防护；靠近易燃气体使用的电气设备时，应有防爆措施；应使易爆物体隔离热源。

本章小结

本章在介绍人机环工程学基本概念、装甲车辆总体设计中应考虑的人机工程环工程方面的主要问题基础上，重点介绍了装甲车辆人机工程分析和人机环工程设计方法，主要包括人机功能匹配与分配、作业空间设计、人机信息界面设计、内环境控制、安全系数设计等。

思 考 题

1. 装甲车辆总体设计为什么要体现"以人为本"的设计理念？
2. 装甲车辆总体设计"以人为本"的设计理念体现在哪些方面？
3. 为什么装甲车辆人机工程设计中人体测量数据通常用第 95 百分位数？
4. 装甲车辆人机工程设计的重点包括哪些方面？
5. 装甲车辆人机工程设计的安全性是否应该包括行驶安全性？

第 11 章

装甲车辆可靠性与维修性设计

> **内容提要**
>
> 装甲车辆可靠性与维修性是装甲车辆充分发挥作战使用效能,保持持续作战能力的重要质量特性。本章主要介绍装甲车辆可靠性与维修性的基本概念、基础理论与设计技术。

11.1 装甲车辆可靠性与维修性概述

11.1.1 装甲车辆可靠性与维修性基本概念

产品的质量指标有很多种。例如,装甲车辆的指标就有行驶速度、最大行程、最大射程、最大射速、射击密集度等,这类质量指标通常称为性能指标,即产品完成规定功能所需要的指标。除此之外,产品还有另一类质量指标,即可靠性与维修性指标,它反映产品保持和恢复其性能指标的能力,有时甚至是用户更为关心的指标。例如,装甲车辆出厂时的各项性能指标经检验都符合要求,但是在部队服役使用一定时间后,是否仍能保持其出厂时各项性能指标呢?生产厂为了说明自己产品保持与恢复其性能指标的能力,或者让用户希望知道产品保持与恢复其性能指标的能力,就要提出产品的可靠性与维修性指标或要求。

1. 可靠性

按国家标准,可靠性定义为:产品在规定条件下和规定时间内,完成规定功能的能力。

定义中的"产品"是指作为单独研究和试验的具体对象。例如,对装甲车辆而言,根据研究目的的不同,可以选择装甲车辆整体作为研究对象,也可以选择装甲车辆的某个分系统、子系统、部件或零件作为研究对象。"规定时间"是指产品的工作期限,可以用时间单位,也可以用周期、次数、里程或其他单位表示。例如,对装甲车辆,规定的时间一般用行驶千米数表示;对火炮,规定的时间一般用射弹数来表示;对火控系统,规定的时间一般用工作小时数来表示。"规定条件"是指产品的环境条件(如室内、野外、海上、陆地、空中等)、使用条件(如气候、气象、载荷、振动等)、贮存条件、维护条件和操作技术等。"规定功能"是指产品的各种性能及其指标。例如,装甲车辆的规定功能主要是性能(机动性能、火力性能、防护性能等)及其战技指标(行驶速度、最大行程、最大射程、最大射速、射击密集度等)。不能完成规定功能就是"故障",即"规定功能"就是给定故障判断准则。以上四方面内容必须有明确的规定,研究产品可靠性才有意义。可靠性是产品的一种"能力",说明可靠性是产品的一种固有属性。产品制造出来之后,其可靠性就基本确定。因此，有人认为，可靠性是设计出来的，制造是保证设计可靠性的实现，可靠性在使用过程中才表现出来。

可靠性强调的是完成规定功能的能力。然而，在进行可靠性设计时，需综合权衡完成规定功能和减少用户费用两个方面，因而就提出了基本可靠性和任务可靠性的概念。

基本可靠性，是指产品在规定的寿命剖面内，在规定的条件下，无故障地持续工作的能力。寿命剖面是产品从设计到寿命终结（退出使用）这段时间内所经历的全部事件和环境的时序描述，包含这些事件的持续时间、顺序、环境条件和操作方法等方面的描述。装甲车辆在寿命剖面中所经历的主要事件有设计、制造、装卸、运输、贮存、启封、检测、保养、修理、训练、演习、执行作战任务等。基本可靠性与寿命剖面确定的条件（环境条件、应力条件等）有关。这里的故障包含寿命周期内给定时刻之前所有关联故障。基本可靠性不仅反映产品本身质量特性，还反映产品对维修及保障条件的要求。

任务可靠性，是指产品在规定的任务剖面内完成规定功能的能力。任务剖面是指产品在完成规定任务这段时间内所经历的事件和环境的时序描述，其中包括任务成功或致命故障的判断准则。任务可靠性是衡量产品完成规定任务的能力，反映产品在规定的维护修理使用条件下，在执行任务期间某一时刻处于良好状态的能力。

产品运行时的可靠性称为工作可靠性，包括固有可靠性和使用可靠性两方面。

固有可靠性，是指设计和制造赋予产品的，并在理想的使用和保障条件下所呈现的可靠性，所有又称设计可靠性和合同可靠性。固有可靠性与产品的材料、设计、制造工艺及检测精度等因素有关，是从承制方的角度来评价产品可靠性水平，是产品的内在可靠性，是产品的固有属性。

使用可靠性，是指在实际的环境中使用时所呈现的可靠性。使用可靠性与产品的使用条件相关，考虑了使用、维修对产品可靠性的影响，受使用环境、使用维护方法和程序，以及操作人员的技术熟练程度等因素的影响，即反映产品设计、制造、安装、使用、维修、环境等因素的综合影响，是从最终用户的角度来评价产品可靠性水平。

2. 维修性

维修通常与故障和失效联系在一起。通常故障可以简单理解成产品无法完成规定功能的状态；失效是产品丧失完成规定功能的能力的事件。实际应用中，特别是对硬件产品，故障与失效很难区分，一般统称为故障。有时将可修复产品不能完成规定功能称为故障，将不可修复产品不能完成规定功能，或可修复产品不能完成规定功能，虽然可以修复，但是不值得修复称为失效。

维修是对设备或产品进行维护和修理的简称。维护，是指为保持设备良好工作状态所做的一切工作，包括清洗擦拭、润滑涂油、检查调校，以及补充能源、燃料等消耗品。修理，是指恢复设备良好工作状态所做的一切工作，包括检查、判断故障、排除故障、排除故障后的测试，以及全面翻修等。由此可见，维修是为了保持和恢复设备良好工作状态而采取的技术管理措施和活动。维修不但包括了产品在使用过程中发生故障时进行修复以恢复其规定状态，而且还包括在故障前预防故障以保持规定状态所进行的活动。维修是设备使用的前提和安全的保障。维修能提高设备的可用率和完好率，延长设备的使用寿命。传统的观念认为维修是少数维修人员进行的一种保障性的技艺性工作，而与装备的设计互不相关。实际上，装备维修的可行性、难易性、效率、成本等都与装备的设计有着直接关系，这就提出了维修性的概念。

按国家标准，维修性定义为：产品在规定的条件下和规定的时间内，按规定的程序和方法进行维修时，保持或恢复到规定状态（能完成规定功能）的能力。

维修性是产品在规定的约束（时间、条件、程序、方法等）下完成维修的能力。规定条件主要指维修的机构和场所（如工厂或维修基地、专门的修理车间、修理所以及使用现场等），以及相应的人员与设备、设施、工具、备件、技术资料等资源。规定程序和方法是指按技术文件规定采用的维修工作类型（工作内容）、步骤、方法。显然，不同的条件、程序与方法，在规定时间内完成同一产品维修的可能性是不一样的。维修性是产品的一种质量特性，即由设计赋予的使产品维修简便、迅速、经济的固有属性，反映产品使修复性维修、定期维修或预防性维修要求最少和改善这些维修方便性的设计、布局与装配特性。

有时人们又将"产品在其整个寿命内完成规定功能的能力"称为狭义可靠性，而将"可维修产品在某时刻具有或维持规定功能的能力"称为广义可靠性。广义可靠性通常包含狭义可靠性和维修性等方面的内容，广义可靠性有时也称有效性。对"可靠性"一词若不加注明，可以根据使用环境来判断是指"狭义可靠性"还是"广义可靠性"，一般情况下是指"狭义可靠性"。

11.1.2 装甲车辆可靠性的地位与意义

1. 地位

装甲车辆是集强大的火力、机动性、防护、通信指挥等诸多功能于一体的地面战斗兵器。可靠性是装甲车辆充分发挥使用效能，保持持续战斗能力的重要质量特性，是以可承受的寿命周期费用获得高质量的产品，并建立与之相匹配的保障系统的保证。

①可靠性是装备性能的重要组成部分。现代高技术战争的特点，迫切要求迅速提高装甲车辆的可靠性。可靠性是构成武器装备作战效能和寿命周期费用的重要因素，是重要的战术技术指标。

②可靠性是装甲车辆的设计特性。可靠性是产品的固有属性，是设计和生产出来的，必须在装备研制中予以保证。只有把可靠性注入装备系统设计中去，装甲车辆的可靠性要求才有可能在生产中得到保证，在使用中得到体现。

③可靠性工作贯穿于装甲车辆的全寿命过程。装甲车辆可靠性工作必须纳入型号研制、生产、试验、使用计划，并与其他相关工作密切、协调地进行，作战性能与可靠性等质量特性进行系统综合和同步设计，质量、进度、费用与保障性之间综合权衡，以取得最佳效能和寿命周期费用。

2. 意义

①提高可靠性是作战任务的需要。对于担负主要作战任务的装甲车辆，必须具有满足执行典型作战任务的可靠性要求，即通过维修等各种保障措施，能保持有持续作战能力的装备数量，以完成作战任务。

②提高可靠性是战备训练的需要。装甲车辆除应满足作战任务需求外，还应保障平时的战备训练需求。装甲车辆可靠性必须满足平时战备训练方面的要求，保证装备在规定的条件下处于随时可使用状态。

③提高可靠性是开发研制的需要。装甲车辆越来越复杂，使用环境越来越恶劣，要求越

来越苛刻，可靠性问题已成为研制工作中的一个突出问题，不抓好研制过程中的可靠性工作，想要缩短研制周期是困难的。

④提高可靠性是经济效益的需要。产品使用和维修费用随着可靠性的提高而降低。提高维修性是降低维修成本的最直接途径。合理提高产品的可靠性与维修性，具有巨大的经济效益。

11.1.3 装甲车辆可靠性的参数

装甲车辆的作战使用需求，必须能转化成一组可设计、可跟踪和可验证的参数，才能付诸工程设计，才能体现在装甲车辆产品之中。全面反映装甲车辆特点的战备完好性与任务成功性的可靠性参数体系已初步形成，并在装甲车辆开发研制中作为与传统的战斗性能同等重要的质量特性提出，对提高装甲车辆产品质量和建立相应的保障系统发挥了重要作用。

1. 可靠性主要参数

表示和衡量产品的可靠性的各种量，统称为可靠性的特征量（参数）。可靠性参数有两类：一类以概率指标表示，主要有可靠度、累积故障概率和故障率；另一类以寿命指标表示，主要有平均寿命、可靠寿命和使用寿命等。

1）可靠度

可靠度，是产品在规定的条件下和规定的时间内完成规定功能的概率。一般可靠度是规定的时间的函数 $R(t)$。如果产品的寿命为 T，则产品在 t 时刻的可靠度为寿命 T 大于 t 的概率，即

$$R(t) = P(T > t) \tag{11.1}$$

即在指定的时间区间 $[0, t]$ 内不发生故障的概率。根据可靠度的定义，$R(0) = 1$，即开始使用时，所有产品都是完好的；$R(\infty) = 0$，即只要时间充分大，全部产品都会故障。

2）累积故障概率

产品在规定的条件下和规定的时间内不能完成规定功能的概率，称为累积故障概率，简称为故障概率或不可靠度。

产品在规定条件下的寿命为 T，它是随机变量，而给定的时间为 t，当 $T > t$ 时，下列三个事件等价：产品的寿命 T 大于时间 t；产品在时间 t 内完成规定的功能；产品在时间 t 内无故障。可靠度是寿命 T 大于时间 t 的概率；故障概率则是 $T < t$ 的概率。可以表示为

$$F(t) = P(T < t) = 1 - P(T > t) = 1 - R(t) \tag{11.2}$$

式中，$R(t)$ 称为可靠度函数；$F(t)$ 称为累积故障概率分布函数或简称故障分布函数。$F(t)$ 是取值在 $[0, 1]$ 区间的单调增函数；$R(t)$ 则是取值在 $[0, 1]$ 区间的单调减函数。

3）故障密度函数

为了描述故障概率随时间变化的情况，称故障概率分布函数对时间的导数为故障概率分布密度函数，或称故障概率密度函数

$$f(t) = \frac{\mathrm{d}[F(t)]}{\mathrm{d}t} = -\frac{\mathrm{d}[R(t)]}{\mathrm{d}t} \tag{11.3}$$

4）故障率

故障率，是在规定的条件下工作到 t 时刻尚未发生故障的产品在 t 时刻后单位时间内发生故障的概率，记为 $\lambda(t)$。某时刻 t 的故障率称为瞬时故障率。

事件"产品工作到时刻 t 后"可表示为"$T>t$";事件"产品在 $(t, t+\Delta t)$ 内"可表示为"$t<T\leqslant t+\Delta t$"。于是产品工作到时刻 t 后,在 $(t, t+\Delta t)$ 内产品发生故障的概率可以表示为条件概率 $P(t<T\leqslant t+\Delta t | T>t)$,把这个条件概率除以时间间隔 Δt 以后,就得到在 Δt 时间内的平均故障率,当 $\Delta t \to 0$ 时,就得到在时刻 t 瞬时故障率

$$\lambda(t) = \lim_{t \to 0} \frac{P(t<T\leqslant t+\Delta t | T>t)}{\Delta t} = \frac{1}{R(t)} \frac{\mathrm{d}[F(t)]}{\mathrm{d}t} = -\frac{1}{R(t)} \frac{\mathrm{d}[R(t)]}{\mathrm{d}t} \quad (11.4)$$

$$R(t) = \exp\left[-\int_0^t \lambda(t) \mathrm{d}t\right] \quad (11.5)$$

若 $\lambda(t) = \lambda$(常数),则

$$R(t) = \mathrm{e}^{-\lambda t} \quad (11.6)$$

按随时间变化情况,故障率可分为递减型(故障率随时间增加而减小)、恒定型(故障率不随时间变化)和递增型(故障率随时间增加而增大)。对单个零件而言,其故障率可能属于其中一种。对较复杂的不可修复系统或事先没有进行维修的系统,其全寿命过程的典型故障率随时间变化如图 11.1 所示,此故障率图形称为浴盆曲线。此曲线明显分为三个阶段:

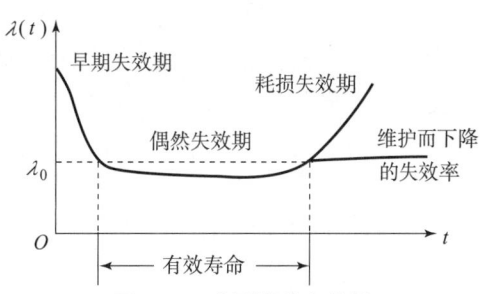

图 11.1 典型失效率曲线

①早期故障期:占时间较短,故障率较高,很快下降。它是由于产品设计不当、工艺缺陷、材料缺陷、误用不合格零件、检验失误等原因引起的。早期故障期不仅存在于新产品使用的初期,也存在于产品经过维修和改造后的初期。可以通过加强对原材料和加工工艺的控制,以及质量管理等措施,减少早期故障,缩短早期故障期。②偶然故障期:这一时期的故障率最低,比较稳定,近于常数。这时期的故障原因是应力逐渐积累,超过了承受的能力,或存在试车、老化等手段不能剔除的缺陷,其特点是正常工作时期较长,偶然出现故障。故障率低于规定值的时期称为产品的有效寿命,希望这一时期越长越好。③耗损故障期:这一时期的特点是故障率逐渐上升。造成这一时期故障的原因是经过长时间的工作,设备的一些零件已经老化,或疲劳、磨损过度等。如果系统可以维修,就应当进行预防维修或事后维修,把即将故障或已经故障的零部件换掉,使系统故障率仍处于规定值以下,继续处于稳定工作状态,使系统的实际寿命可以得到延长。

5) 寿命

在研究产品可靠性时,有时会更关心它们的寿命(使用期限)。从不同角度,寿命可以分为平均寿命、可靠寿命和有效寿命等,其中最常用的是平均寿命。

平均寿命,是指寿命的数学期望。不可修复产品与可修复产品的平均寿命的含义是有区别的。对于不可修复产品,发生故障即报废,其平均寿命是指故障前的平均工作时间,记作 MTTF。对于可修复产品,平均寿命是指相邻两次故障之间的平均工作时间,常称为平均无故障工作时间,记作 MTBF。但二者的数学表达式和理论意义相同,统称为平均寿命。

$$\text{MTTF} = \int_0^\infty t f(t) \mathrm{d}t = -\int_1^0 t \mathrm{d}R(t) = \int_0^\infty R(t) \mathrm{d}t \quad (11.7)$$

当 $R(t)$ 为服从指数规律时,有

$$\text{MTTF} = \int_0^\infty R(t)\,\mathrm{d}t = \int_0^\infty \exp(-\lambda t)\,\mathrm{d}t = \frac{1}{\lambda} \tag{11.8}$$

可靠寿命，是指可靠度等于给定值 R 时产品的寿命。可靠寿命的一般表达式为

$$t_R = R^{-1}(R) \tag{11.9}$$

式中，R^{-1} 是 $R(t)$ 的反函数。例如，某产品的可靠度函数是

$$R(t) = \mathrm{e}^{-\lambda t}$$

则其可靠度为 R 时的可靠寿命为

$$t_R = -\frac{1}{\lambda}\ln R$$

使用寿命，是指产品从制造完成到出现不可修复的故障或不能接受的故障率时的寿命单位数。这里讲的"不修复的故障"至少包含三种情况：一是指无法修复的故障，要恢复功能，只有报废故障件，更换新品；二是在部队的基层级和中继级维修单位无力修复的故障，要恢复功能，只能大修；三是从经济效益考虑已不值得修复的故障，也只能报废，用更换新品的方法来恢复功能。至于"不能接受的故障率"，实际上也可归结为从经济效益考虑已不值得修复。使用寿命也称有效寿命，通过预防性维修可以适当延长有效寿命期。

2. 维修性的主要参数

1）维修度

维修度，是指产品在规定条件下，规定时间内，按规定的程序和方法进行维修时，保持或恢复到能完成规定功能状态（完成维修）的概率。维修度是规定维修时间 t 的函数，记为 $M(t)$，也称为维修度函数，其值域为 [0, 1] 区间。若用非负随机变量 T 来描述维修时间时，维修度函数表示指定时间区间 [0, t] 内完成产品维修的概率（维修产品的时间 T 不超过规定时间 t 的概率），即

$$M(t) = P(\xi \leq t) \tag{11.10}$$

维修度与维修方法有关。装甲车辆预防维修的维修度可以有一级保养维修度、二级保养维修度、三级保养维修度、小修维修度、中修维修度等。修复性维修的维修度也可以分为基层Ⅰ级、基层Ⅱ级和中继级修复性维修的维修度，还可以统计计算总的修复性维修的维修度。

由于维修度 $M(t)$ 是表示从 $t=0$ 开始到某一时刻 t 以内完成维修的概率，是对时间的累积概率，而且是时间 t 的增值函数，显然，$M(0)=0$，$M(\infty)=1$（类似于不可靠度）。

2）维修度分布密度函数

维修度分布密度函数，是单位时间内产品被修复的概率，即维修度函数 $M(t)$ 对时间 t 的导数

$$m(t) = \frac{\mathrm{d}[M(t)]}{\mathrm{d}t} \tag{11.11}$$

3）修复率

瞬时修复率（简称修复率），也称维修率，是指产品在特定 t 时刻尚未修复的产品，在 t 时刻后的单位时间内完成修复的概率，即产品在时刻 t 时处于未修复状态，在时间区间 $(t, t+\Delta t)$ 内能修复的条件概率与区间长度 Δt 之比，当 Δt 趋于 0 时，极限为

$$\mu(t) = \lim_{\Delta t \to 0} \frac{P(t < T < t+\Delta t \mid T > t)}{\Delta t} = \frac{m(t)}{1 - M(t)} \tag{11.12}$$

式中，T 为完成维修的时刻（维修时间随机变量）。当维修度为指数分布时，修复率为常数 $\mu(t)=\mu$。

规定时间区间 (t_1, t_2) 内的瞬时修复率的均值称为平均修复率，为

$$\bar{\mu}(t_1,t_2) = \frac{1}{t_2-t_1}\int_{t_1}^{t_2}\mu(t)\mathrm{d}t \tag{11.13}$$

4）修复时间

在各类系统中，普遍采用修复时间（维修延续时间）作为维修性的度量尺度，此外，也还有以维修工时、维修周期和维修费用等作为度量尺度的。修复时间分为平均修复时间和最大修复时间等。

平均修复时间（T_{MG} 或 MTTR），是指排除故障所需的实际修复时间的平均值，即

$$T_{MG} = \int_0^\infty tm(t)\mathrm{d}t \tag{11.14}$$

当维修度分布为指数分布时，平均修复时间为

$$T_{MG} = \frac{1}{\mu} \tag{11.15}$$

最大修复时间 T_{max}，是指完成全部修复工作的某个规定的百分数（即规定的维修度 M，通常为 90% 或 95%）所需的时间。

5）其他维修性参数

根据不同的工程分析需要，还有众多的维修性参数。

平均系统修复时间（MTTRS）是与可用性和战备完好性有关的一种维修性参数。其度量方法为：在规定的条件下和规定的时间内，由不能工作事件引起的系统修复性维修总时间（不包括离开系统的维修和卸下部件的修理时间）与不能工作事件总数之比。

平均修理时间（MRT）是修理时间的期望。

平均恢复前时间（MTTR）是恢复前时间的期望。

平均维护时间（MTTS）是与维护有关的一种维修性参数。其度量方法为：产品总维护时间与维护次数之比。

单位工作时间所需平均修复时间（MTUT）是保证装备单位工作时间所需修复性维修时间平均值。

维修停机时间率（MDT）是装备单位工作时间所需维修停机时间的平均值。

维修事件的平均直接维修工时（DMMH/ME）是与维修人力有关的一种维修性参数。其度量方法为：在规定的条件下和规定的时间内，产品的直接维修工时总数与该产品预防性维修和修复性维修事件总数之比。

维修活动的平均直接维修工时（DMMH/MA）是与维修人力有关的一种维修性参数。其度量方法为：在规定的条件下和规定的时间内，产品的直接维修工时总数与该产品的预防性维修和修复性维修活动总数之比。

维修工时率（MR）是与维修人力有关的一种维修性参数。其度量方法为：在规定的条件下和规定的时间内，产品直接维修工时总数与该产品寿命单位总数之比。

3. 装甲车辆可靠性指标及其确定原则

1）指标的类型

可靠性指标是可靠性参数要求达到的具体值，是可靠性要求的定量量度。从不同的角

度，可用不同的数量指标来描述可靠性定量要求。

指标还可分为用户指标、技术指标、改良指标等。用户指标是站在用户立场，从使用角度提出的指标，比较直观，又称使用指标，反映产品及其保障因素在计划的使用和保障环境中的要求。技术指标是衡量产品可靠性与维修性水平的总体指标，在产品研制开始就确定并用文件形式规定了，在产品出厂前，必须经过验证，又称合同指标，反映合同中使用的用于设计与考核的要求。改良指标是在设计和制造中用于控制的指标，是根据技术指标分解出来的可控指标。

为了工程管理方便，往往将指标分为目标值（规定值）和门限值（最低可接受值），规范地明确产品开发研制过程个阶段的目标（设计依据）和必须满足的门槛条件（考核依据）。论证阶段，由使用方根据产品使用需求和可能性，提出指标的目标值并据此确定门限值，一般门限值取目标值的 80% ~ 90%。在开始研制时，由使用方和承制方协调，确定合同指标的规定值（产品成熟期的目标值）和门限值（研制结束最低可接受值）。在工程研制阶段，将产品要求的目标值逐级分配成设计目标值（设计指标），经过增长和预计，实现设计目标。在设计定型时，通过试验获得指标验证值，用于验证是否达到研制结束最低可接受值。在使用阶段，通过实际使用获得使用验证值，用于验证产品是否达到使用方要求的目标值。如果合同指标只有一个，应该理解为合同指标是定量要求的最低可接受值，此时设计目标值（设计指标）应为合同指标增加 10% ~ 20%。

目前，装甲车辆可靠性的用户指标与技术指标基本一致，常用可靠度、平均无故障射击发数、平均无故障时间、平均无故障行驶里程、平均维修时间等来描述定量要求的指标。

2）参数选择和指标确定的依据

参数选择的依据应根据下述情况进行参数选择：

①装备的类型。装甲车辆可按装备、分系统、设备等来选择可靠性参数，如坦克可选择平均故障间隔里程（MMBF）。

②装备的使用要求。按战时或平时、一次性使用或重复使用等来选择，如对一次性使用的产品可选成功率。

③装备可靠性的验证方法。按厂内试验验证、外场使用验证等来选择，如采用厂内试验验证，则一般选合同参数；外场使用验证则选用使用参数。

应根据需要与可能，经综合权衡后确定指标。需要是指考虑使用方的需求和装备的重要程度。可能是指考虑国内外类似装备实际达到的可靠性水平，当前研制中所采取的技术对可靠性的影响，国内的技术基础和生产水平以及研制装备的费用、进度、预期的使用和保障等约束条件。

3）指标的确定原则

①要体现指标的先进性。选定的可靠性指标，应能反映装甲车辆研制水平的提高和科学技术水平的发展。指标应当成为促进装甲车辆技术发展，提高系统研制水平的动力。

②要体现指标的可行性。指标的可行性是指在一定的技术、经费、研制周期等约束条件下，实现预定指标的可能程度。在确定装甲车辆可靠性指标时，必须考虑经费、进度、技术、资源、国情等背景，在需要与可能之间进行权衡，以处理好指标先进性和可行性的关系。考虑到可靠性指标增长的阶段性，可对研制、生产阶段分别提出要求。

③要体现指标的完整性。指标的完整性是指要给指标明确的定义和说明，以分清其边界

和条件；否则只有单独的名词和数据，是很难检验评估的，也是没有实际意义的。

④要体现指标的合理性。指标的合理性在很大程度上取决于是否综合考虑其影响，是否与其他指标经权衡达到协调。

11.2　装甲车辆可靠性设计

11.2.1　装甲车辆可靠性设计概述

1. 可靠性设计基本概念

装甲车辆研制中，实现可靠性指标往往是很花费时间的，可靠性指标也是很难达到要求的一项技术指标。研制中总是在不断地暴露各种问题，不断地解决问题，尤其是设计中的先天不足，解决起来难度就大，使研制周期加长。因此，装甲车辆可靠性设计已成为装甲车辆研制中非常重要的一项工作。

1）可靠性设计的含义

使产品可靠的主要办法就是将产品设计得可靠，所以产品的可靠性首先是设计出来的。

可靠性设计，是指在产品设计过程中，根据需要和可能，事先就考虑可靠性诸因素的一种设计方法。可靠性设计的目的是通过分析尽早发现产品的薄弱环节或潜在的设计缺陷，采取有效的设计措施加以改进，防止故障发生，以提高产品的可靠性，满足确保满足规定的可靠性要求。

2）可靠性设计工作项目与基本任务

可靠性设计是由一系列可靠性设计工作项目来支持的。每个产品都有其特定的要求，通过选择一组对产品设计有效的可靠性工作项目来适应这些要求。可靠性设计工作项目主要有：

①建立可靠性模型。

②可靠性分配。

③可靠性预计。

④故障分析。

⑤制定和贯彻可靠性设计准则。

⑥元器件、零部件和原材料选择与控制。

⑦确定可靠性关键产品。

可靠性设计的基本任务：

①确定产品的可靠性。通过对元器件、零部件、设备计系统的可靠性分析，预计、分配、评估及试验来确定产品可靠性，满足规定的可靠性要求。

②提高产品可靠性。通过分析、设计，发现和确定设计薄弱环节，采取改进设计措施，从而消除隐患，减少产品故障的发生，提高产品可靠性。

③获得最佳可靠性。通过对比、分析，在性能、费用、可靠性、维修性之间权衡，获得最佳可靠性和系统效益。

3）可靠性设计原则

在可靠性设计过程中应遵循以下原则：

①明确性原则。可靠性设计应有明确的可靠性要求和指标，以及可靠性评估方案。

②全面性原则。可靠性设计必须贯穿于功能设计的各个环节，在满足基本功能的同时，要全面考虑影响可靠性的各种因素。

③针对性原则。应针对故障模式（即系统、部件、元器件故障或失效的表现形式）进行设计，最大限度地消除或控制产品在寿命周期内可能出现的故障模式。

④继承性原则。在设计时，应在继承以往成功经验的基础上，积极采用先进的设计原理和可靠性设计技术。在采用新技术、新型元器件、新工艺、新材料之前，必须经过试验，并严格论证其对可靠性的影响。

⑤权衡性原则。在进行产品可靠性的设计时，应对产品的性能、可靠性、费用、时间等各方面因素进行权衡，以便做出最佳设计方案。

4）可靠性设计方法

把规定的可靠性指标设计到产品中去并提高产品可靠性的各种方法，统称为可靠性设计方法。可靠性设计方法包括定量设计方法和定性设计方法。常用的可靠性定量设计方法有可靠性预计、可靠性分配、概率设计、稳健性设计等。常用的可靠性定性设计方法有元器件选择和控制、故障分析、权衡分析、可靠性设计准则等。

2. 装甲车辆可靠性设计的特点

"消灭敌人，保存自己"的战争普遍法，决定了装甲车辆"人命关天"的可靠使用重要性。战争的不可预知性，决定了装甲车辆"养兵千日，用兵一时"的可靠使用性特点。现代科学技术的飞速发展，使得装甲车辆研制呈现出技术的先进性、研制规模庞大、研制周期长、研制耗资巨大、研制遇到很多风险、样本量小等特点。相应的装甲车辆可靠性设计具有如下特点：

①难度大。装甲车辆是以机械为主的复杂系统，机械零部件大多难以标准化。装甲车辆设计既要考虑系统和零件的功能、结构设计，还要考虑满足可靠性要求，同时兼顾制造设备、生产工艺对可靠性的影响和作用，因此装甲车辆可靠性设计难度比较大。

②可靠性预计不易准确。机械产品的功能零部件多是非标准件，而且一种零部件常要完成多种功能，使用环境又很复杂，基本可靠性很难获取，基本可靠性数据不足，因此装甲车辆的可靠性预计不易准确。

③可靠性概率设计方法难实施。由于装甲车辆研制的特殊性，材料特殊，样本量小，寿命与故障以及强度的分布规律等基础研究不充分，基础数据少，因此装甲车辆研制过程中可靠性概率设计方法难实施，一般采用定性设计方法，主要是遵循可靠性设计准则，将可靠性要求设计到产品中。

④研制过程故障数据的运用。由于装甲车辆可靠性设计要考虑的因素非常复杂，难以做得比较完善，所以，在研制过程中，从零件、部件到系统，都必须强调可靠性增长和考核试验，因此装甲车辆研制过程的试验与评价是可靠性设计的重要组成部分。

11.2.2 可靠性建模

1. 可靠性建模概述

可靠性模型，是指根据系统各单元之间的功能逻辑关系而形成的描述系统与各单元之间的故障逻辑关系。根据系统特点与建模手段的不同，可靠性模型可分为可靠性框图（RBD）

模型、可靠性数学模型、故障树模型等,其中最常用的是可靠性框图和可靠性数学模型。

建立可靠性模型,是对所研究的系统从完成系统规定功能角度进行必要的抽象和简化,并用适当的表现形式把它的主要特征描述出来,形成描述系统与各单元之间的故障逻辑关系。可靠性建模是一项基础性的工作,是一切可靠性活动的前提。可靠性模型的用途虽然很多,但主要应用于可靠性分配、预计和评估。在产品的研制过程中,如果产品的技术状态有变化,还应及时地对可靠性模型做适当的调整。

2. 可靠性框图模型的建立

1) 可靠性框图

可靠性框图,是用线条连接起来的方框构成反映单元功能和系统功能的逻辑关系图,给出各单元的故障及其组合导致系统故障的逻辑关系。可靠性框图中方框代表与其相联系的单元是在评定系统可靠性时必须考虑其功能并具有相应的可靠性参数值,并且所有方框就故障概率来说互相独立;连接方框的连线代表系统功能流程的方向(无向的连线意味着是双向的),所有连线都没有可靠性参数值;系统功能流程的起点用输入节点表示,系统功能流程的终点用输出节点表示,在需要时才标注中间节点。可靠性框图的逻辑关系就反映了系统功能布局。可靠性框图的含义是:系统功能流程从可靠性框图的输入节点输入,只要框图中有一条通路使系统功能流程到达输出节点,则系统就是正常的;否则,系统功能流程不能流过可靠性框图,则系统故障。

基于故障逻辑关系的典型可靠性框图模型,主要分为非储备模型(串联模型)、工作储备模型(并联模型、表决模型、桥联模型)、非工作储备模型(旁联模型)。

2) 建立可靠性框图模型

建立系统可靠性框图,就是在完全了解系统任务定义和寿命周期模型的基础上,通过简明扼要的直观办法表示出系统每次使用能成功地完成任务时所有单元之间的相互依赖关系。借助于可靠性框图,可以精确地表示出各个单元在系统中的作用和相互之间的功能关系。

为正确地建立系统的可靠性框图模型,必须对系统的构成、原理、功能、接口等各方面有深入的理解。建立可靠性框图模型时,绝不能从结构和原理上判定系统类型,而应从功能上研究系统类型。系统的原理图、功能框图和功能流程图是建立系统可靠性模型的基础。

建立可靠性框图模型的基本步骤:

①系统功能分析。

②系统的结构界限和功能接口分析。

③时间分析。

④任务定义及故障判据。

⑤构建可靠性框图。

建立可靠性框图应明确目的,同一结构用于不同目的,可能有不同的可靠性框图。建立可靠性框图时,绝不能从结构和原理上判定可靠性框图类型,而应从功能上研究系统类型。例如,图11.2(a)所示的流体系统,从结构上看,是由管道及其上安装的两个阀门串联组成的,为确定类型,一定要分析系统的功能及其故障模式。若单元1和单元2的功能是相互独立的,只有每个单元都实现开启功能,系统才能实现液体流通的功能,若其中有一个单元功能故障,则系统就功能故障,液体就被截流,从系统功能为流通的角度来看,系统可靠框图如图 11.2（b）所示。单元 1 和单元 2 只要有一个功能正常，系统就能实现截流功能，只有当所有的单元都出现功能故障，系统才出现功能故障，从系统功能为截流的角度来看，系统可靠性框图如图 11.2（c）所示。

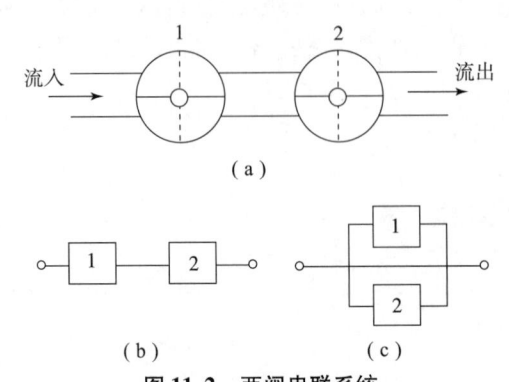

图 11.2　两阀串联系统

（a）系统原理图；（b）串联可靠性框图；（c）并联可靠性框图

对于复杂的系统可靠性框图，可以将一些相互独立的单元组合在一起，构成一个等效（虚拟）单元，达到简化可靠性框图的目的。

3. 可靠性数学模型的建立

1）系统可靠性数学模型

可靠性数学模型，是通过数学方法描述系统及其组成单元之间的功能逻辑关系而形成的系统与各单元可靠性特征值的数学表达式。可靠性数学模型的中心问题是要确定系统成功（故障）概率和单元成功（故障）概率之间的关系。可靠性数学模型主要用于定量分配、计算和评价产品的可靠性。

2）建立可靠性数学模型

可靠性框图模型是建立可靠性数学模型的基础。根据可靠性框图模型，运用逻辑学、概率论、数理统计理论，建立系统与各单元可靠性特征值的数学表达式。

（1）串联模型

设系统由 n 个单元串联而成，可靠性框图如图 11.3 所示。其中任何一个单元故障，则系统不能工作。设各单元的可靠度分别为 R_1，R_2，$\cdots$，R_n，则串联系统的可靠度为

$$R_S(t) = P(\tau > t) = P((\tau_1 > t) \cap (\tau_2 > t) \cap \cdots \cap (\tau_n > t)) \tag{11.16}$$

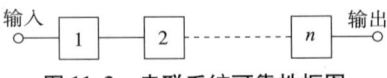

图 11.3　串联系统可靠性框图

式中，τ 为系统寿命；τ_1，τ_2，$\cdots$，τ_n 为各单元寿命。当 n 个单元统计独立时，根据概率乘法定理，串联系统可靠度为

$$R_S(t) = \prod_{i=1}^{n} P(\tau_i > t) = \prod_{i=1}^{n} R_i(t) \tag{11.17}$$

第 i 个单元的可靠度可以用故障率来表示

$$R_i(t) = \exp\left(-\int_0^t \lambda_i(u)\,\mathrm{d}u\right), \quad i=1,2,\cdots,n \tag{11.18}$$

式中，$\lambda_i(t)$ 为第 i 个单元的故障率，则串联系统可靠度为

$$R_S(t) = \prod_{i=1}^n R_i(t) = \exp\left(-\int_{t_0}^t \sum_{i=1}^n \lambda_i(u)\,\mathrm{d}u\right) = \exp\left(-\int_0^t \lambda_S(u)\,\mathrm{d}u\right) \tag{11.19}$$

式中，$\lambda_s(t)$ 为系统故障率

$$\lambda_S(t) = \sum_{i=1}^n \lambda_i(t) \tag{11.20}$$

$$(\mathrm{MTTF})_S = \int_0^\infty R_S(t)\,\mathrm{d}t = \int_0^\infty \exp\left(-\int_0^t \lambda_S(u)\,\mathrm{d}u\right)\mathrm{d}t \tag{11.21}$$

(2) 并联模型

设系统由 n 个单元并联而成，可靠性框图如图 11.4 所示。只要有一个单元能工作，系统就能工作。设各单元的可靠度分别为 $R_1, R_2, \cdots, R_n$，则并联系统的故障概率（不可靠度）为

$$\begin{aligned} F_S(t) &= P(\tau \le t) \\ &= P((\tau_1 \le t) \cap (\tau_2 \le t) \cap \cdots \cap (\tau_n \le t)) \end{aligned} \tag{11.22}$$

式中，τ 为系统寿命；$\tau_1, \tau_2, \cdots, \tau_n$ 为各单元寿命。当 n 个单元统计独立时，根据概率乘法定理，并联系统不可靠度为

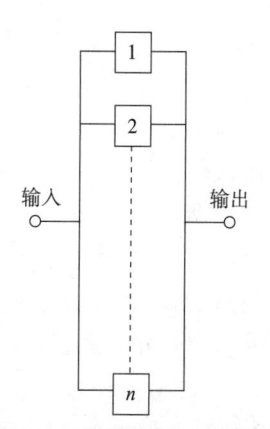

图 11.4 并联系统可靠性框图

$$F_S(t) = \prod_{i=1}^n P(\tau_i \le t) = \prod_{i=1}^n F_i(t) \tag{11.23}$$

并联系统可靠度为

$$R_S(t) = 1 - F_S(t) = 1 - \prod_{i=1}^n F_i(t) = 1 - \prod_{i=1}^n (1 - R_i(t)) \tag{11.24}$$

当并联系统的 n 个单元都相同且服从指数分布时，单元故障率为 λ，有

$$R_s(t) = 1 - (1 - \mathrm{e}^{-\lambda t})^n \tag{11.25}$$

系统的平均寿命

$$(\mathrm{MTTF})_s = \int_0^\infty R_s(t)\,\mathrm{d}t = \frac{1}{\lambda} + \frac{1}{2\lambda} + \cdots + \frac{1}{n\lambda} \tag{11.26}$$

(3) 混联系统

对于简单由串联和并联组成的混联系统，一般用等效法处理，即先逐级将各并联子系统或串联子系统分别用等效单元代替，逐级将混联系统简化为单元和等效单元组成的简单系统（串联或并联）。

如图 11.5 (a) 所示的串并联系统，可以先将各并联子系统用等效单元替代，形成由替代单元组成的串联系统（图 11.5 (b)）。各等效单元为并联，第 k 等效单元可靠度为

$$R_k(t) = 1 - \prod_{i=1}^{m_k}(1 - R_{ki}(t)) \tag{11.27}$$

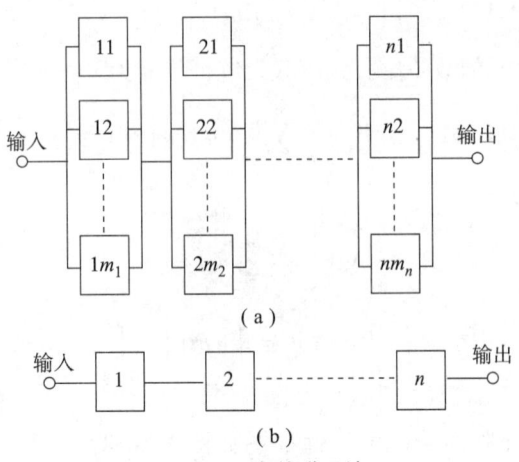

图 11.5 串并联系统
（a）原系统；（b）等效系统

系统由各等效单元串联而成，系统可靠度为

$$R_s(t) = \prod_{k=1}^{n} R_k(t) = \prod_{k=1}^{n} \left[1 - \prod_{i=1}^{m_k} (1 - R_{ki}(t)) \right] \tag{11.28}$$

如图 11.6（a）所示的并串联系统，可以先将各串联子系统用等效单元替代，形成由替代单元组成的并联系统（图 11.6（b））。

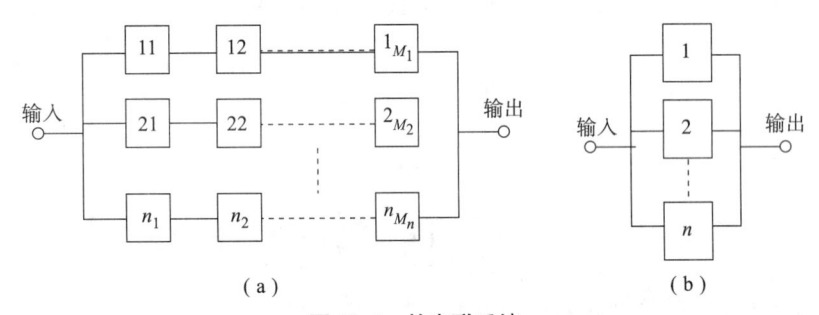

图 11.6 并串联系统
（a）原系统；（b）等效系统

各等效单元为串联，第 k 等效单元可靠度为

$$R_k(t) = \prod_{i=1}^{m_k} R_{ki}(t) \tag{11.29}$$

系统由各等效单元并联而成，系统可靠度为

$$R_s(t) = 1 - \prod_{k=1}^{n}(1 - R_k) = 1 - \prod_{k=1}^{n}\left[1 - \prod_{i=1}^{m_k} R_{ki}(t)\right] \tag{11.30}$$

11.2.3 可靠性预计

1. 可靠性预计的基本概念

1）可靠性预计的含义

可靠性预计，是指估计产品在给定工作条件下的可靠性而进行的工作，即在产品尚无自身试验数据时，运用以往的工程经验，以组成该产品的各单元的可靠性数据或类似产品的可靠性数据作为依据，结合当前的技术水平，预报产品（元器件、零部件、子系统或系统）实际可能达到的可靠性参数。可靠性预计通过综合较低层次产品的可靠性数据依次计算出较高层次产品的可靠性，是一个由局部到整体、由小到大、由下到上的反复迭代过程，是一个综合的过程。

2）可靠性预计的目的

虽然可靠性预计值一般不能直接作为系统是否达到可靠性要求的依据，可靠性预计本身也不能直接提高一个系统的可靠性，但是可以用来对影响可靠性设计的途径进行选择。

可靠性预计作为一种设计工具，可以用于预测产品的可靠度性参数值，推测所做设计是否能满足给定的可靠性目标；用于从可靠性角度选择最佳的设计方案；在选择了某一设计方案后，通过可靠性预计可以发现设计中的薄弱环节，以便及时采取改进措施，合理提高可靠性；通过可靠性预计和分配的相互配合，可以把规定的可靠性指标合理地分配给产品的各组成部分；为可靠性与综合性能的权衡、可靠性增长试验、验证试验及费用核算、生产过程质量控制、产品使用和维护等方面提供信息与依据。还可作为不能直接进行可靠性验证的大型产品系统的可靠性估计。

由于可靠性预计是根据已知的数据、过去的经验和知识对新产品系统的设计进行分析，而预计的参数多数为统计数据，并且产品的实际工作条件与统计条件不尽相同，所以预计结果与真实结果相差了50%～200%也是常见的。为了保证预计结果具有一定准确性，数据和信息来源的科学性、准确性和适用性以及分析方法的可行性就成为可靠性预计的关键。进行可靠性预计，必须保证预计模型选取的正确性、数据选取的正确性、正确区分工作状态。

可靠性预计应与功能性能设计并行，以保证预计的及时性；可靠性预计与故障定义和任务剖面相关，应明确任务以及故障准则；在产品研制的各个阶段，可靠性预计应反复迭代进行；可靠性预计结果的相对意义比绝对值更为重要。

3）可靠性预计的一般程序

①确定产品质量目标；

②拟定使用模型（可靠性结构模型、数学模型）；

③确定单元可靠性（功能、应力、环境系数、故障分布、故障率等）；

④计算产品可靠性。

2. 单元的可靠性预计

系统是由许多单元组成的，系统可靠性是各单元可靠性的概率综合。单元可靠性预计是系统可靠度预计的基础。常用的单元可靠性预计方法有相似产品法、评分预计法、应力分析法、故障率预计法、机械产品可靠性预计法等。

1）相似产品法

相似产品法就是利用与新产品相似的现有成熟产品（如仿制或改型的类似国内外产品）的可靠性数据来估计新产品的可靠性。相似因素一般包括：产品结构、性能的相似性，设计的相似性，材料和制造工艺的相似性，使用剖面（保障、使用和环境条件）的相似性等。

相似产品法的预计过程：确定相似产品，分析两者在相似因素方面的差异以及对可靠性的影响，确定相似系数，综合权衡后得出一个故障率综合修正因子 $D = K_1 K_2 K_3 K_4 K_5$，用于预

计新产品故障率 $\lambda = D\lambda^*$。

2）评分预计法

评分预计法，是在可靠性数据非常缺乏的情况下（可以得到个别产品的可靠性数据），通过有经验的设计人员或专家对影响可靠性的几种因素评分，对评分进行综合分析而获得各单元产品之间的可靠性相对比值，再以某一个已知可靠性数据的产品为基准，预计其他产品的可靠性。影响可靠性的主要评分因素有复杂度、技术水平、工作时间、环境条件等。

方法原理：各单元得分为

$$\omega_i = \prod_{j=1}^{4} r_{ij} \tag{11.31}$$

各单元得分权重（其中 ω^* 为基准单元得分）为

$$C_i = \omega_i / \omega^* \tag{11.32}$$

各单元预计故障率（其中 λ^* 为基准单元故障率）为

$$\lambda_i = \lambda^* \cdot C_i \tag{11.33}$$

3）机械零件可靠度预计法

从可靠性角度，凡是趋向于引起构件失效的因素称为应力，是一个随机变量，记为 S；凡是能阻止结构或零件失效的因素，统称为强度，也是一个随机变量，记为 C。机械结构所承受的应力及所具有的强度都是一组离散性的随机变量，服从某种概率分布规律，通常可以用均值和方差来描述一个随机变量。结构强度设计的基本目标是保证结构的最小强度不低于最大应力，否则将可能导致结构失效。当应力和强度都服从某种概率分布时，仍然存在强度小于应力的可能性，如图 11.7 中 C、S 分布曲线有交叉，实质上表示零件的失效概率（不可靠度），即可靠度就是强度大于应力的概率。

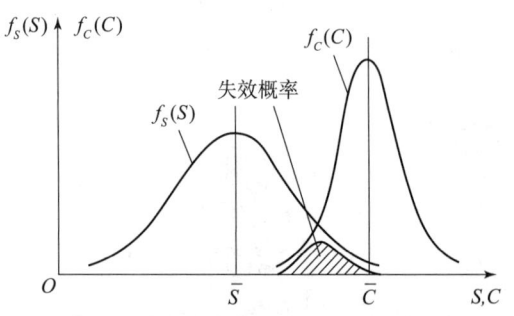

图 11.7 应力分布与强度分布的干涉现象

设 $f_C(C)$、$f_S(S)$ 分别为强度分布函数和应力分布函数，则可靠度为

$$R = P(C > S) = P(C - S > 0) = P\left(\frac{C}{S} > 1\right)$$

$$= \int_{-\infty}^{\infty} f_C(C) \int_C^{\infty} f_S(S) \mathrm{d}S \mathrm{d}C = \int_{-\infty}^{\infty} f_S(S) \int_S^{\infty} f_C(C) \mathrm{d}C \mathrm{d}S \tag{11.34}$$

在机械零件设计完成后，相关资料比较齐全，可根据零件实际情况，按式（11.34）比较准确地预计零件可靠度。

3. 系统可靠性预计

系统可靠性预计是以组成系统各单元的预计值为基础，根据系统可靠性模型，对系统可靠性进行预计。常用系统可靠性预计方法有数学模型法、元件计数法、全概率分解法、蒙特卡洛法等。

1）数学模型法

系统可靠性数学模型表示出系统及其单元之间的可靠性数量关系。

（1）串联模型

如图 11.3 所示的串联系统，利用各单元的可靠度预计值 R_1，R_2，…，R_n，可由式（11.17）预计系统可靠度值，得

$$R_S = \prod_{i=1}^{n} R_i \tag{11.35}$$

即串联系统可靠度等于所有单元可靠度之积。由此可知，串联系统可靠度随着单元数目增加和单元可靠度减小而迅速下降，并且串联系统可靠度不可能大于其最薄弱单元的可靠度，即 $R_s \leq \min\{R_i\}$。因此，设计时应努力使系统简化（减小单元数目），以提高系统可靠度。

若已知各单元的故障率预计值 λ_1，λ_2，…，λ_n，可由式（11.20）预计系统故障率 λ_S 为

$$\lambda_S = \sum_{i=1}^{n} \lambda_i \tag{11.36}$$

系统的平均寿命为

$$(\mathrm{MTTF})_S = \frac{1}{\lambda_S} \tag{11.37}$$

由此可见，串联的单元越多，系统故障率越高，系统可靠度越小，系统的平均寿命越低。提高串联系统可靠性最有效的措施就是减少串联单元数目，否则将对单元可靠性提出极高要求。

在装甲车辆中，系统的可靠性主要取决于系统中的关键件和重要件的可靠性。提高装甲车辆可靠性主要注意提高关键件和重要件的可靠性。

（2）并联模型

如图 11.4 所示的并联系统，利用各单元的可靠度预计值 R_1，R_2，…，R_n，可由式（11.23）和式（11.24）预计系统不可靠度值可靠度值，得

$$F_S = \prod_{i=1}^{n} F_i \tag{11.38}$$

$$R_S = 1 - F_S = 1 - \prod_{i=1}^{n} F_i = 1 - \prod_{i=1}^{n}(1 - R_i) \tag{11.39}$$

即并联系统不可靠度等于所有单元不可靠度之积。并联系统不可靠度随着单元数目增加和单元不可靠度减小迅速下降，可靠度随着单元数目增加而提高，并且并联系统可靠度不可能小于其最健壮单元的可靠度，即 $R_S \geq \max\{R_i\}$。因此，设计时可以采用冗余系统，以提高系统可靠度。但是，通过并联系统提高系统可靠性也是有限度的，过多增加并联支路不仅使结构复杂，增加成本，而且对可靠性增加意义不大，一般来说，并联数不应大于 3。

（3）混联系统

对于混联系统，用等效法处理，逐级将各并联子系统或串联子系统分别用一个等效单元代替，逐级将混联系统简化为单元和等效单元组成的简单系统（串联或并联），再利用各单元的可靠度预计值 R_1，R_2，…，R_n，逐级预计等效单元可靠度，最终预计系统可靠度。

2) 元件计数法

对于设备方案论证阶段和初步设计阶段，元器件的种类和数量大致已确定，但具体的工作应力和环境等尚未明确时，对系统进行可靠性预计可采用元件计数法。

元件计数法的基本原理是对元器件基本故障率进行修正。若设备所用 n 种元器件，第 i 种元件的基本故障率为 λ_{Gi}（根据相关标准可以查到），第 i 种元器件的基本质量系数为 π_{Gi}（根据相关标准可以查到），第 i 种元器件数量为 N_i，则第 i 种元器件的故障率为

$$\lambda_{Pi} = \lambda_{Gi} \pi_{Gi} N_i \tag{11.40}$$

串联系统总故障率 λ_S 为

$$\lambda_S = \sum_{i=1}^{n} \lambda_{Pi} \tag{11.41}$$

3) 全概率分解法

全概率分解法，是在对系统分析的基础上，选择系统中某关键单元 X，然后分别按该单元处于正常与故障两种状态，将非串并联的网络系统转化为两个互不相容的串并联系统，以此运用全概率公式来计算系统可靠度。全概率公式

$$R_S = P\{S\} = P\{X\}P\{S|X\} + P\{\bar{X}\}P\{S|\bar{X}\} = R_X R_{SX} + (1 - R_X) R_{S\bar{X}} \tag{11.42}$$

式中，R_{SX} 为单元 X 正常时系统可靠度；$R_{S\bar{X}}$ 为单元 X 失效时系统可靠度。

如果关键单元 X 选择合理，可以使系统可靠度计算非常简单。

4) 蒙特卡洛法

蒙特卡洛法是一种计算机模拟法。它以概率和数理统计为基础，以随机抽样法为手段，根据系统可靠性框图和单元可靠性来预计系统可靠性。

根据单元给定可靠度 R_i 来预计系统可靠性时，系统可靠性框图中的每个单元的预测可靠度可以用一个 [0, 1] 中的随机数 ξ_i 来表示。当 $\xi_i < R_i$ 时，表示该单元工作正常；当 $\xi_i \geq R_i$ 时，表示该单元故障。根据系统各组成单元工作状态及系统可靠性框图，可以判断系统工作是否正常。反复计算，分别记下系统正常工作次数和总次数，当循环次数足够大时，可以认为系统正常工作次数与总循环次数之比就是系统可靠度。

11.2.4 可靠性分配

1. 可靠性分配概述

装甲车辆研制中，在系统可靠性指标确定以后，在设计过程中，要逐步对组成装甲车辆的各分系统、子系统、部件、零件，甚至包括软件等可靠性指标加以明确，以便结合其他性能指标在设计中得到落实。这样，在设计中从整机到部件以至到元件都贯彻了可靠性要求，使整个设计过程中的每一个环节都考虑了可靠性这一关键问题。

1) 可靠性分配的含义

可靠性分配，是指在产品设计阶段，将系统规定的可靠性指标合理地分配给组成系统的各组成单元的过程。可靠性分配是一个由整体到局部、由大到小、由上到下的逐级分解过程，是一个演绎的过程。可靠性分配值，如同性能指标一样，是设计人员在可靠性方面的一个设计目标。

2) 可靠性分配的目的

可靠性分配的目的是合理地确定各级单元的可靠性指标，使各级设计人员了解单元与系

统间的可靠性关系，明确其可靠性设计要求，并可根据可靠性要求全面地权衡系统的性能、功能、费用及有效性等关系，从而研究实现可靠性要求的可能性及办法，使系统可靠性指标切实可行。可靠性分配是一个综合权衡过程，可靠性分配时，应考虑其他约束条件，分配结果应在技术、经济、时间等方面都合理。

3）可靠性分配的原理

从设计角度来说，所有的设计总是希望达到系统的性能最好、可靠性最高、成本最低、研制周期最短，实际上，性能与成本之间不仅相互联系，而且相互矛盾，设计者总是力求在诸多矛盾方面达到某种平衡。

可靠性分配就是合理地将可靠性指标分配到各单元，分配结果必须满足系统指标要求，即预计分配后的系统可靠度指标必须满足规定的系统可靠性指标要求，即

$$R_S(R_1^*, R_2^*, \cdots, R_i^*, \cdots, R_n^*) \geqslant R_S^* \tag{11.43}$$

如果对分配没有任何约束条件，则上式可以有无数个解；有约束条件，也可能有多个解。可靠性分配的关键在于确定一个方法，得到合理的可靠性分配值的唯一解或有限数量解。可靠性分配是一个系统优化过程，其合理性是相对的，这不仅需要一定的经验，更重要的是，要遵循一些设计原则。进行可靠性分配时，应遵循如下原则：

①留有余量原则。
②简化模型原则。
③协调兼顾原则。
④区别对待原则。

结构越复杂，分配的可靠度越低；技术越成熟，分配的可靠度越高；环境越恶劣，分配的可靠度越低；单元越重要，分配的可靠度越高；工作时间越长，分配的可靠度较低。

⑤可行性原则。

4）可靠性分配一般程序

①明确系统可靠性参数指标要求，分析系统特点。
②选取分配方法。
③准备与输入数据。
④合理分配可靠性。
⑤验算可靠性指标要求。

2. 无约束分配法

按是否考虑约束情况，可靠性分配分为无约束条件分配方法和有约束条件分配方法两大类。无约束条件的系统可靠性分配方法主要有等同分配法、评分分配法、比例分配法、代数分配法、模糊分配法等。有约束条件的系统可靠性分配方法主要有花费最小的分配法、动态规划分配法、拉格朗日乘子分配法、贮备度分配法等。不同的系统要求的侧重点不同，可靠性分配方法选取可以各种各样。随着研制阶段的进展，产品定义起来越清晰，可靠性分配方法也有所不同。在方案论证阶段，由于信息不全，通常采用等同分配法等；在初步设计阶段，已经有部分信息，可以采用评分分配法、比例分配法等；在详细设计阶段，设计者基本掌握相关信息，可以采用评分分配法、代数分配法、可靠度再分配法等。

1）等同分配法

由于串联系统的可靠性取决于系统中最弱单元的可靠性，因此，除最弱单元外的其他单

元，如有较高的可靠性，将被认为是意义不大的。这就是等同分配法的基本思想。

等同分配法，又称平均分配法，是不考虑各个组成单元的特殊性，而是把系统总的可靠性平均分摊给各个组成单元的分配方法。

对于串联系统，其可靠度用式（11.35）计算，当各单元的可靠性水平相同时，则

$$R_S = \prod_{i=1}^{n} R_i = R^n$$

要求串联系统的可靠度指标为 R_S^*，按等同分配要求，分配给各单元可靠度指标为

$$R_i^* = (R_S^*)^{\frac{1}{n}}, \quad i = 1, 2, \cdots, n \tag{11.44}$$

如果服从指数分布，由式（11.36）得

$$\lambda_S = \sum_{i=1}^{n} \lambda_i = n\lambda$$

要求串联系统的故障率指标为 λ_S^*，按等同分配要求，分配给各单元故障率指标为

$$\lambda_i^* = \lambda_S^*/n, \quad i = 1, 2, \cdots, n \tag{11.45}$$

对于并联系统，根据式（11.39），系统可靠度为

$$R_S = 1 - \prod_{i=1}^{n}(1 - R_i) = 1 - (1 - R)^n$$

设给定并联系统的可靠度指标为 R_S^*，按等同分配要求，分配给各单元可靠度指标为

$$R_i^* = 1 - (1 - R_S^*)^{\frac{1}{n}}, \quad i = 1, 2, \cdots, n \tag{11.46}$$

对于混联系统的可靠度分配，可以先通过等效单元将系统简化为等效系统，对同级等效单元，按一个单元与其他单元同等对待，按等同分配法分配即可。

2）评分分配法

设计初始阶段，由于缺乏可靠性数据，可以通过有经验的设计人员或专家对影响可靠性的几种因素评分，对评分进行综合分析而获得各单元产品之间的可靠性相对比值，根据评分情况给每个分系统或设备分配可靠性指标。

一般复杂系统可靠性的主要影响因素有复杂因子 d_1、重要因子 d_2、技术因子 d_3、环境因子 d_4、工艺因子 d_5。对第 i 个单元的评价

$$K_i = \prod_{j=1}^{5} d_{ij}, \quad i = 1, 2, \cdots, n \tag{11.47}$$

对系统的总评价系数

$$K = \sum_{i=1}^{n} K_i \tag{11.48}$$

对第 i 个单元的评价系数

$$C_i = \frac{K_i}{K}, \quad i = 1, 2, \cdots, n \tag{11.49}$$

分配给第 i 个单元的故障率，即容许故障率：

$$\lambda_i^* = C_i \lambda_S^*, \quad i = 1, 2, \cdots, n \tag{11.50}$$

3）比例分配法

当新设计的系统与原系统基本相同或非常相似，并且已知原系统各单元不可靠度预计值 F_i 或故障率 λ_i，但是要求新设计的系统有更高的可靠性；或者根据已掌握的可靠性资料，

可以预计出新设计系统各组成单元的不可靠度预计值 F_i 或故障率 λ_i，但是尚未满足新设计系统的可靠性要求，此时进行新设计系统的可靠性分配时，可以充分利用现有各单元不可靠度预计值 F_i 或故障率 λ_i 的信息，最简单的方法就是按比例进行分配。

按比例分配法的基本原则是：设系统的组成单元的分配不可靠度或故障率（容许不可靠度或故障率）正比于预计的不可靠度或故障率（现有的可靠性水平），即预计的不可靠度或故障率越大，分配给它的不可靠度或故障率也越大。

对于 n 个单元组成的串联系统，当各单元服从指数分布时，可以按各单元分配的故障率 λ_i^* 与预计故障率 λ_i 成正比进行分配。设要求系统的故障率指标为 λ_S^*，则各单元故障率指标分配的具体方法步骤是：

① 根据过去积累的或观察和估计得到的数据，确定各单元故障率的预计值 λ_i。

② 根据分配前系统及单元故障率的预计值，计算各单元的相对故障率比（分配因子），为

$$\omega_i = \frac{\lambda_i}{\sum_{k=1}^{n}\lambda_k},\ i=1,2,\cdots,n \tag{11.51}$$

③ 计算分配给各单元的故障率指标，即容许故障率，为

$$\lambda_i^* = \omega_i \lambda_S^*,\ i=1,2,\cdots,n \tag{11.52}$$

④ 计算分配给各单元的可靠度指标，为

$$R_i^* = \exp(-\lambda_i^* t),\ i=1,2,\cdots,n \tag{11.53}$$

⑤ 检验分配结果的合理性，为

$$\prod_{i=1}^{n} R_i^* \geqslant R_S^*$$

当串联系统的可靠性较高时，系统故障概率 F_S 与单元故障概率 F_i 之间的关系近似为

$$F_S \approx \sum_{i=1}^{n} F_i \tag{11.54}$$

比例分配方法也可以近似地用于故障概率分配。对串联系统，要求的系统可靠度指标为 R_S^*，即要求的系统不可靠度 $F_S^* = 1 - R_S^*$，按比例分配法，系统分配给各单元的不可靠度 F_i^* 正比于预计的不可靠度 F_i，即分配给各单元的不可靠度：

$$F_i^* = \frac{F_i}{\sum_{k=1}^{n} F_k} F_S^*,\ i=1,2,\cdots,n \tag{11.55}$$

对由 n 个单元组成的并联系统，由式（11.38）计算系统不可靠度预计值。要求系统可靠度指标为 R_S^*，即要求的系统不可靠度 $F_S^* = 1 - R_S^*$，按比例分配法，系统分配给各单元的不可靠度 F_i^* 正比于预计的不可靠度 F_i。具体方法步骤是：

① 确定各单元故障概率的预计值 F_i。

② 计算分配给各单元的故障概率，即容许故障概率 F_i^*，为

$$F_i^* = \left(\frac{F_S^*}{\prod_{k=1}^{n} F_k}\right)^{\frac{1}{n}} F_i,\ i=1,2,\cdots,n \tag{11.56}$$

③计算各单元的可靠度指标，为

$$R_i^* = 1 - F_i^*, \ i = 1,2,\cdots,n$$

④验证分配结果的合理性，为

$$1 - \prod_{i=1}^{n}(1 - R_i^*) \geq R_S^*$$

对于混联系统，按故障率比分配方法比较复杂，一般先将子系统转化为等效单元，再根据同级等效单元按失效概率比进行分配。

4）代数分配法

代数分配法，又称 AGREE 分配法，是考虑单元的重要度、复杂程度及工作时间等因素的分配方法。

设串联系统由 n 个单元组成，各单元的组成件数（代表复杂度）为 n_i，系统的总组成件数为 N；各单元服从指数分布，其预计故障率为 λ_i；各单元的重要度为 E_i（表示该单元的故障引起系统故障的概率，即各单元故障引起系统故障的次数与各单元自身故障总次数之比）；各单元的工作时间为 t_i；要求系统的可靠度为 R_S^*；分配给各单元的故障率为 λ_i^* 可近似为

$$\lambda_i^* \approx \frac{n_i(-\ln R_S^*)}{NE_i t_i} \tag{11.57}$$

3. 有约束分配法

实际工作中，在设计一个系统时是受到许多因素的制约的，除可靠性指标之外，还存在许多约束条件。例如，在费用约束条件下，使所设计的系统可靠度最大；或者在满足系统可靠性的最低限度要求下，使任何特定的费用为最少。这里的费用是广义的，既包括价格、价值等直接费用，也包含重量、体积及各种资源等间接费用。每一个约束函数都是部件可靠度的增函数，或是每一级所使用的部件数的增函数，或者是这二者的增函数。各种"费用"函数都是有用的。

在约束条件下，分配可靠性指标的必要条件是，可以用一些公式或数据将约束变量与可靠性指标联系起来，对于具有不同可靠性要求的或者设计方案不同的系统，其费用都必须是可以计算的。

有约束的可靠性分配最常用方法是花费最小的分配法。如果由 n 个单元组成的串联系统需要将其可靠度 R_S 提高到另一个水平 R_S^*（$R_S^* > R_S$），则需要提高其中一个或多个单元的可靠度，为此必然要付出一定量的费用。设计者总是希望为满足系统的可靠度要求所耗的花费最少。一般来说，可靠度提高的幅度越大，费用就越高；可靠度现有水平越高，提高越困难，费用也越高。在花费函数未知的条件下，可简化处理。假设：当各单元现有可靠度水平及提高幅度相同时，所付出的费用相同；当各单元可靠度提高幅度一定时，现有可靠度水平越低，花费越少。于是，按各单元预测的可靠度 R_i 从小到大顺序重新排列序号（$R_1 \leq R_2 \leq \cdots \leq R_k \leq R_{k+1} \leq \cdots \leq R_n$），从最小序号对应单元开始，将 R_1 提高到 R_2（即 $R_1^* = R_2$），如果系统可靠性满足要求，则花费最小达到分配目标；如果系统可靠性不满足要求，则继续将 R_1、R_2 提高到 R_3（即 $R_1^* = R_2^* = R_3$），……；一直到系统可靠性满足要求为止。设 k 是需要提高可靠度的单元最大序号（第 $k+1$ 个单元以后的单元不作改进），为了方便，记 $R_{n+1} \equiv 1$，可按下式求出 j 的最大值

$$R_j^* < \left(\frac{R_s^*}{\prod_{i=j+1}^{n+1} R_i}\right)^{\frac{1}{j}}, \quad j = 1, 2, \cdots, n \tag{11.58}$$

记

$$R = \left(\frac{R_S^*}{\prod_{i=k+1}^{n+1} R_i}\right)^{\frac{1}{k}} \tag{11.59}$$

甚至可以简单取

$$R = R_k \tag{11.60}$$

即，花费最小的可靠性分配结果为

$$R_i^* = \begin{cases} R, & i \leq k \\ R_i, & i > k \end{cases} \tag{11.61}$$

提高后的系统可靠度为

$$R_S = R^k \prod_{i=k+1}^{n+1} R_i \geq R_S^* \tag{11.62}$$

11.2.5 故障分析

1. 故障分析概述

人类认识客观世界总是有限的，挫折和失败在所难免。"失败是成功之母"，装甲车辆研制过程中，不可避免出现这样或那样的故障，正是通过不断发现问题、分析问题和解决问题，充分暴露设计缺陷，经过改进，使类似故障不再发生，从而提高装甲车辆可靠性。

故障，是产品丧失规定功能的状态。对可修复产品丧失规定功能通常称为故障；对不可修复产品丧失规定功能，或者虽然产品可修复但不值得修复丧失规定功能，通常称为失效。装甲车辆为可修复产品，一般丧失规定功能就称为故障。因此，在不引起混淆的情况下，一般并不区分失效与故障，将失效与故障看作是相同概念。产品丧失规定功能一般包括定性和定量两个方面：产品在规定条件下，不能完成其规定的功能（定性）；产品在规定条件下，一个或几个参数不能保持在规定的界限之内（定量）。

要判定一个系统是否故障，必须事先规定故障判定标准，即确定故障判据。制定故障判据，就是明确系统故障的定义，即明确系统规定的功能、规定的使用条件、规定的使用时间等。

故障必然通过某种形式表现出来，故障形式通过人的感官或测量仪器、仪表可观测到。故障的规范化表现形式称为故障模式，是故障现象的一种表征，它从不同的表现形态来描述故障。

引起故障的设计、制造、使用和维修等有关因素都称为故障原因。从系统固有可靠性方面来看，故障的主要原因有：系统硬件设计结构存在潜在缺陷，系统零部件有缺陷，制造质量低、材料不好等留下的隐患，运输、保管、安装不善带来的潜在缺陷等。从使用可靠性方面来看，引起故障的主要原因是环境条件与使用条件。有时不同的原因会出现相同的故障模式。

由于各种故障因素的作用，系统一旦发生故障后，势必带来一定的影响与损失，称作故障损失，故障损失有直接损失与间接损失。直接损失是指故障发生后系统修理或更新费用损失，维修系统与更新系统所需材料与能源消耗的损失。间接损失是指故障发生后，引起其他设备发生故障或造成人身伤亡，引起火灾、毒害、声誉的损失。

对已出现的和可能出现的故障，判断故障的模式，查找故障原因，提出预防措施和对策，以免故障（再）发生的技术活动和管理活动称为故障分析。换言之，故障分析是指在故障发生前或发生后进行的分析，以找到故障或可能发生故障的部位、故障的原因，从而掌握应当改进的方向及修复方法，防止同类问题发生。

预防性故障分析主要用故障模式、影响与危害度分析和故障树分析，责任性故障分析主要用故障树分析和残骸分析。

2. 故障模式、影响与危害性分析

1）故障模式、影响与危害性分析的含义

零部件的故障对系统可造成重大影响，以往设计师依靠经验判断零部件故障对系统的影响，主要依赖于人的知识和工作经验。故障模式、影响与危害性分析是一种系统的、全面的和标准化的故障分析方法，在设计阶段就可以发现对系统造成重大影响的元部件故障，从而可以在设计阶段就更改设计及补偿可靠性。

故障模式、影响与致命度分析（FMECA），是指在系统设计过程中，通过对系统各组成单元潜在的各种故障模式，以及其对系统功能的影响与产生后果的严重性进行分析，提出可能采取的预防改进措施，以提高产品可靠性的一种设计分析方法。特殊情况下，可能只进行故障模式分析（FMA）、故障影响分析（FEA）、故障模式与影响分析（FMEA）及致命性分析（CA）。

FMECA 是一种自下而上的归纳分析方法，是可靠性、维修性、保障性和安全性设计分析的基础。FMECA 分析的基本出发点，不是从故障已经发生开始考虑，而是分析现有设计可能发生哪些故障，消除设计中存在的故障隐患。

2）FMECA 的目的与作用

FMECA 的目的是从产品设计（功能设计、硬件设计、软件设计）、生产（生产可行性分析、工艺设计、生产设备设计与使用）和使用中发现各种影响产品可靠性的缺陷和薄弱环节，为提高产品的质量和可靠性水平提供改进依据。

FMECA 的主要作用：

①保证有组织地定性找出系统的所有可能的故障模式及其影响，进而采取相应的措施。
②为制定关键项目和单点故障等清单或可靠性控制计划提供定性依据。
③为可靠性、维修性、安全性、测试性和保障性等工作提供一种定性依据。
④为制定试验大纲提供定性信息。
⑤为确定更换易损件、元器件清单提供使用可靠性设计的定性信息。
⑥为确定需要重点控制质量及工艺的薄弱环节清单提供定性信息。
⑦可及早发现设计、工艺中的各种缺陷。

FMECA 可以应用于产品开发的各个阶段，尤其是设计阶段。在方案设计阶段，应用功能 FMEA，分析系统功能方面的潜在缺陷，以及对系统功能和性能要求的影响，改进系统功能和性能方面的设计，最终确定系统基本设计方案。在技术设计阶段，当产品可按设计图纸及其他工程设计资料明确确定时，应用硬件 FMECA，根据产品的功能对每一故障进行评价，各产品的故障影响与分系统和系统功能有关，适用于从零件级开始分析再扩展到系统级，即自下而上进行分析，分析设计可行性，确保最终设计能满足所需求的功能和性能。此外，还可以进行工艺 FMECA、设备 FMECA、预防维修 FMECA、设计检查 FMECA、工艺监督 FMECA 等。

3）FMECA 实施步骤

FMECA 过程实质上包括三个步骤：故障模式预测（对现有设计，预测可能会发生什么故障，列举出认为可能发生的所有故障模式）、故障模式的分级和评价（对所有故障模式进行分析，分析故障对系统功能的影响与产生后果的严重性，并相对地排出优先顺序，确定重要的故障模式）、故障模式的改正措施（由专业技术人员对不希望发生的重要故障模式及其原因进行分析，研究其改正措施，提出改正建议，并将确认的故障模式发生条件反馈到设计改进措施中）。在设计阶段，反复进行 FMEA 分析，以消除设计上的缺陷，达到改进设计的目的。

FMECA 通常以规范化表格形式进行，具体实施步骤：

①明确对象的任务，决定对象的分解水平，确定功能块，制定故障判据与选择分析方法。

②分析所有可能的故障模式。

③分析每种故障模式产生的原因、影响与后果危害性。

④分析每种故障模式防范措施与更改设计的意见和建议。

3. 故障树分析

FMEA 是一种单因素分析法，只能分析单个故障模式对系统的影响。故障树分析是一种可分析多种故障因素（硬件、软件、环境、人为因素等）的组合对系统影响的方法。

1）故障树分析的含义

故障树（FT），是指用于表明系统哪些组成部分的故障或外界事件或它们的组合将导致系统发生一种给定故障的逻辑图。

故障树分析（FTA），是指在系统设计过程中，运用演绎法，通过对可能造成系统某种故障的各种可能原因（包括硬件、软件、环境、人为因素）进行逐级分析，画出逻辑框图（即故障树），并通过逻辑关系的分析，从而确定系统故障原因的各种可能组合方式（潜在的设计缺陷）及其发生概率，以便采取相应的纠正措施，以提高系统可靠性的一种设计分析方法。FTA 是一种从上向下逐级分解的分析过程，具有逻辑性、形象性、灵活性、综合性等特点。

FTA 把系统最不希望发生的故障状态作为分析目标（故障树中称为顶事件），继而找出导致这一故障状态发生的所有可能直接原因（故障树中称为中间事件），再跟踪找出导致这些中间故障事件发生的所有可能直接原因，直至追寻到引起中间事件发生的全部部件状态（故障树中称为底事件）；用相应的代表符号及逻辑门把顶事件、中间事件、底事件联接成树形逻辑图（故障树）；再以故障树为基础对系统进行定性分析及定量计算，从而对系统的可靠性进行预测和评价。

2）FTA 的主要作用

①帮助判明可能发生的故障模式和原因。

②发现可靠性和安全性薄弱环节，采取改进措施，以提高系统可靠性和安全性。

③计算故障发生概率。

④发生重大故障或事故后，FTA 是故障调查的一种有效手段，可以系统而全面地分析事故原因，为故障"归零"提供支持。

⑤指导故障诊断、改进使用和维修方案等。

3) FTA 法的步骤

通常因评价对象、分析目的、精细程度等不同，FTA 法的步骤略有不同，但一般步骤如下：

①故障树的建造：以最不希望发生的故障事件作为顶事件，分析造成顶事件的各种可能因素，然后严格按层次自上向下进行故障因果树状逻辑分析，用逻辑门连接所有事件，构成故障树。

②故障树的数学表达式：通过简化故障树，建立故障树数学模型。

③定性分析：根据求出的故障树全部最小割集，定性分析造成顶事件的各种可能因素及其组合以及重要性。

④定量计算：利用故障树结构函数和底事件发生概率，计算顶事件发生概率，定量分析各底事件的重要度和灵敏度。

⑤得出分析结论，找出薄弱环节：在分析的基础上识别设计上的薄弱环节。

⑥确定改进措施：采取相应措施，提高产品的可靠性。

11.2.6 可靠性设计准则

在可靠性设计工作中，当产品的可靠性要求难于规定定量要求时，就应该规定定性的可靠性设计要求。为了满足定性要求，必须采取一系列的可靠性设计措施，而制定和贯彻可靠性设计准则是一项重要内容。

1. 可靠性设计准则概述

1) 可靠性设计准则的含义

可靠性设计准则，是把已有的、相似的产品的工程经验总结起来，使其条理化、系统化、科学化，成为设计人员进行可靠性设计所遵循的原则和应满足的要求。可靠性设计准则是进行可靠性定性设计的重要依据。

2) 可靠性设计准则的意义

制定并贯彻可靠性设计准则，指导设计人员进行产品的可靠性设计，具有如下意义：

①贯彻设计准则可以提高产品的固有可靠性。

②可靠性设计准则是使可靠性设计和性能设计相结合的有效办法。

③可靠性设计准则工程实用价值高、费效比低。

3) 可靠性设计准则的制定

可靠性设计准则一般都是针对某个型号或产品的，建立设计准则是工程项目可靠性工作的重要而有效的工作项目。除型号的设计准则外，有一些某种类型的可靠性设计准则，但是这些共性的可靠性设计准则不能代替工程项目的设计准则，应将其剪裁、增补成为各型号或产品专用的可靠性设计准则。

根据合同规定的可靠性要求、产品的特点，参照相关的标准和手册，并在认真总结类似产品的工程经验基础上制定专用的可靠性设计准则，供设计人员在设计中贯彻实施。

可靠性设计准则的内容主要包括：简化设计；成熟的技术和工艺；合理选择、正确使用元器件、零部件和原材料；降额设计；容错、冗余和防差错设计；环境适应性设计；人–机工程设计等。

2. 简化设计准则

产品越复杂，则产品的可靠度就越低，简化设计是可靠性设计应遵循的基本原则。

简化设计，就是在保证产品性能要求以及不会给元器件、零部件造成过高应力的前提下，尽可能使产品设计简单化，提高产品的可靠性。

简化设计应遵循以下准则：

①应对产品功能进行深入分析与权衡，合并相同或相似功能，去掉不必要或多余功能，简化设计目标。

②在保证必要的功能性能的前提下，使其设计简单，尽量减少产品层次和组成部分的数量及其相互间的连接，以及软件指令数。

③尽可能实现零部件的标准化、系列化与通用化，控制非标准零部件的比例，应优先选用标准化程度高的零部件、紧固件、连接件、管线、缆线，最大限度地采用通用的组件、零部件、元器件，必须使用的故障率高、容易损坏、关键的单元，应具有良好的互换性和通用性。

④尽量减少执行相同或相近功能的零部件、元器件数量，压缩元器件、零部件、标准件的品种规格，争取用较少的零部件实现多种功能。

⑤尽可能优先选用经过考验、验证，技术成熟，可靠性有保证的设计方案和零部件以至整机，共用成熟的零部件或成熟的电路，充分考虑产品设计的继承性。

⑥尽可能采用模块化设计，采用不同工厂生产的相同型号成品件必须能安装互换和功能互换，产品的修改不应改变其安装和连接方式以及有关部位的尺寸，以便新旧产品可以互换安装。

3. 降额设计准则

降额设计，就是使元器件或设备工作时承受的工作应力适当低于元器件或设备规定的额定值，从而达到降低故障率、提高使用可靠性的目的。降额设计可以延缓器件参数退化，增加工作寿命；防止瞬态应力过载，降低故障率；防止电路参数容差和变异带来不利影响。电子产品和机械产品都应做适当的降额设计，这是因为电子产品的可靠性对其电应力和温度应力较敏感，故而降额设计技术对电子产品显得尤为重要，成为可靠性设计中必不可少的组成部分。

降额是有限度的，降额设计应使元器件在安全区工作。降额设计应符合系统权衡确定的重量、体积、成本及可靠性的要求。在最佳降额范围内，一般又分3个降额等级：Ⅰ级降额是最大的降额，适用于设备故障会危及安全、导致任务失败和造成严重经济损失情况时的降额设计；Ⅱ级降额是中等降额，适用于设备故障会使工作任务降级和发生不合理的维修费用情况的设备设计；Ⅲ级降额是最小的降额，适用于设备故障只对任务完成有小的影响和可经济地修复设备的情况。

降额设计应遵循如下准则：

①产品中故障率较高或重要的元器件、零部件应特别注意采取降额措施。

②对电子、电气和机电元器件，按不同的应用情况进行降额。对温度敏感器件，应降低

热应力（相对于额定值）；应对集成电路的结温、输出负载进行降额；晶体二极管的功耗和结温必须降额；可控硅的电压、电流、结温应降额；晶体三极管应对电流、电压、功耗、结温降额；电阻器除外加功率进行降额外，实际应用中要低于极限电压、极限温度；电容器除外加电压进行降额外，应用的最高额定环境温度也应降额；电感元件应对热点温度、瞬态电压/电流降额；开关应对其触点电流、电压和功率降额；连接器应对其工作电压、额定工作电流、温度降额；导线和电缆应对其电压、电流、应用温度降额；继电器应对触点电流根据负载性质降额；继电器应对触点电流根据负载性能降额；镇流器应对工作电压、额定工作电流、应用温度降额；触发器应对工作电压、应用温度降额；光源应对触点电流、电压、功率（有限度的）、应用温度降额；电池应对充放电电压、电流、应用温度降额。

③对于机械和结构部件，应重视应力－强度分析，并根据具体情况，采用提高强度均值、降低应力均值、降低应力和强度方差等基本方法，找出应力与强度的最佳匹配，提高设计的可靠性。轴承应对其负载和温升降额。

4. 热设计准则

温度是影响产品可靠性主要因素之一。当元器件所使用的材料其超过温度极限时，物理性能就会发生变化，元器件就不能发挥它预期的作用。一般在高温或低温条件下元器件容易发生故障。

热设计，就是在设计中要考虑温度对产品的影响。热设计的重点是通过元器件的选择、电路设计（包括容差与漂移设计和降额设计等）及结构设计来减少温度变化对产品性能的影响，控制产品内部所用元器件的工作温度，使产品能在所处的工作环境条件下较宽的温度范围内不超过规定的最高允许温度可靠地工作。其中结构设计主要是加快散热。

加快散热的主要技术措施：

①加快传导。选用导热系数大的材料制造传导零件；加大与导热零件的接触面积；尽量缩短热传导的路径，在传导路径中不应有绝热或隔热元件。

②加快对流。加大温差，即降低周围对流介质的温度；加大流体与固体间的接触面积，如把散热器做成肋片、直尾形、叉指形等；加大周围介质的流动速度，使它带走更多的热量。

③加快辐射。在发热体表面涂上散热的涂层；加大辐射体与周围环境的温差，也即周围温度越低越好；加大辐射体的表面面积。

为了使设计的产品性能和可靠性不被不合适的热特性所破坏，热设计应遵循如下准则：

①尽量保持热环境近似稳定，以减轻热循环与热冲击引起突变热应力的影响。产品应具有超温保护能力。

②选择效率高的器件，减少发热源；缩短散热途径，要使传热通路尽可能短，横截面尽可能大；尽可能地利用金属机箱或底盘散热；要尽量降低接触面的热阻，为此，应加大热传导面积；增加传导零件之间的接触压力；接触平面应平整、光滑，必要时可涂覆导热胶液。

③对热敏感的部件、元器件应远离热源或将其隔离；元器件布局应考虑到周围零件辐射的影响，应将发热较大的器件尽可能分散；热量较大或电流较大的元器件，尽可能安装于散热器上，并远离其他器件；注意使强迫通风与自然通风方向一致；尽可能使进气与排气之间有足够的距离；尽可能将发热器件置于产品的上方，条件允许时，应处于气流通道上；电容器的安装最好远离热源。

④合理选择器件材料；选用耐温高的器件材料；应选择导热系数较大的材料制造传导零件；尽量采用温漂小的器件。

5. 冗余设计准则

冗余，是指系统或设备具有一套以上能完成给定功能的单元，只有当规定的几套单元都发生故障时，系统或设备才会丧失功能，这就使系统或设备的任务可靠性得到提高。单元的套数称为冗余度，简称余度。

余度设计，也称余度设计，是对完成规定功能设置重复的结构、备件等，以便局部发生故障时，整机或系统仍不至于发生丧失规定功能的设计。系统或设备是否采用冗余技术，需从可靠性与安全性指标要求的高低、基础元器件和成品的可靠性水平、冗余和非冗余方案的技术可行性、研制周期和费用、使用和维护及保障条件、重量和体积及功耗的限制等方面进行权衡分析后确定。

根据冗余系统运行方式不同，冗余技术分为工作冗余和非工作冗余两类。工作冗余是指在冗余布局中有工作通道发生故障时，不需要其他装置来完成故障检测和通道转换的冗余结构；非工作冗余是指在冗余布局中有工作通道发生故障时，需要有其他装置来完成故障检测和通道转换的冗余结构。

冗余设计的任务包括：确定冗余等级（根据任务可靠性和安全性要求，确定冗余系统抗故障工作的能力）；选定冗余类型（根据产品类型及约束条件和采用冗余的目的来确定）；确定冗余配置方案；确定冗余管理方案。

冗余设计应遵循的准则：

①关键系统应配备应急系统，而应急系统应完全独立于正常系统，当正常系统故障时，自动或人工转入应急系统，应急系统工作完全不受正常系统影响。

②当简化设计、降额设计及选用的高可靠性的零部件、元器件仍然不能满足任务可靠性要求时，则应采用冗余设计。

③当提高元器件、零部件的可靠性费用很高，并且一般设计又无法满足设计要求时，应采用冗余设计。

④在重量、体积、成本允许的条件下，选用冗余设计比其他可靠性设计方法更能满足任务可靠性要求；影响任务成功的关键部件如果具有单点故障模式，则应考虑采用冗余设计技术。

⑤硬件的冗余设计一般在较低层次（设备、部件）使用，功能冗余设计一般在较高层次（分系统、系统）进行；冗余设计中，应重视冗余切换装置的设计，必须考虑切换装置的故障概率对系统的影响，尽量选择高可靠性的切换装置；冗余设计应考虑对共模/共因故障的影响。

6. 环境适应性设计准则

任何产品都处于一定的环境之中，在一定的环境条件下贮存、运输和使用，都逃脱不了这些环境的影响，特别恶劣环境条件下工作的产品更是如此。

环境，是指任一时刻和任一地点产生或遇到的自然环境因素（如温度、湿度等）和诱发环境因素（如振动和冲击等）的综合体，是影响产品在运输、储存和使用中可靠性的重要因素。环境条件对产品可靠性起着重要的影响。

环境适应性，是指装备在其寿命期预计可能遇到的各种环境的作用下能实现其所有预定功能、性能和（或）不被破坏的能力，即产品可靠地实现规定任务的前提下，适应外部环境变化的能力，包括能承受的若干环境参数的变化范围。

环境适应性设计，是在产品设计过程中，研究或考虑在整个寿命周期内可能遇到的各种环境因素对产品性能的影响，从而采取一系列设计和工艺措施，包括减缓环境影响的措施和提高产品自身抗环境作用能力的措施，以确保产品满足环境适应性要求。环境适应性设计应坚持预防为主的原则，与功能和性能设计、工艺设计同步进行。

进行环境适应性设计时，可按下列原则进行：减缓影响产品的环境压力、增强产品自身耐环境压力的能力；逐级明确防护对象和防护等级；建立有效、合理的防护体系；综合考虑环境因素的不良影响。环境适应性设计，在收集，分析产品在寿命周期中的环境应用情况的基础上，根据相关标准转化为量化的设计要求，并从材料、结构、工艺三方面采取有效技术措施。

环境适应性设计主要包括耐高低温设计、防潮设计、防生物侵害设计、防腐蚀设计、防水设计、防尘设计、抗振动与抗冲击设计等。

1) 耐高低温设计

产品的耐高低温设计准则：

①采用合理的结构。结构设计应综合考虑功率密度、总功耗、热源分布、热敏感性、热环境等因素，以此来确定最佳的冷却方法，合理布局。

②正确地选择材料。尽量选择对温度变化不敏感的材料，采用经优选、认证或经多年实践证明可靠的材料。

③采用稳定的加工、装联工艺。应采用新型的、经验证的或典型的、可靠的工艺，以确保其工艺在温度变化范围内不出现不符合标准的保护性及装饰性评价。

2) 防潮设计

产品的防潮设计准则：

①结构设计。在不影响设备性能的前提下，应尽可能采用气密密封结构。

②防潮处理。采用憎水工艺、浸渍工艺、注封工艺、密封装置、表面涂覆、防潮剂等。

③材料选择。应尽量选用防潮性能好的材料。

④防潮包装。为防止设备在贮存、运输过程中受潮，应采取防潮包装。

3) 防生物侵害设计

防生物侵害设计是指防霉菌设计、防昆虫设计、防小动物（如老鼠）设计。

（1）防霉菌设计

产品的防霉菌设计准则：

①结构设计。在不影响设备性能的前提下，应采用气密式外壳结构。

②材料选择。应尽可能选用耐霉性材料。

③防霉处理。当使用的材料和元器件等耐霉性达不到要求时，必须做防霉处理。

④包装防霉。为防止设备在贮存、运输过程中长霉，应采取防霉包装。

（2）防昆虫及其他有害动物的设计

对于暴露在昆虫及其他有害动物活动地区并受到其危害的设备，应采取防护措施。

①防护网罩。可在设备的周围和外壳孔洞部位设置金属网罩，防止昆虫和其他有害动物进入。

②密封外壳。密封外壳可用于防止昆虫及其他有害动物进入。

③生物杀灭剂和驱赶（除）剂（器）。定期使用生物杀灭剂（如杀虫剂、杀鼠剂等）。

4）防腐蚀设计

设备具体的防腐蚀设计准则：

①结构设计。改变构件的形状，确定合理的材料匹配和装配工艺等，减轻或防止腐蚀。

②材料选择。选用经过鉴定、认证并经过实际使用可靠的材料。

③加工与装联工艺。采用稳定的加工、装联工艺。

5）防水设计

设备具体的防水设计准则：

①外部结构应尽量简单，不要复杂，并且光滑合理，避免积水。

②外部结构应具备足够的刚度和强度，以承受和雨水、冰雹冲击和侵蚀。

③如果可行，外部装置外壳应优先采用水密式设计，以防雨水渗入。由此带来的散热、凝露、除湿等问题应有效地加以解决。

④如果外部设备需要有机涂覆层，则必须选用经过实用或试验验证过的涂覆材料与涂装工艺。涂覆层应具备抗雨水侵蚀的能力。

⑤应考虑到外部设备外壳密封一旦失效后可能导致的紧急情况，并采用相应的失效防护设计。

6）防尘设计

设备具体的防尘设计准则：

①外部结构应尽量简单、不要复杂、消除缝隙结构、光滑合理，避免沙尘积聚。

②如果可行，外部装置外壳应优先采用尘密式设计，以防沙尘渗入，在采用尘密式设计时，还应考虑密封一旦失效后可能导致的紧急情况，并采用相应的失效防护设计。此外，还要综合考虑由此带来的散热、凝露、除湿等问题应有效地加以解决。

③外部设备需要有机涂覆层，则必须选用经过使用或试验验证过的具备防沙尘功能的涂覆材料与涂装工艺。

7）抗振动与抗冲击设计

抗振动与抗冲击设计准则：

①设备的隔振缓冲系统应同时具有隔振和缓冲两种功能，应既是一个好的振动隔离器，又是一个好的缓冲器，其振动传递率应小于1，冲击传递率应小于1，平均碰撞传递率小于1。

②应根据设备的质量、尺寸、固有频率、危险频率、允许的振动、冲击量值进行隔振缓冲系统的设计，并且要做到具有足够的吸收储存能量的位移空间，保证不出现刚性碰撞；支承平台的刚度中心应与设备的质量中心重合，以去除耦联振动的有害影响。

③以垂向振动作为设计要求。振动一般发生在相互垂直的三个方向上，而且通常是垂向的振动最大，因此可以简化成以垂向振动作为相互垂直三个方向上任一方向上的振动设计要求。

④固有频率可设计在 30~70 Hz 之间，并且尽量往 30 Hz 的低端设计。装备系统及其设备，包括单元、组件/模块等各层次结构的固有频率应按二倍频的规则设计。当工程实施确有困难时，可最小不低于 1.5。加载后的各隔振器的固有频率与同轴向设计时的理论固有频

率的偏差应小于10%。

⑤放大因子必须设计成小于3。在10~2 000 Hz的车辆振动频率范围内，用速率1 oct/min的正弦扫频时，任何层次的共振频率上的放大因子必须设计成小于3。

⑥紧固件对设备的可靠性起着重要作用。在振动与冲击的动态环境下使用，设计时应以动态载荷和结构的几何形状为基础，选择正确的紧固件尺寸、固定位置、装配方法等。

11.3 装甲车辆维修性设计

11.3.1 维修性设计概述

1. 维修性设计概念

装甲车辆在使用过程中总会发生故障。维修工作是技术保障的主体，而维修的难易程度、因维修不能工作的时间、维修时需要的人力、保障资源以及维修费用等维修优化与寿命周期费用最小化在很大程度上取决于维修性的好坏，即维修的效率、效益主要取决于维修性设计的结果。与可靠性设计同样的道理，维修性工作是为了通过设计活动形成满足系统使用所要求的维修能力。装甲车辆的维修性首先是通过系统的设计过程来实现的。

维修性设计，是指产品设计时，从维修的观点出发，为使产品易于维修而采取的一系列设计措施，以满足对产品维修性要求。维修性设计是将维修性要求纳入装备设计中的一个过程，从维修性要求出发，确保最终设计的装备技术状态满足装备维修性目标，即易发现故障、易拆、易检修、易安装，以最短的维修时间，消耗最少的资源就能使装备保持和恢复到规定的技术状况。

维修性设计是系统设计工作中的一个重要的组成部分，在整个系统设计和研制过程中，要把维修性要求作为系统设计要求的重要内容加以考虑。对系统的使用要求是维修性设计的约束条件，系统的利用率、效能和其他要求，转换成系统的基本维修性大纲，是进行整个系统设计和维修性设计共同的基本依据。虽然维修性设计有其特定的工作内容、工作程序及方法，但在系统整个设计和研制过程中，维修性设计与系统设计必须同步进行，紧密配合。

2. 维修性设计主要内容

1）维修性设计的任务

维修性设计的目标就是以最少的人力、物力和时间，取得最好的维修效果。

维修性设计的主要任务是形成维修性设计方案，并结合维修性设计方案进行产品设计。

维修性设计方案主要包括：

①产品各组成部分的维修性指标的确定，即对系统顶层指标进行分解和分配，包括确定维修时间的分布，维修度、修复率、平均修复时间、最佳维修策略、最佳维修周期，以及最经济的备件数等。

②确定与产品特征密切相关的详细的设计准则或要求。

2）维修性设计的主要内容

维修性设计是根据系统的工作要求，综合运用维修性分析、建模、分配与预计等手段将维修性定性与定量要求以及使用与保障约束转化为具体的产品设计。

维修性设计的主要内容包括：建立维修性大纲和计划；确定系统的维修性定量和定性要求；对系统进行维修性分析；建立维修性模型；对系统的定量指标进行维修性分配与预计；建立维修性设计准则；将定性的维修性要求和规定的约束条件转换成详细的硬件和软件设计；对设计的系统进行维修性设计评审，发现系统的不良维修区，并做必要的设计更改。通过上述的维修性设计过程，来确保所设计的系统满足合同规定的维修性要求。

维修性设计的主要方法有定性和定量两种方法，而维修性的定性设计是最主要的。设计人员必须要有维修性的意识，通过建立与执行维修性设计准则，利用工程经验，将维修性设计进产品，以实现维修性要求。

11.3.2 维修性分析

1. 维修性分析概述

1）维修性分析的概念

维修性分析，是指通过预计、核查、验证和评估等技术的应用，确定维修性设计措施和评定维修性设计目标的实现程度，以确保系统或设备能用最少的维修和保障资源消耗满足使用要求。维修性分析是一项内容相当广泛和关键性的维修性设计工作，它包括研制过程中对产品要求、约束、研究与设计等各种信息进行的反复分析、权衡，并将这些信息转化为详细设计手段或途径，以便为设计与保障决策提供依据。

2）维修性分析的目的

维修性分析是维修性设计的一项关键性工作项目，其的主要目的有：

①为制定维修性设计准则提供依据。

②进行备选方案的权衡研究，为维修性设计决策创造条件。

③评估并验证设计是否符合维修性设计要求。

④为确定维修策略和维修保障资源提供数据。

3）维修性分析的内容

维修性分析是一项非常重要、非常广泛的维修性活动，一般来说，产品研制的系统工程活动中涉及维修性的所有分析都属于维修性分析的范畴，比如对产品维修性指标的分析，维修性要求的分配、预计，试验结果分析等活动。

维修性分析重点考虑重要性、出现性、易诊断性、可达性、易拆卸性、可修复性等六个方面，主要内容包括：

①维修性定量要求分析。分析对系统维修性可以定量化的要求，选择并确定相关维修性指标，运用定量分析技术，分析维修性指标实现的可能性、可达到的技术水平、实现的技术途径等。

②维修性定性要求分析。分析系统维修性不可以定量化的要求，结合本单位在维修性设计经验，制定维修性设计准则以及贯彻维修性设计准则的技术措施。

③维修性的权衡分析。综合考虑系统战术技术要求以及资源约束，权衡分析系统战斗性能、可靠性、维修性、保障性等之间关系，确定综合可行的维修性设计方案，提高系统综合效能。

④设计特性的维修性分析。从检测、维修等角度，分析设计特性对装备的影响，以及保持和恢复性能的维修性技术措施。

⑤全寿命费用分析。从维修性设计角度，对系统研究研制、生产、维持和后处理等寿命周期费用及其构成，以及系统效率等进行分析、比较、权衡，并做出的优化决策。

4）维修性分析技术

①故障模式及影响分析（FMEA）。虽然 FMEA 是一项基本的可靠性工作项目，但通过这项分析，可以明确产品可能发生的故障及故障原因和危害程度，为维修性及保障性设计提供依据。

②维修性模型。选取或建立维修性模型，分析各种设计特征及保障因素对维修性的影响，找出关键性因素或薄弱环节，提出最有利的维修性设计和测试分析系统设计。

③费用分析。在进行维修性分析时，必须把产品寿命周期费用（LCC）作为主要考虑因素。要运用 LCC 模型确定某一决策因素对 LCC 的影响，进行有关费用估算，作为决策的依据之一。

④比较分析。将新产品与类似产品相比较，利用现有产品已知的特性或关系，包括使用维修中的经验教训，分析产品的维修性及有关保障问题。分析可以是定性的，也可以是定量的。

⑤风险分析。无论在考虑维修性设计还是保障要求与约束时，都要注意评价其风险，以及不能满足这些要求与约束的可能性与危害等，并采取措施预防和减少其风险。

⑥权衡技术。各种权衡是维修性分析中的重要内容，要运用各种综合权衡技术。如利用数学模型和综合评分、模糊综合评判等方法。

2. 装甲车辆虚拟维修性分析

长期以来维修性分析、评估一般在物理样机上进行，甚至滞后到装备配备到部队以后的维修工作实践中，此时只能发现维修性设计中的问题，而不能影响装备的设计。

基于虚拟维修技术，结合虚拟人模型，构建虚拟维修仿真平台，立足当前的保障性要求和保障条件，对装甲车辆底盘维修作业进行视觉可达性量化评分，结合模糊综合评价方法，可对该维修作业的视觉可达性进行量化分析。

装备虚拟维修仿真主要过程：

①虚拟维修的三维建模。虚拟维修的三维建模是该方法的基础，包括零部件建模、虚拟场景建模、虚拟人建模，以及为满足维修仿真实时性要求的模型简化等技术。

②虚拟维修仿真的实现。修理人员通过计算机输入设备实现人机交互，控制虚拟人和虚拟维修场景，实现非沉浸式装甲车辆虚拟维修过程仿真，并可获取维修过程相关特征信息量。包括虚拟人控制、虚拟人对工具选取的实现、虚拟维修仿真的实现。

③视觉可达性分析。良好的视觉可达性是保证装备具有良好维修性的基础。针对某维修作业的每个维修作业单元，在维修仿真过程中通过构造虚拟人视野内切锥，判断被拆卸件的视觉可达性评分值；确定各分值的隶属度，构造整个维修作业各评分值的模糊矩阵；通过专家评估法确定每个单元的权重；使用模糊评价方法给出整个维修作业视觉可达性的模糊评价值。

由于装甲装备战技指标要求严格，系统复杂、结构紧凑，其维修性要求不容易被满足和保证。基于虚拟维修的维修性分析，为维修性定性指标的定量化分析提供了可行的方法，尤其是在新型装甲装备的方案论证阶段和研制初期，提供了可行的分析手段。

11.3.3 维修性预计

1. 维修性预计概述

1）维修性预计概念

为了确保系统的维修性要求能得到满足，需要在整个研制过程中的各种阶段定期地评估系统的维修特性。

维修性预计，是指根据历史经验和类似产品维修性数据，对新产品设计构想或已设计结构或方案，预测其在预定条件下进行维修时的维修性参数量值，以便了解设计满足维修性要求的程度。

维修性预计的参数应同规定的指标参数相一致。最经常预计的维修性参数是平均修复时间，根据需要也可预计最大修复时间、工时率或预防性维修时间。预计的参数通常是系统或设备级的，以便与合同规定和使用需要相比较。

维修性预计的意义，其一是作为维修性定量分析的手段，尽早判明难以维修的部位，为装备的改进、设计更改或改型提供决策依据；其二是保障性分析的重要输入，为评定装备因维修不能工作的时间，以及确定维修方案、维修保障计划和保障资源要求提供重要的依据和数据。

与可靠性预计相比，维修性预计的难度要大一些，主要是维修性量值与进行维修的人员的技能水平，以及所使用的工具、测试设备、保障设施等密切相关，因此，维修性预计必须考虑与规定的保障条件相一致。

2）维修性预计时机与条件

研制过程的维修性预计应尽早开始、逐步深入、适时修正；有设计更改时，需及时做出预计；在维修性试验前也应进行维修性预计，一般来说，预计不合格不能转入试验。预计一般应具备如下条件：

①有相似产品的数据，包括产品的结构和维修性参数值，以及维修策略（为实施维修制定的一些规定，如谁来维修、在哪里维修、如何维修等）、维修方案（为达到维修工作的目标而在各个维修级别上选定的执行维修策略的措施）、维修保障计划（实现维修方案的详细方法和保障资源及安排，如人员、保障设备、保障设施、时间节点等），这些数据可作为预计的参照基准。

②新系统的设计方案或结构设计，以及维修策略、维修方案、维修保障计划等约束条件。

③新系统各结构层次的故障率数据（预计值或实际值）。

④新系统初步的维修工作流程、时间元素及顺序等。

2. 维修性预计方法

维修性预计的方法主要有推断法、概率模拟法、功能层次法、随机抽样法、抽样评分法、运行功能法、时间累加法、加权因子法、虚拟样机仿真法等。

1）推断法

推断法，是利用已知的某一范围内的信息，去推测一些未知的情况。对维修性领域来说，推断法是将现代预测技术应用于维修性预计的一种方法，就是根据所观察到的现有系统的设计特点与其维修性之间相互关系以及维修性参数值，按新系统的设计特点来预计新系统的维修性特性以及维修性参数的量值。假设新系统的维修性特性分布与现有类似系统的分布特性相同，根据新系统所取得的样本数据，估计其分布参数，从而得到新系统的维修性特性分布。

推断法是一种粗略的预计技术，其优点是简单，不需要太多具体的信息，因而适用于系统早期设计阶段，并有以往的经验为基础，在系统的较高层次内进行维修性预测。

2）概率模拟预计法

概率模拟预计法的基本原理是将维修作业分解成一系列持续时间短、相对变化小且与具体结构无关的简单维修作业，测出这些基本维修作业的时间分布及特征值，以此为基础，按照实际维修时的结构进行综合便可导出维修性参数。

概率模拟预计法预计的最终结果是系统停机时间的分布。中间预计结果包括各种基本作业、维修活动类型、故障修复时间、系统修复时间和系统停机时间的各个时间分布。

3）功能层次预计法

功能层次预计法的基本原理是以"一种装备的维修性预计可以参照相似装备的有关数据进行"和"一次维修事件所需时间为完成该事件的各项维修活动时间之和"为基础，将维修活动分为定位、隔离、分解、更换、结合、调准和检验七种，每种维修活动所需时间均随产品结构、修理方法和修理层次不同而改变；又将装备分为系统、分系统、装置、机组、单元体、组件部件和零件等与维修活动有关的功能层次。测得各维修功能层次的平均维修时间，即可用于推算相似装备的维修性参数。预计的基本参数包括平均修复时间、平均预防性维修时间、平均维修时间和维修停机时间率等。

4）抽样评分预计法

对于复杂系统，不可能也不必要对其全部可更换单元进行时间分析，只需从中随机选择有代表性的样本进行维修性分析和预计即可。用规范化的评分方法和标准给这些样本评分，再通过回归分析得出维修时间估计值。对维修作业中列出的每一步骤所需要的时间进行分析，就能估计出完成该维修作业所需的时间。

5）时间累加预计法

时间累加预计法是根据历史经验或现成手册可查的数据、图表，对照新装备的设计或设计方案和维修保障条件，逐个确定每个维修项目、每项维修工作、维修活动乃至每项基本维修作业所需的时间或工时，然后综合累加或求均值，最后预计出装备的维修性参数量值。

6）加权因子预计法

倘若既考虑采用各种维修条件的可能性，又考虑各分系统的复杂度（反映在故障率上），则可用加权因子预计法。由 n 个分系统组成的系统，若已知各分系统的故障率和每个分系统的平均修复时间加权因子 K_k，并且已知 n 个分系统中任一分系统的平均修复时间 MTTR_k，则不难求得系统的 MTTR_S。这种预计方法可用于各个分系统方案和结构形式已经确定的阶段。

$$\text{MTTR}_S = \frac{\lambda_k \sum K_i}{K_k \sum \lambda_i} \text{MTTR}_k \tag{11.63}$$

7）虚拟样机仿真预计法

以维修活动中的拆装过程为仿真对象，利用虚拟样机技术，在建立装备虚拟样机模型、维修过程模型、维修人员人体及动作模型的基础上,将现代维修技术与仿真技术有机结合,把整个拆装过程形象、逼真、直观地再现出来,同时,获取仿真过程中的各种数据,进行相关的维修性分析与评估,仿真研究新设计系统维修性参数,并提出维修性设计修改建议,以供研制过程中的设计人员参考。

11.3.4 维修性分配

1. 维修性分配概述

1)维修性分配的概念

维修性分配是把装备的维修性定量要求按照给定的准则分配给各组成部分而进行的工作。

维修性分配的目的是把对系统各部分必须实现的维修性定量要求,作为详细设计的依据,提供给研制者、转承制者和供应商,以明确责任,加强管理,保证研制的装备最终符合规定的维修性定量要求。

维修性分配在确定了设备系统的维修性指标以后,应在设计的初始阶段完成初步的分配工作,并在详细设计过程中对分配进行反复的修正,其广度和深度取决于装备的复杂程度和设计过程,并受其他性能(如可靠性等)的影响。

2)维修性分配的时机与条件

维修性分配是一个由上而下、由粗到细的过程,应尽早开始,以便为维修性设计提供依据,并在设计过程中不断深化、反复修正。分配须具备如下条件:

①已经提出装备维修性定量要求并载入合同。

②已经初步确定装备的系统功能层次和维修方案。

③已经完成可靠性初步分配,或与可靠性分配同时进行。

3)维修性分配的准则

维修性分配应遵循如下准则:

①对于新的设计,分配应以涉及的每个功能层次上各部分的相对复杂性为基础,在许多场合,也可按各部分的故障率进行分配。

②若设计是从以往的设计演变而来的或有相似产品,则分配应以过去的经验或相似产品的数据为基础。

③分配是否合理应以技术可行性、费用、进度等约束条件为依据。

4)维修性分配的主要程序

维修性分配的主要程序如下:

①确定系统在各种维修等级需要行使的维修职能,制定维修职能流程方框图。

②确定系统各功能层次的组成部分,制定系统功能层次图。

③确定系统各功能层次项目的修复性维修的频率(故障率)和预防性维修的频率。

④确定系统各项目的维修工作时间。

⑤维修性分配及其可行性分析。

2. 维修性分配方法

影响维修性指标的因素很多,应根据具体条件和采用的准则不同,选择合适的分配方法。

1) 等值分配法

这是一种最简单的分配方法，适用于下一层各单元的复杂程度、故障率及维修难易程度均相似的系统，也可在缺少可靠性维修性信息时用作初步分配，其模型为

$$\mathrm{MTTR}_i = \frac{1}{n}\mathrm{MTTR}_S \tag{11.64}$$

式中，n 为下一层次单元的个数；MTTR_i 为分配到单元 i 的平均修复时间；MTTR_S 为系统要求的平均修复时间。

2) 利用相似产品维修性数据分配法

本方法适用于有相似产品维修性数据的情况，其模型为

$$\mathrm{MTTR}_i = \frac{\mathrm{MTTR}_{0i}}{\mathrm{MTTR}_{S0}}\mathrm{MTTR}_S \tag{11.65}$$

式中，MTTR_{S0} 为相似产品的平均修复时间；MTTR_{0i} 为相似产品单元的已知平均修复时间。

当系统 MTTR_S 的分配结果符合系统要求的维修性指标时，则认为分配工作已完成。如果不符合，则要进行修正，修正的过程就是维修性的改进分配。进行改进分配时，需假设系统某功能层次需要取得的维修性改进与该层次的维修性指标原分配值（或预计值）成正比，与其故障率无关。则有

$$\mathrm{MTTR}_i' = \frac{\mathrm{MTTR}_g}{\mathrm{MTTR}_S}\mathrm{MTTR}_i \tag{11.66}$$

式中，MTTR_g 为要求的系统总的平均修复时间（目标值）；MTTR_S 为初步得到的系统总的平均修复时间（原分配值）；MTTR_i 为初步得到的第 i 个分系统的平均修复时间（原分配值）；MTTR_i' 为分配给第 i 个分系统的平均修复时间（改进值）。

3) 按故障率分配法

该方法是按故障率高的维修时间应当短的原则进行分配，适用于分配了可靠性指标或已有可靠性预计值的系统，其模型为

$$\mathrm{MTTR}_i = \frac{\lambda}{\lambda_i}\mathrm{MTTR}_S \tag{11.67}$$

式中，λ_i 为单元 i 的故障率；λ 为各单元的平均故障率，有

$$\lambda = \frac{1}{n}\sum_{i=1}^{n}\lambda_i \tag{11.68}$$

式中，n 为下一层次单元的个数。

4) 按系统组成的复杂度分配

构成分系统的部件数越多，分系统就越复杂，其故障率就高。当将系统的平均修复时间 MTTR_S 作为维修性分配指标时，分配给各分系统的 MTTR_{S_i} 应与其故障率成反比，以保证整个系统的可用性达到所要求的水平。

对新设计的系统，无经验资料可以借鉴。若系统由 K 种分系统组成，系统已完成可靠性分配，则各分系统的维修性指标可根据下式进行分配

$$\mathrm{MTTR}_i = \frac{\sum_{i=1}^{K} n_i \lambda_i}{K n_i \lambda_i}\mathrm{MTTR}_S \tag{11.69}$$

式中，MTTR_S 为要求的系统总的平均修复时间；MTTR_i 为分配给第 i 种分系统的平均修复时

间；K 为分系统的种类数；n_i 为第 i 个分系统的数量；λ_i 为第 i 个分系统的故障率。

对改型设计的系统，其中一部分是新设计的产品，其余的是老产品或有相类似产品的资料可供使用。若系统有 K 种分系统，其中有 $(K-L)$ 种分系统是新设计的，其余 L 种分系统有过去的经验资料可提供使用，此时，新设计的分系统维修性指标可按下式分配

$$\mathrm{MTTR}_i = \frac{\mathrm{MTTR}_S \sum_{i=1}^{K} n_i \lambda_i - \sum_{i=1}^{L} n_i \lambda_i \mathrm{MTTR}_i}{(K-L) n_i \lambda_i} \tag{11.70}$$

式中，MTTR_S 为要求的系统总的平均修复时间；MTTR_i 为分配的或已知的第 i 个分系统的平均修复时间；K 为新设计的分系统的种类数；L 为原有的分系统的种类数；n_i 为第 i 个分系统的数量；λ_i 为第 i 个分系统的故障率。

对仿制系统（或类似系统），各分系统全部有过去的经验资料可供使用。利用各分系统维修性指标的数据，用下式来计算系统的维修性指标

$$\mathrm{MTTR}_S = \frac{\sum_{i=1}^{K} n_i \lambda_i \mathrm{MTTR}_i}{\sum_{i=1}^{K} n_i \lambda_i} \tag{11.71}$$

5）加权分配法

加权分配法，除了考虑分系统的复杂度以外，还要考虑各分系统维修可能采用的故障检测、故障隔离和故障修复方法等不同情况来分配 MTTR 指标。这些因素用各分系统的维修性加权因子 K_i 来表示，K_i 又可细分为若干个具体因子 K_{ij}，令

$$K_i = \sum K_{ij} \tag{11.72}$$

式中，K_{ij} 一般具有四种因子，即故障检测与故障隔离、可达性、可更换性以及调整因子。

对于串联系统 MTTR 的分配公式为

$$\mathrm{MTTR}_i = \frac{K_i \sum \lambda_i}{\lambda_i \sum K_i} \mathrm{MTTR}_S \tag{11.73}$$

6）按故障率和设计特性的综合加权分配法

本方法适用于已有可靠性数据和设计方案等资料时的维修性分配，其模型为

$$\mathrm{MTTR}_i = \beta_i \mathrm{MTTR}_S \tag{11.74}$$

式中，β_i 为修复时间综合加权系数，有

$$\beta_i = \frac{\lambda K_i}{\lambda_i K} \tag{11.75}$$

$$K = \frac{1}{n} \sum_{i=1}^{n} K_i \tag{11.76}$$

式中，K 为各单元加权因子平均值；K_i 为单元 i 的维修性加权因子。与产品的故障检测和隔离方式、可达性、可互换性和测试性等因素有关，维修越差，K_i 越大，有

$$K_i = \sum_{j=1}^{m} K_{ij} \tag{11.77}$$

式中，K_{ij} 为单元 i 的第 j 项加权因子；m 为加权因子项数。

上述各种分配方法应根据系统不同的研制阶段和掌握的系统维修性数据情况来选用。在

方案论证和初步设计阶段，系统的许多设计特点还不是很明确，有关的维修性数据掌握得也比较少，则可以考虑采用平均分配法或按系统组成的复杂度分配法。当系统研制进行到详细设计阶段，系统的设计特点特别是与维修性有关的设计特点已基本确定时，掌握的有关维修性方面的数据信息更多时，用加权分配法可能更为适宜。

11.3.5 维修性设计准则

1. 维修性设计准则概述

1）维修性设计准则的概念

在维修性设计工作中，当产品的维修性要求难以规定定量要求时，就应该定性规定维修性设计要求。为了满足定性要求，必须采取系列的维修性设计措施，而制定和贯彻维修性设计准则是一项重要内容。

维修性设计准则，是根据维修性的理论和方法，把前人从设计、生产、使用中总结出来的已有的、相似的产品的工程经验，经科学化、系统化、条理化归纳提炼而成，作为设计人员进行维修性设计所遵循的原则和应满足的要求。维修性设计准则是为了将系统的维修性要求及规定的使用和保障约束转化为具体而有效的硬件和软件设计而确定的通用或专用设计原则及标准，用于指导产品维修性设计的技术原则和措施，是进行维修性定性设计的重要依据。维修性设计准则是使维修性设计和性能设计相结合的有效办法，在设计过程中，设计人员只要认真贯彻维修性设计准则，就能把维修性设计到产品中去，从而提高产品的维修性。

在装备研制初期，承制方即应制定并提交一份设计准则及来源清单，并随着研制的进展不断改进和完善。拟订设计准则必须有助于设计人员选择维修性设计特征，从而把最佳的维修性设计到产品中去。

2）维修性设计准则的制定

设计师系统应组织有经验的研制、生产、使用等方面的人员及有关专家，总结自己的经验，吸取国内外类似产品的经验，制定具体产品的维修性设计准则。维修性设计准则应包括通用准则（总体要求）和各分系统的设计准则（特殊要求）。维修性设计准则内容应包括维修性定性要求的内容。

为了保证所设计的系统满足合同规定的维修性要求，制定维修性设计准则应遵循如下原则：

①减少由维修造成的不工作时间。
②维修简便。
③减少维修费用。
④减少维修差错。
⑤提高维修的安全性。

具体型号的维修性设计准则可参照适用的设计手册、已有的维修性设计评审核对表和以往的经验教训以及以下各方面的原则和指南制定。

3）维修性设计准则的主要内容

维修性设计准则是产品的维修方案和维修性要求的细化和深化。维修性设计准则的主要内容包括：

①简化设计准则。在满足使用需求的前提下,尽可能简化产品功能,取消不必要的功能,合并相同或相似的功能,尽量减少零部件的品种和数量,其结构和外形应尽量简单,使维修简便、迅速;避免经常拆卸和维修。

②可达性设计准则。维修可达性,是指维修时接近维修部位的难易程度。维修活动既要求检查和测试时应有接近该机件的通道,也要求调整、修理或更换该机件应有所需要的空间。可达性设计就是通过合理的结构设计,使维修性时视觉可达(看得见)、实体可达(够得着,即人手或借助于工具能接触到维修部位)和作业可达(有足够的作业空间)。

③标准化、通用化(互换性)、模件化设计准则。零部件设计尽可能标准化、通用化、模件化,使故障概率高、易损坏的关键性零部件具有良好的互换性和必要的通用性,简化维修过程中的拆、拼、换、装,提高产品的维修速度和维修质量。

④防差措施及识别标志设计准则。从结构上采取装错了就装不上等措施,避免或消除维修发生差错的可能性。增加明显的识别标记,防止维修时的误操作。采用容错技术,即使发生差错,也会提示或告警,能及时发觉和纠正。

⑤维修安全性设计准则。维修安全性是避免维修人员伤亡或产品损坏的设计特性。在可能发生危险的部位设置醒目的提示或警告。对可能存在维修安全性问题的维修,要采用安全可靠的措施,防止机械损伤、防电击、防火、防爆、防毒等,保证维修过程中维修人员的安全性。

⑥测试性设计准则。测试性是指能够及时而准确地确定其工作状态,并隔离其内部故障的一种设计特性。维修性设计时,应保证检测诊断准确、快速、简便。

⑦贵重件的可修复性设计准则。关键零部件、贵重零部件应具有可修复性,失效后可调整、修复至正常状态,这样能降低产品的维修费用,减少维修时间,提高维修效率。

⑧易拆卸性设计准则。最少拆卸时间、可拆卸(尽量减少固定件数量,采用简易的紧固方法)、易操作(留有可抓取表面等)、易拆散(避免拆卸时的损坏)、减少变异(良好的设计继承性和通用性)。

⑨维修中人机工程设计准则。维修性设计时应以人文本,考虑到人的各种因素与装备的关系,符合有关人的生理及心理特性要求,以提高维修工作效率、减轻维修人员劳动强度。

⑩便于战场抢修设计准则。对易损件,应容易更换。

⑪维修经济性准则。在满足要求的情况下,应减少维修级别和维修内容,降低对维修人员技术水平的要求和维修作业的难度。维修费用与成本比高的模块和封装的模块,应设计成弃件式的。

2. 维修性设计一般准则

1)减少维修造成停用时间的设计准则

①无维修设计。

②标准的和经认证的设计和零部件选用。

③简单、可靠和耐久的设计和零部件选用。

④减轻故障后果的故障保险机构设置。

⑤延长寿命技术和磨损容限设计。

⑥模件设计。
⑦从基层级到基地级的有效的综合诊断装置的设置。
⑧零件、测试点及连接点迅速可靠识别设计。
⑨迅速可靠保养、校准、调整的适用性设计。
⑩故障或性能退化迅速可靠预测或检测设计。
⑪受影响的组件、机柜或单元的故障迅速可靠定位设计。
⑫可更换或可修复的模件或零件迅速可靠隔离设计。
⑬更换或修理迅速可靠排除故障设计。
2）减少维修费用的设计准则
①减少不必要的维修。
②减少对基地或承制方维修的要求。
③减少备件和材料的消耗和费用。
④减少全套专用维修工具，在基层级进行维修时，尽量不使用专用工具。
⑤提高互换性，相同编码的零部件应在功能上或实体上完全互换。
⑥提高可达性，减少事先拆卸或移动其他零部件。
⑦减少对人员和设备的危害。
⑧减少对维修调整或校准的要求。
⑨减少对预防性维修的要求。
⑩减少人员的技能要求。
3）降低维修复杂程度的设计准则
①提高系统、设备和设施的兼容性。
②提高设计、零件及术语的标准化。
③提高相似零件、材料和备件的互换性。
④最少的维修工具、附件及设备。
⑤适当的可达性、工作空间和工作通道。
4）降低维修人员要求的设计准则
①合理有序的职能和工作分配。
②方便的搬运、机动性、运输性及储存性。
③最少的人数和维修工种。
④简单而有效的维修规程。
5）减少维修差错的设计准则
①减少未检测出的故障或性能退化的可能性。
②减少无效维修，以及疏忽、滥用或误用维修。
③减少危险的或难处理的工作内容。
④减少维修标志和编码含混不清。
6）减少工具故障的设计准则
①确保足够的可达性和作业空间，使工具固定牢靠且作用均匀一致。
②确保安装和拆卸紧固件所需的力矩载荷不超过所用工具的能力。
③使维修工具、设备与现装备的同类系统有继承性。

本章小结

本章在介绍装甲车辆可靠性与维修性的基本概念、装甲车辆可靠性和维修性的地位与意义、装甲车辆可靠性的参数体系的基础上，重点介绍装甲车辆可靠性设计和维修性设计的基础理论与设计方法，包括预计、分配、分析、设计准则等。

思 考 题

1. 装甲车辆可靠性、维修性与战斗性能之间是什么关系？
2. 装甲车辆可靠性与维修性之间如何权衡？
3. 可靠性和维修性是如何设计出来的？
4. 如何贯彻可靠性和维修性设计准则？
5. 可靠性和维修性的简化设计准则有什么同异？

参 考 文 献

[1] 张相炎. 装甲车辆总体设计 [M]. 北京：北京理工大学出版社，2017.
[2] 冯益柏. 坦克装甲车辆设计——总体设计卷 [M]. 北京：化学工业出版社，2014.
[3] 贾小平，等. 装甲车辆总体设计 [M]. 北京：装甲兵工程学院，1999.
[4] 闫清东，李宏才. 装甲车辆构造与原理 [M]. 北京：北京理工大学出版社，2019.
[5] 冯益柏. 坦克装甲车辆设计——履带式步兵战车卷 [M]. 北京：化学工业出版社，2015.
[6] 曾毅. 新型坦克设计概论 [M]. 北京：化学工业出版社，2013.
[7] 张相炎. 装甲车辆武器系统设计 [M]. 北京：北京理工大学出版社，2019.
[8] 冯益柏. 坦克装甲车辆设计——武器系统卷 [M]. 北京：化学工业出版社，2015.
[9] 张相炎. 装甲车辆武器设计 [M]. 北京：北京理工大学出版社，2018.
[10] 侯保林，等. 火炮自动装填 [M]. 北京：兵器工业出版，2010.
[11] 毛保全，等. 车载武器发射动力学 [M]. 北京：国防工业出版社，2010.
[12] 张彦斌. 火炮控制系统及原理 [M]. 北京：北京理工大学出版社，2009.
[13] 周启煌，等. 战车火控系统与指控系统 [M]. 北京：国防工业出版社，2003.
[14] 冯益柏. 坦克装甲车辆设计——动力系统卷 [M]. 北京：化学工业出版社，2015.
[15] 毕小平，等. 坦克——动力装置性能匹配与优化 [M]. 北京：国防工业出版社，2004.
[16] 冯益柏. 坦克装甲车辆设计——传动系统卷 [M]. 北京：化学工业出版社，2015.
[17] 董明明，等. 装甲车辆悬挂系统设计 [M]. 北京：北京理工大学出版社，2019.
[18] 冯益柏. 坦克装甲车辆设计——防护系统卷 [M]. 北京：化学工业出版社，2015.
[19] 曹贺全，等. 装甲防护技术研究 [M]. 北京：北京理工大学出版社，2019.
[20] 刘勇，等. 坦克装甲车辆电气系统设计 [M]. 北京：北京理工大学出版社，2019.
[21] 冯益柏. 坦克装甲车辆设计——电子信息系统卷 [M]. 北京：化学工业出版社，2015.
[22] 宋小庆. 军用车辆综合电子系统总线网络 [M]. 北京：国防工业出版社，2010
[23] 孙仁云，付百学. 汽车电器与电子技术（第 3 版） [M]. 北京：机械工业出版社，2019.
[24] 李惠彬，张晨霞. 装甲车辆人机工程 [M]. 北京：北京理工大学出版社，2019.
[25] 谈乐斌，等. 火炮人 - 机 - 环境系统工程 [M]. 北京：兵器工业出版社，2011.

[26] 冯益柏．坦克装甲车辆设计——坦克装甲车辆可靠性、维修性及保障性卷［M］．北京：化学工业出版社，2015．

[27] 张相炎．兵器系统可靠性与维修性［M］．北京：国防工业出版社，2016．

[28] 曾声奎．可靠性设计与分析［M］．北京：国防工业出版社，2011．

[29] 中国兵工学会．兵器科学技术学科发展报告：装甲兵器技术（2014—2015）［C］．中国科学技术出版社．2016．

[30] 袁野．某型号装甲车辆总装项目质量管理优化研究［D］．北京：北京理工大学，2018．

[31] 王昕博．某型号装甲车辆研制项目的进度管理研究［D］．北京：北京理工大学，2018．

[32] 翁超．情境驱动下装备类车辆产品设计策略研究［D］．无锡：江南大学，2020．

[33] 覃星翠．基于关键截面的乘用车整体空间设计研究［D］．上海：上海交通大学，2016．

[34] 于营营．基于逆动力学的无人车辆布局参数优化及轨迹跟踪控制方法研究［D］．北京：北京理工大学，2017．

[35] 关超文．车辆横向动力学系统的极点分布规律研究［D］．北京：北京理工大学，2016．

[36] 谢磊．某军用无人车辆全向底盘设计与性能仿真研究［D］．南京：南京理工大学，2018．

[37] 吴冰．混合动力履带车辆驱动系在环控制仿真研究［D］．北京：北京理工大学，2016．

[38] 陈溪．车辆传动装置供油系统设计方法研究［D］．大连：大连海事大学．2016．

[39] 周霜霜．水陆两栖装甲车分动器齿轮传动动力学分析［D］．沈阳：沈阳理工大学，2016．

[40] 曹毅．冲击下履带车辆动载特性及综合传动结构分析研究［D］．北京：北京理工大学，2016．

[41] 赵君临．基于底部防护的车辆悬架和悬置系统优化设计研究［D］．南京：南京理工大学，2017．

[42] 滕绯虎．履带式装甲车悬挂优化及减振性能研究［D］．太原：中北大学，2017．

[43] 孙金雯．装甲车辆主动防护控制系统研究与实现［D］．南京：南京理工大学，2019．

[44] 朱新年．近程主动防护系统控制系统研究与实现［D］．南京：南京理工大学，2020．

[45] 胡锦强．基于人机工程学的装甲车驾驶室优化设计研究［D］．西安：长安大学，2017．

[46] 柳海林．面向装甲车辆维修的人因分析与维修性评价［D］．北京：北京理工大学，2016．

[47] 崔晋．某履带装甲车辆综合传动装置悬置系统振动分析与可靠性研究［D］．北京：北京理工大学，2016．

[48] 梁启海．装甲车辆综合传动装置可靠性优化分配方法研究［D］．北京：北京理工大学，2016．

[49] 郭少伟. 以可用度为目标的综合传动装置可靠性与维修性权衡分配方法研究 [D]. 北京：北京理工大学, 2016.

[50] 李忠新, 等. 坦克装甲车辆机动性虚拟仿真实验设计与实现 [J]. 实验室研究与探索, 2021 (1): 184 - 187 + 191.

[51] 卢莉萍, 等. 地面装甲车毁伤概率计算方法 [J]. 南京理工大学学报, 2021 (4): 497 - 503.

[52] 伍赛特. 坦克动力系统未来发展趋势展望 [J]. 机电信息, 2020 (15): 168 - 169.

[53] 伍赛特. 燃气轮机应用于车用动力装置的可行性分析研究 [J]. 交通节能与环保, 2019 (1): 13 - 15.

[54] 伍赛特. 电动坦克装甲车辆应用可行性分析研究 [J]. 自动化应用, 2019 (12): 134 - 136.

[55] 伍赛特. 装甲车辆动力系统设计过程研究综述 [J]. 机电信息, 2019 (27): 146 - 147.

[56] 许为亮, 等. 汽车发动机电动增压技术研究 [J]. 传动技术, 2017 (1): 14 - 17 + 42.

[57] 庞宾宾, 等. 燃气轮机在电传动装甲车辆中的应用评价 [J]. 装甲兵工程学院学报, 2015 (3): 37 - 40.

[58] 靳莹, 等. 装甲车辆柴油机冷却系统在高原环境下控制方案优化研究 [J]. 内燃机与配件, 2021 (17): 4 - 5.

[59] 伍赛特. 装甲车辆动力传动技术研究现状及发展趋势展望 [J]. 传动技术, 2019 (2): 44 - 50.

[60] 王路君. 坦克装甲车辆电传动总体技术的研究 [J]. 内燃机与配件, 2018 (24): 75 - 76.

[61] 来飞, 胡博. 汽车主动悬架技术的研究现状 [J]. 南京理工大学学报, 2019 (4): 518 - 526.

[62] 代健健, 等. 履带车辆悬挂系统现状及趋势 [J]. 车辆与动力技术, 2019 (1): 1 - 7 + 33.

[63] 王永丽, 等. 坦克装甲车辆悬挂系统探析及发展前景研究 [J]. 科技与创新, 2018 (11): 98 - 99.

[64] 王超, 等. 坦克装甲车辆主动悬挂结构技术发展综述 [J]. 兵工学报, 2020 (11): 2579 - 2592.

[65] 熊杰, 李强. 装甲车辆自动灭火抑爆技术研究 [J]. 武警学院学报, 2021 (4): 15 - 19.

[66] 孙铭礁, 等. 装甲车辆主动防护系统威胁探测告警技术及发展趋势 [J]. 机电信息, 2019 (17): 58 - 59 + 61.

[67] 宋成俊, 等. 装甲车辆主动防护系统发展现状及趋势 [J]. 内燃机与配件, 2020 (14): 65 - 67.

[68] 陈忠, 等. 通指车辆综合防护系统设计 [J]. 现代防御技术, 2016 (1): 79 - 89.

[69] 邱健, 王耀刚. 装甲防护技术研究新进展 [J]. 兵器装备工程学报, 2016 (3): 15 - 19.

[70] 周平, 等. 现代坦克主动防护系统发展现状与趋势分析 [J]. 指挥控制与仿真, 2016 (2): 132 - 136.

[71] 郭帅,谭昕龙. 装甲车辆发动机智能化控制冷却系统发展 [J]. 内燃机与配件,2018 (19):103-105.

[72] 王璐,等. 装甲车辆悬挂系统模糊 PID 控制仿真研究 [J]. 噪声与振动控制,2020 (5):152-158.

[73] 刘维平,等. 装甲车辆人机工效一体化仿真方法研究 [J]. 火力与指挥控制,2018 (7):120-124+129.

[74] 魏金琳. 装甲车辆下翻转车门结构设计 [J]. 汽车实用技术,2019 (3):156-158.

[75] 张伟,等. 装甲车辆舱室湿度调节系统设计与研制 [J]. 装备环境工程,2019 (1):89-91.

[76] 吕建伟,等. 大型复杂武器系统可靠性和维修性指标的总体优化方法 [J]. 兵工学报,2016 (6):1144-1152.

[77] 焦庆龙,徐达. 性能试验阶段装甲车辆维修性定性指标综合评价 [J]. 火力与指挥控制,2019 (7):21-26.

[78] 郑一帆,等. 基于机器学习的装甲车辆故障诊断系统研究 [J]. 内燃机与配件,2020 (21):166-167.

[79] 吴斌,等. 装甲车辆传动箱齿轮健康监测与诊断方法 [J]. 兵器装备工程学报.2016 (3):54-58.